Marcos Luiz Crispino

320 Questões Resolvidas de Álgebra Linear

Espaços Vetoriais, Normados e Euclidianos

320 Questões Resolvidas de Álgebra Linear

Copyright © Editora Ciência Moderna Ltda., 2012

Todos os direitos para a língua portuguesa reservados pela EDITORA CIÊNCIA MODERNA LTDA.

De acordo com a Lei 9.610, de 19/2/1998, nenhuma parte deste livro poderá ser reproduzida, transmitida e gravada, por qualquer meio eletrônico, mecânico, por fotocópia e outros, sem a prévia autorização, por escrito, da Editora.

Editor: Paulo André P. Marques
Produção Editorial: Aline Vieira Marques
Assistente Editorial: Amanda Lima da Costa
Capa: Cristina Satchko Hodge
Diagramação e Composição: Marcos Luiz Crispino

Várias **Marcas Registradas** aparecem no decorrer deste livro. Mais do que simplesmente listar esses nomes e informar quem possui seus direitos de exploração, ou ainda imprimir os logotipos das mesmas, o editor declara estar utilizando tais nomes apenas para fins editoriais, em benefício exclusivo do dono da Marca Registrada, sem intenção de infringir as regras de sua utilização. Qualquer semelhança em nomes próprios e acontecimentos será mera coincidência.

FICHA CATALOGRÁFICA

CRISPINO, Marcos Luiz.

320 Questões Resolvidas de Álgebra Linear

Rio de Janeiro: Editora Ciência Moderna Ltda., 2012.

1. Álgebra.
I — Título

ISBN: 978-85-399-0254-5   CDD 512

Editora Ciência Moderna Ltda.
R. Alice Figueiredo, 46 – Riachuelo
Rio de Janeiro, RJ – Brasil   CEP: 20.950-150
Tel: (21) 2201-6662/ Fax: (21) 2201-6896
E-MAIL: LCM@LCM.COM.BR
WWW.LCM.COM.BR   04/12

SUMÁRIO

Capítulo 1 – Apresentação..1

Capítulo 2 – Espaços vetoriais normados.......................**4**
Exercícios 1 a 50

Exercício 1... 5
Exercício 5... 10
Exercício 10... 21
Exercício 15... 28
Exercício 20... 37
Exercício 25... 45
Exercício 30... 51
Exercício 35... 54
Exercício 40... 59
Exercício 45... 67
Exercício 50... 71

Capítulo 3 – Noções básicas de topologia.......................**73**
Exercícios 51 a 80

Exercício 51... 73
Exercício 55... 76
Exercício 60... 80
Exercício 65... 85
Exercício 70... 88
Exercício 75... 93
Exercício 80... 98

Capítulo 4 – Espaços euclidianos...............................**101**
Exercícios 81 a 120

Exercício 81...101

iv 320 QUESTÕES RESOLVIDAS DE ÁLGEBRA LINEAR

Exercício 85...106
Exercício 90...111
Exercício 95...116
Exercício 100...121
Exercício 105...126
Exercício 110...132
Exercício 115...136
Exercício 120...141

Capítulo 5 – Ortogonalidade.............................143
Exercícios 121 a 166

Exercício 121...143
Exercício 125...145
Exercício 130...152
Exercício 135...156
Exercício 140...161
Exercício 145...168
Exercício 150...173
Exercício 155...178
Exercício 160...190
Exercício 165...201
Exercício 166...203

Capítulo 6 – Complemento ortogonal......................... 204
Exercícios 167 a 210

Exercício 167...204
Exercício 170...205
Exercício 175...207
Exercício 180...211
Exercício 185...215
Exercício 190...219
Exercício 195...223
Exercício 200...227

Exercício 205..233
Exercício 210..238

Capítulo 7 – A adjunta..**240**
Exercícios 211 a 262

Exercício 211..240
Exercício 215..242
Exercício 220..244
Exercício 225..249
Exercício 230..254
Exercício 235..256
Exercício 240..261
Exercício 245..264
Exercício 250..268
Exercício 255..272
Exercício 260..278
Exercício 262..280

Capítulo 8 – Operadores autoadjuntos.....................**282**
Exercícios 263 a 320

Exercício 263..282
Exercício 265..283
Exercício 270..286
Exercício 275..291
Exercício 280..295
Exercício 285..300
Exercício 290..304
Exercício 295..309
Exercício 300..312
Exercício 305..316
Exercício 310..322
Exercício 315..330

vi 320 QUESTÕES RESOLVIDAS DE ÁLGEBRA LINEAR

Exercício 320...336

Capítulo 9 – Notações..**338**

Bibliografia...**341**

Índice...**343**

Capítulo 1

Apresentação

320 Questões Resolvidas de Álgebra Linear – Espaços Vetoriais Normados e Espaços Euclidianos tem como objetivo apresentar as soluções, detalhadas e minuciosamente discutidas, de 320 exercícios de Álgebra Linear. Deste modo, serão trabalhados conceitos e resultados fundamentais. Com isto, espera-se proporcionar aos estudantes um melhor entendimento da linguagem da Álgebra Linear e de suas aplicações, que são cada vez mais abrangentes.

Neste livro serão considerados apenas *espaços vetoriais reais*. Portanto, a terminologia "espaço vetorial" significará aqui espaço vetorial sobre o corpo dos números reais.

Os exercícios deste texto abordam os espaços vetoriais normados e os espaços euclidianos, bem como as transformações lineares entre eles.

Alguns autores definem espaços euclidianos como sendo *qualquer* espaço vetorial real dotado de produto interno (v. Taylor, *Introduction to Functional Analysis*, 1958, p. 119), e não apenas os espaços vetoriais de dimensão finita com produto interno. É esta terminologia que será adotada aqui. Portanto, "espaço euclidiano" significa, para os propósitos do presente texto, espaço vetorial real, *de dimensão finita ou infinita*, com produto interno.

Há até mesmo autores (v. Prugovečki, *Quantum Mechanics in Hilbert Space*, 2006, p. 18) que chamam de espaços euclidianos inclusive os espaços vetoriais complexos com produto interno.

Este livro é dirigido aos alunos dos cursos de graduação, iniciação científica e pós-graduação nas diversas áreas de Ciências e Engenharia. Ele se destina também aos pesquisadores e profissionais nestas áreas, bem como àqueles que sentem necessidade de reciclar conhecimentos anteriormente adquiridos.

2 320 QUESTÕES RESOLVIDAS DE ÁLGEBRA LINEAR

As questões resolvidas no texto contêm um acervo de exemplos interessantes, a serem apresentados e discutidos nas salas de aula. Por esta razão, o livro é também dirigido aos professores de ensino superior, principalmente aos que lecionam Álgebra Linear.

Os exercícios aqui resolvidos são apresentados em sete capítulos, do Capítulo 2 ao Capítulo 8.

O Capítulo 2 contém exercícios sobre espaços vetoriais normados. Nele são apresentadas as noções de seminorma e norma. Uma vez definida uma norma num dado espaço vetorial, este fica dotado de uma estrutura de espaço métrico. Assim, tem sentido a noção de continuidade de funções entre espaços vetoriais normados. Esta noção é abordada em alguns exercícios do Capítulo 2. O Exercício 21, deste capítulo, mostra que é possível definir, em qualquer espaço vetorial normado de dimensão infinita, um funcional linear que não é contínuo.

Uma norma num espaço vetorial $\mathbb{E}$ induz nele uma topologia. Assim, o Capítulo 3 é formado por exercícios sobre topologia dos espaços vetoriais normados. São trabalhadas nestes exercícios noções básicas como as de conjuntos abertos, conjuntos fechados, interior, fecho e fronteira. Também é abordada, nos exercícios deste capítulo, a relação entre continuidade e topologia. Os exercícios dos Capítulos 2 e 3 podem ser vistos como uma breve introdução à Análise Funcional.

No Capítulo 4 são resolvidas questões referentes às noções de produto interno e de espaço euclidiano. Os Exercícios 85 a 89 são exemplos que mostram que nem toda norma provém de um produto interno.

O Capítulo 5 contém exercícios referentes à importante noção de ortogonalidade. Os Exercícios 150 e 151 mostram que são válidas, *em espaços euclidianos quaisquer*, as seguintes propriedades das circunferências no plano ($\mathbb{R}^2$) e de esferas no espaço ($\mathbb{R}^3$): (1) As cordas de comprimento máximo são aquelas que contêm o centro da esfera (2) Os únicos pontos da corda que pertencem à esfera são os seus extremos. No Exercício 152 é dado um exemplo simples para

CAPÍTULO 1 – APRESENTAÇÃO   3

mostrar que estas propriedades não são válidas em espaços não-euclidianos.

No Capítulo 6 é abordado o conceito de complemento ortogonal de um subconjunto $\mathbb{X}$ de um espaço euclidiano $\mathbb{E}$.

A noção de adjunta de uma transformação linear é tratada nos exercícios do Capítulo 7. Ao contrário dos textos mais antigos de Álgebra Linear, a definição de adjunta não é restrita aos espaços de dimensão finita. O Exercício 221 contém a prova de que em todo espaço euclidiano de dimensão infinita é possível definir uma transformação linear que não possui adjunta. Os Exercícios 222 e 223 fornecem exemplos (em dimensão infinita) de operadores lineares que não têm adjuntos.

O Capítulo 8 contém exercícios sobre o importante conceito de operador autoadjunto. O Exercício 270 dá um exemplo (em dimensão infinita) de um operador ortogonal que não é um isomorfismo. O Exercício 272 demonstra, com um exemplo simples, a existência de operadores autoadjuntos em espaços euclidianos de dimensão infinita que não possuem autovetores. No Exercício 310 obtém-se um exemplo (em dimensão infinita) de operador positivo que não possui raiz quadrada.

O Capítulo 9 é uma lista de conceitos e notações usados no texto.

Os endereços de correio eletrônico do autor são:

edfcd2003@gmail.com

edfcd2003@yahoo.com.br

Capítulo 2

Espaços vetoriais normados

Neste texto, serão discutidos apenas espaços vetoriais reais. Portanto, a expressão "espaço vetorial" significará doravante espaço vetorial real.

Seja $\mathbb{E}$ um espaço vetorial. Uma *seminorma* em $\mathbb{E}$ é uma função $S : \mathbb{E} \to \mathbb{R}$ com as seguintes propriedades:

SN1 - $S(\vec{x} + \vec{y}) \leq S(\vec{x}) + S(\vec{y})$, sejam quais forem $\vec{x}, \vec{y} \in \mathbb{E}$.

SN2 - $S(\lambda \vec{x}) = |\lambda| S(\vec{x})$, quaisquer que sejam $\vec{x} \in \mathbb{E}$, $\lambda \in \mathbb{R}$.

Exercício 1 - Seja $S : \mathbb{E} \to \mathbb{R}$ uma seminorma num espaço vetorial $\mathbb{E}$. Prove as seguintes propriedades:

(a) $S(\vec{o}) = 0$.

(b) $S(-\vec{x}) = S(\vec{x})$ para todo $\vec{x} \in \mathbb{E}$.

(c) $S(\vec{x}) \geq 0$ para todo $\vec{x} \in \mathbb{E}$.

(d) $|S(\vec{x}) - S(\vec{y})| \leq S(\vec{x} - \vec{y}) \leq S(\vec{x}) + S(\vec{y})$, quaisquer que sejam $\vec{x}, \vec{y} \in \mathbb{E}$.

(e) $|S(\vec{x}) - S(\vec{y})| \leq S(\vec{x} + \vec{y})$, quaisquer que sejam $\vec{x}, \vec{y} \in \mathbb{E}$.

(f) $S(\vec{x} - \vec{z}) \leq S(\vec{x} - \vec{y}) + S(\vec{y} - \vec{z})$, sejam quais forem $\vec{x}, \vec{y}, \vec{z} \in \mathbb{E}$.

(g) $S\left(\sum_{k=1}^{n} \vec{x}_k\right) \leq \sum_{k=1}^{n} S(\vec{x}_k)$.

Solução:

(a): Seja $\vec{x} \in \mathbb{E}$. Como $\vec{o} = 0.\vec{x}$, tem-se, por SN2, $S(\vec{o}) = S(0.\vec{x}) = 0. S(\vec{x}) = 0$.

(b): Pela propriedade SN2, $S(-\vec{x}) = S((-1)\vec{x}) = |-1| S(\vec{x}) = S(\vec{x})$.

(c): Seja $\vec{x} \in \mathbb{E}$. Como $\vec{o} = \vec{x} + (-\vec{x})$, pela propriedade SN1 e pela propriedade (b) já demonstrada se tem:

$$0 = S(\vec{o}) = S(\vec{x} + (-\vec{x})) \leq$$

CAPÍTULO 2 – ESPAÇOS VETORIAIS NORMADOS   5

$\leq S(\vec{x}) + S(-\vec{x}) = S(\vec{x}) + S(\vec{x}) = 2S(\vec{x})$

Portanto, $2S(\vec{x}) \geq 0$. Desta desigualdade segue a propriedade (c).

(d): Pelas propriedades da adição de vetores em $\mathbb{E}$, valem as seguintes igualdades:

$$\boxed{\vec{x} = (\vec{x} - \vec{y}) + \vec{y}} \tag{2.1}$$

$$\boxed{\vec{y} = (\vec{y} - \vec{x}) + \vec{x}} \tag{2.2}$$

Sendo $\vec{y} - \vec{x} = -(\vec{x} - \vec{y})$, tem-se também:

$$\boxed{S(\vec{y} - \vec{x}) = S(-(\vec{x} - \vec{y})) = S(\vec{x} - \vec{y})} \tag{2.3}$$

Da propriedade SN1 e das igualdades (2.1), (2.2) e (2.3), segue:

$$\boxed{S(\vec{x}) \leq S(\vec{x} - \vec{y}) + S(\vec{y})} \tag{2.4}$$

e também:

$$\boxed{S(\vec{y}) \leq S(\vec{x} - \vec{y}) + S(\vec{x})} \tag{2.5}$$

Por sua vez, (2.4) e (2.5) dão:

$$\boxed{S(\vec{x}) - S(\vec{y}) \leq S(\vec{x} - \vec{y}), \quad S(\vec{y}) - S(\vec{x}) \leq S(\vec{x} - \vec{y})} \tag{2.6}$$

De (2.6) resulta $|S(\vec{x}) - S(\vec{y})| \leq S(\vec{x} - \vec{y})$. Como $\vec{x} - \vec{y} = \vec{x} + (-\vec{y})$ e $S(-\vec{y}) = S(\vec{y})$, tem-se $S(\vec{x} - \vec{y}) = S(\vec{x} + (-\vec{y})) \leq S(\vec{x}) + S(-\vec{y}) = S(\vec{x}) + S(\vec{y})$. Isto conclui a prova de (d).

(e): Sendo $\vec{x} + \vec{y} = \vec{x} - (-\vec{y})$ e $S(-\vec{y}) = S(\vec{y})$, de (d) segue:

$$|S(\vec{x}) - S(\vec{y})| = |S(\vec{x}) - S(-\vec{y})| \leq$$

$$\leq S(\vec{x} - (-\vec{y})) = S(\vec{x} + \vec{y})$$

(f): Uma vez que $\vec{x} - \vec{z} = (\vec{x} - \vec{y}) + (\vec{y} - \vec{z})$, a propriedade (d) fornece:

$$S(\vec{x} - \vec{z}) = S((\vec{x} - \vec{y}) + (\vec{y} - \vec{z})) \leq$$

$$\leq S(\vec{x} - \vec{y}) + S(\vec{y} - \vec{z})$$

(g): Por indução em n: A desigualdade $S(\sum_{k=1}^{n} \vec{x}_k) \leq \sum_{k=1}^{n} S(\vec{x}_k)$ é válida para $n = 1$, pois $\sum_{k=1}^{1} \vec{x}_k = \vec{x}_1$. Supondo que ela seja válida para um dado inteiro positivo n, sejam

6   320 QUESTÕES RESOLVIDAS DE ÁLGEBRA LINEAR

$\vec{x}_1, \ldots, \vec{x}_{n+1} \in \mathbb{E}$. Pela propriedade SN2, tem-se:

$$\boxed{\begin{aligned} S\left(\sum_{k=1}^{n+1} \vec{x}_k\right) &= S\left(\left(\sum_{k=1}^{n} \vec{x}_k\right) + \vec{x}_{n+1}\right) \leq \\ &\leq S\left(\sum_{k=1}^{n} \vec{x}_k\right) + S(\vec{x}_{n+1}) \end{aligned}} \qquad (2.7)$$

Por sua vez, a hipótese de indução dá $S\left(\sum_{k=1}^{n} \vec{x}_k\right) \leq \sum_{k=1}^{n} S(\vec{x}_k)$. Daí e de (2.7) obtém-se $S\left(\sum_{k=1}^{n+1} \vec{x}_k\right) \leq \left(\sum_{k=1}^{n} S(\vec{x}_k)\right) + S(\vec{x}_{n+1}) = \sum_{k=1}^{n+1} S(\vec{x}_k)$. Isto prova a propriedade (g).

Exercício 2 - Seja $S : \mathbb{E} \to \mathbb{R}$ uma seminorma num espaço vetorial $\mathbb{E}$. Prove que o conjunto $\mathbb{V} = S^{-1}(\{0\}) = \{\vec{x} \in \mathbb{E} : S(\vec{x}) = 0\}$ é um subespaço vetorial de $\mathbb{E}$.

Solução: Como $S(\vec{o}) = 0$ (v. Exercício 1 acima) o vetor nulo $\vec{o}$ pertence a $\mathbb{V}$. Sejam $\vec{x}, \vec{y} \in \mathbb{V}$ e α, β números reais. Como $\vec{x}$ e $\vec{y}$ pertencem a $\mathbb{V}$, $S(\vec{x}) = S(\vec{y}) = 0$. Por isto,

$$0 \leq S(\alpha\vec{x} + \beta\vec{y}) \leq S(\alpha\vec{x}) + S(\beta\vec{y}) =$$

$$= |\alpha| S(\vec{x}) + |\beta| S(\vec{y}) = 0$$

Segue destas relações que $S(\alpha\vec{x} + \beta\vec{y}) = 0$, e portanto que $\alpha\vec{x} + \beta\vec{y} \in \mathbb{V}$. Logo, $\mathbb{V}$ é um subespaço vetorial.

Seja $\mathcal{R}$ uma relação de equivalência num conjunto $\mathbb{E}$. A *classe de equivalência* do elemento $x \in \mathbb{E}$, indicada pela notação $[x]$, é o conjunto formado pelos elementos $y \in \mathbb{E}$ tais que $x\mathcal{R}y$. Portanto:

$$[x] = \{y \in \mathbb{E} : x\mathcal{R}y\}$$

Cada elemento $y \in [x]$ diz-se um *representante* de $[x]$.

Exercício 3 - Seja $S : \mathbb{E} \to \mathbb{R}$ uma seminorma num espaço vetorial $\mathbb{E}$. Considere a relação $\mathcal{R}$ em $\mathbb{E}$ definida por:

$$\vec{x} \approx \vec{y} \Leftrightarrow S(\vec{x} - \vec{y}) = 0$$

Prove:

(a) $\mathcal{R}$ é uma relação de equivalência.

CAPÍTULO 2 – ESPAÇOS VETORIAIS NORMADOS   7

(b) Dados $\vec{x}, \vec{y} \in \mathbb{E}$, as classes de equivalência $[\vec{x}]$, $[\vec{y}]$ são iguais ou disjuntas.

(c) O espaço vetorial $\mathbb{E}$ é a reunião (disjunta) $\mathbb{E} = \biguplus_{\vec{x} \in \mathbb{E}} [\vec{x}]$.

(d) Tem-se $S(\vec{x}) = S(\vec{v})$ para todo $\vec{v} \in [\vec{x}]$.

(e) Se $\vec{u} \in [\vec{x}]$ e $\vec{v} \in [\vec{y}]$ então $[\vec{u} + \vec{v}] = [\vec{x} + \vec{y}]$.

(f) Se $\vec{u} \in [\vec{x}]$ então $[\lambda \vec{u}] = [\lambda \vec{x}]$ para todo $\lambda \in \mathbb{R}$.

Solução:

(a): Como $S(\vec{x} - \vec{x}) = S(\vec{o}) = 0$, segue-se que $\vec{x} \approx \vec{x}$. Logo, $\mathcal{R}$ é reflexiva. Uma vez que $S(\vec{x} - \vec{y}) = S(\vec{y} - \vec{x})$, tem-se:

$$\vec{x} \approx \vec{y} \Rightarrow S(\vec{x} - \vec{y}) = 0 \Rightarrow$$

$$\Rightarrow S(\vec{y} - \vec{x}) = 0 \Rightarrow \vec{y} \approx \vec{x}$$

Assim sendo, a relação $\mathcal{R}$ é simétrica. Em virtude de ser $S(\vec{x} - \vec{z}) \leq S(\vec{x} - \vec{y}) + S(\vec{y} - \vec{z})$, segue-se:

$$\vec{x} \approx \vec{y}, \ \vec{y} \approx \vec{z} \Rightarrow S(\vec{x} - \vec{y}) = S(\vec{y} - \vec{z}) = 0 \Rightarrow$$

$$\Rightarrow 0 \leq S(\vec{x} - \vec{z}) \leq S(\vec{x} - \vec{y}) + S(\vec{y} - \vec{z}) = 0 \Rightarrow$$

$$\Rightarrow S(\vec{x} - \vec{z}) = 0 \Rightarrow \vec{x} \approx \vec{z}$$

Por consequência, $\mathcal{R}$ é transitiva. Logo, $\mathcal{R}$ é uma relação de equivalência.

(b): Seja $\vec{u} \in [\vec{x}]$. Então $\vec{u} \approx \vec{x}$. Dado arbitrariamente $\vec{v} \in [\vec{u}]$, tem-se $\vec{v} \approx \vec{u}$. Como $\vec{u} \approx \vec{x}$ e a relação $\mathcal{R}$ é transitiva, segue-se $\vec{v} \approx \vec{x}$, e portanto $\vec{v} \in [\vec{x}]$. Conclui-se daí que $[\vec{u}] \subseteq [\vec{x}]$. Seja agora $\vec{w} \in [\vec{x}]$ arbitrário. Tem-se $\vec{w} \approx \vec{x}$ e também $\vec{x} \approx \vec{u}$. Daí e da transitividade de $\mathcal{R}$ decorre $\vec{w} \approx \vec{u}$, donde $\vec{w} \in [\vec{u}]$. Segue-se que $[\vec{x}] \subseteq [\vec{u}]$. Portanto, vale a igualdade $[\vec{u}] = [\vec{x}]$. Por consequência,

$$\boxed{\vec{u} \in [\vec{x}] \Rightarrow [\vec{u}] = [\vec{x}]} \tag{2.8}$$

Supondo agora $[\vec{x}] \cap [\vec{y}] \neq \emptyset$, seja $\vec{u} \in [\vec{x}] \cap [\vec{y}]$. Então $\vec{u} \in [\vec{x}]$ e $\vec{u} \in [\vec{y}]$. Por isto e por (2.8), $[\vec{u}] = [\vec{x}]$ e $[\vec{u}] = [\vec{y}]$, logo $[\vec{x}] = [\vec{y}]$. Portanto, se $[\vec{x}]$ é diferente de $[\vec{y}]$ então as classes de equivalência $[\vec{x}]$ e $[\vec{y}]$ são disjuntas.

(c): Cada vetor $\vec{x} \in \mathbb{E}$ pertence à classe de equivalência $[\vec{x}]$,

8 320 QUESTÕES RESOLVIDAS DE ÁLGEBRA LINEAR

pois $\vec{x} \approx \vec{x}$. Por outro lado, cada classe $[\vec{x}]$ é um subconjunto do espaço vetorial $\mathbb{E}$. Logo, $\mathbb{E} = \biguplus_{\vec{x} \in \mathbb{E}} [\vec{x}]$.

(d): Seja $\vec{v} \in [\vec{x}]$ qualquer. Pela definição de $\mathcal{R}$, $S(\vec{x} - \vec{v}) = 0$, e portanto $S(\vec{v} - \vec{x}) = S(-(\vec{x} - \vec{v})) = S(\vec{x} - \vec{v}) = 0$ (v. Exercício 1). Como $\vec{x} = (\vec{x} - \vec{v}) + \vec{v}$ e $\vec{v} = (\vec{v} - \vec{x}) + \vec{x}$, tem-se:

$$\boxed{S(\vec{x}) \leq S(\vec{x} - \vec{v}) + S(\vec{v}) = S(\vec{v})} \tag{2.9}$$

e também:

$$\boxed{S(\vec{v}) \leq S(\vec{v} - \vec{x}) + S(\vec{x}) = S(\vec{x})} \tag{2.10}$$

Das desigualdades (2.9) e (2.10) obtém-se $S(\vec{x}) = S(\vec{v})$.

(e): Sejam $\vec{u} \in [\vec{x}]$ e $\vec{v} \in [\vec{y}]$. Tem-se:

$$\boxed{S(\vec{x} - \vec{u}) = S(\vec{y} - \vec{v}) = 0} \tag{2.11}$$

Pelas propriedades da adição de vetores em $\mathbb{E}$, $(\vec{x} + \vec{y}) - (\vec{u} + \vec{v}) = (\vec{x} - \vec{u}) + (\vec{y} - \vec{v})$. Assim sendo, as igualdades (2.11) levam a:

$$0 \leq S((\vec{x} + \vec{y}) - (\vec{u} + \vec{v})) =$$

$$= S((\vec{x} - \vec{u}) + (\vec{y} - \vec{v})) \leq S(\vec{x} - \vec{u}) + S(\vec{y} - \vec{v}) = 0$$

Destas desigualdades resulta $\vec{x} + \vec{y} \approx \vec{u} + \vec{v}$, donde $[\vec{x} + \vec{y}] = [\vec{u} + \vec{v}]$.

(f): Sejam $\vec{u} \in [\vec{x}]$ e $\lambda \in \mathbb{R}$ quaisquer. Pela definição de $\mathcal{R}$, $S(\vec{x} - \vec{u}) = 0$, donde $S(\lambda\vec{x} - \lambda\vec{u}) = S(\lambda(\vec{x} - \vec{u})) = |\lambda| S(\vec{x} - \vec{u}) = 0$. Daí decorre $\lambda\vec{x} \approx \lambda\vec{u}$, e portanto $[\lambda\vec{x}] = [\lambda\vec{v}]$.

Exercício 4 - Seja $\mathcal{R}$ a relação do Exercício 3. O *espaço quociente* $\mathbb{E}/\mathcal{R}$ é definido por:

$$\mathbb{E}/\mathcal{R} = \{[\vec{x}] : \vec{x} \in \mathbb{E}\}$$

Sejam as operações de adição e produto por número real em $\mathbb{E}/\mathcal{R}$ definidas do modo seguinte:

$$[\vec{x}] + [\vec{y}] = [\vec{x} + \vec{y}], \quad \lambda[\vec{x}] = [\lambda\vec{x}]$$

Prove que as operações assim definidas tornam $\mathbb{E}/\mathcal{R}$ um espaço vetorial.

Solução: As operações do enunciado acima estão *bem*

CAPÍTULO 2 – ESPAÇOS VETORIAIS NORMADOS 9

definidas, ou seja, não dependem dos representantes das classes $[\vec{x}]$ e $[\vec{y}]$. Com efeito, dados arbitrariamente $\vec{u} \in [\vec{x}]$ e $\vec{v} \in [\vec{y}]$, tem-se $[\vec{u} + \vec{v}] = [\vec{x} + \vec{y}]$, donde $[\vec{u}] + [\vec{v}] = [\vec{x}] + [\vec{y}]$. Tem-se também $[\lambda\vec{u}] = [\lambda\vec{x}]$, e portanto $\lambda[\vec{u}] = \lambda[\vec{x}]$ (v. Exercício 3), seja qual for $\lambda \in \mathbb{R}$. Sejam $\vec{x}, \vec{y}, \vec{z} \in \mathbb{E}$. Como $(\vec{x} + \vec{y}) + \vec{z} = \vec{x} + (\vec{y} + \vec{z})$, segue-se:

$$[(\vec{x} + \vec{y}) + \vec{z}] = [\vec{x} + (\vec{y} + \vec{z})]$$

Por esta razão,

$$([\vec{x}] + [\vec{y}]) + [\vec{z}] = [\vec{x} + \vec{y}] + [\vec{z}] =$$

$$= [(\vec{x} + \vec{y}) + \vec{z}] = [\vec{x} + (\vec{y} + \vec{z})] =$$

$$= [\vec{x}] + [\vec{y} + \vec{z}] = [\vec{x}] + ([\vec{y}] + [\vec{z}])$$

Logo, a adição definida em $\mathbb{E}/\mathcal{R}$ é associativa. Uma vez que $\vec{x} + \vec{o} = \vec{o} + \vec{x} = \vec{x}$, tem-se:

$$[\vec{x}] + [\vec{o}] = [\vec{x} + \vec{o}] = [\vec{x}]$$

e também:

$$[\vec{o}] + [\vec{x}] = [\vec{o} + \vec{x}] = [\vec{x}]$$

Por consequência, o elemento neutro da adição definida em $\mathbb{E}/\mathcal{R}$ é a classe de equivalência $[\vec{o}]$ do vetor nulo $\vec{o} \in \mathbb{E}$. Observe-se que $[\vec{o}]$ é o subespaço $\mathbb{V} = S^{-1}(\{0\})$ (v. Exercício 2). Sendo $\vec{x} + (-\vec{x}) = (-\vec{x}) + \vec{x} = \vec{o}$, valem, para qualquer que seja $\vec{x} \in \mathbb{E}$, as igualdades:

$$[\vec{x}] + [-\vec{x}] = [\vec{x} + (-\vec{x})] = [\vec{o}]$$

$$[-\vec{x}] + [\vec{x}] = [(-\vec{x}) + \vec{x}] = [\vec{o}]$$

Assim, o inverso aditivo da classe $[\vec{x}]$ é a classe $[-\vec{x}]$ do vetor $-\vec{x} \in \mathbb{E}$. Sejam agora $\vec{x}, \vec{y} \in \mathbb{E}$ e α, β números reais. Das propriedades das operações definidas em $\mathbb{E}$ resulta:

$$\alpha([\vec{x}] + [\vec{y}]) = \alpha[\vec{x} + \vec{y}] = [\alpha(\vec{x} + \vec{y})] =$$

$$= [\alpha\vec{x} + \alpha\vec{y}] = [\alpha\vec{x}] + [\alpha\vec{y}] = \alpha[\vec{x}] + \alpha[\vec{y}]$$

Tem-se também $(\alpha + \beta)[\vec{x}] = [(\alpha + \beta)\vec{x}] = [\alpha\vec{x} + \beta\vec{x}] = [\alpha\vec{x}] + [\beta\vec{x}]$

10   320 QUESTÕES RESOLVIDAS DE ÁLGEBRA LINEAR

$= \alpha[\vec{x}] + \beta[\vec{x}]$, $\alpha(\beta[\vec{x}]) = \alpha[\beta\vec{x}] = [\alpha(\beta\vec{x})] = [(\alpha\beta)\vec{x}] = (\alpha\beta)[\vec{x}]$ e $1[\vec{x}]$ $= [1\vec{x}] = [\vec{x}]$. Logo, as operações definidas acima tornam $\mathbb{E}/\mathcal{R}$ um espaço vetorial, c. q. d.

Exercício 5 - Sejam a, b, p números reais não-negativos. Para cada $\vec{u} = (u_1, \ldots, u_n) \in \mathbb{R}^n$, seja:

$$\|\vec{u}\|_p = \left(\sum_{k=1}^n |u_k|^p\right)^{1/p}$$

Prove:

(a) *Desigualdade de Young*: Para todo $p > 1$ tem-se $ab \leq (a^p/p) + (b^q/q)$, onde $q = p/(p-1)$.

(b) *Desigualdade de Hölder*: Para quaisquer vetores $\vec{u} = (u_1, \ldots, u_n)$, $\vec{v} = (v_1, \ldots, v_n)$ de $\mathbb{R}^n$ e para todo $p > 1$, tem-se $\sum_{k=1}^n |u_k v_k| \leq \|\vec{u}\|_p \|\vec{v}\|_q$, onde $q = p/(p-1)$.

(c) *Desigualdade de Minkowski*: Para quaisquer $\vec{x}, \vec{y} \in \mathbb{R}^n$ e para todo $p \geq 1$, tem-se $\|\vec{x} + \vec{y}\|_p \leq \|\vec{x}\|_p + \|\vec{y}\|_p$.

(d) Para todo $p \geq 1$, a função $\vec{x} \mapsto \|\vec{x}\|_p$ é uma seminorma em $\mathbb{R}^n$.

Solução:

(a): Seja, para cada $\lambda \in (0,1)$, $g_\lambda : [1, \infty) \to \mathbb{R}$ definida pondo:

$$g_\lambda(x) = \lambda(x-1) - x^\lambda + 1$$

Para cada $\lambda \in (0,1)$, a função g_λ é diferenciável, valendo:

$$\boxed{g_\lambda'(x) = \lambda(1 - x^{\lambda-1}) = \lambda\left(1 - \frac{1}{x^{1-\lambda}}\right)} \tag{2.12}$$

para todo $x \geq 1$. Resulta de (2.12) que $g_\lambda'(x) \geq 0$ para todo $x \geq 1$ e para cada $\lambda \in (0,1)$. Assim sendo, as funções g_λ são *não-decrescentes*. Como $g_\lambda(1) = 0$, segue-se que $g_\lambda(x) = \lambda(x-1) - x^\lambda + 1 \geq 0$ para todo $x \geq 1$. Por consequência, vale, para cada $\lambda \in (0,1)$ e para todo $x \geq 1$, a seguinte desigualdade:

$$\boxed{\lambda x + (1 - \lambda) \geq x^\lambda} \tag{2.13}$$

Sejam $p > 1$ e α, β números reais positivos com $\alpha \geq \beta$. Então

CAPÍTULO 2 – ESPAÇOS VETORIAIS NORMADOS   **11**

$\alpha/\beta \geq 1$. Sendo $p > 1$, tem-se $0 < 1/p < 1$. Fazendo $x = \alpha/\beta$ e $\lambda = 1/p$ em (2.13), obtém-se $(\alpha/\beta)^{1/p} = \alpha^{1/p}/\beta^{1/p} \leq (1/p)(\alpha/\beta) + (1 - (1/p))$. Como $1 - (1/p) = 1/q$, segue-se:

$$\boxed{\frac{\alpha^{1/p}}{\beta^{1/p}} \leq \frac{1}{p}\frac{\alpha}{\beta} + \frac{1}{q}} \qquad (2.14)$$

Multiplicando por β ambos os membros de (2.14) obtém-se:

$$\boxed{\alpha^{1/p}\beta^{1/q} \leq \frac{\alpha}{p} + \frac{\beta}{q}} \qquad (2.15)$$

pois $1 - (1/p) = 1/q$. Se, por outro lado, $\beta > \alpha > 0$, então, fazendo $x = \beta/\alpha$ e $\lambda = 1/q$ em (2.13), tem-se:

$$\boxed{\frac{\beta^{1/q}}{\alpha^{1/q}} \leq \frac{1}{q}\frac{\beta}{\alpha} + \frac{1}{p}} \qquad (2.16)$$

Como $1 - (1/q) = 1/p$, multiplicando por α ambos os membros de (2.16) obtém-se novamente a desigualdade (2.15). Por consequência, a desigualdade (2.15) é válida para quaisquer $\alpha, \beta \in \mathbb{R}$ positivos. Sejam agora a, b números reais não-negativos. Se $a = 0$ ou $b = 0$, a propriedade (a) é evidente. Se, por outro lado, os números a, b são positivos, então, fazendo $\alpha = a^p$ e $\beta = b^q$, a desigualdade (2.15) fornece $ab \leq (a^p/p) + (b^q/q)$.

(b): Sejam $p > 1$ e $\vec{u} = (u_1, \ldots, u_n)$, $\vec{v} = (v_1, \ldots, v_n)$ vetores de $\mathbb{R}^n$. Se $\vec{u} = \vec{o}$ ou $\vec{v} = \vec{o}$, tem-se $\sum_{k=1}^{n} |u_k v_k| = \|\vec{u}\|_p \|\vec{v}\|_q = 0$. Se, por outro lado, os vetores $\vec{u}$ e $\vec{v}$ são ambos não-nulos, os números $\|\vec{u}\|_p$ e $\|\vec{v}\|_q$ são positivos e os números $|u_k|/\|\vec{u}\|_p$, $|v_k|/\|\vec{v}\|_q$, $k = 1, \ldots, n$, são não-negativos. Fazendo $a_k = |u_k|/\|\vec{u}\|_p$ e $b_k = |v_k|/\|\vec{v}\|_q$, $k = 1, \ldots, n$, a desigualdade de Young dá:

$$\boxed{\frac{|u_k v_k|}{\|\vec{u}\|_p \|\vec{v}\|_q} \leq \frac{1}{p}\frac{|u_k|^p}{\|\vec{u}\|_p^p} + \frac{1}{q}\frac{|v_k|^q}{\|\vec{v}\|_q^q}} \qquad (2.17)$$

valendo (2.17) para cada $k = 1, \ldots, n$. Desta forma, somando membro a membro as n desigualdades (2.17), (uma para cada $k = 1, \ldots, n$), obtém-se:

12 320 QUESTÕES RESOLVIDAS DE ÁLGEBRA LINEAR

$$\frac{1}{\|\vec{u}\|_p \|\vec{v}\|_q} \sum_{k=1}^n |u_k v_k| \le$$

$$\le \frac{1}{p\|\vec{u}\|_p^p} \sum_{k=1}^n |u_k|^p + \frac{1}{q\|\vec{v}\|_q^q} \sum_{k=1}^n |v_k|^q$$

Em virtude de ser $\sum_{k=1}^n |u_k|^p = \|\vec{u}\|_p^p$ e $\sum_{k=1}^n |v_k|^q = \|\vec{v}\|^q$, segue-se:

$$\frac{1}{\|\vec{u}\|_p \|\vec{v}\|_q} \sum_{k=1}^n |u_k v_k| \le \frac{1}{p} + \frac{1}{q} = 1$$

donde $\sum_{k=1}^n |u_k v_k| \le \|\vec{u}\|_p \|\vec{v}\|_q$.

(c): Sejam $p > 1$ e $\vec{x} = (x_1, \ldots, x_n)$, $\vec{y} = (y_1, \ldots, y_n)$ vetores *não-nulos* do espaço $\mathbb{R}^n$. Tem-se:

$$\|\vec{x} + \vec{y}\|_p^p = \sum_{k=1}^n |x_k + y_k|^p =$$

$$= \sum_{k=1}^n |x_k + y_k| \, |x_k + y_k|^{p-1}$$

Por sua vez, $|x_k + y_k| \le |x_k| + |y_k|$, $k = 1,\ldots,n$. Por esta razão,

$$
\begin{aligned}
\|\vec{x} + \vec{y}\|_p^p &\le \\
\le \sum_{k=1}^n |x_k| \, |x_k + y_k|^{p-1} &+ \\
+ \sum_{k=1}^n |y_k| \, |x_k + y_k|^{p-1}
\end{aligned}
\tag{2.18}
$$

Fazendo $\vec{u} = \vec{x}$ e $\vec{v}$ o vetor cujas coordenadas são $|x_k + y_k|^{p-1}$, $k = 1,\ldots,n$, a desigualdade de Hölder fornece:

$$
\begin{aligned}
\sum_{k=1}^n |x_k| \, |x_k + y_k|^{p-1} &\le \\
\le \|\vec{x}\|_p \Big(\sum_{k=1}^n |x_k + y_k|^{(p-1)q} \Big)^{1/q}
\end{aligned}
\tag{2.19}
$$

Fazendo agora $\vec{u} = \vec{y}$ e $\vec{v}$ como acima, obtém-se:

$$
\begin{aligned}
\sum_{k=1}^n |y_k| \, |x_k + y_k|^{p-1} &\le \\
\le \|\vec{y}\|_p \Big(\sum_{k=1}^n |x_k + y_k|^{(p-1)q} \Big)^{1/q}
\end{aligned}
\tag{2.20}
$$

CAPÍTULO 2 – ESPAÇOS VETORIAIS NORMADOS   **13**

Sendo $(p-1)q = p$ e $\sum_{k=1}^{n} |x_k + y_k|^p = \|\vec{x} + \vec{y}\|_p^p$, (2.18), (2.19) e (2.20) levam a:

$$\boxed{\|\vec{x} + \vec{y}\|_p^p \leq \left(\|\vec{x}\|_p + \|\vec{y}\|_p\right)\|\vec{x} + \vec{y}\|_p^{p/q}} \qquad (2.21)$$

Se o vetor $\vec{x} + \vec{y}$ é nulo, então $\|\vec{x} + \vec{y}\|_p = 0 \leq \|\vec{x}\|_p + \|\vec{y}\|_p$. Se, por outro lado, o vetor $\vec{x} + \vec{y}$ não é nulo, então $\|\vec{x} + \vec{y}\|_p^{p/q} > 0$. Sendo $p - (p/q) = p(1 - (1/q)) = p(1/p) = 1$, dividindo-se ambos os membros de (2.21) por $\|\vec{x} + \vec{y}\|_p^{p/q}$ obtém-se:

$$\boxed{\|\vec{x} + \vec{y}\|_p \leq \|\vec{x}\|_p + \|\vec{y}\|_p} \qquad (2.22)$$

Logo, vale a desigualdade (2.22) se $\vec{x}$ e $\vec{y}$ são ambos diferentes de $\vec{o}$. Se $\vec{x} = \vec{o}$ ou $\vec{y} = \vec{o}$, então a desigualdade (2.22) é evidente. Se $p = 1$, então $\|\vec{x} + \vec{y}\|_1 = \sum_{k=1}^{n} |x_k + y_k|$, $\|\vec{x}\|_1 = \sum_{k=1}^{n} |x_k|$ e $\|\vec{y}\|_1 = \sum_{k=1}^{n} |y_k|$. Uma vez que vale:

$$|x_k + y_k| \leq |x_k| + |y_k|, \quad k = 1, \dots, n$$

segue-se que $\|\vec{x} + \vec{y}\|_1 \leq \|\vec{x}\|_1 + \|\vec{y}\|_1$.

(d): Sejam $\vec{x}, \vec{y} \in \mathbb{R}^n$ e $\lambda \in \mathbb{R}$ quaisquer. Se $\lambda = 0$ então $\lambda\vec{x} = \vec{o}$, logo $\|\lambda\vec{x}\|_p = |\lambda| \|\vec{x}\|_p = 0$. Se, por outro lado, λ é diferente de zero, então $(|\lambda|^p)^{1/p} = |\lambda|$. Portanto,

$$\|\lambda\vec{x}\|_p = \left(\sum_{k=1}^{n} |\lambda x_k|^p\right)^{1/p} =$$

$$= \left(\sum_{k=1}^{n} |\lambda|^p |x_k|^p\right)^{1/p} = \left(|\lambda|^p \sum_{k=1}^{n} |x_k|^p\right)^{1/p} =$$

$$= |\lambda| \left(\sum_{k=1}^{n} |x_k|^p\right)^{1/p} = \lambda\|\vec{x}\|_p$$

Pela propriedade (c) (desigualdade de Minkowski) já demonstrada, $\|\vec{x} + \vec{y}\|_p \leq \|\vec{x}\|_p + \|\vec{y}\|_p$. Logo, a função $\vec{x} \mapsto \|\vec{x}\|_p$ é uma seminorma.

Exercício 6 - Prove: A função $\|.\|_M : \mathbb{R}^n \to \mathbb{R}$, definida pondo:

$$\|\vec{x}\|_M = \max\{|x_1|, \dots, |x_n|\}$$

14   320 QUESTÕES RESOLVIDAS DE ÁLGEBRA LINEAR

para todo $\vec{x} = (x_1, \ldots, x_n) \in \mathbb{R}^n$, é uma seminorma.

Solução: Sejam $\vec{x}, \vec{y} \in \mathbb{R}^n$ e $\lambda \in \mathbb{R}$ arbitrários. Como $|\lambda|$ é um número real não-negativo, segue da definição de $\|.\|_M$ que $\|\lambda\vec{x}\|_M = |\lambda| \|\vec{x}\|_M$. Valem, para cada $k = 1, \ldots, n$, as desigualdades:

$$\boxed{|x_k| \leq \|\vec{x}\|_M} \qquad (2.23)$$

$$\boxed{|y_k| \leq \|\vec{y}\|_M} \qquad (2.24)$$

Resulta de (2.23) e (2.24) que vale, para cada $k = 1, \ldots, n$, as seguintes desigualdades:

$$\boxed{|x_k + y_k| \leq |x_k| + |y_k| \leq \|\vec{x}\|_M + \|\vec{y}\|_M} \qquad (2.25)$$

Como (2.25) é válida para cada $k = 1, \ldots, n$, segue-se $\|\vec{x} + \vec{y}\|_M \leq \|\vec{x}\|_M + \|\vec{y}\|_M$. Logo, $\|.\|_M$ é uma seminorma.

Exercício 7 - Seja $\mathbb{E}$ o espaço vetorial dos polinômios $f : \mathbb{R} \to \mathbb{R}$. Dados $a_1, \ldots, a_n \in \mathbb{R}$ com $a_1 < \cdots < a_n$, seja $S : \mathbb{E} \to \mathbb{R}$ definida pondo:

$$S(f) = \max\{|f(a_1)|, \ldots, |f(a_n)|\}$$

(a) Prove que a função S definida acima é uma seminorma.

(b) Descreva o subespaço $\mathbb{V} = S^{-1}(\{0\})$.

(c) Seja $\mathcal{R}$ a relação em $\mathbb{E}$ definida no Exercício 3. O espaço quociente $\mathbb{E}/\mathcal{R}$ (v. Exercício 4) é de dimensão finita ou de dimensão infinita?

Solução:

(a): Sejam $f, g : \mathbb{R} \to \mathbb{R}$ polinômios e $\lambda \in \mathbb{R}$. Como $(f + g)(a_k) = f(a_k) + g(a_k)$, $k = 1, \ldots, n$, se tem $|(f + g)(a_k)| \leq |f(a_k)| + |g(a_k)| \leq S(f) + S(g)$, $k = 1, \ldots, n$. Portanto, $S(f + g) \leq S(f) + S(g)$. Como o número $|\lambda|$ é não-negativo, segue-se $S(\lambda f) = |\lambda| S(f)$. Logo, a função S definida acima é uma seminorma.

(b): Seja $\varphi_0 : \mathbb{R} \to \mathbb{R}$ o polinômio (de grau n) definido por:

CAPÍTULO 2 – ESPAÇOS VETORIAIS NORMADOS   15

$$\varphi_0(x) = \prod_{k=1}^{n}(x - a_k) = \\ = (x - a_1)\cdots(x - a_n)$$

(2.26)

Seja $f : \mathbb{R} \to \mathbb{R}$ um polinômio. Tem-se:

$$0 \le |f(a_k)| \le S(f), \quad k = 1, \dots, n$$

Por esta razão, $S(f) = 0$ se, e somente se, $f(a_k) = 0$, $k = 1, \dots, n$. Assim sendo, $f \in \mathbb{V}$ se, e somente se, os números a_k, $k = 1, \dots, n$, são raízes de f. Decorre daí que $\mathbb{V}$ é o subespaço formado pelos polinômios $f : \mathbb{R} \to \mathbb{R}$ da forma $f = g\varphi_0$ (a função $g\varphi_0 : \mathbb{R} \to \mathbb{R}$ é dada por $(g\varphi_0)(x) = g(x)\varphi_0(x)$), onde $g : \mathbb{R} \to \mathbb{R}$ é um polinômio.

(c): Seja $f : \mathbb{R} \to \mathbb{R}$ um polinômio qualquer. Sendo φ_0 um polinômio de grau n, existe um polinômio $q : \mathbb{R} \to \mathbb{R}$ e existe um polinômio $r : \mathbb{R} \to \mathbb{R}$ *de grau menor ou igual a* $n - 1$ de modo que $f = q\varphi_0 + r$. (v. Clark, *Elements of Abstract Algebra*, 1984, p. 76-77, Garcia e Lequain, *Elementos de Álgebra*, 2006, p. 24-27, Herstein, *Tópicos de Álgebra*, 1978, p. 141). Como $S(q\varphi_0) = 0$, o polinômio $q\varphi_0$ pertence à classe de equivalência $[O]$ do polinômio nulo $O : \mathbb{R} \to \mathbb{R}$ ($O(x) = 0$ para todo $x \in \mathbb{R}$). Desta forma, $[q\varphi_0] = [O]$. Por isto e pela definição da adição em $\mathbb{E}/\mathcal{R}$, tem-se:

$$[f] = [q\varphi_0 + r] = [q\varphi_0] + [r] = [O] + [r] = [r]$$

(2.27)

Seja, para cada $k = 0, 1, 2, \dots$, $u_k : \mathbb{R} \to \mathbb{R}$ o polinômio definido pondo $u_k(x) = x^k$ (portanto, $u_0(x) = 1$ para todo x). Sendo r um polinômio de grau menor ou igual a $n - 1$, vale a igualdade $r = \sum_{k=0}^{n-1} \lambda_k u_k$. Daí e de (2.27) decorre:

$$[f] = \left[\sum_{k=0}^{n-1} \lambda_k u_k\right] = \sum_{k=0}^{n-1} \lambda_k[u_k]$$

(2.28)

Desta forma, as classes $[u_k]$ dos polinômios u_k, $k = 0, \dots, n-1$, formam um conjunto de geradores do espaço quociente $\mathbb{E}/\mathcal{R}$. A classe de equivalência $[O]$ do polinômio nulo é o subespaço $\mathbb{V} = S^{-1}(\{0\})$, portanto é formada pelos polinômios $\varphi : \mathbb{R} \to \mathbb{R}$ tais que $\varphi(a_1) = \cdots = \varphi(a_n) = 0$. Desta forma,

16   320 QUESTÕES RESOLVIDAS DE ÁLGEBRA LINEAR

$$\sum_{k=0}^{n-1} \lambda_k[u_k] = [O] \Leftrightarrow$$
$$\Leftrightarrow \left[\sum_{k=0}^{n-1} \lambda_k u_k\right] = [O] \Leftrightarrow \sum_{k=0}^{n-1} \lambda_k u_k \in [O] \Leftrightarrow \qquad (2.29)$$
$$\Leftrightarrow \sum_{k=0}^{n-1} \lambda_k u_k(a_s) = 0, \quad s = 1, \dots, n$$

Por (2.29), $\sum_{k=0}^{n-1} \lambda_k[u_k] = [O]$ se, e somente se, os n números $a_1, \dots, a_n$ são raízes do polinômio $\sum_{k=0}^{n-1} \lambda_k u_k$. Como este polinômio é de grau menor ou igual a $n - 1$, segue-se que as classes $[u_k]$, $k = 0, \dots, n-1$, são LI. Conclui-se daí que o espaço quociente $\mathbb{E}/\mathcal{R}$ é *de dimensão finita*, e se tem $\dim(\mathbb{E}/\mathcal{R}) = n$.

Vale o *Teorema do Supremo*: Todo conjunto $\mathbb{X}$ de números reais, não-vazio e limitado superiormente, possui supremo (v. Guidorizzi, *Um Curso de Cálculo*, Vol. 1, 2001, p. 552). Decorre deste resultado que todo conjunto $\mathbb{X}$ de números reais não-vazio e limitado inferiormente possui ínfimo (v. Lima, *Análise Real*, Vol. 1, 1993, p. 17). Os símbolos:

$$\inf \mathbb{X}, \quad \sup \mathbb{X}$$

denotam, respectivamente o ínfimo e o supremo do conjunto $\mathbb{X}$.

Diz-se que uma função $f : \mathbb{X} \to \mathbb{R}$ é *limitada* quando a imagem $f(\mathbb{X}) \subseteq \mathbb{R}$ é um conjunto limitado de números reais. Noutros termos, quando existe um número não-negativo M (que depende de f) de modo que $|f(x)| \leq M$ para todo $x \in \mathbb{X}$.

Exercício 8 - Sejam $\mathbb{X}$ o intervalo $[0, 1]$, e $\mathbb{E}$ o espaço vetorial das funções $f : \mathbb{R} \to \mathbb{R}$ limitadas no intervalo $\mathbb{X}$. Noutros termos, a restrição $f|\mathbb{X} : \mathbb{X} \to \mathbb{R}$ é limitada. Seja $S : \mathbb{E} \to \mathbb{R}$ definida pondo:

$$S(f) = \sup_{\mathbb{X}} |f(x)|$$

(a) Prove que a função S definida acima é uma seminorma.

(b) Descreva o subespaço $\mathbb{V} = S^{-1}(\{0\})$.

(c) Seja $\mathcal{R}$ a relação em $\mathbb{E}$ definida no Exercício 3. O espaço

CAPÍTULO 2 – ESPAÇOS VETORIAIS NORMADOS   17

quociente $\mathbb{E}/\mathcal{R}$ (v. Exercício 4) é de dimensão finita ou de dimensão infinita?

Solução:

(a): Sejam $f, g \in \mathbb{E}$ e $\lambda \in \mathbb{R}$. Pela definição de S, $|(f+g)(x)|$ = $|f(x) + g(x)| \leq |f(x)| + |g(x)| \leq S(f) + S(g)$ para todo $x \in \mathbb{X}$. Portanto, o número $S(f) + S(g)$ é uma cota superior do conjunto formado pelos números $|(f+g)(x)|$, onde x percorre $\mathbb{X}$. Decorre daí que se tem:

$$S(f+g) = \sup_{\mathbb{X}} |(f+g)(x)| \leq S(f) + S(g)$$

Seja $\lambda \in \mathbb{R}$ diferente de zero. Uma vez que $|\lambda|$ é um número positivo e $|f(x)| \leq S(f)$ para todo $x \in \mathbb{X}$, vale $|(\lambda f)(x)|$ = $|\lambda| |f(x)| \leq |\lambda| S(f)$ para todo $x \in \mathbb{X}$. Logo, o número $|\lambda| S(f)$ é uma cota superior do conjunto formado pelos números $|(\lambda f)(x)|$, onde x percorre $\mathbb{X}$. Seja $\varepsilon > 0$ arbitrário. Como $S(f)$ = $\sup_{\mathbb{X}} |f(x)|$ e o número $\varepsilon/|\lambda|$ é positivo, existe $x_0 \in \mathbb{X}$ de modo que $S(f) - (\varepsilon/|\lambda|) < |f(x_0)|$. Portanto,

$$|\lambda| S(f) - \varepsilon < |\lambda| |f(x_0)| =$$

$$= |\lambda f(x_0)| = |(\lambda f)(x_0)|$$

Logo, $|\lambda| S(f) = \sup_{\mathbb{X}} |(\lambda f)(x)| = S(\lambda f)$. Se $\lambda = 0$ então λf é a função nula $O : \mathbb{R} \to \mathbb{R}$, donde $|\lambda| S(f) = S(\lambda f) = 0$. Segue-se que $S(\lambda f) = |\lambda| S(f)$ para todo $\lambda \in \mathbb{R}$. Conclui-se daí que a função S definida acima é uma seminorma.

(b): Em virtude de ser $0 \leq |f(x)| \leq S(f)$ para todo $x \in \mathbb{X}$, para que seja $S(f) = 0$ é necessário e suficiente que $f(x) = 0$ para todo $x \in \mathbb{X}$. Por consequência, $\mathbb{V} = S^{-1}(\{0\})$ é o subespaço vetorial das funções $f : \mathbb{R} \to \mathbb{R}$ que se anulam em todos os pontos do intervalo $\mathbb{X}$.

(c): Seja $O : \mathbb{R} \to \mathbb{R}$ a função nula, $O(x) = 0$ para todo x. A classe $[O]$ é o subespaço $\mathbb{V}$, portanto $[O]$ é formada pelas funções que se anulam em todos os pontos do intervalo $\mathbb{X}$. Seja, para cada $k = 0,1,2,\ldots$, $u_k : \mathbb{R} \to \mathbb{R}$ o polinômio dado por $u_k(x) = x^k$. As funções u_k, $k = 0,1,2,\ldots$, pertencem a $\mathbb{E}$, pois $0 \leq x^k \leq 1$ para todo $x \in \mathbb{X}$. Dado n inteiro positivo arbitrário, sejam $\lambda_0, \ldots, \lambda_n$ números reais. Como $\sum_{k=0}^{n} \lambda_k [u_k]$

18   320 QUESTÕES RESOLVIDAS DE ÁLGEBRA LINEAR

$= \left[\sum_{k=0}^{n} \lambda_k u_k\right]$, tem-se $\sum_{k=0}^{n} \lambda_k[u_k] = [O]$ se, e somente se, o polinômio $\sum_{k=0}^{n} \lambda_k u_k$ se anula em todos os pontos do intervalo $\mathbb{X}$. Segue-se que $\sum_{k=0}^{n} \lambda_k[u_k] = [O]$ se, e somente se, o polinômio $\sum_{k=0}^{n} \lambda_k u_k$ é nulo. Portanto, $\lambda_k = 0$, $k = 0,1,...,n$. Assim sendo, as classes $[u_k]$, $k = 0,1,2,...$, formam um conjunto LI. Por consequência, $\mathbb{E}/\mathcal{R}$ é um espaço vetorial de dimensão infinita.

Sejam $\mathbb{E}_1, \ldots, \mathbb{E}_n$ espaços vetoriais. O *espaço produto* dos $\mathbb{E}_1, \ldots, \mathbb{E}_n$ é o produto cartesiano $\mathbb{E} = \prod_{k=1}^{n} \mathbb{E}_k$, com a adição e o produto por número real definidos da seguinte maneira:

$$(\vec{x}_1, \ldots, \vec{x}_n) + (\vec{y}_1, \ldots, \vec{y}_n) =$$

$$= (\vec{x}_1 + \vec{y}_1, \ldots, \vec{x}_n + \vec{y}_n)$$

$$\lambda(\vec{x}_1, \ldots, \vec{x}_n) = (\lambda\vec{x}_1, \ldots, \lambda\vec{x}_n)$$

Exercício 9 - Seja $\mathbb{E} = \prod_{k=1}^{n} \mathbb{E}_k$ o espaço produto dos espaços vetoriais $\mathbb{E}_1, \ldots, \mathbb{E}_n$. Seja $S_k : \mathbb{E}_k \to \mathbb{R}$ uma seminorma em $\mathbb{E}_k$, $k = 1,...,n$. Seja $S : \mathbb{E} \to \mathbb{R}$ definida pondo:

$$S(\vec{x}) = \max_{1 \le k \le n} S_k(\vec{x}_k)$$

para todo $\vec{x} = (\vec{x}_1, \ldots, \vec{x}_n) \in \mathbb{E}$. Para cada $p \ge 1$, seja $S_p : \mathbb{E} \to \mathbb{R}$ definida pondo:

$$S_p(\vec{x}) = \left(\sum_{k=1}^{n} (S_k(\vec{x}_k))^p\right)^{1/p}$$

para todo $\vec{x} = (\vec{x}_1, \ldots, \vec{x}_n) \in \mathbb{E}$. Prove que S e S_p são seminormas.

Solução: Sejam $\vec{x} = (\vec{x}_1, \ldots, \vec{x}_n)$, $\vec{y} = (\vec{y}_1, \ldots, \vec{y}_n) \in \mathbb{E}$, $\lambda \in \mathbb{R}$ e $p \ge 1$. Como $S_k : \mathbb{E}_k \to \mathbb{R}$ é uma seminorma, vale, para cada $k = 1,...,n$, a seguinte desigualdade:

$$\boxed{S_k(\vec{x}_k + \vec{y}_k) \le S_k(\vec{x}_k) + S_k(\vec{y}_k)} \tag{2.30}$$

Como $p \ge 1$, a função $\xi \mapsto \xi^p$, definida no intervalo $[0, +\infty)$ é não-decrescente. Segue daí e de (2.30) que se tem:

$$\boxed{(S_k(\vec{x}_k + \vec{y}_k))^p \le (S_k(\vec{x}_k) + S_k(\vec{y}_k))^p} \tag{2.31}$$

CAPÍTULO 2 – ESPAÇOS VETORIAIS NORMADOS 19

para cada $k = 1,...,n$. Somando membro a membro as n desigualdades (2.31) (uma para cada $k = 1,...,n$) obtém-se:

$$\boxed{\sum_{k=1}^{n}(S_k(\vec{x}_k + \vec{y}_k))^p \leq \sum_{k=1}^{n}(S_k(\vec{x}_k) + S_k(\vec{y}_k))^p} \qquad (2.32)$$

A função $\xi \mapsto \xi^{1/p}$, definida no intervalo $[0,+\infty)$, é não-decrescente. Assim sendo, (2.32) fornece:

$$\boxed{\begin{array}{l} \left(\sum_{k=1}^{n}(S_k(\vec{x}_k + \vec{y}_k))^p\right)^{1/p} \leq \\[2mm] \leq \left(\sum_{k=1}^{n}(S_k(\vec{x}_k) + S_k(\vec{y}_k))^p\right)^{1/p} \end{array}} \qquad (2.33)$$

A desigualdade de Minkowski (v. Exercício 5), por sua vez, conduz a:

$$\boxed{\begin{array}{l} \left(\sum_{k=1}^{n}(S_k(\vec{x}_k) + S_k(\vec{y}_k))^p\right)^{1/p} \leq \\[2mm] \leq \left(\sum_{k=1}^{n}(S_k(\vec{x}_k))^p\right)^{1/p} + \left(\sum_{k=1}^{n}(S_k(\vec{y}_k))^p\right)^{1/p} \end{array}} \qquad (2.34)$$

De (2.33) e (2.34) obtém-se:

$$\boxed{S_p(\vec{x} + \vec{y}) \leq S_p(\vec{x}) + S_p(\vec{y})} \qquad (2.35)$$

Pela definição de S, $S_k(\vec{x}_k) \leq S(\vec{x})$ e $S_k(\vec{y}_k) \leq S(\vec{y})$, para cada $k = 1,...,n$. Por isto, $S_k(\vec{x}_k + \vec{y}_k) \leq S_k(\vec{x}_k) + S_k(\vec{y}_k) \leq S(\vec{x}) + S(\vec{y})$, $k = 1,...,n$. Por consequência,

$$\boxed{\begin{array}{l} S(\vec{x} + \vec{y}) = \\[2mm] = \max_{1 \leq k \leq n} S_k(\vec{x}_k + \vec{y}_k) \leq \\[2mm] \leq S(\vec{x}) + S(\vec{y}) \end{array}} \qquad (2.36)$$

Seja $\lambda \in \mathbb{R}$. Como $S_k : \mathbb{E}_k \to \mathbb{R}$ é uma seminorma, $S_k(\lambda \vec{x}_k) = |\lambda| S_k(\vec{x}_k)$, $k = 1,...,n$. Sendo $|\lambda| \geq 0$, tem-se:

$$\boxed{\begin{array}{l} S(\lambda\vec{x}) = \max_{1 \leq k \leq n} S_k(\lambda\vec{x}_k) = \\[2mm] = \max_{1 \leq k \leq n} |\lambda| S_k(\vec{x}_k) = \\[2mm] = |\lambda| \max_{1 \leq k \leq n} S_k(\vec{x}_k) = |\lambda| S(\vec{x}) \end{array}} \qquad (2.37)$$

e, para cada $p \geq 1$ valem as seguintes igualdades:

320 QUESTÕES RESOLVIDAS DE ÁLGEBRA LINEAR

$$
\begin{aligned}
S_p(\lambda \vec{x}) &= \left(\sum_{k=1}^{n}(S_k(\lambda \vec{x}_k))^p\right)^{1/p} = \\
&= \left(\sum_{k=1}^{n}(|\lambda| \, S_k(\vec{x}_k))^p\right)^{1/p} = \\
&= \left(\sum_{k=1}^{n}|\lambda|^p(S_k(\vec{x}_k))^p\right)^{1/p} = \\
&= \left(|\lambda|^p\sum_{k=1}^{n}(S_k(\vec{x}_k))^p\right)^{1/p} = \\
&= |\lambda|\left(\sum_{k=1}^{n}(S_k(\vec{x}_k))^p\right)^{1/p} = |\lambda| \, S_p(\vec{x})
\end{aligned}
\tag{2.38}
$$

As relações listadas em (2.35), (2.36), (2.37) e (2.38) mostram que S e S_p são seminormas, como se queria.

Seja $\mathbb{E}$ um espaço vetorial. Diz-se que uma seminorma $\|.\| : \mathbb{E} \to \mathbb{R}$ é uma *norma* quando $\|\vec{x}\| > 0$ para todo vetor não nulo $\vec{x} \in \mathbb{E}$. Portanto (v. Exercício 1) uma *norma* em $\mathbb{E}$ é uma função $\|.\| : \mathbb{E} \to \mathbb{R}$ com as seguintes propriedades:

N1 - $\|\vec{x}\| \geq 0$ para todo $\vec{x} \in \mathbb{E}$.

N2 - $\|\vec{x}\| = 0 \Leftrightarrow \vec{x} = \vec{o}$.

N3 - $\|\lambda \vec{x}\| = |\lambda| \, \|\vec{x}\|$ para quaisquer $\vec{x} \in \mathbb{E}$, $\lambda \in \mathbb{R}$.

N4 - $\|\vec{x} + \vec{y}\| \leq \|\vec{x}\| + \|\vec{y}\|$ para quaisquer $\vec{x}, \vec{y} \in \mathbb{E}$.

Um *espaço vetorial normado*, abreviadamente:

EVN

é um espaço vetorial no qual está definida uma norma.

A função $\|.\| : \mathbb{R} \to \mathbb{R}$, definida pondo $\|x\| = |x|$, tem as propriedades N1, N2, N3 e N4 listadas acima, portanto é uma norma em $\mathbb{R}$. De agora em diante, o conjunto $\mathbb{R}$ dos números reais será considerado um EVN, dotado da norma $x \mapsto |x|$.

Dado um EVN $\mathbb{E}$, sejam $\vec{a} \in \mathbb{E}$ e $r > 0$. A *bola aberta* $\mathbb{B}(\vec{a}; r)$, a *bola fechada* $\mathbb{D}(\vec{a}; r)$ e a *esfera* $\mathbb{S}(\vec{a}; r)$, de centro $\vec{a}$ e raio r, são:

$$
\mathbb{B}(\vec{a}; r) = \{\vec{x} \in \mathbb{E} : \|\vec{x} - \vec{a}\| < r\}
$$

$$
\mathbb{D}(\vec{a}; r) = \{\vec{x} \in \mathbb{E} : \|\vec{x} - \vec{a}\| \leq r\}
$$

CAPÍTULO 2 – ESPAÇOS VETORIAIS NORMADOS   21

$$\mathbb{S}(\vec{a};r) = \{\vec{x} \in \mathbb{E} : \|\vec{x} - \vec{a}\| = r\}$$

Decorre destas definições que se tem $\mathbb{D}(\vec{a};r) = \mathbb{B}(\vec{a};r) \uplus \mathbb{S}(\vec{a};r)$.

Um vetor $\vec{u} \in \mathbb{E}$ diz-se *unitário* quando $\|\vec{u}\| = 1$.

A *esfera unitária* $\mathbb{S}_1 \subseteq \mathbb{E}$ é a esfera $\mathbb{S}(\vec{o};1)$ de centro no ponto $\vec{o} \in \mathbb{E}$ e raio igual a um. Portanto, $\mathbb{S}_1$ é o conjunto dos vetores unitários $\vec{u} \in \mathbb{E}$.

Exercício 10 - Dado um EVN $\mathbb{E}$, sejam $\vec{a} \in \mathbb{E}$ e $r > 0$. Prove:
(a) Para todo $\vec{x} \in \mathbb{B}(\vec{a};r)$ existe $\varepsilon = \varepsilon(\vec{x}) > 0$ tal que $\mathbb{B}(\vec{x};\varepsilon) \subseteq \mathbb{B}(\vec{a};r)$.
(b) Para todo $\vec{x}$ no complementar $\mathbb{E}\setminus\mathbb{D}(\vec{a};r)$ de $\mathbb{D}(\vec{a};r)$ existe $\varepsilon = \varepsilon(\vec{x}) > 0$ tal que $\mathbb{B}(\vec{x};\varepsilon) \subseteq \mathbb{E}\setminus\mathbb{D}(\vec{a};r)$.
(c) Para todo $\vec{x} \in \mathbb{S}(\vec{a};r)$ e todo $\varepsilon > 0$, ambas as interseções $\mathbb{B}(\vec{x};\varepsilon) \cap \mathbb{D}(\vec{a};r)$ e $\mathbb{B}(\vec{x};\varepsilon) \cap (\mathbb{E}\setminus\mathbb{D}(\vec{a};r))$ são não-vazias.
(d) Para todo $\vec{x} \in \mathbb{E}$ diferente de $\vec{a}$ existe $\varepsilon = \varepsilon(\vec{x}) > 0$ tal que $\mathbb{B}(\vec{x};\varepsilon) \subseteq \mathbb{E}\setminus\{\vec{a}\}$.

Solução:
(a): Dado arbitrariamente $\vec{x} \in \mathbb{B}(\vec{a};r)$, seja $\varepsilon = \varepsilon(\vec{x}) = r - \|\vec{x} - \vec{a}\|$. O número ε é positivo, porque $\|\vec{x} - \vec{a}\| < r$. Seja $\vec{y} \in \mathbb{B}(\vec{x};\varepsilon)$ qualquer. Tem-se $\|\vec{y} - \vec{x}\| < \varepsilon = r - \|\vec{x} - \vec{a}\|$. Como $\vec{y} - \vec{a} = (\vec{y} - \vec{x}) + (\vec{x} - \vec{a})$, segue-se:

$$\|\vec{y} - \vec{a}\| = \|(\vec{y} - \vec{x}) + (\vec{x} - \vec{a})\| \le$$

$$\le \|\vec{y} - \vec{x}\| + \|\vec{x} - \vec{a}\| <$$

$$< r - \|\vec{x} - \vec{a}\| + \|\vec{x} - \vec{a}\| = r$$

Portanto, $\vec{y} \in \mathbb{B}(\vec{a};r)$. Conclui-se daí que $\mathbb{B}(\vec{x};\varepsilon) \subseteq \mathbb{B}(\vec{a};r)$.

(b): Dado $\vec{x} \in \mathbb{E}\setminus\mathbb{D}(\vec{a};r)$, seja $\varepsilon = \varepsilon(\vec{x}) = \|\vec{x} - \vec{a}\| - r$. Este número ε é positivo, pois $\|\vec{x} - \vec{a}\| > r$. Seja $\vec{y} \in \mathbb{B}(\vec{x};\varepsilon)$ arbitrário. Tem-se $\|\vec{x} - \vec{y}\| < \varepsilon = \|\vec{x} - \vec{a}\| - r$. Em virtude de ser $\vec{y} - \vec{a} = (\vec{x} - \vec{a}) - (\vec{x} - \vec{y})$, valem as seguintes relações:

22 320 QUESTÕES RESOLVIDAS DE ÁLGEBRA LINEAR

$$\|\vec{y} - \vec{a}\| = \|(\vec{x} - \vec{a}) - (\vec{x} - \vec{y})\| \geq$$

$$\geq \mid \|\vec{x} - \vec{a}\| - \|\vec{x} - \vec{y}\| \mid \geq$$

$$\geq \|\vec{x} - \vec{a}\| - \|\vec{x} - \vec{y}\| >$$

$$> \|\vec{x} - \vec{a}\| - \varepsilon = r$$

Logo, $\vec{y} \in \mathbb{E} \setminus \mathbb{D}(\vec{a}; r)$. Segue-se que $\mathbb{B}(\vec{x}; \varepsilon) \subseteq \mathbb{E} \setminus \mathbb{D}(\vec{a}; r)$.

(c): Sejam $\vec{x} \in \mathbb{S}(\vec{a}; r)$ e $\varepsilon > 0$ arbitrários. Como $\|\vec{x} - \vec{a}\| = r > 0$, o vetor $\vec{x} - \vec{a}$ é não-nulo. Seja:

$$\vec{u} = \frac{\vec{x} - \vec{a}}{\|\vec{x} - \vec{a}\|} = \frac{\vec{x} - \vec{a}}{r}$$

O vetor $\vec{u}$ é unitário, e se tem $\vec{x} = \vec{a} + r\vec{u}$. Como ε e r são números positivos, $\min\{\varepsilon, r\}$ é um número positivo. Seja ε_0 um número positivo menor do que $\min\{\varepsilon, r\}$. Como $\vec{x} - \varepsilon_0\vec{u} - \vec{a} = r\vec{u} - \varepsilon_0\vec{u} = (r - \varepsilon_0)\vec{u}$ e ε_0 é menor do que r, valem as seguintes relações:

$$\|\vec{x} - \varepsilon_0\vec{u} - \vec{a}\| = \mid r - \varepsilon_0 \mid \|\vec{u}\| =$$

$$= \mid r - \varepsilon_0 \mid = r - \varepsilon_0 < r$$

Logo o vetor $\vec{x} - \varepsilon_0\vec{u}$ pertence a $\mathbb{B}(\vec{a}; r)$, e portanto a $\mathbb{D}(\vec{a}; r)$. Uma vez que $\vec{x} - \varepsilon_0\vec{u} - \vec{x} = -\varepsilon_0\vec{u}$, tem-se:

$$\|\vec{x} - \varepsilon_0\vec{u} - \vec{x}\| = \varepsilon_0 < \varepsilon$$

Segue-se que o vetor $\vec{x} - \varepsilon_0\vec{u}$ pertence também à bola aberta $\mathbb{B}(\vec{x}; \varepsilon)$. Logo, $\vec{x} - \varepsilon_0\vec{u} \in \mathbb{B}(\vec{x}; \varepsilon) \cap \mathbb{D}(\vec{a}; r)$. O vetor $\vec{x} + \varepsilon_0\vec{u}$ pertence à bola aberta $\mathbb{B}(\vec{x}; \varepsilon)$, pois $\vec{x} + \varepsilon_0\vec{u} - \vec{x} = \varepsilon_0\vec{u}$ e $\varepsilon_0 < \varepsilon$. Sendo $\vec{x} + \varepsilon_0\vec{u} - \vec{a} = (r + \varepsilon_0)\vec{u}$ e $\varepsilon_0 > 0$, vale:

$$\|\vec{x} + \varepsilon_0\vec{u} - \vec{a}\| = r + \varepsilon_0 > r$$

Portanto $\vec{x} + \varepsilon_0\vec{u}$ pertence também ao complementar $\mathbb{E} \setminus \mathbb{D}(\vec{a}; r)$ de $\mathbb{D}(\vec{a}; r)$. Por consequência, o vetor $\vec{x} + \varepsilon_0\vec{u}$ pertence à interseção $\mathbb{B}(\vec{x}; \varepsilon) \cap (\mathbb{E} \setminus \mathbb{D}(\vec{a}; r))$.

(d): Dado qualquer $\vec{x} \in \mathbb{E} \setminus \{\vec{a}\}$, tem-se $\|\vec{x} - \vec{a}\| > 0$, porque $\vec{x}$ é diferente de $\vec{a}$. Seja $\varepsilon = \varepsilon(\vec{x}) = \|\vec{x} - \vec{a}\|/2$. Se fosse $\vec{y} = \vec{a}$ para algum $\vec{y} \in \mathbb{B}(\vec{x}; \varepsilon)$ ter-se-ia $\|\vec{x} - \vec{y}\| = \|\vec{x} - \vec{a}\| < \varepsilon = \|\vec{x} - \vec{a}\|/2$, uma contradição. Por consequência, $\vec{y}$ é diferente

CAPÍTULO 2 – ESPAÇOS VETORIAIS NORMADOS   23

de $\vec{a}$, seja qual for $\vec{y} \in \mathbb{B}(\vec{x}; \varepsilon)$. Portanto, $\mathbb{B}(\vec{x}; \varepsilon) \subseteq \mathbb{E} \setminus \{\vec{a}\}$.

Exercício 11 - Seja $\mathbb{E}$ um EVN. Prove: Para quaisquer pontos distintos $\vec{a}_1, \vec{a}_2 \in \mathbb{E}$ existe $\varepsilon = \varepsilon(\vec{a}_1, \vec{a}_2) > 0$ tal que as bolas abertas $\mathbb{B}(\vec{a}_1; \varepsilon)$ e $\mathbb{B}(\vec{a}_2; \varepsilon)$ são disjuntas.

Solução: Sejam $\vec{a}_1, \vec{a}_2 \in \mathbb{E}$ com $\vec{a}_1$ diferente de $\vec{a}_2$. Então $\|\vec{a}_1 - \vec{a}_2\| > 0$. Sejam $\varepsilon = \|\vec{a}_1 - \vec{a}_2\|/3$, $\mathbb{B}_1 = \mathbb{B}(\vec{a}_1; \varepsilon)$ e $\mathbb{B}_2 = \mathbb{B}(\vec{a}_2; \varepsilon)$. Supondo a interseção $\mathbb{B}_1 \cap \mathbb{B}_2$ não-vazia, seja $\vec{x} \in \mathbb{B}_1 \cap \mathbb{B}_2$. Tem-se $\|\vec{x} - \vec{a}_1\| < \varepsilon$ porque $\vec{x} \in \mathbb{B}_1$ e também $\|\vec{x} - \vec{a}_2\| < \varepsilon$, pois $\vec{x} \in \mathbb{B}_2$. Daí decorre:

$$\|\vec{a}_1 - \vec{a}_2\| = \|(\vec{a}_1 - \vec{x}) + (\vec{x} - \vec{a}_2)\| \le$$

$$\le \|\vec{a}_1 - \vec{x}\| + \|\vec{x} - \vec{a}_2\| < 2\varepsilon =$$

$$= (2/3)\|\vec{a}_1 - \vec{a}_2\| < \|\vec{a}_1 - \vec{a}_2\|$$

uma contradição. Logo, os conjuntos $\mathbb{B}_1$ e $\mathbb{B}_2$ são disjuntos.

Exercício 12 - Seja $\mathbb{E}$ um EVN diferente de $\{\vec{o}\}$. Sejam $\vec{a}_1, \vec{a}_2 \in \mathbb{E}$ e r_1, r_2 números positivos, de modo que $\mathbb{S}(\vec{a}_1; r_1) = \mathbb{S}(\vec{a}_2; r_2)$. Prove que $\vec{a}_1 = \vec{a}_2$ e $r_1 = r_2$.

Solução:
Admitindo $\vec{a}_1$ diferente de $\vec{a}_2$, sejam:

$$R = \|\vec{a}_1 - \vec{a}_2\|$$

$$\vec{u} = \frac{\vec{a}_1 - \vec{a}_2}{\|\vec{a}_1 - \vec{a}_2\|} = \frac{\vec{a}_1 - \vec{a}_2}{R}$$

Valem as seguntes igualdades:

$$\boxed{\vec{a}_1 - \vec{a}_2 = R\vec{u}, \quad \|\vec{u}\| = 1} \tag{2.39}$$

Cada um dos vetores $\vec{a}_1 \pm r_1\vec{u}$ pertence à esfera $\mathbb{S}(\vec{a}_1; r_1)$. Como $\mathbb{S}(\vec{a}_1; r_1) = \mathbb{S}(\vec{a}_2; \vec{r}_2)$, os vetores $\vec{a}_1 \pm r_1\vec{u}$ pertencem à esfera $\mathbb{S}(\vec{a}_2; r_2)$. Por isto,

$$\boxed{\|(\vec{a}_1 \pm r_1\vec{u}) - \vec{a}_2\| = \|(\vec{a}_1 - \vec{a}_2) \pm r_1\vec{u}\| = r_2} \tag{2.40}$$

Decorre das igualdades (2.39) que $(\vec{a}_1 - \vec{a}_2) \pm r_1\vec{u} = (R \pm r_1)\vec{u}$,

24　320 QUESTÕES RESOLVIDAS DE ÁLGEBRA LINEAR

donde $\|(\vec{a}_1 - \vec{a}_2) \pm r_1\vec{u}\| = |R \pm r_1|$. Assim sendo, de (2.40) obtem-se:

$$\boxed{|R \pm r_1| = r_2} \tag{2.41}$$

O número $R = \|\vec{a}_1 - \vec{a}_2\|$ é positivo. Como o número r_1 é também positivo, $|R + r_1| = R + r_1$. Portanto, segue de (2.41) que valem ambas as igualdades:

$$R + r_1 = r_2, \quad |R - r_1| = r_2$$

das quais resulta:

$$\boxed{|R - r_1| = R + r_1} \tag{2.42}$$

Tem-se $|R - r_1| = R - r_1$ ou $|R - r_1| = r_1 - R$. Como $r_1 > 0$, se $|R - r_1| = R - r_1$ vale $|R - r_1| = R - r_1 < R < R + r_1$. Se, por outro lado, $|R - r_1| = r_1 - R$, tem-se $|R - r_1| = r_1 - R < r_1 < R + r_1$, porque R é um número positivo. Conclui-se daí que $|R - r_1| < R + r_1$, o que contradiz (2.42). Por consequencia, $\vec{a}_1 = \vec{a}_2$.

Sendo $\mathbb{E}$ diferente de $\{\vec{o}\}$, existe um vetor não nulo $\vec{w} \in \mathbb{E}$. O vetor $\vec{v} = \vec{w}/\|\vec{w}\|$ é unitário. O vetor $\vec{a}_1 + r_1\vec{v}$ pertence a $\mathbb{S}(\vec{a}_1; r_1)$, e também a $\mathbb{S}(\vec{a}_2; r_2)$, porque os conjuntos $\mathbb{S}(\vec{a}_1; r_1)$ e $\mathbb{S}(\vec{a}_2; r_2)$ são iguais. Por esta razão, tem-se:

$$\boxed{\|\vec{a}_1 + r_1\vec{v} - \vec{a}_2\| = r_2} \tag{2.43}$$

Como $\vec{a}_1 = \vec{a}_2$, fica $\vec{a}_1 + r_1\vec{v} - \vec{a}_2 = r_1\vec{v}$, e portanto:

$$\boxed{\|\vec{a}_1 + r_1\vec{v} - \vec{a}_2\| = \|r_1\vec{v}\| = r_1} \tag{2.44}$$

De (2.43) e (2.44) obtém-se $r_1 = r_2$.

As abreviações:

LI, LD

significam, respectivamente, linearmente independente(s) e linearmente dependente(s).

Exercício 13 - Sejam $\vec{u}, \vec{v}$ vetores LI de um EVN $\mathbb{E}$ e $\varphi : [0, 1] \to \mathbb{E}$ definida por:

$$\varphi(\lambda) = (1 - \lambda)\vec{u} + \lambda\vec{v}$$

Prove:

CAPÍTULO 2 – ESPAÇOS VETORIAIS NORMADOS **25**

(a) Tem-se $\varphi(\lambda)$ diferente de $\vec{o}$ para todo $\lambda \in [0, 1]$.

(b) Para todo $\lambda, \mu \in [0, 1]$ com λ diferente de μ, os vetores $\varphi(\lambda)$, $\varphi(\mu)$ são LI.

(c) A função $g : [0, 1] \to \mathbb{E}$, definida por $g(\lambda) = \varphi(\lambda) / \|\varphi(\lambda)\|$, é injetiva.

(d) Se $\mathbb{E}$ é de dimensão infinita ou de dimensão finita $n \geq 2$, então a *esfera unitária* $\mathbb{S}(\vec{o}; 1) = \{\vec{x} \in \mathbb{E} : \|\vec{x}\| = 1\}$ é um conjunto (infinito) não-enumerável.

Solução:

(a): Os vetores $\vec{u}$, $\vec{v}$ sendo LI, se fosse $\varphi(\lambda) = (1 - \lambda)\vec{u} + \lambda\vec{v} = \vec{o}$ para algum $\lambda \in [0, 1]$, ter-se-ia, para este λ, $1 - \lambda = \lambda = 0$, donde $1 = 0$. Por consequência, o vetor $\varphi(\lambda)$ é não-nulo, seja qual for $\lambda \in [0, 1]$.

(b): Sejam $\lambda, \mu \in [0, 1]$ com λ diferente de μ e α, β números reais. Tem-se:

$$
\begin{aligned}
\alpha\varphi(\lambda) + \beta\varphi(\mu) &= \\
= \alpha((1 - \lambda)\vec{u} + \lambda\vec{v}) + \beta((1 - \mu)\vec{u} + \mu\vec{v}) &= \\
= (1 - \lambda)\alpha\vec{u} + \lambda\alpha\vec{v} + (1 - \mu)\beta\vec{u} + \mu\beta\vec{v} &= \\
= ((1 - \lambda)\alpha + (1 - \mu)\beta)\vec{u} + (\lambda\alpha + \mu\beta)\vec{v}
\end{aligned}
\tag{2.45}
$$

Os vetores $\vec{u}$, $\vec{v}$ sendo LI, resulta de (2.45) que se tem $\alpha\varphi(\lambda) + \beta\varphi(\mu) = \vec{o}$ se, e somente se, (α, β) é solução do sistema linear:

$$
\begin{cases}
(1 - \lambda)\alpha + (1 - \mu)\beta = 0 \\
\lambda\alpha + \mu\beta = 0
\end{cases}
\tag{2.46}
$$

Como $(1 - \lambda)\mu - \lambda(1 - \mu) = \mu - \lambda$ e λ é diferente de μ, $(1 - \lambda)\mu - \lambda(1 - \mu)$ é diferente de zero. Decorre daí que *a única* solução do sistema (2.46) é a solução trivial, $\alpha = \beta = 0$. Segue-se que $\alpha\varphi(\lambda) + \beta\varphi(\mu) = \vec{o}$ se, e somente se, $\alpha = \beta = 0$. Logo, $\varphi(\lambda)$ e $\varphi(\mu)$ são vetores LI.

(c): Sejam $\lambda, \mu \in [0, 1]$. Da definição de g vem:

$$
g(\lambda) = g(\mu) \Leftrightarrow \varphi(\mu) = \frac{\|\varphi(\mu)\|}{\|\varphi(\lambda)\|}\varphi(\lambda)
\tag{2.47}
$$

26   320 QUESTÕES RESOLVIDAS DE ÁLGEBRA LINEAR

Resulta de (2.47) que se $g(\lambda) = g(\mu)$ então os vetores $\varphi(\lambda)$ e $\varphi(\mu)$ são LD. Segue-se que se $g(\lambda) = g(\mu)$ então $\lambda = \mu$, pois do contrário os vetores $\varphi(\lambda)$ e $\varphi(\mu)$ seriam LI. Portanto, a função g é injetiva.

(d): Se $\mathbb{E}$ é de dimensão infinita ou de dimensão finita $n \geq 2$, então existe um conjunto LI $\{\vec{u}, \vec{v}\} \subseteq \mathbb{E}$ com dois elementos. Para estes $\vec{u}$, $\vec{v}$, seja $g : [0, 1] \to \mathbb{E}$ como no item (c) acima. O intervalo $[0, 1]$ é um conjunto (infinito) não-enumerável (v. Guidorizzi, *Um Curso de Cálculo, Vol.* 1, 2001, p. 531-532, Lima, *Curso de Análise, Vol* 1, 1989, p. 68-69). A função g sendo injetiva, define uma bijeção entre o intervalo $[0, 1]$ e a imagem $g([0, 1])$ de $[0, 1]$ pela função g. Assim sendo, o conjunto $g([0, 1]) \subseteq \mathbb{E}$ é não-enumerável (v. Lima, *Curso de Análise, Vol* 1, 1989, p. 38-41). Como $\|g(\lambda)\| = 1$ para todo $\lambda \subseteq [0, 1]$, segue-se que $g([0, 1]) \subseteq \mathbb{S}(\vec{o}; 1)$. Logo, a esfera unitária $\mathbb{S}(\vec{o}; 1)$ é um conjunto não-enumerável.

Sejam $\mathbb{X}$, $\mathbb{Y}$ conjuntos, $f : \mathbb{X} \to \mathbb{Y}$ uma função, $\mathbb{A} \subseteq \mathbb{X}$ e $\mathbb{B} \subseteq \mathbb{Y}$. A *imagem* por f do conjunto $\mathbb{A}$, indicada por $f(\mathbb{A})$, é:

$$f(\mathbb{A}) = \{f(x) : x \in \mathbb{A}\}$$

Portanto, a imagem $f(\mathbb{A})$ por f do conjunto $\mathbb{A} \subseteq \mathbb{X}$ é o conjunto dos valores $f(x)$ assumidos por f nos elementos $x \in \mathbb{A}$.

A *imagem inversa* do conjunto $\mathbb{B}$, representada por $f^{-1}(\mathbb{B})$, é:

$$f^{-1}(\mathbb{B}) = \{x \in \mathbb{X} : f(x) \in \mathbb{B}\}$$

Assim, $f^{-1}(\mathbb{B})$ é o conjunto dos elementos $x \in \mathbb{X}$ que cumprem a condição $f(x) \in \mathbb{B}$.

Exercício 14 - Dado um EVN $\mathbb{E}$, sejam $\vec{a} \in \mathbb{E}$ e $r > 0$. Prove:

(a) Se $\dim \mathbb{E} = 1$ então $\mathbb{S}(\vec{a}; r)$ tem dois elementos.

(b) Se $\mathbb{E}$ é de dimensão infinita ou de dimensão finita $n \geq 2$ então a esfera $\mathbb{S}(\vec{a}; r)$ é um conjunto não-enumerável.

Solução:

(a): Seja $\mathbb{E}$ um EVN com $\dim \mathbb{E} = 1$. Então $\mathbb{E}$ é o subespaço

CAPÍTULO 2 – ESPAÇOS VETORIAIS NORMADOS   **27**

$S(\vec{w})$ gerado por qualquer vetor não-nulo $\vec{w} \in \mathbb{E}$. Sendo $\mathbb{E}$ diferente de $\{\vec{o}\}$ (pois $\dim \mathbb{E} = 1$), existe um vetor unitário $\vec{u} \in \mathbb{E}$. Para este $\vec{u}$, tem-se $\mathbb{E} = S(\vec{u})$, pois $\vec{u}$ é não-nulo. Desta forma, tem-se $\vec{x} - \vec{a} = \lambda \vec{u}$, seja qual for $\vec{x} \in \mathbb{E}$. Por esta razão,

$$\vec{x} \in \mathbb{S}(\vec{a}; r) \Rightarrow \|\vec{x} - \vec{a}\| = \|\lambda \vec{u}\| = r \Rightarrow$$

$$\Rightarrow |\lambda| \|\vec{u}\| = |\lambda| = r \Rightarrow \lambda = \pm r \Rightarrow$$

$$\Rightarrow \vec{x} - \vec{a} = \pm r \vec{u} \Rightarrow \vec{x} = \vec{a} \pm r \vec{u}$$

Decorre daí que vale:

$$\boxed{\mathbb{S}(\vec{a}; r) \subseteq \{\vec{a} - r\vec{u}, \vec{a} + r\vec{u}\}} \qquad (2.48)$$

Por outro lado, $\|\vec{a} \pm r\vec{u} - \vec{a}\| = \|\pm r\vec{u}\| = |\pm r| \|\vec{u}\| = |\pm r| = r$. Logo, $\vec{a} \pm r\vec{u} \in \mathbb{S}(\vec{a}; r)$. Assim sendo,

$$\boxed{\{\vec{a} - r\vec{u}, \vec{a} + r\vec{u}\} \subseteq \mathbb{S}(\vec{a}; r)} \qquad (2.49)$$

As relações (2.48) e (2.49) mostram que $\mathbb{S}(\vec{a}; r) = \{\vec{a} - r\vec{u}, \vec{a} + r\vec{u}\}$. Portanto, $\mathbb{S}(\vec{a}; r)$ possui dois elementos.

(b): Seja $F : \mathbb{E} \to \mathbb{E}$ definida pondo $F(\vec{x}) = \vec{a} + r\vec{x}$. A função F assim definida é bijetiva, sendo sua inversa $F^{-1} : \mathbb{E} \to \mathbb{E}$ dada por $F^{-1}(\vec{x}) = (1/r)(\vec{x} - \vec{a})$. Seja $\vec{y} \in F(\mathbb{S}(\vec{o}; 1))$ arbitrário. Então $\vec{y}$ é o valor $F(\vec{u})$ assumido por F num vetor $\vec{u} \in \mathbb{S}(\vec{o}; 1)$. Tem-se $\|\vec{u}\| = 1$, porque $\vec{u} \in \mathbb{S}(\vec{o}; 1)$. Logo,

$$\|\vec{y} - \vec{a}\| = \|F(\vec{u}) - \vec{a}\| =$$

$$= \|\vec{a} + r\vec{u} - \vec{a}\| = \|r\vec{u}\| = r\|\vec{u}\| = r$$

Segue-se que $\vec{y} \in \mathbb{S}(\vec{a}; r)$. Reciprocamente: Se $\vec{y} \in \mathbb{S}(\vec{a}; r)$ então $\|\vec{y} - \vec{a}\| = r$, donde $\|(1/r)(\vec{y} - \vec{a})\| = (1/r)\|\vec{y} - \vec{a}\| = 1$. Logo, $\vec{u} = (1/r)(\vec{y} - \vec{a}) \in \mathbb{S}(\vec{o}; 1)$. Como $\vec{y} = F(\vec{u})$ e $\vec{u} \in \mathbb{S}(\vec{o}; 1)$, tem-se que $\vec{y}$ pertence à imagem $F(\mathbb{S}(\vec{o}; 1))$ de $\mathbb{S}(\vec{o}; 1)$ pela função F. Conclui-se daí que $\mathbb{S}(\vec{a}; r) = F(\mathbb{S}(\vec{o}; 1))$. Se $\mathbb{E}$ é de dimensão infinita ou de dimensão finita $n \geq 2$, então a esfera unitária $\mathbb{S}(\vec{o}; 1)$ é (v. Exercício 13 acima) um conjunto não-enumerável. Portanto, a esfera $\mathbb{S}(\vec{a}; r)$, sendo a imagem de $\mathbb{S}(\vec{o}; 1)$ por uma função bijetiva, também é um conjunto não-enumerável.

28   320 QUESTÕES RESOLVIDAS DE ÁLGEBRA LINEAR

Todo espaço vetorial tem uma base. A prova deste resultado depende do Lema de Zorn. O leitor interessado pode consultar, por exemplo, Borden, *A Course in Advanced Calculus*, 1998, p. 22-24, Coelho e Lourenço, *Um Curso de Álgebra Linear*, 2001, p. 71-73, ou Taylor, *Introduction to Functional Analysis*, 1958, p. 45.

Exercício 15 - Prove que todo EVN diferente de $\{\vec{o}\}$ possui uma base formada por vetores unitários.

Solução: Dado um EVN $\mathbb{E}$ diferente de $\{\vec{o}\}$, seja $\mathbb{B} \subseteq \mathbb{E}$ uma base qualquer. Como $\mathbb{B}$ é um conjunto LI, os vetores $\vec{w} \in \mathbb{B}$ são todos não nulos. Logo, $\|\vec{w}\| > 0$ para todo $\vec{w} \in \mathbb{B}$. Seja:

$$U = \left\{ \frac{\vec{w}}{\|\vec{w}\|} : \vec{w} \in \mathbb{B} \right\}$$

Os vetores que formam o conjunto U são unitários. Para cada $\vec{u} \in U$, existe *um único* $\vec{w} \in \mathbb{B}$ de modo que $\vec{u} = \vec{w}/\|\vec{w}\|$. De fato: Se $\vec{u} = \vec{w}_1/\|\vec{w}_1\| = \vec{w}_2/\|\vec{w}_2\|$ onde $\vec{w}_1, \vec{w}_2 \in \mathbb{B}$ então $\vec{w}_2 = (\|\vec{w}_2\|/\|\vec{w}_1\|)\vec{w}_1$. Como $\vec{w}_1, \vec{w}_2 \in \mathbb{B}$ e $\mathbb{B}$ é LI, a igualdade $\vec{w}_2 = (\|\vec{w}_2\|/\|\vec{w}_1\|)\vec{w}_1$ fornece $\vec{w}_2 = \vec{w}_1$. Sejam agora $\vec{u}_1, \ldots, \vec{u}_n \in U$ quaisquer e $\lambda_1, \ldots, \lambda_n$ números reais. Existe, para cada $k = 1, \ldots, n$, um único vetor $\vec{w}_k \in \mathbb{B}$ tal que $\vec{u}_k = \vec{w}_k/\|\vec{w}_k\|$. Portanto,

$$\sum_{k=1}^{n} \lambda_k \vec{u}_k = \sum_{k=1}^{n} \frac{\lambda_k}{\|\vec{w}_k\|} \vec{w}_k$$

Os vetores $\vec{w}_1, \ldots, \vec{w}_n$ são LI (pois pertencem a $\mathbb{B}$) e os números $\|\vec{w}_1\|, \ldots, \|\vec{w}_n\|$ são diferentes de zero. Assim sendo,

$$\sum_{k=1}^{n} \lambda_k \vec{u}_k = \vec{o} \Rightarrow \sum_{k=1}^{n} \frac{\lambda_k}{\|\vec{w}_k\|} \vec{w}_k = \vec{o} \Rightarrow$$

$$\Rightarrow \frac{\lambda_1}{\|\vec{w}_1\|} = \cdots = \frac{\lambda_n}{\|\vec{w}_n\|} = 0 \Rightarrow$$

$$\Rightarrow \lambda_1 = \cdots = \lambda_n = 0$$

Conclui-se daí que todo conjunto finito $\mathbb{A} \subseteq U$ é LI. Logo, o conjunto U é LI. Seja $\vec{x} \in \mathbb{E}$ arbitrário. Sendo $\mathbb{B}$ uma base de

CAPÍTULO 2 – ESPAÇOS VETORIAIS NORMADOS   29

$\mathbb{E}$, $\vec{x}$ se escreve como $\vec{x} = \sum_{k=1}^{n} \lambda_k \vec{w}_k$, onde $\vec{w}_1, \ldots, \vec{w}_n$ pertencem a $\mathbb{B}$. Tem-se:

$$\vec{x} = \sum_{k=1}^{n} \lambda_k \vec{w}_k = \sum_{k=1}^{n} (\lambda_k \| \vec{w}_k \|) \frac{\vec{w}_k}{\| \vec{w}_k \|}$$

Como os vetores $\vec{w}_k / \| \vec{w}_k \|$, $k = 1, \ldots, n$, pertencem a $\mathbb{U}$, segue-se que $\mathbb{U}$ é um conjunto de geradores de $\mathbb{E}$. Como $\mathbb{U}$ é também LI, segue-se que $\mathbb{U}$ é uma base de $\mathbb{E}$.

Exercício 16 - Sejam $\mathbb{E}$ um EVN e $d : \mathbb{E} \times \mathbb{E} \to \mathbb{R}$ definida pondo:

$$d(\vec{x}, \vec{y}) = \| \vec{x} - \vec{y} \|$$

para todo $\vec{x}$ e todo $\vec{y}$ em $\mathbb{E}$. Prove as seguintes propriedades:
(a) $d(\vec{x}, \vec{y}) \geq 0$ para quaisquer $\vec{x}, \vec{y} \in \mathbb{E}$.
(b) $d(\vec{x}, \vec{y}) = 0$ se, e somente se, $\vec{x} = \vec{y}$.
(c) $d(\vec{x}, \vec{y}) = d(\vec{y}, \vec{x})$ para quaisquer $\vec{x}, \vec{y} \in \mathbb{E}$.
(d) *Desigualdade triangular:* $d(\vec{x}, \vec{z}) \leq d(\vec{x}, \vec{y}) + d(\vec{y}, \vec{z})$, para quaisquer $\vec{x}, \vec{y}, \vec{z} \in \mathbb{E}$.
(e) *Invariância por translações:* $d(\vec{x} + \vec{a}, \vec{y} + \vec{a}) = d(\vec{x}, \vec{y})$, sejam quais forem $\vec{a}, \vec{x}, \vec{y} \in \mathbb{E}$.
(f) $d(\lambda \vec{x}, \lambda \vec{y}) = | \lambda | \, d(\vec{x}, \vec{y})$, quaisquer que sejam $\vec{x}, \vec{y} \in \mathbb{E}$ e $\lambda \in \mathbb{R}$.

Solução:

(a): Sejam $\vec{x}, \vec{y} \in \mathbb{E}$ quaisquer. O número $d(\vec{x}, \vec{y})$ é não-negativo, porque $d(\vec{x}, \vec{y}) = \| \vec{x} - \vec{y} \|$.

(b): Das propriedades da norma definida em $\mathbb{E}$ decorre:

$$d(\vec{x}, \vec{y}) = 0 \iff \| \vec{x} - \vec{y} \| = 0 \iff$$

$$\iff \vec{x} - \vec{y} = \vec{o} \iff \vec{x} = \vec{y}$$

(c): Sejam $\vec{x}, \vec{y} \in \mathbb{E}$ arbitrários. Como $\| \vec{w} \| = \| -\vec{w} \|$ para todo $\vec{w} \in \mathbb{E}$, segue-se:

$$d(\vec{x}, \vec{y}) = \| \vec{x} - \vec{y} \| =$$

$= \|-(\vec{y} - \vec{x})\| = \|\vec{y} - \vec{x}\| = d(\vec{y}, \vec{x})$

(d): Sejam $\vec{x}, \vec{y}, \vec{z} \in \mathbb{E}$ quaisquer. Como $\vec{x} - \vec{z} = (\vec{x} - \vec{y}) + (\vec{y} - \vec{z})$, tem-se:

$d(\vec{x}, \vec{z}) = \|\vec{x} - \vec{z}\| = \|(\vec{x} - \vec{y}) + (\vec{y} - \vec{z})\| \leq$

$\leq \|\vec{x} - \vec{y}\| + \|\vec{y} - \vec{z}\| = d(\vec{x}, \vec{y}) + d(\vec{y}, \vec{z})$

(e): Valem as seguintes igualdades:

$d(\vec{x} + \vec{a}, \vec{y} + \vec{a}) = \|(\vec{x} + \vec{a}) - (\vec{y} + \vec{a})\| =$

$= \|\vec{x} - \vec{y}\| = d(\vec{x}, \vec{y})$

sejam quais forem $\vec{a}, \vec{x}, \vec{y} \in \mathbb{E}$.

(f): Das propriedades da norma definida em $\mathbb{E}$ resulta:

$d(\lambda\vec{x}, \lambda\vec{y}) = \|\lambda\vec{x} - \lambda\vec{y}\| =$

$= \|\lambda(\vec{x} - \vec{y})\| = |\lambda| \|\vec{x} - \vec{y}\| = |\lambda| d(\vec{x}, \vec{y})$

valendo estas igualtades para quaisquer $\vec{x}, \vec{y} \in \mathbb{E}$ e para todo $\lambda \in \mathbb{R}$.

Seja $\mathbb{E}$ um conjunto não-vazio. Uma *métrica* em $\mathbb{E}$ é uma função $d : \mathbb{E} \times \mathbb{E} \to \mathbb{R}$ com as seguintes propriedades:

M1 - $d(x, y) \geq 0$ para quaisquer $x, y \in \mathbb{E}$.

M2 - $d(x, y) = 0$ se, e somente se, $x = y$.

M3 - $d(x, y) = d(y, x)$ para quaisquer $x, y \in \mathbb{E}$.

M4 - *Desigualdade triangular:* $d(x, z) \leq d(x, y) + d(y, z)$, para quaisquer $x, y, z \in \mathbb{E}$.

O valor $d(x, y)$, da função d no par $(x, y) \in \mathbb{E} \times \mathbb{E}$ chama-se *distância* de x a y.

Um *espaço métrico* é um conjunto (não-vazio) no qual está definida uma métrica.

Seja $\mathbb{E}$ um EVN. A função $d : \mathbb{E} \times \mathbb{E} \to \mathbb{R}$, definida por:

$$d(\vec{x}, \vec{y}) = \|\vec{x} - \vec{y}\|$$

CAPÍTULO 2 – ESPAÇOS VETORIAIS NORMADOS   31

é uma métrica. Esta se chama a *métrica induzida pela norma*. Portanto, uma vez definida uma norma em um espaço vetorial, ele se torna um espaço métrico.

Exercício 17 - Seja $\mathbb{E}$ um espaço vetorial. Diz-se que uma métrica $d : \mathbb{E} \times \mathbb{E} \to \mathbb{R}$ *provém de uma norma* quando existe uma norma $\|.\| : \mathbb{E} \to \mathbb{R}$ de modo que $d(\vec{x}, \vec{y}) = \|\vec{x} - \vec{y}\|$, sejam quais forem $\vec{x}, \vec{y} \in \mathbb{E}$. Prove que uma métrica d em $\mathbb{E}$ provém de uma norma se, e somente se, é invariante por translações (v. Exercício 16) e se tem $d(\lambda\vec{x}, \lambda\vec{y}) = |\lambda| d(\vec{x}, \vec{y})$, quaisquer que sejam $\vec{x}, \vec{y} \in \mathbb{E}$ e $\lambda \in \mathbb{R}$.

Solução: Seja d uma métrica em $\mathbb{E}$. Supondo que d é invariante por translações e que $d(\lambda\vec{x}, \lambda\vec{y}) = |\lambda| d(\vec{x}, \vec{y})$, quaisquer que sejam $\vec{x}, \vec{y} \in \mathbb{E}$ e $\lambda \in \mathbb{R}$, seja $\|.\| : \mathbb{E} \to \mathbb{R}$ definida pondo:

$$\boxed{\|\vec{x}\| = d(\vec{o}, \vec{x})} \tag{2.50}$$

para todo $\vec{x} \in \mathbb{E}$. Sejam $\vec{x}, \vec{y} \in \mathbb{E}$ e $\lambda \in \mathbb{R}$ arbitrários. Como $\lambda\vec{o} = \vec{o}$, segue-se:

$$\boxed{\begin{array}{c} \|\lambda\vec{x}\| = d(\vec{o}, \lambda\vec{x}) = \\ = d(\lambda\vec{o}, \lambda\vec{x}) = |\lambda| d(\vec{o}, \vec{x}) = |\lambda| \|\vec{x}\| \end{array}} \tag{2.51}$$

Portanto, $\|-\vec{x}\| = \|\vec{x}\|$ para todo $\vec{x} \in \mathbb{E}$. Como d é invariante por translações, tem-se:

$$\boxed{\begin{array}{c} \|\vec{x} + \vec{y}\| = d(\vec{o}, \vec{x} + \vec{y}) = \\ = d(-\vec{x}, \vec{x} + \vec{y} - \vec{x}) = d(-\vec{x}, \vec{y}) \leq \\ \leq d(-\vec{x}, \vec{o}) + d(\vec{o}, \vec{y}) = d(\vec{o}, -\vec{x}) + d(\vec{o}, \vec{y}) = \\ = \|-\vec{x}\| + \|\vec{y}\| = \|\vec{x}\| + \|\vec{y}\| \end{array}} \tag{2.52}$$

Resulta de (2.51) e (2.52) que a função $\|.\|$ definida em (2.50) é uma seminorma. Sendo d uma métrica, vale:

$$\boxed{\|\vec{x}\| = 0 \Leftrightarrow d(\vec{o}, \vec{x}) = 0 \Leftrightarrow \vec{x} = \vec{o}} \tag{2.53}$$

Como $\|.\|$ é uma seminorma, decorre de (2.53) que $\|.\|$ é uma norma. Resulta da invariância por translações que valem:

32 320 QUESTÕES RESOLVIDAS DE ÁLGEBRA LINEAR

$$\|\vec{x} - \vec{y}\| = d(\vec{o}, \vec{x} - \vec{y}) =$$

$$= d(\vec{y}, \vec{x} - \vec{y} + \vec{y}) = d(\vec{y}, \vec{x}) = d(\vec{x}, \vec{y})$$

Assim, a métrica d é induzida pela norma definida em (2.50). Reciprocamente: Se a métrica d é induzida por uma norma $\|.\|$ em $\mathbb{E}$, então (v. Exercício 16) d é invariante por translações e se tem $d(\lambda\vec{x}, \lambda\vec{y}) = |\lambda| d(\vec{x}, \vec{y})$, para quaisquer $\vec{x}, \vec{y} \in \mathbb{E}$ e $\lambda \in \mathbb{R}$.

De agora em diante, cada EVN em discussão será dotado da métrica $(\vec{x}, \vec{y}) \mapsto \|\vec{x} - \vec{y}\|$, induzida pela norma nele considerada. Portanto, a distância $d(\vec{x}, \vec{y})$ de $\vec{x}$ a $\vec{y}$ será $d(\vec{x}, \vec{y})$ $= \|\vec{x} - \vec{y}\|$.

Um subconjunto $\mathbb{A}$ de um EVN $\mathbb{E}$ diz-se *limitado* quando existe $M \geq 0$ de modo que $\|\vec{x} - \vec{y}\| \leq M$, sejam quais forem $\vec{x}, \vec{y} \in \mathbb{A}$.

Exercício 18 - Prove as seguintes propriedades, referentes a um EVN $\mathbb{E}$.

(a) O conjunto vazio $\emptyset$ é limitado.

(b) Se $\mathbb{A} \subseteq \mathbb{B}$ e $\mathbb{B}$ é limitado, então $\mathbb{A}$ é limitado.

(c) Um conjunto $\mathbb{A} \subseteq \mathbb{E}$ é limitado se, e somente se, existe $r > 0$ tal que $\|\vec{x}\| \leq r$, qualquer que seja $\vec{x} \in \mathbb{A}$.

(d) A reunião $\mathbb{A} = \bigcup_{k=1}^{n} \mathbb{A}_k$ dos conjuntos limitados $\mathbb{A}_1, \ldots, \mathbb{A}_n$ $\subseteq \mathbb{E}$ é um conjunto limitado.

Solução:

(a): Um conjunto $\mathbb{A} \subseteq \mathbb{E}$ deixa de ser limitado quando, para todo número real $M \geq 0$ existem $\vec{x}, \vec{y} \in \mathbb{A}$ tais que $\|\vec{x} - \vec{y}\|$ $> M$. Em particular, existem $\vec{x}, \vec{y} \in \mathbb{A}$ de modo que $\|\vec{x} - \vec{y}\| >$ 1. Como o conjunto vazio $\emptyset$ não possui elementos, segue-se que ele é limitado.

(b): Sejam $\mathbb{A}, \mathbb{B} \subseteq \mathbb{E}$ com $\mathbb{A} \subseteq \mathbb{B}$ e $\mathbb{B}$ limitado. Existe $M \geq 0$ de modo que $\|\vec{x} - \vec{y}\| \leq M$, sejam quais forem $\vec{x}, \vec{y} \in \mathbb{B}$. Como todo elemento do conjunto $\mathbb{A}$ é também elemento de $\mathbb{B}$, tem-se $\|\vec{x} - \vec{y}\| \leq M$, quaisquer que sejam $\vec{x}, \vec{y} \in \mathbb{A}$. Logo, $\mathbb{A}$ é

CAPÍTULO 2 – ESPAÇOS VETORIAIS NORMADOS   33

limitado.

(c): Seja $\mathbb{A} \subseteq \mathbb{E}$ limitado. Existe $M \geq 0$ tal que $\|\vec{x} - \vec{y}\| \leq M$ para quaisquer $\vec{x}, \vec{y} \in \mathbb{A}$. Se $\mathbb{A}$ não é o conjunto vazio, então existe $\vec{x}_0 \in \mathbb{A}$. Para este $\vec{x}_0$, tem-se $\|\vec{x}\| = \|(\vec{x} - \vec{x}_0) + \vec{x}_0\| \leq \|\vec{x} - \vec{x}_0\| + \|\vec{x}_0\| \leq M + \|\vec{x}_0\| \leq M + \|\vec{x}_0\| + 1$, seja qual for $\vec{x} \in \mathbb{A}$. Fazendo $r = M + \|\vec{x}_0\| + 1$, tem-se $r > 0$ e $\|\vec{x}\| \leq r$, seja qual for $\vec{x} \in \mathbb{A}$. Se $\mathbb{A} = \emptyset$ então está contido na bola aberta $\mathbb{B}(\vec{o}; 1)$, logo $\|\vec{x}\| < 1$ para todo $\vec{x} \in \mathbb{A}$. Reciprocamente: Se existe um número positivo r tal que $\|\vec{x}\| \leq r$ para todo $\vec{x} \in \mathbb{A}$ então $\|\vec{x} - \vec{y}\| \leq \|\vec{x}\| + \|\vec{y}\| \leq 2r$, sejam quais forem $\vec{x}, \vec{y} \in \mathbb{A}$. Logo, $\mathbb{A}$ é limitado.

(d): Sejam $\mathbb{A}_1, \dots, \mathbb{A}_n \subseteq \mathbb{E}$ conjuntos limitados e $\mathbb{A} = \bigcup_{k=1}^{n} \mathbb{A}_k$. Para cada $k = 1, \dots, n$ existe $r_k > 0$ de modo que $\|\vec{x}\| \leq r_k$ para todo $\vec{x} \in \mathbb{A}_k$. Sejam $r = \max\{r_1, \dots, r_n\}$ e $\vec{x} \in \mathbb{A}$ arbitrário. Então $\vec{x} \in \mathbb{A}_k$ para algum índice $k \in \{1, \dots, n\}$. Para este k, tem-se $\|\vec{x}\| \leq r_k \leq r$. Conclui-se daí que $\|\vec{x}\| \leq r$ para todo $\vec{x} \in \mathbb{A}$. Portanto, $\mathbb{A}$ é limitado.

Sejam $\|.\|_1, \|.\|_2 : \mathbb{E} \to \mathbb{R}$ normas num espaço vetorial $\mathbb{E}$. A bolas aberta, a bola fechada e a esfera de centro $\vec{a}$ e raio r relativamente a $\|.\|_k$, $k = 1,2$, serão indicadas pelos símbolos $\mathbb{B}_k(\vec{a}; r)$, $\mathbb{D}_k(\vec{a}; r)$ e $\mathbb{S}_k(\vec{a}; r)$, $k = 1,2$. Assim,

$$\mathbb{B}_k(\vec{a}; r) = \left\{\vec{x} \in \mathbb{E} : \|\vec{x} - \vec{a}\|_k < r\right\}, \quad k = 1, 2$$

e etc.

Exercício 19 - Sejam $\|.\|_1, \|.\|_2 : \mathbb{E} \to \mathbb{R}$ normas num espaço vetorial $\mathbb{E}$. Prove que as propriedades seguintes são equivalentes:

(a) Existe um número real *positivo* c tal que $\|\vec{x}\|_1 \leq c\|\vec{x}\|_2$, seja qual for $\vec{x} \in \mathbb{E}$.

(b) A esfera $\mathbb{S}_2(\vec{o}; 1)$ é limitada relativamente a $\|.\|_1$.

(c) Toda bola fechada relativamente a $\|.\|_2$ é limitada relativamente a $\|.\|_1$.

(d) Todo conjunto limitado relativamente a $\|.\|_2$ é limitado relativamente a $\|.\|_1$.

(e) Para todo $\vec{a} \in \mathbb{E}$ e todo $r > 0$ existe $\rho > 0$ tal que $\mathbb{D}_2(\vec{a}; \rho) \subseteq$

34 320 QUESTÕES RESOLVIDAS DE ÁLGEBRA LINEAR

$\mathbb{D}_1(\vec{a}; r)$. Noutros termos: Toda bola fechada de centro $\vec{a}$ e raio positivo relativamente a $\|.\|_1$ contém uma bola fechada de mesmo centro e raio positivo relativamente a $\|.\|_2$.

(f) Para todo $\vec{a} \in \mathbb{E}$ e para todo $r > 0$ existe $\rho > 0$ tal que $\mathbb{B}_2(\vec{a}; \rho) \subseteq \mathbb{B}_1(\vec{a}; r)$. Noutras palavras: Toda bola aberta de raio positivo relativamente a $\|.\|_1$ contém uma bola aberta de mesmo centro e raio positivo relativamente a $\|.\|_2$.

Solução:

(a) $\Leftrightarrow$ (b): Supondo que a condição (a) seja satisfeita, seja $\vec{x} \in \mathbb{S}_2(\vec{o}; 1)$ arbitrário. Tem-se $\|\vec{x}\|_2 = 1$, donde $\|\vec{x}\|_1 \leq c\|\vec{x}\|_2 \leq c$. Conclui-se daí que $\|\vec{x}\|_1 \leq c$ para todo $\vec{x} \in \mathbb{S}_2(\vec{o}; 1)$. Resulta disto (v. Exercício 18 acima) que $\mathbb{S}_2(\vec{o}; 1)$ é um conjunto limitado relativamente a $\|.\|_1$. Reciprocamente: Admitindo que se cumpre a condição (b), seja $\vec{x} \in \mathbb{E}$ um vetor não-nulo qualquer. Tem-se $\|\vec{x}\|_2 > 0$. O vetor $\vec{w} = \vec{x}/\|\vec{x}\|_2$ pertence à esfera $\mathbb{S}_2(\vec{o}; 1)$. Sendo esta limitada relativamente a $\|.\|_1$, existe (v. Exercício 18) um número real positivo c tal que $\|\vec{w}\|_1 \leq c$. Daí obtém-se:

$$\|\vec{w}\|_1 = \left\| \frac{\vec{x}}{\|\vec{x}\|_2} \right\|_1 = \frac{\|\vec{x}\|_1}{\|\vec{x}\|_2} \leq c \qquad (2.54)$$

Como $\|\vec{x}\|_2$ é um número positivo, (2.54) fornece $\|\vec{x}\|_1 \leq c\|\vec{x}\|_2$. A relação $\|\vec{x}\|_1 \leq c\|\vec{x}\|_2$ é evidente se $\vec{x} = \vec{o}$. Segue-se que vale $\|\vec{x}\|_1 \leq c\|\vec{x}\|_2$, seja qual for $\vec{x} \in \mathbb{E}$.

(a) $\Leftrightarrow$ (c): Supondo que vale (a), sejam $\vec{a} \in \mathbb{E}$ e $r > 0$ quaisquer. Dado arbitrariamente $\vec{x} \in \mathbb{D}_2(\vec{a}; r)$, tem-se $\|\vec{x} - \vec{a}\|_2 \leq r$, e portanto $\|\vec{x} - \vec{a}\|_1 \leq c\|\vec{x} - \vec{a}\|_2 \leq cr$. Estas desigualdades fornecem:

$$\|\vec{x}\|_1 \leq \|\vec{a}\|_1 + \|\vec{x} - \vec{a}\|_1 \leq \|\vec{a}_1\| + cr \qquad (2.55)$$

Como as relações listadas em (2.55) são válidas para todo $\vec{x} \in \mathbb{D}_2(\vec{a}; r)$, segue-se (v. Exercício 18) que a bola fechada $\mathbb{D}_2(\vec{a}; r)$ é limitada relativamente a $\|.\|_1$. Reciprocamente: Se vale (c) então, em particular, a bola fechada $\mathbb{D}_2(\vec{o}; 1)$ é limitada relativamente a $\|.\|_1$. Dado $\vec{x} \in \mathbb{E}$ não-nulo, seja $\vec{u} = \vec{x}/\|\vec{x}\|_2$.

CAPÍTULO 2 – ESPAÇOS VETORIAIS NORMADOS   35

O vetor $\vec{u}$ pertence a $\mathbb{S}_2(\vec{o}; 1)$, e portanto a $\mathbb{D}_2(\vec{o}; 1)$. Como $\mathbb{D}_2(\vec{o}; 1)$ é um conjunto limitado relativamente a $\|.\|_1$, existe $c > 0$ (v. Exercício 18) de modo que:

$$\|\vec{u}\|_1 = \left\| \frac{\vec{x}}{\|\vec{x}\|_2} \right\|_1 = \frac{\|\vec{x}\|_1}{\|\vec{x}\|_2} \le c \qquad (2.56)$$

Como $\|\vec{x}\|_2$ é um número positivo, de (2.56) tira-se $\|\vec{x}\|_1 \le c\|\vec{x}\|_2$. Se $\vec{x} = \vec{o}$, a relação $\|\vec{x}\|_1 \le c\|\vec{x}\|_2$ é evidente. Segue-se que vale $\|\vec{x}\|_1 \le c\|\vec{x}\|_2$, seja qual for $\vec{x} \in \mathbb{E}$.

(c) $\Leftrightarrow$ (d): Supondo (c) verdadeira, seja $\mathbb{X} \subseteq \mathbb{E}$ um conjunto limitado relativamente a $\|.\|_2$. Existe $r > 0$ tal que $\|\vec{x}\|_2 \le r$ para todo $\vec{x} \in \mathbb{X}$ (v. Exercício 18). Portanto, $\mathbb{X} \subseteq \mathbb{D}_2(\vec{o}; r)$. Como $\mathbb{D}_2(\vec{o}; r)$ é um conjunto limitado relativamente a $\|.\|_1$, segue-se que $\mathbb{X}$ é limitado relativamente a $\|.\|_1$. Reciprocamente: Admitindo válida a propriedade (d), sejam $\vec{a} \in \mathbb{E}$, $r > 0$ e $\vec{x}, \vec{y} \in \mathbb{D}_2(\vec{a}; r)$ quaisquer. Tem-se $\|\vec{x} - \vec{y}\|_2 \le \|\vec{x} - \vec{a}\|_2 + \|\vec{y} - \vec{a}\|_2 \le 2r$. Portanto, a bola fechada $\mathbb{D}_2(\vec{a}; r)$, é limitada relativamente a $\|.\|_2$. Conclui-se daí que toda bola fechada relativamente a $\|.\|_2$ é limitada relativamente a $\|.\|_1$.

(a) $\Leftrightarrow$ (e): Admitindo satisfeita a condição (a), sejam $\vec{a} \in \mathbb{E}$ e $r > 0$ arbitrários. Tomando $\rho = r/c$, obtém-se:

$$\vec{x} \in \mathbb{D}_2(\vec{a}; \rho) \Rightarrow \|\vec{x} - \vec{a}\|_2 \le \rho \Rightarrow$$

$$\Rightarrow \|\vec{x} - \vec{a}\|_1 \le c\|\vec{x} - \vec{a}\|_2 \le c\rho = r \Rightarrow$$

$$\Rightarrow \vec{x} \in \mathbb{D}_1(\vec{a}; r)$$

Decorre daí que $\mathbb{D}_2(\vec{a}; \rho) \subseteq \mathbb{D}_1(\vec{a}; r)$. Reciprocamente: Se a condição (e) é satisfeita, então existe, em particular, um número real positivo ρ tal que $\mathbb{D}_2(\vec{o}; \rho) \subseteq \mathbb{D}_1(\vec{o}; 1)$. Seja $\vec{x} \in \mathbb{E}$ um vetor não-nulo arbitrário. O vetor $\vec{v} = \rho\vec{x}/\|\vec{x}\|_2$ pertence à bola fechada $\mathbb{D}_2(\vec{o}; \rho)$. Como $\mathbb{D}_2(\vec{o}; \rho) \subseteq \mathbb{D}_1(\vec{o}; 1)$, segue-se $\vec{v} \in \mathbb{D}_1(\vec{o}; 1)$. Portanto,

$$\|\vec{v}\|_1 = \rho\|\vec{x}\|_1 / \|\vec{x}\|_2 \le 1 \qquad (2.57)$$

De (2.57) resulta $\|\vec{x}\|_1 \le (1/\rho)\|\vec{x}\|_2$. A relação $\|\vec{x}\|_1 \le$

36   320 QUESTÕES RESOLVIDAS DE ÁLGEBRA LINEAR

$(1/\rho)\|\vec{x}\|_2$ é evidente se $\vec{x} = \vec{o}$. Isto mostra que vale a propriedade (a).

(e) $\Leftrightarrow$ (f): Supondo que vale (e), sejam $\vec{a} \in \mathbb{E}$ e $r > 0$ quaisquer. Tem-se $\mathbb{D}_1(\vec{a}; r/2) \subseteq \mathbb{B}_1(\vec{a}; r)$. Por (e), existe um número real positivo ρ tal que $\mathbb{D}_2(\vec{a}; \rho) \subseteq \mathbb{D}_1(\vec{a}; r/2)$. Para este ρ, tem-se:

$$\mathbb{B}_2(\vec{a}; \rho) \subseteq \mathbb{D}_2(\vec{a}; \rho) \subseteq \mathbb{D}_1(\vec{a}; r/2) \subseteq \mathbb{B}_1(\vec{a}; r)$$

Reciprocamente: Supondo (f) válida, existe $\rho > 0$ de modo que $\mathbb{B}_2(\vec{a}; \rho) \subseteq \mathbb{B}_1(\vec{a}; r) \subseteq \mathbb{D}_1(\vec{a}; r)$. Portanto, $\mathbb{D}_2(\vec{a}; \rho/2) \subseteq \mathbb{B}_2(\vec{a}; \rho) \subseteq \mathbb{D}_1(\vec{a}; r)$.

Sejam $\|.\|_1, \|.\|_2 : \mathbb{E} \to \mathbb{R}$ normas num espaço vetorial $\mathbb{E}$. Diz-se que $\|.\|_2$ é *mais fina* do que $\|.\|_1$, e escreve-se $\|.\|_2 \succcurlyeq \|.\|_1$, quando vale uma das, e portanto todas as afirmações listadas no Exercício 19 acima.

Diz-se que duas normas $\|.\|_1$, $\|.\|_2$ são *equivalentes*, e escreve-se $\|.\|_1 \approx \|.\|_2$, quando $\|.\|_1 \succcurlyeq \|.\|_2$ e $\|.\|_2 \succcurlyeq \|.\|_1$.

Duas normas quaisquer em um espaço vetorial $\mathbb{E}$ *de dimensão finita são equivalentes.* A prova deste resultado depende da noção de conjunto compacto. O leitor interessado pode consultar, por exemplo, Bueno, *Álgebra Linear, Um Segundo Curso*, 2006, p. 276-277, ou Lima, *Espaços Métricos*, 1983, p. 238-239.

Sejam $\mathbb{E}$, $\mathbb{F}$ EVNs e $f : \mathbb{E} \to \mathbb{F}$. Diz-se que f é *contínua* no ponto $\vec{a} \in \mathbb{E}$ quando, para todo $\varepsilon > 0$ dado é possível obter $\delta > 0$ de modo que a condição seguinte:

$$\|\vec{x} - \vec{a}\| < \delta \implies \|f(\vec{x}) - f(\vec{a})\| < \varepsilon$$

é satisfeita. Aqui, o símbolo $\|.\|$ refere-se às normas consideradas em $\mathbb{E}$ e em $\mathbb{F}$.

Diz-se que uma função $f : \mathbb{E} \to \mathbb{F}$ é *contínua* quando é contínua em todo ponto $\vec{a} \in \mathbb{E}$.

CAPÍTULO 2 – ESPAÇOS VETORIAIS NORMADOS   37

Exercício 20 - *Continuidade de transformações lineares.*
Dados os EVN $\mathbb{E}$, $\mathbb{F}$, seja $A : \mathbb{E} \to \mathbb{F} \in \hom(\mathbb{E};\mathbb{F})$. Prove que as propriedades seguintes são equivalentes:

(a) A é contínua.

(b) A é contínua no ponto $\vec{o} \in \mathbb{E}$.

(c) Existe $M > 0$ tal que $\|A\vec{x}\| \leq M\|\vec{x}\|$, qualquer que seja $\vec{x} \in \mathbb{E}$.

(d) Existe $M > 0$ tal que $\|A\vec{x}\| \leq M$ para todo $\vec{x}$ na esfera unitária $\mathbb{S}(\vec{o}; 1) \subseteq \mathbb{E}$. Noutros termos, a imagem $A(\mathbb{S}(\vec{o}; 1))$, da esfera unitária $\mathbb{S}(\vec{o}; 1) \subseteq \mathbb{E}$ por A, é um subconjunto limitado de $\mathbb{F}$.

Solução:

(a) $\Rightarrow$ (b): Se A é contínua, então é contínua em todo $\vec{x} \in \mathbb{E}$. Em particular, A é contínua no ponto $\vec{o} \in \mathbb{E}$.

(b) $\Rightarrow$ (c): Seja $A \in \hom(\mathbb{E};\mathbb{F})$ contínua no ponto $\vec{o} \in \mathbb{E}$. Para todo $\varepsilon > 0$ dado, existe $\delta > 0$ tal que $\|\vec{x}\| = \|\vec{x} - \vec{o}\| < \delta$ implica $\|A\vec{x}\| = \|A\vec{x} - A\vec{o}\| < \varepsilon$. Em particular, existe $\delta > 0$ tal que $\|\vec{x}\| < \delta$ implica $\|A\vec{x}\| < 1$. Seja agora $\vec{x} \in \mathbb{E}$ arbitrário. Se $\vec{x} = \vec{o}$ então $A\vec{x} = \vec{o}$, donde $\|A\vec{x}\| = (2/\delta)\|\vec{x}\| = 0$. Se, por outro lado, $\vec{x}$ é diferente de $\vec{o}$, então $\|\vec{x}\| > 0$. Fazendo $\vec{u} = (\delta/2\|\vec{x}\|)\vec{x}$, tem-se $\|\vec{u}\| = \delta/2 < \delta$, e portanto $\|A\vec{u}\| = (\delta/2\|\vec{x}\|)\|A\vec{x}\| < 1$. Daí obtém-se $\|A\vec{x}\| < (2/\delta)\|\vec{x}\|$. Segue-se que $\|A\vec{x}\| \leq (2/\delta)\|\vec{x}\|$, seja qual for $\vec{x} \in \mathbb{E}$. Desta forma, fazendo $M = 2/\delta$ tem-se $\|A\vec{x}\| \leq M\|\vec{x}\|$, qualquer que seja $\vec{x} \in \mathbb{E}$.

(c) $\Rightarrow$ (a): Seja $M > 0$ tal que $\|A\vec{x}\| \leq M\|\vec{x}\|$, seja qual for $\vec{x} \in \mathbb{E}$. Dados $\vec{x}_0 \in \mathbb{E}$ e $\varepsilon > 0$ arbitrários, seja $\delta = \varepsilon/M$. Tem-se:

$$\|\vec{x} - \vec{x}_0\| < \delta \Rightarrow \|A\vec{x} - A\vec{x}_0\| =$$

$$= \|A(\vec{x} - \vec{x}_0)\| \leq M\|\vec{x} - \vec{x}_0\| < M\delta = \varepsilon$$

Segue-se que A é contínua em todo ponto $\vec{x}_0 \in \mathbb{E}$, e portanto que A é contínua.

(c) $\Leftrightarrow$ (d): Supondo que vale a propriedade (d), seja $\vec{x} \in \mathbb{E}$ arbitrário. Se $\vec{x} = \vec{o}$ então $\|A\vec{x}\| = M\|\vec{x}\| = 0$. Se, por outro

38 320 QUESTÕES RESOLVIDAS DE ÁLGEBRA LINEAR

lado, $\vec{x}$ é não-nulo, então o vetor $\vec{x}/\|\vec{x}\|$ pertence à esfera unitária $\mathbb{S}(\vec{o}; 1) \subseteq \mathbb{E}$, donde $\|A(\vec{x}/\|\vec{x}\|)\| = (1/\|\vec{x}\|)\|A\vec{x}\| \leq M$. Decorre daí que se tem $\|A\vec{x}\| \leq M\|\vec{x}\|$, seja qual for $\vec{x} \in \mathbb{E}$. Reciprocamente: Se vale (c), então se tem, em particular, $\|A\vec{x}\| \leq M$ para todo $\vec{x} \in \mathbb{S}(\vec{o}; 1)$.

A notação:

$$\mathcal{L}(\mathbb{E}; \mathbb{F})$$

indica a classe das transformações lineares contínuas $A : \mathbb{E} \to \mathbb{F}$. Quando for $\mathbb{E} = \mathbb{F}$, escreve-se $\mathcal{L}(\mathbb{E})$ em lugar de $\mathcal{L}(\mathbb{E}; \mathbb{E})$.

A classe $\mathcal{L}(\mathbb{E}; \mathbb{R})$ dos funcionais lineares $\varphi \in \mathbb{E}^*$ contínuos chama-se o *dual topológico* do EVN $\mathbb{E}$.

Vale o *Teorema da Extensão*: Sejam $\mathbb{E}$, $\mathbb{F}$ espaços vetoriais, $\mathbb{V} \subseteq \mathbb{E}$ um subespaço e $A : \mathbb{V} \to \mathbb{F}$ uma transformação linear. Então existe uma transformação linear $B : \mathbb{E} \to \mathbb{F}$ que é uma extensão de A. Noutros termos, $B\vec{x} = A\vec{x}$ para todo $\vec{x} \in \mathbb{V}$. A prova do Teorema da Extensão (v. Taylor, *Introduction to Functional Analysis*, 1958, p. 40-41) depende do Lema de Zorn.

(c) $\Leftrightarrow$ (d): Supondo que vale a propriedade (d), seja $\vec{x} \in \mathbb{E}$ arbitrário. Se $\vec{x} = \vec{o}$ então $\|A\vec{x}\| = M\|\vec{x}\| = 0$. Se, por outro lado, $\vec{x}$ é não-nulo, então o vetor $\vec{x}/\|\vec{x}\|$ pertence à esfera unitária $\mathbb{S}(\vec{o}; 1) \subseteq \mathbb{E}$, donde $\|A(\vec{x}/\|\vec{x}\|)\| = (1/\|\vec{x}\|)\|A\vec{x}\| \leq M$. Decorre daí que se tem $\|A\vec{x}\| \leq M\|\vec{x}\|$, seja qual for $\vec{x} \in \mathbb{E}$. Reciprocamente: Se vale (c), então se tem, em particular, $\|A\vec{x}\| \leq M$ para todo $\vec{x} \in \mathbb{S}(\vec{o}; 1)$.

A notação:

$$\mathcal{L}(\mathbb{E}; \mathbb{F})$$

indica a classe das transformações lineares contínuas $A : \mathbb{E} \to \mathbb{F}$. Quando for $\mathbb{E} = \mathbb{F}$, escreve-se $\mathcal{L}(\mathbb{E})$ em lugar de $\mathcal{L}(\mathbb{E}; \mathbb{E})$.

CAPÍTULO 2 – ESPAÇOS VETORIAIS NORMADOS   **39**

A classe $\mathcal{L}(\mathbb{E}; \mathbb{R})$ dos funcionais lineares $\varphi \in \mathbb{E}^*$ contínuos chama-se o *dual topológico* do EVN $\mathbb{E}$.

Vale o *Teorema da Extensão*: Sejam $\mathbb{E}$, $\mathbb{F}$ espaços vetoriais, $\mathbb{V} \subseteq \mathbb{E}$ um subespaço e $A : \mathbb{V} \to \mathbb{F}$ uma transformação linear. Então existe uma transformação linear $B : \mathbb{E} \to \mathbb{F}$ que é uma extensão de A. Noutros termos, $B\vec{x} = A\vec{x}$ para todo $\vec{x} \in \mathbb{V}$. A prova do Teorema da Extensão (v. Taylor, *Introduction to Functional Analysis*, 1958, p. 40-41) depende do Lema de Zorn.

Exercício 21 - Prove: Para todo EVN $\mathbb{E}$ de dimensão infinita existe um funcional linear $\varphi : \mathbb{E} \to \mathbb{R}$ descontínuo.

Solução: Dado um EVN $\mathbb{E}$ com $\dim \mathbb{E} = \infty$, seja $\mathbb{B} \subseteq \mathbb{E}$ uma base formada por vetores unitários (v. Exercício 15). Como $\dim \mathbb{E} = \infty$, esta base $\mathbb{B}$ é um conjunto infinito. Logo, $\mathbb{B}$ contém um conjunto $\mathbb{B}_0 = \{\vec{u}_n : n = 1, 2, \dots\}$ enumerável infinito (v. Lima, *Curso de Análise*, Vol. 1, 1989, p. 38-39). Sejam $\mathbb{E}_0 = \mathcal{S}(\mathbb{B}_0)$ o subespaço de $\mathbb{E}$ gerado por $\mathbb{B}_0$. O conjunto $\mathbb{B}_0$ é uma base de $\mathbb{E}_0$, porque é LI e gera $\mathbb{E}_0$. Seja $\varphi_0 : \mathbb{E}_0 \to \mathbb{R}$ definido pondo $\varphi_0(\vec{u}_n) = n$, $n = 1, 2, \dots$ (v. Lima, *Álgebra Linear*, 2001, p. 40-41). O Teorema da Extensão diz que existe um funcional linear $\varphi : \mathbb{E} \to \mathbb{R}$ tal que $\varphi(\vec{x}) = \varphi_0(\vec{x})$ para todo $\vec{x} \in \mathbb{E}_0$. Como os vetores $\vec{u}_n$, $n = 1, 2, \dots$ pertencem a $\mathbb{E}_0$, tem-se $\varphi(\vec{u}_n) = \varphi_0(\vec{u}_n) = n$ para todo n. Os vetores $\vec{u}_n$ pertencem à esfera unitária $\mathbb{S}(\vec{o}; 1) \subseteq \mathbb{E}$, porque são unitários. Segue-se que existe, para todo inteiro positivo n, um vetor $\vec{u}_n \in \mathbb{S}(\vec{o}; 1)$ tal que $\varphi(\vec{u}_n) = n$. Logo (v. Exercício 20 acima) φ não é contínuo.

Exercício 22 - *Norma produto*. Sejam $\mathbb{E}_1, \dots, \mathbb{E}_n$ espaços vetoriais. Seja, para cada $k = 1, \dots, n$, $\|.\|_k : \mathbb{E}_k \to \mathbb{R}$ uma norma. Sejam $\|.\|_M, \|.\|_p : \mathbb{E} \to \mathbb{R}$, onde $p \geq 1$, definidas pondo:

$$\|\vec{x}\|_M = \max_{1 \leq k \leq n} \|\vec{x}_k\|_k$$

40 320 QUESTÕES RESOLVIDAS DE ÁLGEBRA LINEAR

$$\|\vec{x}\|_p = \left(\sum_{k=1}^n \|\vec{x}_k\|_k^p\right)^{1/p}$$

para cada $\vec{x} = (\vec{x}_1, \ldots, \vec{x}_n) \in \mathbb{E}$. Prove:

(a) $\|.\|_M$ e $\|.\|_p$ são normas.

(b) Para todo $p \geq 1$ as normas $\|.\|_M$ e $\|.\|_p$ são equivalentes.

(c) Para cada $k = 1,\ldots,n$, a k-ésima projeção $P_k : \mathbb{E} \to \mathbb{E}_k$, definida por $P_k(\vec{x}) = \vec{x}_k$, é uma transformação linear contínua relativamente às normas do item (a) acima.

Solução:

(a): Para cada $k = 1,\ldots,n$, a função $\|.\|_k : \mathbb{E}_k \to \mathbb{R}$ é uma seminorma. Logo, as funções $\|.\|_M$ e $\|.\|_p$ são seminormas (v. Exercício 9). Os números $\|\vec{x}_k\|_k$, $k = 1,\ldots,n$, sendo não-negativos, valem, para cada $k = 1,\ldots,n$ e para todo $p \geq 1$, as seguintes desigualdades:

$$\boxed{0 \leq \|\vec{x}_k\|_k \leq \|\vec{x}\|_M} \qquad (2.58)$$

$$\boxed{0 \leq \|\vec{x}_k\|_k = [(\|\vec{x}_k\|_k)^p]^{1/p} \leq \|\vec{x}\|_p} \qquad (2.59)$$

Resulta de (2.58) e (2.59) que se $\|\vec{x}\|_M = 0$ (resp. $\|\vec{x}\|_p = 0$) então $\vec{x}_k = \vec{o} \in \mathbb{E}_k$ para cada $k = 1,\ldots,n$, donde $\vec{x} = (\vec{x}_1, \ldots, \vec{x}_n) = \vec{o}$ (observe-se que o vetor nulo de $\mathbb{E}$ é a n-upla $\vec{o} = (\vec{o}, \ldots, \vec{o})$). Logo, $\|.\|_M$ e $\|.\|_p$ são normas.

(b): Dado $p \geq 1$, seja $\vec{x} = (\vec{x}_1, \ldots, \vec{x}_n) \in \mathbb{E}$ arbitrário. Como $\|\vec{x}\|_M$ é um dos elementos do conjunto formado pelos números $\|\vec{x}_k\|_k$, $k = 1,\ldots,n$, e estes números são não-negativos, segue-se:

$$\boxed{\begin{aligned} \|\vec{x}\|_M &= [(\|\vec{x}\|_M)^p]^{1/p} \leq \\ &\leq \|\vec{x}\|_p = \left[\sum_{k=1}^n (\|\vec{x}_k\|_k)^p\right]^{1/p} \end{aligned}} \qquad (2.60)$$

Por sua vez, $\|\vec{x}_k\|_k \leq \|\vec{x}\|_M$ para cada $k = 1,\ldots,n..$ Por esta razão, $\sum_{k=1}^n (\|\vec{x}_k\|_k)^p \leq n(\|\vec{x}\|_M)^p$. Assim sendo, (2.60) fornece:

$$\boxed{\|\vec{x}\|_M \leq \|\vec{x}\|_p \leq n^{1/p}\|\vec{x}\|_M} \qquad (2.61)$$

CAPÍTULO 2 – ESPAÇOS VETORIAIS NORMADOS   41

Isto mostra que $\|.\|_p \succcurlyeq \|.\|_M$ e $\|.\|_M \succcurlyeq \|.\|_p$ (v. Exercício 19). Portanto, as normas $\|.\|_M$ e $\|.\|_p$ são equivalentes.

(c): A linearidade das projeções P_k resulta das definições de adição e produto por número real em $\mathbb{E}$. Tem-se $\|P_k(\vec{x})\|_k = \|\vec{x}_k\|_k \le \|\vec{x}\|_M$, $k = 1,...,n$, seja qual for $\vec{x} = (\vec{x}_1, ..., \vec{x}_n) \in \mathbb{E}$. Logo (v. Exercício 20) as projeções $P_1, ..., P_n$ são contínuas relativamente a $\|.\|_M$. Seja $p \ge 1$. Resulta de (2.61) que valem as desigualdades $\|P_k(\vec{x})\|_k = \|\vec{x}_k\|_k \le \|\vec{x}\|_M \le n^{1/p}\|\vec{x}\|_p$, $k = 1,...,n$, qualquer que seja $\vec{x} = (\vec{x}_1, ..., \vec{x}_n) \in \mathbb{E}$. Segue-se (v. Exercício 20) que $P_1, ..., P_n$ são também contínuas relativamente a $\|.\|_p$.

Seja $\mathbb{E} = \prod_{k=1}^{n} \mathbb{E}_k$ o espaço produto dos EVN $\mathbb{E}_1, ..., \mathbb{E}_n$. A norma $\|.\|_M$ do Exercício 22 chama-se *norma produto*. De agora em diante, será considerada no espaço vetorial $\mathbb{E} = \prod_{k=1}^{n} \mathbb{E}_k$ a norma produto, a menos de aviso em contrário.

Resulta do Exercício 22 que a função $\|.\|_M : \mathbb{R}^n \to \mathbb{R}$, definida por:

$$\|\vec{x}\|_M = \max_{1 \le k \le n} |x_k|$$

é uma norma, que se chama a *norma do máximo*. Tem-se também que, para cada $p \ge 1$, a função $\|.\|_p : \mathbb{R}^n \to \mathbb{R}$, definida pondo:

$$\|\vec{x}\|_p = \left(\sum_{k=1}^{n} |x_k|^p\right)^{1/p}$$

para todo $\vec{x} = (x_1, ..., x_n) \in \mathbb{R}^n$, é uma norma. De fato, $\mathbb{R}^n$ é o espaço produto de n cópias do espaço vetorial $\mathbb{R}$, e a função $x \mapsto |x|$ é uma norma em $\mathbb{R}$.

Quando $p = 1$, a norma $\|.\|_p$ em $\mathbb{R}^n$ diz-se *norma da soma*, e é dada por:

$$\|\vec{x}\|_p = \|\vec{x}\|_1 = \sum_{k=1}^{n} |x_k|$$

Quando for $p = 2$, a norma $\|.\|_p$ em $\mathbb{R}^n$ chama-se *norma euclidiana*, e é indicada, às vezes, por $\|.\|_E$. Portanto, a

42   320 QUESTÕES RESOLVIDAS DE ÁLGEBRA LINEAR

norma euclidiana é definida pondo:

$$\|\vec{x}\|_E = \sqrt{\sum_{k=1}^{n} x_k^2}$$

para todo $\vec{x} = (x_1, \ldots, x_n) \in \mathbb{R}^n$.

Sejam $\mathbb{E}$, $\mathbb{F}_1, \ldots, \mathbb{F}_n$ espaços vetoriais normados, $\mathbb{F} = \prod_{k=1}^{n} \mathbb{F}_k$ o espaço produto de $\mathbb{F}_1, \ldots, \mathbb{F}_n$ e $f : \mathbb{E} \to \mathbb{F}$. Para cada $\vec{y} = (\vec{y}_1, \ldots, \vec{y}_n) \in \mathbb{F}$ tem-se $P_k(\vec{y}) = \vec{y}_k$, onde $P_k : \mathbb{F} \to \mathbb{F}_k$, $k = 1, \ldots, n$, é a k-ésima projeção. Logo, $\vec{y} = (P_1\vec{y}, \ldots, P_n\vec{y})$. Assim sendo, $f(\vec{x}) = (P_1(f(\vec{x})), \ldots, P_n(f(\vec{x})))$ para todo $\vec{x} \in \mathbb{E}$. Fazendo $f_k = P_k \circ f$, $k = 1, \ldots, n$, tem-se $f(\vec{x}) = (f_1(\vec{x}), \ldots, f_n(\vec{x}))$ para todo $\vec{x} \in \mathbb{E}$. As funções $f_k = P_k \circ f : \mathbb{E} \to \mathbb{F}_k$ chamam-se *funções coordenadas* de f. Escreve-se então $f = (f_1, \ldots, f_n)$.

Exercício 23 - Sejam $\mathbb{E}$, $\mathbb{F}_1, \ldots, \mathbb{F}_n$ espaços vetoriais normados, $\mathbb{F} = \prod_{k=1}^{n} \mathbb{F}_k$ o espaço produto de $\mathbb{F}_1, \ldots, \mathbb{F}_n$ e $f : \mathbb{E} \to \mathbb{F}$. Prove que f é contínua no ponto $\vec{a} \in \mathbb{E}$ se, e somente se, as funções coordenadas $f_1, \ldots, f_n$ são contínuas no mesmo ponto.

Solução: Supondo que as funções coordenadas $f_k : \mathbb{E} \to \mathbb{F}_k$ são contínuas no ponto $\vec{a}$, seja $\varepsilon > 0$ arbitrário. Existe, para cada $k = 1, \ldots, n$, um número positivo δ_k de modo que:

$$\boxed{\|\vec{x} - \vec{a}\| < \delta_k \implies \|f_k(\vec{x}) - f_k(\vec{a})\|_k < \varepsilon} \qquad (2.62)$$

Seja $\|.\| : \mathbb{F} \to \mathbb{R}$ a norma produto em $\mathbb{F}$. Como $\|\vec{y}\| = \max_{1 \le k \le n} \|\vec{y}_k\|_k$ para todo $\vec{y} = (\vec{y}_1, \ldots, \vec{y}_n) \in \mathbb{F}$, tomando $\delta = \min\{\delta_1, \ldots, \delta_n\}$, a condição (2.62) fornece:

$$\|\vec{x} - \vec{a}\| < \delta \implies$$

$$\implies \|\vec{x} - \vec{a}\| < \delta_k, \quad k = 1, \ldots, n \implies$$

$$\implies \|f_k(\vec{x}) - f_k(\vec{a})\|_k < \varepsilon, \quad k = 1, \ldots, n \implies$$

$$\implies \|f(\vec{x}) - f(\vec{a})\| < \varepsilon$$

Logo, f é contínua no ponto $\vec{a}$. Reciprocamente: Admitindo que $f : \mathbb{E} \to \mathbb{F}$ é contínua no ponto $\vec{a} \in \mathbb{E}$, seja $\varepsilon > 0$ qualquer.

CAPÍTULO 2 – ESPAÇOS VETORIAIS NORMADOS   **43**

Existe $\delta > 0$ tal que:

$$\|\vec{x} - \vec{a}\| < \delta \implies \|f(\vec{x}) - f(\vec{a})\| < \varepsilon \qquad (2.63)$$

Para cada $k = 1,\ldots,n$, a k-ésima coordenada do vetor $f(\vec{x}) - f(\vec{a}) \in \mathbb{F}$ é o vetor $f_k(\vec{x}) - f_k(\vec{a}) \in \mathbb{F}_k$. Por esta razão, vale, para cada $k = 1,\ldots,n$, a seguinte desigualdade:

$$\|f_k(\vec{x}) - f_k(\vec{a})\|_k \leq \|f(\vec{x}) - f(\vec{a})\| \qquad (2.64)$$

A condição (2.63) e as desigualdades (2.64) conduzem a:

$$\|\vec{x} - \vec{a}\| < \delta \implies \|f_k(\vec{x}) - f_k(\vec{a})\|_k < \varepsilon, \quad k = 1,\ldots,n$$

Por consequência, as funções coordenadas $f_1,\ldots,f_n$ são contínuas no ponto $\vec{a}$.

Sejam $\mathbb{E}$, $\mathbb{F}$, $\mathbb{G}$ espaços vetoriais. Uma função $B : \mathbb{E} \times \mathbb{F} \to \mathbb{G}$ diz-se *bilinear* quando tem as seguintes propriedades:

  –*Linearidade na primeira variável*: $B(\lambda_1\vec{x}_1 + \lambda_2\vec{x}_2, \vec{y}) = \lambda_1 B(\vec{x}_1, \vec{y}) + \lambda_2 B(\vec{x}_2, \vec{y})$, quaisquer que sejam $\vec{x}_1, \vec{x}_2 \in \mathbb{E}$, $\vec{y} \in \mathbb{F}$ e $\lambda_1, \lambda_2 \in \mathbb{R}$.

  –*Linearidade na segunda variável*: $B(\vec{x}, \lambda_1\vec{y}_1 + \lambda_2\vec{y}_2) = \lambda_1 B(\vec{x}, \vec{y}_1) + \lambda_2 B(\vec{x}, \vec{y}_2)$, sejam quais forem $\vec{x} \in \mathbb{E}$, $\vec{y}_1, \vec{y}_2 \in \mathbb{F}$ e $\lambda_1, \lambda_2 \in \mathbb{R}$.

Exercício 24 - Sejam $\mathbb{E}_1$, $\mathbb{E}_2$, $\mathbb{F}$ EVNs, $\mathbb{E}$ o espaço produto $\mathbb{E}_1 \times \mathbb{E}_2$ e $B : \mathbb{E} \to \mathbb{F}$ uma função bilinear. Prove que as afirmações seguintes são equivalentes:

(a) B é contínua.

(b) B é contínua no ponto $(\vec{o}, \vec{o}) \in \mathbb{E}$.

(c) Existe uma constante positiva M tal que $\|B(\vec{x}_1, \vec{x}_2)\| \leq M\|\vec{x}_1\|_1\|\vec{x}_2\|_2$ para todo $\vec{x} = (\vec{x}_1, \vec{x}_2) \in \mathbb{E}$.

(d) Para todo $\rho > 0$ dado existe um número real positivo K_ρ de modo que se tem $\|B(\vec{x}) - B(\vec{y})\| \leq K_\rho\|\vec{x} - \vec{y}\|$, sejam quais forem $\vec{x} = (\vec{x}_1, \vec{x}_2)$, $\vec{y} = (\vec{y}_1, \vec{y}_2) \in \mathbb{D}(\vec{o}; \rho) \subseteq \mathbb{E}$.

Solução:

  (a) $\implies$ (b): Se B é contínua, então é contínua em todo

44 320 QUESTÕES RESOLVIDAS DE ÁLGEBRA LINEAR

ponto de $\mathbb{E}$. Em particular, B é contínua no ponto $(\vec{o}, \vec{o}) \in \mathbb{E}$.

(b) $\Rightarrow$ (c): Pela bilinearidade de B, $B(\vec{o}, \vec{x}_2) = B(0. \vec{x}_1, \vec{x}_2) = 0. B(\vec{x}_1, \vec{x}_2) = \vec{o}$, seja qual for $\vec{x}_2 \in \mathbb{E}_2$. De modo análogo, $B(\vec{x}_1, \vec{o}) = \vec{o}$, qualquer que seja $\vec{x}_1 \in \mathbb{E}_1$. Segue-se que $B(\vec{o}, \vec{o}) = \vec{o}$. Assim sendo, se B é contínua no ponto $\vec{o} = (\vec{o}, \vec{o}) \in \mathbb{E}$ então existe $\delta > 0$ de modo que a condição seguinte:

$$\boxed{\| (\vec{x}_1, \vec{x}_2) \| < \delta \Rightarrow \| B(\vec{x}_1, \vec{x}_2) \| < 1} \qquad (2.65)$$

é satisfeita. Seja $\vec{x} = (\vec{x}_1, \vec{x}_2) \in \mathbb{E}$ arbitrário. Se $\vec{x}_1 = \vec{o}$ ou $\vec{x}_2 = \vec{o}$ então $B(\vec{x}_1, \vec{x}_2) = \vec{o}$, pois B é bilinear. Por esta razão,

$$\| B(\vec{x}_1, \vec{x}_2) \| = \frac{4}{\delta^2} \| \vec{x}_1 \|_1 \| \vec{x}_2 \|_2 = 0$$

Se, por outro lado, os vetores $\vec{x}_1 \in \mathbb{E}_1$ e $\vec{x}_2 \in \mathbb{E}_2$ são ambos não-nulos, sejam $\vec{u}_k = (\delta/2 \| \vec{x}_k \|_k) \vec{x}_k$, $k = 1,2$. Tem-se $\| \vec{u}_1 \|_1 = \| \vec{u}_2 \|_2 = \delta/2 < \delta$, donde $\| (\vec{u}_1, \vec{u}_2) \| = \max\{\| \vec{u}_1 \|_1, \| \vec{u}_2 \|_2\} < \delta$. Desta forma, a bilinearidade de B e a condição (2.65) levam a:

$$\| B(\vec{u}_1, \vec{u}_2) \| =$$

$$= \left\| B \left(\frac{\delta}{2 \| \vec{x}_1 \|_1} \vec{x}_1, \frac{\delta}{2 \| \vec{x}_2 \|_2} \vec{x}_2 \right) \right\| =$$

$$= \frac{\delta^2}{4 \| \vec{x}_1 \|_1 \| \vec{x}_2 \|_2} \| B(\vec{x}_1, \vec{x}_2) \| < 1$$

Portanto, $\| B(\vec{x}_1, \vec{x}_2) \| < (4/\delta^2) \| \vec{x}_1 \|_1 \| \vec{x}_2 \|_2$. Segue-se que a desigualdade:

$$B(\vec{x}_1, \vec{x}_2) \leq \frac{4}{\delta^2} \| \vec{x}_1 \|_1 \| \vec{x}_2 \|_2$$

é válida para qualquer $\vec{x} = (\vec{x}_1, \vec{x}_2) \in \mathbb{E}$.

(c) $\Rightarrow$ (d): Sejam $\vec{x} = (\vec{x}_1, \vec{x}_2)$, $\vec{y} = (\vec{y}_1, \vec{y}_2) \in \mathbb{E}$ arbitrários. Pela bilinearidade de $\mathbb{E}$, tem-se:

$$\boxed{B(\vec{x}_1 - \vec{y}_1, \vec{x}_2) = B(\vec{x}_1, \vec{x}_2) - B(\vec{y}_1, \vec{x}_2)} \qquad (2.66)$$

e também:

$$\boxed{B(\vec{y}_1, \vec{x}_2 - \vec{y}_2) = B(\vec{y}_1, \vec{x}_2) - B(\vec{y}_1, \vec{y}_2)} \qquad (2.67)$$

CAPÍTULO 2 – ESPAÇOS VETORIAIS NORMADOS   45

Somando membro a membro (2.66) e (2.67), obtém-se:

$$B(\vec{x}) - B(\vec{y}) =$$
$$= B(\vec{x}_1 - \vec{y}_1, \vec{x}_2) + B(\vec{y}_1, \vec{x}_2 - \vec{y}_2) \tag{2.68}$$

Por consequência: Se vale (c) então, em virtude de (2.68), existe uma constante positiva M tal que:

$$\|B(\vec{x}) - B(\vec{y})\| \leq$$
$$\leq \|B(\vec{x}_1 - \vec{y}_1, \vec{x}_2)\| + \|B(\vec{y}_1, \vec{x}_2 - \vec{y}_2)\| \leq \tag{2.69}$$
$$\leq M\|\vec{x}_1 - \vec{y}_1\|_1 \|\vec{x}_2\|_2 + M\|\vec{y}_1\|_1 \|\vec{x}_2 - \vec{y}_2\|_2$$

Dado $\rho > 0$, sejam $\vec{x} = (\vec{x}_1, \vec{x}_2)$ e $\vec{y} = (\vec{y}_1, \vec{y}_2)$ na bola fechada $\mathbb{D}(\vec{o}; \rho) \subseteq \mathbb{E}$. Como $\|\vec{x}_2\|_2 \leq \|\vec{x}\| \leq \rho$ e $\|\vec{y}_1\|_1 \leq \|\vec{y}\| \leq \rho$, resulta de (2.69) que se tem:

$$\|B(\vec{x}) - B(\vec{y})\| \leq$$

$$\leq M\rho(\|\vec{x}_1 - \vec{y}_1\|_1 + \|\vec{x}_2 - \vec{y}_2\|_2) \leq 2M\rho\|\vec{x} - \vec{y}\|$$

(d) $\Rightarrow$ (a): Supondo que vale (d), sejam $\vec{a} = (\vec{a}_1, \vec{a}_2) \in \mathbb{E}$ e $\varepsilon > 0$ arbitrários. Seja $\rho = \|\vec{a}\| + 1$. O vetor $\vec{a}$ pertence à bola aberta $\mathbb{B}(\vec{o}; \rho)$, e portanto à bola fechada $\mathbb{D}(\vec{o}; \rho)$. Existe (v. Exercício 10) $\delta_0 > 0$ tal que $\mathbb{B}(\vec{a}; \delta_0) \subseteq \mathbb{B}(\vec{o}; \rho) \subseteq \mathbb{D}(\vec{o}; \rho)$. Pela relação $\mathbb{B}(\vec{o}; \rho) \subseteq \mathbb{D}(\vec{o}; \rho)$ e pela propriedade (d) admitida, existe $K_\rho > 0$ de modo que $\|B(\vec{x}) - B(\vec{a})\| \leq K_\rho\|\vec{x} - \vec{a}\|$, seja qual for $\vec{x} \in \mathbb{B}(\vec{o}; \rho)$. Portanto $\|B(\vec{x}) - B(\vec{a})\| \leq K_\rho\|\vec{x} - \vec{a}\|$, qualquer que seja $\vec{x} \in \mathbb{B}(\vec{a}; \delta_0)$. Desta forma, fazendo $\delta = \min\{\delta_0, \varepsilon / K_\rho\}$, tem-se:

$$\|\vec{x} - \vec{a}\| < \delta \Rightarrow \|\vec{x} - \vec{a}\| < \delta_0 \Rightarrow$$

$$\Rightarrow \|B(\vec{x}) - B(\vec{a})\| \leq K_\rho\|\vec{x} - \vec{a}\| \Rightarrow$$

$$\Rightarrow \|\vec{x} - \vec{a}\| < K_\rho\delta \leq \varepsilon$$

Logo, B é contínua no ponto $\vec{a}$. Como $\vec{a}$ é arbitrário, segue-se que B é contínua.

Exercício 25 - Dado um EVN $\mathbb{E}$, sejam $A : \mathbb{E} \times \mathbb{E} \rightarrow \mathbb{E}$ e

46   320 QUESTÕES RESOLVIDAS DE ÁLGEBRA LINEAR

$M : \mathbb{R} \times \mathbb{E} \to \mathbb{E}$ definidas por:

$$A(\vec{x}_1, \vec{x}_2) = \vec{x}_1 + \vec{x}_2$$

$$M(\lambda, \vec{x}) = \lambda \vec{x}$$

Prove que as funções A e M são contínuas.

Solução: Sejam $P_1, P_2 : \mathbb{E} \times \mathbb{E} \to \mathbb{E}$ as projeções definidas pondo $P_1(\vec{x}_1, \vec{x}_2) = \vec{x}_1$ e $P_2(\vec{x}_1, x_2) = \vec{x}_2$. Como P_1 e P_2 são transformações lineares (v. Exercício 22), a função A definida acima é uma transformação linear. De fato, $A = P_1 + P_2$. Para qualquer $(\vec{x}_1, \vec{x}_2) \in \mathbb{E} \times \mathbb{E}$, valem as seguintes relações:

$\|A(\vec{x}_1, \vec{x}_2)\| = \|\vec{x}_1 + \vec{x}_2\| \leq$

$\leq \|\vec{x}_1\| + \|\vec{x}_2\| \leq 2\max\{\|\vec{x}_1\|, \|\vec{x}_2\|\} =$

$= 2\|(\vec{x}_1, \vec{x}_2)\|$

Portanto, A é uma transformação linear contínua (v. Exercício 20). Sendo $\mathbb{E}$ um espaço vetorial, tem-se $\lambda(\vec{x}_1 + \vec{x}_2) = \lambda \vec{x}_1 + \lambda \vec{x}_2$ para quaisquer $\vec{x}_1, \vec{x}_2 \in \mathbb{E}$, $\lambda \in \mathbb{R}$, e também $(\lambda_1 + \lambda_2)\vec{x} = \lambda_1 \vec{x} + \lambda_2 \vec{x}$, sejam quais forem $\vec{x} \in \mathbb{E}$, $\lambda_1, \lambda_2 \in \mathbb{R}$. Portanto, a função M definida acima é bilinear. Uma vez que $\|M(\lambda, \vec{x})\| = \|\lambda \vec{x}\| = |\lambda| \|\vec{x}\|$ para todo $\vec{x} \in \mathbb{E}$ e para todo $\lambda \in \mathbb{R}$, segue-se (v. Exercício 24) que M é contínua.

Exercício 26 - Sejam $\mathbb{E}$, $\mathbb{F}$, $\mathbb{G}$ EVN, $f : \mathbb{E} \to \mathbb{F}$ e $g : \mathbb{F} \to \mathbb{G}$. Prove: Se f é contínua no ponto $\vec{a} \in \mathbb{E}$ e g é contínua no ponto $f(\vec{a}) \in \mathbb{F}$, então a função composta $g \circ f : \mathbb{E} \to \mathbb{G}$ é contínua no ponto $\vec{a}$.

Solução: Seja $\varepsilon > 0$ arbitrário. Como g é contínua no ponto $f(\vec{a}) \in \mathbb{F}$, existe $\rho > 0$ tal que:

$\|\vec{y} - f(\vec{a})\| < \rho \implies \|g(\vec{y}) - g(f(\vec{a}))\| < \varepsilon$

Sendo f contínua no ponto $\vec{a} \in \mathbb{E}$, existe, por sua vez, $\delta > 0$ de modo que:

$\|\vec{x} - \vec{a}\| < \delta \implies \|f(\vec{x}) - f(\vec{a})\| < \rho$

CAPÍTULO 2 – ESPAÇOS VETORIAIS NORMADOS   **47**

Assim sendo, tem-se:

$$\|\vec{x} - \vec{a}\| < \delta \Rightarrow$$

$$\Rightarrow \|f(\vec{x}) - f(\vec{a})\| < \rho \Rightarrow \|g(f(\vec{x})) - g(f(\vec{a}))\| < \varepsilon$$

Por consequência, $g \circ f$ é contínua no ponto $\vec{a} \in \mathbb{E}$.

Exercício 27 - Sejam $\mathbb{E}$, $\mathbb{F}$ EVN. Prove as seguintes propriedades:

(a) Se $f, g : \mathbb{E} \to \mathbb{F}$ são contínuas no ponto $\vec{a} \in \mathbb{E}$ então $f + g : \mathbb{E} \to \mathbb{F}$, definida por $(f + g)(\vec{x}) = f(\vec{x}) + g(\vec{x})$, é contínua no mesmo ponto.

(b) Se $\varphi : \mathbb{E} \to \mathbb{R}$ e $f : \mathbb{E} \to \mathbb{F}$ são contínuas no ponto $\vec{a} \in \mathbb{E}$, então $\varphi f : \mathbb{E} \to \mathbb{F}$, definida por $(\varphi f)(\vec{x}) = \varphi(\vec{x}) f(\vec{x})$, é contínua no mesmo ponto.

(c) Se $f : \mathbb{E} \to \mathbb{F}$ é contínua no ponto $\vec{a} \in \mathbb{E}$ então, para todo $\lambda \in \mathbb{R}$ a função $\lambda f : \mathbb{E} \to \mathbb{R}$, definida por $(\lambda f)(\vec{x}) = \lambda f(\vec{x})$, é contínua no mesmo ponto.

(d) Se f é contínua no ponto $\vec{a} \in \mathbb{E}$, então a função $\|f\| : \mathbb{E} \to \mathbb{R}$, definida por $\|f\|(\vec{x}) = \|f(\vec{x})\|$, é contínua no mesmo ponto.

Solução:

(a): Sejam $f, g : \mathbb{E} \to \mathbb{F}$ contínuas no ponto $\vec{a} \in \mathbb{E}$. Sejam $A : \mathbb{F} \times \mathbb{F} \to \mathbb{F}$ definida por $A(\vec{y}_1, \vec{y}_2) = \vec{y}_1 + \vec{y}_2$ e $F : \mathbb{E} \to \mathbb{F} \times \mathbb{F}$ definida por $F(\vec{x}) = (f(\vec{x}), g(\vec{x}))$. A função A é uma transformação linear contínua (v. Exercício 25), portanto é contínua no ponto $F(\vec{a}) = (f(\vec{a}), g(\vec{a})) \in \mathbb{F} \times \mathbb{F}$. A função F é contínua no ponto $\vec{a} \in \mathbb{E}$ (v. Exercício 23) porque f e g são as funções coordenadas de F. Como $f + g : \mathbb{E} \to \mathbb{F}$ é a função composta $A \circ F$, segue-se (v. Exercício 26) que $f + g$ é contínua no ponto $\vec{a}$.

(b): Sejam $\varphi : \mathbb{E} \to \mathbb{R}$ e $f : \mathbb{E} \to \mathbb{F}$ contínuas no ponto $\vec{a} \in \mathbb{E}$. Sejam $M : \mathbb{R} \times \mathbb{F} \to \mathbb{F}$ dada por $M(\lambda, \vec{y}) = \lambda \vec{y}$ e $G : \mathbb{E} \to \mathbb{R} \times \mathbb{F}$ definida por $G(\vec{x}) = (\varphi(\vec{x}), f(\vec{x}))$. A função M sendo contínua (v. Exercício 25), é contínua no ponto $G(\vec{a}) = (\varphi(\vec{a}), f(\vec{a})) \in \mathbb{R} \times \mathbb{F}$. A função G é contínua no ponto $\vec{a}$, pois φ e f são as funções coordenadas de G. Uma vez que

48   320 QUESTÕES RESOLVIDAS DE ÁLGEBRA LINEAR

$\varphi f : \mathbb{E} \to \mathbb{F}$ é a função composta $M \circ G$, tem-se que φf é contínua no ponto $\vec{a}$.

(c): Toda função constante $\varphi : \mathbb{E} \to \mathbb{F}$ é contínua. De fato, se $\varphi(\vec{x}) = \vec{y}_0$ para todo $\vec{x} \in \mathbb{E}$ então $\|\varphi(\vec{x}) - \varphi(\vec{a})\| = 0$ para todo $\vec{x}$ e todo $\vec{a} \in \mathbb{E}$. Portanto, dado $\varepsilon > 0$ arbitrário, tem-se $\|\varphi(\vec{x}) - \varphi(\vec{a})\| < \varepsilon$, sejam quais forem $\vec{a}, \vec{x} \in \mathbb{E}$. Em particular, toda função constante $\varphi : \mathbb{E} \to \mathbb{R}$ é contínua. Dado $\lambda \in \mathbb{R}$, seja $\varphi_\lambda : \mathbb{E} \to \mathbb{R}$ a função constante definida pondo $\varphi_\lambda(\vec{x}) = \lambda$ para todo $\vec{x} \in \mathbb{E}$. Tem-se $\lambda f = \varphi_\lambda f$. Decorre daí e da propriedade (b) já demonstrada que se f é contínua no ponto $\vec{a} \in \mathbb{E}$ então λf é contínua no mesmo ponto.

(d): Dada $f : \mathbb{E} \to \mathbb{F}$ contínua no ponto $\vec{a} \in \mathbb{E}$, seja $\varepsilon > 0$ qualquer. Como f é contínua no ponto $\vec{a} \in \mathbb{E}$, é possível obter $\delta > 0$ tal que:

$$\boxed{\|\vec{x} - \vec{a}\| < \delta \Rightarrow \|f(\vec{x}) - f(\vec{a})\| < \varepsilon} \qquad (2.70)$$

Como $|\, \|f(\vec{x})\| - \|f(\vec{a})\| \,| \leq \|f(\vec{x}) - f(\vec{a})\|$ (v. Exercício 1), decorre de (2.70) que se tem:

$$\|\vec{x} - \vec{a}\| < \delta \Rightarrow |\, \|f(\vec{x})\| - \|f(\vec{a})\| \,| \leq$$

$$\leq \|f(\vec{x}) - f(\vec{a})\| < \varepsilon$$

Por consequência, $\|f\|$ é contínua no ponto $\vec{a}$.

Sejam $\mathbb{E}$, $\mathbb{F}$ EVN. Uma transformação linear $A \in \text{hom}(\mathbb{E}; \mathbb{F})$ chama-se *isomorfismo topológico* quando é bijetiva, contínua, e sua inversa $A^{-1} \in \text{hom}(\mathbb{F}; \mathbb{E})$ é também contínua. Diz-se que $\mathbb{E}$ e $\mathbb{F}$ são *topológicamente isomorfos* quando existe um isomorfismo topológico entre eles.

Exercício 28 - Sejam $\mathbb{E}$, $\mathbb{F}$ EVN. Prove que uma transformação linear bijetiva $A : \mathbb{E} \to \mathbb{F}$ é um isomorfismo topológico se, e somente se, existem números positivos c_1, c_2 de modo que $c_1\|\vec{x}\| \leq \|A\vec{x}\| \leq c_2\|\vec{x}\|$, seja qual for $\vec{x} \in \mathbb{E}$.

Solução: Seja $A : \mathbb{E} \to \mathbb{F}$ um isomorfismo topológico. Como $A : \mathbb{E} \to \mathbb{F}$ e $A^{-1} : \mathbb{F} \to \mathbb{E}$ são transformações lineares contínuas, existem (v. Exercício 20) constantes positivas M_1, M_2 de modo que $\|A\vec{x}\| \leq M_1\|\vec{x}\|$ para todo $\vec{x} \in \mathbb{E}$ e $\|A^{-1}\vec{y}\| \leq$

CAPÍTULO 2 – ESPAÇOS VETORIAIS NORMADOS   49

$M_2\|\vec{y}\|$ para todo $\vec{y} \in \mathbb{F}$. Assim sendo, valem as seguintes desigualdades:

$$\|\vec{x}\| = \|A^{-1}(A\vec{x})\| \leq M_2\|A\vec{x}\| \leq M_1 M_2\|\vec{x}\|$$

seja qual for $\vec{x} \in \mathbb{E}$. Desta forma, tem-se:

$$\frac{1}{M_2}\|\vec{x}\| \leq \|A\vec{x}\| \leq M_1\|\vec{x}\|$$

qualquer que seja $\vec{x} \in \mathbb{E}$. Fazendo $c_1 = 1/M_2$ e $c_2 = M_1$, tem-se $c_1\|\vec{x}\| \leq \|A\vec{x}\| \leq c_2\|\vec{x}\|$, para todo $\vec{x} \in \mathbb{E}$. Reciprocamente: Se existem constantes positivas c_1, c_2 de modo que $c_1\|\vec{x}\| \leq \|A\vec{x}\| \leq c_2\|\vec{x}\|$ para todo $\vec{x} \in \mathbb{E}$ então A é contínua (v. Exercício 20) e se tem $c_1\|A^{-1}\vec{y}\| \leq \|A(A^{-1}\vec{y})\| = \|\vec{y}\|$, donde $\|A^{-1}\vec{y}\| \leq (1/c_1)\|\vec{y}\|$, para todo $\vec{y} \in \mathbb{F}$. Logo, $A^{-1} : \mathbb{F} \to \mathbb{E}$ é também contínua.

Dado um EVN $\mathbb{E}$, sejam $\mathbb{A} \subseteq \mathbb{E}$ não-vazio e $\vec{x} \in \mathbb{E}$. Tem-se $\|\vec{x} - \vec{y}\| \geq 0$, qualquer que seja $\vec{y} \in \mathbb{A}$. Segue-se que o conjunto $\mathbb{M}(\vec{x}, \mathbb{A}) \subseteq \mathbb{R}$, formado pelos números $\|\vec{x} - \vec{y}\|$ onde $\vec{y}$ percorre $\mathbb{A}$, é não-vazio e limitado inferiormente. Portanto (v. Lima, *Análise Real*, Vol. 1, 1993, p. 17) o conjunto $\mathbb{M}(\vec{x}, \mathbb{A})$ possui ínfimo. Define-se então a *distância do ponto* $\vec{x}$ *ao conjunto* $\mathbb{A}$, indicada pela notação:

$$d(\vec{x}, \mathbb{A})$$

pondo:

$$d(\vec{x}, \mathbb{A}) = \inf\{\|\vec{x} - \vec{y}\| : \vec{y} \in \mathbb{A}\}$$

Assim sendo, $0 \leq d(\vec{x}, \mathbb{A}) \leq \|\vec{x} - \vec{y}\|$, seja qual for $\vec{y} \in \mathbb{A}$.

Exercício 29 - Sejam $\mathbb{A}$, $\mathbb{B}$ subconjuntos não-vazios de um EVN $\mathbb{E}$. Prove as seguintes propriedades:

(a) Se $\mathbb{A} = \{\vec{a}\}$ então $d(\vec{x}, \mathbb{A}) = d(\vec{x}, \{\vec{a}\}) = \|\vec{x} - \vec{a}\|$.

(b) Se $\vec{x} \in \mathbb{A}$ então $d(\vec{x}, \mathbb{A}) = 0$.

(c) Se $\mathbb{A} \subseteq \mathbb{B}$ então $d(\vec{x}, \mathbb{B}) \leq d(\vec{x}, \mathbb{A})$, qualquer que seja $\vec{x} \in \mathbb{E}$.

(d) Tem-se $|d(\vec{x}, \mathbb{A}) - d(\vec{y}, \mathbb{A})| \leq \|\vec{x} - \vec{y}\|$, sejam quais forem $\vec{x}, \vec{y} \in \mathbb{E}$.

50   320 QUESTÕES RESOLVIDAS DE ÁLGEBRA LINEAR

Solução:

(a): Seja $\mathbb{A} = \{\vec{a}\}$. Tem-se $\|\vec{x} - \vec{y}\| = \|\vec{x} - \vec{a}\|$, e portanto $\|\vec{x} - \vec{a}\| \leq \|\vec{x} - \vec{y}\|$, para todo $\vec{y} \in \mathbb{A}$. Desta forma, $\|\vec{x} - \vec{a}\| \leq d(\vec{x}, \mathbb{A})$. Por outro lado, tem-se também $d(\vec{x}, \mathbb{A}) \leq \|\vec{x} - \vec{a}\|$, pois $\vec{a} \in \mathbb{A}$. Logo, $d(\vec{x}, \mathbb{A}) = d(\vec{x}, \{\vec{a}\}) = \|\vec{x} - \vec{a}\|$.

(b): Seja $\vec{x} \in \mathbb{A}$. Como $d(\vec{x}, \mathbb{A}) \leq \|\vec{x} - \vec{y}\|$ para todo $\vec{y} \in \mathbb{A}$ e $\vec{x} \in \mathbb{A}$, tem-se, em particular, $d(\vec{x}, \mathbb{A}) \leq \|\vec{x} - \vec{x}\| = 0$. Por outro lado, $0 \leq d(\vec{x}, \mathbb{A})$. Segue-se que $d(\vec{x}, \mathbb{A}) = 0$.

(c): Sejam $\mathbb{A}$, $\mathbb{B} \subseteq \mathbb{E}$ sendo $\mathbb{A}$ não-vazio e $\mathbb{A} \subseteq \mathbb{B}$. Seja $\vec{x} \in \mathbb{E}$ arbitrário. Pela definição acima, $d(\vec{x}, \mathbb{B}) \leq \|\vec{x} - \vec{w}\|$ para todo $\vec{w} \in \mathbb{B}$. Como todo elemento $\vec{a} \in \mathbb{A}$ é também elemento de $\mathbb{B}$, tem-se $d(\vec{x}, \mathbb{B}) \leq \|\vec{x} - \vec{a}\|$ para todo $\vec{a} \in \mathbb{A}$. Segue-se que o número $d(\vec{x}, \mathbb{B})$ é uma cota inferior do conjunto formado pelos números $\|\vec{x} - \vec{a}\|$, onde $\vec{a}$ percorre o conjunto $\mathbb{A}$. Por esta razão,

$$d(\vec{x}, \mathbb{B}) \leq \inf\{\|\vec{x} - \vec{a}\| : \vec{a} \in \mathbb{A}\} = d(\vec{x}, \mathbb{A})$$

(d): Dados $\vec{x}, \vec{y} \in \mathbb{E}$, seja $\vec{a} \in \mathbb{A}$ arbitrário. Tem-se:

$$\boxed{d(\vec{x}, \mathbb{A}) \leq \|\vec{x} - \vec{a}\| \leq \|\vec{x} - \vec{y}\| + \|\vec{y} - \vec{a}\|} \tag{2.71}$$

e também:

$$\boxed{d(\vec{y}, \mathbb{A}) \leq \|\vec{y} - \vec{a}\| \leq \|\vec{y} - \vec{x}\| + \|\vec{x} - \vec{a}\|} \tag{2.72}$$

De (2.71) obtém-se:

$$\boxed{d(\vec{x}, \mathbb{A}) - \|\vec{x} - \vec{y}\| \leq \|\vec{y} - \vec{a}\|} \tag{2.73}$$

Sendo $\|\vec{y} - \vec{x}\| = \|\vec{x} - \vec{y}\|$, (2.72) fornece:

$$\boxed{d(\vec{y}, \mathbb{A}) - \|\vec{x} - \vec{y}\| \leq \|\vec{x} - \vec{a}\|} \tag{2.74}$$

Como $\vec{a} \in \mathbb{A}$ é arbitrário, (2.73) e (2.74) são válidas para todo $\vec{a} \in \mathbb{A}$. Por isto, o número $d(\vec{x}, \mathbb{A}) - \|\vec{x} - \vec{y}\|$ é uma cota inferior do conjunto formado pelos números $\|\vec{y} - \vec{a}\|$ onde $\vec{a}$ percorre $\mathbb{A}$, e o número $d(\vec{y}, \mathbb{A}) - \|\vec{x} - \vec{y}\|$ é uma cota inferior do conjunto dos números $\|\vec{x} - \vec{a}\|$ onde $\vec{a}$ percorre $\mathbb{A}$. Desta forma, se tem:

$$\boxed{d(\vec{x}, \mathbb{A}) - \|\vec{x} - \vec{y}\| \leq d(\vec{y}, \mathbb{A})} \tag{2.75}$$

e também:

CAPÍTULO 2 – ESPAÇOS VETORIAIS NORMADOS   51

$$\boxed{d(\vec{y}, \mathbb{A}) - \|\vec{x} - \vec{y}\| \le d(\vec{x}, \mathbb{A})} \tag{2.76}$$

Por sua vez, as desigualdades (2.75) e (2.76) dão:

$$\boxed{d(\vec{x}, \mathbb{A}) - d(\vec{y}, \mathbb{A}) \le \|\vec{x} - \vec{y}\|} \tag{2.77}$$

e também:

$$\boxed{d(\vec{y}, \mathbb{A}) - d(\vec{x}, \mathbb{A}) \le \|\vec{x} - \vec{y}\|} \tag{2.78}$$

De (2.77) e (2.78) resulta $|d(\vec{x}, \mathbb{A}) - d(\vec{y}, \mathbb{A})| \le \|\vec{x} - \vec{y}\|$.

Exercício 30 - Dê um exemplo onde se tem $d(\vec{x}, \mathbb{A}) = 0$ sem que $\vec{x}$ pertença a $\mathbb{A}$.

Solução: Dado um EVN $\mathbb{E}$ diferente de $\{\vec{o}\}$, sejam $\vec{a} \in \mathbb{E}$, $r > 0$ e $\mathbb{A} = \mathbb{E} \backslash \mathbb{D}(\vec{a}; r)$, o complementar da bola fechada $\mathbb{D}(\vec{a}; r)$. Dado $\vec{x} \in \mathbb{S}(\vec{a}; r)$, seja $\varepsilon > 0$ arbitrário. A interseção $\mathbb{A} \cap \mathbb{B}(\vec{x}; \varepsilon)$ é não-vazia (v. Exercício 10). Portanto existe $\vec{w} \in \mathbb{A}$ tal que $\|\vec{x} - \vec{w}\| < \varepsilon$. Para este $\vec{w}$, se tem $0 \le d(\vec{x}, \mathbb{A}) \le \|\vec{x} - \vec{w}\| < \varepsilon$. Segue-se que $d(\vec{x}, \mathbb{A}) = 0$. Contudo, $\vec{x}$ não pertence a $\mathbb{A}$, pois $\vec{x}$ pertence à esfera $\mathbb{S}(\vec{a}; r)$, e portanto à bola fechada $\mathbb{D}(\vec{a}; r)$.

Exercício 31 - Sejam $\mathbb{A}_1, \dots, \mathbb{A}_n$ subconjuntos não-vazios de um EVN $\mathbb{E}$. Seja $\mathbb{A}$ a reunião $\mathbb{A} = \bigcup_{k=1}^{n} \mathbb{A}_k$. Prove que $d(\vec{x}, \mathbb{A}) = \min\{d(\vec{x}, \mathbb{A}_1), \dots, d(\vec{x}, \mathbb{A}_n)\}$, para todo $\vec{x} \in \mathbb{E}$.

Solução: Seja $\vec{x} \in \mathbb{E}$. Uma vez que $\mathbb{A}_k \subseteq \mathbb{A} = \bigcup_{k=1}^{n} \mathbb{A}_k$, para cada $k = 1, \dots, n$, se tem (v. Exercício 29) $d(\vec{x}, \mathbb{A}) \le d(\vec{x}, \mathbb{A}_k)$, $k = 1, \dots, n$, e portanto:

$$\boxed{d(\vec{x}, \mathbb{A}) \le \min\{d(\vec{x}, \mathbb{A}_1), \dots, d(\vec{x}, \mathbb{A}_n)\}} \tag{2.79}$$

Seja $\varepsilon > 0$ arbitrário. Existe $\vec{x}_0 \in \mathbb{A}$ tal que $\|\vec{x} - \vec{x}_0\| < d(\vec{x}, \mathbb{A}) + \varepsilon$. Como $\vec{x}_0$ pertence à reunião $\mathbb{A} = \bigcup_{k=1}^{n} \mathbb{A}_k$ dos conjuntos $\mathbb{A}_1, \dots, \mathbb{A}_n$, existe $k \in \mathbb{I}_n$ ($\mathbb{I}_n = \{1, \dots, n\}$) tal que $\vec{x}_0 \in \mathbb{A}_k$. Para este k, tem-se:

$$\min\{d(\vec{x}, \mathbb{A}_1), \dots, d(\vec{x}, \mathbb{A}_n)\} \le$$

$$\le d(\vec{x}, \mathbb{A}_k) \le \|\vec{x} - \vec{x}_0\| < d(\vec{x}, \mathbb{A}) + \varepsilon$$

Como ε é arbitrário, segue-se:

52   320 QUESTÕES RESOLVIDAS DE ÁLGEBRA LINEAR

$$\min\{d(\vec{x}, \mathbb{A}_1), \ldots, d(\vec{x}, \mathbb{A}_n)\} \leq d(\vec{x}, \mathbb{A})$$ (2.80)

De   (2.79)   e   (2.80)   obtém-se $d(\vec{x}, \mathbb{A})$ = $\min\{d(\vec{x}, \mathbb{A}_1), \ldots, d(\vec{x}, \mathbb{A}_n)\}$, como se queria.

Exercício 32 - Sejam $\mathbb{X}_1, \ldots, \mathbb{X}_n$ subconjuntos de um EVN $\mathbb{E}$ cuja interseção $\mathbb{X} = \bigcap_{k=1}^{n} \mathbb{X}_k$ é não-vazia.

(a) Prove que $\max\{d(\vec{x}, \mathbb{X}_1), \ldots, d(\vec{x}, \mathbb{X}_n)\} \leq d(\vec{x}, \mathbb{X})$, para todo $\vec{x}$ $\in \mathbb{E}$.

(b) Dê um exemplo no qual se tem $\max\{d(\vec{x}, \mathbb{X}_1), \ldots, d(\vec{x}, \mathbb{X}_n)\}$ $< d(\vec{x}, \mathbb{X})$.

Solução:

(a): Seja $\vec{x} \in \mathbb{E}$. Tem-se $\mathbb{X} = \bigcap_{k=1}^{n} \mathbb{X}_k \subseteq \mathbb{X}_k$ para cada $k \in \mathbb{I}_n$, donde $d(\vec{x}, \mathbb{X}_k) \leq d(\vec{x}, \mathbb{X})$, $k = 1, \ldots, n$ (v. Exercício 29). Por esta razão, $\max\{d(\vec{x}, \mathbb{X}_1), \ldots, d(\vec{x}, \mathbb{X}_n)\} \leq d(\vec{x}, \mathbb{X})$.

(b): Considerando em $\mathbb{R}^2$ a norma da soma (v. Exercício 22), definida pondo $\|\vec{x}\| = |x_1| + |x_2|$ para todo $\vec{x} = (x_1, x_2) \in \mathbb{R}^2$, sejam:

$$\mathbb{X}_1 = \mathcal{S}(\vec{e}_1) = \{(x_1, 0) : x_1 \in \mathbb{R}\}$$

$$\mathbb{X}_2 = \mathcal{S}(\vec{e}_2) = \{(0, x_2) : x_2 \in \mathbb{R}\}$$

onde $\vec{e}_1 = (1, 0)$ e $\vec{e}_2 = (0, 1)$ são os vetores da base canônica de $\mathbb{R}^2$. Tem-se:

$$\mathbb{X} = \mathbb{X}_1 \cap \mathbb{X}_2 = \{\vec{o}\} = \{(0, 0)\}$$

e portanto:

$$d(\vec{x}, \mathbb{X}) = \|\vec{x} - \vec{o}\| = \|\vec{x}\| = |x_1| + |x_2|$$ (2.81)

seja qual for $\vec{x} = (x_1, x_2) \in \mathbb{R}^2$ (v. Exercício 29). Seja agora $\vec{x} = (x_1, x_2) \in \mathbb{R}^2$ cujas coordenadas x_1, x_2 são *ambas diferentes de zero*. O vetor $\vec{v}_1 = x_1\vec{e}_1 = (x_1, 0)$ pertence a $\mathbb{X}_1$ e o vetor $\vec{v}_2 = x_2\vec{e}_2 = (0, x_2)$ pertence a $\mathbb{X}_2$. Desta forma, tem-se:

$$d(\vec{x}, \mathbb{X}_1) \leq \|\vec{x} - \vec{v}_1\| = |x_2|$$ (2.82)

e também:

$$d(\vec{x}, \mathbb{X}_2) \leq \|\vec{x} - \vec{v}_2\| = |x_1|$$ (2.83)

CAPÍTULO 2 – ESPAÇOS VETORIAIS NORMADOS   53

Como os números $|x_1|$ e $|x_2|$ são positivos, segue de (2.81), (2.82) e (2.83) que $d(\vec{x}, \mathbb{X}_1) < d(\vec{x}, \mathbb{X})$ e $d(\vec{x}, \mathbb{X}_2) < d(\vec{x}, \mathbb{X})$, donde $\max\{d(\vec{x}, \mathbb{X}_1), d(\vec{x}, \mathbb{X}_2)\} < d(\vec{x}, \mathbb{X})$.

Exercício 33 - Seja $\mathbb{A}$ um conjunto não-vazio de um EVN $\mathbb{E}$. Prove que as afirmações seguintes são equivalentes:

(a) $d(\vec{x}, \mathbb{A}) = 0$ implica $\vec{x} \in \mathbb{A}$.

(b) Para todo $\vec{x} \in \mathbb{E} \backslash \mathbb{A}$ existe $\varepsilon > 0$ (que depende de $\vec{x}$) tal que $\mathbb{E} \backslash \mathbb{A}$ contém a bola aberta $\mathbb{B}(\vec{x}; \varepsilon)$.

Solução:

(a) $\Rightarrow$ (b): Supondo que vale (a), seja $\vec{x} \in \mathbb{E} \backslash \mathbb{A}$ arbitrário. Tem-se $d(\vec{x}, \mathbb{A}) > 0$. Seja $\varepsilon = d(\vec{x}, \mathbb{A})/2$. O número ε é positivo. Se a interseção $\mathbb{A} \cap \mathbb{B}(\vec{x}; \varepsilon)$ fosse não-vazia, existiria $\vec{y} \in \mathbb{A} \cap \mathbb{B}(\vec{x}; \varepsilon)$. Para este $\vec{y}$, ter-se-ia $\|\vec{x} - \vec{y}\| < \varepsilon = d(\vec{x}, \mathbb{A})/2$, porque $\vec{y} \in \mathbb{B}(\vec{x}; \varepsilon)$. Como $\vec{y}$ pertence a $\mathbb{A}$, ter-se-ia também $d(\vec{x}, \mathbb{A}) \leq \|\vec{x} - \vec{y}\|$, e portanto $d(\vec{x}, \mathbb{A}) < d(\vec{x}, \mathbb{A})/2$, uma contradição. Segue-se que $\mathbb{A} \cap \mathbb{B}(\vec{x}; \varepsilon) = \emptyset$, donde $\mathbb{B}(\vec{x}; \varepsilon) \subseteq \mathbb{E} \backslash \mathbb{A}$.

(b) $\Rightarrow$ (a): Supondo (b) verdadeira, seja $\vec{x} \in \mathbb{E} \backslash \mathbb{A}$ arbitrário. Existe $\varepsilon > 0$ tal que $\mathbb{B}(\vec{x}; \varepsilon) \subseteq \mathbb{E} \backslash \mathbb{A}$. Para este ε, tem-se $\mathbb{A} = \mathbb{E} \backslash (\mathbb{E} \backslash \mathbb{A}) \subseteq \mathbb{E} \backslash \mathbb{B}(\vec{x}; \varepsilon)$, pois $\mathbb{B}(\vec{x}; \varepsilon) \subseteq \mathbb{E} \backslash \mathbb{A}$. Assim sendo, $\|\vec{x} - \vec{a}\| \geq \varepsilon$, seja qual for $\vec{a} \in \mathbb{A}$. Resulta disto que o número ε é uma cota inferior do conjunto $\{\|\vec{x} - \vec{a}\| : \vec{a} \in \mathbb{A}\}$. Por esta razão,

$$\varepsilon \leq \inf\{\|\vec{x} - \vec{a}\| : \vec{a} \in \mathbb{A}\} = d(\vec{x}, \mathbb{A})$$

Segue-se que $d(\vec{x}, \mathbb{A}) > 0$, qualquer que seja $\vec{x} \in \mathbb{E} \backslash \mathbb{A}$. Por consequência, $d(\vec{x}, \mathbb{A}) = 0$ implica $\vec{x} \in \mathbb{A}$.

Seja $\mathbb{A}$ um subconjunto não-vazio e limitado de um EVN $\mathbb{E}$. Existe $M \geq 0$ tal que $\|\vec{x} - \vec{y}\| \leq M$, sejam quais forem $\vec{x}, \vec{y} \in \mathbb{A}$. Então o conjunto formado pelos números $\|\vec{x} - \vec{y}\|$, onde $\vec{x}$ e $\vec{y}$ pertencem a $\mathbb{A}$, é não-vazio e limitado superiormente. O *diâmetro* de $\mathbb{A}$, indicado por:

$$\operatorname{diam} \mathbb{A}$$

é definido por:

$$\operatorname{diam} \mathbb{A} = \sup\{\|\vec{x} - \vec{y}\| : \vec{x}, \vec{y} \in \mathbb{A}\}$$

54　320 QUESTÕES RESOLVIDAS DE ÁLGEBRA LINEAR

Desta forma, $0 \le \|\vec{x} - \vec{y}\| \le \operatorname{diam} \mathbb{A}$, quaisquer que sejam $\vec{x}, \vec{y} \in \mathbb{A}$.

Exercício 34 - Seja $\mathbb{E}$ um EVN. Prove as seguintes propriedades:

(a) Tem-se $\operatorname{diam}\{\vec{a}\} = 0$ para todo $\vec{a} \in \mathbb{A}$.

(b) Se $\mathbb{A}$, $\mathbb{B} \subseteq \mathbb{E}$ são não-vazios, $\mathbb{A} \subseteq \mathbb{B}$ e $\mathbb{B}$ é limitado, então $\operatorname{diam} \mathbb{A} \le \operatorname{diam} \mathbb{B}$.

(c) Se $\mathbb{A} = \bigcup_{k=1}^{n} \mathbb{A}_k$, onde $\mathbb{A}_1, \dots, \mathbb{A}_n \subseteq \mathbb{E}$ são não-vazios e limitados, então $\max\{\operatorname{diam} \mathbb{A}_1, \dots, \operatorname{diam} \mathbb{A}_n\} \le \operatorname{diam} \mathbb{A}$.

(d) Se $\mathbb{X} = \bigcap_{k=1}^{n} \mathbb{X}_k$, $\mathbb{X}_1, \dots, \mathbb{X}_n \subseteq \mathbb{E}$ são limitados e $\mathbb{X}$ é não-vazio, então $\operatorname{diam} \mathbb{X} \le \min\{\operatorname{diam} \mathbb{X}_1, \dots, \operatorname{diam} \mathbb{X}_n\}$.

Solução:

(a): Seja $\vec{a} \in \mathbb{E}$. Tem-se $\|\vec{x} - \vec{y}\| = \|\vec{a} - \vec{a}\| = 0$, e portanto $\|\vec{x} - \vec{y}\| \le 0$, quaisquer que sejam $\vec{x}, \vec{y} \in \mathbb{A}$. Logo, $\operatorname{diam}\{\vec{a}\} \le 0$. Por outro lado, vale $\operatorname{diam}\{\vec{a}\} \ge 0$. Portanto, $\operatorname{diam}\{\vec{a}\} = 0$.

(b): Sejam $\mathbb{A}$, $\mathbb{B} \subseteq \mathbb{E}$ não-vazios, sendo $\mathbb{A} \subseteq \mathbb{B}$ e $\mathbb{B}$ limitado. Tem-se $\|\vec{x} - \vec{y}\| \le \operatorname{diam} \mathbb{B}$, quaisquer que sejam $\vec{x}, \vec{y} \in \mathbb{B}$. Como todo elemento de $\mathbb{A}$ é também elemento de $\mathbb{B}$, segue-se que $\|\vec{x} - \vec{y}\| \le \operatorname{diam} \mathbb{B}$, sejam quais forem $\vec{x}, \vec{y} \in \mathbb{A}$. Portanto, o número $\operatorname{diam} \mathbb{B}$ é cota superior do conjunto $\{\|\vec{x} - \vec{y}\| : \vec{x}, \vec{y} \in \mathbb{A}\}$. Logo, $\operatorname{diam} \mathbb{A} \le \operatorname{diam} \mathbb{B}$.

(c): Seja $\mathbb{A} = \bigcup_{k=1}^{n} \mathbb{A}_k$, onde $\mathbb{A}_1, \dots, \mathbb{A}_n \subseteq \mathbb{E}$ são não-vazios e limitados. Como $\mathbb{A}_k \subseteq \mathbb{A}$ para cada $k = 1, \dots, n$, tem-se $\operatorname{diam} \mathbb{A}_k \le \operatorname{diam} \mathbb{A}$, $k = 1, \dots, n$. Por consequência, $\max\{\operatorname{diam} \mathbb{A}_1, \dots, \operatorname{diam} \mathbb{A}_n\} \le \operatorname{diam} \mathbb{A}$.

(d): Sejam $\mathbb{X}_1, \dots, \mathbb{X}_n \subseteq \mathbb{E}$ limitados, cuja interseção $\mathbb{X} = \bigcap_{k=1}^{n} \mathbb{X}_k$ é não-vazia. Uma vez que $\mathbb{X} \subseteq \mathbb{X}_k$, $k = 1, \dots, n$, segue-se $\operatorname{diam} \mathbb{X} \le \operatorname{diam} \mathbb{X}_k$, $k = 1, \dots, n$. Assim sendo, $\operatorname{diam} \mathbb{X} \le \min\{\operatorname{diam} \mathbb{X}_1, \dots, \operatorname{diam} \mathbb{X}_n\}$.

Exercício 35 - Dê exemplos de conjuntos $\mathbb{A}_1, \dots, \mathbb{A}_n$ não vazios e limitados tais que:

(a) $\max\{\operatorname{diam} \mathbb{A}_1, \dots, \operatorname{diam} \mathbb{A}_n\} < \operatorname{diam}(\bigcup_{k=1}^{n} \mathbb{A}_k)$.

CAPÍTULO 2 – ESPAÇOS VETORIAIS NORMADOS   55

(b) $\operatorname{diam}(\bigcap_{k=1}^{n} \mathbb{A}_k) < \min\{\operatorname{diam}\mathbb{A}_1, \dots, \operatorname{diam}\mathbb{A}_n\}$.

Solução:

(a): Sejam $\mathbb{A} = \{\vec{x}_1, \dots, \vec{x}_n\}$, onde $n \geq 2$. Como $\vec{x}_1$ é diferente de $\vec{x}_2$, tem-se $\|\vec{x}_1 - \vec{x}_2\| > 0$. Como $\vec{x}_1, \vec{x}_2 \in \mathbb{A}$, segue-se $\operatorname{diam}\mathbb{A} \geq \|\vec{x}_1 - \vec{x}_2\| > 0$. Fazendo $\mathbb{A}_k = \{\vec{x}_k\}$, $k = 1, \dots, n$, tem-se $\mathbb{A} = \bigcup_{k=1}^{n}\{\vec{x}_k\} = \bigcup_{k=1}^{n} \mathbb{A}_k$ e $\operatorname{diam}\mathbb{A}_k = \operatorname{diam}\{\vec{x}_k\} = 0$, $k = 1, \dots, n$ (v. Exercício 34). Logo, $0 = \max\{\operatorname{diam}\mathbb{A}_1, \dots, \operatorname{diam}\mathbb{A}_n\} < \operatorname{diam}\mathbb{A}$.

(b): Seja $\mathbb{E} = \mathbb{R}^2$ dotado da morma da soma, $\|\vec{x}\| = |x_1| + |x_2|$ para todo $\vec{x} = (x_1, x_2) \in \mathbb{R}^2$. Sejam:

$$\mathbb{X}_1 = \{\lambda\vec{e}_1 : 0 \leq \lambda \leq 1\}$$

$$\mathbb{X}_2 = \{\lambda\vec{e}_2 : 0 \leq \lambda \leq 1\}$$

onde $\vec{e}_1 = (1, 0)$ e $\vec{e}_2 = (0, 1)$ são os vetores da base canônica de $\mathbb{R}^2$. Sendo os vetores $\vec{e}_1$, $\vec{e}_2$ LI, tem-se $\lambda_1\vec{e}_1 = \lambda_2\vec{e}_2$ se, e somente se, $\lambda_1 = \lambda_2 = 0$. Como o vetor nulo $\vec{o} = (0, 0)$ de $\mathbb{R}^2$ pertence a $\mathbb{X}_1$ e a $\mathbb{X}_2$, segue-se que $\mathbb{X}_1 \cap \mathbb{X}_2 = \{\vec{o}\} = \{(0, 0)\}$. Logo, $\operatorname{diam}(\mathbb{X}_1 \cap \mathbb{X}_2) = \operatorname{diam}\{\vec{o}\} = 0$. O vetor nulo $\vec{o}$ e o vetor $\vec{e}_1$ pertencem a $\mathbb{X}_1$, portanto $1 = \|\vec{e}_1\| = \|\vec{e}_1 - \vec{o}\| \leq \operatorname{diam}\mathbb{X}_1$. O vetor nulo $\vec{o}$ e o vetor $\vec{e}_2$ pertencem a $\mathbb{X}_2$. Por isto, $1 = \|\vec{e}_2\| = \|\vec{e}_2 - \vec{o}\| \leq \operatorname{diam}\mathbb{X}_2$. Desta forma, $1 \leq \min\{\operatorname{diam}\mathbb{X}_1, \operatorname{diam}\mathbb{X}_2\}$.

Exercício 36 - Seja $\mathbb{E}$ um EVN diferente de $\{\vec{o}\}$. Prove que $\operatorname{diam}\mathbb{B}(\vec{a}; r) = \operatorname{diam}\mathbb{D}(\vec{a}; r) = \operatorname{diam}\mathbb{S}(\vec{a}; r) = 2r$, para todo $\vec{a} \in \mathbb{E}$ e para todo $r > 0$.

Solução:

Dados $\vec{a} \in \mathbb{E}$ e $r > 0$, sejam $\vec{x}, \vec{y} \in \mathbb{D}(\vec{a}; r)$. Tem-se $\|\vec{x} - \vec{a}\| \leq r$ e também $\|\vec{y} - \vec{a}\| \leq r$, donde:

$$\|\vec{x} - \vec{y}\| = \|(\vec{x} - \vec{a}) - (\vec{y} - \vec{a})\| \leq$$

$$\leq \|\vec{x} - \vec{a}\| + \|\vec{y} - \vec{a}\| \leq 2r$$

Segue-se que o número $2r$ é uma cota superior do conjunto $\{\|\vec{x} - \vec{y}\| : \vec{x}, \vec{y} \in \mathbb{D}(\vec{a}; r)\}$. Por esta razão,

56   320 QUESTÕES RESOLVIDAS DE ÁLGEBRA LINEAR

$$\boxed{\text{diam } \mathbb{D}(\vec{a}; r) \leq 2r}$$ (2.84)

Uma vez que $\mathbb{B}(\vec{a}; r) \subseteq \mathbb{D}(\vec{a}; r)$ e $\mathbb{S}(\vec{a}; r) \subseteq \mathbb{D}(\vec{a}; r)$, a desigualdade (2.84) fornece:

$$\boxed{\text{diam } \mathbb{B}(\vec{a}; r) \leq \text{diam } \mathbb{D}(\vec{a}; r) \leq 2r}$$ (2.85)

e também:

$$\boxed{\text{diam } \mathbb{S}(\vec{a}; r) \leq \text{diam } \mathbb{D}(\vec{a}; r) \leq 2r}$$ (2.86)

Sendo $\mathbb{E}$ um EVN diferente de $\{\vec{o}\}$, existe um vetor unitário $\vec{u}$ $\in \mathbb{E}$. Para este $\vec{u}$, os vetores $\vec{x}_n = \vec{a} + (1 - 2^{-n})r\vec{u}$ e $\vec{y}_n = \vec{a} - (1 - 2^{-n})r\vec{u}$ pertencem à bola aberta $\mathbb{B}(\vec{a}; r)$ para cada n inteiro positivo. De fato, $\|\vec{x}_n - \vec{a}\| = \|\vec{y}_n - \vec{a}\| = (1 - 2^{-n})r < r$, $n = 1, 2, \ldots$ Portanto valem, para cada n inteiro positivo, as seguintes relações:

$$\left(1 - \frac{1}{2^n}\right)2r = \|\vec{x}_n - \vec{y}_n\| \leq \text{diam } \mathbb{B}(\vec{a}; r)$$

Por consequência,

$$\boxed{2r \leq \text{diam } \mathbb{B}(\vec{a}; r)}$$ (2.87)

De (2.85) e (2.87) resulta $\text{diam } \mathbb{B}(\vec{a}; r) = \text{diam } \mathbb{D}(\vec{a}; r) = 2r$. Os vetores $\vec{x} = \vec{a} + r\vec{u}$ e $\vec{y} = \vec{a} - r\vec{u}$ pertencem à esfera $\mathbb{S}(\vec{a}; r)$. Assim sendo,

$$\boxed{2r = \|\vec{x} - \vec{y}\| \leq \text{diam } \mathbb{S}(\vec{a}; r)}$$ (2.88)

De (2.86) e (2.88) obtém-se $\text{diam } \mathbb{S}(\vec{a}; r) = 2r$.

Exercício 37 - Seja $S : \mathbb{E} \to \mathbb{R}$ uma seminorma num espaço vetorial $\mathbb{E}$. Considerando a relação em $\mathbb{E}$ do Exercício 3, seja $\|.\| : \mathbb{E}/\mathcal{R} \to \mathbb{R}$ (v. Exercício 4) definida pondo $\|[\vec{x}]\| = S(\vec{x})$. Prove que a função $\|.\|$ assim definida é uma norma.

Solução: A função $\|.\|$ do enunciado acima está *bem definida* (v. Exercício 3), ou seja, $\|[\vec{x}]\| = S(\vec{x})$ não depende do representante da classe de equivalência $[\vec{x}] \in \mathbb{E}/\mathcal{R}$. Sejam $[\vec{x}], [\vec{y}] \in \mathbb{E}/\mathcal{R}$ e $\lambda \in \mathbb{R}$ quaisquer. Tem-se:

$$\|[\vec{x}] + [\vec{y}]\| = \|[\vec{x} + \vec{y}]\| =$$

CAPÍTULO 2 – ESPAÇOS VETORIAIS NORMADOS   57

$$= S(\vec{x} + \vec{y}) \leq S(\vec{x}) + S(\vec{y}) =$$

$$= \|[\vec{x}]\| + \|[\vec{y}]\|$$

e também:

$$\|\lambda[\vec{x}]\| = \|[\lambda\vec{x}]\| =$$

$$= S(\lambda\vec{x}) = |\lambda| S(\vec{x}) = |\lambda| \|[\vec{x}]\|$$

Logo, a função $\|.\|$ é uma seminorma. A classe de equivalência $[\vec{o}]$ do vetor nulo $\vec{o} \in \mathbb{E}$ é o subespaço (v. Exercício 2) $\mathbb{V} = S^{-1}(\{0\}) = \{\vec{x} \in \mathbb{E} : S(\vec{x}) = 0\}$. Portanto,

$$\|[\vec{x}]\| = 0 \Rightarrow S(\vec{x}) = 0 \Rightarrow$$

$$\Rightarrow \vec{x} \in [\vec{o}] \Rightarrow [\vec{x}] = [\vec{o}]$$

Isto demonstra que a função $\|.\|$ definida acima é uma norma em $\mathbb{E}/\mathcal{R}$.

Exercício 38 - Dado um espaço vetorial $\mathbb{E}$ de dimensão finita $n > 0$, seja $\mathbb{B} = \{\vec{u}_1, \ldots, \vec{u}_n\} \subseteq \mathbb{E}$ uma base. Prove que existe uma norma $\|.\| : \mathbb{E} \to \mathbb{R}$ relativamente à qual os vetores da base $\mathbb{B}$ são unitários.

Solução: Todo vetor $\vec{x} \in \mathbb{E}$ se escreve, de modo único, como $\vec{x} = \sum_{k=1}^{n} x_k\vec{u}_k$. Desta forma, fica definida a função $\|.\| : \mathbb{E} \to \mathbb{R}$ pondo:

$$\|\vec{x}\| = \max\{|x_1|, \ldots, |x_n|\}$$

para todo $\vec{x} = \sum_{k=1}^{n} x_k\vec{u}_k \in \mathbb{E}$. Sejam $\vec{x}, \vec{y} \in \mathbb{E}$ e $\lambda \in \mathbb{R}$ quaisquer. Tem-se $\vec{x} + \vec{y} = \sum_{k=1}^{n}(x_k + y_k)\vec{u}_k$ e $\lambda\vec{x} = \sum_{k=1}^{n}(\lambda x_k)\vec{u}_k$. O número $|\lambda|$ sendo não-negativo, segue-se que $\|\lambda\vec{x}\| = |\lambda| \|\vec{x}\|$. Em virtude de ser $|x_k + y_k| \leq |x_k| + |y_k| \leq \|\vec{x}\| + \|\vec{y}\|$ para cada $k = 1, \ldots, n$, tem-se $\|\vec{x} + \vec{y}\| \leq \|\vec{x}\| + \|\vec{y}\|$. Logo, a função $\|.\|$ definida acima é uma seminorma. Valem as desigualdades $0 \leq |x_k| \leq \|\vec{x}\|$, $k = 1, \ldots, n$. Por esta razão, $\|\vec{x}\| = 0$ se, e somente se, $\vec{x} = \vec{o}$. Conclui-se daí que a função $\|.\|$ é uma norma. Cada um dos vetores $\vec{u}_k$, $k = 1, \ldots, n$, da base $\mathbb{B}$ se escreve como $\vec{u}_k = \sum_{k=1}^{n} \delta_{ks}\vec{u}_s$, onde δ_{ks},

58 320 QUESTÕES RESOLVIDAS DE ÁLGEBRA LINEAR

$k, s = 1, \ldots, n$, são as entradas da matriz identidade $\mathbf{I}_n$. Portanto,

$$\delta_{ks} = \begin{cases} 1, & \text{se } k = s \\ 0, & \text{se } k \neq s \end{cases}$$

Segue-se que $\|\vec{u}_k\| = 1$ para cada $k = 1, \ldots, n$.

Exercício 39 - *Norma da convergência uniforme.* Sejam $\mathbb{X}$ um conjunto não-vazio e $\mathbb{E} = \mathcal{B}(\mathbb{X}; \mathbb{R})$ o espaço vetorial das funções $f : \mathbb{X} \to \mathbb{R}$ limitadas. Prove que a função $\|.\|_\infty : \mathbb{E} \to \mathbb{R}$, definida por:

$$\|f\|_\infty = \sup_{\mathbb{X}} |f(x)|$$

é uma norma.

Solução: Sejam $f, g : \mathbb{X} \to \mathbb{R}$ limitadas e $\lambda \in \mathbb{R}$. Pela definição de $\|.\|_\infty$, $|f(x)| \leq \|f\|_\infty$ e $|g(x)| \leq \|g\|_\infty$, seja qual for $x \in \mathbb{X}$. Por esta razão, valem, para qualquer que seja $x \in \mathbb{X}$, as seguintes relações:

$$|(f + g)(x)| = |f(x) + g(x)| \leq$$

$$\leq |f(x)| + |g(x)| \leq \|f\|_\infty + \|g\|_\infty$$

Por consequência, o número $\|f\|_\infty + \|g\|_\infty$ é uma cota superior do conjunto formado pelos números $|(f + g)(x)|$, onde x percorre $\mathbb{X}$. Desta forma, se tem:

$$\|f + g\|_\infty = \sup_{\mathbb{X}} |(f + g)(x)| \leq \|f\|_\infty + \|g\|_\infty$$

Uma vez que $|\lambda|$ é um número não-negativo e $|f(x)| \leq \|f\|_\infty$ para todo $x \in \mathbb{X}$, se tem $|(\lambda f)(x)| = |\lambda| |f(x)| \leq |\lambda| \|f\|_\infty$ para todo $x \in \mathbb{X}$. Logo, o número $|\lambda| \|f\|_\infty$ é uma cota superior do conjunto formado pelos números $|(\lambda f)(x)|$, onde x percorre $\mathbb{X}$. Seja $\varepsilon > 0$ arbitrário. Como $\|f\|_\infty = \sup_{\mathbb{X}} |f(x)|$ e o número $\varepsilon / (1 + |\lambda|)$ é positivo, existe $x_0 \in \mathbb{X}$ de modo que:

$$\|f\|_\infty - \frac{\varepsilon}{1 + |\lambda|} < |f(x_0)|$$

CAPÍTULO 2 – ESPAÇOS VETORIAIS NORMADOS 59

Para este ε, valem:

$$|\lambda|\,\|f\|_\infty - \varepsilon < |\lambda|\,\|f\|_\infty - \frac{|\lambda|\,\varepsilon}{1 + |\lambda|} \le$$

$$\le |\lambda|\,|f(x_0)| = |\lambda f(x_0)| = |(\lambda f)(x_0)|$$

Logo, $|\lambda|\,\|f\|_\infty = \sup_{\mathbb{X}}|(\lambda f)(x)| = \|\lambda f\|_\infty$. Conclui-se daí que a função $\|.\|$ é uma seminorma. Uma vez que $0 \le |f(x)| \le \|f\|_\infty$ para todo $x \in \mathbb{X}$, tem-se $\|f\|_\infty = 0$ se, e somente se $f(x) = 0$ para todo $x \in \mathbb{X}$. Portanto, $\|f\|_\infty = 0$ se, e somente se, f é a função nula $O : \mathbb{X} \to \mathbb{R}$ $(O(x) = 0$ para todo $x \in \mathbb{X})$. Segue-se que $\|.\|_\infty$ é uma norma.

A norma $\|.\|_\infty$ definida no Exercício 39 diz-se a *norma da convergência uniforme* no espaço $\mathcal{B}(\mathbb{X};\mathbb{R})$ das funções $f : \mathbb{X} \to \mathbb{R}$ limitadas.

Exercício 40 - Seja $\mathbb{X} \subseteq \mathbb{R}$ um dos intervalos (a, b), $[a, b)$, $(a, b]$, $[a, b]$, onde $a < b$. Prove:
(a) A restrição a $\mathbb{X}$ de todo polinômio $p : \mathbb{R} \to \mathbb{R}$ é uma função limitada.
(b) A função $\|.\| : \mathcal{P} \to \mathbb{R}$, definida por $\|p\| = \sup_{\mathbb{X}}|p(x)|$, é uma norma no espaço vetorial $\mathcal{P}$ dos polinômios $p : \mathbb{R} \to \mathbb{R}$.

Solução:
(a): Seja $c = \max\{|a|, |b|\}$. Como $\mathbb{X} \subseteq [a, b]$, vale $a \le x \le b \le |b| \le c$ e também $-x \le -a \le |a| \le c$, qualquer que seja $x \in \mathbb{X}$. Por isto, $|x| \le c$ para todo $x \in \mathbb{X}$. Seja $p : \mathbb{R} \to \mathbb{R}$ um polinômio. Tem-se $p(x) = \sum_{k=0}^{n} \lambda_k x^k$, e portanto:

$$|p(x)| = \left|\sum_{k=0}^{n} \lambda_k x^k\right| \le \sum_{k=0}^{n} |\lambda_k x^k| =$$

$$= \sum_{k=0}^{n} |\lambda_k|\,|x|^k \le \sum_{k=0}^{n} |\lambda_k|\,c^k$$

seja qual for $x \in \mathbb{X}$. Logo, a restrição $p|\mathbb{X} : \mathbb{X} \to \mathbb{R}$ de p a $\mathbb{X}$ é limitada.

(b): Sejam $p, q : \mathbb{R} \to \mathbb{R}$ polinômios e $\lambda \in \mathbb{R}$. Procedendo como na solução do Exercício 39 acima, demonstra-se que $\|.\|$ é uma seminorma em $\mathcal{P}$. Como $0 \le |p(x)| \le \|p\|$ para

60 320 QUESTÕES RESOLVIDAS DE ÁLGEBRA LINEAR

todo $x \in \mathbb{X}$, tem-se $\|p\| = 0$ se, e somente se, $p(x) = 0$ para todo $x \in \mathbb{X}$. Portanto, $\|p\| = 0$ se, e somente se, o polinômio p se anula em todos os pontos do intervalo $\mathbb{X}$. Sendo este intervalo um conjunto não-enumerável, e portanto infinito (v. Lima, *Curso de Análise*, Vol 1, 1989, p. 68-69), segue-se que $\|p\| = 0$ se, e somente se, p é o polinômio nulo $O : \mathbb{R} \to \mathbb{R}$ ($O(x) = 0$ para todo $x \in \mathbb{R}$). Logo, a função $\|. \|$ é uma norma.

Exercício 41 - Dados $a, b \in \mathbb{R}$ com $a < b$, sejam $f, g : [a, b] \to \mathbb{R}$ funções contínuas. Sejam $p > 1$, $q = p/(p-1)$, $\|f\|_p = \left(\int_a^b |f(x)|^p dx \right)^{1/p}$ e $\|g\|_q = \left(\int_a^b |g(x)|^q dx \right)^{1/q}$. Prove:

(a) A *desigualdade de Hölder*: $\int_a^b |f(x)g(x)| \, dx \leq \|f\|_p \|g\|_q$.

(b) A *desigualdade de Minkowski*: $\|f + g\|_p \leq \|f\|_p + \|g\|_p$.

(c) A função $\|. \|_p : f \mapsto \|f\|_p$ é uma norma no espaço $\mathbb{E} = \mathcal{C}([a, b])$ das funções contínuas $f : [a, b] \to \mathbb{R}$.

(d) Se $p = 1$, então $\|. \|_p$ é uma norma no espaço $\mathbb{E} = \mathcal{C}([a, b])$ das funções contínuas $f : [a, b] \to \mathbb{R}$.

Solução:

(a): Seja $O : [a, b] \to \mathbb{R}$ a função nula, $O(x) = 0$ para todo $x \in [a, b]$. Se $f = O$ ou $g = O$, vale a igualdade $\int_a^b |f(x)g(x)| \, dx = \|f\|_p \|g\|_q$. Sejam agora $f, g : [a, b] \to \mathbb{R}$ não-nulas. As funções $x \mapsto |f(x)|^p$ e $x \mapsto |g(x)|^q$ são contínuas e não-negativas. Assim sendo, tem-se (v. Lima, *Análise Real*, Vol. 1, 1993, p. 126-127) $\|f\|_p > 0$ e $\|g\|_q > 0$. Fazendo:

$$A(x) = \frac{|f(x)|}{\|f\|_p}, \quad B(x) = \frac{|g(x)|}{\|g\|_q}, \quad a \leq x \leq b$$

a desigualdade de Young (v. Exercício 5) fornece:

CAPÍTULO 2 – ESPAÇOS VETORIAIS NORMADOS   **61**

$$A(x)B(x) = \frac{|f(x)g(x)|}{\|f\|_p \|g\|_q} \le$$
$$\le \frac{1}{p} \frac{|f(x)|^p}{\|f\|_p^p} + \frac{1}{q} \frac{|g(x)|^q}{\|g\|_q^q}, \quad a \le x \le b$$

$$(2.89)$$

Integrando ambos os membros de (2.89) obtém-se:

$$\frac{1}{\|f\|_p \|g\|_q} \int_a^b |f(x)g(x)| \, dx \le$$

$$\le \frac{1}{p\|f\|_p^p} \int_a^b |f(x)|^p dx + \frac{1}{q\|g\|_q^q} \int_a^b |g(x)|^q dx =$$

$$= \frac{1}{p} + \frac{1}{q} = 1$$

donde $\int_a^b |f(x)g(x)| \, dx \le \|f\|_p \|g\|_q$.

(b): Para todo $x \in [a, b]$, tem-se:

$$|f(x) + g(x)|^p = |f(x) + g(x)|^{p-1} |f(x) + g(x)| \le$$
$$\le |f(x) + g(x)|^{p-1} |f(x)| + |f(x) + g(x)|^{p-1} |g(x)|$$

Por consequência,

$$\|f+g\|_p^p = \int_a^b |f(x) + g(x)|^p dx \le$$
$$\le \int_a^b |f(x) + g(x)|^{p-1} |f(x)| \, dx +$$
$$+ \int_a^b |f(x) + g(x)|^{p-1} |g(x)| \, dx$$

$$(2.90)$$

Fazendo $\varphi(x) = |f(x)|$, $\psi(x) = |f(x) + g(x)|^{p-1}$ e aplicando a desigualdade de Hölder, obtém-se:

$$\int_a^b |f(x) + g(x)|^{p-1} |f(x)| \, dx \le$$
$$\le \|f\|_p \left(\int_a^b |f(x) + g(x)|^{q(p-1)} dx \right)^{1/q}$$

$$(2.91)$$

e de modo análogo,

62 320 QUESTÕES RESOLVIDAS DE ÁLGEBRA LINEAR

$$\int_a^b |f(x) + g(x)|^{p-1} |g(x)|\, dx \le$$
$$\le \|g\|_p \left(\int_a^b |f(x) + g(x)|^{q(p-1)}\, dx \right)^{1/q} \tag{2.92}$$

Como $q = p/(p-1)$, segue-se:

$$\int_a^b |f(x) + g(x)|^{q(p-1)}\, dx =$$
$$= \int_a^b |f(x) + g(x)|^p\, dx = \|f + g\|_p^p \tag{2.93}$$

De (2.90), (2.91), (2.92) e (2.93) resulta:

$$\|f + g\|_p^p \le \left(\|f\|_p + \|g\|_p \right) \|f + g\|_p^{p/q} \tag{2.94}$$

Como $q = p/(p-1)$, segue-se:

$$p - \frac{p}{q} = p\left(1 - \frac{1}{q} \right) = p\left(1 - \frac{p-1}{p} \right) = 1$$

Os números $\|f\|_p$, $\|g\|_p$ e $\|f + g\|_p$ são não-negativos. Portanto, se $\|f + g\|_p = 0$, a desigualdade $\|f + g\|_p \le \|f\|_p + \|g\|_p$ é evidente. Se, por outro lado, $\|f + g\|_p > 0$, então, dividindo ambos os membros de (2.94) por $\|f + g\|_p^{p/q}$ obtém-se $\|f + g\|_p \le \|f\|_p + \|g\|_p$.

(c): Sejam $p > 1$, $f : [a, b] \to \mathbb{R}$ contínua e $\lambda \in \mathbb{R}$. Pela definição de $\|.\|_p$, $\|\lambda f\| = |\lambda| \|f\|$. Segue daí e da desigualdade de Minkowski que $\|.\|_p$ é uma seminorma. Resulta da continuidade de f que $\|f\|_p = \left(\int_a^b |f(x)|^p\, dx \right)^{1/p} = 0$ se, e somente se, f é a função nula $O : [a, b] \to \mathbb{R}$ ($O(x) = 0$ para todo $x \in [a, b]$). Portanto, $\|.\|_p$ é uma norma.

(d): Se $p = 1$, então $\|.\|_p$ fica definida por $\|f\|_p = \int_a^b |f(x)|\, dx$. Dadas $f, g : [a, b] \to \mathbb{R}$ contínuas, tem-se $|f(x) + g(x)| \le |f(x)| + |g(x)|$ para todo $x \in [a, b]$, donde:

$$\|f + g\|_p = \int_a^b |f(x) + g(x)|\, dx \le$$

CAPÍTULO 2 – ESPAÇOS VETORIAIS NORMADOS   **63**

$$\leq \int_a^b |f(x)| \, dx + \int_a^b |g(x)| \, dx = \|f\|_p + \|g\|_p$$

Tem-se também $\|\lambda f\|_p = |\lambda| \, \|f\|_p$, qualquer que seja $\lambda \in \mathbb{R}$. A função f sendo contínua, $\|f\|_p = 0$ se, e somente se, f é a função nula. Logo, $\|.\|_p$ é uma norma.

Exercício 42 - *Sequências de p-ésima potência somável*. Seja p um número real não-negativo. Diz-se que uma sequência (x_n) de números reais é de *p-ésima potência somável* quando a série $\sum |x_n|^p$ converge. Prove:

(a) A classe $l_p(\mathbb{R})$ das sequências em $\mathbb{R}$ de p-ésima potência somável é um subespaço vetorial do espaço $\mathbb{R}^\infty$ das sequências de números reais.

(b) Para todo $p \geq 1$, a função $\|.\|_p : l_p(\mathbb{R}) \to \mathbb{R}$, definida por $\|x\|_p = \left(\sum_{n=1}^\infty |x_n|^p \right)^{1/p}$, é uma norma.

Solução:

(a): É evidente que a *sequência nula* $O \in \mathbb{R}^\infty$ (a sequência nula é aquela cujos termos são todos iguais a zero) pertence à classe $l_p(\mathbb{R})$. Sejam $x = (x_n) \in l_p(\mathbb{R})$ e $\lambda \in \mathbb{R}$ quaisquer. Tem-se $|\lambda x_n|^p = \lambda^p |x_n|^p$ para todo n. Logo, a série $\sum |\lambda x_n|^p$ converge, valendo $\sum_{n=1}^\infty |\lambda x_n|^p = |\lambda|^p \sum_{n=1}^\infty |x_n|^p$. Desta forma, a sequência $\lambda x = (\lambda x_n)$ pertence a $l_p(\mathbb{R})$. Sejam $a, b \in \mathbb{R}$ arbitrários. Como $\max\{|a|, |b|\}$ é um dos números não-negativos $|a|$, $|b|$, segue-se:

$$\boxed{\max\{|a|, |b|\} \leq |a| + |b| \leq 2\max\{|a|, |b|\}} \qquad (2.95)$$

Tem-se também:

$$\boxed{\begin{aligned} &|a| \leq |b| \Rightarrow \max\{|a|, |b|\} = |b| \Rightarrow \\ &\Rightarrow (2\max\{|a|, |b|\})^p = 2^p |b|^p \leq \\ &\qquad \leq 2^p(|a|^p + |b|^p) \end{aligned}} \qquad (2.96)$$

$$|b| \leq |a| \Rightarrow \max\{|a|, |b|\} = |a| \Rightarrow$$
$$\Rightarrow (2\max\{|a|, |b|\})^p = 2^p|a|^p \leq \qquad (2.97)$$
$$\leq 2^p(|a|^p + |b|^p)$$

Decorre de (2.96) e (2.97) que vale, para quaisquer $a, b \in \mathbb{R}$, a seguinte desigualdade:

$$(2\max\{|a|, |b|\})^p \leq 2^p(|a|^p + |b|^p) \qquad (2.98)$$

Sejam agora $x = (x_n)$, $y = (y_n)$ sequências de p-ésima potência somável arbitrárias. O número p é não-negativo. Assim sendo, resulta de (2.95), (2.98) e da desigualdade $|x_n + y_n| \leq |x_n| + |y_n|$ que se tem:

$$|x_n + y_n|^p \leq (|x_n| + |y_n|)^p \leq$$
$$\leq (2\max\{|x_n|, |y_n|\})^p \leq 2^p(|x_n|^p + |y_n|^p) \qquad (2.99)$$

valendo (2.99) para todo n inteiro positivo. Como as séries $\sum|x_n|^p$ e $\sum|y_n|^p$ são convergentes, segue de (2.99) e do critério de comparação (v. Guidorizzi, *Um Curso de Cálculo, Vol.* 4, 2001, p. 44-45) que a série $\sum|x_n + y_n|^p$ é convergente. Logo, a sequência $(x_n + y_n)$ é de p-ésima potência somável. Isto mostra que $l_p(\mathbb{R})$ é um subespaço vetorial de $\mathbb{R}^\infty$.

(b): Dado $p \geq 1$, sejam $x = (x_n)$, $y = (y_n) \in l_p(\mathbb{R})$ e $\lambda \in \mathbb{R}$. Pela definição de $\|.\|_p$, $\|\lambda x\|_p = |\lambda| \|x\|_p$. Como $x + y$ é a sequência $(x_n + y_n)$ e os números $|x_n|$, $|y_n|$ são não-negativos, tem-se:

$$\left(\sum_{n=1}^N |x_n + y_n|^p\right)^{1/p} \leq$$
$$\leq \left(\sum_{n=1}^N |x_n|^p\right)^{1/p} + \left(\sum_{n=1}^N |y_n|^p\right)^{1/p} \leq \qquad (2.100)$$
$$\leq \|x\|_p + \|y\|_p$$

Como (2.100) é válida para todo inteiro positivo N, segue-se $\|x + y\|_p \leq \|x\|_p + \|y\|_p$. Por consequência, a função $\|.\|_p$ definida acima é uma seminorma. Seja $x = (x_n) \in l_p(\mathbb{R})$. Para cada n inteiro positivo, vale:

CAPÍTULO 2 – ESPAÇOS VETORIAIS NORMADOS **65**

$$\boxed{0 \leq |x_n| = (|x_n|^p)^{1/p} \leq \|x\|_p}$$ (2.101)

Por (2.101), $\|x\|_p = 0$ implica $x_n = 0$ para todo n. Portanto, a função $\|.\|_p$ é uma norma.

Exercício 43 - *Norma de uma transformação linear contínua.* Sejam $\mathbb{E}$, $\mathbb{F}$ EVN. Prove que $\mathcal{L}(\mathbb{E};\mathbb{F})$ é um subespaço vetorial de $\hom(\mathbb{E};\mathbb{F})$, e que a função real $\|.\|$, definida em $\mathcal{L}(\mathbb{E};\mathbb{F})$ por:

$$\|A\| = \sup\{\|A\vec{x}\| : \|\vec{x}\| = 1\}$$

é uma norma.

Solução: É evidente que a transformação linear nula $O \in \hom(\mathbb{E};\mathbb{F})$ ($O\vec{x} = \vec{o}$ para todo $\vec{x} \in \mathbb{E}$) é contínua. Tem-se também (v. Exercício 27) que $\alpha A + \beta B \in \mathcal{L}(\mathbb{E};\mathbb{F})$, sejam quais forem $A, B \in \mathcal{L}(\mathbb{E};\mathbb{F})$ e $\alpha, \beta \in \mathbb{R}$. Logo, $\mathcal{L}(\mathbb{E};\mathbb{F})$ é um subespaço vetorial de $\hom(\mathbb{E};\mathbb{F})$. Sejam $A, B \in \mathcal{L}(\mathbb{E};\mathbb{F})$ quaisquer. Decorre da definição de $\|.\|$ que se tem:

$$\|(A+B)\vec{x}\| = \|A\vec{x} + B\vec{x}\| \leq$$

$$\leq \|A\vec{x}\| + \|B\vec{x}\| \leq \|A\| + \|B\|$$

seja qual for $\vec{x}$ na esfera unitária $\mathbb{S}(\vec{o};1) \subseteq \mathbb{E}$. Por esta razão, o número $\|A\| + \|B\|$ é uma cota superior do conjunto formado pelos números $\|(A+B)\vec{x}\|$, onde $\vec{x}$ percorre a esfera unitária $\mathbb{S}(\vec{o};1) \subseteq \mathbb{E}$. Assim sendo,

$$\|A+B\| =$$

$$= \sup\{\|(A+B)\vec{x}\| : \|\vec{x}\| = 1\} \leq$$

$$\leq \|A\| + \|B\|$$

Sejam $A \in \mathcal{L}(\mathbb{E};\mathbb{F})$ e $\lambda \in \mathbb{R}$ quaisquer. Como $\|(\lambda A)\vec{x}\| = \|\lambda A\vec{x}\| = |\lambda|\|A\vec{x}\|$ para todo $\vec{x} \in \mathbb{E}$ e o número $|\lambda|$ é não-negativo, segue-se:

$$\|\lambda A\| = \sup\{\|\lambda A\vec{x}\| : \|\vec{x}\| = 1\} =$$

66 320 QUESTÕES RESOLVIDAS DE ÁLGEBRA LINEAR

$$= \sup\{|\lambda| \, \|A\vec{x}\| \; : \; \|\vec{x}\| = 1\} =$$

$$= |\lambda| \sup\{\|A\vec{x}\| \; : \; \|\vec{x}\| = 1\} = |\lambda| \, \|A\|$$

Logo, a função $\|.\|$ definida acima é uma seminorma. Seja agora $A \in \mathcal{L}(\mathbb{E}; \mathbb{F})$ tal que $\|A\| = 0$. Como $0 \leq \|A\vec{x}\| \leq \|A\| = 0$ para todo $\vec{x} \in \mathbb{S}(\vec{o}; 1) \subseteq \mathbb{E}$, segue-se que $A\vec{x} = \vec{o}$ para todo $\vec{x}$ na esfera unitária $\mathbb{S}(\vec{o}; 1) \subseteq \mathbb{E}$. A esfera unitária $\mathbb{S}(\vec{o}; 1) \subseteq \mathbb{E}$ é (v. Exercício 15) um conjunto de geradores de $\mathbb{E}$. Tem-se então $A = O$. Isto mostra que a função $\|.\|$ é uma norma.

De agora em diante, será considerada, no espaço vetorial $\mathcal{L}(\mathbb{E}; \mathbb{F})$ das transformações lineares contínuas $A : \mathbb{E} \to \mathbb{F}$, a norma $\|.\|$ definida no Exercício 43 acima. Portanto,

$$\|A\| = \sup\{\|A\vec{x}\| \; : \; \|\vec{x}\| \leq 1\}$$

para toda transformação linear contínua $A : \mathbb{E} \to \mathbb{F}$.

Exercício 44 - Sejam $\mathbb{E}$, $\mathbb{F}$ EVN. Dada $A \in \mathcal{L}(\mathbb{E}; \mathbb{F})$, seja $\mathbb{M}_A \subseteq \mathbb{R}$ o conjunto formado pelos números $M > 0$ (v. Exercício 20) tais que $\|A\vec{x}\| \leq M\|\vec{x}\|$ para todo $\vec{x} \in \mathbb{E}$. Prove que $\|A\| = \inf \mathbb{M}_A$.

Solução: Seja $M \in \mathbb{M}_A$ qualquer. Então $\|A\vec{x}\| \leq M\|\vec{x}\|$ seja qual for $\vec{x} \in \mathbb{E}$. Em particular, $\|A\vec{u}\| \leq M\|\vec{u}\| = M$, qualquer que seja o vetor unitário $\vec{u} \in \mathbb{E}$. Logo, $\|A\| = \sup\{\|A\vec{u}\| \; : \; \|\vec{u}\| = 1\} \leq M$. Segue-se que $\|A\|$ é uma cota inferior do conjunto $\mathbb{M}_A$. Por esta razão,

$$\boxed{\|A\| \leq \inf \mathbb{M}_A} \tag{2.102}$$

Seja $\vec{x} \in \mathbb{E}$ um vetor não-nulo qualquer. O vetor $\vec{u} = \vec{x}/\|\vec{x}\|$ é unitário, portanto $\|A\vec{u}\| = \|A\vec{x}\|/\|\vec{x}\| \leq \|A\|$. Desta desigualdade obtém-se $\|A\vec{x}\| \leq \|A\|\|\vec{x}\|$. Como $\|A\vec{o}\| = 0 = \|A\|\|\vec{o}\|$, segue-se que $\|A\vec{x}\| \leq \|A\|\|\vec{x}\|$, seja qual for $\vec{x} \in \mathbb{E}$. Assim sendo, $\|A\vec{x}\| \leq \|A\|\|\vec{x}\| \leq (\|A\| + \varepsilon)\|\vec{x}\|$, quaisquer que sejam $\vec{x} \in \mathbb{E}$ e $\varepsilon > 0$. Como o número $\|A\|$ é não-negativo, $\|A\| + \varepsilon$ pertence ao conjunto $\mathbb{M}_A$ para todo $\varepsilon > 0$. Logo valem, para todo $\varepsilon > 0$, a desigualdade $\inf \mathbb{M}_A \leq \|A\| + \varepsilon$. Desta forma,

CAPÍTULO 2 – ESPAÇOS VETORIAIS NORMADOS   67

$$\boxed{\inf \mathbb{M}_A \leq \|A\|}$$
$$(2.103)$$

De (2.102) e (2.103) obtém-se $\|A\| = \inf \mathbb{M}_A$, como se queria.

Vale o *Teorema de Weierstrass* (v. Guidorizzi, *Um Curso de Cálculo*, Vol. 1, 2001, p. 513-514). Se $f : [a, b] \to \mathbb{R}$ é contínua, então existem $x_1, x_2 \in [a, b]$ tais que $f(x_1) \leq f(x) \leq f(x_2)$ para todo $x \in [a, b]$. Portanto, toda função contínua $f : [a, b] \to \mathbb{R}$ é limitada.

Exercício 45 - Sejam $\mathbb{E} = \mathcal{C}([0, 1]; \mathbb{R})$ o espaço vetorial das funções reais contínuas definidas no intervalo $[0, 1]$ e $\|.\|_1, \|.\|_\infty : \mathbb{E} \to \mathbb{R}$ as normas definidas por:

$$\|f\|_1 = \int_0^1 |f(x)| \, dx$$

$$\|f\|_\infty = \sup_{[0,1]} |f(x)|$$

(v. Exercícios 39 e 41). Prove que $\|.\|_\infty \succcurlyeq \|.\|_1$ (v. Exercício 19), mas não se tem $\|.\|_1 \succcurlyeq \|.\|_\infty$.

Solução: Uma vez que $|f(x)| \leq \|f\|_\infty$ para todo $x \in [0, 1]$, segue-se:

$$\boxed{\|f\|_1 = \int_0^1 |f(x)| \, dx \leq \|f\|_\infty}$$
$$(2.104)$$

valendo (2.104) para toda função $f : [0, 1] \to \mathbb{R}$ contínua. Por esta razão, $\|.\|_\infty \succcurlyeq \|.\|_1$ (v. Exercício 19). Seja, para cada n inteiro positivo, $f_n : [0, 1] \to \mathbb{R}$ definida por:

$$\boxed{f_n(x) = \begin{cases} 2n(1 - nx), & \text{se} \quad 0 \leq x \leq 1/n \\ 0, & \text{se} \quad 1/n \leq x \leq 1 \end{cases}}$$
$$(2.105)$$

As funções f_n definidas em (2.105) são contínuas e não-negativas. Tem-se:

$$\|f_n\|_1 = \int_0^1 f_n(x) \, dx = 1, \quad n = 1, 2, \dots$$

Logo, as f_n pertencem à esfera unitária $\mathbb{S}_1(O; 1)$ relativa à norma $\|.\|_1$. Como $0 \leq f_n(x) \leq f_n(0) = 2n$ para todo $x \in [0, 1]$,

68 320 QUESTÕES RESOLVIDAS DE ÁLGEBRA LINEAR

segue-se:

$$\|f_n\|_\infty = \sup_{[0,1]} |f_n(x)| = 2n, \quad n = 1, 2, \dots$$

Portanto, a esfera unitária $\mathbb{S}_1(O; 1)$ ($O : [0, 1] \to \mathbb{R}$ é a função nula) não é limitada relativamente a $\|.\|_\infty$. Desta forma, não se tem (v. Exercício 19) $\|.\|_1 \succcurlyeq \|.\|_\infty$.

Exercício 46 - Sejam $\mathcal{P}$ o espaço vetorial dos polinômios $p : \mathbb{R} \to \mathbb{R}$ e $\|.\|_1, \|.\|_2 : \mathcal{P} \to \mathbb{R}$ as normas definidas por:

$$\|p\|_1 = \sup_{[0,1]} |p(x)|$$

$$\|p\|_2 = \sup_{[0,2]} |p(x)|$$

(v. Exercício 40). Prove que $\|.\|_2 \succcurlyeq \|.\|_1$, mas não se tem $\|.\|_1 \succcurlyeq \|.\|_2$.

Solução: Seja $p : \mathbb{R} \to \mathbb{R}$ um polinômio qualquer. Tem-se $|p(x)| \leq \|p\|_2$ para todo $x \in [0, 2]$, e portanto $|p(x)| \leq \|p\|_2$ seja qual for $x \in [0, 1]$. Por isto, o número $\|p\|_2$ é uma cota superior do conjunto formado pelos números $|p(x)|$ onde $0 \leq x \leq 1$. Assim sendo,

$$\|p\|_1 = \sup_{[0,1]} |p(x)| \leq \|p\|_2$$

Segue-se (v. Exercício 19) que $\|.\|_2 \succcurlyeq \|.\|_1$. Seja, para cada $n = 0, 1, 2, \dots$, $u_n : \mathbb{R} \to \mathbb{R}$ o polinômio dado por $u_n(x) = x^n$. Tem-se $0 \leq |u_n(x)| = u_n(x) \leq u_n(1) = 1$, para todo $x \in [0, 1]$ e para cada $n = 0, 1, 2, \dots$ Portanto,

$$\|u_n\|_1 = \sup_{[0,1]} |u_n(x)| = 1, \quad n = 0, 1, 2, \dots$$

Logo, os polinômios u_n pertencem à esfera unitária $\mathbb{S}_1(O; 1)$ (onde $O \in \mathcal{P}$ é o polinômio nulo) relativamente à norma $\|.\|_1$. Uma vez que $0 \leq |u_n(x)| = u_n(x) \leq u_n(2) = 2^n$ para todo $x \in [0, 2]$ e para cada $n = 0, 1, 2, \dots$, valem:

$$\|u_n\|_2 = \sup_{[0,2]} |u_n(x)| = 2^n, \quad n = 0, 1, 2, \dots$$

Segue-se que a esfera unitária $\mathbb{S}_1(O; 1)$ não é limitada relativamente a $\|.\|_2$. Por consequência (v. Exercício 19), não

CAPÍTULO 2 – ESPAÇOS VETORIAIS NORMADOS   69

se tem $\|.\|_1 \succcurlyeq \|.\|_2$.

Sejam $\mathbb{X}$ um conjunto não-vazio e $\mathbb{E} = \mathcal{F}(\mathbb{X}; \mathbb{R})$ o espaço vetorial das funções $f : \mathbb{X} \to \mathbb{R}$. Seja $x \in \mathbb{X}$. Chama-se *avaliação* em x a função $\varphi_x : \mathbb{E} \to \mathbb{R}$, definida por:

$$\varphi_x(f) = f(x)$$

A avaliação em x faz corresponder, a cada função $f : \mathbb{X} \to \mathbb{R}$, o valor $f(x)$ assumido por f no ponto $x \in \mathbb{X}$. Resulta da adição e do produto por número real definidos em $\mathbb{E}$ que φ_x é um funcional linear.

Exercício 47 - Seja $\mathcal{P}$ o espaço vetorial dos polinômios $p : \mathbb{R} \to \mathbb{R}$, dotado da norma definida por:

$$\|p\| = \sup_{[0,1]} |p(x)|$$

(v. Exercício 40). Prove:
(a) Para todo $a \in [0, 1]$, a avaliação $\varphi_a : \mathcal{P} \to \mathbb{R}$ é contínua, e se tem $\|\varphi_a\| = 1$.
(b) Para todo $a > 1$, a avaliação $\varphi_a : \mathcal{P} \to \mathbb{R}$ é descontínua.

Solução:

(a): Seja $a \in [0, 1]$ arbitrário. Pela definição de $\|p\|$, tem-se $|\varphi_a(p)| = |p(a)| \leq \sup_{[0,1]} |p(x)| = \|p\|$, seja qual for o polinômio $p : \mathbb{R} \to \mathbb{R}$. Assim sendo, $|\varphi_a(p)| \leq 1$, qualquer que seja o polinômio p da esfera unitária $\mathbb{S}(O; 1) \subseteq \mathcal{P}$ ($O : \mathbb{R} \to \mathbb{R}$ é o polinômio nulo, $O(x) = 0$ para todo $x \in \mathbb{R}$). Portanto φ_a é contínua (v. Exercício 20), valendo $\|\varphi_a\| \leq 1$ (v. Exercício 43). O polinômio $u_0 : \mathbb{R} \to \mathbb{R}$, definido pondo $u_0(x) = 1$ para todo x, pertence à esfera unitária $\mathbb{S}(O; 1)$. Como $|\varphi_a(u_0)| = |u_0(a)| = 1$, segue-se que $\|\varphi_a\| \geq 1$. Logo, $\|\varphi_a\| = 1$.

(b): Seja, para cada $n = 0,1,2,\ldots$, $u_n : \mathbb{R} \to \mathbb{R}$ o polinômio definido por $u_n(x) = x^n$. Como $0 \leq u_n(x) \leq u_n(1) = 1$ para todo $x \in [0, 1]$, segue-se que $\|u_n\| = 1$, $n = 0,1,2,\ldots$ Desta forma, os polinômios u_n pertencem à esfera unitária $\mathbb{S}(O; 1) \subseteq \mathcal{P}$. Seja agora $a > 1$ qualquer. Tem-se $|\varphi_a(u_n)| = |u_n(a)| = u_n(a) = a^n$, $n = 0,1,2,\ldots$ Como $a > 1$, $\lim_{n \to \infty} a^n = +\infty$. Logo, a

70 320 QUESTÕES RESOLVIDAS DE ÁLGEBRA LINEAR

imagem $\varphi_a(\mathbb{S}(O; 1))$, da esfera $\mathbb{S}(O; 1)$ por φ_a, não é um conjunto limitado. Decorre daí (v. Exercício 20) que φ_a não é contínua.

Exercício 48 - Sejam $\mathcal{P}$ o espaço vetorial dos polinômios $p : \mathbb{R} \to \mathbb{R}$ e $\|.\| : \mathcal{P} \to \mathbb{R}$ definida pondo:

$$\|p\| = \int_0^1 |p(x)|\, dx$$

Prove que $\|.\|$ é uma norma em $\mathcal{P}$.

Solução: Sejam $p, q : \mathbb{R} \to \mathbb{R}$ polinômios e $\lambda \in \mathbb{R}$. Para todo $x \in [0, 1]$, valem:

$$|(p + q)(x)| = |p(x) + q(x)| \le |p(x)| + |q(x)|,$$

$$|(\lambda p)(x)| = |\lambda p(x)| = |\lambda|\,|p(x)|.$$

Desta forma, tem-se:

$$\|p + q\| = \int_0^1 |p(x) + q(x)|\, dx \le$$

$$\le \int_0^1 |p(x)|\, dx + \int_0^1 |q(x)|\, dx =$$

$$= \|p\| + \|q\|$$

e também:

$$\|\lambda p\| = \int_0^1 |\lambda|\,|p(x)|\, dx =$$

$$= |\lambda| \int_0^1 |p(x)|\, dx = |\lambda|\,\|p\|$$

Segue-se que a função $\|.\|$ definida acima é uma seminorma. Como os polinômios são funções contínuas, tem-se $\|p\| = 0$ se, e somente se, $p(x) = 0$ para todo $x \in [0, 1]$. Segue-se que $\|p\| = 0$ se, e somente se, o polinômio p se anula em todos os pontos do intervalo $[0, 1]$. Como este intervalo é um conjunto não-enumerável, e portanto infinito (v. Lima, *Curso de Análise, Vol* 1, 1989, p. 68-69), tem-se $\|p\| = 0$ se, e somente se, p é o polinômio nulo $O : \mathbb{R} \to \mathbb{R}$ ($O(x) = 0$ para todo $x \in \mathbb{R}$). Logo, a função $\|.\|$ é uma norma.

CAPÍTULO 2 – ESPAÇOS VETORIAIS NORMADOS   **71**

Exercício 49 - No espaço vetorial $\mathcal{P}$ dos polinômios $p : \mathbb{R} \to \mathbb{R}$, sejam $\|.\|_1, \|.\|_2 : \mathcal{P} \to \mathbb{R}$ definidas por:

$$\|p\|_1 = \int_0^1 |p(x)| \, dx$$

$$\|p\|_2 = \sup_{[0,1]} |p(x)|$$

(v. Exercícios 40 e 48). Prove que $\|.\|_2 \succcurlyeq \|.\|_1$, mas não se tem $\|.\|_1 \succcurlyeq \|.\|_2$.

Solução: Da definição de $\|.\|_2$ decorre $|p(x)| \leq \|p\|_2$ para todo $x \in [0, 1]$. Portanto, vale $\|p\|_1 = \int_0^1 |p(x)| \, dx \leq \|p\|_2$, seja qual for o polinômio $p : \mathbb{R} \to \mathbb{R}$. Assim sendo, $\|.\|_2 \succcurlyeq \|.\|_1$ (v. Exercício 19). Seja, para cada $n = 0,1,2,\ldots$, $u_n : \mathbb{R} \to \mathbb{R}$ o polinômio dado por $u_n(x) = x^n$. Tem-se:

$$\|u_n\|_1 = \int_0^1 x^n dx = \frac{1}{n+1}, \quad n = 0, 1, 2, \ldots$$

Como $0 \leq |u_n(x)| = u_n(x) \leq u_n(1) = 1$, segue-se:

$$\|u_n\|_2 = \sup_{[0,1]} |u_n(x)| = 1, \quad n = 0, 1, 2, \ldots$$

Portanto, $\lim_{n\to\infty} \|u_n\|_1 = 0$. Se fosse $\|.\|_1 \succcurlyeq \|.\|_2$, existiria (v. Exercício 19) uma constante positiva c de modo que $\|p\|_2 \leq c\|p\|_1$, qualquer que seja o polinômio $p : \mathbb{R} \to \mathbb{R}$. Assim sendo, ter-se-ia também $\lim_{n\to\infty} \|u_n\|_2 = 0$. Contudo, $\|u_n\|_2 = 1$ para todo n. Conclui-se daí que não se tem $\|.\|_1 \succcurlyeq \|.\|_2$.

Exercício 50 - Seja $\mathcal{P}$ o espaço dos polinômios $p : \mathbb{R} \to \mathbb{R}$, dotado da norma definida por:

$$\|p\| = \sup_{[0,1]} |p(x)|$$

Seja $D : \mathcal{P} \to \mathcal{P}$ definida pondo:

$$Dp = p'$$

onde $p' : \mathbb{R} \to \mathbb{R}$ é a função derivada do polinômio p. Prove que D é um operador linear. É o operador D contínuo ou descontínuo?

72   320 QUESTÕES RESOLVIDAS DE ÁLGEBRA LINEAR

Solução: Sejam $p_1, p_2 : \mathbb{R} \to \mathbb{R}$ polinômios e $\lambda_1, \lambda_2 \in \mathbb{R}$. As propriedades da derivada fornecem:

$$D(\lambda_1 p_1 + \lambda_2 p_2) = (\lambda_1 p_1 + \lambda_2 p_2)' =$$

$$= \lambda_1 p_1' + \lambda_2 p_2' = \lambda_1 D p_1 + \lambda_2 D p_2$$

Logo, D é um operador linear. Os polinômios $u_n : \mathbb{R} \to \mathbb{R}$, $n = 0, 1, 2, \ldots$ pertencem (v. Exercício 47) à esfera unitária $\mathbb{S}(O; 1) \subseteq \mathcal{P}$. Como $u_n'(x) = nx^{n-1} = nu_{n-1}(x)$ para cada $n = 1, 2, \ldots$ e para todo $x \in \mathbb{R}$, segue-se que $\|Du_n\| = \|nu_{n-1}\| = n$, $n = 1, 2, \ldots$ Decorre daí que a imagem $D(\mathbb{S}(O; 1))$, de $\mathbb{S}(O; 1)$ pelo operador D, não é limitada. Portanto (v. Exercício 20) o operador D é descontínuo.

Capítulo 3

Noções básicas de topologia

Neste texto, serão discutidos apenas espaços vetoriais reais. Portanto, a expressão "espaço vetorial" significará doravante espaço vetorial real.

A abreviatura EVN significa espaço vetorial normado.

Seja $\mathbb{A}$ um subconjunto de um EVN $\mathbb{E}$. Um ponto $\vec{a} \in \mathbb{E}$ diz-se *ponto interior* de $\mathbb{A}$ quando existe um número real *positivo* r tal que a bola aberta $\mathbb{B}(\vec{a}; r)$ está contida em $\mathbb{A}$. O *interior* do conjunto $\mathbb{A}$, indicado por:

$$Int\mathbb{A}$$

é o conjunto dos pontos interiores de $\mathbb{A}$.

Um conjunto $\mathbb{A} \subseteq \mathbb{E}$ diz-se *aberto* quando todos os seus pontos são interiores. Portanto, $\mathbb{A} \subseteq \mathbb{E}$ é aberto quando $\mathbb{A} \subseteq Int\mathbb{A}$. Desta forma, um conjunto $\mathbb{A} \subseteq \mathbb{E}$ é aberto quando, para todo $\vec{a} \in \mathbb{A}$ existe um número *positivo* $\varepsilon = \varepsilon(\vec{a})$ de modo que $\mathbb{B}(\vec{a}; \varepsilon) \subseteq \mathbb{A}$.

Exercício 51 - Seja $\mathbb{E}$ um EVN. Prove as seguintes propriedades:

(a) O interior do conjunto vazio é vazio.

(b) Para todo conjunto $\mathbb{X} \subseteq \mathbb{E}$, tem-se $Int\mathbb{X} \subseteq \mathbb{X}$.

(c) Se $\mathbb{X} \subseteq \mathbb{Y}$ então $Int\mathbb{X} \subseteq Int\mathbb{Y}$.

(d) O interior $Int\mathbb{X}$ de um conjunto $\mathbb{X} \subseteq \mathbb{E}$ é um conjunto aberto.

(e) Um conjunto $\mathbb{A} \subseteq \mathbb{E}$ é aberto se, e somente se, $\mathbb{A} = Int\mathbb{A}$.

(f) Se $\mathbb{A} \subseteq \mathbb{X}$ e $\mathbb{A}$ é aberto então $\mathbb{A} \subseteq Int\mathbb{X}$.

Solução:

74 320 QUESTÕES RESOLVIDAS DE ÁLGEBRA LINEAR

(a): Se $\vec{x}$ é ponto interior de $\mathbb{X}$ então existe $r > 0$ de modo que $\mathbb{B}(\vec{x}; r) \subseteq \mathbb{X}$. Como a bola aberta $\mathbb{B}(\vec{x}; r)$ é um conjunto não-vazio, segue-se que se $\mathrm{Int}\mathbb{X}$ é não-vazio então $\mathbb{X}$ é não-vazio. Portanto, o interior do conjunto vazio é vazio.

(b): Seja $\vec{x} \in \mathrm{Int}\mathbb{X}$ arbitrário. Existe $r > 0$ tal que a bola aberta $\mathbb{B}(\vec{x}; r)$ está contida em $\mathbb{X}$. Como $\vec{x} \in \mathbb{B}(\vec{x}; r)$, tem-se que $\vec{x} \in \mathbb{X}$. Segue-se que todo ponto interior de $\mathbb{X}$ pertence a $\mathbb{X}$. Portanto, $\mathrm{Int}\mathbb{X} \subseteq \mathbb{X}$.

(c): Sejam $\mathbb{X}, \mathbb{Y} \subseteq \mathbb{E}$ com $\mathbb{X} \subseteq \mathbb{Y}$. Seja $\vec{x} \in \mathrm{Int}\mathbb{X}$ arbitrário. Existe $r > 0$ tal que $\mathbb{B}(\vec{x}; r) \subseteq \mathbb{X}$. Para este r, tem-se $\mathbb{B}(\vec{x}; r) \subseteq \mathbb{Y}$, pois $\mathbb{X} \subseteq \mathbb{Y}$. Logo, $\vec{x} \in \mathrm{Int}\mathbb{Y}$. Segue-se que $\mathrm{Int}\mathbb{X} \subseteq \mathrm{Int}\mathbb{Y}$.

(d): Seja $\vec{a} \in \mathrm{Int}\mathbb{X}$ arbitrário. Existe $r > 0$ de modo que $\mathbb{B}(\vec{a}; r) \subseteq \mathbb{X}$. Para todo $\vec{x} \in \mathbb{B}(\vec{a}; r)$ existe (v. Exercício 10) $\varepsilon > 0$ de modo que $\mathbb{B}(\vec{x}; \varepsilon) \subseteq \mathbb{B}(\vec{a}; r)$. Como $\mathbb{B}(\vec{a}; r) \subseteq \mathbb{X}$, segue-se que para todo $\vec{x} \in \mathbb{B}(\vec{a}; r)$ existe $\varepsilon > 0$ tal que $\mathbb{B}(\vec{x}; \varepsilon) \subseteq \mathbb{X}$. Assim sendo, todo ponto $\vec{x} \in \mathbb{B}(\vec{a}; r)$ é ponto interior de $\mathbb{X}$, portanto pertence a $\mathrm{Int}\mathbb{X}$. Logo, $\mathbb{B}(\vec{a}; r) \subseteq \mathrm{Int}\mathbb{X}$. Por consequência, $\mathrm{Int}\mathbb{X}$ é aberto.

(e): Seja $\mathbb{A} \subseteq \mathbb{E}$ aberto. Então $\mathbb{A} \subseteq \mathrm{Int}\mathbb{A}$. Pela propriedade (b) já demonstrada, $\mathrm{Int}\mathbb{A} \subseteq \mathbb{A}$. Logo, $\mathbb{A} = \mathrm{Int}\mathbb{A}$. Reciprocamente: Se $\mathbb{A} = \mathrm{Int}\mathbb{A}$ então, pela propriedade (d) já provada, $\mathbb{A}$ é um conjunto aberto.

(f): Se $\mathbb{A} \subseteq \mathbb{X}$ e $\mathbb{A}$ é aberto, então $\mathbb{A} \subseteq \mathrm{Int}\mathbb{A} \subseteq \mathrm{Int}\mathbb{X}$.

Exercício 52 - Seja $\mathbb{E}$ um EVN diferente de $\{\vec{o}\}$. Prove que $\mathrm{Int}\{\vec{x}\}$ é vazio para todo $\vec{x} \in \mathbb{E}$.

Solução: Seja $\vec{x} \in \mathbb{E}$. Supondo $\mathrm{Int}\{\vec{x}\}$ não-vazio, seja $\vec{a} \in \mathrm{Int}\{\vec{x}\}$. Como $\vec{a} \in \{\vec{x}\}$, tem-se $\vec{a} = \vec{x}$. Logo, $\vec{x}$ é um ponto interior de $\{\vec{x}\}$. Assim sendo, existe $\varepsilon > 0$ de modo que $\mathbb{B}(\vec{x}; \varepsilon) \subseteq \{\vec{x}\}$. Sendo $\mathbb{E}$ diferente de $\{\vec{o}\}$, existe um vetor unitário $\vec{u} \in \mathbb{E}$. Para este $\vec{u}$, o vetor $\vec{w} = \vec{x} + (\varepsilon/2)\vec{u}$ pertence a $\mathbb{B}(\vec{x}; \varepsilon)$. Em virtude de ser $\mathbb{B}(\vec{x}; \varepsilon) \subseteq \{\vec{x}\}$, tem-se $\vec{w} \in \{\vec{x}\}$, e portanto $\vec{w} = \vec{x} + (\varepsilon/2)\vec{u} = \vec{x}$. Daí decorre $(\varepsilon/2)\vec{u} = \vec{o}$, uma contradição. Segue-se que $\mathrm{Int}\{\vec{x}\}$ é vazio.

Exercício 53 - Seja $\mathbb{E}$ um EVN. Prove:

CAPÍTULO 3 – NOÇÕES BÁSICAS DE TOPOLOGIA   75

(a) Para toda família $(\mathbb{A}_\lambda)_{\lambda \in \mathbb{L}}$ de conjuntos $\mathbb{A}_\lambda$, tem-se $\bigcup_{\lambda \in \mathbb{L}} \mathrm{Int} \mathbb{A}_\lambda \subseteq \mathrm{Int}\left(\bigcup_{\lambda \in \mathbb{L}} \mathbb{A}_\lambda\right)$.

(b) Para toda classe finita $\{\mathbb{A}_1, \ldots, \mathbb{A}_n\}$, tem-se $\bigcap_{k=1}^{n} \mathrm{Int} \mathbb{A}_k = \mathrm{Int}(\bigcap_{k=1}^{n} \mathbb{A}_k)$.

Solução:

(a): Seja $\lambda \in \mathbb{L}$ arbitrário. Tem-se (v. Exercício 51) $\mathrm{Int} \mathbb{A}_\lambda \subseteq \mathbb{A}_\lambda$, e portanto $\mathrm{Int} \mathbb{A}_\lambda \subseteq \bigcup_{\lambda \in \mathbb{L}} \mathbb{A}_\lambda$. Como $\mathrm{Int} \mathbb{A}_\lambda$ é um conjunto aberto, da inclusão $\mathrm{Int} \mathbb{A}_\lambda \subseteq \bigcup_{\lambda \in \mathbb{L}} \mathbb{A}_\lambda$ resulta $\mathrm{Int} \mathbb{A}_\lambda \subseteq \mathrm{Int}\left(\bigcup_{\lambda \in \mathbb{L}} \mathbb{A}_\lambda\right)$ (v. Exercício 51). Segue-se que $\mathrm{Int} \mathbb{A}_\lambda \subseteq \mathrm{Int}\left(\bigcup_{\lambda \in \mathbb{L}} \mathbb{A}_\lambda\right)$ para todo $\lambda \in \mathbb{L}$. Decorre daí que $\bigcup_{\lambda \in \mathbb{L}} \mathrm{Int} \mathbb{A}_\lambda \subseteq \mathrm{Int}\left(\bigcup_{\lambda \in \mathbb{L}} \mathbb{A}_\lambda\right)$.

(b): Seja $\vec{a} \in \bigcap_{k=1}^{n} \mathrm{Int} \mathbb{A}_k$ qualquer. Entāo $\vec{a} \in \mathrm{Int} \mathbb{A}_k$ para cada $k = 1, \ldots, n$. Por isto existe, para cada $k = 1, \ldots, n$, um número positivo ε_k de modo que $\mathbb{B}(\vec{a}; \varepsilon_k) \subseteq \mathbb{A}_k$. Seja $\varepsilon = \min\{\varepsilon_1, \ldots, \varepsilon_n\}$. Então $\varepsilon > 0$, e se tem:

$$\boxed{\mathbb{B}(\vec{a}; \varepsilon) \subseteq \mathbb{B}(\vec{a}; \varepsilon_k) \subseteq \mathbb{A}_k, \quad k = 1, \ldots, n} \qquad (3.1)$$

Decorre de (3.1) que $\mathbb{B}(\vec{a}; \varepsilon) \subseteq \bigcap_{k=1}^{n} \mathbb{A}_k$. Logo, $\vec{a} \in \mathrm{Int}(\bigcap_{k=1}^{n} \mathbb{A}_k)$. Conclui-se daí que vale a seguinte relação:

$$\boxed{\bigcap_{k=1}^{n} \mathrm{Int} \mathbb{A}_k \subseteq \mathrm{Int}(\bigcap_{k=1}^{n} \mathbb{A}_k)} \qquad (3.2)$$

Reciprocamente: Como $\mathrm{Int}(\bigcap_{k=1}^{n} \mathbb{A}_k) \subseteq \bigcap_{k=1}^{n} \mathbb{A}_k \subseteq \mathbb{A}_k$ para cada $k = 1, \ldots, n$, e $\mathrm{Int}(\bigcap_{k=1}^{n} \mathbb{A}_k)$ é um conjunto aberto, segue-se que $\mathrm{Int}(\bigcap_{k=1}^{n} \mathbb{A}_k) \subseteq \mathrm{Int} \mathbb{A}_k$ para cada $k = 1, \ldots, n$ (v. Exercício 51). Por esta razão,

$$\boxed{\mathrm{Int}(\bigcap_{k=1}^{n} \mathbb{A}_k) \subseteq \bigcap_{k=1}^{n} \mathrm{Int} \mathbb{A}_k} \qquad (3.3)$$

De (3.2) e (3.3) resulta $\bigcap_{k=1}^{n} \mathrm{Int} \mathbb{A}_k = \mathrm{Int}(\bigcap_{k=1}^{n} \mathbb{A}_k)$.

Exercício 54 - Seja $\mathbb{E}$ um EVN. Prove: Para todo $\vec{a} \in \mathbb{E}$ e para todo $r > 0$, o interior $\mathrm{Int} \mathbb{D}(\vec{a}; r)$ da bola fechada $\mathbb{D}(\vec{a}; r)$ é a bola aberta $\mathbb{B}(\vec{a}; r)$.

Solução: Dados $\vec{a} \in \mathbb{E}$ e $r > 0$, seja $\vec{x} \in \mathrm{Int} \mathbb{D}(\vec{a}; r)$ arbitrário. Existe $\varepsilon > 0$ tal que $\mathbb{B}(\vec{x}; \varepsilon) \subseteq \mathbb{D}(\vec{a}; r)$. Como $\vec{x} \in \mathbb{D}(\vec{a}; r)$, tem-se

$\|\vec{x} - \vec{a}\| \le r$. Supondo $\|\vec{x} - \vec{a}\| = r$, seja $\vec{y} = \vec{x} + (\varepsilon/2r)(\vec{x} - \vec{a})$. O vetor $\vec{y}$ pertence à bola aberta $\mathbb{B}(\vec{x}; \varepsilon)$. De fato,

$$\|\vec{y} - \vec{x}\| = \left\| \frac{\varepsilon}{2r}(\vec{x} - \vec{a}) \right\| =$$

$$= \frac{\varepsilon}{2r}\|\vec{x} - \vec{a}\| = \frac{\varepsilon r}{2r} = \frac{\varepsilon}{2} < \varepsilon$$

Como $\vec{y} - \vec{a} = \vec{x} - \vec{a} + (\varepsilon/2r)(\vec{x} - \vec{a}) = (1 + (\varepsilon/2r))(\vec{x} - \vec{a})$, tem-se:

$$\|\vec{y} - \vec{a}\| = \left(1 + \frac{\varepsilon}{2r}\right)\|\vec{x} - \vec{a}\| =$$

$$= \left(1 + \frac{\varepsilon}{2r}\right)r > r$$

Segue-se que $\vec{y}$ pertence a $\mathbb{B}(\vec{x}; \varepsilon)$ mas não pertence a $\mathbb{D}(\vec{x}; r)$, o que contradiz $\mathbb{B}(\vec{x}; \varepsilon) \subseteq \mathbb{D}(\vec{a}; r)$. Logo, não se pode ter $\|\vec{x} - \vec{a}\| = r$. Decorre daí que $\|\vec{x} - \vec{a}\| < r$, e portanto que $\vec{x} \in \mathbb{B}(\vec{a}; r)$. Por consequência, $\mathrm{Int}\mathbb{D}(\vec{a}; r) \subseteq \mathbb{B}(\vec{a}; r)$. Reciprocamente: A bola aberta $\mathbb{B}(\vec{a}; r)$ é um conjunto aberto. Com efeito, existe, para cada $\vec{x} \in \mathbb{B}(\vec{a}; r)$, um número positivo $\varepsilon = \varepsilon(\vec{x})$ tal que $\mathbb{B}(\vec{x}; \varepsilon) \subseteq \mathbb{B}(\vec{a}; r)$ (v. Exercício 10). Como $\mathbb{B}(\vec{a}; r) \subseteq \mathbb{D}(\vec{a}; r)$, tem-se (v. Exercício 51) $\mathbb{B}(\vec{a}; r) \subseteq \mathrm{Int}\mathbb{D}(\vec{a}; r)$. Com isto, obtém-se $\mathrm{Int}\mathbb{D}(\vec{a}; r) = \mathbb{B}(\vec{a}; r)$, como se queria.

Exercício 55 - Dê exemplos de subconjuntos $\mathbb{X}$, $\mathbb{Y}$ de um EVN $\mathbb{E}$ com $\mathrm{Int}\mathbb{X} \cup \mathrm{Int}\mathbb{Y}$ diferente de $\mathrm{Int}(\mathbb{X} \cup \mathbb{Y})$.

Solução: Seja $\mathbb{E} = \mathbb{R}$. Dados $\alpha, \beta \in \mathbb{R}$ com $\alpha < \beta$, vale:

$$\boxed{\alpha = \frac{\alpha + \beta}{2} - \frac{\beta - \alpha}{2}} \tag{3.4}$$

e também:

$$\boxed{\beta = \frac{\alpha + \beta}{2} + \frac{\beta - \alpha}{2}} \tag{3.5}$$

Resulta de (3.4) e (3.5) que se tem:

$$\boxed{[\alpha, \beta] = \mathbb{D}\left(\frac{\alpha + \beta}{2}; \frac{\beta - \alpha}{2}\right)} \tag{3.6}$$

De fato,

CAPÍTULO 3 – NOÇÕES BÁSICAS DE TOPOLOGIA   **77**

$x \in [\alpha, \beta] \Leftrightarrow \alpha \le x \le \beta \Leftrightarrow$

$\Leftrightarrow \dfrac{\alpha + \beta}{2} - \dfrac{\beta - \alpha}{2} \le x \le \dfrac{\alpha + \beta}{2} + \dfrac{\beta - \alpha}{2} \Leftrightarrow$

$\Leftrightarrow -\dfrac{\beta - \alpha}{2} \le x - \dfrac{\alpha + \beta}{2} \le \dfrac{\beta - \alpha}{2} \Leftrightarrow$

$\Leftrightarrow \left| x - \dfrac{\alpha + \beta}{2} \right| \le \dfrac{\beta - \alpha}{2}$

De modo análogo, obtém-se:

$$\boxed{(\alpha, \beta) = \mathbb{B}\left(\dfrac{\alpha + \beta}{2} ; \dfrac{\beta - \alpha}{2} \right)} \tag{3.7}$$

As igualdades (3.6) e (3.7) fornecem:

$\mathrm{Int}[\alpha, \beta] = (\alpha, \beta)$

(v. Exercício 54). Sejam agora $a, b, c \in \mathbb{R}$ com $a < b < c$, $\mathbb{X} = [a, b]$ e $\mathbb{Y} = [b, c]$. Tem-se $\mathbb{X} \cup \mathbb{Y} = [a, c]$. Em vista do exposto acima, $\mathrm{Int}\mathbb{X} \cup \mathrm{Int}\mathbb{Y} = (a, b) \uplus (b, c)$, enquanto que $\mathrm{Int}(\mathbb{X} \cup \mathbb{Y}) = (a, c)$.

Exercício 56 - Prove: Todo subespaço vetorial próprio de um EVN $\mathbb{E}$ é um conjunto de interior vazio.

Solução: Seja $\mathbb{V} \subseteq \mathbb{E}$ um subespaço vetorial próprio. Existe um vetor $\vec{w} \in \mathbb{E}$ que não pertence a $\mathbb{V}$. Este $\vec{w}$ é não-nulo, pois o vetor nulo $\vec{o}$ pertence a $\mathbb{V}$. Logo, $\|\vec{w}\| > 0$. Dado $\varepsilon > 0$ qualquer, seja $\vec{u} = (\varepsilon/2\|\vec{w}\|)\vec{w}$. O vetor $\vec{u}$ não pertence a $\mathbb{V}$, pois, caso contrário, $\vec{w} = (2\|\vec{w}\|/\varepsilon)\vec{u}$ pertenceria a $\mathbb{V}$. Dado $\vec{x} \in \mathbb{V}$ arbitrário, seja $\vec{v} = \vec{x} + \vec{u}$. Como $\|\vec{v} - \vec{x}\| = \|\vec{u}\| = (\varepsilon/2\|\vec{w}\|)\|\vec{w}\| = \varepsilon/2 < \varepsilon$, o vetor $\vec{v}$ pertence à bola aberta $\mathbb{B}(\vec{x}; \varepsilon)$. Se $\vec{v}$ pertencesse a $\mathbb{V}$, então $\vec{u} = \vec{v} - \vec{x}$ pertenceria a $\mathbb{V}$, pois $\vec{x} \in \mathbb{V}$. Como $\vec{u}$ não pertence a $\mathbb{V}$, tem-se que $\vec{v}$ não pertence a $\mathbb{V}$. Segue-se que a bola aberta $\mathbb{B}(\vec{x}; \varepsilon)$ contém um vetor $\vec{v} \in \mathbb{E}$ que não pertence a $\mathbb{V}$, seja qual for $\varepsilon > 0$. Logo, $\vec{x}$ não é ponto interior de $\mathbb{V}$. Conclui-se daí que $\mathbb{V}$ não possui pontos interiores, e portanto que $\mathrm{Int}\mathbb{V}$ é vazio.

Diz-se que um ponto $\vec{a}$ de um EVN $\mathbb{E}$ é *aderente* a um

78   320 QUESTÕES RESOLVIDAS DE ÁLGEBRA LINEAR

conjunto $\mathbb{X} \subseteq \mathbb{E}$ quando, para todo $\varepsilon > 0$ dado, a interseção $\mathbb{X}$ $\cap\, \mathbb{B}(\vec{a}; \varepsilon)$ é não-vazia. Noutros termos, quando, para todo $\varepsilon > 0$ dado existe $\vec{x} \in \mathbb{X}$ de modo que $\|\vec{x} - \vec{a}\| < \varepsilon$. A *aderência* ou *fecho* de $\mathbb{X}$ é o conjunto formado pelos pontos $\vec{a} \in \mathbb{E}$ que são aderentes a $\mathbb{X}$. Escreve-se:

$$Cl\mathbb{X}$$

para indicar o fecho do conjunto $\mathbb{X}$.

Um conjunto $\mathbb{X} \subseteq \mathbb{E}$ diz-se *fechado* quando todo ponto $\vec{a} \in \mathbb{E}$ aderente a $\mathbb{X}$ pertence a $\mathbb{X}$. Noutros termos, quando $Cl\mathbb{X} \subseteq \mathbb{X}$.

Exercício 57 - Seja $\mathbb{E}$ um EVN. Prove as seguintes propriedades:
(a) O fecho do conjunto vazio é vazio.
(b) Para todo conjunto $\mathbb{X} \subseteq \mathbb{E}$, tem-se $\mathbb{X} \subseteq Cl\mathbb{X}$.
(c) Se $\mathbb{X} \subseteq \mathbb{Y}$ então $Cl\mathbb{X} \subseteq Cl\mathbb{Y}$.
(d) O fecho $Cl\mathbb{X}$ de $\mathbb{X}$ é um conjunto fechado.
(e) Um conjunto $\mathbb{X} \subseteq \mathbb{E}$ é fechado se, e somente se, $\mathbb{X} = Cl\mathbb{X}$.
(f) Se $\mathbb{X} \subseteq \mathbb{Y}$ e $\mathbb{Y}$ é fechado então $Cl\mathbb{X} \subseteq \mathbb{Y}$.

Solução:
(a): Se $\vec{a}$ é aderente a um conjunto $\mathbb{X} \subseteq \mathbb{E}$ então, para todo $\varepsilon > 0$ dado a interseção $\mathbb{X} \cap \mathbb{B}(\vec{a}; \varepsilon)$ é não-vazia. Em particular, $\mathbb{X} \cap \mathbb{B}(\vec{a}; 1)$ é não-vazia. Decorre daí que se $\mathbb{X}$ possui pontos aderentes, então $\mathbb{X}$ é não-vazio. Portanto, o fecho do conjunto vazio $\emptyset$ é vazio.

(b): Seja $\vec{x} \in \mathbb{X}$ qualquer. Tem-se que $\vec{x} \in \mathbb{B}(\vec{x}; \varepsilon)$, seja qual for $\varepsilon > 0$. Logo, $\vec{x} \in \mathbb{X} \cap \mathbb{B}(\vec{x}; \varepsilon)$, para todo $\varepsilon > 0$. Desta forma, a interseção $\mathbb{X} \cap \mathbb{B}(\vec{x}; \varepsilon)$ é não-vazia (pois contém o ponto $\vec{x}$), qualquer que seja $\varepsilon > 0$. Assim sendo, $\vec{x} \in Cl\mathbb{X}$. Segue-se que todo ponto $\vec{x} \in \mathbb{X}$ pertence a $Cl\mathbb{X}$. Portanto, $\mathbb{X} \subseteq Cl\mathbb{X}$.

(c): Sejam $\mathbb{X}, \mathbb{Y} \subseteq \mathbb{E}$ com $\mathbb{X} \subseteq \mathbb{Y}$. Seja $\vec{a} \in Cl\mathbb{X}$ e $\varepsilon > 0$ arbitrários. A interseção $\mathbb{X} \cap \mathbb{B}(\vec{a}; \varepsilon)$ é não-vazia, porque $\vec{a} \in Cl\mathbb{X}$. Como $\mathbb{X} \subseteq \mathbb{Y}$, a interseção $\mathbb{Y} \cap \mathbb{B}(\vec{a}; \varepsilon)$ é não-vazia. Conclui-se daí que todo ponto $\vec{a} \in Cl\mathbb{X}$ pertence a $Cl\mathbb{Y}$. Logo,

CAPÍTULO 3 – NOÇÕES BÁSICAS DE TOPOLOGIA   **79**

$Cl\mathbb{X} \subseteq Cl\mathbb{Y}$.

(d): Seja $\vec{a}$ aderente a $Cl\mathbb{X}$. Dado $\varepsilon > 0$ arbitrário, seja $\vec{x} \in \mathbb{B}(\vec{a};\varepsilon) \cap Cl\mathbb{X}$. Como $\vec{x} \in \mathbb{B}(\vec{a};\varepsilon)$, existe $\rho > 0$ tal que $\mathbb{B}(\vec{x};\rho) \subseteq \mathbb{B}(\vec{a};\varepsilon)$ (v. Exercício 10). Para este ρ, a interseção $\mathbb{X} \cap \mathbb{B}(\vec{x};\rho)$ é não-vazia, porque $\vec{x} \in Cl\mathbb{X}$. Como $\mathbb{B}(\vec{x};\rho) \subseteq \mathbb{B}(\vec{a};\varepsilon)$, a interseção $\mathbb{X} \cap \mathbb{B}(\vec{a};\varepsilon)$ é não-vazia. Conclui-se daí que $\mathbb{X} \cap \mathbb{B}(\vec{a};\varepsilon)$ é não-vazia para todo $\varepsilon > 0$, e portanto que $\vec{a} \in Cl\mathbb{X}$. Segue-se que todo ponto aderente a $Cl\mathbb{X}$ pertence a $Cl\mathbb{X}$. Por consequência, $Cl\mathbb{X}$ é um conjunto fechado.

(e): Se $\mathbb{X}$ é fechado então $Cl\mathbb{X} \subseteq \mathbb{X}$. Uma vez que vale também $\mathbb{X} \subseteq Cl\mathbb{X}$, tem-se $\mathbb{X} = Cl\mathbb{X}$. Reciprocamente: Se $\mathbb{X} = Cl\mathbb{X}$ então $\mathbb{X}$ é fechado, porque $Cl\mathbb{X}$ é fechado.

(f): Se $\mathbb{X} \subseteq \mathbb{Y}$ e $\mathbb{Y}$ é fechado, então $Cl\mathbb{X} \subseteq Cl\mathbb{Y} \subseteq \mathbb{Y}$.

Exercício 58 - Seja $\mathbb{X}$ um subconjunto de um EVN $\mathbb{E}$. Prove que $\mathbb{E} \backslash Cl\mathbb{X} = Int(\mathbb{E} \backslash \mathbb{X})$ e que $\mathbb{E} \backslash Int\mathbb{X} = Cl(\mathbb{E} \backslash \mathbb{X})$. Portanto, $\mathbb{X}$ é fechado (resp. aberto) se, e somente se, seu complementar $\mathbb{E} \backslash \mathbb{X}$ é aberto (resp. fechado).

Solução:

Um vetor $\vec{x} \in \mathbb{E}$ deixa de pertencer ao fecho $Cl\mathbb{X}$ de $\mathbb{X}$ se, e somente se, existe $\varepsilon_0 > 0$ tal que a interseção $\mathbb{X} \cap \mathbb{B}(\vec{x};\varepsilon_0)$ é vazia. Portanto, $\vec{x} \in \mathbb{E} \backslash Cl\mathbb{X}$ se, e somente se, existe $\varepsilon_0 > 0$ de modo que $\mathbb{B}(\vec{x};\varepsilon_0) \subseteq \mathbb{E} \backslash \mathbb{X}$. Por consequência, $\vec{x} \in \mathbb{E} \backslash Cl\mathbb{X}$ se, e somente se, é um ponto interior de $\mathbb{E} \backslash \mathbb{X}$. Logo, $\mathbb{E} \backslash Cl\mathbb{X} = Int(\mathbb{E} \backslash \mathbb{X})$.

Como $\mathbb{E} \backslash (\mathbb{E} \backslash \mathbb{A}) = \mathbb{A}$ para todo conjunto $\mathbb{A} \subseteq \mathbb{E}$, tem-se:

$$\mathbb{E} \backslash Cl(\mathbb{E} \backslash \mathbb{X}) = Int(\mathbb{E} \backslash (\mathbb{E} \backslash \mathbb{X})) = Int\mathbb{X}$$

Assim sendo, $\mathbb{E} \backslash Int\mathbb{X} = \mathbb{E} \backslash (\mathbb{E} \backslash Cl(\mathbb{E} \backslash \mathbb{X})) = Cl(\mathbb{E} \backslash \mathbb{X})$.

Se $\mathbb{X}$ é fechado, então $\mathbb{X} = Cl\mathbb{X}$ (v. Exercício 57). Por isto, tem-se $\mathbb{E} \backslash \mathbb{X} = \mathbb{E} \backslash Cl\mathbb{X} = Int(\mathbb{E} \backslash \mathbb{X})$. Segue-se que $\mathbb{E} \backslash \mathbb{X}$ é aberto (v. Exercício 51). Se, por outro lado, $\mathbb{E} \backslash \mathbb{X}$ é aberto, então $\mathbb{E} \backslash \mathbb{X} = Int(\mathbb{E} \backslash \mathbb{X}) = \mathbb{E} \backslash Cl\mathbb{X}$, donde $\mathbb{X} = Cl\mathbb{X}$. Logo, $\mathbb{X}$ é fechado.

Se $\mathbb{X}$ é aberto então $\mathbb{X} = Int\mathbb{X}$ (v. Exercício 51). Desta forma, $\mathbb{E} \backslash \mathbb{X} = \mathbb{E} \backslash Int\mathbb{X} = Cl(\mathbb{E} \backslash \mathbb{X})$. Decorre daí que $\mathbb{E} \backslash \mathbb{X}$ é fechado (v. Exercício 57). Reciprocamente: Se $\mathbb{E} \backslash \mathbb{X}$ é fechado,

80 320 QUESTÕES RESOLVIDAS DE ÁLGEBRA LINEAR

então $\mathbb{E}\backslash\mathbb{X} = Cl(\mathbb{E}\backslash\mathbb{X}) = \mathbb{E}\backslash Int\mathbb{X}$. Resulta disto que $\mathbb{X} = Int\mathbb{X}$. Portanto, $\mathbb{X}$ é aberto.

Exercício 59 - Seja $\mathbb{X}$ um subconjunto não-vazio de um EVN $\mathbb{E}$. Prove:

(a) Tem-se $d(\vec{a}, \mathbb{X}) = 0$ se, e somente se, $\vec{a} \in Cl\mathbb{X}$.

(b) Para todo $\vec{a} \in \mathbb{E}$ vale $d(\vec{a}, \mathbb{X}) = d(\vec{a}, Cl\mathbb{X})$.

(c) Se $\mathbb{X}$ é fechado então $d(\vec{a}, \mathbb{X}) = 0$ se, e somente se, $\vec{a} \in \mathbb{X}$.

Solução:

(a): Seja $\vec{a} \in \mathbb{E}$ com $d(\vec{a}, \mathbb{X}) = 0$. Como $d(\vec{a}, \mathbb{X}) = \inf_{\mathbb{X}} \|\vec{x} - \vec{a}\|$, existe, para todo $\varepsilon > 0$ dado, um vetor $\vec{x} \in \mathbb{X}$ tal que $\|\vec{x} - \vec{a}\| < \varepsilon$. Este $\vec{x}$ pertence a $\mathbb{X}$ e também à bola aberta $\mathbb{B}(\vec{a}, \varepsilon)$. Logo, $\vec{x}$ pertence à interseção $\mathbb{X} \cap \mathbb{B}(\vec{a}; \varepsilon)$. Segue-se que a interseção $\mathbb{X} \cap \mathbb{B}(\vec{a}; \varepsilon)$ é não-vazia, seja qual for $\varepsilon > 0$. Logo, $\vec{a} \in Cl\mathbb{X}$. Reciprocamente, seja $\vec{a} \in Cl\mathbb{X}$. Dado $\varepsilon > 0$ arbitrário, seja $\vec{x} \in \mathbb{X} \cap \mathbb{B}(\vec{a}; \varepsilon)$. Tem-se $\|\vec{x} - \vec{a}\| < \varepsilon$ porque $\vec{x} \in \mathbb{B}(\vec{a}; \varepsilon)$, e também $d(\vec{a}, \mathbb{X}) \le \|\vec{x} - \vec{a}\|$ porque $\vec{x} \in \mathbb{X}$. Segue-se que $0 \le d(\vec{a}, \mathbb{X}) < \varepsilon$ para todo $\varepsilon > 0$. Portanto, $d(\vec{a}, \mathbb{X}) = 0$.

(b): Seja $\varepsilon > 0$ arbitrário. Sendo $d(\vec{a}, Cl\mathbb{X})$ o ínfimo do conjunto formado pelos números $\|\vec{a} - \vec{w}\|$ onde $\vec{w}$ percorre $Cl\mathbb{X}$, existe $\vec{y} \in Cl\mathbb{X}$ tal que $\|\vec{y} - \vec{a}\| < d(\vec{a}, Cl\mathbb{X}) + \varepsilon/2$. Como $\vec{y} \in Cl\mathbb{X}$, existe, por sua vez, $\vec{x} \in \mathbb{X}$ de modo que $\|\vec{x} - \vec{y}\| < \varepsilon/2$. Uma vez que $\vec{x} \in \mathbb{X}$, tem-se $d(\vec{a}; \mathbb{X}) \le \|\vec{x} - \vec{a}\| \le \|\vec{x} - \vec{y}\| + \|\vec{y} - \vec{a}\| < d(\vec{a}, Cl\mathbb{X}) + (\varepsilon/2) + (\varepsilon/2) = d(\vec{a}, Cl\mathbb{X}) + \varepsilon$. Segue-se que $d(\vec{a}, \mathbb{X}) \le d(\vec{a}, Cl\mathbb{X})$. Como $\mathbb{X} \subseteq Cl\mathbb{X}$, tem-se também (v. Exercício 29) $d(\vec{a}, Cl\mathbb{X}) \le d(\vec{a}, \mathbb{X})$. Daí obtém-se $d(\vec{a}, \mathbb{X}) = d(\vec{a}, Cl\mathbb{X})$.

(c): Supondo $\mathbb{X}$ fechado, seja $\vec{a} \in \mathbb{E}$ com $d(\vec{a}, \mathbb{X}) = 0$. Pela propriedade (a) já demonstrada, $\vec{a}$ pertence ao fecho $Cl\mathbb{X}$ de $\mathbb{X}$, e portanto a $\mathbb{X}$. Se, por outro lado, $\vec{a} \in \mathbb{X}$, então (v. Exercício 29) $d(\vec{a}, \mathbb{X}) = 0$.

Exercício 60 - Seja $\mathbb{E}$ um EVN. Prove: Para todo $\vec{x} \in \mathbb{E}$ e para todo $r > 0$, o fecho $Cl\mathbb{B}(\vec{x}; r)$ da bola aberta $\mathbb{B}(\vec{x}; r)$ é a bola fechada $\mathbb{D}(\vec{x}; r)$.

CAPÍTULO 3 – NOÇÕES BÁSICAS DE TOPOLOGIA 81

Solução: Dado arbitrariamente $\vec{y}$ na esfera $\mathbb{S}(\vec{x}; r)$, seja:

$$\vec{y}_n = \vec{y} - 2^{-n}(\vec{y} - \vec{x}), \quad n = 1, 2, \ldots$$

Tem-se:

$$\vec{y}_n - \vec{x} = (1 - 2^{-n})(\vec{y} - \vec{x}), \quad n = 1, 2, \ldots$$

donde $\|\vec{y}_n - \vec{x}\| = (1 - 2^{-n})\|\vec{y} - \vec{x}\| = (1 - 2^{-n})r < r$, $n = 1, 2, \ldots$ Logo, os $\vec{y}_n$ pertencem à bola aberta $\mathbb{B}(\vec{x}; r)$ para cada $n = 1, 2, \ldots$ Desta forma, se tem $0 \leq d(\vec{y}; \mathbb{B}(\vec{x}; r)) \leq \|\vec{y} - \vec{y}_n\| = \|2^{-n}(\vec{y} - \vec{x})\| = 2^{-n}r$, $n = 1, 2, \ldots$ Assim sendo, $d(\vec{y}, \mathbb{B}(\vec{x}; r)) = 0$. Logo, $\vec{y}$ é aderente a $\mathbb{B}(\vec{x}; r)$ (v. Exercício 59). Segue-se que $\mathbb{S}(\vec{x}; r) \subseteq Cl\mathbb{B}(\vec{x}; r)$. Como $\mathbb{B}(\vec{x}; r) \subseteq Cl\mathbb{B}(\vec{x}; r)$, $\mathbb{D}(\vec{x}; r) = \mathbb{B}(\vec{x}; r) \uplus \mathbb{S}(\vec{x}; r) \subseteq Cl\mathbb{B}(\vec{x}; r)$. Reciprocamente: Sendo o complementar $\mathbb{E} \backslash \mathbb{D}(\vec{x}; r)$ de $\mathbb{D}(\vec{x}; r)$ aberto (v. Exercício 10), $\mathbb{D}(\vec{x}; r)$ é um conjunto fechado (v. Exercício 58). Como $\mathbb{B}(\vec{x}; r) \subseteq \mathbb{D}(\vec{x}; r)$, tem-se $Cl\mathbb{B}(\vec{x}; r) \subseteq \mathbb{D}(\vec{x}; r)$ (v. Exercício 57). Com isto, obtém-se $Cl\mathbb{B}(\vec{x}; r) = \mathbb{D}(\vec{x}; r)$, como se queria.

Exercício 61 - Seja $\mathbb{E}$ um EVN. Prove:

(a) O espaço $\mathbb{E}$ e o conjunto vazio $\emptyset$ são conjuntos abertos.

(b) A reunião $\bigcup_{\lambda \in \mathbb{L}} \mathbb{A}_\lambda$ de uma família qualquer $(\mathbb{A}_\lambda)_{\lambda \in \mathbb{L}}$ de conjuntos abertos $\mathbb{A}_\lambda \subseteq \mathbb{E}$ é um conjunto aberto.

(c) A interseção $\bigcap_{k=1}^{n} \mathbb{A}_k$ de uma classe finita $\{\mathbb{A}_1, \ldots, \mathbb{A}_n\}$ de subconjuntos abertos $\mathbb{A}_1, \ldots, \mathbb{A}_n \subseteq \mathbb{E}$ é um conjunto aberto.

(d) O interior $Int\mathbb{X}$ do conjunto $\mathbb{X} \subseteq \mathbb{E}$ é a reunião da classe dos conjuntos abertos $\mathbb{A} \subseteq \mathbb{E}$ tais que $\mathbb{A} \subseteq \mathbb{X}$.

Solução:

(a): Um subconjunto $\mathbb{X}$ de $\mathbb{E}$ deixa de ser aberto se contém um elemento $\vec{x} \in \mathbb{X}$ que não é ponto interior de $\mathbb{X}$. Noutros termos, quando o conjunto $\mathbb{X} \backslash Int\mathbb{X}$ é não-vazio. Como o conjunto vazio $\emptyset$ não possui elementos, segue-se que $\emptyset$ é aberto. Todo $\vec{x} \in \mathbb{E}$ é ponto interior de $\mathbb{E}$, pois $\mathbb{B}(\vec{x}; 1) \subseteq \mathbb{E}$. Logo, o espaço $\mathbb{E}$ é um conjunto aberto.

(b): Seja $\vec{x} \in \bigcup_{\lambda \in \mathbb{L}} \mathbb{A}_\lambda$ qualquer. Existe um índice $\lambda \in \mathbb{L}$ tal que $\vec{x} \in \mathbb{A}_\lambda$. O conjunto $\mathbb{A}_\lambda$ sendo aberto, existe $\varepsilon > 0$ tal que $\mathbb{B}(\vec{x}; \varepsilon) \subseteq \mathbb{A}_\lambda$. Como $\mathbb{A}_\lambda \subseteq \bigcup_{\lambda \in \mathbb{L}} \mathbb{A}_\lambda$, tem-se $\mathbb{B}(\vec{x}; \varepsilon) \subseteq \bigcup_{\lambda \in \mathbb{L}} \mathbb{A}_\lambda$.

82　320 QUESTÕES RESOLVIDAS DE ÁLGEBRA LINEAR

Conclui-se daí que para todo $\vec{x} \in \bigcup_{\lambda \in \mathbb{L}} \mathbb{A}_\lambda$ existe $\varepsilon > 0$ de modo que $\mathbb{B}(\vec{x}; \varepsilon) \subseteq \bigcup_{\lambda \in \mathbb{L}} \mathbb{A}_\lambda$. Isto prova que $\bigcup_{\lambda \in \mathbb{L}} \mathbb{A}_\lambda$ é um conjunto aberto.

(c): Dados os conjuntos abertos $\mathbb{A}_1, \dots, \mathbb{A}_n \subseteq \mathbb{E}$, seja $\vec{x} \in \bigcap_{k=1}^{n} \mathbb{A}_k$ arbitrário. Então $\vec{x}$ pertence a todos os conjuntos $\mathbb{A}_1, \dots, \mathbb{A}_n$. Como eles são abertos, existe, para cada índice $k = 1, \dots, n$, um número positivo ε_k tal que $\mathbb{B}(\vec{x}; \varepsilon_k) \subseteq \mathbb{A}_k$. Seja $\varepsilon = \min\{\varepsilon_1, \dots, \varepsilon_n\}$. O número ε é positivo, porque é um dos números $\varepsilon_1, \dots, \varepsilon_n$. Como $\varepsilon \leq \varepsilon_k$, tem-se $\mathbb{B}(\vec{x}; \varepsilon) \subseteq \mathbb{B}(\vec{x}; \varepsilon_k) \subseteq \mathbb{A}_k$, para cada $k = 1, \dots, n$. Segue-se que a bola aberta $\mathbb{B}(\vec{x}; \varepsilon)$ está contida em todos os conjuntos $\mathbb{A}_k$, e portanto na interseção $\bigcap_{k=1}^{n} \mathbb{A}_k$. Por consequência, $\bigcap_{k=1}^{n} \mathbb{A}_k$ é um conjunto aberto.

(d): Seja $\mathbb{A}$ a reunião de todos os conjuntos abertos contidos em $\mathbb{X}$. Pela propriedade (b) já demonstrada, $\mathbb{A}$ é um conjunto aberto. Como $\mathbb{A} \subseteq \mathbb{X}$, segue-se (v. Exercício 51) que $\mathbb{A} \subseteq \text{Int}\mathbb{X}$. Como $\text{Int}\mathbb{X} \subseteq \mathbb{X}$ e $\text{Int}\mathbb{X}$ é aberto (v. Exercício 51) $\text{Int}\mathbb{X}$ é um dos conjuntos abertos contidos em $\mathbb{X}$. Logo, $\text{Int}\mathbb{X} \subseteq \mathbb{A}$. Daí obtém-se a igualdade $\mathbb{A} = \text{Int}\mathbb{X}$.

Uma classe T de subconjuntos de um conjunto $\mathbb{E}$ chama-se uma *topologia* quando tem as seguintes propriedades:

T1 – $\mathbb{E}$ e o conjunto vazio $\emptyset$ pertencem a T.

T2 – A reunião $\bigcup_{\lambda \in \mathbb{L}} \mathbb{A}_\lambda$ de uma família $(\mathbb{A}_\lambda)_{\lambda \in \mathbb{L}}$ de conjuntos $\mathbb{A}_\lambda \in \mathsf{T}$ pertence a T.

T3 – A interseção $\bigcap_{k=1}^{n} \mathbb{A}_k$ de quaisquer conjuntos $\mathbb{A}_1, \dots, \mathbb{A}_n \in \mathsf{T}$ pertence a T.

Seja $\mathbb{E}$ um EVN. Resulta do Exercício 61 acima que a classe T dos conjuntos abertos $\mathbb{A} \subseteq \mathbb{E}$, relativamente à norma $\|.\|$ definida em $\mathbb{E}$, é uma topologia. Esta diz-se a *topologia induzida pela norma* em $\mathbb{E}$.

Um *espaço topológico* é um conjunto $\mathbb{E}$ dotado de uma topologia. Assim, todo EVN $\mathbb{E}$ é um espaço topológico, dotado

CAPÍTULO 3 – NOÇÕES BÁSICAS DE TOPOLOGIA   83

da topologia induzida pela norma.

Exercício 62 - Seja $\mathbb{E}$ um EVN. Prove:

(a) O espaço $\mathbb{E}$ e o conjunto vazio $\emptyset$ são fechados.

(b) A interseção $\bigcap_{\lambda \in \mathbb{L}} \mathbb{F}_\lambda$ de qualquer família $(\mathbb{F}_\lambda)_{\lambda \in \mathbb{L}}$ de conjuntos fechados $\mathbb{F}_\lambda \subseteq \mathbb{E}$ é um conjunto fechado.

(c) A reunião $\bigcup_{k=1}^n \mathbb{F}_n$ de quaisquer conjuntos fechados $\mathbb{F}_1, \dots, \mathbb{F}_n \subseteq \mathbb{E}$ é um conjunto fechado.

(d) O fecho $\mathrm{Cl}\mathbb{X}$ do conjunto $\mathbb{X} \subseteq \mathbb{E}$ é a interseção da classe dos subconjuntos fechados de $\mathbb{E}$ que contêm $\mathbb{X}$.

Solução:

(a): Um conjunto $\mathbb{F} \subseteq \mathbb{E}$ é fechado se, e somente se, seu complementar $\mathbb{E} \backslash \mathbb{F}$ é aberto (v. Exercício 58). O complementar $\mathbb{E} \backslash \emptyset$ do conjunto vazio $\emptyset$ é o espaço $\mathbb{E}$, e o complementar $\mathbb{E} \backslash \mathbb{E}$ do espaço $\mathbb{E}$ é o conjunto vazio $\emptyset$. Como $\mathbb{E}$ e $\emptyset$ são ambos abertos (v. Exercício 61), a propriedade (a) segue.

(b): Seja $(\mathbb{F}_\lambda)_{\lambda \in \mathbb{L}}$ uma família de conjuntos fechados $\mathbb{F}_\lambda \subseteq \mathbb{E}$. Para cada índice $\lambda \in \mathbb{L}$, o complementar $\mathbb{E} \backslash \mathbb{F}_\lambda$ de $\mathbb{F}_\lambda$ é aberto. Como $\mathbb{E} \backslash \left(\bigcap_{\lambda \in \mathbb{L}} \mathbb{F}_\lambda \right) = \bigcup_{\lambda \in \mathbb{L}} (\mathbb{E} \backslash \mathbb{F}_\lambda)$ (um vetor $\vec{x} \in \mathbb{E}$ deixa da pertencer à interseção $\bigcap_{\lambda \in \mathbb{L}} \mathbb{F}_\lambda$ se, e somente se, deixa de pertencer a pelo menos um dos $\mathbb{F}_\lambda$) e os conjuntos $\mathbb{E} \backslash \mathbb{F}_\lambda$ são abertos, segue-se que $\mathbb{E} \backslash \left(\bigcap_{\lambda \in \mathbb{L}} \mathbb{F}_\lambda \right)$ é um conjunto aberto (v. Exercício 61). Logo, $\bigcap_{\lambda \in \mathbb{L}} \mathbb{F}_\lambda$ é um conjunto fechado.

(c): Sejam $\mathbb{F}_1, \dots, \mathbb{F}_n \subseteq \mathbb{E}$ conjuntos fechados. O complementar $\mathbb{E} \backslash \mathbb{F}_n$ é um conjunto aberto, para cada um dos índices $k = 1, \dots, n$. Logo, $\mathbb{E} \backslash (\bigcup_{k=1}^n \mathbb{F}_n) = \bigcap_{k=1}^n (\mathbb{E} \backslash \mathbb{F}_n)$ é um conjunto aberto (v. Exercício 61). Assim sendo, $\bigcup_{k=1}^n \mathbb{F}_k$ é um conjunto fechado.

(d): Seja $\mathbb{F}$ a interseção da classe dos conjuntos fechados que contêm $\mathbb{X}$. Então $\mathbb{X} \subseteq \mathbb{F}$ e $\mathbb{F}$ é fechado. Decorre daí (v. Exercício 57) que $\mathrm{Cl}\mathbb{X} \subseteq \mathbb{F}$. Por outro lado, $\mathrm{Cl}\mathbb{X}$ é (v. Exercício 57) fechado e $\mathbb{X} \subseteq \mathrm{Cl}\mathbb{X}$, logo $\mathbb{F} \subseteq \mathrm{Cl}\mathbb{X}$. Decorre daí que $\mathbb{F} = \mathrm{Cl}\mathbb{X}$.

84   320 QUESTÕES RESOLVIDAS DE ÁLGEBRA LINEAR

Exercício 63 - Seja $\mathbb{E}$ um EVN diferente de $\{\vec{o}\}$. Dê exemplos:

(a) De uma família de subconjuntos abertos de $\mathbb{E}$ cuja interseção não é aberta.

(b) De uma família de subconjuntos fechados de $\mathbb{E}$ cuja reunião não é fechada.

Solução:

(a): Dado $\vec{x} \in \mathbb{E}$, seja, para cada n inteiro positivo, $\mathbb{A}_n$ a bola aberta $\mathbb{B}(\vec{x}; 2^{-n})$. Como $\vec{x} \in \mathbb{A}_n$ para todo n, tem-se que $\vec{x} \in \bigcap_{n=1}^{\infty} \mathbb{A}_n$, donde $\{\vec{x}\} \subseteq \bigcap_{n=1}^{\infty} \mathbb{A}_n$. Reciprocamente: Se $\vec{y} \in \bigcap_{n=1}^{\infty} \mathbb{A}_n$ então $\vec{y} \in \mathbb{A}_n = \mathbb{B}(\vec{x}; 2^{-n})$ para cada n, portanto $0 \leq \|\vec{x} - \vec{y}\| < 2^{-n}$, $n = 1, 2, \ldots$ Desta forma, tem-se $\|\vec{x} - \vec{y}\| = 0$, logo $\vec{x} = \vec{y}$. Segue-se que $\bigcap_{n=1}^{\infty} \mathbb{A}_n = \{\vec{x}\}$. As bolas abertas $\mathbb{A}_n$ são conjuntos abertos (v. Exercícios 51 e 54). Contudo, o conjunto $\{\vec{x}\}$ não é aberto, porque seu interior $\text{Int}\{\vec{x}\}$ é vazio (v. Exercício 52) enquanto $\{\vec{x}\}$ não é vazio.

(b): Seja, para cada $\rho \in (0, 1)$, $\mathbb{D}(\vec{o}; \rho)$ a bola fechada de centro $\vec{o}$ e raio ρ. Tem-se $\mathbb{D}(\vec{o}; \rho) \subseteq \mathbb{B}(\vec{o}; 1)$ para cada $\rho \in (0, 1)$. De fato, se $\vec{x} \in \mathbb{D}(\vec{o}; \rho)$ então $\|\vec{x}\| \leq \rho < 1$. Logo, $\bigcup_{0 < \rho < 1} \mathbb{D}(\vec{o}; \rho) \subseteq \mathbb{B}(\vec{o}; 1)$. Reciprocamente, seja $\vec{x} \in \mathbb{B}(\vec{o}; 1)$. Se $\vec{x} = \vec{o}$ então $\vec{x} \in \mathbb{D}(\vec{o}; \rho)$ para todo $\rho \in (0, 1)$. Se, por outro lado, $\vec{x}$ é não-nulo, então $0 < \|\vec{x}\| < 1$. Fazendo $\rho = \|\vec{x}\|$, tem-se $\vec{x} \in \mathbb{D}(\vec{o}; \rho)$. Segue-se que $\vec{x} \in \mathbb{D}(\vec{o}; \rho)$ para algum $\rho \in (0, 1)$, e portanto que $\vec{x} \in \bigcup_{0 < \rho < 1} \mathbb{D}(\vec{o}; \rho)$. Assim sendo, $\mathbb{B}(\vec{o}; 1) = \bigcup_{0 < \rho < 1} \mathbb{D}(\vec{o}; \rho)$. Cada bola fechada $\mathbb{D}(\vec{o}; \rho)$, $0 < \rho < 1$, é um conjunto fechado (v. Exercícios 57 e 60). Contudo, a bola aberta $\mathbb{B}(\vec{o}; 1)$ não é um conjunto fechado, porque $\text{Cl}\,\mathbb{B}(\vec{o}; 1) = \mathbb{D}(\vec{o}; 1)$ (v. Exercício 60) e $\mathbb{B}(\vec{o}; 1)$ não contém a esfera unitária $\mathbb{S}(\vec{o}; 1)$.

Exercício 64 - Seja $\mathbb{E}$ um EVN diferente de $\{\vec{o}\}$. Mostre que existem subconjuntos de $\mathbb{E}$ que não são abertos nem fechados.

Solução: Sendo $\mathbb{E}$ diferente de $\{\vec{o}\}$, existe um vetor unitário

CAPÍTULO 3 – NOÇÕES BÁSICAS DE TOPOLOGIA   85

$\vec{w} \in \mathbb{E}$. Para este $\vec{w}$, seja:

$$\mathbb{X} = \mathbb{D}(\vec{o}; 1) \backslash \{\vec{w}\}$$

o complementar do conjunto $\{\vec{w}\}$ relativamente à bola fechada $\mathbb{D}(\vec{o}; 1)$. Tem-se $\mathbb{B}(\vec{o}; 1) \subseteq \mathbb{D}(\vec{o}; 1)$ e também $\mathbb{B}(\vec{o}; 1) \subseteq \mathbb{E} \backslash \{\vec{w}\}$, porque $\|\vec{w}\| = 1$ e $\|\vec{x}\| < 1$ para todo $\vec{x} \in \mathbb{B}(\vec{o}; 1)$. Logo, $\mathbb{B}(\vec{o}; 1) \subseteq (\mathbb{E} \backslash \{\vec{w}\}) \cap \mathbb{D}(\vec{o}; 1) = \mathbb{D}(\vec{o}; 1) \backslash \{\vec{w}\} = \mathbb{X}$. Portanto, valem as seguintes relações:

$$\boxed{\mathbb{B}(\vec{o}; 1) \subseteq \mathbb{X} \subseteq \mathbb{D}(\vec{o}; 1)} \tag{3.8}$$

Sendo $\mathbb{B}(\vec{o}; 1)$ um conjunto aberto, $\mathbb{B}(\vec{o}; 1) = \mathrm{Int}\mathbb{B}(\vec{o}; 1)$. Por sua vez, $\mathbb{B}(\vec{o}; 1) = \mathrm{Int}\mathbb{D}(\vec{o}; 1)$. Desta forma, as inclusões (3.8) conduzem a:

$$\boxed{\mathrm{Int}\mathbb{X} = \mathbb{B}(\vec{o}; 1)} \tag{3.9}$$

Como $\mathbb{D}(\vec{o}; 1)$ é um conjunto fechado, $\mathbb{D}(\vec{o}; 1) = \mathrm{Cl}\mathbb{D}(\vec{o}; 1)$. Assim sendo, de (3.8) obtém-se:

$$\boxed{\mathrm{Cl}\mathbb{X} = \mathbb{D}(\vec{o}; 1)} \tag{3.10}$$

O vetor $-\vec{w}$ pertence a $\mathbb{X}$, porque pertence a $\mathbb{D}(\vec{o}; 1)$ e é diferente de $\vec{w}$. Tem-se também que $-\vec{w}$ não pertence a $\mathbb{B}(\vec{o}; 1)$. Portanto, (3.9) diz que $\mathrm{Int}\mathbb{X}$ é diferente de $\mathbb{X}$. Segue-se que $\mathbb{X}$ não é aberto. O vetor $\vec{w}$ pertence a $\mathbb{D}(\vec{o}; 1)$ e não pertence a $\mathbb{X}$. Decorre daí e de (3.10) que $\mathbb{X}$ é diferente de seu fecho $\mathrm{Cl}\mathbb{X}$. Por esta razão, $\mathbb{X}$ não é fechado.

Exercício 65 - Seja $\mathbb{X}$ um subconjunto de um EVN $\mathbb{E}$. Prove:

(a) Se $\mathbb{X}$ é limitado, então seu fecho $\mathrm{Cl}\mathbb{X}$ é limitado.

(b) Se $\mathbb{X}$ é não-vazio e limitado, então $\mathrm{diam}\,\mathbb{X} = \mathrm{diam}(\mathrm{Cl}\mathbb{X})$.

Solução:

(a): Supondo $\mathbb{X}$ limitado, seja $r > 0$ tal que $\|\vec{x}\| \leq r$ para todo $\vec{x} \in \mathbb{X}$ (v. Exercício 18). Seja $\vec{y} \in \mathrm{Cl}\mathbb{X}$ arbitrário. A interseção $\mathbb{X} \cap \mathbb{B}(\vec{y}; 1)$ é não-vazia. Portanto, existe $\vec{x} \in \mathbb{X}$ tal que $\|\vec{y} - \vec{x}\| < 1$. Tem-se $\|\vec{y}\| \leq \|\vec{y} - \vec{x}\| + \|\vec{x}\| < r + 1$. Segue-se que $\mathrm{Cl}\mathbb{X}$ é limitado.

(b): Seja $\mathbb{X} \subseteq \mathbb{E}$ não-vazio e limitado. Dado $\varepsilon > 0$ arbitrário, sejam $\vec{x}, \vec{y} \in \mathrm{Cl}\mathbb{X}$ (os quais existem) tais que:

86 320 QUESTÕES RESOLVIDAS DE ÁLGEBRA LINEAR

$$\text{diam}(Cl\mathbb{X}) - \frac{\varepsilon}{3} < \|\vec{x} - \vec{y}\| \tag{3.11}$$

Sendo $\vec{x}, \vec{y}$ pontos aderentes ao conjunto $\mathbb{X}$, existem $\vec{x}_0, \vec{y}_0 \in \mathbb{X}$ que cumprem as seguintes condições:

$$\|\vec{x} - \vec{x}_0\| < \frac{\varepsilon}{3}, \quad \|\vec{y} - \vec{y}_0\| < \frac{\varepsilon}{3} \tag{3.12}$$

Resulta de (3.11) e (3.12) que valem as seguintes relações:

$$\begin{aligned}
\text{diam}(Cl\mathbb{X}) - \frac{\varepsilon}{3} &< \|\vec{x} - \vec{y}\| \le \\
&\le \|\vec{x} - \vec{x}_0\| + \|\vec{x}_0 - \vec{y}\| \le \\
&\le \|\vec{x} - \vec{x}_0\| + \|\vec{x}_0 - \vec{y}_0\| + \\
&+ \|\vec{y}_0 - \vec{y}\| < \|\vec{x}_0 - \vec{y}_0\| + \frac{2\varepsilon}{3}
\end{aligned} \tag{3.13}$$

Como $\vec{x}_0, \vec{y}_0 \in \mathbb{X}$, tem-se:

$$\|\vec{x}_0 - \vec{y}_0\| \le \text{diam}\,\mathbb{X} \tag{3.14}$$

As relações (3.13) e (3.14) fornecem $\text{diam}(Cl\mathbb{X}) - (\varepsilon/3) < \text{diam}\,\mathbb{X} + (2\varepsilon/3)$, e portanto $\text{diam}(Cl\mathbb{X}) < \text{diam}\,\mathbb{X} + \varepsilon$. Segue-se que $\text{diam}(Cl\mathbb{X}) \le \text{diam}\,\mathbb{X}$. Da inclusão $\mathbb{X} \subseteq Cl\mathbb{X}$ obtém-se, por sua vez (v. Exercício 34), $\text{diam}\,\mathbb{X} \le \text{diam}(Cl\mathbb{X})$. Por consequência, $\text{diam}\,\mathbb{X} = \text{diam}(Cl\mathbb{X})$.

Seja $\mathbb{E}$ um espaço vetorial. Dados $\vec{x}, \vec{y} \in \mathbb{E}$, o *segmento de reta* $[\vec{x}, \vec{y}]$ de extremos $\vec{x}$ e $\vec{y}$ é:

$$[\vec{x}, \vec{y}] =$$

$$= \{(1 - \lambda)\vec{x} + \lambda\vec{y} : 0 \le \lambda \le 1\} =$$

$$= \{\vec{x} + \lambda(\vec{y} - \vec{x}) : 0 \le \lambda \le 1\}$$

Diz-se que um conjunto $\mathbb{X} \subseteq \mathbb{E}$ é *convexo* quando $[\vec{x}, \vec{y}] \subseteq \mathbb{X}$, sejam quais forem $\vec{x}, \vec{y} \in \mathbb{X}$.

Exercício 66 - Seja $\mathbb{X}$ um subconjunto de um EVN $\mathbb{E}$. Prove: Se $\mathbb{X}$ é convexo, então seu fecho $Cl\mathbb{X}$ é convexo.

Solução: Seja $\mathbb{X} \subseteq \mathbb{E}$ convexo. Dados $\vec{y}_1, \vec{y}_2 \in Cl\mathbb{X}$, seja $\varepsilon > 0$ arbitrário. Sejam $\vec{x}_1, \vec{x}_2 \in \mathbb{X}$ (os quais existem, porque $\vec{y}_1$ e $\vec{y}_2$

CAPÍTULO 3 – NOÇÕES BÁSICAS DE TOPOLOGIA   87

são aderentes a $\mathbb{X}$) tais que $\vec{x}_1 \in \mathbb{X} \cap \mathbb{B}(\vec{y}_1; \varepsilon)$ e $\vec{x}_2 \in \mathbb{X} \cap$
$\mathbb{B}(\vec{y}_2; \varepsilon)$. Então $\|\vec{y}_1 - \vec{x}_1\| < \varepsilon$ e $\|\vec{y}_2 - \vec{x}_2\| < \varepsilon$. Sejam $\vec{y}_\lambda =$
$(1 - \lambda)\vec{y}_1 + \lambda\vec{y}_2$ e $\vec{x}_\lambda = (1 - \lambda)\vec{x}_1 + \lambda\vec{x}_2$, para cada $\lambda \in [0, 1]$.
Tem-se $\vec{y}_\lambda - \vec{x}_\lambda = (1 - \lambda)(\vec{y}_1 - \vec{x}_1) + \lambda(\vec{y}_2 - \vec{x}_2)$, e portanto
$\|\vec{y}_\lambda - \vec{x}_\lambda\| \leq (1 - \lambda)\|\vec{x}_1 - \vec{y}_1\| + \lambda\|\vec{x}_2 - \vec{y}_2\| < (1 - \lambda)\varepsilon + \lambda\varepsilon = \varepsilon$,
para todo $\lambda \in [0, 1]$. Logo, $\vec{x}_\lambda \in \mathbb{B}(\vec{y}_\lambda; \varepsilon)$ para todo $\lambda \in [0, 1]$.
Como $\vec{x}_1, \vec{x}_2 \in \mathbb{X}$ e $\mathbb{X}$ é convexo, $\vec{x}_\lambda = (1 - \lambda)\vec{x}_1 + \lambda\vec{x}_2 \in \mathbb{X}$ para
todo $\lambda \in [0, 1]$. Logo, $\vec{x}_\lambda \in \mathbb{X} \cap \mathbb{B}(\vec{y}_\lambda; \varepsilon)$ para todo $\lambda \in [0, 1]$.
Segue-se que $\vec{y}_\lambda = (1 - \lambda)\vec{y}_1 + \lambda\vec{y}_2$ é aderente a $\mathbb{X}$ e portanto
pertence a $\mathrm{Cl}\mathbb{X}$, para todo $\lambda \in [0, 1]$. Por consequência, $\mathrm{Cl}\mathbb{X}$ é
convexo.

Seja $\mathbb{X}$ um subconjunto de um EVN $\mathbb{E}$. A *fronteira* de $\mathbb{X}$,
indicada pelo símbolo

$$\partial \mathbb{X}$$

é o conjunto formado pelos vetores $\vec{x} \in \mathbb{E}$ tais que, para todo ε
> 0 as interseções $\mathbb{X} \cap \mathbb{B}(\vec{x}; \varepsilon)$ e $(\mathbb{E}\backslash\mathbb{X}) \cap \mathbb{B}(\vec{x}; \varepsilon)$ são não-vazias.

Exercício 67 - Seja $\mathbb{X}$ um subconjunto de um EVN $\mathbb{E}$. Prove
as seguintes propriedades:
(a) $\partial \mathbb{X} = \mathrm{Cl}\mathbb{X} \cap \mathrm{Cl}(\mathbb{E}\backslash\mathbb{X}) = \mathrm{Cl}\mathbb{X}\backslash\mathrm{Int}\mathbb{X}$.
(b) $\partial \mathbb{X} = \partial(\mathbb{E}\backslash\mathbb{X})$.
(c) $\mathrm{Cl}\mathbb{X} = \mathrm{Int}\mathbb{X} \uplus \partial\mathbb{X}$.
(d) $\mathbb{E} = \mathrm{Int}\mathbb{X} \uplus \partial\mathbb{X} \uplus \mathrm{Int}(\mathbb{E}\backslash\mathbb{X})$.

Solução:
(a): Pela definição acima, um vetor $\vec{x} \in \mathbb{E}$ pertence a $\partial\mathbb{X}$ se,
e somente se, é aderente a $\mathbb{X}$ e a seu complementar $\mathbb{E}\backslash\mathbb{X}$.
Desta forma, $\partial\mathbb{X} = \mathrm{Cl}\mathbb{X} \cap \mathrm{Cl}(\mathbb{E}\backslash\mathbb{X})$. Daí e da igualdade
$\mathrm{Cl}(\mathbb{E}\backslash\mathbb{X}) = \mathbb{E}\backslash\mathrm{Int}\mathbb{X}$ (v. Exercício 58) decorre $\partial\mathbb{X} = \mathrm{Cl}\mathbb{X} \cap$
$(\mathbb{E}\backslash\mathrm{Int}\mathbb{X}) = \mathrm{Cl}\mathbb{X}\backslash\mathrm{Int}\mathbb{X}$.

(b): Pela propriedade (a) já demonstrada, $\partial(\mathbb{E}\backslash\mathbb{X}) =$
$\mathrm{Cl}(\mathbb{E}\backslash\mathbb{X}) \cap \mathrm{Cl}(\mathbb{E}\backslash(\mathbb{E}\backslash\mathbb{X})) = \mathrm{Cl}\mathbb{X} \cap \mathrm{Cl}(\mathbb{E}\backslash\mathbb{X}) = \partial\mathbb{X}$.

(c): Das inclusões $\mathrm{Int}\mathbb{X} \subseteq \mathbb{X} \subseteq \mathrm{Cl}\mathbb{X}$, segue-se $\mathrm{Cl}\mathbb{X} = \mathrm{Int}\mathbb{X} \uplus$
$(\mathrm{Cl}\mathbb{X}\backslash\mathrm{Int}\mathbb{X})$. Pela propriedade (a) já demonstrada, $\partial\mathbb{X} =$
$\mathrm{Cl}\mathbb{X}\backslash\mathrm{Int}\mathbb{X}$. Logo, $\mathrm{Cl}\mathbb{X} = \mathrm{Int}\mathbb{X} \uplus \partial\mathbb{X}$.

88   320 QUESTÕES RESOLVIDAS DE ÁLGEBRA LINEAR

(d): Para todo $\vec{x} \in \mathbb{E}$, tem-se que $\vec{x}$ pertence a ClX ou deixa de pertencer a ClX. Logo, $\mathbb{E} = \text{ClX} \uplus (\mathbb{E} \backslash \text{ClX})$. Como $\text{ClX} = \text{IntX} \uplus \partial\mathbb{X}$ e $\mathbb{E} \backslash \text{ClX} = \text{Int}(\mathbb{E} \backslash \mathbb{X})$ (v. Exercício 58) segue-se $\mathbb{E} = \text{IntX} \uplus \partial\mathbb{X} \uplus \text{Int}(\mathbb{E} \backslash \mathbb{X})$.

Exercício 68 - Seja $\mathbb{X}$ um subconjunto de um EVN $\mathbb{E}$. Prove: Se $\mathbb{X}$ é aberto ou fechado, então sua fronteira $\partial\mathbb{X}$ tem interior vazio.

Solução: Seja $\mathbb{X} \subseteq \mathbb{E}$ fechado. Supondo que o interior $\text{Int}(\partial\mathbb{X})$ de $\partial\mathbb{X}$ é não-vazio, seja $\vec{x} \in \text{Int}(\partial\mathbb{X})$. Existe $\varepsilon > 0$ tal que $\mathbb{B}(\vec{x}; \varepsilon) \subseteq \partial\mathbb{X}$. Como $\mathbb{X}$ é fechado, tem-se $\mathbb{X} = \text{ClX} = (\text{IntX}) \uplus \partial\mathbb{X}$ donde $\partial\mathbb{X} \subseteq \mathbb{X}$. Desta forma, $\mathbb{B}(\vec{x}; \varepsilon) \subseteq \partial\mathbb{X} \subseteq \mathbb{X}$. Decorre daí que $\mathbb{B}(\vec{x}; \varepsilon) \cap (\mathbb{E} \backslash \mathbb{X}) = \emptyset$, o que contradiz $\vec{x} \in \partial\mathbb{X}$. Logo, $\text{Int}(\partial\mathbb{X}) = \emptyset$. Se $\mathbb{X}$ é aberto, então $\mathbb{E} \backslash \mathbb{X}$ é fechado. Como $\partial\mathbb{X} = \partial(\mathbb{E} \backslash \mathbb{X})$, segue-se que $\text{Int}(\partial\mathbb{X})$ é vazio.

Exercício 69 - Prove ou dê contra-exemplo: Se $\mathbb{X} \subseteq \mathbb{Y}$ então $\partial\mathbb{X} \subseteq \partial\mathbb{Y}$.

Solução: Dado um EVN $\mathbb{E}$ diferente de $\{\vec{o}\}$, sejam $\mathbb{X} = \mathbb{B}(\vec{o}; 1)$ e $\mathbb{Y} = \mathbb{B}(\vec{o}; 2)$. Tem-se:

$$\partial\mathbb{X} = \text{ClX} \backslash \text{IntX} = \mathbb{D}(\vec{o}; 1) \backslash \mathbb{B}(\vec{o}; 1) = \mathbb{S}(\vec{o}; 1)$$

e também:

$$\partial\mathbb{Y} = \text{ClY} \backslash \text{IntY} = \mathbb{D}(\vec{o}; 2) \backslash \mathbb{B}(\vec{o}; 2) = \mathbb{S}(\vec{o}; 2)$$

Portanto, $\mathbb{X} \subseteq \mathbb{Y}$ enquanto que as fronteiras $\partial\mathbb{X}$ e $\partial\mathbb{Y}$ são disjuntas.

Exercício 70 - Sejam $\mathbb{X}$ um subconjunto de um EVN $\mathbb{E}$ e $g : \mathbb{R} \to \mathbb{E}$ contínua. Sejam $a, b \in \mathbb{R}$ com $a < b$, tais que $g(a) \in \mathbb{X}$ e $g(b) \in \mathbb{E} \backslash \mathbb{X}$. Prove que existe λ no intervalo $[a, b]$ de modo que $g(\lambda) \in \partial\mathbb{X}$.

Solução:

Como $g(a) \in \mathbb{X}$, o conjunto:

CAPÍTULO 3 – NOÇÕES BÁSICAS DE TOPOLOGIA   89

$$\mathbb{L} = \{\lambda \in [a, b] : g(\lambda) \in \mathbb{X}\}$$

é não-vazio (de fato, $a \in \mathbb{L}$, pois $g(a) \in \mathbb{X}$). O conjunto $\mathbb{L}$ é limitado, porque está contido em $[a, b]$. Seja:

$$\lambda_0 = \sup \mathbb{L}$$

Supondo que $g(\lambda_0)$ pertence a $\mathrm{Int}\mathbb{X}$, seja $\rho > 0$ (o qual existe) tal que $\mathbb{B}(g(\lambda_0); \rho) \subseteq \mathbb{X}$. Sendo g contínua, existe, para este ρ, um número positivo δ que cumpre a seguinte condição:

$$\boxed{|\lambda - \lambda_0| < \delta \implies \|g(\lambda) - g(\lambda_0)\| < \rho} \tag{3.15}$$

Tem-se $a \leq \lambda_0 = \sup \mathbb{L} \leq b$, pois $\mathbb{L} \subseteq [a, b]$. Como $g(\lambda_0) \in \mathrm{Int}\mathbb{X}$ e portanto a $\mathbb{X}$, não se pode ter $\lambda_0 = b$, porque $g(b)$ pertence a $\mathbb{E} \backslash \mathbb{X}$. Logo, $a \leq \lambda_0 < b$. Fazendo:

$$\delta_0 = \frac{1}{2} \min\{\delta, b - \lambda_0\}$$

$$\lambda_1 = \lambda_0 + \delta_0$$

tem-se $\lambda_0 < \lambda_1 < b$ e $|\lambda_1 - \lambda_0| = \delta_0 < \delta$. Pela condição (3.15), $\|g(\lambda_1) - g(\lambda_0)\| < \rho$. Assim sendo, $g(\lambda_1) \in \mathbb{B}(g(\lambda_0); \rho)$. Por sua vez, $\mathbb{B}(g(\lambda_0); \rho) \subseteq \mathbb{X}$. Logo, $g(\lambda_1) \in \mathbb{X}$. Como $a \leq \lambda_1 < b$ e $g(\lambda_1) \in \mathbb{X}$, segue-se que $\lambda_1 \in \mathbb{L}$. Conclui-se daí que existe $\lambda_1 \in \mathbb{L}$ com $\lambda_1 > \lambda_0 = \sup \mathbb{L}$, uma contradição. Por consequência, $g(\lambda_0)$ não pertence a $\mathrm{Int}\mathbb{X}$.

Seja $\varepsilon > 0$ arbitrário. Pela continuidade de g, existe $\delta > 0$ de modo que:

$$\boxed{|\lambda - \lambda_0| < \delta \implies \|g(\lambda) - g(\lambda_0)\| < \varepsilon} \tag{3.16}$$

Sendo $\lambda_0 = \sup \mathbb{L}$, existe, para este δ, um número $\lambda_1 \in \mathbb{L}$ com $\lambda_0 - \delta < \lambda_1 \leq \lambda_0$. Tem-se $\vec{x}_1 = g(\lambda_1) \in \mathbb{X}$, porque $\lambda_1 \in \mathbb{L}$. Tem-se também $|\lambda_1 - \lambda_0| = \lambda_0 - \lambda_1 < \delta$. Portanto, a condição (3.16) fornece $\|\vec{x}_1 - g(\lambda_0)\| = \|g(\lambda_1) - g(\lambda_0)\| < \varepsilon$. Segue-se que existe, para todo $\varepsilon > 0$ dado, um vetor $\vec{x} \in \mathbb{X}$ tal que $\|\vec{x} - g(\lambda_0)\| < \varepsilon$. Por isto, $g(\lambda_0) \in \mathrm{Cl}\mathbb{X}$. Como já foi mostrado acima, $g(\lambda_0)$ não pertence a $\mathrm{Int}\mathbb{X}$. Desta forma, $g(\lambda_0) \in \mathrm{Cl}\mathbb{X} \backslash \mathrm{Int}\mathbb{X} = \partial\mathbb{X}$.

Exercício 71 - Seja $\mathbb{X}$ um subconjunto de um EVN $\mathbb{E}$. Prove:

(a) Se $\mathbb{X}$ é não-vazio e diferente de $\mathbb{E}$, então sua fronteira $\partial\mathbb{X}$ é

90 320 QUESTÕES RESOLVIDAS DE ÁLGEBRA LINEAR

não-vazia.

(b) Se $\mathbb{X}$ é aberto e também fechado, então $\mathbb{X}$ é vazio ou $\mathbb{X} = \mathbb{E}$.

Solução:

(a): Se $\mathbb{X}$ é não-vazio e diferente de $\mathbb{E}$, então existem $\vec{x}_0 \in \mathbb{X}$ e $\vec{x}_1 \in \mathbb{E} \backslash \mathbb{X}$. Seja $g : \mathbb{R} \to \mathbb{E}$ definida pondo:

$$g(\lambda) = \vec{x}_0 + \lambda(\vec{x}_1 - \vec{x}_0)$$

para todo número real λ. Tem-se $\|g(\lambda) - g(\lambda_0)\| = |\lambda - \lambda_0| \|\vec{x}_1 - \vec{x}_0\|$, sejam quais forem $\lambda, \lambda_0 \in \mathbb{R}$. Dado $\varepsilon > 0$ qualquer, seja:

$$\delta = \frac{\varepsilon}{\|\vec{x}_1 - \vec{x}_0\|}$$

(observe-se que $\|\vec{x}_1 - \vec{x}_0\| > 0$, porque $\vec{x}_0 \in \mathbb{X}$ e $\vec{x}_1 \in \mathbb{E} \backslash \mathbb{X}$). Segue-se:

$$|\lambda - \lambda_0| < \delta \Rightarrow$$

$$\Rightarrow \|g(\lambda) - g(\lambda_0)\| < \delta \|\vec{x}_1 - \vec{x}_0\| \Rightarrow$$

$$\Rightarrow \|g(\lambda) - g(\lambda_0)\| < \varepsilon$$

Resulta disto que g é contínua em todo ponto $\lambda_0 \in \mathbb{R}$, e portanto contínua. Como $g(0) = \vec{x}_0 \in \mathbb{X}$ e $g(1) = \vec{x}_1 \in \mathbb{E} \backslash \mathbb{X}$, existe (v. Exercício 70) λ no intervalo $[0, 1]$ de modo que $g(\lambda) \in \partial \mathbb{X}$. Logo, a fronteira $\partial \mathbb{X}$ de $\mathbb{X}$ é não-vazia.

(b): Se $\mathbb{X}$ é aberto e também fechado, então $\mathbb{X} = \text{Int}\mathbb{X} = \text{Cl}\mathbb{X}$. Assim sendo, $\partial \mathbb{X} = \text{Cl}\mathbb{X} \backslash \text{Int}\mathbb{X} = \text{Int}\mathbb{X} \backslash \text{Int}\mathbb{X} = \emptyset$. Pela propriedade (a) já demonstrada, $\mathbb{X} = \emptyset$ ou $\mathbb{E} \backslash \mathbb{X} = \emptyset$. Portanto, $\mathbb{X} = \emptyset$ ou $\mathbb{X} = \mathbb{E}$.

Exercício 72 - Seja $\mathbb{A}$ um subconjunto próprio não-vazio de um EVN $\mathbb{E}$. Prove: Para todo $\vec{x} \in \mathbb{E} \backslash \mathbb{A}$ tem-se $d(\vec{x}, \mathbb{A}) = d(\vec{x}, \partial \mathbb{A})$.

Solução: Seja $\vec{x} \in \mathbb{E} \backslash \mathbb{A}$. Dado $\vec{a} \in \mathbb{A}$, seja $g : \mathbb{R} \to \mathbb{E}$ definida por:

$$g(\lambda) = \vec{a} + \lambda(\vec{x} - \vec{a})$$

CAPÍTULO 3 – NOÇÕES BÁSICAS DE TOPOLOGIA   91

A função g é contínua (v. Exercício 71) e se tem $g(0) = \vec{a} \in \mathbb{A}$, $g(1) = \vec{x} \in \mathbb{E}\backslash\mathbb{A}$. Portanto existe (v. Exercício 70) $\lambda \in \mathbb{R}$ com $0 \leq \lambda \leq 1$, tal que $g(\lambda) = \vec{a} + \lambda(\vec{x} - \vec{a})$ pertence a $\partial\mathbb{A}$. Como $g(\lambda) \in \partial\mathbb{A}$ e $0 \leq \lambda \leq 1$, valem as seguintes relações:

$$d(\vec{x}, \partial\mathbb{A}) \leq \|\vec{x} - g(\lambda)\| =$$

$$= \|(1 - \lambda)(\vec{x} - \vec{a})\| = |1 - \lambda| \|\vec{x} - \vec{a}\| =$$

$$= (1 - \lambda)\|\vec{x} - \vec{a}\| \leq \|\vec{x} - \vec{a}\|$$

Como $\vec{a}$ é arbitrário, segue-se que $d(\vec{x}, \partial\mathbb{A}) \leq \|\vec{x} - \vec{a}\|$ para todo $\vec{a} \in \mathbb{A}$. Desta forma, $d(\vec{x}, \partial\mathbb{A})$ é uma cota inferior do conjunto formado pelos números $\|\vec{x} - \vec{a}\|$ onde $\vec{a}$ percorre $\mathbb{A}$. Por esta razão,

$$\boxed{d(\vec{x}, \partial\mathbb{A}) \leq \inf_{\vec{a}\in\mathbb{A}} \|\vec{x} - \vec{a}\| = d(\vec{x}, \mathbb{A})} \qquad (3.17)$$

Em virtude de ser $\partial\mathbb{A} \subseteq Cl\mathbb{A}$ e $d(\vec{x}, \mathbb{A}) = d(\vec{x}, Cl\mathbb{A})$ tem-se também:

$$\boxed{d(\vec{x}, \mathbb{A}) = d(\vec{x}, Cl\mathbb{A}) \leq d(\vec{x}, \partial\mathbb{A})} \qquad (3.18)$$

De (3.17) e (3.18) obtém-se $d(\vec{x}, \mathbb{A}) = d(\vec{x}, \partial\mathbb{A})$, como se queria.

Sejam $\|.\|_1, \|.\|_2 : \mathbb{E} \to \mathbb{R}$ normas num espaço vetorial $\mathbb{E}$. Dados $\vec{a} \in \mathbb{E}$ e $\rho > 0$, sejam $\mathbb{B}_1(\vec{a}; \rho)$ a bola aberta de centro $\vec{a}$ e raio ρ relativamente a $\|.\|_1$ e $\mathbb{B}_2(\vec{a}; \rho)$ a bola aberta de centro $\vec{a}$ e raio ρ relativamente a $\|.\|_2$.

Exercício 73 - Sejam $\|.\|_1, \|.\|_2 : \mathbb{E} \to \mathbb{R}$ normas num espaço vetorial $\mathbb{E}$, T_1 a topologia induzida em $\mathbb{E}$ por $\|.\|_1$ e T_2 a topologia induzida em $\mathbb{E}$ por $\|.\|_2$. Prove que $\|.\|_2 \succcurlyeq \|.\|_1$ se, e somente se, $T_1 \subseteq T_2$. Portanto, $\|.\|_1$ e $\|.\|_2$ são equivalentes se, e somente se, induzem a mesma topologia.

Solução:

Supondo que $\|.\|_2 \succcurlyeq \|.\|_1$, seja $\mathbb{A} \subseteq \mathbb{E}$ um conjunto aberto relativamente a $\|.\|_1$. Dado $\vec{a} \in \mathbb{A}$, seja $\varepsilon_1 > 0$ (o qual existe, porque $\mathbb{A}$ é aberto relativamente a $\|.\|_1$) tal que $\mathbb{B}_1(\vec{a}; \varepsilon_1) \subseteq \mathbb{A}$. Sendo $\|.\|_2 \succcurlyeq \|.\|_1$, existe (v. Exercício 19) $\varepsilon_2 > 0$ de modo

92   320 QUESTÕES RESOLVIDAS DE ÁLGEBRA LINEAR

que $\mathbb{B}_2(\vec{a};\varepsilon_2) \subseteq \mathbb{B}_1(\vec{a};\varepsilon_1)$. Como $\mathbb{B}_1(\vec{a};\varepsilon_1) \subseteq \mathbb{A}$, tem-se $\mathbb{B}_2(\vec{a};\varepsilon_2) \subseteq \mathbb{A}$. Conclui-se daí que existe, para todo $\vec{a} \in \mathbb{A}$, $\varepsilon_2 > 0$ tal que $\mathbb{B}_2(\vec{a};\varepsilon_2) \subseteq \mathbb{A}$. Logo, $\mathbb{A}$ é aberto relativamente a $\|.\|_2$. Reciprocamente: Supondo que $T_1 \subseteq T_2$, sejam $\vec{a} \in \mathbb{E}$ e $\varepsilon_1 > 0$ arbitrários. A bola aberta $\mathbb{B}_1(\vec{a};\varepsilon_1)$ é um conjunto aberto relativamente a $\|.\|_1$. Sendo $T_1 \subseteq T_2$, $\mathbb{B}_1(\vec{a};\varepsilon_1)$ é um conjunto aberto relativamente a $\|.\|_2$. Como $\vec{a} \in \mathbb{B}_1(\vec{a};\varepsilon_1)$, existe $\varepsilon_2 > 0$ tal que $\mathbb{B}_2(\vec{a};\varepsilon_2) \subseteq \mathbb{B}_1(\vec{a};\varepsilon_1)$. Segue-se que toda bola aberta de raio positivo relativamente a $\|.\|_1$ contém uma bola aberta relativamente a $\|.\|_2$, de mesmo centro e raio positivo. Desta forma, tem-se (v. Exercício 19) $\|.\|_2 \succcurlyeq \|.\|_1$.

Se $\|.\|_1$ e $\|.\|_2$ são equivalentes, então $\|.\|_1 \succcurlyeq \|.\|_2$ e $\|.\|_2 \succcurlyeq \|.\|_1$. Logo, valem ambas as inclusões $T_1 \subseteq T_2$, $T_2 \subseteq T_1$, do que resulta $T_1 = T_2$. Reciprocamente: Se $T_1 = T_2$ então $T_1 \subseteq T_2$ e $T_2 \subseteq T_1$. Daí decorrem as relações $\|.\|_2 \succcurlyeq \|.\|_1$ e $\|.\|_1 \succcurlyeq \|.\|_2$. Por consequência, $\|.\|_1$ e $\|.\|_2$ são equivalentes.

Sejam $\mathbb{E}$, $\mathbb{F}$ conjuntos e $f : \mathbb{E} \to \mathbb{F}$ uma função. Dado $\mathbb{Y} \subseteq \mathbb{F}$, a *imagem inversa* $f^{-1}(\mathbb{Y})$ de $\mathbb{Y}$ por f é:

$$f^{-1}(\mathbb{Y}) = \{x \in \mathbb{E} : f(x) \in \mathbb{Y}\}$$

Para todo conjunto $\mathbb{Y} \subseteq \mathbb{F}$, tem-se $f^{-1}(\mathbb{F}\backslash\mathbb{Y}) = \mathbb{E}\backslash f^{-1}(\mathbb{Y})$.

Exercício 74 - *Continuidade e topologia*. Sejam $\mathbb{E}$, $\mathbb{F}$ EVN e $f : \mathbb{E} \to \mathbb{F}$ uma função. Prove que as propriedades seguintes são equivalentes:

(a) f é contínua.

(b) Para todo conjunto aberto $\mathbb{A} \subseteq \mathbb{F}$, a imagem inversa $f^{-1}(\mathbb{A})$ $\subseteq \mathbb{E}$ é um conjunto aberto.

(c) Para todo conjunto fechado $\mathbb{X} \subseteq \mathbb{F}$, a imagem inversa $f^{-1}(\mathbb{X}) \subseteq \mathbb{E}$ é um conjunto fechado.

Solução:

(a) $\Leftrightarrow$ (b): Supondo f contínua, seja $\mathbb{A} \subseteq \mathbb{F}$ um conjunto aberto. Seja $\vec{a} \in f^{-1}(\mathbb{A})$ arbitrário. Então $f(\vec{a}) \in \mathbb{A}$. Sendo $\mathbb{A} \subseteq \mathbb{F}$ aberto, existe $\varepsilon > 0$ tal que $\mathbb{B}(f(\vec{a});\varepsilon) \subseteq \mathbb{A}$. Para este ε, existe $\delta > 0$ de modo que $\|\vec{x} - \vec{a}\| < \delta$ implica $\|f(\vec{x}) - f(\vec{a})\| < \varepsilon$. Desta

CAPÍTULO 3 – NOÇÕES BÁSICAS DE TOPOLOGIA   93

forma, tem-se:

$$\vec{x} \in \mathbb{B}(\vec{a};\delta) \Rightarrow \|\vec{x} - \vec{a}\| < \delta \Rightarrow$$

$$\Rightarrow \|f(\vec{x}) - f(\vec{a})\| < \varepsilon \Rightarrow f(\vec{x}) \in \mathbb{B}(f(\vec{a});\varepsilon) \Rightarrow$$

$$\Rightarrow f(\vec{x}) \in \mathbb{A} \Rightarrow \vec{x} \in f^{-1}(\mathbb{A})$$

Segue-se que existe, para todo $\vec{a} \in f^{-1}(\mathbb{A})$, um número positivo δ tal que $\mathbb{B}(\vec{a};\delta) \subseteq f^{-1}(\mathbb{A})$. Logo, $f^{-1}(\mathbb{A})$ é um conjunto aberto. Supondo agora que vale (b), sejam $\vec{a} \in \mathbb{E}$ e $\varepsilon > 0$ arbitrários. A bola aberta $\mathbb{A} = \mathbb{B}(f(\vec{a});\varepsilon) \subseteq \mathbb{F}$ é um conjunto aberto. O conjunto $f^{-1}(\mathbb{A}) \subseteq \mathbb{E}$ é aberto. Tem-se $\vec{a} \in f^{-1}(\mathbb{A})$, porque $f(\vec{a}) \in \mathbb{A}$. O conjunto $f^{-1}(\mathbb{A})$ sendo aberto, existe $\delta > 0$ tal que $\mathbb{B}(\vec{a};\delta) \subseteq f^{-1}(\mathbb{A})$. Deste modo,

$$\|\vec{x} - \vec{a}\| < \delta \Rightarrow \vec{x} \in \mathbb{B}(\vec{a};\delta) \Rightarrow$$

$$\Rightarrow \vec{x} \in f^{-1}(\mathbb{A}) \Rightarrow f(\vec{x}) \in \mathbb{A} \Rightarrow$$

$$\Rightarrow \|f(\vec{x}) - f(\vec{a})\| < \varepsilon$$

Portanto, f é contínua.

(b) $\Leftrightarrow$ (c): Admitindo que vale (b), seja $\mathbb{X} \subseteq \mathbb{F}$ um conjunto fechado. O complementar $\mathbb{F}\backslash\mathbb{X}$ de $\mathbb{X}$ é um conjunto aberto. Logo, $f^{-1}(\mathbb{F}\backslash\mathbb{X}) = \mathbb{E}\backslash f^{-1}(\mathbb{X})$ é um conjunto aberto. Por esta razão, $f^{-1}(\mathbb{X}) \subseteq \mathbb{E}$ é fechado. Reciprocamente: Supondo (c) verdadeira, seja $\mathbb{A} \subseteq \mathbb{F}$ um conjunto aberto. Seu complementar $\mathbb{F}\backslash\mathbb{A}$ é fechado (v. Exercício 58). Logo, $\mathbb{E}\backslash f^{-1}(\mathbb{A}) = f^{-1}(\mathbb{F}\backslash\mathbb{A}) \subseteq \mathbb{E}$ é fechado. Assim sendo, $f^{-1}(\mathbb{A}) \subseteq \mathbb{E}$ é aberto.

Exercício 75 - Sejam $\mathbb{E}$, $\mathbb{F}$ EVN, sendo $\mathbb{E}$ de dimensão finita. Prove: Toda transformação linear $A \in \text{hom}(\mathbb{E};\mathbb{F})$ é contínua.

Solução: Se $\mathbb{E} = \{\vec{o}\}$ então toda transformação linear $A \in \text{hom}(\mathbb{E};\mathbb{F})$ é contínua, porque é a transformação linear nula. Se $\dim \mathbb{E} = n > 0$, então $\mathbb{E}$ possui uma base $\mathbb{B} = \{\vec{u}_1, \ldots, \vec{u}_n\}$. Todo vetor $\vec{x} \in \mathbb{E}$ se escreve (de modo único) na forma $\vec{x} = \sum_{k=1}^{n} x_k \vec{u}_k$, onde os x_k são números reais. Seja $\|.\|_M : \mathbb{E} \to \mathbb{R}$ a norma definida pondo:

94 320 QUESTÕES RESOLVIDAS DE ÁLGEBRA LINEAR

$$\|\vec{x}\|_M = \max\{|x_1|, \ldots, |x_n|\}$$

(v. Exercício 38) para todo $\vec{x} = \sum_{k=1}^{n} x_k \vec{u}_k \in \mathbb{E}$. Tem-se:

$$\|A\vec{x}\| = \left\| A\left(\sum_{k=1}^{n} x_k \vec{u}_k\right) \right\| =$$

$$= \left\| \sum_{k=1}^{n} x_k A\vec{u}_k \right\| \le \sum_{k=1}^{n} \|x_k A\vec{u}_k\| =$$

$$= \sum_{k=1}^{n} |x_k| \|A\vec{u}_k\| \le \|\vec{x}\|_M \sum_{k=1}^{n} \|A\vec{u}_k\|$$

seja qual for $\vec{x} \in \mathbb{E}$. Fazendo $M = 1 + \sum_{k=1}^{n} \|A\vec{u}_k\|$, segue-se que $\|A\vec{x}\| \le M\|\vec{x}\|_M$ para todo $\vec{x} \in \mathbb{E}$. Logo (v. Exercício 20) A é contínua relativamente à norma $\|.\|_M$. Seja agora $\|.\| : \mathbb{E} \to \mathbb{R}$ uma norma qualquer. Como $\mathbb{E}$ é de dimensão finita, as normas $\|.\|$ e $\|.\|_M$ são equivalentes. Assim sendo, $\|.\|$ e $\|.\|_M$ induzem em $\mathbb{E}$ a mesma topologia T. Pela continuidade de A relativamente a $\|.\|_M$, a imagem inversa $A^{-1}(\mathbb{O})$ de todo conjunto aberto $\mathbb{O} \subseteq \mathbb{F}$ é aberto relativamente a $\|.\|_M$, e portanto relativamente a $\|.\|$. Logo, A é contínua relativamente a $\|.\|$.

Exercício 76 - Prove que todo subespaço de um EVN de dimensão finita é fechado.

Solução: Seja $\mathbb{E}$ um EVN de dimensão finita n. Para todo vetor $\vec{x} \in \mathbb{E}$ diferente de $\vec{o}$ existe $\varepsilon = \varepsilon(\vec{x}) > 0$ tal que $\mathbb{B}(\vec{x}; \varepsilon) \subseteq \mathbb{E} \setminus \{\vec{o}\}$ (v. Exercício 10). Segue-se que $\mathbb{E} \setminus \{\vec{o}\}$ é aberto. Portanto, o subespaço $\{\vec{o}\}$ é fechado (v. Exercício 58). O espaço $\mathbb{E}$ é também fechado (v. Exercício 62). Seja agora $\mathbb{V} \subseteq \mathbb{E}$ um subespaço de dimensão m, onde $0 < m < n = \dim\mathbb{E}$. Então $\mathbb{V}$ possui uma base $\mathbb{B}_0 = \{\vec{u}_1, \ldots, \vec{u}_m\}$ com m elementos. Sejam $\mathbb{B} = \{\vec{u}_1, \ldots, \vec{u}_m, \ldots, \vec{u}_n\}$ uma base de $\mathbb{E}$ obtida completando a base $\mathbb{B}_0$ e $A \in \hom(\mathbb{E})$ o operador linear definido pondo:

$$A\vec{u}_k = \begin{cases} \vec{o}, & \text{se} \quad 1 \le k \le m \\ \vec{u}_k, & \text{se} \quad m+1 \le k \le n \end{cases} \tag{3.19}$$

(v. Lima, *Álgebra Linear*, 2001, p. 40-41). Por (3.19) e pela

CAPÍTULO 3 – NOÇÕES BÁSICAS DE TOPOLOGIA   95

linearidade de A, $A\vec{x} = \sum_{k=1}^{n} x_k A\vec{u}_k = \sum_{k=m+1}^{n} x_k \vec{u}_k$, qualquer que seja $\vec{x} = \sum_{k=1}^{n} x_k \vec{u}_k \in \mathbb{E}$. Por isto e pela independência linear do conjunto $\mathbb{B}$, tem-se:

$$
\boxed{
\begin{aligned}
\vec{x} = \sum_{k=1}^{n} x_k \vec{u}_k &\in \ker A \iff \\
\iff A\vec{x} = \sum_{k=m+1}^{n} x_k \vec{u}_k &= \vec{o} \iff \\
\iff x_{m+1} = \cdots = x_n &= 0 \iff \\
\iff \vec{x} = \sum_{k=1}^{m} x_k \vec{u}_k &\iff \vec{x} \in \mathbb{V}
\end{aligned}
}
\tag{3.20}
$$

Resulta de (3.20) que $\ker A = \mathbb{V}$. Sendo $\mathbb{E}$ de dimensão finita, o operador linear A é contínuo (v. Exercício 75). O conjunto $\{\vec{o}\}$ é fechado. Logo, $\ker A = A^{-1}(\{\vec{o}\})$ é fechado (v. Exercício 74). Como $\ker A = \mathbb{V}$, segue-se que $\mathbb{V}$ é fechado.

Exercício 77 - Dado um EVN $\mathbb{E}$, seja $\varphi : \mathbb{E} \to \mathbb{R}$ um funcional linear. Prove que φ é contínuo se, e somente se, seu núcleo $\ker \varphi$ é fechado.

Solução: Seja $\varphi : \mathbb{E} \to \mathbb{R}$ um funcional linear cujo núcleo $\ker \varphi$ é fechado. Se φ é nulo, então φ é evidentemente contínuo. Se, por outro lado, φ não é nulo, então existe $\vec{x} \in \mathbb{E}$ tal que $\varphi(\vec{x})$ é diferente de zero. Fazendo $\vec{x}_0 = \vec{x}/\varphi(\vec{x})$, obtem-se:

$$
\varphi(\vec{x}_0) = \varphi\left(\frac{\vec{x}}{\varphi(\vec{x})} \right) = \frac{\varphi(\vec{x})}{\varphi(\vec{x})} = 1
$$

Como $\varphi(\vec{x}_0) = 1$, $\vec{x}_0 \in \mathbb{E} \setminus \ker \varphi$. Sendo $\ker \varphi$ fechado, seu complementar $\mathbb{E} \setminus \ker \varphi$ é aberto. Por esta razão, existe $\varepsilon > 0$ tal que $\mathbb{B}(\vec{x}_0; \varepsilon) \subseteq \mathbb{E} \setminus \ker \varphi$. Para este ε, tem-se:

$$
\boxed{\mathbb{D}(\vec{x}_0; \varepsilon/2) \subseteq \mathbb{B}(\vec{x}_0; \varepsilon) \subseteq \mathbb{E} \setminus \ker \varphi}
\tag{3.21}
$$

Decorre de (3.21) que $\varphi(\vec{w})$ é diferente de zero, qualquer que seja $\vec{w} \in \mathbb{D}(\vec{x}_0; \varepsilon/2)$. Supondo que existe $\vec{v} \in \mathbb{D}(\vec{o}; \varepsilon/2)$ com $|\varphi(\vec{v})| > 1$, seja $\vec{u} = \vec{v}/\varphi(\vec{v})$. Então:

$$
\boxed{\varphi(\vec{u}) = \varphi(\vec{x}_0) = 1}
\tag{3.22}
$$

Como $\vec{v} \in \mathbb{D}(\vec{o}; \varepsilon/2)$, $\|\vec{v}\| \leq \varepsilon/2$. Desta forma,

96 320 QUESTÕES RESOLVIDAS DE ÁLGEBRA LINEAR

$$\|\vec{u}\| = \left\| \frac{\vec{v}}{\varphi(\vec{v})} \right\| = \frac{\|\vec{v}\|}{|\varphi(\vec{v})|} < \|\vec{v}\| \le \frac{\varepsilon}{2}$$

Assim sendo, $\vec{u}$, e portanto $-\vec{u}$, pertence a $\mathbb{D}(\vec{o}; \varepsilon/2)$. Para todo $\vec{x} \in \mathbb{D}(\vec{o}; \varepsilon/2)$ tem-se $\vec{x} + \vec{x}_0 \in \mathbb{D}(\vec{x}_0; \varepsilon/2)$. Por isto, o vetor $\vec{w} = \vec{x}_0 - \vec{u}$ pertence a $\mathbb{D}(\vec{x}_0; \varepsilon/2)$. Logo, o número $\varphi(\vec{w}) = \varphi(\vec{x}_0 - \vec{u})$ é diferente de zero. Contudo, (3.22) fornece $\varphi(\vec{w}) = \varphi(\vec{x}_0 - \vec{u}) = \varphi(\vec{x}_0) - \varphi(\vec{u}) = 0$. Resulta desta contradição que não existe $\vec{v} \in \mathbb{D}(\vec{o}; \varepsilon/2)$ com $|\varphi(\vec{v})| > 1$. Por consequência, $|\varphi(\vec{x})| \le 1$, seja qual for $\vec{x} \in \mathbb{D}(\vec{o}; \varepsilon/2)$. Decorre daí que:

$$\vec{x} \in \mathbb{S}(\vec{o}; 1) \implies \|\vec{x}\| = 1 \implies$$

$$\implies \left\| \frac{\varepsilon}{2}\vec{x} \right\| = \frac{\varepsilon}{2} \implies \frac{\varepsilon}{2}\vec{x} \in \mathbb{D}(\vec{o}; \varepsilon/2) \implies$$

$$\implies \left| \varphi\left(\frac{\varepsilon}{2}\vec{x} \right) \right| = \frac{\varepsilon}{2} |\varphi(\vec{x})| \le 1 \implies |\varphi(\vec{x})| \le \frac{2}{\varepsilon}$$

Segue-se que $|\varphi(\vec{x})| \le 2/\varepsilon$, seja qual for $\vec{x} \in \mathbb{S}(\vec{o}; 1)$. Portanto, φ é contínuo (v. Exercício 20). Reciprocamente: Se $\varphi : \mathbb{E} \to \mathbb{R}$ é contínuo então seu núcleo $\ker \varphi$ é fechado, pois $\ker \varphi = \varphi^{-1}(\{0\})$ e o conjunto $\{0\}$ é fechado.

Exercício 78 - Sejam $\mathbb{E}$ um EVN e $\varphi : \mathbb{E} \to \mathbb{R}$ um funcional linear. Prove: Se φ é descontínuo então $\varphi(\mathbb{B}(\vec{a}; \varepsilon)) = \mathbb{R}$, quaisquer que sejam $\vec{a} \in \mathbb{E}$ e $\varepsilon > 0$.

Solução: Supondo φ descontínuo, seja $\varepsilon > 0$ arbitrário. A imagem $\varphi(\mathbb{S}(\vec{o}; 1)) \subseteq \mathbb{R}$, da esfera unitária $\mathbb{S}(\vec{o}; 1) \subseteq \mathbb{E}$, não é limitada (v. Exercício 20). Portanto existe, para todo número positivo c, um vetor $\vec{x}_c$ na esfera unitária $\mathbb{S}(\vec{o}; 1) \subseteq \mathbb{E}$ tal que $|\varphi(\vec{x}_c)| > c$. Assim sendo, existe, para cada inteiro positivo n, um vetor $\vec{x}_n \in \mathbb{S}(\vec{o}; 1)$ com $|\varphi(\vec{x}_n)| > 2n/\varepsilon$. Como $\varphi(-\vec{x}_n) = -\varphi(\vec{x}_n)$ e $-\vec{x}_n \in \mathbb{S}(\vec{o}; 1)$, fazendo $\vec{u}_n = \vec{x}_n$ se $\varphi(\vec{x}_n) > 0$ e $\vec{u}_n = -\vec{x}_n$ se $\varphi(\vec{x}_n) < 0$, obtém-se uma sequência de vetores $\vec{u}_n \in \mathbb{S}(\vec{o}; 1)$, $n = 1, 2, \ldots$ de modo que:

$$\boxed{\varphi(\vec{u}_n) > \frac{2n}{\varepsilon}, \quad n = 1, 2, \ldots} \tag{3.23}$$

Seja $\vec{w}_n = (\varepsilon/2)\vec{u}_n$, $n = 1, 2, \ldots$ Uma vez que $\|\vec{u}_n\| = 1$, tem-se $\|\vec{w}_n\| = \varepsilon/2$, donde $\vec{w}_n \in \mathbb{B}(\vec{o}; \varepsilon)$. Como $\varepsilon/2 > 0$, de (3.23)

CAPÍTULO 3 – NOÇÕES BÁSICAS DE TOPOLOGIA   97

obtém-se $\varphi(\vec{w}_n) = (\varepsilon/2)\varphi(\vec{u}_n) > (\varepsilon/2)(2n/\varepsilon) = n$, $n = 1,2,\ldots$ Desta forma, obtém-se uma sequência de vetores $\vec{w}_n \in \mathbb{B}(\vec{o};\varepsilon)$, $n = 1,2,\ldots$, tais que:

$$\boxed{\varphi(\vec{w}_n) > n, \quad n = 1,2,\ldots}$$ (3.24)

Seja agora:

$$\mathbb{X}_n = \{\lambda\vec{w}_n : -1 \le \lambda \le 1\}, \quad n = 1,2,\ldots$$

Tem-se $\varphi(\lambda\vec{w}_n) = \lambda\varphi(\vec{w}_n)$ para todo $\lambda \in [-1,1]$, porque φ é linear. Por esta razão,

$$\varphi(\mathbb{X}_n) = \{\lambda\varphi(\vec{w}_n) : -1 \le \lambda \le 1\} =$$

$$= [-\varphi(\vec{w}_n), \varphi(\vec{w}_n)], \quad n = 1,2,\ldots$$

Assim sendo, as condições (3.24) levam a:

$$\boxed{[-n, n] \subseteq [-\varphi(\vec{w}_n), \varphi(\vec{w}_n)] = \varphi(\mathbb{X}_n)}$$ (3.25)

valendo (3.25) para cada $n = 1,2,\ldots$ Uma vez que $\vec{w}_n \in \mathbb{B}(\vec{o};\varepsilon)$, o vetor $\lambda\vec{w}_n$ pertence a $\mathbb{B}(\vec{o};\varepsilon)$ para todo $\lambda \in [-1,1]$ e para cada $n = 1,2,\ldots$ Logo, $\mathbb{X}_n \subseteq \mathbb{B}(\vec{o};\varepsilon)$, donde $\varphi(\mathbb{X}_n) \subseteq \varphi(\mathbb{B}(\vec{o};\varepsilon))$, para cada $n = 1,2,\ldots$ Daí e de (3.25) decorre:

$$\boxed{[-n, n] \subseteq \varphi(\mathbb{B}(\vec{o};\varepsilon)), \quad n = 1,2,\ldots}$$ (3.26)

De (3.26) resulta $\mathbb{R} = \bigcup_{n=1}^{\infty}[-n, n] \subseteq \varphi(\mathbb{B}(\vec{o};\varepsilon))$. Como $\varphi(\mathbb{B}(\vec{o};\varepsilon)) \subseteq \mathbb{R}$, segue-se:

$$\boxed{\varphi(\mathbb{B}(\vec{o};\varepsilon)) = \mathbb{R}}$$ (3.27)

Dado $\vec{a} \in \mathbb{E}$, seja α um número real qualquer. Por (3.27), existe um vetor $\vec{x} \in \mathbb{B}(\vec{o};\varepsilon)$ tal que $\varphi(\vec{x}) = \alpha - \varphi(\vec{a})$. Para este $\vec{x}$, o vetor $\vec{a} + \vec{x}$ pertence à bola aberta $\mathbb{B}(\vec{a};\varepsilon)$, e se tem $\varphi(\vec{a} + \vec{x}) = \varphi(\vec{a}) + \varphi(\vec{x}) = \alpha$. Segue-se que todo número real α é valor assumido por φ em algum ponto da bola aberta $\mathbb{B}(\vec{a};\varepsilon)$. Portanto, $\varphi(\mathbb{B}(\vec{a};\varepsilon)) = \mathbb{R}$.

Um subconjunto $\mathbb{X}$ de um EVN $\mathbb{E}$ diz-se *denso* quando $\mathrm{Cl}\mathbb{X} = \mathbb{E}$. Noutros termos, quando a interseção $\mathbb{X} \cap \mathbb{B}(\vec{a};\varepsilon)$ é não-vazia, sejam quais forem $\vec{a} \in \mathbb{E}$ e $\varepsilon > 0$.

Exercício 79 - Sejam $\mathbb{E}$ um EVN e $\varphi : \mathbb{E} \to \mathbb{R}$ um funcional

98 320 QUESTÕES RESOLVIDAS DE ÁLGEBRA LINEAR

linear não-nulo. Prove que φ é descontínuo se, e somente se, seu núcleo $\ker\varphi$ é denso. Portanto, todo EVN de dimensão infinita contém subespaços próprios densos.

Solução:

Sejam $\vec{a} \in \mathbb{E}$ e $\varepsilon > 0$ arbitrários. Se φ é descontínuo, então $\varphi(\mathbb{B}(\vec{a};\varepsilon)) = \mathbb{R}$ (v. Exercício 78). Assim sendo, todo número real α é o valor $\varphi(\vec{x})$ assumido por φ em algum vetor $\vec{x} \in \mathbb{B}(\vec{a};\varepsilon)$. Em particular, tem-se $\varphi(\vec{v}) = 0$ para algum $\vec{v} \in \mathbb{B}(\vec{a};\varepsilon)$. Este $\vec{v}$ pertence ao núcleo $\ker\varphi$ de φ porque $\varphi(\vec{v}) = 0$, e também à bola aberta $\mathbb{B}(\vec{a};\varepsilon)$. Logo, $\vec{v}$ pertence à interseção $\mathbb{B}(\vec{a};\varepsilon) \cap \ker\varphi$. Conclui-se daí que a interseção $\mathbb{B}(\vec{a};\varepsilon) \cap \ker\varphi$ é não-vazia, sejam quais forem $\vec{a} \in \mathbb{E}$ e $\varepsilon > 0$. Desta forma, $\ker\varphi$ é denso em $\mathbb{E}$. Reciprocamente: Como φ é não-nulo, seu núcleo $\ker\varphi$ é um subespaço próprio de $\mathbb{E}$. Portanto, se $\ker\varphi$ é denso então não é fechado, pois caso contrário seria $\ker\varphi = \mathrm{Cl}(\ker\varphi) = \mathbb{E}$. Segue-se (v. Exercício 77) que φ é descontínuo.

Se $\mathbb{E}$ é um espaço de dimensão infinita então existe um funcional linear descontínuo $\varphi \in \mathbb{E}^*$ (v. Exercício 21). Este funcional linear é não-nulo, pois o funcional nulo $O : \mathbb{E} \to \mathbb{R}$ ($O(\vec{x}) = 0$ para todo $\vec{x} \in \mathbb{E}$) é contínuo. Logo, seu núcleo $\ker\varphi$ é um subespaço próprio de $\mathbb{E}$. Sendo φ descontínuo, $\ker\varphi$ é denso.

Exercício 80 - Seja $\mathbb{E}$ o espaço produto dos EVN $\mathbb{E}_1, \ldots, \mathbb{E}_n$. Seja $\|.\| : \mathbb{E} \to \mathbb{R}$ a norma produto, definida por:

$$\|\vec{x}\| = \max\{\|\vec{x}_1\|_1, \ldots, \|\vec{x}_n\|_n\}$$

onde $\vec{x} = (\vec{x}_1, \ldots, \vec{x}_n)$ e $\|.\|_k : \mathbb{E}_k \to \mathbb{R}$, $k = 1,\ldots,n$, é uma norma. Seja $\|.\|_0 : \mathbb{E} \to \mathbb{R}$ uma norma. Dados $\vec{a} = (\vec{a}_1, \ldots, \vec{a}_n)$ e $\varepsilon > 0$, seja, para cada $k = 1,\ldots,n$, $\mathbb{B}_k(\vec{a}_k;\varepsilon) \subseteq \mathbb{E}_k$ a bola aberta de centro $\vec{a}_k \in \mathbb{E}_k$ e raio ε.

(a) Prove que a bola aberta $\mathbb{B}(\vec{a};\varepsilon)$ relativamente a $\|.\|$ é o produto cartesiano $\prod_{k=1}^{n} \mathbb{B}_k(\vec{a}_k;\varepsilon)$ das bolas abertas $\mathbb{B}_k(\vec{a}_k;\varepsilon)$, $k = 1,\ldots,n$.

(b) Conclua do item (a) que se as projeções $P_k : \mathbb{E} \to \mathbb{E}_k$, $k = 1,\ldots,n$, são contínuas relativamente a $\|.\|_0$ então $\|.\|_0$ é mais fina do que $\|.\|$. Noutros termos: A norma produto $\|.\|$ é a

CAPÍTULO 3 – NOÇÕES BÁSICAS DE TOPOLOGIA   99

menos fina relativamente à qual as projeções P_k, $k = 1,...,n$, são conínuas.

Solução:

(a): Sejam $\vec{a} = (\vec{a}_1, ..., \vec{a}_n) \in \mathbb{E}$ e $\varepsilon > 0$ arbitrários. Seja, para cada $k = 1,...,n$, $\mathbb{B}_k(\vec{a}_k; \varepsilon) \subseteq \mathbb{E}_k$ a bola aberta de centro $\vec{a}_k \in \mathbb{E}_k$ e raio ε. Seja $\vec{x} = (\vec{x}_1, ..., \vec{x}_n) \in \mathbb{E}$. Como $\|\vec{x} - \vec{a}\| = \max\{\|\vec{x}_1 - \vec{a}_1\|_1, ..., \|\vec{x}_n - \vec{a}_n\|_n\}$, segue-se:

$$\vec{x} \in \mathbb{B}(\vec{a}; \varepsilon) \Leftrightarrow \|\vec{x} - \vec{a}\| < \varepsilon \Leftrightarrow$$

$$\Leftrightarrow \|\vec{x}_k - \vec{a}_k\|_k < \varepsilon, \quad k = 1, ..., n \Leftrightarrow$$

$$\Leftrightarrow \vec{x}_k \in \mathbb{B}_k(\vec{a}_k, \varepsilon), \quad k = 1, ..., n \Leftrightarrow$$

$$\Leftrightarrow \vec{x} \in \prod_{k=1}^{n} \mathbb{B}_k(\vec{a}_k; \varepsilon)$$

Por consequência, a bola aberta $\mathbb{B}(\vec{a}; \varepsilon)$ é o produto cartesiano $\prod_{k=1}^{n} \mathbb{B}_k(\vec{a}_k; \varepsilon)$ das bolas abertas $\mathbb{B}_k(\vec{a}_k; \varepsilon) \subseteq \mathbb{E}_k$.

(b): Seja, para cada $k = 1,...,n$, $\mathbb{X}_k \subseteq \mathbb{E}_k$. Tem-se:

$$\vec{x} = (\vec{x}_1, ..., \vec{x}_n) \in \prod_{k=1}^{n} \mathbb{X}_k \Leftrightarrow$$

$$\Leftrightarrow \vec{x}_k \in \mathbb{X}_k, \quad k = 1, ..., n \Leftrightarrow$$

$$\Leftrightarrow P_k(\vec{x}) = \vec{x}_k \in \mathbb{X}_k, \quad k = 1, ..., n \Leftrightarrow$$

$$\Leftrightarrow \vec{x} \in P_k^{-1}(\mathbb{X}_k), \quad k = 1, ..., n \Leftrightarrow$$

$$\Leftrightarrow \vec{x} \in \bigcap_{k=1}^{n} P_k^{-1}(\mathbb{X}_k)$$

Portanto, $\prod_{k=1}^{n} \mathbb{X}_k = \bigcap_{k=1}^{n} P_k^{-1}(\mathbb{X}_k)$. Seja agora $\|.\|_0 : \mathbb{E} \to \mathbb{R}$ uma norma relativamente à qual as projeções $P_k : \mathbb{E} \to \mathbb{E}_k$, $k = 1,...,n$, são contínuas. Sejam $\vec{a} \in \mathbb{E}$ e $\varepsilon > 0$ arbitrários. Para cada $k = 1,...,n$, a bola aberta $\mathbb{B}_k(\vec{a}_k; \varepsilon)$ é um subconjunto aberto de $\mathbb{E}_k$. Como as projeções $P_k : \mathbb{E} \to \mathbb{E}_k$, $k = 1,...,n$, são contínuas relativamente a $\|.\|_0$, a imagem inversa $P_k^{-1}(\mathbb{B}_k(\vec{a}_k; \varepsilon))$ é, para cada $k = 1,...,n$, um subconjunto aberto de $\mathbb{E}$ relativamente a $\|.\|_0$ (v. Exercício 74). Em virtude de ser:

100   320 QUESTÕES RESOLVIDAS DE ÁLGEBRA LINEAR

$$\mathbb{B}(\vec{a};\varepsilon) = \prod_{k=1}^{n} \mathbb{B}_k(\vec{a}_k;\varepsilon) = \bigcap_{k=1}^{n} P_k^{-1}(\mathbb{B}_k(\vec{a}_k;\varepsilon))$$

a bola aberta $\mathbb{B}(\vec{a};\varepsilon)$, relativamente à norma produto, é um conjunto aberto relativamente à norma $\|.\|_0$. Seja, para cada $r > 0$, $\mathbb{B}_0(\vec{a};r)$ a bola aberta de centro $\vec{a}$ e raio r relativamente a $\|.\|_0$. Como $\vec{a} \in \mathbb{B}(\vec{a};\varepsilon)$ e $\mathbb{B}(\vec{a};\varepsilon)$ é aberta relativamente a $\|.\|_0$, existe $\delta > 0$ tal que $\mathbb{B}_0(\vec{a};\delta) \subseteq \mathbb{B}(\vec{a};\varepsilon)$. Segue-se que toda bola aberta de raio positivo relativamente a $\|.\|$ contém uma bola aberta de mesmo centro e raio positivo relativamente a $\|.\|_0$. Logo (v. Exercício 19) $\|.\|_0$ é mais fina do que $\|.\|$.

Capítulo 4

Espaços euclidianos

Seja $\mathbb{E}$ um espaço vetorial. Um *produto interno*, ou *produto escalar* em $\mathbb{E}$ é uma função $\langle\,.\,,\,.\,\rangle : \mathbb{E} \times \mathbb{E} \to \mathbb{R}$ com as seguintes propriedades:

PI1 – *Linearidade na primeira variável*: $\langle \alpha_1\vec{x}_1 + \alpha_2\vec{x}_2, \vec{y}\rangle = \alpha_1\langle\vec{x}_1, \vec{y}\rangle + \alpha_2\langle\vec{x}_2, \vec{y}\rangle$.

PI2 – *Simetria*: $\langle\vec{y}, \vec{x}\rangle = \langle\vec{x}, \vec{y}\rangle$

PI3 – *Positividade*: $\langle\vec{x}, \vec{x}\rangle > 0$ para todo vetor $\vec{x} \in \mathbb{E}$ diferente de $\vec{o}$.

Um *espaço euclidiano* é (v. Prugovečki, *Quantum Mechanics in Hilbert Space*, 2006, p. 18 e Taylor, *Introduction to Functional Analysis*, 1958, p. 119) um espaço vetorial real, dotado de produto interno.

Exercício 81 - Sejam $\langle\,.\,,\,.\,\rangle : \mathbb{E} \times \mathbb{E} \to \mathbb{R}$ um produto interno em um espaço vetorial $\mathbb{E}$, e $\|.\,\| : \mathbb{E} \to \mathbb{R}$ definida pondo:

$$\|\vec{x}\| = \sqrt{\langle\vec{x}, \vec{x}\rangle}$$

para todo $\vec{x} \in \mathbb{E}$. Prove as seguintes propriedades:

(a) $\langle\vec{o}, \vec{x}\rangle = \langle\vec{x}, \vec{o}\rangle = 0$ para todo $\vec{x} \in \mathbb{E}$.

(b) $\langle\vec{x}, \beta_1\vec{y}_1 + \beta_2\vec{y}_2\rangle = \beta_1\langle\vec{x}, \vec{y}_1\rangle + \beta_2\langle\vec{x}, \vec{y}_2\rangle$.

(c) Se $\langle\vec{u}, \vec{x}\rangle = 0$ para todo $\vec{x} \in \mathbb{E}$ então $\vec{u} = \vec{o}$

(d) Se $\langle\vec{u}, \vec{x}\rangle = \langle\vec{v}, \vec{x}\rangle$ para todo $\vec{x} \in \mathbb{E}$ então $\vec{u} = \vec{v}$.

(e) $\|\vec{x} + \vec{y}\|^2 = \|\vec{x}\|^2 + 2\langle\vec{x}, \vec{y}\rangle + \|\vec{y}\|^2$ e $\|\vec{x} - \vec{y}\|^2 = \|\vec{x}\|^2 - 2\langle\vec{x}, \vec{y}\rangle + \|\vec{y}\|^2$

(f) $\langle\vec{x} + \vec{y}, \vec{x} - \vec{y}\rangle = \|\vec{x}\|^2 - \|\vec{y}\|^2$.

(g) $\langle\vec{x}, \vec{y}\rangle = (1/4)(\|\vec{x} + \vec{y}\|^2 - \|\vec{x} - \vec{y}\|^2)$.

Solução:

(a): Como $\vec{o} = \vec{x} - \vec{x}$, a propriedade PI1 acima fornece $\langle\vec{o}, \vec{x}\rangle$

$= \langle \vec{x} - \vec{x}, \vec{x} \rangle = \langle \vec{x}, \vec{x} \rangle - \langle \vec{x}, \vec{x} \rangle = 0$. Pela propriedade PI2, $\langle \vec{x}, \vec{o} \rangle = \langle \vec{o}, \vec{x} \rangle$. Logo, $\langle \vec{x}, \vec{o} \rangle = 0$.

(b): Em vista das propriedades PI1 e PI2, tem-se:

$$\langle \vec{x}, \beta_1 \vec{y}_1 + \beta_2 \vec{y}_2 \rangle = \langle \beta_1 \vec{y}_1 + \beta_2 \vec{y}_2, \vec{x} \rangle =$$

$$= \beta_1 \langle \vec{y}_1, \vec{x} \rangle + \beta_2 \langle \vec{y}_2, \vec{x} \rangle = \beta_1 \langle \vec{x}, \vec{y}_1 \rangle + \beta_2 \langle \vec{x}, \vec{y}_2 \rangle$$

(c): Se $\langle \vec{u}, \vec{x} \rangle = 0$ para todo $\vec{x} \in \mathbb{E}$ então, em particular, $\langle \vec{u}, \vec{u} \rangle = 0$. Pela propriedade PI3, não se pode ter $\vec{u}$ diferente de $\vec{o}$. Portanto, $\vec{u} = \vec{o}$.

(d): Se $\langle \vec{u}, \vec{x} \rangle = \langle \vec{v}, \vec{x} \rangle$ para todo $\vec{x} \in \mathbb{E}$ então $\langle \vec{u} - \vec{v}, \vec{x} \rangle = \langle \vec{u}, \vec{x} \rangle - \langle \vec{v}, \vec{x} \rangle = 0$, seja qual for $\vec{x} \in \mathbb{E}$. Pela propriedade (c) já demonstrada, $\vec{u} - \vec{v} = \vec{o}$, donde $\vec{u} = \vec{v}$.

(e): Resulta de PI1, PI2 e da propriedade (b) que se tem:

$$\| \vec{x} + \vec{y} \|^2 = \langle \vec{x} + \vec{y}, \vec{x} + \vec{y} \rangle =$$

$$= \langle \vec{x}, \vec{x} + \vec{y} \rangle + \langle \vec{y}, \vec{x} + \vec{y} \rangle =$$

$$= \langle \vec{x}, \vec{x} \rangle + \langle \vec{x}, \vec{y} \rangle + \langle \vec{y}, \vec{x} \rangle + \langle \vec{y}, \vec{y} \rangle =$$

$$= \langle \vec{x}, \vec{x} \rangle + \langle \vec{x}, \vec{y} \rangle + \langle \vec{x}, \vec{y} \rangle + \langle \vec{y}, \vec{y} \rangle =$$

$$= \langle \vec{x}, \vec{x} \rangle + 2\langle \vec{x}, \vec{y} \rangle + \langle \vec{y}, \vec{y} \rangle =$$

$$= \| \vec{x} \|^2 + 2\langle \vec{x}, \vec{y} \rangle + \| \vec{y} \|^2$$

e também:

$$\| \vec{x} - \vec{y} \|^2 = \langle \vec{x} - \vec{y}, \vec{x} - \vec{y} \rangle =$$

$$= \langle \vec{x}, \vec{x} - \vec{y} \rangle - \langle \vec{y}, \vec{x} - \vec{y} \rangle =$$

$$= \langle \vec{x}, \vec{x} \rangle - \langle \vec{x}, \vec{y} \rangle - \langle \vec{y}, \vec{x} \rangle + \langle \vec{y}, \vec{y} \rangle =$$

$$= \langle \vec{x}, \vec{x} \rangle - \langle \vec{x}, \vec{y} \rangle - \langle \vec{x}, \vec{y} \rangle + \langle \vec{y}, \vec{y} \rangle =$$

$$= \langle \vec{x}, \vec{x} \rangle - 2\langle \vec{x}, \vec{y} \rangle + \langle \vec{y}, \vec{y} \rangle =$$

$$= \| \vec{x} \|^2 - 2\langle \vec{x}, \vec{y} \rangle + \| \vec{y} \|^2$$

Isto prova a propriedade (e).

(f): Das propriedades do produto interno e de (b) resulta:

CAPÍTULO 4 – ESPAÇOS EUCLIDIANOS   103

$$\langle \vec{x} + \vec{y}, \vec{x} - \vec{y} \rangle = \langle \vec{x}, \vec{x} - \vec{y} \rangle + \langle \vec{y}, \vec{x} - \vec{y} \rangle =$$

$$= \langle \vec{x}, \vec{x} \rangle - \langle \vec{x}, \vec{y} \rangle + \langle \vec{y}, \vec{x} \rangle - \langle \vec{y}, \vec{y} \rangle =$$

$$= \langle \vec{x}, \vec{x} \rangle - \langle \vec{x}, \vec{y} \rangle + \langle \vec{x}, \vec{y} \rangle - \langle \vec{y}, \vec{y} \rangle =$$

$$= \langle \vec{x}, \vec{x} \rangle - \langle \vec{y}, \vec{y} \rangle = \| \vec{x} \|^2 - \| \vec{y} \|^2$$

o que demonstra a propriedade (f).

(g): Subtraindo membro a membro as igualdades $\| \vec{x} + \vec{y} \|^2 = \| \vec{x} \|^2 + 2\langle \vec{x}, \vec{y} \rangle + \| \vec{y} \|^2$ e $\| \vec{x} - \vec{y} \|^2 = \| \vec{x} \|^2 - 2\langle \vec{x}, \vec{y} \rangle + \| \vec{y} \|^2$, obtém-se:

$$4\langle \vec{x}, \vec{y} \rangle = \| \vec{x} + \vec{y} \|^2 - \| \vec{x} - \vec{y} \|^2$$

e a propriedade (g) segue.

Exercício 82 - *Desigualdade de Cauchy-Schwarz*: Sejam $\langle \, . \, , . \, \rangle$ um produto interno num espaço vetorial $\mathbb{E}$, e $\| . \| : \mathbb{E} \to \mathbb{R}$ como no Exercício 81. Prove: Para quaisquer $\vec{x}, \vec{y} \in \mathbb{E}$ tem-se $|\langle \vec{x}, \vec{y} \rangle| \leq \| \vec{x} \| \| \vec{y} \|$, valendo a igualdade se, e somente se, um dos vetores $\vec{x}, \vec{y}$ for múltiplo do outro.

Solução:

Sejam $\vec{x}, \vec{y} \in \mathbb{E}$ e $\alpha, \beta \in \mathbb{R}$ arbitrários. Tem-se:

$$\boxed{\begin{aligned} 0 &\leq \langle \alpha\vec{x} + \beta\vec{y}, \alpha\vec{x} + \beta\vec{y} \rangle = \\ &= \alpha^2 \| \vec{x} \|^2 + 2\alpha\beta\langle \vec{x}, \vec{y} \rangle + \beta^2 \| \vec{y} \|^2 \end{aligned}} \qquad (4.1)$$

Fazendo $\alpha = \langle \vec{y}, \vec{y} \rangle = \| \vec{y} \|^2$ e $\beta = -\langle \vec{x}, \vec{y} \rangle$ em (4.1), obtém-se:

$$\boxed{\begin{aligned} &\langle \| \vec{y} \|^2 \vec{x} - \langle \vec{x}, \vec{y} \rangle \vec{y}, \| \vec{y} \|^2 \vec{x} - \langle \vec{x}, \vec{y} \rangle \vec{y} \rangle = \\ &= \| \vec{x} \|^2 \| \vec{y} \|^4 - 2\| \vec{y} \|^2 \langle \vec{x}, \vec{y} \rangle^2 + \| \vec{y} \|^2 \langle \vec{x}, \vec{y} \rangle^2 = \\ &= \| \vec{x} \|^2 \| \vec{y} \|^4 - \| \vec{y} \|^2 \langle \vec{x}, \vec{y} \rangle^2 = \\ &= \| \vec{y} \|^2 [\| \vec{x} \|^2 \| \vec{y} \|^2 - \langle \vec{x}, \vec{y} \rangle^2] \geq 0 \end{aligned}} \qquad (4.2)$$

O número $\| \vec{y} \|^2 = \langle \vec{y}, \vec{y} \rangle$ sendo não-negativo, (4.2) fornece $\| \vec{x} \|^2 \| \vec{y} \|^2 - \langle \vec{x}, \vec{y} \rangle^2 \geq 0$, e portanto $\langle \vec{x}, \vec{y} \rangle^2 \leq \| \vec{x} \|^2 \| \vec{y} \|^2$. Por consequência, $|\langle \vec{x}, \vec{y} \rangle| \leq \| \vec{x} \| \| \vec{y} \|$.

104   320 QUESTÕES RESOLVIDAS DE ÁLGEBRA LINEAR

Se vale a igualdade $|\langle \vec{x}, \vec{y} \rangle| = \|\vec{x}\| \|\vec{y}\|$, então $\|\vec{x}\|^2 \|\vec{y}\|^2 = \langle \vec{x}, \vec{y} \rangle^2$. Assim sendo, de (4.2) tira-se:

$$\boxed{\begin{aligned} \langle \|\vec{y}\|^2 \vec{x} - \langle \vec{x}, \vec{y} \rangle \vec{y}, \|\vec{y}\|^2 \vec{x} - \langle \vec{x}, \vec{y} \rangle \vec{y} \rangle &= \\ = \|\vec{y}\|^2 [\|\vec{x}\|^2 \|\vec{y}\|^2 - \langle \vec{x}, \vec{y} \rangle^2] &= 0 \end{aligned}} \qquad (4.3)$$

De (4.3) e da propriedade PI3 do produto interno definido em $\mathbb{E}$ resulta:

$$\boxed{\|\vec{y}\|^2 \vec{x} - \langle \vec{x}, \vec{y} \rangle \vec{y} = 0} \qquad (4.4)$$

Se $\vec{y} = \vec{o}$ então $\vec{y} = \vec{o} = 0 . \vec{x}$, logo $\vec{y}$ é múltiplo de $\vec{x}$. Se, por outro lado, $\vec{y}$ é diferente de $\vec{o}$, então $\|\vec{y}\|^2 = \langle \vec{y}, \vec{y} \rangle$ é um número positivo, e a equação (4.4) dá:

$$\vec{x} = \frac{\langle \vec{x}, \vec{y} \rangle}{\|\vec{y}\|^2} \vec{y}$$

Portanto, $\vec{x}$ é múltiplo de $\vec{y}$. Reciprocamente:

$$\vec{y} = \lambda \vec{x} \Rightarrow$$

$$\Rightarrow \|\vec{y}\|^2 = \langle \vec{y}, \vec{y} \rangle = \langle \lambda \vec{x}, \lambda \vec{x} \rangle = \lambda^2 \langle \vec{x}, \vec{x} \rangle = \lambda^2 \|\vec{x}\|^2 \Rightarrow$$

$$\Rightarrow \|\vec{x}\| \|\vec{y}\| = \sqrt{\langle \vec{x}, \vec{x} \rangle \langle \vec{y}, \vec{y} \rangle} = \sqrt{\lambda^2 \langle \vec{x}, \vec{x} \rangle^2} = |\lambda| \langle \vec{x}, \vec{x} \rangle \Rightarrow$$

$$\Rightarrow \|\vec{x}\| \|\vec{y}\| = \sqrt{\langle \vec{x}, \vec{x} \rangle \langle \vec{y}, \vec{y} \rangle} = |\langle \vec{x}, \lambda \vec{x} \rangle| = |\langle \vec{x}, \vec{y} \rangle|$$

De modo análogo,

$$\vec{x} = \lambda \vec{y} \Rightarrow \langle \vec{x}, \vec{x} \rangle = \langle \lambda \vec{y}, \lambda \vec{y} \rangle = \lambda^2 \langle \vec{y}, \vec{y} \rangle \Rightarrow$$

$$\Rightarrow \|\vec{x}\| \|\vec{y}\| = \sqrt{\langle \vec{x}, \vec{x} \rangle \langle \vec{y}, \vec{y} \rangle} = \sqrt{\lambda^2 \langle \vec{y}, \vec{y} \rangle} = |\lambda| \langle \vec{y}, \vec{y} \rangle \Rightarrow$$

$$\Rightarrow \|\vec{x}\| \|\vec{y}\| = \sqrt{\langle \vec{x}, \vec{x} \rangle \langle \vec{y}, \vec{y} \rangle} = |\langle \lambda \vec{y}, \vec{y} \rangle| = |\langle \vec{x}, \vec{y} \rangle|$$

Segue-se que vale a igualdade $|\langle \vec{x}, \vec{y} \rangle| = \|\vec{x}\| \|\vec{y}\|$ se, e somente se, um dos vetores $\vec{x}$, $\vec{y}$ for múltiplo do outro.

Exercício 83 - Seja $\mathbb{E}$ um espaço produto interno. Prove que a função $\|.\| : \mathbb{E} \to \mathbb{R}$ definida no Exercício 81 é uma norma.

CAPÍTULO 4 – ESPAÇOS EUCLIDIANOS   105

Solução: Sejam $\vec{x}, \vec{y} \in \mathbb{E}$ arbitrários. Da desigualdade de Cauchy-Schwarz e da definição de $\|.\|$ decorre $\langle \vec{x}, \vec{y} \rangle \leq |\langle \vec{x}, \vec{y} \rangle| \leq \|\vec{x}\| \|\vec{y}\|$. Deste modo, tem-se:

$$\|\vec{x} + \vec{y}\|^2 = \langle \vec{x} + \vec{y}, \vec{x} + \vec{y} \rangle =$$

$$= \langle \vec{x}, \vec{x} \rangle + 2\langle \vec{x}, \vec{y} \rangle + \langle \vec{y}, \vec{y} \rangle =$$

$$= \|\vec{x}\|^2 + 2\langle \vec{x}, \vec{y} \rangle + \|\vec{y}\|^2 \leq$$

$$\leq \|\vec{x}\|^2 + 2\|\vec{x}\| \|\vec{y}\| + \|\vec{y}\|^2 =$$

$$= (\|\vec{x}\| + \|\vec{y}\|)^2$$

Como $\|\vec{x} + \vec{y}\|$ é um número não-negativo, segue-se que $\|\vec{x} + \vec{y}\| \leq \|\vec{x}\| + \|\vec{y}\|$. Tem-se também:

$$\|\lambda \vec{x}\| = \sqrt{\langle \lambda \vec{x}, \lambda \vec{x} \rangle} = \sqrt{\lambda^2 \langle \vec{x}, \vec{x} \rangle} =$$

$$= |\lambda| \sqrt{\langle \vec{x}, \vec{x} \rangle} = |\lambda| \|\vec{x}\|$$

sejam quais forem $\lambda \in \mathbb{R}$ e $\vec{x} \in \mathbb{E}$. Pela definição de $\|.\|$ e pelas propriedades do produto interno definido em $\mathbb{E}$, $\|\vec{x}\| > 0$ para todo $\vec{x} \in \mathbb{E}$ não-nulo. Portanto, a função $\|.\|$ definida acima é uma norma.

De agora em diante os espaços euclidianos serão dotados, a menos de aviso em contrário, da norma definida no Exercício 83. Portanto, se $\mathbb{E}$ é um espaço euclidiano então $\|\vec{x}\| = \sqrt{\langle \vec{x}, \vec{x} \rangle}$, seja qual for $\vec{x} \in \mathbb{E}$.

Seja $\mathbb{E}$ um espaço vetorial. Diz-se que uma norma $\|.\| : \mathbb{E} \to \mathbb{R}$ *provém de um produto interno* quando existe um produto interno $\langle ., . \rangle$ em $\mathbb{E}$ de modo que $\|\vec{x}\| = \sqrt{\langle \vec{x}, \vec{x} \rangle}$ para todo $\vec{x} \in \mathbb{E}$.

Exercício 84 - Seja $\|.\| : \mathbb{E} \to \mathbb{R}$ uma norma definida num espaço vetorial $\mathbb{E}$. Prove: Se $\|.\|$ provém de um produto interno, então vale a *identidade do paralelogramo*:

$$\|\vec{x} + \vec{y}\|^2 + \|\vec{x} - \vec{y}\|^2 = 2(\|\vec{x}\|^2 + \|\vec{y}\|^2)$$

106   320 QUESTÕES RESOLVIDAS DE ÁLGEBRA LINEAR

sejam quais forem $\vec{x}, \vec{y} \in \mathbb{E}$.

Solução: Se $\| . \|$ é proveniente de um produto interno então é possível definir um produto interno $\langle . , . \rangle : \mathbb{E} \times \mathbb{E} \to \mathbb{R}$ de modo que $\|\vec{x}\| = \sqrt{\langle \vec{x}, \vec{x} \rangle}$. Assim sendo, valem as seguintes igualdades:

$$\|\vec{x} + \vec{y}\|^2 = \|\vec{x}\|^2 + 2\langle \vec{x}, \vec{y} \rangle + \|\vec{y}\|^2,$$

$$\|\vec{x} - \vec{y}\|^2 = \|\vec{x}\|^2 - 2\langle \vec{x}, \vec{y} \rangle^2 + \|\vec{y}\|^2$$

quaisquer que sejam $\vec{x}, \vec{y} \in \mathbb{E}$. Somando membro a membro as igualdades acima, obtém-se:

$$\|\vec{x} + \vec{y}\|^2 + \|\vec{x} - \vec{y}\|^2 = 2(\|\vec{x}\|^2 + \|\vec{y}\|^2)$$

valendo esta iguadtade para todo $\vec{x}$ e para todo $\vec{y} \in \mathbb{E}$.

Exercício 85 - Dados $n \geq 2$ e $p \geq 1$, seja $\| . \|_p : \mathbb{R}^n \to \mathbb{R}$ a norma definida pondo:

$$\|\vec{x}\|_p = \left(\sum_{k=1}^n |x_k|^p \right)^{1/p}$$

para todo $\vec{x} = (x_1, \dots, x_n) \in \mathbb{R}^n$ (v. Exercício 22). Prove: Se p é diferente de 2 então $\| . \|_p$ não provém de um produto interno.

Solução: Sejam $\vec{e}_1, \dots, \vec{e}_n$ os vetores da base canônica de $\mathbb{R}^n$. O vetor $\vec{e}_k$, $k = 1, \dots, n$, tem a k-ésima coordenada igual a um, enquanto que as demais são nulas. Por esta razão,

$$\boxed{\|\vec{e}_k\|_p = 1, \quad k = 1, \dots, n} \tag{4.5}$$

Uma vez que:

$$\vec{e}_1 + \vec{e}_2 = (1, 1, 0, \dots, 0),$$

$$\vec{e}_1 - \vec{e}_2 = (1, -1, 0, \dots, 0)$$

valem as seguintes igualdades:

$$\boxed{\|\vec{e}_1 + \vec{e}_2\|_p = \|\vec{e}_1 - \vec{e}_2\|_p = 2^{1/p}} \tag{4.6}$$

Decorre de (4.5) e (4.6) que se tem:

CAPÍTULO 4 – ESPAÇOS EUCLIDIANOS   107

$$\| \vec{e}_1 + \vec{e}_2 \|_p^2 + \| \vec{e}_1 - \vec{e}_2 \|_p^2 = 2 . 2^{2/p} = 2^{1+(2/p)}$$

enquanto que:

$$2(\| \vec{e}_1 \|_p^2 + \| \vec{e}_2 \|_p^2) = 4 = 2^2.$$

Se $\| . \|_p$ provém de um produto interno, então a identidade do paralelogramo (v. Exercício 84) é válida para os vetores $\vec{e}_1$ e $\vec{e}_2$. Portanto, $2^2 = 2^{1+(2/p)}$. Decorre daí que:

$$\boxed{2 = 1 + \frac{2}{p}}$$
(4.7)

De (4.7) obtém-se $p = 2$. Por consequência, se p é diferente de 2 então $\| . \|_p$ não provém de um produto interno.

Exercício 86 - Dado $n \geq 2$, seja $\| . \|_M : \mathbb{R}^n \to \mathbb{R}$ a norma definida pondo:

$$\| \vec{x} \|_M = \max \{ | x_1 | , \ldots , | x_n | \}$$

para todo $\vec{x} = (x_1, \ldots , x_n) \in \mathbb{R}^n$ (v. Exercício 22). Prove que $\| . \|_M$ não provém de um produto interno.

Solução: Sejam $\vec{e}_1, \ldots , \vec{e}_n$ como no Exercício 85. Tem-se $\| \vec{e}_1 \| = \| \vec{e}_2 \| = \| \vec{e}_1 + \vec{e}_2 \| = \| \vec{e}_1 - \vec{e}_2 \| = 1$. Portanto,

$$\| \vec{e}_1 + \vec{e}_2 \|^2 + \| \vec{e}_1 - \vec{e}_2 \|^2 = 2$$

enquanto que:

$$2(\| \vec{e}_1 \|^2 + \| \vec{e}_2 \|^2) = 4$$

Assim sendo, $\| . \|_M$ não provém de um produto interno.

Sejam $\mathbb{X}$ um conjunto não-vazio e $\mathbb{A} \subseteq \mathbb{X}$. A *função característica* $\chi_\mathbb{A} : \mathbb{X} \to \mathbb{R}$ do conjunto $\mathbb{A}$ é definida por:

$$\chi_\mathbb{A}(x) = \begin{cases} 1, & \text{se} \quad x \in \mathbb{A} \\ 0, & \text{se} \quad x \in \mathbb{X} \backslash \mathbb{A} \end{cases}$$

Portanto, $\chi_\emptyset$ é a função nula e $\chi_\mathbb{X}(x) = 1$ para todo $x \in \mathbb{X}$.

108 320 QUESTÕES RESOLVIDAS DE ÁLGEBRA LINEAR

Exercício 87 - Dado um conjunto não-vazio $\mathbb{X}$, seja $\mathbb{E} = \mathcal{B}(\mathbb{X}; \mathbb{R})$ o espaço vetorial das funções $f : \mathbb{X} \to \mathbb{R}$ limitadas. Seja $\|.\|_\infty : \mathbb{E} \to \mathbb{R}$ a norma da convergência uniforme, definida por:

$$\|f\|_\infty = \sup_{\mathbb{X}} |f(x)|$$

(v. Exercício 39). Prove: Se $\mathbb{X}$ contém um subconjunto próprio não-vazio então $\|.\|_\infty$ não provém de um produto interno.

Solução: Seja $\mathbb{A} \subseteq \mathbb{X}$ um subconjunto próprio não-vazio. O complementar $\mathbb{B} = \mathbb{X} \backslash \mathbb{A}$ de $\mathbb{A}$ é também não-vazio. Sejam $\chi_\mathbb{A}, \chi_\mathbb{B} : \mathbb{X} \to \mathbb{R}$ as funções características dos conjuntos $\mathbb{A}$ e $\mathbb{B}$, nesta ordem. As funções $\chi_\mathbb{A}$ e $\chi_\mathbb{B}$ são limitadas, valendo $\|\chi_\mathbb{A}\|_\infty = \|\chi_\mathbb{B}\|_\infty = 1$. Sendo $\mathbb{X} = \mathbb{A} \uplus \mathbb{B}$, decorre das definições de $\chi_\mathbb{A}$ e $\chi_\mathbb{B}$ que $(\chi_\mathbb{A} + \chi_\mathbb{B})(x) = \chi_\mathbb{A}(x) + \chi_\mathbb{B}(x) = 1$ para todo $x \in \mathbb{X}$. Logo,

$$\|\chi_\mathbb{A} + \chi_\mathbb{B}\|_\infty = 1$$

Se $x \in \mathbb{A}$ então $\chi_\mathbb{A}(x) = 1$ e $\chi_\mathbb{B}(x) = 0$ (porque $\mathbb{A}$ e $\mathbb{B}$ são disjuntos), donde $(\chi_\mathbb{A} - \chi_\mathbb{B})(x) = \chi_\mathbb{A}(x) - \chi_\mathbb{B}(x) = 1$. Se $x \in \mathbb{B}$ então $\chi_\mathbb{A}(x) = 0$ e $\chi_\mathbb{B}(x) = 1$, logo $(\chi_\mathbb{A} - \chi_\mathbb{B})(x) = \chi_\mathbb{A}(x) - \chi_\mathbb{B}(x) = -1$. Desta forma,

$$\|\chi_\mathbb{A} - \chi_\mathbb{B}\|_\infty = 1$$

Segue-se que $\|\chi_\mathbb{A} + \chi_\mathbb{B}\|_\infty^2 + \|\chi_\mathbb{A} - \chi_\mathbb{B}\|_\infty^2 = 2$, enquanto que $2(\|\chi_\mathbb{A}\|_\infty^2 + \|\chi_\mathbb{B}\|_\infty^2) = 4$. Isto mostra que $\|.\|_\infty$ não provém de um produto interno.

Exercício 88 - Seja $\mathbb{E} = \mathcal{C}([0, 1])$ o espaço vetorial das funções $f : [0, 1] \to \mathbb{R}$ contínuas. Prove que a norma da convergência uniforme $\|.\|_\infty : \mathbb{E} \to \mathbb{R}$ não provém de um produto interno.

Solução: Sejam $f, g : [0, 1] \to \mathbb{R}$ definidas pondo:

$$f(x) = x, \quad g(x) = 1 - x$$

para todo $x \in [0, 1]$. As funções f e g são contínuas. Tem-se $0 \le f(x) \le 1$, $0 \le g(x) \le 1$ para todo $x \in [0, 1]$, e também $f(1) = $

CAPÍTULO 4 – ESPAÇOS EUCLIDIANOS **109**

$g(0) = 1$. Por isto,

$$\boxed{\|f\|_\infty = \|g\|_\infty = 1} \tag{4.8}$$

Pelas definições de f e g, $(f + g)(x) = f(x) + g(x) = 1$ para todo $x \in [0, 1]$. Assim sendo,

$$\boxed{\|f + g\|_\infty = 1} \tag{4.9}$$

Como $(f - g)(x) = f(x) - g(x) = 2x - 1$ para todo $x \in [0, 1]$, tem-se:

$$\boxed{\;|(f - g)(x)| = \begin{cases} 1 - 2x, & \text{se } 0 \le x \le 1/2 \\ 2x - 1, & \text{se } 1/2 \le x \le 1 \end{cases}\;} \tag{4.10}$$

Por (4.10), $0 \le |(f - g)(x)| \le 1$ para todo $x \in [0, 1]$. Uma vez que $|(f - g)(0)| = |(f - g)(1)| = 1$, segue-se:

$$\boxed{\|f - g\|_\infty = 1} \tag{4.11}$$

Resulta de (4.8), (4.9) e (4.11) que $\|f + g\|_\infty^2 + \|f - g\|_\infty^2 = 2$, enquanto que $2(\|f\|_\infty^2 + \|g\|_\infty^2) = 4$. Logo, $\|.\|_\infty$ não provém de um produto interno.

Exercício 89 - Sejam $p \ge 1$, $\mathbb{E} = \mathcal{C}([0, 1])$ o espaço vetorial das funções $f : [0, 1] \to \mathbb{R}$ contínuas e $\|.\|_p$ a norma em $\mathbb{E}$ definida por:

$$\|f\|_p = \left(\int_0^1 |f(x)|^p dx\right)^{1/p}$$

(v. Exercício 41). Prove: Se p é diferente de 2 então $\|.\|_p$ não provém de um produto interno.

Solução: Sejam $f, g : [0, 1] \to \mathbb{R}$ assim definidas:

$$f(x) = \begin{cases} (4(1 - 2x))^{1/p}, & \text{se } 0 \le x \le 1/2 \\ 0, & \text{se } 1/2 \le x \le 1 \end{cases}$$

$$g(x) = \begin{cases} 0, & \text{se } 0 \le x \le 1/2 \\ (4(2x - 1))^{1/p}, & \text{se } 1/2 \le x \le 1 \end{cases}$$

110   320 QUESTÕES RESOLVIDAS DE ÁLGEBRA LINEAR

Tem-se:

$$\|f\|_p^p = \int_0^1 |f(x)|^p dx = 4\int_0^{1/2}(1 - 2x)dx = 1 \qquad (4.12)$$

e também:

$$\|g\|_p^p = \int_0^1 |g(x)|^p dx = 4\int_{1/2}^1(2x - 1)dx = 1 \qquad (4.13)$$

De (4.12) e (4.13) obtém-se:

$$\|f\|_p = \|g\|_p = 1 \qquad (4.14)$$

Das definições de f e g segue-se:

$$(f + g)(x) = \begin{cases} (4(1 - 2x))^{1/p}, & \text{se} \quad 0 \le x \le 1/2 \\ (4(2x - 1))^{1/p}, & \text{se} \quad 1/2 \le x \le 1 \end{cases}$$

$$(f - g)(x) = \begin{cases} (4(1 - 2x))^{1/p}, & \text{se} \quad 0 \le x \le 1/2 \\ -(4(2x - 1))^{1/p}, & \text{se} \quad 1/2 \le x \le 1 \end{cases}$$

Desta forma, obtém-se:

$$\begin{aligned} \|f + g\|_p^p &= \int_0^1 |f(x) + g(x)|^p dx = \\ &= \int_0^{1/2} |f(x) + g(x)|^p dx + \int_{1/2}^1 |f(x) + g(x)|^p dx = \\ &= 4\left(\int_0^{1/2}(1 - 2x)dx + \int_{1/2}^1(2x - 1)dx\right) = 2 \end{aligned} \qquad (4.15)$$

e de modo análogo:

$$\begin{aligned} \|f - g\|_p^p &= \int_0^1 |f(x) - g(x)|^p dx = \\ &= \int_0^{1/2} |f(x) - g(x)|^p dx + \int_{1/2}^1 |f(x) - g(x)|^p dx = \\ &= 4\left(\int_0^{1/2}(1 - 2x)dx + \int_{1/2}^1(2x - 1)dx\right) = 2 \end{aligned} \qquad (4.16)$$

As igualdades (4.15) e (4.16) fornecem:

$$\|f + g\|_p = \|f - g\|_p = 2^{1/p} \qquad (4.17)$$

CAPÍTULO 4 – ESPAÇOS EUCLIDIANOS   111

Resulta de (4.14) e (4.17) que se tem:

$$\|f+g\|_p^2 + \|f-g\|_p^2 = 2.2^{1/p} = 2^{1+(1/p)}$$

enquanto que:

$$2(\|f\|_p^2 + \|g\|_p^2) = 4$$

Portanto, se p é diferente de 2 então $\|f+g\|_p^2 + \|f-g\|_p^2$ é diferente de $2(\|f\|_p^2 + \|g\|_p^2)$ (v. Exercício 85). Conclui-se daí que se p é diferente de 2 então $\|.\|_p$ não provém de um produto interno.

Um EVN $\mathbb{E}$ diz-se *não-euclidiano* quando a norma nele considerada não provém de um produto interno. Portanto, os EVN discutidos nos Exercícios 85 a 89 são não-euclidianos.

Exercício 90 - Dado um espaço euclidiano $\mathbb{E}$, sejam $\vec{w} \in \mathbb{E}$ e $w^* : \mathbb{E} \to \mathbb{R}$ definida pondo:

$$w^*(\vec{x}) = \langle \vec{x}, \vec{w} \rangle$$

para todo $\vec{x} \in \mathbb{E}$. Prove que w^* é um funcional linear contínuo, e se tem $\|w^*\| = \|\vec{w}\|$.

Solução: Sejam $\vec{x}_1, \vec{x}_2 \in \mathbb{E}$ e $\lambda_1, \lambda_2 \in \mathbb{R}$ arbitrários. Das propriedades do produto interno definido em $\mathbb{E}$ decorre:

$$w^*(\lambda_1\vec{x}_1 + \lambda_2\vec{x}_2) = \langle \lambda_1\vec{x}_1 + \lambda_2\vec{x}_2, \vec{w} \rangle =$$

$$= \lambda_1\langle \vec{x}_1, \vec{w} \rangle + \lambda_2\langle \vec{x}_2, \vec{w} \rangle = \lambda_1 w^*(\vec{x}_1) + \lambda_2 w^*(\vec{x}_2)$$

Logo, w^* é um funcional linear. Pela desigualdade de Cauchy-Scwarz (v. Exercício 82) tem-se:

$$\boxed{|w^*(\vec{x})| = |\langle \vec{x}, \vec{w} \rangle| \le \|\vec{w}\|\|\vec{x}\|} \tag{4.18}$$

seja qual for $\vec{x} \in \mathbb{E}$. Assim sendo, w^* é um funcional linear contínuo (v. Exercício 20). Por (4.18), $|w^*(\vec{x})| \le \|\vec{w}\|$ para todo vetor $\vec{x}$ na esfera unitária $\mathbb{S}(\vec{o}; 1) \subseteq \mathbb{E}$. Por esta razão,

$$\boxed{\|w^*\| = \sup\{|w^*(\vec{x})| : \|\vec{x}\| = 1\} \le \|\vec{w}\|} \tag{4.19}$$

(v. Exercício 43). Se $\vec{w}$ é o vetor nulo $\vec{o} \in \mathbb{E}$, então w^* é o

112 320 QUESTÕES RESOLVIDAS DE ÁLGEBRA LINEAR

funcional linear nulo $O \in \mathbb{E}^*$. Neste caso, tem-se $\|w^*\| = \|\vec{w}\|$ $= 0$. Se, por outro lado, $\vec{w}$ é diferente de $\vec{o}$, então o vetor $\vec{u} = \vec{w}/\|\vec{w}\|$ pertence à esfera $\mathbb{S}(\vec{o}; 1)$. Valem as seguintes igualdades:

$$w^*(\vec{u}) = \langle \vec{u}, \vec{w} \rangle = \frac{\langle \vec{w}, \vec{w} \rangle}{\|\vec{w}\|} = \|\vec{w}\|$$

Como $\|\vec{u}\| = 1$, segue-se:

$$\boxed{\|\vec{w}\| \leq \sup\{|w^*(\vec{x})| : \|\vec{x}\| = 1\} = \|w^*\|} \qquad (4.20)$$

De (4.19) e (4.20) obtém-se $\|w^*\| = \|\vec{w}\|$, como se queria.

Exercício 91 - Dado um espaço euclidiano $\mathbb{E}$, seja $A : \mathbb{E} \to \mathbb{E}^*$ definido por:

$$A(\vec{w}) = w^*$$

onde $w^* \in \mathbb{E}^*$ é dado por $w^*(\vec{x}) = \langle \vec{x}, \vec{w} \rangle$. Prove:

(a) A função A é uma transformação linear injetiva e contínua, sendo $\|A\| = 1$.

(b) Se $\mathbb{E}$ é de dimensão infinita, então A não é sobrejetiva.

Solução:

(a): Sejam $\vec{w}_1, \vec{w}_2 \in \mathbb{E}$ e $\lambda_1, \lambda_2 \in \mathbb{R}$ quaisquer. Tem-se:

$$(\lambda_1 \vec{w}_1 + \lambda_2 \vec{w}_2)^*(\vec{x}) = \langle \vec{x}, \lambda_1 \vec{w}_1 + \lambda_2 \vec{w}_2 \rangle =$$

$$= \lambda_1 \langle \vec{x}, \vec{w}_1 \rangle + \lambda_2 \langle \vec{x}, \vec{w}_2 \rangle = \lambda_1 w_1^*(\vec{x}) + \lambda_2 w_2^*(\vec{x}) =$$

$$= (\lambda_1 w_1^* + \lambda_2 w_2^*)(\vec{x})$$

seja qual for $\vec{x} \in \mathbb{E}$. Logo,

$$A(\lambda_1 \vec{w}_1 + \lambda_2 \vec{w}_2) =$$

$$= \lambda_1 w_1^* + \lambda_2 w_2^* = \lambda_1 A(\vec{w}_1) + \lambda_2 A(\vec{w}_2)$$

Assim sendo, A é uma transformação linear entre $\mathbb{E}$ e $\mathbb{E}^*$. Valem (v. Exercício 90) as seguintes igualdades:

$$\|A\vec{w}\| = \|w^*\| = \|\vec{w}\|$$

qualquer que seja $\vec{w} \in \mathbb{E}$. Logo, A é contínua. Como $\|A\vec{w}\| =$

CAPÍTULO 4 – ESPAÇOS EUCLIDIANOS   113

$\|\vec{w}\|$ para todo $\vec{w} \in \mathbb{E}$, tem-se $\|A\vec{u}\| = \|\vec{u}\| = 1$ para todo vetor unitário $\vec{u} \in \mathbb{E}$. Por esta razão,

$$\|A\| = \sup\{\|A\vec{u}\| : \|\vec{u}\| = 1\} = 1$$

Uma vez que $\|A\vec{w}\| = \|w^*\| = \|\vec{w}\|$ para todo $\vec{w}$, tem-se:

$$\vec{w} \in \ker A \Rightarrow A\vec{w} = O \Rightarrow$$

$$\Rightarrow \|A\vec{w}\| = \|\vec{w}\| = 0 \Rightarrow \vec{w} = \vec{o}.$$

Resulta disto que $\ker A = \{\vec{o}\}$. Por consequência A é injetiva.

(b): Sendo $A\vec{w} = w^*$ contínuo para todo $\vec{w} \in \mathbb{E}$, a imagem $\operatorname{Im} A$ de A está contida no dual topológico $\mathcal{L}(\mathbb{E}; \mathbb{R})$ de $\mathbb{E}$. Se $\mathbb{E}$ é de dimensão infinita então existe um funcional linear $\varphi \in \mathbb{E}^*$ descontínuo (v. Exercício 21). Portanto, A é injetiva mas não é sobrejetiva.

Exercício 92 - Dado um espaço euclidiano $\mathbb{E}$, sejam $\vec{w}_1, \dots, \vec{w}_n \in \mathbb{E}$. Para cada $k = 1, \dots, n$, seja $w_k^* \in \mathbb{E}^*$ o funcional linear definido pondo $w_k^*(\vec{x}) = \langle \vec{x}, \vec{w}_k \rangle$ para todo $\vec{x} \in \mathbb{E}$. Prove que os vetores $\vec{w}_1, \dots, \vec{w}_n$ são LI se, e somente se, os funcionais lineares $w_1^*, \dots, w_n^*$ o são.

Solução:

Supondo que os vetores $\vec{w}_1, \dots, \vec{w}_n$ são LI, sejam $\lambda_1, \dots, \lambda_n \in \mathbb{R}$ tais que $\sum_{k=1}^{n} \lambda_k w_k^* = O$, onde $O \in \mathbb{E}^*$ é o funcional linear nulo. Então, $\left(\sum_{k=1}^{n} \lambda_k w_k^*\right)(\vec{x}) = \sum_{k=1}^{n} \lambda_k w_k^*(\vec{x}) = \sum_{k=1}^{n} \lambda_k \langle \vec{x}, \vec{w}_k \rangle = \sum_{k=1}^{n} \langle \vec{x}, \lambda_k \vec{w}_k \rangle = \langle \vec{x}, \sum_{k=1}^{n} \lambda_k \vec{w}_k \rangle = O(\vec{x}) = \vec{o}$, seja qual for $\vec{x} \in \mathbb{E}$. Decorre daí que $\sum_{k=1}^{n} \lambda_k \vec{w}_k = \vec{o}$ (v. Exercício 81). Sendo $\vec{w}_1, \dots, \vec{w}_n$ LI, tem-se $\lambda_k = 0$ para cada $k = 1, \dots, n$. Logo, $w_1^*, \dots, w_n^*$ são LI.

Reciprocamente: Supondo $w_1^*, \dots, w_n^*$ LI, sejam $\alpha_1, \dots, \alpha_n \in \mathbb{R}$ tais que $\sum_{k=1}^{n} \alpha_k \vec{w}_k = \vec{o}$. Tem-se $\langle \vec{x}, \sum_{k=1}^{n} \alpha_k \vec{w}_k \rangle = \sum_{k=1}^{n} \alpha_k \langle \vec{x}, \vec{w}_k \rangle = \sum_{k=1}^{n} \alpha_k w_k^*(\vec{x}) = \left(\sum_{k=1}^{n} \alpha_k w_k^*\right)(\vec{x}) = \langle \vec{x}, \vec{o} \rangle = 0$, qualquer que seja $\vec{x} \in \mathbb{E}$. Portanto, $\sum_{k=1}^{n} \alpha_k w_k^* = O$. Como $w_1^*, \dots, w_n^*$ são LI, segue-se que $\alpha_k = 0$ para cada $k = 1, \dots, n$. Conclui-se daí que $\vec{w}_1, \dots, \vec{w}_n$ são LI.

114 320 QUESTÕES RESOLVIDAS DE ÁLGEBRA LINEAR

Os *símbolos de Kronecker* δ_{ks}, $k,s = 1,\dots,n$, são definidos pondo:

$$\delta_{ks} = \begin{cases} 1, & \text{se } k = s \\ 0, & \text{se } k \neq s \end{cases}$$

Portanto, os números δ_{ks}, $k,s = 1,\dots,n$, são as coordenadas da matriz identidade $n \times n$ $\mathbf{I}_n$.

Seja $\mathbb{E}$ um espaço vetorial (não necessariamente euclidiano) de dimensão finita $n > 0$. Dada uma base $\mathbb{B} = \{\vec{u}_1,\dots,\vec{u}_n\}$ de $\mathbb{E}$, os funcionais lineares $u_1^*,\dots,u_n^*$ definidos pondo:

$$u_k^*(\vec{x}) = u_k^*\left(\sum_{k=1}^{n} x_k\vec{u}_k\right) = x_k$$

para todo $\vec{x} = \sum_{k=1}^{n} x_k\vec{u}_k$, formam uma base do espaço dual $\mathbb{E}^*$ de $\mathbb{E}$. Esta se chama a *base dual* da base $\mathbb{B}$ (v. Lima, *Álgebra Linear*,. 2001, p. 138). Portanto, $\dim \mathbb{E}^* = \dim \mathbb{E} = n$.

Exercício 93 - Seja $\mathbb{E}$ um espaço euclidiano de dimensão finita. Mostre que a transformação linear $A : \mathbb{E} \to \mathbb{E}^*$, definida por:

$$A\vec{w} = w^*$$

(v. Exercício 91) onde $w^* \in \mathbb{E}^*$ é dado por $w^*(\vec{x}) = \langle \vec{x}, \vec{w} \rangle$, é um isomorfismo. Portanto, para todo funcional linear $\varphi \in \mathbb{E}^*$ existe um único vetor $\vec{w}_\varphi \in \mathbb{E}$ de modo que $\varphi(\vec{x}) = \langle \vec{x}, \vec{w}_\varphi \rangle$ para todo $\vec{x} \in \mathbb{E}$.

Solução: A transformação linear A definida acima é injetiva (v. Exercício 91). Sendo $\dim \mathbb{E} = \dim \mathbb{E}^*$, A é também sobrejetiva. Logo, A é um isomorfismo entre $\mathbb{E}$ e $\mathbb{E}^*$. Por esta razão, existe o isomorfismo inverso $A^{-1} : \mathbb{E}^* \to \mathbb{E}$. Para todo funcional linear $\varphi \in \mathbb{E}^*$ existe um único vetor $\vec{w}_\varphi = A^{-1}\varphi$ que lhe corresponde por A^{-1}. Seja $\vec{x} \in \mathbb{E}$ arbitrário. Como $A\vec{w}_\varphi = AA^{-1}\varphi = \varphi$, segue-se:

$$\varphi(\vec{x}) = (A\vec{w}_\varphi)(\vec{x}) = w_\varphi^*(\vec{x}) = \langle \vec{x}, \vec{w}_\varphi \rangle$$

CAPÍTULO 4 – ESPAÇOS EUCLIDIANOS   **115**

Logo, $\varphi(\vec{x}) = \langle \vec{x}, \vec{w}_\varphi \rangle$ para todo $\vec{x} \in \mathbb{E}$.

Exercício 94 - *Base recíproca.* Seja $\mathbb{E}$ um espaço euclidiano de dimensão finita $n > 0$. Prove: Para toda base $\mathbb{U} = \{\vec{u}_1, \dots, \vec{u}_n\}$ de $\mathbb{E}$ existe uma única base $\mathbb{W} = \{\vec{w}_1, \dots, \vec{w}_n\}$ de $\mathbb{E}$ tal que $\langle \vec{u}_k, \vec{w}_s \rangle = \delta_{ks}$, $k,s = 1, \dots, n$.

Solução:

Dada uma base $\mathbb{B} = \{\vec{u}_1, \dots, \vec{u}_n\}$ de $\mathbb{E}$, seja $\mathbb{B}^* = \{u_1^*, \dots, u_n^*\}$ a base de $\mathbb{E}^*$ dual da base $\mathbb{B}$. Resulta da definição de u_s^* que se tem:

$$\boxed{u_s^*(\vec{u}_k) = \delta_{sk} = \delta_{ks}, \quad k, s = 1, \dots, n} \qquad (4.21)$$

Para cada $s = 1, \dots, n$ existe (v. Exercício 93) um único vetor $\vec{w}_s \in \mathbb{E}$ de modo que $u_s^*(\vec{x}) = \langle \vec{x}, \vec{w}_s \rangle$, seja qual for $\vec{x} \in \mathbb{E}$. Em particular, (4.21) fornece $u_s^*(\vec{u}_k) = \langle \vec{u}_k, \vec{w}_s \rangle = \delta_{ks}$, $k,s = 1, \dots, n$. Os funcionais lineares $u_1^*, \dots, u_n^*$ sendo LI, os vetores $\vec{w}_1, \dots, \vec{w}_n$ também o são (v. Exercício 92). Logo, os vetores $\vec{w}_1, \dots, \vec{w}_n$ formam uma base de $\mathbb{E}$.

Se os vetores $\vec{v}_1, \dots, \vec{v}_n \in \mathbb{E}$ cumprem $\langle \vec{u}_k, \vec{v}_s \rangle = \langle \vec{u}_k, \vec{w}_s \rangle = \delta_{ks}$, $k,s = 1, \dots, n$, então, para todo $\vec{x} \in \mathbb{E}$ e para cada $s = 1, \dots, n$ se tem:

$$\langle \vec{x}, \vec{v}_s \rangle = \left\langle \sum_{k=1}^n x_k \vec{u}_k, \vec{v}_s \right\rangle =$$

$$= \sum_{k=1}^n x_k \langle \vec{u}_k, \vec{v}_s \rangle = \sum_{k=1}^n x_k \delta_{ks} =$$

$$= \sum_{k=1}^n x_k \langle \vec{u}_k, \vec{w}_s \rangle = \left\langle \sum_{k=1}^n x_k \vec{u}_k, \vec{w}_s \right\rangle =$$

$$= \langle \vec{x}, \vec{w}_s \rangle$$

Como estas igualdades valem para todo $\vec{x} \in \mathbb{E}$, segue-se que $\vec{v}_s = \vec{w}_s$, $s = 1, \dots, n$ (v. Exercício 81). Isto prova a unicidade de base $\mathbb{W} = \{\vec{w}_1, \dots, \vec{w}_n\}$ que satisfaz a condição do enunciado acima.

Seja $\mathbb{U} = \{\vec{u}_1, \dots, \vec{u}_n\}$ uma base de um espaço euclidiano de dimensão finita n. A base $\mathbb{W} = \{\vec{w}_1, \dots, \vec{w}_n\}$ de $\mathbb{E}$ que satizfaz $\langle \vec{u}_k, \vec{w}_s \rangle = \delta_{ks}$, $k,s = 1, \dots, n$, diz-se a *base recíproca* da

116 320 QUESTÕES RESOLVIDAS DE ÁLGEBRA LINEAR

base $\mathbb{U}$.

Exercício 95 - Dado um espaço euclidiano de dimensão $n >$ 0, sejam $\mathbb{U} = \{\vec{u}_1, \ldots, \vec{u}_n\}$ uma base de $\mathbb{E}$ e $\mathbb{W} = \{\vec{w}_1, \ldots, \vec{w}_n\}$ sua base recíproca. Prove as seguintes propriedades:

(a) $\vec{x} = \sum_{k=1}^{n} \langle \vec{x}, \vec{w}_k \rangle \vec{u}_k = \sum_{k=1}^{n} \langle \vec{x}, \vec{u}_k \rangle \vec{w}_k$ para todo $\vec{x} \in \mathbb{E}$.

(b) $\langle \vec{x}, \vec{y} \rangle = \sum_{k=1}^{n} \langle \vec{x}, \vec{u}_k \rangle \langle \vec{y}, \vec{w}_k \rangle$, quaisquer que sejam $\vec{x}, \vec{y} \in \mathbb{E}$.

(c) $\|\vec{x}\|^2 = \sum_{k=1}^{n} \langle \vec{x}, \vec{u}_k \rangle \langle \vec{x}, \vec{w}_k \rangle$, seja qual for $\vec{x} \in \mathbb{E}$.

(d) Se $\langle \vec{u}_k, \vec{u}_s \rangle = a_{ks}$ e $\langle \vec{w}_k, \vec{w}_s \rangle = b_{ks}$, então as matrizes $\mathbf{a} = [a_{ks}]$ e $\mathbf{b} = [b_{ks}]$ são inversas uma da outra.

Solução:

(a): Seja $\vec{x} \in \mathbb{E}$ arbitrário. Como $\mathbb{U}$ e $\mathbb{W}$ são bases de $\mathbb{E}$, $\vec{x}$ se escreve, de modo único, como $\vec{x} = \sum_{k=1}^{n} \alpha_k \vec{u}_k$ e também como $\vec{x} = \sum_{s=1}^{n} \beta_s \vec{w}_s$. Tem-se:

$$\boxed{\begin{aligned} \langle \vec{x}, \vec{w}_s \rangle &= \sum_{k=1}^{n} \alpha_k \langle \vec{u}_k, \vec{w}_s \rangle = \\ &= \sum_{k=1}^{n} \alpha_k \delta_{ks} = \alpha_s \end{aligned}} \qquad (4.22)$$

e, de modo análogo,

$$\boxed{\begin{aligned} \langle \vec{x}, \vec{u}_k \rangle &= \sum_{s=1}^{n} \beta_s \langle \vec{u}_k, \vec{w}_s \rangle = \\ &= \sum_{s=1}^{n} \beta_s \delta_{ks} = \beta_k \end{aligned}} \qquad (4.23)$$

Sendo (4.22) e (4.23) válidas para $k,s = 1,\ldots,n$, segue-se $\vec{x} = \sum_{k=1}^{n} \langle \vec{x}, \vec{w}_k \rangle \vec{u}_k = \sum_{k=1}^{n} \langle \vec{x}, \vec{u}_k \rangle \vec{w}_k$.

(b): Sejam $\vec{x}, \vec{y} \in \mathbb{E}$ quaisquer. O vetor $\vec{x}$ se escreve como $\vec{x} = \sum_{k=1}^{n} \langle \vec{x}, \vec{u}_k \rangle \vec{w}_k$ e o vetor $\vec{y}$, na forma $\vec{y} = \sum_{s=1}^{n} \langle \vec{y}, \vec{w}_s \rangle \vec{u}_s$. Assim sendo, das propriedades do produto interno definido em $\mathbb{E}$ decorre:

$$\langle \vec{x}, \vec{y} \rangle = \left\langle \sum_{k=1}^{n} \langle \vec{x}, \vec{u}_k \rangle \vec{w}_k, \sum_{s=1}^{n} \langle \vec{y}, \vec{w}_s \rangle \vec{w}_s \right\rangle =$$

$$= \sum_{k=1}^{n} \sum_{s=1}^{n} \langle \vec{x}, \vec{u}_k \rangle \langle \vec{y}, \vec{w}_s \rangle \langle \vec{u}_k, \vec{w}_s \rangle =$$

$$= \sum_{k=1}^{n} \sum_{s=1}^{n} \langle \vec{x}, \vec{u}_k \rangle \langle \vec{y}, \vec{w}_s \rangle \delta_{ks} =$$

$$= \sum_{k=1}^{n} \langle \vec{x}, \vec{u}_k \rangle \langle \vec{y}, \vec{w}_k \rangle$$

o que prova (b).

(c): Em particular,tem-se:

$$\|\vec{x}\|^2 = \langle \vec{x}, \vec{x} \rangle =$$

$$= \sum_{k=1}^{n} \langle \vec{x}, \vec{u}_k \rangle \langle \vec{x}, \vec{w}_k \rangle$$

seja qual for $\vec{x} \in \mathbb{E}$.

(d): Sejam $\mathbf{ab} = [c_{ks}]$ e $\mathbf{ba} = [d_{ks}]$. A propriedade (b) já demonstrada fornece:

$$c_{ks} = \sum_{p=1}^{n} a_{kp} b_{ps} =$$

$$= \sum_{p=1}^{n} \langle \vec{u}_k, \vec{u}_p \rangle \langle \vec{w}_p, \vec{w}_s \rangle =$$

$$= \sum_{p=1}^{n} \langle \vec{u}_k, \vec{u}_p \rangle \langle \vec{w}_s, \vec{w}_p \rangle =$$

$$= \langle \vec{u}_k, \vec{w}_s \rangle = \delta_{ks}$$

e também:

$$d_{ks} = \sum_{p=1}^{n} b_{kp} c_{ps} =$$

$$= \sum_{p=1}^{n} \langle \vec{w}_k, \vec{w}_p \rangle \langle \vec{u}_p, \vec{u}_s \rangle =$$

$$= \sum_{p=1}^{n} \langle \vec{u}_p, \vec{u}_s \rangle \langle \vec{w}_k, \vec{w}_p \rangle =$$

$$= \sum_{p=1}^{n} \langle \vec{u}_s, \vec{u}_p \rangle \langle \vec{w}_k, \vec{w}_p \rangle =$$

$$= \langle \vec{u}_s, \vec{w}_k \rangle = \delta_{sk} = \delta_{ks}$$

Desta forma, tem-se $\mathbf{ab} = \mathbf{ba} = \mathbf{I}_n$, onde $\mathbf{I}_n$ é a matriz identidade $n \times n$. Logo, (d) segue.

Exercício 96 - Dado um espaço euclidiano $\mathbb{E}$, seja $\mathbb{B} = \{\vec{u}_1, \ldots, \vec{u}_n\} \subseteq \mathbb{E}$ um conjunto com n elementos. Prove que os vetores $\vec{u}_1, \ldots, \vec{u}_n$ são LI se, e somente se, existem vetores $\vec{w}_1, \ldots, \vec{w}_n \in \mathbb{E}$ de modo que $\langle \vec{u}_k, \vec{w}_s \rangle = \delta_{ks}$, para cada par de índices $k, s \in \{1, \ldots, n\}$.

118 320 QUESTÕES RESOLVIDAS DE ÁLGEBRA LINEAR

Solução:

Supondo que os vetores $\vec{u}_1, \dots, \vec{u}_n$ são LI, seja $\mathbb{V} = \mathcal{S}(\vec{u}_1, \dots, \vec{u}_n) \subseteq \mathbb{E}$ o subespaço gerado por $\vec{u}_1, \dots, \vec{u}_n$. Então $\mathbb{V}$ é um espaço euclidiano de dimensão finita. Os vetores $\vec{u}_1, \dots, \vec{u}_n$ sendo LI, o conjunto $\mathbb{B}$ é uma base de $\mathbb{V}$. Seja $\mathbb{W} = \{\vec{w}_1, \dots, \vec{w}_n\} \subseteq \mathbb{V}$ a base recíproca da base $\mathbb{B}$ (v. Exercício 94). Tem-se $\langle \vec{u}_k, \vec{w}_s \rangle = \delta_{ks}$, $k, s = 1, \dots, n$.

Reciprocamente: Supondo que existem $\vec{w}_1, \dots, \vec{w}_n$ nas condições do enunciado acima, sejam $\lambda_1, \dots, \lambda_n \in \mathbb{R}$. Como $\langle \vec{u}_k, \vec{w}_s \rangle = \delta_{ks}$, $k, s = 1, \dots, n$, segue-se:

$$\sum_{k=1}^{n} \lambda_k \vec{u}_k = \vec{o} \Rightarrow$$

$$\Rightarrow \left\langle \vec{w}_s, \sum_{k=1}^{n} \lambda_k \vec{u}_k \right\rangle = 0, \quad s = 1, \dots, n \Rightarrow$$

$$\Rightarrow \sum_{k=1}^{n} \lambda_k \langle \vec{u}_k, \vec{w}_s \rangle = 0, \quad s = 1, \dots, n \Rightarrow$$

$$\Rightarrow \sum_{k=1}^{n} \lambda_k \delta_{ks} = \lambda_s = 0, \quad s = 1, \dots, n$$

Portanto, os vetores $\vec{u}_1, \dots, \vec{u}_n$ são LI.

Exercício 97 - Seja $\mathbb{B} = \{\vec{u}_1, \dots, \vec{u}_n\}$ um subconjunto com n elementos de um espaço euclidiano $\mathbb{E}$. Prove que os vetores $\vec{u}_1, \dots, \vec{u}_n$ são LI se, e somente se, a transformação linear $A : \mathbb{E} \to \mathbb{R}^n$, definida por:

$$A\vec{x} = (\langle \vec{x}, \vec{u}_1 \rangle, \dots, \langle \vec{x}, \vec{u}_n \rangle)$$

é sobrejetiva.

Solução:

Supondo que os vetores $\vec{u}_1, \dots, \vec{u}_n$ são LI, sejam $\vec{w}_1, \dots, \vec{w}_n \in \mathbb{E}$ (v. Exercício 96) tais que $\langle \vec{w}_s, \vec{u}_k \rangle = \delta_{ks}$, $k, s = 1, \dots, n$. Dado $\vec{y} = (y_1, \dots, y_n) \in \mathbb{R}^n$ arbitrário, seja $\vec{x} = \sum_{s=1}^{n} y_s \vec{w}_s$. Então $\vec{x} \in \mathbb{E}$ e se tem $\langle \vec{x}, \vec{u}_k \rangle = \sum_{s=1}^{n} y_s \langle \vec{w}_s, \vec{u}_k \rangle = \sum_{s=1}^{n} y_s \delta_{ks} = y_k$ para cada $k = 1, \dots, n$. Segue-se que $A\vec{x} = (\langle \vec{x}, \vec{u}_1 \rangle, \dots, \langle \vec{x}, \vec{u}_n \rangle) = (y_1, \dots, y_n) = \vec{y}$. Logo, A é sobrejetiva.

Reciprocamente: Supondo A sobrejetiva, sejam $\vec{e}_1, \dots, \vec{e}_n$ os vetores da base canônica de $\mathbb{R}^n$. O vetor $\vec{e}_k$ tem a k-ésima coordenada igual a um, enquanto que as demais são zero.

CAPÍTULO 4 – ESPAÇOS EUCLIDIANOS   **119**

Pela definição de A, $A\vec{x} = \sum_{k=1}^{n}\langle\vec{x},\vec{u}_k\rangle\vec{e}_k$ para todo $\vec{x} \in \mathbb{E}$. Sendo A sobrejetiva, existe, para cada $s = 1,\dots,n$, um vetor $\vec{w}_s \in \mathbb{E}$ de modo que $A\vec{w}_s = \sum_{k=1}^{n}\langle\vec{w}_s,\vec{u}_k\rangle\vec{e}_k = \vec{e}_s = \sum_{k=1}^{n}\delta_{ks}\vec{e}_k$. Portanto, os vetores $\vec{w}_1,\dots,\vec{w}_n$ cumprem $\langle\vec{w}_s,\vec{u}_k\rangle = \delta_{ks}$, $k,s = 1,\dots,n$. Segue-se (v. Exercício 96) que $\vec{u}_1,\dots,\vec{u}_n$ são LI.

Exercício 98 - Dado um espaço euclidiano $\mathbb{E}$, sejam $\vec{a},\vec{u},\vec{v} \in \mathbb{E}$ com $\vec{u}$ diferente de $\vec{v}$. Seja:

$$\mathbb{X} = \{\vec{u} + \lambda(\vec{v} - \vec{u}) : \lambda \in \mathbb{R}\}$$

Prove que, fazendo:

$$\lambda_0 = \frac{\langle\vec{a} - \vec{u}, \vec{v} - \vec{u}\rangle}{\|\vec{v} - \vec{u}\|^2}, \quad \vec{x}_0 = \vec{u} + \lambda_0(\vec{v} - \vec{u})$$

tem-se $\|\vec{a} - \vec{x}_0\| \leq \|\vec{a} - \vec{x}\|$, seja qual for $\vec{x} \in \mathbb{X}$. Portanto, $d(\vec{a},\mathbb{X}) = \|\vec{a} - \vec{x}_0\|$.

Solução: Para todo $\vec{x} = \vec{u} + \lambda(\vec{v} - \vec{u}) \in \mathbb{X}$, vale:

$$
\begin{aligned}
\|\vec{a} - \vec{x}\|^2 &= \|\vec{a} - (\vec{u} + \lambda(\vec{v} - \vec{u}))\|^2 = \\
&= \|(\vec{a} - \vec{u}) - \lambda(\vec{v} - \vec{u})\|^2 = \\
&= \lambda^2\|\vec{v} - \vec{u}\|^2 - 2\lambda\langle\vec{a} - \vec{u},\vec{v} - \vec{u}\rangle + \|\vec{a} - \vec{u}\|^2
\end{aligned}
\tag{4.24}
$$

Sendo $\vec{u}$ diferente de $\vec{v}$, o número $\|\vec{v} - \vec{u}\|^2$ é positivo. Por esta razão, o polinômio $p : \mathbb{R} \to \mathbb{R}$, definido por:

$$p(\lambda) = \lambda^2\|\vec{v} - \vec{u}\|^2 - 2\lambda\langle\vec{a} - \vec{u},\vec{v} - \vec{u}\rangle + \|\vec{a} - \vec{u}\|^2$$

assume seu valor mínimo no ponto λ_0 dado acima. Logo, $\|\vec{a} - \vec{x}_0\|^2 \leq \|\vec{a} - \vec{x}\|^2$, seja qual for $\vec{x} \in \mathbb{X}$. Como $\|\vec{a} - \vec{x}\| \geq 0$, segue-se que $\|\vec{a} - \vec{x}_0\| \leq \|\vec{a} - \vec{x}\|$ para todo $\vec{x} \in \mathbb{X}$. Desta forma, $\|\vec{a} - \vec{x}_0\|$ é uma cota inferior do conjunto formado pelos números $\|\vec{a} - \vec{x}\|$, onde $\vec{x}$ percorre $\mathbb{X}$. Por esta razão,

$$\|\vec{a} - \vec{x}_0\| \leq \inf\{\|\vec{a} - \vec{x}\| : \vec{x} \in \mathbb{X}\} = d(\vec{a},\mathbb{X}) \tag{4.25}$$

Como o vetor $\vec{x}_0 = \vec{u} + \lambda_0(\vec{v} - \vec{u})$ pertence a $\mathbb{X}$, tem-se também:

$$d(\vec{a},\mathbb{X}) = \inf\{\|\vec{a} - \vec{x}\| : \vec{x} \in \mathbb{X}\} \leq \|\vec{a} - \vec{x}_0\| \tag{4.26}$$

120   320 QUESTÕES RESOLVIDAS DE ÁLGEBRA LINEAR

De (4.25) e (4.26) obtém-se $d(\vec{a}, \mathbb{X}) = \|\vec{a} - \vec{x}_0\|$.

Exercício 99 - Sejam $\vec{a}_1, \ldots, \vec{a}_n$ vetores de um espaço euclidiano $\mathbb{E}$. Para cada número real não-negativo R, seja:

$$\mathbb{X}_R = \left\{ \vec{x} \in \mathbb{E} : \sum_{k=1}^{n} \|\vec{x} - \vec{a}_k\|^2 = R \right\}$$

Prove que vale uma (e somente uma) das seguintes afirmações:

(a) $\mathbb{X}_R$ é o conjunto vazio.

(b) $\mathbb{X}_R = \{\vec{a}\}$, onde $\vec{a} = (1/n) \sum_{k=1}^{n} \vec{a}_k$.

(c) $\mathbb{X}_R$ é uma esfera de centro $\vec{a} = (1/n) \sum_{k=1}^{n} \vec{a}_k$ e raio $r > 0$.

Solução: Para cada $k = 1, \ldots, n$, se tem:

$$\boxed{\|\vec{x} - \vec{a}_k\|^2 = \|\vec{x}\|^2 - 2\langle \vec{x}, \vec{a}_k \rangle + \|\vec{a}_k\|^2} \qquad (4.27)$$

Desta forma, somando membro a membro as igualdades (4.27) (uma para cada $k = 1, \ldots, n$) obtém-se:

$$\boxed{\begin{array}{c} \sum_{k=1}^{n} \|\vec{x} - \vec{a}_k\|^2 = \\ = n\|\vec{x}\|^2 - 2 \sum_{k=1}^{n} \langle \vec{x}, \vec{a}_k \rangle + \sum_{k=1}^{n} \|\vec{a}_k\|^2 \end{array}} \qquad (4.28)$$

Seja $\vec{a} = (1/n) \sum_{k=1}^{n} \vec{a}_k$. Pelas propriedades do produto interno definido em $\mathbb{E}$, $\sum_{k=1}^{n} \langle \vec{x}, \vec{a}_k \rangle = \langle \vec{x}, \sum_{k=1}^{n} \vec{a}_k \rangle = \langle \vec{x}, n\vec{a} \rangle = n\langle \vec{x}, \vec{a} \rangle$. Com isto, (4.28) fica:

$$\boxed{\begin{array}{c} \sum_{k=1}^{n} \|\vec{x} - \vec{a}_k\|^2 = \\ = n\|\vec{x}\|^2 - 2n\langle \vec{x}, \vec{a} \rangle + \sum_{k=1}^{n} \|\vec{a}_k\|^2 \end{array}} \qquad (4.29)$$

Tem-se $\|\vec{x} - \vec{a}\|^2 = \|\vec{x}\|^2 - 2\langle \vec{x}, \vec{a} \rangle + \|\vec{a}\|^2$, donde $\|\vec{x}\|^2 - 2\langle \vec{x}, \vec{a} \rangle = \|\vec{x} - \vec{a}\|^2 - \|\vec{a}\|^2$. Assim sendo, (4.29) torna-se:

$$\boxed{\begin{array}{c} \sum_{k=1}^{n} \|\vec{x} - \vec{a}_k\|^2 = \\ = n\|\vec{x} - \vec{a}\|^2 - n\|\vec{a}\|^2 + \sum_{k=1}^{n} \|\vec{a}_k\|^2 \end{array}} \qquad (4.30)$$

Resulta de (4.30) que $\vec{x} \in \mathbb{X}_R$ se, e somente se, satisfaz a seguinte condição:

CAPÍTULO 4 – ESPAÇOS EUCLIDIANOS **121**

$$\|\vec{x} - \vec{a}\|^2 = \frac{1}{n}\left(R + n\|\vec{a}\|^2 - \sum_{k=1}^{n}\|\vec{a}_k\|^2\right) \tag{4.31}$$

Se $R + n\|\vec{a}\|^2 < \sum_{k=1}^{n}\|\vec{a}_k\|^2$, então o número $R + n\|\vec{a}\|^2 -$ $\sum_{k=1}^{n}\|\vec{a}_k\|$ é negativo, portanto $\mathbb{X}_R$ é o conjunto vazio. Se $R + n\|\vec{a}\|^2 = \sum_{k=1}^{n}\|\vec{a}_k\|^2$, então (4.31) assume a forma $\|\vec{x} - \vec{a}\|^2 = 0$. Logo, $\mathbb{X}_R$ possui um único elemento, que é o vetor $\vec{a}$. Se $R + n\|\vec{a}\|^2 > \sum_{k=1}^{n}\|\vec{a}_k\|^2$, então o número $\rho = R + n\|\vec{a}\|^2 - \sum_{k=1}^{n}\|\vec{a}_k\|^2$ é positivo. Neste caso, $\vec{x} \in \mathbb{X}_R$ se, e somente se, cumpre a condição:

$$\|\vec{x} - \vec{a}\| = \sqrt{\frac{\rho}{n}} \tag{4.32}$$

Por consequência, se $R + n\|\vec{a}\|^2 > \sum_{k=1}^{n}\|\vec{a}_k\|^2$ então $\mathbb{X}_R$ é a esfera $\mathbb{S}(\vec{a}; r)$ de centro $\vec{a} = (1/n)\sum_{k=1}^{n}$ e raio $r = \sqrt{\rho/n}$, onde $\rho = R + n\|\vec{a}\|^2 - \sum_{k=1}^{n}\|\vec{a}_k\|^2$.

Exercício 100 - Dado um espaço euclidiano $\mathbb{E}$, sejam $\vec{x}_1$, $\vec{x}_2$, $\vec{y}_1$, $\vec{y}_2$ pontos da esfera $\mathbb{S}(\vec{a}; r) \subseteq \mathbb{E}$ de centro $\vec{a}$ e raio $r > 0$. Prove:
(a) $\|\vec{x}_1 - \vec{x}_2\| = \|\vec{y}_1 - \vec{y}_2\|$ se, e somente se, $\langle \vec{x}_1 - \vec{a}, \vec{x}_2 - \vec{a}\rangle = \langle \vec{y}_1 - \vec{a}, \vec{y}_2 - \vec{a}\rangle$.
(b) Se $\vec{x}_1 + \vec{x}_2 = \vec{y}_1 + \vec{y}_2$ então $\|\vec{x}_1 - \vec{x}_2\| = \|\vec{y}_1 - \vec{y}_2\|$.

Solução:
  (a): Tem-se:

$$\vec{x}_1 - \vec{x}_2 = (\vec{x}_1 - \vec{a}) - (\vec{x}_2 - \vec{a}) \tag{4.33}$$

e também:

$$\vec{y}_1 - \vec{y}_2 = (\vec{y}_1 - \vec{a}) - (\vec{y}_2 - \vec{a}) \tag{4.34}$$

Como $\vec{x}_k, \vec{y}_k \in \mathbb{S}(\vec{a}; r)$, segue-se:

$$\|\vec{x}_k - \vec{a}\| = \|\vec{y}_k - \vec{a}\| = r, \quad k = 1, 2 \tag{4.35}$$

De (4.33) e (4.35) obtém-se:

122 320 QUESTÕES RESOLVIDAS DE ÁLGEBRA LINEAR

$$
\begin{aligned}
\|\vec{x}_1 - \vec{x}_2\|^2 &= \|(\vec{x}_1 - \vec{a}) - (\vec{x}_2 - \vec{a})\|^2 = \\
&= \|\vec{x}_1 - \vec{a}\|^2 + \|\vec{x}_2 - \vec{a}\|^2 - 2\langle\vec{x}_1 - \vec{a}, \vec{x}_2 - \vec{a}\rangle = \\
&= 2r^2 - 2\langle\vec{x}_1 - \vec{a}, \vec{x}_2 - \vec{a}\rangle
\end{aligned}
\tag{4.36}
$$

De modo análogo, (4.34) e (4.35) fornecem:

$$
\begin{aligned}
\|\vec{y}_1 - \vec{y}_2\|^2 &= \|(\vec{y}_1 - \vec{a}) - (\vec{y}_2 - \vec{a})\|^2 = \\
&= \|\vec{y}_1 - \vec{a}\|^2 + \|\vec{y}_2 - \vec{a}\|^2 - 2\langle\vec{y}_1 - \vec{a}, \vec{y}_2 - \vec{a}\rangle = \\
&= 2r^2 - 2\langle\vec{y}_1 - \vec{a}, \vec{y}_2 - \vec{a}\rangle
\end{aligned}
\tag{4.37}
$$

Como os números $\|\vec{x}_1 - \vec{x}_2\|$ e $\|\vec{y}_1 - \vec{y}_2\|$ são não-negativos, (4.36) e (4.37) conduzem a:

$$\|\vec{x}_1 - \vec{x}_2\| = \|\vec{y}_1 - \vec{y}_2\| \Leftrightarrow \|\vec{x}_1 - \vec{x}_2\|^2 = \|\vec{y}_1 - \vec{y}_2\|^2 \Leftrightarrow$$

$$\Leftrightarrow 2r^2 - 2\langle\vec{x}_1 - \vec{a}, \vec{x}_2 - \vec{a}\rangle = 2r^2 - 2\langle\vec{y}_1 - \vec{a}, \vec{y}_2 - \vec{a}\rangle \Leftrightarrow$$

$$\Leftrightarrow \langle\vec{x}_1 - \vec{a}, \vec{x}_2 - \vec{a}\rangle = \langle\vec{y}_1 - \vec{a}, \vec{y}_2 - \vec{a}\rangle$$

o que demonstra a propriedade (a).

(b): Se $\vec{x}_1 + \vec{x}_2 = \vec{y}_1 + \vec{y}_2$ então $(\vec{x}_1 - \vec{a}) + (\vec{x}_2 - \vec{a}) = (\vec{y}_1 - \vec{a}) + (\vec{y}_2 - \vec{a})$, donde:

$$
\|(\vec{x}_1 - \vec{a}) + (\vec{x}_2 - \vec{a})\|^2 = \|(\vec{y}_1 - \vec{a}) + (\vec{y}_2 - \vec{a})\|^2
\tag{4.38}
$$

De (4.35) decorre:

$$
\begin{aligned}
\|(\vec{x}_1 - \vec{a}) + (\vec{x}_2 - \vec{a})\|^2 &= \\
= \|\vec{x}_1 - \vec{a}\|^2 + \|\vec{x}_2 - \vec{a}\|^2 + 2\langle\vec{x}_1 - \vec{a}, \vec{x}_2 - \vec{a}\rangle &= \\
= 2r^2 + 2\langle\vec{x}_1 - \vec{a}, \vec{x}_2 - \vec{a}\rangle
\end{aligned}
\tag{4.39}
$$

e também:

$$
\begin{aligned}
\|(\vec{y}_1 - \vec{a}) + (\vec{y}_2 - \vec{a})\|^2 &= \\
= \|\vec{y}_1 - \vec{a}\|^2 + \|\vec{y}_2 - \vec{a}\|^2 + 2\langle\vec{y}_1 - \vec{a}, \vec{y}_2 - \vec{a}\rangle &= \\
= 2r^2 + 2\langle\vec{y}_1 - \vec{a}, \vec{y}_2 - \vec{a}\rangle
\end{aligned}
\tag{4.40}
$$

De (4.38), (4.39), (4.40) e da propriedade (a) já demonstrada

CAPÍTULO 4 – ESPAÇOS EUCLIDIANOS   **123**

resulta:

$$\vec{x}_1 + \vec{x}_2 = \vec{y}_1 + \vec{y}_2 \Rightarrow$$

$$\Rightarrow \langle \vec{x}_1 - \vec{a}, \vec{x}_2 - \vec{a} \rangle = \langle \vec{y}_1 - \vec{a}, \vec{y}_2 - \vec{a} \rangle \Rightarrow$$

$$\Rightarrow \|\vec{x}_1 - \vec{x}_2\| = \|\vec{y}_1 - \vec{y}_2\|$$

Com isto, fica demonstrada a propriedade (b).

Exercício 101 - Seja $\mathbb{E} = \prod_{k=1}^{n} \mathbb{E}_k$ o espaço produto dos espaços euclidianos $\mathbb{E}_1, \ldots, \mathbb{E}_n$. Seja, para cada $k = 1, \ldots, n$, $\langle . , . \rangle_k$ um produto interno em $\mathbb{E}_k$. Prove que a função $\langle . , . \rangle : \mathbb{E} \times \mathbb{E} \to \mathbb{R}$, definida pondo:

$$\langle \vec{x}, \vec{y} \rangle = \sum_{k=1}^{n} \langle \vec{x}_k, \vec{y}_k \rangle_k$$

para quaisquer $\vec{x} = (\vec{x}_1, \ldots, \vec{x}_n)$, $\vec{y} = (\vec{y}_1, \ldots, \vec{y}_n)$, é um produto interno. Prove também que a função $\langle . , . \rangle : \mathbb{R}^n \times \mathbb{R}^n \to \mathbb{R}$, definida pondo:

$$\langle \vec{x}, \vec{y} \rangle = \sum_{k=1}^{n} x_k y_k$$

para todo $\vec{x} = (x_1, \ldots, x_n)$ e todo $\vec{y} = (y_1, \ldots, y_n)$, é um produto interno.

Solução: Sejam $\vec{u} = (\vec{u}_1, \ldots, \vec{u}_n)$, $\vec{v} = (\vec{v}_1, \ldots, \vec{v}_n)$, $\vec{w} = (\vec{w}_1, \ldots, \vec{w}_n)$ vetores de $\mathbb{E}$. Dados $\alpha, \beta \in \mathbb{R}$, tem-se:

$$\alpha \vec{u} + \beta \vec{v} = (\alpha \vec{u}_1 + \beta \vec{v}_1, \ldots, \alpha \vec{u}_n + \beta \vec{v}_n)$$

Portanto,

$$\langle \alpha \vec{u} + \beta \vec{v}, \vec{w} \rangle = \sum_{k=1}^{n} \langle \alpha \vec{u}_k + \beta \vec{v}_k, \vec{w}_k \rangle_k =$$

$$= \sum_{k=1}^{n} (\alpha \langle \vec{u}_k, \vec{w}_k \rangle_k + \beta \langle \vec{v}_k, \vec{w}_k \rangle_k) =$$

$$= \alpha \sum_{k=1}^{n} \langle \vec{u}_k, \vec{w}_k \rangle_k + \beta \sum_{k=1}^{n} \langle \vec{v}_k, \vec{w}_k \rangle_k =$$

$$= \alpha \langle \vec{u}, \vec{w} \rangle + \beta \langle \vec{v}, \vec{w} \rangle$$

Como $\langle . , . \rangle_k$ é um produto interno em $\mathbb{E}_k$, vale, para cada $k = 1, \ldots, n$, $\langle \vec{v}_k, \vec{u}_k \rangle_k = \langle \vec{u}_k, \vec{v}_k \rangle_k$. Daí e da definição de $\langle . , . \rangle$ obtém-se:

124 320 QUESTÕES RESOLVIDAS DE ÁLGEBRA LINEAR

$\langle \vec{v}, \vec{u} \rangle = \langle \vec{u}, \vec{v} \rangle$

Seja $\vec{x} = (\vec{x}_1, \ldots, \vec{x}_n) \in \mathbb{E}$ um vetor não-nulo. Então (pelo menos) uma das coordenadas $\vec{x}_k$ de $\vec{x}$ é um vetor não-nulo de $\mathbb{E}_k$. Assim sendo, $\langle \vec{x}_k, \vec{x}_k \rangle_k$ é um número positivo. Desta forma, $\langle \vec{x}, \vec{x} \rangle = \sum_{k=1}^{n} \langle \vec{x}_k, \vec{x}_k \rangle_k > 0$. Conclui-se daí que $\langle . , . \rangle$ é um produto interno em $\mathbb{E}$. O caso $\mathbb{E} = \mathbb{R}^n$ é análogo ao caso $\mathbb{E} = \prod_{k=1}^{n} \mathbb{E}_k$.

Chama-se *produto interno canônico* o produto interno em $\mathbb{R}^n$ definido no Exercício 101. De agora em diante, será considerado em $\mathbb{R}^n$, a menos de aviso em contrário, o produto interno canônico. A expressão *espaço euclidiano* $\mathbb{R}^n$ significará doravante o espaço vetorial $\mathbb{R}^n$ dotado do produto interno canônico.

Exercício 102 - Seja $\langle . , . \rangle$ um produto interno no espaço vetorial $\mathbb{F}$. Dado um isomorfismo $A : \mathbb{E} \to \mathbb{F}$, ponha $[\vec{x}, \vec{y}] = \langle A\vec{x}, A\vec{y} \rangle$ para quaisquer $\vec{x}, \vec{y} \in \mathbb{E}$. Prove que $[. , .]$ é um produto interno em $\mathbb{E}$.

Solução: Sendo $A : \mathbb{E} \to \mathbb{F}$ uma transformação linear e $\langle . , . \rangle$ um produto interno em $\mathbb{F}$, tem-se:

$[\lambda_1 \vec{x}_1 + \lambda_2 \vec{x}_2, \vec{y}] = \langle A(\lambda_1 \vec{x}_1 + \lambda_2 \vec{x}_2), A\vec{y} \rangle =$

$= \langle \lambda_1 A\vec{x}_1 + \lambda_2 A\vec{x}_2, A\vec{y} \rangle =$

$= \lambda_1 \langle A\vec{x}_1, A\vec{y} \rangle + \lambda_2 \langle A\vec{x}_2, A\vec{y} \rangle =$

$= \lambda_1 [\vec{x}_1, \vec{y}] + \lambda_2 [\vec{x}_2, \vec{y}]$

sejam quais forem $\vec{x}_1, \vec{x}_2, \vec{y} \in \mathbb{E}$ e $\lambda_1, \lambda_2 \in \mathbb{R}$. Tem-se também $\langle A\vec{y}, A\vec{x} \rangle = \langle A\vec{x}, A\vec{y} \rangle$ para quaisquer $\vec{x}, \vec{y} \in \mathbb{E}$, porque $\langle . , . \rangle$ é um produto interno em $\mathbb{F}$. Por isto,

$[\vec{y}, \vec{x}] = \langle A\vec{y}, A\vec{x} \rangle = \langle A\vec{x}, A\vec{y} \rangle = [\vec{x}, \vec{y}]$

para todo $\vec{x}$ e para todo $\vec{y} \in \mathbb{E}$. Seja $\vec{x} \in \mathbb{E}$ não-nulo. Sendo A um isomorfismo, o vetor $A\vec{x} \in \mathbb{F}$ é também não-nulo, logo $[\vec{x}, \vec{y}] = \langle A\vec{x}, A\vec{y} \rangle > 0$. Segue-se que $[. , .]$ é um produto interno

CAPÍTULO 4 – ESPAÇOS EUCLIDIANOS   125

em $\mathbb{E}$.

Exercício 103 - Suponha que

$$[\vec{x}, \vec{y}] = \sum_{p=1}^{n} \sum_{q=1}^{n} a_{pq} x_p y_q$$

defina, para $\vec{x} = (x_1, \ldots, x_n)$ e $\vec{y} = (y_1, \ldots, y_n)$, um produto interno em $\mathbb{R}^n$. Prove que $a_{kk} > 0$ para cada $k = 1, \ldots, n$.

Solução: Como a expressão acima define um produto interno em $\mathbb{R}^n$, $[\vec{x}, \vec{x}] > 0$ para todo vetor não-nulo $\vec{x} \in \mathbb{R}^n$. Em particular,

$$\boxed{[\vec{e}_k, \vec{e}_k] > 0, \quad k = 1, \ldots, n} \qquad (4.41)$$

onde $\vec{e}_1, \ldots, \vec{e}_n$ são os vetores da base canônica de $\mathbb{R}^n$. A p-ésima coordenada do vetor $\vec{e}_k$ é δ_{kp} e a q-ésima coordenada do vetor $\vec{e}_k$ é δ_{kq}. Assim sendo, tem-se:

$$\boxed{[\vec{e}_k, \vec{e}_k] = \sum_{p=1}^{n} \sum_{q=1}^{n} a_{pq} \delta_{kp} \delta_{kq} = a_{kk}} \qquad (4.42)$$

para cada $k = 1, \ldots, n$. Resulta de (4.41) e (4.42) que $a_{kk} > 0$ para cada $k = 1, \ldots, n$.

Exercício 104 - Dados $a, b \in \mathbb{R}$ com $a < b$, seja $\mathbb{E} = \mathcal{C}([a, b]; \mathbb{R})$ o espaço vetorial das funções $f : [a, b] \to \mathbb{R}$ contínuas. Mostre que

$$\langle f, g \rangle = \int_a^b f(x) g(x) dx$$

define um produto interno em $\mathbb{E}$.

Solução: Sejam $f_1, f_2, g : [a, b] \to \mathbb{R}$ contínuas e $\lambda_1, \lambda_2 \in \mathbb{R}$. Tem-se:

$$\langle \lambda_1 f_1 + \lambda_2 f_2, g \rangle = \int_a^b [\lambda_1 f_1(x) + \lambda_2 f_2(x)] g(x) dx =$$

$$= \lambda_1 \int_a^b f_1(x) g(x) dx + \lambda_2 \int_a^b f_2(x) g(x) dx =$$

$$= \lambda_1 \langle f_1, g \rangle + \lambda_2 \langle f_2, g \rangle$$

Como $g(x) f(x) = f(x) g(x)$ para todo $x \in [a, b]$, segue-se:

126 320 QUESTÕES RESOLVIDAS DE ÁLGEBRA LINEAR

$$\langle g, f \rangle = \int_a^b g(x)f(x)\,dx = \int_a^b f(x)g(x)\,dx = \langle f, g \rangle$$

Seja $f : [a, b] \to \mathbb{R}$ contínua e não-nula. A função $x \mapsto [f(x)]^2$ é contínua, não-negativa e não-nula, portanto:

$$\langle f, f \rangle = \int_a^b [f(x)]^2\,dx > 0$$

(v. Lima, *Análise Real*, *Vol.* 1, 1993, p. 126-127). Logo, a fórmula do enunciado acima define um produto interno em $\mathbb{E}$.

Exercício 105 - Seja $\mathbb{E}$ o espaço vetorial dos polinômios $p : \mathbb{R} \to \mathbb{R}$. Dados $a, b \in \mathbb{R}$ com $a < b$, mostre que a função $\langle .\,,. \rangle : \mathbb{E} \times \mathbb{E} \to \mathbb{R}$, definida por:

$$\langle p, q \rangle = \int_a^b p(x)q(x)\,dx$$

é um produto interno.

Solução: Sejam $p_1, p_2, q : \mathbb{R} \to \mathbb{R}$ polinômios e $\lambda_1, \lambda_2 \in \mathbb{R}$. Resulta das propriedades da integral que vale:

$$\langle \lambda_1 p_1 + \lambda_2 p_2, q \rangle = \lambda_1 \langle p_1, q \rangle + \lambda_2 \langle p_2, q \rangle$$

Tem-se também:

$$\langle p, q \rangle = \langle q, p \rangle$$

para quaisquer polinômios $p, q : \mathbb{R} \to \mathbb{R}$. Seja $p : \mathbb{R} \to \mathbb{R}$ um polinômio não-nulo. A função $x \mapsto [p(x)]^2$ é um polinômio não-nulo. Logo, a sua restrição ao intervalo $[a, b]$ é uma função contínua, não-negativa e não-nula. Por esta razão,

$$\langle p, p \rangle = \int_a^b [p(x)]^2\,dx > 0$$

Por consequência, $\langle .\,,. \rangle$ é um produto interno.

Exercício 106 - Seja $\mathbb{E}$ o espaço vetorial dos polinômios $p : \mathbb{R} \to \mathbb{R}$. Mostre que:

$$\langle p, q \rangle = \int_0^\infty e^{-x} p(x)q(x)\,dx$$

CAPÍTULO 4 – ESPAÇOS EUCLIDIANOS   127

define um produto interno em $\mathbb{E}$.

Solução:

Se $m = 0$, vale:

$$\boxed{\lim_{x\to\infty} x^m e^{-x} = \lim_{x\to\infty} e^{-x} = 0}$$ (4.43)

Supondo que (4.43) é válida para um certo inteiro não-negativo m, a regra de L'Hôpital fornece:

$$\lim_{x\to\infty} x^{m+1} e^{-x} = \lim_{x\to\infty} \frac{x^{m+1}}{e^x} =$$

$$= \lim_{x\to\infty} \frac{(m+1)x^m}{e^x} = \lim_{x\to\infty}(m+1)x^m e^{-x} = 0$$

Segue-se que (4.43) é válida para $m + 1$. Portanto, $\lim_{x\to\infty} x^m e^{-x} = 0$, seja qual for m inteiro não-negativo.

Para todo $a \geq 0$ tem-se:

$$\int_0^a e^{-x}dx = 1 - e^{-a}$$

Assim sendo,

$$\int_0^\infty e^{-x}dx = \lim_{a\to\infty} \int_0^a e^{-x}dx =$$

$$= \lim_{a\to\infty}(1 - e^{-a}) = 1 = 0!$$

Segue-se que se $m = 0$ então a integral $\int_0^\infty x^m e^{-x}dx$ converge. Seja m inteiro não-negativo. Aplicando o método de integração por partes obtém-se:

$$\int_0^a x^{m+1} e^{-x}dx = -a^{m+1}e^{-a} + (m+1)\int_0^a x^m e^{-x}dx$$

valendo esta igualdade para todo $a \geq 0$. Como $\lim_{a\to\infty} a^{m+1}e^{-a} = 0$, se a integral $\int_0^\infty x^m e^{-x}dx$ converge, então a integral $\int_0^\infty x^{m+1} e^{-x}dx$ também converge, e se tem:

$$\boxed{\int_0^\infty x^{m+1} e^{-x}dx = (m+1)\int_0^\infty x^m e^{-x}dx}$$ (4.44)

Por consequência, a integral $\int_0^\infty x^m e^{-x}dx$ converge para todo m inteiro não-negativo. A fórmula $\int_0^\infty x^m e^{-x}dx = m!$ é válida para $m = 0$. Supondo que ela seja válida para um certo m inteiro

128   320 QUESTÕES RESOLVIDAS DE ÁLGEBRA LINEAR

não-negativo, de (4.44) obtém-se $\int_0^\infty x^{m+1}e^{-x}dx = (m+1)!$.
Logo,

$$\boxed{\int_0^\infty x^m e^{-x}dx = m!, \quad m = 0,1,2,\dots} \qquad (4.45)$$

Segue-se que a integral $\int_0^\infty e^{-x}p(x)dx$ converge, seja qual for o polinômio $p : \mathbb{R} \to \mathbb{R}$. Portanto, a integral $\int_0^\infty e^{-x}p(x)q(x)dx$ converge, para quaisquer polinômios $p, q : \mathbb{R} \to \mathbb{R}$.

Sejam $p_1, p_2, q : \mathbb{R} \to \mathbb{R}$ polinômios e $\lambda_1, \lambda_2 \in \mathbb{R}$. Para qualquer número não-negativo a, tem-se:

$$\int_0^a [\lambda_1 p_1(x) + \lambda_2 p_2(x)]q(x)e^{-x}dx =$$

$$= \lambda_1 \int_0^a p_1(x)q(x)e^{-x}dx + \lambda_2 \int_0^a p_2(x)q(x)e^{-x}dx$$

Desta igualdade e das propriedades dos limites de funções resulta:

$$\int_0^\infty [\lambda_1 p_1(x) + \lambda_2 p_2(x)]q(x)e^{-x}dx =$$

$$= \lambda_1 \int_0^\infty p_1(x)q(x)e^{-x}dx + \lambda_2 \int_0^\infty p_2(x)q(x)e^{-x}dx$$

Desta forma, $\langle \lambda_1 p_1 + \lambda_2 p_2, q \rangle = \lambda_1 \langle p_1, q \rangle + \lambda_2 \langle p_2, q \rangle$. Dados quaisquer polinômios $p, q : \mathbb{R} \to \mathbb{R}$, vale $p(x)q(x) = q(x)p(x)$ para todo $x \in \mathbb{R}$. Assim sendo, $\langle q, p \rangle = \langle p, q \rangle$. Seja $p : \mathbb{R} \to \mathbb{R}$ um polinômio não-nulo. A função $x \mapsto [p(x)]^2$ é um polinômio não-negativo e não-nulo. Por esta razão, $\int_0^a [p(x)]^2 e^{-x}dx > 0$ para todo $a > 0$. Tem-se também que a função $F : [0, +\infty) \to \mathbb{R}$, definida por $F(a) = \int_0^a [p(x)]^2 e^{-x}dx$, é não-decrescente. Logo, $\langle p, p \rangle = \int_0^\infty [p(x)]^2 e^{-x}dx = \lim_{a\to\infty} F(a) > 0$. Com isto, fica demonstrado que a função $\langle .,. \rangle$ é um produto interno.

Exercício 107 - Seja $\mathbb{E}$ o espaço vetorial dos polinômios $p : \mathbb{R} \to \mathbb{R}$, dotado do produto interno $\langle .,. \rangle$ definido no Exercício 106. Para cada $n = 0,1,2,\dots$, seja $u_n : \mathbb{R} \to \mathbb{R}$ o polinômio dado por $u_n(x) = x^n$. Sejam m inteiro positivo e s inteiro não-negativo. Prove: Se $\langle p, u_{mn+s} \rangle = 0$ para cada $n =$

CAPÍTULO 4 – ESPAÇOS EUCLIDIANOS 129

0,1,2,..., então p é o polinômio nulo.

Solução:

Seja $p : \mathbb{R} \to \mathbb{R}$ um polinômio não-nulo de grau zero. Então p é um polinômio constante, $p(x) = c$ para todo x, onde c é diferente de zero. Desta forma, tem-se $\langle p, u_{mn+s} \rangle = c \int_0^\infty x^{mn+s} e^{-x} dx = c(mn + s)!$ para cada n inteiro não-negativo (v. Exercício 106). Portanto $\langle p, u_{mn+s} \rangle$ é diferente de zero para cada $n = 0,1,2,...$

Seja agora $p : \mathbb{R} \to \mathbb{R}$ um polinômio tal que $\langle p, u_{mn+s} \rangle = 0$ para cada $n = 0,1,2,...$ Supondo que p é não-nulo, seja r seu grau. Em vista do exposto acima, não se pode ter $r = 0$. Logo, $r \geq 1$. Tem-se então $p = \sum_{k=0}^{r} a_k u_k$, onde $r \geq 1$ e a_r é diferente de zero. Como $\langle (1/a_r)p, u_{mn+s} \rangle = (1/a_r)\langle p, u_{mn+s} \rangle = 0$ para cada $n = 0,1,2,...$, pode-se admitir, sem perda de generalidade, que p é um polinômio *mônico*, isto é, da forma $p(x) = x^r + \sum_{k=0}^{r-1} a_k x^k$. Assim sendo, tem-se:

$$\langle p, u_{mn+s} \rangle = \int_0^\infty p(x) x^{mn+s} e^{-x} dx =$$

$$= \int_0^\infty x^{mn+r+s} e^{-x} dx + \sum_{k=0}^{r-1} a_k \int_0^\infty x^{mn+k+s} e^{-x} dx =$$

$$= (mn + s + r)! + \sum_{k=0}^{r-1} a_k (mn + s + k)! = 0$$

(v. Exercício 106) para cada $n = 0,1,2,...$ Daí obtém-se:

$$\boxed{\sum_{k=0}^{r-1} a_k \frac{(mn + s + k)!}{(mn + s + r)!} = -1, \quad n = 0, 1, 2...} \qquad (4.46)$$

Por outro lado, valem, para cada $k = 0,...,r - 1$ e para cada $n = 0,1,2,...$, as seguintes relações:

$$0 < \frac{(mn + s + k)!}{(mn + s + r)!} \leq$$

$$\leq \frac{(mn + s + r - 1)!}{(mn + s + r)!} = \frac{1}{mn + s + r}$$

Por isto,

$$\lim_{n\to\infty} \frac{(mn + s + k)!}{(mn + s + r)!} = 0, \quad k = 0, \dots, r - 1$$

Decorre daí que se tem:

$$\lim_{n\to\infty} \sum_{k=0}^{r-1} a_k \frac{(mn + s + k)!}{(mn + s + r)!} = 0$$

o que contradiz (4.46). Por consequência, p é o polinômio nulo.

Exercício 108 - Mostre que a série $\sum e^{-n}p(n)$ converge, seja qual for o polinômio $p : \mathbb{R} \to \mathbb{R}$. Com isto, prove que:

$$\langle p, q \rangle = \sum_{n=0}^{\infty} e^{-n}p(n)q(n)$$

define um produto interno no espaço $\mathbb{E}$ dos polinômios $p : \mathbb{R} \to \mathbb{R}$.

Solução:

Seja k um inteiro não-negativo qualquer. Tem-se:

$$\frac{(n + 1)^k e^{-(n+1)}}{n^k e^{-n}} = \frac{1}{e}\left(\frac{n+1}{n}\right)^k, \quad n = 1, 2, \dots$$

e portanto:

$$\lim_{n\to\infty} \frac{(n + 1)^k e^{-(n+1)}}{n^k e^{-n}} = \frac{1}{e} < 1$$

Assim sendo, o teste da razão diz que a série $\sum n^k e^{-n}$ é convergente. Segue-se que a série $\sum e^{-n}p(n)$ converge, para qualquer polinômio $p : \mathbb{R} \to \mathbb{R}$. Dado um polinômio $p : \mathbb{R} \to \mathbb{R}$ qualquer, tem-se $p(x) = \sum_{k=0}^{m} a_k x^k$ para todo x, onde m é o grau de p e os a_k são números reais. Desta forma,

$$0 \leq |p(n)| \leq \sum_{k=0}^{m} |a_k| n^k, \quad n = 0, 1, 2, \dots$$

Portanto, a série $\sum e^{-n}p(n)$ é absolutamente convergente. Decorre daí que a série $\sum e^{-n}p(n)q(n)$ é absolutamente convergente, e portanto convergente, quaisquer que sejam os polinômios $p, q : \mathbb{R} \to \mathbb{R}$.

Sejam p_1, p_2, q polinômios e $\lambda_1, \lambda_2 \in \mathbb{R}$. Como as séries

CAPÍTULO 4 – ESPAÇOS EUCLIDIANOS **131**

$\sum e^{-n} p_\mu(n)$, $\mu = 1, 2$, convergem, tem-se:

$\langle \lambda_1 p_1 + \lambda_2 p_2, q \rangle =$

$= \sum_{n=0}^{\infty} [\lambda_1 p_1(n) + \lambda_2 p_2(n)] e^{-n} =$

$= \lambda_1 \sum_{n=0}^{\infty} p_1(n) e^{-n} + \lambda_2 \sum_{n=0}^{\infty} p_2(n) e^{-n} =$

$= \lambda_1 \langle p_1, n \rangle + \lambda_2 \langle p_2, n \rangle$

Sendo $p(n)q(n) = q(n)p(n)$, $n = 0, 1, 2 \ldots$, vale $\langle q, p \rangle = \langle p, q \rangle$ para quaisquer polinômios p, q. Seja agora p um polinômio não-nulo. Então $[p(n)]^2 \geq 0$, $n = 0, 1, 2, \ldots$ Como o polinômio $x \to [p(x)]^2$ é não-nulo, suas raízes formam um conjunto finito. Logo existe n_0 inteiro não-negativo tal que $[p(n)]^2 > 0$ para todo $n \geq n_0$. Por esta razão,

$\langle p, p \rangle = \sum_{n=0}^{\infty} [p(n)]^2 e^{-n} > 0$

Segue-se que a fórmula $\langle p, q \rangle = \sum_{n=0}^{\infty} e^{-n} p(n)q(n)$ define um produto interno em $\mathbb{E}$.

Exercício 109 - Dado um inteiro positivo n, seja $\mathbb{E}$ o espaço vetorial dos polinômios de grau menor ou igual a n. Sejam $x_1, \ldots, x_m \in \mathbb{R}$ com $x_1 < \cdots < x_m$. Seja $\langle . , . \rangle : \mathbb{E} \times \mathbb{E} \to \mathbb{R}$ definida pondo:

$$\langle p, q \rangle = \sum_{k=1}^{m} p(x_k)q(x_k)$$

para quaisquer polinômios $p, q : \mathbb{R} \to \mathbb{R}$ de grau menor ou igual a n. Prove:

(a) Se $m > n$ então $\langle . , . \rangle$ é um produto interno.

(b) Se $m \leq n$ então $\langle . , . \rangle$ não é um produto interno.

Solução:

(a): Tem-se $q(x_k)p(x_k) = p(x_k)q(x_k)$, $k = 1, \ldots, m$. Por esta razão, $\langle q, p \rangle = \langle p, q \rangle$, sejam quais forem os polinômios $p, q \in \mathbb{E}$. Tem-se também $(\lambda_1 p_1 + \lambda_2 p_2)(x_k) = \lambda_1 p_1(x_k) + \lambda_2 p_2(x_k)$, $k = 1, \ldots, m$. Portanto,

$\langle \lambda_1 p_1 + \lambda_2 p_2, q \rangle = \lambda_1 \langle p_1, q \rangle + \lambda_2 \langle p_2, q \rangle$

132   320 QUESTÕES RESOLVIDAS DE ÁLGEBRA LINEAR

quaisquer que sejam p_1, p_2, $q \in \mathbb{E}$ e $\lambda \in \mathbb{R}$. Seja $p \in \mathbb{E}$ um polinômio não-nulo. Segue-se:

$$\langle p, p \rangle = \sum_{k=1}^{m} [p(x_k)]^2$$

Se $m > n$ então (pelo menos) um dos números $[p(x_k)]^2$, $k = 1,...,m$, é positivo. De fato: Sendo p um polinômio não-nulo de grau menor ou igual a n, possui no máximo n raízes. Desta forma, $\langle p, p \rangle > 0$. Portanto, se $m > n$ então $\langle .,. \rangle$ é um produto interno.

(b): Se, por outro lado, $m \le n$ então o polinômio $p : \mathbb{R} \to \mathbb{R}$ definido por

$$p(x) = (x - x_1)...(x - x_m)$$

é não-nulo e de grau $m \le n$. Por isto, p é um polinômio não-nulo que pertence a $\mathbb{E}$. Como $p(x_k) = 0$, $k = 1,...,m$, tem-se $\langle p, p \rangle = \sum_{k=1}^{m} [p(x_k)]^2 = 0$. Logo, se $m \le n$ então $\langle .,. \rangle$ não é um produto interno.

Exercício 110 - Para cada par de vetores $\vec{x} = (x_1, x_2)$, $\vec{y} = (y_1, y_2)$ em $\mathbb{R}^2$, ponha:

$$[\vec{x}, \vec{y}] = 2x_1 y_1 - x_1 y_2 - x_2 y_1 + 2x_2 y_2$$

Prove que isto define um produto interno em $\mathbb{R}^2$.

Solução: Seja $\langle .,. \rangle : \mathbb{R}^2 \to \mathbb{R}$ o produto interno canônico, definido pondo:

$$\langle \vec{x}, \vec{y} \rangle = x_1 y_1 + x_2 y_2$$

para cada par de vetores $\vec{x} = (x_1, x_2)$, $\vec{y} = (y_1, y_2)$ em $\mathbb{R}^2$. Sejam $\vec{e}_1 = (1, 0)$ e $\vec{e}_2 = (0, 1)$ os vetores da base canônica de $\mathbb{R}^2$. Tem-se $\langle \vec{x}, \vec{e}_k \rangle = x_k$ e $\langle \vec{y}, \vec{e}_k \rangle = y_k$, $k = 1,2$. Por isto, a fórmula para $[\vec{x}, \vec{y}]$ torna-se:

$$\boxed{\begin{aligned} [\vec{x}, \vec{y}] = {} & 2\langle \vec{x}, \vec{e}_1 \rangle\langle \vec{y}, \vec{e}_1 \rangle - \langle \vec{x}, \vec{e}_1 \rangle\langle \vec{y}, \vec{e}_2 \rangle - \\ & - \langle \vec{x}, \vec{e}_2 \rangle\langle \vec{y}, \vec{e}_1 \rangle + 2\langle \vec{x}, \vec{e}_2 \rangle\langle \vec{y}, \vec{e}_2 \rangle \end{aligned}}$$

(4.47)

Decorre de (4.47) e da comutatividade do produto de números reais que a função $(\vec{x}, \vec{y}) \mapsto [\vec{x}, \vec{y}]$ é simétrica e linear

CAPÍTULO 4 – ESPAÇOS EUCLIDIANOS 133

na primeira variável. Da definição de $[\vec{x}, \vec{y}]$ obtém-se:

$$[\vec{x}, \vec{x}] = 2x_1^2 - x_1 x_2 - x_2 x_1 + 2x_2^2 =$$
$$= 2x_1^2 + 2x_2^2 - 2x_1 x_2 =$$
$$= 2x_1^2 + 2x_2^2 - 4x_1 x_2 + 2x_1 x_2 =$$
$$= 2\left(x_1^2 + x_2^2 - 2x_1 x_2 + x_1 x_2\right) =$$
$$= 2\left[(x_1 - x_2)^2 + x_1 x_2\right]$$

Uma vez que vale:

$$x_1 x_2 = \frac{1}{4}\left[(x_1 + x_2)^2 - (x_1 - x_2)^2\right]$$

segue-se:

$$\boxed{[\vec{x}, \vec{x}] = \frac{(x_1 + x_2)^2}{2} + \frac{3(x_1 - x_2)^2}{4}} \qquad (4.48)$$

Como os números $(x_1 + x_2)^2$ e $(x_1 - x_2)^2$ são não-negativos, resulta de (4.48) que vale:

$$[\vec{x}, \vec{x}] = 0 \Leftrightarrow$$
$$\Leftrightarrow (x_1 + x_2)^2 = (x_1 - x_2)^2 = 0 \Leftrightarrow$$
$$\Leftrightarrow x_1 + x_2 = x_1 - x_2 = 0 \Leftrightarrow$$
$$\Leftrightarrow x_1 = x_2 = 0 \Leftrightarrow \vec{x} = (x_1, x_2) = \vec{o}$$

Logo, $[\vec{x}, \vec{x}] > 0$ para todo vetor não-nulo $\vec{x} = (x_1, x_2)$ em $\mathbb{R}^2$. Portanto, a função $(\vec{x}, \vec{y}) \mapsto [\vec{x}, \vec{y}]$ é um produto interno em $\mathbb{R}^2$.

Exercício 111 - Sejam $\vec{u}, \vec{v}$ vetores LI de um espaço euclidiano $\mathbb{E}$. Prove que o vetor $\|\vec{u}\|\vec{v} + \|\vec{v}\|\vec{u}$ está contido na bissetriz do ângulo formado por $\vec{u}$ e $\vec{v}$.

Solução: Seja θ o ângulo formado por $\vec{u}$ e $\vec{v}$ (v. Lima, *Álgebra Linear*, 2001, p. 133). Tem-se $0 \le \theta \le \pi$, e $\cos\theta = \langle\vec{u}, \vec{v}\rangle / \|\vec{u}\|\|\vec{v}\|$. Sendo os vetores $\vec{u}$ e $\vec{v}$ LI, $\|\vec{u}\| > 0$ e $\|\vec{v}\| > 0$. Portanto,

134   320 QUESTÕES RESOLVIDAS DE ÁLGEBRA LINEAR

$$\|(\|\vec{u}\|\vec{v} + \|\vec{v}\|\vec{u})\|^2 =$$
$$= \|\vec{u}\|^2\|\vec{v}\|^2 + 2\|\vec{u}\|\|\vec{v}\|\langle\vec{u},\vec{v}\rangle + \|\vec{u}\|^2\|\vec{v}\|^2 =$$
$$= 2\|\vec{u}\|^2\|\vec{v}\|^2 + 2\|\vec{u}\|\|\vec{v}\|\langle\vec{u},\vec{v}\rangle =$$
$$= 2\|\vec{u}\|^2\|\vec{v}\|^2\left(1 + \frac{\langle\vec{u},\vec{v}\rangle}{\|\vec{u}\|\|\vec{v}\|}\right) =$$
$$= 2\|\vec{u}\|^2\|\vec{v}\|^2(1 + \cos\theta) = 4\|\vec{u}\|^2\|\vec{v}\|^2\cos^2\frac{\theta}{2}$$

$$(4.49)$$

Ter-se-ia $\langle\vec{u},\vec{v}\rangle = \|\vec{u}\|\|\vec{v}\|$ se fosse $\theta = 0$ e $\langle\vec{u},\vec{v}\rangle = -\|\vec{u}\|\|\vec{v}\|$ se fosse $\theta = \pi$. Em qualquer destes casos, seria $|\langle\vec{u},\vec{v}\rangle| = \|\vec{u}\|\|\vec{v}\|$, e portanto os vetores $\vec{u}$, $\vec{v}$ seriam LD (v. Exercício 82). Como os vetores $\vec{u},\vec{v}$ são LI, segue-se $0 < \theta < \pi$, e portanto $\cos(\theta/2) > 0$. Assim sendo, de (4.49) tira-se:

$$\|\|\vec{u}\|\vec{v} + \|\vec{v}\|\vec{u}\| = 2\|\vec{u}\|\|\vec{v}\|\cos\frac{\theta}{2}$$

$$(4.50)$$

Tem-se também:

$$\langle\|\vec{u}\|\vec{v} + \|\vec{v}\|\vec{u},\vec{u}\rangle =$$
$$= \|\vec{u}\|\langle\vec{u},\vec{v}\rangle + \|\vec{v}\|\langle\vec{u},\vec{u}\rangle = \|\vec{u}\|\langle\vec{u},\vec{v}\rangle + \|\vec{v}\|\|\vec{u}\|^2 =$$
$$= \|\vec{u}\|^2\|\vec{v}\|\left(1 + \frac{\langle\vec{u},\vec{v}\rangle}{\|\vec{u}\|\|\vec{v}\|}\right) =$$
$$= \|\vec{u}\|^2\|\vec{v}\|(1 + \cos\theta) = 2\|\vec{u}\|^2\|\vec{v}\|\cos^2\frac{\theta}{2}$$

$$(4.51)$$

e de modo análogo obtém-se:

$$\langle\|\vec{u}\|\vec{v} + \|\vec{v}\|\vec{u},\vec{v}\rangle = 2\|\vec{u}\|\|\vec{v}\|^2\cos^2\frac{\theta}{2}$$

$$(4.52)$$

Sejam θ_1 o ângulo formado pelos vetores $\vec{u}$, $\|\vec{u}\|\vec{v} + \|\vec{v}\|\vec{u}$ e θ_2 o ângulo formado pelos vetores $\vec{v}$, $\|\vec{u}\|\vec{v} + \|\vec{v}\|\vec{u}$. Tem-se:

$$\cos\theta_1 = \frac{\langle\|\vec{u}\|\vec{v} + \|\vec{v}\|\vec{u},\vec{u}\rangle}{\|\vec{u}\|\|(\|\vec{u}\|\vec{v} + \|\vec{v}\|\vec{u})\|}$$

e também:

CAPÍTULO 4 – ESPAÇOS EUCLIDIANOS   135

$$\cos\theta_2 = \frac{\langle \|\vec{u}\|\vec{v} + \|\vec{v}\|\vec{u}, \vec{v}\rangle}{\|\vec{v}\|(\|\vec{u}\|\vec{v} + \|\vec{v}\|\vec{u})\|}$$

Portanto (4.50), (4.51) e (4.52) fornecem $\cos\theta_1 = \cos\theta_2 = \cos(\theta/2)$. Como $0 < \theta < \pi$, segue-se que $\theta_1 = \theta_2 = \theta/2$.

Exercício 112 - Para todo número inteiro positivo n, prove que a norma do vetor $\vec{x} = (n, n+1, n(n+1)) \in \mathbb{R}^3$ é um número inteiro positivo.

Solução: Dado $n \in \mathbb{N}$, seja $\vec{x} = (n, n+1, n(n+1))$. Tem-se:

$$\|\vec{x}\|^2 = n^2 + (n+1)^2 + n^2(n+1)^2 =$$

$$= n^2 + (n+1)^2(n^2+1) =$$

$$= n^2 + (n+1)^2[(n+1)^2 - 2n] =$$

$$= (n+1)^4 - 2n(n+1)^2 + n^2 =$$

$$= [(n+1)^2 - n]^2 = (n^2 + n + 1)^2$$

Como $\|\vec{x}\|$ é um número não-negativo, destas igualdades obtém-se $\|\vec{x}\| = n^2 + n + 1$.

Exercício 113 - Sejam $\langle .,. \rangle$ e $[.,.]$ produtos internos num espaço vetorial $\mathbb{E}$. A diferença $\langle .,. \rangle - [.,.]$ é um produto interno?

Solução: Dado um produto interno $\langle .,. \rangle$ em $\mathbb{E}$, seja $[.,.] : \mathbb{E} \times \mathbb{E} \to \mathbb{R}$ definida pondo:

$$[\vec{x}, \vec{y}] = 2\langle \vec{x}, \vec{y}\rangle$$

para cada par de vetores $\vec{x}, \vec{y}$ em $\mathbb{E}$. Sendo $\langle .,. \rangle$ um produto interno, a função $[.,.]$ é linear na primeira variável, simétrica, e se tem $[\vec{x}, \vec{x}] = 2\langle \vec{x}, \vec{x}\rangle > 0$ para todo vetor não-nulo $\vec{x} \in \mathbb{E}$. Logo, $[.,.]$ é um produto interno em $\mathbb{E}$. Dado $\vec{x} \in \mathbb{E}$ não-nulo, tem-se $\langle \vec{x}, \vec{x}\rangle - [\vec{x}, \vec{x}] = \langle \vec{x}, \vec{x}\rangle - 2\langle \vec{x}, \vec{x}\rangle = -\langle \vec{x}, \vec{x}\rangle < 0$. Conclui-se daí que, se $\mathbb{E}$ é diferente de $\{\vec{o}\}$ então a diferença entre dois produtos internos $\langle .,. \rangle$, $[.,.]$ em $\mathbb{E}$ nem sempre é

136 320 QUESTÕES RESOLVIDAS DE ÁLGEBRA LINEAR

um produto interno.

Exercício 114 - Seja $\langle .\,,. \rangle$ o produto interno canônico em $\mathbb{R}^2$, e $A \in \hom(\mathbb{R}^2)$ o operador definido pondo:

$$A\vec{x} = (-x_2, x_1)$$

para cada vetor $\vec{x} = (x_1, x_2)$ em $\mathbb{R}^2$. Seja $[.\,,.]$ um produto interno em $\mathbb{R}^2$. Prove que $[\vec{x}, A\vec{x}] = 0$ para todo $\vec{x} \in \mathbb{R}^2$ se, e somente se, $[.\,,.] = \lambda \langle .\,,. \rangle$, onde λ é um número positivo.

Solução: Sejam $\vec{e}_1 = (1,0)$ e $\vec{e}_2 = (0,1)$ os vetores da base canônica de $\mathbb{R}^2$. Tem-se $A\vec{e}_1 = (0,1) = \vec{e}_2$. Por esta razão, se $[\vec{x}, A\vec{x}] = 0$ para todo $\vec{x} \in \mathbb{R}^2$, então, em particular, $[\vec{e}_1, A\vec{e}_1] = [\vec{e}_1, \vec{e}_2] = 0$. Portanto, tem-se:

$$[\vec{x}, \vec{y}] = [x_1\vec{e}_1 + x_2\vec{e}_2, y_1\vec{e}_1 + y_2\vec{e}_2] =$$

$$= x_1 y_1 [\vec{e}_1, \vec{e}_1] + (x_1 y_2 + x_2 y_1)[\vec{e}_1, \vec{e}_2] +$$

$$+ x_2 y_2 [\vec{e}_2, \vec{e}_2] = x_1 y_1 [\vec{e}_1, \vec{e}_1] + x_2 y_2 [\vec{e}_2, \vec{e}_2]$$

para cada par de vetores $\vec{x} = (x_1, x_2)$, $\vec{y} = (y_1, y_2)$ em $\mathbb{R}^2$. Fazendo $\vec{x} = (1,1)$, tem-se $A\vec{x} = (-1,1)$, donde:

$$[\vec{x}, A\vec{x}] = -[\vec{e}_1, \vec{e}_1] + [\vec{e}_2, \vec{e}_2] = 0$$

Segue-se que $[\vec{e}_1, \vec{e}_1] = [\vec{e}_2, \vec{e}_2]$. Assim sendo, vale:

$$[\vec{x}, \vec{y}] = [\vec{e}_1, \vec{e}_1](x_1 y_1 + x_2 y_2) = [\vec{e}_1, \vec{e}_1]\langle \vec{x}, \vec{y} \rangle$$

para quaisquer $\vec{x} = (x_1, x_2)$, $\vec{y} = (y_1, y_2)$ em $\mathbb{R}^2$. Por isto, $[.\,,.] = [\vec{e}_1, \vec{e}_1]\langle .\,,. \rangle$. O número $[\vec{e}_1, \vec{e}_1]$ é positivo, porque $[.\,,.]$ é um produto interno em $\mathbb{R}^2$. Reciprocamente: Como $\langle \vec{x}, A\vec{x} \rangle = 0$ para todo $\vec{x} \in \mathbb{R}^2$, tem-se $\lambda \langle \vec{x}, A\vec{x} \rangle = 0$, quaisquer que sejam $\vec{x}, \vec{y} \in \mathbb{R}^2$ e $\lambda \in \mathbb{R}$.

Exercício 115 - Seja $\mathbb{X}$ um conjunto de geradores do espaço eucildiano $\mathbb{E}$. Se os vetores $\vec{u}, \vec{v} \in \mathbb{E}$ são tais que $\langle \vec{u}, \vec{w} \rangle = \langle \vec{v}, \vec{w} \rangle$ para todo $\vec{w} \in \mathbb{X}$, prove que $\vec{u} = \vec{v}$.

Solução: Sejam $\vec{u}, \vec{v} \in \mathbb{E}$ tais que $\langle \vec{u}, \vec{w} \rangle = \langle \vec{v}, \vec{w} \rangle$ para qualquer $\vec{w} \in \mathbb{X}$. Então $\langle \vec{u} - \vec{v}, \vec{w} \rangle = \langle \vec{u}, \vec{w} \rangle - \langle \vec{v}, \vec{w} \rangle = 0$, seja qual for $\vec{w} \in$

CAPÍTULO 4 – ESPAÇOS EUCLIDIANOS   137

$\mathbb{X}$. Como $\mathbb{X}$ é um conjunto de geradores de $\mathbb{E}$, existem $\vec{w}_1, \dots, \vec{w}_n \in \mathbb{X}$ e $\lambda_1, \dots, \lambda_n \in \mathbb{R}$ de modo que $\vec{u} - \vec{v} = \sum_{k=1}^{n} \lambda_k \vec{w}_k$. Assim sendo, tem-se:

$$\langle \vec{u} - \vec{v}, \vec{u} - \vec{v} \rangle = \left\langle \vec{u} - \vec{v}, \sum_{k=1}^{n} \lambda_k \vec{w}_k \right\rangle =$$

$$= \sum_{k=1}^{n} \lambda_k \langle \vec{u} - \vec{v}, \vec{w}_k \rangle$$

Como $\vec{w}_1, \dots, \vec{w}_n \in \mathbb{X}$ e $\langle \vec{u} - \vec{v}, \vec{w} \rangle = 0$ para todo $\vec{w} \in \mathbb{X}$, segue-se:

$$\langle \vec{u} - \vec{v}, \vec{w}_k \rangle = 0, \quad k = 1, \dots, n$$

Daí obtém-se $\langle \vec{u} - \vec{v}, \vec{u} - \vec{v} \rangle = \sum_{k=1}^{n} \lambda_k \langle \vec{u} - \vec{v}, \vec{w}_k \rangle = 0$. Portanto, $\vec{u} - \vec{v} = \vec{o}$, donde $\vec{u} = \vec{v}$, como se queria.

Exercício 116 - Sejam $\mathbb{E}$ um espaço euclidiano e $\mathbb{X} = \{\vec{v}_1, \dots, \vec{v}_n\} \subseteq \mathbb{E}$ um conjunto com n elementos. Prove que os vetores $\vec{v}_1, \dots, \vec{v}_n$ são LI se, e somente se, o operador linear $A : \mathbb{R}^n \to \mathbb{R}^n$, definido pondo:

$$A\vec{e}_k = \sum_{s=1}^{n} \langle \vec{v}_k, \vec{v}_s \rangle \vec{e}_s$$

onde $\vec{e}_1, \dots, \vec{e}_n$ são os vetores da base canônica de $\mathbb{R}^n$, é um isomorfismo.

Solução:

Seja $\vec{x} = (x_1, \dots, x_n) \in \mathbb{R}^n$. Tem-se $\vec{x} = \sum_{k=1}^{n} x_k \vec{e}_k$, e portanto:

$$\boxed{\begin{aligned} A\vec{x} &= \sum_{k=1}^{n} x_k A\vec{e}_k = \\ &= \sum_{k=1}^{n} x_k \left(\sum_{s=1}^{n} \langle \vec{v}_k, \vec{v}_s \rangle \vec{e}_s \right) = \\ &= \sum_{k=1}^{n} \sum_{s=1}^{n} x_k \langle \vec{v}_k, \vec{v}_s \rangle \vec{e}_s = \\ &= \sum_{k=1}^{n} \sum_{s=1}^{n} \langle x_k \vec{v}_k, \vec{v}_s \rangle \vec{e}_s = \\ &= \sum_{s=1}^{n} \left(\sum_{k=1}^{n} \langle x_k \vec{v}_k, \vec{v}_s \rangle \right) \vec{e}_s = \\ &= \sum_{s=1}^{n} \left(\left\langle \sum_{k=1}^{n} x_k \vec{v}_k, \vec{v}_s \right\rangle \right) \vec{e}_s \end{aligned}}$$

(4.53)

Dados $\lambda_1, \dots, \lambda_n \in \mathbb{R}$, seja $\vec{u} = (\lambda_1, \dots, \lambda_n)$. De (4.53) decorre:

320 QUESTÕES RESOLVIDAS DE ÁLGEBRA LINEAR

$$\sum_{k=1}^{n} \lambda_k \vec{v}_k = \vec{o} \Rightarrow$$
$$\Rightarrow \left\langle \sum_{k=1}^{n} \lambda_k \vec{v}_k, \vec{v}_s \right\rangle = 0, \quad s = 1, \ldots, n \Rightarrow$$
$$\Rightarrow A\vec{u} = \sum_{s=1}^{n} \left(\left\langle \sum_{k=1}^{n} \lambda_k \vec{v}_k, \vec{v}_s \right\rangle \right) \vec{e}_s = \vec{o}$$

$$(4.54)$$

Se A é um isomorfismo, então $\ker A = \{\vec{o}\} = \{(0, \ldots, 0)\}$, porque o operador A é injetivo. Assim sendo, de (4.54) resulta:

$$\sum_{k=1}^{n} \lambda_k \vec{v}_k = \vec{o} \Rightarrow A(\lambda_1, \ldots, \lambda_n) = \vec{o} \Rightarrow$$

$$\Rightarrow (\lambda_1, \ldots \lambda_n) \in \ker A \Rightarrow$$

$$\Rightarrow (\lambda_1, \ldots, \lambda_n) = (0, \ldots, 0) \Rightarrow$$

$$\Rightarrow \lambda_1 = \cdots = \lambda_n = 0$$

Segue-se que os vetores $\vec{v}_1, \ldots, \vec{v}_n$ são LI.

Reciprocamente: Supondo que os vetores $\vec{v}_1, \ldots, \vec{v}_n$ são LI, sejam $\lambda_1, \ldots, \lambda_n \in \mathbb{R}$. Tem-se:

$$\sum_{k=1}^{n} \lambda_k \vec{v}_k = \vec{o} \Rightarrow \lambda_1 = \cdots = \lambda_n = 0$$

$$(4.55)$$

Seja $\mathbb{V} = S(\vec{v}_1, \ldots, \vec{v}_n)$ o subespaço de $\mathbb{E}$ gerado por $\vec{v}_1, \ldots, \vec{v}_n$. O conjunto $\mathbb{X} = \{\vec{v}_1, \ldots, \vec{v}_n\}$ é uma base, e portanto um conjunto de geradores de $\mathbb{V}$. Portanto, se $\vec{x} \in \mathbb{V}$ e $\langle \vec{x}, \vec{v}_s \rangle = 0$ para cada $s = 1, \ldots, n$, então $\vec{x} = \vec{o}$ (v. Exercício 115). Como $\sum_{k=1}^{n} \lambda_k \vec{v}_k \in \mathbb{V}$, segue-se:

$$\left\langle \sum_{k=1}^{n} \lambda_k \vec{v}_k, \vec{v}_s \right\rangle = 0, \quad s = 1, \ldots, n \Rightarrow$$
$$\Rightarrow \sum_{k=1}^{n} \lambda_k \vec{v}_k = \vec{o}$$

$$(4.56)$$

Os vetores $\vec{e}_1, \ldots, \vec{e}_n$ da base canônica de $\mathbb{R}^n$ sendo LI, vale a seguinte afirmação:

$$\sum_{s=1}^{n} \left(\left\langle \sum_{k=1}^{n} \lambda_k \vec{v}_k, \vec{v}_s \right\rangle \right) \vec{e}_s = \vec{o} \Rightarrow$$

$$\Rightarrow \left\langle \sum_{k=1}^{n} \lambda_k \vec{v}_k, \vec{v}_s \right\rangle = 0, \quad s = 1, \ldots, n$$

Assim sendo, de (4.53), (4.55) e (4.56) obtém-se:

CAPÍTULO 4 – ESPAÇOS EUCLIDIANOS   139

$(\lambda_1, \dots, \lambda_n) \in \ker A \Rightarrow$

$\Rightarrow A(\lambda_1, \dots, \lambda_n) = \sum_{s=1}^{n} \left(\langle \sum_{k=1}^{n} \lambda_k \vec{v}_k, \vec{v}_s \rangle \right) \vec{e}_s = \vec{o} \Rightarrow$

$\Rightarrow \langle \sum_{k=1}^{n} \lambda_k \vec{v}_k, \vec{v}_s \rangle = 0, \quad s = 1, \dots, n \Rightarrow$

$\Rightarrow \sum_{k=1}^{n} \lambda_k \vec{v}_k = \vec{o} \Rightarrow \lambda_1 = \cdots = \lambda_n = 0 \Rightarrow$

$\Rightarrow (\lambda_1, \dots, \lambda_n) = (0, \dots, 0) = \vec{o}$

Desta forma, $\ker A = \{\vec{o}\} = \{(0, \dots, 0)\}$. Por consequência, o operador $A \in \hom(\mathbb{R}^n)$ é um isomorfismo.

Exercício 117 - Sejam $\mathbb{E}$ um espaço euclidiano de dimensão finita e $A \in \hom(\mathbb{E})$ um operador linear. Prove que se tem $\dim(\operatorname{Im} A) = 1$ se, e somente se, existem vetores não-nulos $\vec{u}, \vec{w} \in \mathbb{E}$ tais que $A\vec{x} = \langle \vec{x}, \vec{u} \rangle \vec{w}$, para todo $\vec{x} \in \mathbb{E}$.

Solução:

Supondo $\dim(\operatorname{Im} A) = 1$, seja $\vec{w}_1 \in \mathbb{E}$ não-nulo de modo que $\operatorname{Im} A$ é o subespaço $S(\vec{w}_1) \subseteq \mathbb{E}$ gerado por $\vec{w}_1$. Seja $\dim(\mathbb{E}) = n$. O vetor $\vec{w}_1$ sendo não-nulo, existe uma base $\mathbb{B} = \{\vec{w}_1, \dots, \vec{w}_n\}$ de $\mathbb{E}$ que contém $\vec{w}_1$. Seja $\mathbb{B}^* = \{w_1^*, \dots, w_n^*\}$ a base dual da base $\mathbb{B}$. Para cada $k = 1, \dots, n$, o funcional linear $w_k^* \in \mathbb{E}^*$ é definido pondo $w_k^*(\vec{x}) = x_k$, para todo $\vec{x} = \sum_{k=1}^{n} x_k \vec{w}_k \in \mathbb{E}$. Logo, todo vetor $\vec{x} \in \mathbb{E}$ se escreve como $\vec{x} = \sum_{k=1}^{n} w_k^*(\vec{x}) \vec{w}_k$. Seja $\vec{y} \in S(\vec{w}_1)$ qualquer. Tem-se $\vec{y} = \lambda \vec{w}_1$ para algum $\lambda \in \mathbb{R}$ e também $\vec{y} = \sum_{k=1}^{n} w_k^*(\vec{y}) \vec{w}_k$. Logo, $\lambda = w_1^*(\vec{y})$ e $w_k^*(\vec{y}) = 0$ se $k > 1$. Conclui-se daí que todo vetor $\vec{y} \in S(\vec{w}_1)$ se escreve como $\vec{y} = w_1^*(\vec{y}) \vec{w}_1$. Uma vez que $\operatorname{Im} A = S(\vec{w}_1)$, tem-se $A\vec{x} = w_1^*(A\vec{x}) \vec{w}_1 = [(w_1^* \circ A)(\vec{x})] \vec{w}_1$, qualquer que seja $\vec{x} \in \mathbb{E}$. Seja $\varphi = w_1^* \circ A$. Então $A\vec{x} = \varphi(\vec{x}) \vec{w}_1$ para todo $\vec{x} \in \mathbb{E}$. Como $\varphi \in \mathbb{E}^*$ e $\mathbb{E}$ é de dimensão finita, existe um único vetor $\vec{u}_1 \in \mathbb{E}$ tal que $\varphi(\vec{x}) = \langle \vec{x}, \vec{u}_1 \rangle$ para todo $\vec{x} \in \mathbb{E}$ (v. Exercício 93). Portanto, $A\vec{x} = \langle \vec{x}, \vec{u}_1 \rangle \vec{w}_1$ para todo $\vec{x} \in \mathbb{E}$. O operador A sendo não-nulo, o vetor $\vec{u}_1$ é também não-nulo.

Reciprocamente: Se $A\vec{x} = \langle \vec{x}, \vec{u}_1 \rangle \vec{w}_1$, onde $\vec{u}_1, \vec{w}_1 \in \mathbb{E}$ são vetores não-nulos, então o operador A é não-nulo, porque $A\vec{u}_1 = \langle \vec{u}_1, \vec{u}_1 \rangle \vec{w}_1 = \|\vec{u}_1\|^2 \vec{w}_1$ e $\|\vec{u}_1\|^2 > 0$. Como $A\vec{x} \in S(\vec{w}_1)$

140 320 QUESTÕES RESOLVIDAS DE ÁLGEBRA LINEAR

para todo $\vec{x} \in \mathbb{E}$, segue-se $\operatorname{Im} A \subseteq \mathcal{S}(\vec{w}_1)$, e portanto $\operatorname{Im} A = \mathcal{S}(\vec{w}_1)$. Logo, $\dim(\operatorname{Im} A) = 1$.

Exercício 118 - Prove que o enunciado do Exercício 117 é falso se o espaço euclidiano $\mathbb{E}$ é de dimensão infinita.

Solução: Dado um espaço euclidiano $\mathbb{E}$ com $\dim \mathbb{E} = \infty$, sejam $\varphi \in \mathbb{E}^*$ um funcional linear descontínuo (o qual existe, v. Exercício 21), $\vec{w} \in \mathbb{E}$ um vetor não-nulo e $A \in \hom(\mathbb{E})$ o operador linear definido pondo $A\vec{x} = \varphi(\vec{x})\vec{w}$ para todo $\vec{x} \in \mathbb{E}$. Então $A\vec{x} \in \mathcal{S}(\vec{w})$ para todo $\vec{x} \in \mathbb{E}$. Logo, $\operatorname{Im} A \subseteq \mathcal{S}(\vec{w})$. O funcional linear φ é não-nulo, porque é descontínuo. Decorre daí que $\operatorname{Im} A = \mathcal{S}(\vec{w})$. Portanto, $\dim(\operatorname{Im} A) = 1$. Se existisse $\vec{u} \in \mathbb{E}$ de modo que $A\vec{x} = \langle \vec{x}, \vec{u} \rangle \vec{w}$ para todo $\vec{x} \in \mathbb{E}$, ter-se-ia, para este $\vec{u}$, $A\vec{x} = \varphi(\vec{x})\vec{w} = \langle \vec{x}, \vec{u} \rangle \vec{w}$, donde $\varphi(\vec{x}) = \langle \vec{x}, \vec{u} \rangle$ para todo $\vec{x} \in \mathbb{E}$. Desta forma, φ seria um funcional linear contínuo (v. Exercício 90). Conclui-se daí que não existe $\vec{u} \in \mathbb{E}$ tal que $A\vec{x} = \langle \vec{x}, \vec{u} \rangle \vec{w}$ para todo $\vec{x} \in \mathbb{E}$.

Exercício 119 - Dado um espaço euclidiano $\mathbb{E}$, sejam $\vec{a} \in \mathbb{E}$ e α, β, ρ números reais, sendo α diferente de zero. Descreva o conjunto $\mathbb{X}$ das soluções da equação $\alpha \|\vec{x}\|^2 + \beta \langle \vec{a}, \vec{x} \rangle = \rho$.

Solução: Como α é diferente de zero, a equação do enunciado acima é equivalente à seguinte igualdade:

$$\boxed{\|\vec{x}\|^2 + \frac{\beta}{\alpha} \langle \vec{a}, \vec{x} \rangle = \frac{\rho}{\alpha}} \tag{4.57}$$

Em vista das propriedades do produto interno definido em $\mathbb{E}$, a equação (4.57) torna-se:

$$\boxed{\|\vec{x}\|^2 + 2 \left\langle \frac{\beta}{2\alpha} \vec{a}, \vec{x} \right\rangle + \left\| \frac{\beta}{2\alpha} \vec{a} \right\|^2 = \frac{\rho}{\alpha} + \left\| \frac{\beta}{2\alpha} \vec{a} \right\|^2} \tag{4.58}$$

Por sua vez, (4.58) é equivalente às igualdades:

$$\boxed{\left\| \vec{x} + \frac{\beta}{2\alpha} \vec{a} \right\|^2 = \frac{\rho}{\alpha} + \frac{\beta^2}{4\alpha^2} \|\vec{a}\|^2 = \frac{4\alpha\rho + \beta^2 \|\vec{a}\|^2}{4\alpha^2}} \tag{4.59}$$

(v. Exercício 81). Se $\alpha\rho < -(\beta^2/4)\|\vec{a}\|^2$ então o segundo membro de (4.59) é um número negativo, portanto $\mathbb{X}$ é o

CAPÍTULO 4 – ESPAÇOS EUCLIDIANOS   **141**

conjunto vazio. Se $\alpha\rho = -(\beta^2/4)\|\vec{a}\|^2$, então $\|\vec{x} + (\beta/2\alpha)\vec{a}\| = 0$, donde $\vec{x} = -(\beta/2\alpha)\vec{a}$. Logo, se $\alpha\rho = -(\beta^2/4)\|\vec{a}\|^2$ então $\mathbb{X} = \{-(\beta/2\alpha)\vec{a}\}$. Se $\alpha\rho > -(\beta^2/4)\|\vec{a}\|^2$, então $\mathbb{X}$ é a esfera $\mathbb{S}(\vec{c}; r)$ de centro $\vec{c} = -(\beta/2\alpha)\vec{a}$ e raio positivo $r = (1/2|\alpha|)\sqrt{4\alpha\rho + \beta^2\|\vec{a}\|^2}$.

Exercício 120 - Dado um espaço euclidiano $\mathbb{E}$, sejam $\vec{p}, \vec{q} \in \mathbb{E}$ com $\vec{p}$ diferente de $\vec{q}$ e λ um número positivo diferente de 1. Descreva o conjunto $\mathbb{X}$ das soluções da equação $\|\vec{x} - \vec{p}\| = \lambda\|\vec{x} - \vec{q}\|$.

Solução: Os números $\|\vec{x} - \vec{p}\|$ e $\lambda\|\vec{x} - \vec{q}\|$ sendo não-negativos, a equação $\|\vec{x} - \vec{p}\| = \lambda\|\vec{x} - \vec{q}\|$ e a equação $\|\vec{x} - \vec{p}\|^2 = \lambda^2\|\vec{x} - \vec{q}\|^2$ são equivalentes. Uma vez que vale:

$$\|\vec{x} - \vec{p}\|^2 = \|\vec{x}\|^2 - 2\langle\vec{p}, \vec{x}\rangle + \|\vec{p}\|^2$$

e também:

$$\lambda^2\|\vec{x} - \vec{q}\|^2 = \lambda^2\|\vec{x}\|^2 - 2\lambda^2\langle\vec{q}, \vec{x}\rangle + \lambda^2\|\vec{q}\|^2 =$$

$$= \lambda^2\|\vec{x}\|^2 - 2\langle\lambda^2\vec{q}, \vec{x}\rangle + \lambda^2\|\vec{q}\|^2$$

a equação $\|\vec{x} - \vec{p}\| = \lambda\|\vec{x} - \vec{q}\|$ torna-se:

$$(1 - \lambda^2)\|\vec{x}\|^2 + 2\langle\lambda^2\vec{q} - \vec{p}, \vec{x}\rangle = \lambda^2\|\vec{q}\|^2 - \|\vec{p}\|^2$$

Assim, a equação $\|\vec{x} - \vec{p}\| = \lambda\|\vec{x} - \vec{q}\|$ assume a forma:

$$\boxed{\alpha\|\vec{x}\|^2 + \beta\langle\vec{a}, \vec{x}\rangle = \rho} \qquad (4.60)$$

onde $\alpha = 1 - \lambda^2$, $\beta = 2$, $\rho = \lambda^2\|\vec{q}\|^2 - \|\vec{p}\|^2$ e $\vec{a} = \lambda^2\vec{q} - \vec{p}$. Tem-se:

$$\alpha\rho + \frac{\beta^2}{4}\|\vec{a}\|^2 =$$

$$= (1 - \lambda^2)\left(\lambda^2\|\vec{q}\|^2 - \|\vec{p}\|^2\right) + \|\lambda^2\vec{q} - \vec{p}\|^2 =$$

$$= \lambda^2\|\vec{q}\|^2 - \|\vec{p}\|^2 - \lambda^4\|\vec{q}\|^2 + \lambda^2\|\vec{p}\|^2 +$$

$$+ \lambda^4\|\vec{q}\|^2 - 2\lambda^2\langle\vec{p}, \vec{q}\rangle + \|\vec{p}\|^2 =$$

$$= \lambda^2 \|\vec{q}\|^2 - 2\lambda^2 \langle \vec{p}, \vec{q} \rangle + \lambda^2 \|\vec{p}\|^2 =$$

$$= \lambda^2 \|\vec{p} - \vec{q}\|^2$$

Como $\vec{p}$ é diferente de $\vec{q}$, o número $\alpha\rho + (\beta^2/4)\|\vec{a}\| = \lambda^2 \|\vec{p} - \vec{q}\|^2$ é positivo. Sendo $\alpha = 1 - \lambda^2$ diferente de zero, o conjunto $\mathbb{X}$ é a esfera $\mathbb{S}(\vec{c}; r)$ de centro $\vec{c}$ e raio positivo r (v. Exercício 119) onde:

$$\vec{c} = -\frac{\beta}{2\alpha}\vec{a} = \frac{1}{1 - \lambda^2}(\vec{p} - \lambda^2 \vec{q})$$

$$r = \frac{1}{2|\alpha|}\sqrt{4\alpha\rho + \beta^2 \|\vec{a}\|^2} = \frac{\lambda\|\vec{p} - \vec{q}\|}{|1 - \lambda^2|}$$

Capítulo 5

Ortogonalidade

Seja $\mathbb{E}$ um espaço euclidiano. Diz-se que dois vetores $\vec{x}, \vec{y}$ $\in \mathbb{E}$ são *ortogonais* ou *perpendiculares*, e escreve-se:

$$\vec{x} \perp \vec{y}$$

quando $\langle \vec{x}, \vec{y} \rangle = 0$.

Um conjunto $\mathbb{X} \subseteq \mathbb{E}$ diz-se *ortogonal* quando se tem $\vec{x} \perp \vec{y}$ para quaisquer $\vec{x}, \vec{y} \in \mathbb{X}$ com $\vec{x}$ diferente de $\vec{y}$.

Um conjunto $\mathbb{X} \subseteq \mathbb{E}$ chama-se *ortonormal* quando é ortogonal e se tem $\|\vec{x}\| = 1$ para todo $\vec{x} \in \mathbb{X}$. Noutros termos, um conjunto ortonormal é um conjunto ortogonal contido na esfera unitária $\mathbb{S}(\vec{o}; 1)$ de $\mathbb{E}$.

Uma base $\mathbb{B}$ de $\mathbb{E}$ diz-se *ortonormal* quando é um conjunto ortonormal.

Exercício 121 - Seja $\mathbb{E}$ um espaço euclidiano. Prove:
(a) Se $\|\vec{x}\| = \|\vec{y}\|$ então $\vec{x} + \vec{y}$ e $\vec{x} - \vec{y}$ são ortogonais.
(b) Para quaisquer $\vec{u}, \vec{v} \in \mathbb{E}$, $\|\vec{u}\|\vec{v} + \|\vec{v}\|\vec{u}$ e $\|\vec{u}\|\vec{v} - \|\vec{v}\|\vec{u}$ são ortogonais.

Solução:
(a): Tem-se:

$$\langle \vec{x} + \vec{y}, \vec{x} - \vec{y} \rangle = \|\vec{x}\|^2 - \|\vec{y}\|^2$$

(v. Exercício 81). Por consequência, se $\|\vec{x}\| = \|\vec{y}\|$ então $\langle \vec{x} + \vec{y}, \vec{x} - \vec{y} \rangle = 0$, logo $\vec{x} + \vec{y}$ e $\vec{x} - \vec{y}$ são ortogonais.
(b): Dados $\vec{u}, \vec{v} \in \mathbb{E}$, sejam $\vec{x} = \|\vec{v}\|\vec{u}$ e $\vec{y} = \|\vec{u}\|\vec{v}$. Então $\|\vec{x}\| = \|\vec{y}\| = \|\vec{u}\|\|\vec{v}\|$. Segue-se que $\|\vec{u}\|\vec{v} + \|\vec{v}\|\vec{u}$ e $\|\vec{u}\|\vec{v} - \|\vec{v}\|\vec{u}$ são

144 320 QUESTÕES RESOLVIDAS DE ÁLGEBRA LINEAR

ortogonais.

Exercício 122 - Sejam $\vec{x}, \vec{y}$ vetores de um espaço euclidiano $\mathbb{E}$. Prove que as afirmações seguintes são equivalentes:
(a) Os vetores $\vec{x}$ e $\vec{y}$ são ortogonais.
(b) Tem-se $\|\vec{x} + \vec{y}\|^2 = \|\vec{x}\|^2 + \|\vec{y}\|^2$.
(c) Tem-se $\|\vec{x} - \vec{y}\|^2 = \|\vec{x}\|^2 + \|\vec{y}\|^2$.

Solução:

(a) $\Leftrightarrow$ (b): Como $\|\vec{x} + \vec{y}\|^2 = \|\vec{x}\|^2 + \|\vec{y}\|^2 + 2\langle \vec{x}, \vec{y} \rangle$, segue-se:

$$\langle \vec{x}, \vec{y} \rangle = \frac{1}{2} \Big[\|\vec{x} + \vec{y}\|^2 - \big(\|\vec{x}\|^2 + \|\vec{y}\|^2 \big) \Big]$$

Por esta razão, tem-se $\|\vec{x} + \vec{y}\|^2 = \|\vec{x}\|^2 + \|\vec{y}\|^2$ se, e somente se, $\langle \vec{x}, \vec{y} \rangle = 0$.

(a) $\Leftrightarrow$ (c): Da igualdade $\|\vec{x} - \vec{y}\|^2 = \|\vec{x}\|^2 + \|\vec{y}\|^2 - 2\langle \vec{x}, \vec{y} \rangle$ obtém-se:

$$\langle \vec{x}, \vec{y} \rangle = \frac{1}{2} \big(\|\vec{x}\|^2 + \|\vec{y}\|^2 - \|\vec{x} - \vec{y}\|^2 \big)$$

Assim sendo, $\|\vec{x} - \vec{y}\|^2 = \|\vec{x}\|^2 + \|\vec{y}\|^2$ se, e somente se, $\langle \vec{x}, \vec{y} \rangle = 0$.

Exercício 123 - Sejam $\vec{u}_1, \ldots, \vec{u}_n$, onde $n \geq 2$, vetores ortogonais dois a dois (ou seja, $\langle \vec{u}_k, \vec{u}_l \rangle = 0$ se k é diferente de l) de um espaço euclidiano $\mathbb{E}$. Prove que $\left\| \sum_{k=1}^{n} \vec{u}_k \right\|^2 = \sum_{k=1}^{n} \|\vec{u}_k\|^2$.

Solução: O enunciado acima é válido para $n = 2$ (v. Exercício 122). Supondo que ele seja válido para um certo $n \geq 2$, sejam $\vec{u}_1, \ldots, \vec{u}_{n+1} \in \mathbb{E}$ vetores ortogonais dois a dois. Tem-se $\langle \vec{u}_k, \vec{u}_{n+1} \rangle = 0$ para cada $k = 1, \ldots, n$, e portanto $\left\langle \sum_{k=1}^{n} \vec{u}_k, \vec{u}_{n+1} \right\rangle = \sum_{k=1}^{n} \langle \vec{u}_k, \vec{u}_{n+1} \rangle = 0$. Logo, $\vec{u}_{n+1}$ e $\vec{v} = \sum_{k=1}^{n} \vec{u}_k$ são ortogonais. Decorre daí e da hipótese de indução que se tem:

$$\left\| \sum_{k=1}^{n+1} \vec{u}_k \right\|^2 = \left\| \left(\sum_{k=1}^{n} \vec{u}_k \right) + \vec{u}_{n+1} \right\|^2 =$$

CAPÍTULO 5 – ORTOGONALIDADE **145**

$$= \|\vec{v} + \vec{u}_{n+1}\|^2 = \|\vec{v}\|^2 + \|\vec{u}_{n+1}\|^2 =$$

$$= \left(\sum_{k=1}^{n} \|\vec{u}_k\|^2\right) + \|\vec{u}_{n+1}\|^2 = \sum_{k=1}^{n+1} \|\vec{u}_k\|^2$$

Logo, o resultado segue.

Exercício 124 - Seja $\mathbb{E}$ um espaço euclidiano de dimensão infinita ou de dimensão finita $n \geq 2$. Prove que existem vetores não-nulos $\vec{u}_1$, $\vec{u}_2$ em $\mathbb{E}$ de modo que $\vec{u}_1$ e $\vec{u}_2$ são ortogonais.

Solução: Sejam $\vec{x}_1, \vec{x}_2$ vetores LI do espaço $\mathbb{E}$. Como $\|\vec{x}_1\| > 0$ e $\|\vec{x}_2\| > 0$, os vetores $\vec{v}_1 = \|\vec{x}_2\|\vec{x}_1$ e $\vec{v}_2 = \|\vec{x}_1\|\vec{x}_2$ são também LI. Assim sendo, ambos os vetores $\vec{u}_1 = \vec{v}_1 - \vec{v}_2$ e $\vec{u}_2 = \vec{v}_1 + \vec{v}_2$ são não-nulos. Como $\|\vec{v}_1\| = \|\vec{v}_2\| = \|\vec{x}_1\|\|\vec{x}_2\|$, segue-se (v. Exercício 121) que $\vec{u}_1$ e $\vec{u}_2$ são ortogonais.

Exercício 125 - Seja $\mathbb{E}$ um espaço euclidiano. Prove as seguintes propriedades:

(a) O conjunto vazio é ortonormal.

(b) O conjunto $\{\vec{x}\}$ é ortogonal, para todo $\vec{x} \in \mathbb{E}$.

(c) Se $\vec{u} \in \mathbb{E}$ é um vetor unitário, então o conjunto $\{\vec{u}\}$ é ortonormal.

(d) Se $\mathbb{X} \subseteq \mathbb{Y}$ e $\mathbb{Y}$ é ortogonal (resp. ortonormal) então $\mathbb{X}$ é ortogonal (resp. ortonormal).

(e) Todo conjunto ortogonal finito $\mathbb{X}$ que não contém o vetor nulo é LI.

(f) Todo conjunto ortogonal $\mathbb{X} \subseteq \mathbb{E}$ que não contém o vetor nulo é LI.

(g) Todo conjunto ortonormal $\mathbb{X} \subseteq \mathbb{E}$ é LI.

Solução:

(a): Um conjunto $\mathbb{X} \subseteq \mathbb{E}$ deixa de ser ortogonal se existem $\vec{x}, \vec{y} \in \mathbb{X}$ com $\vec{x}$ diferente de $\vec{y}$ e $\langle \vec{x}, \vec{y} \rangle$ diferente de zero. Como o conjunto vazio não possui elementos, segue-se que o conjunto vazio é ortogonal (porque não pode deixar de sê-lo). Um subconjunto de $\mathbb{E}$ deixa de ser ortonormal se deixa de ser ortogonal ou contém um vetor $\vec{x}$ cuja norma é diferente de

146   320 QUESTÕES RESOLVIDAS DE ÁLGEBRA LINEAR

um. Logo, o conjunto vazio Ø é ortonormal.

(b): Seja $\vec{x} \in \mathbb{E}$ arbitrário. Se o conjunto $\{\vec{x}\}$ não fosse ortogonal, existiria $\vec{y} \in \{\vec{x}\}$ com $\vec{y}$ diferente de $\vec{x}$ e $\langle \vec{x}, \vec{y} \rangle$ diferente de zero. Como $\{\vec{x}\}$ não contém elementos diferentes de $\vec{x}$, $\{\vec{x}\}$ é ortogonal.

(c): Seja $\vec{u} \in \mathbb{E}$ um vetor unitário. O conjunto $\vec{u}$ é ortogonal e está contido na esfera unitária $\mathbb{S}(\vec{o}; 1)$ de $\mathbb{E}$, logo é ortonormal.

(d): Sejam $\mathbb{X} \subseteq \mathbb{Y} \subseteq \mathbb{E}$. Se $\mathbb{Y}$ é ortogonal então $\langle \vec{x}, \vec{y} \rangle = 0$ para cada par de vetores $\vec{x}, \vec{y} \in \mathbb{Y}$ com $\vec{x} \neq \vec{y}$. Como todo elemento de $\mathbb{X}$ pertence a $\mathbb{Y}$, tem-se $\langle \vec{x}, \vec{y} \rangle = 0$ para cada par de vetores $\vec{x}, \vec{y} \in \mathbb{X}$ com $\vec{x}$ diferente de $\vec{y}$. Logo, $\mathbb{X}$ é ortogonal. Se $\mathbb{Y}$ é ortonormal então é ortogonal e está contido em $\mathbb{S}(\vec{o}; 1)$. Como $\mathbb{X} \subseteq \mathbb{Y}$, $\mathbb{X}$ é ortogonal e $\mathbb{X} \subseteq \mathbb{S}(\vec{o}; 1)$. Portanto, $\mathbb{X}$ é ortonormal.

(e): Seja $\mathbb{X}$ um conjunto ortogonal finito que não contém o vetor nulo. Se $\mathbb{X}$ é o conjunto vazio Ø, então é LI. Supondo $\mathbb{X}$ não-vazio, seja $\operatorname{card} \mathbb{X} = n$ o número de seus elementos. Tem-se $\mathbb{X} = \{\vec{x}_1, \ldots, \vec{x}_n\}$, onde $\vec{x}_1, \ldots, \vec{x}_n$ são elementos distintos de $\mathbb{E}$. Sejam $\lambda_1, \ldots, \lambda_n \in \mathbb{R}$. Como $\mathbb{X}$ é um conjunto ortogonal, $\langle \vec{x}_k, \vec{x}_l \rangle = 0$ para cada par de índices distintos $k, l \in \{1, \ldots, n\}$. Tem-se também $\|\vec{x}_k\| > 0$ para cada $k = 1, \ldots, n$, porque o vetor nulo $\vec{o}$ não pertence a $\mathbb{X}$. Assim sendo,

$$\sum_{k=1}^{n} \lambda_k \vec{x}_k = \vec{o} \Rightarrow$$

$$\Rightarrow \left\langle \sum_{k=1}^{n} \lambda_k \vec{x}_k, \vec{x}_l \right\rangle = 0, \quad l = 1, \ldots, n \Rightarrow$$

$$\Rightarrow \sum_{k=1}^{n} \lambda_k \langle \vec{x}_k, \vec{x}_l \rangle = \lambda_l \|\vec{x}_l\|^2 = 0, \quad l = 1, \ldots, n \Rightarrow$$

$$\Rightarrow \lambda_l = 0, \quad l = 1, \ldots, n$$

Isto mostra que $\mathbb{X}$ é LI.

(f): Seja $\mathbb{X} \subseteq \mathbb{E}$ um conjunto ortogonal que não contém o vetor nulo. Os subconjuntos finitos $\mathbb{A} \subseteq \mathbb{X}$ não contêm o vetor nulo. Em vista da propriedade (d), todo conjunto finito $\mathbb{A} \subseteq \mathbb{X}$ é ortogonal. Decorre daí e da propriedade (e) que todo conjunto finito $\mathbb{A} \subseteq \mathbb{X}$ é LI. Logo, $\mathbb{X}$ é LI.

(g): Todo conjunto ortonormal é um conjunto ortogonal

CAPÍTULO 5 – ORTOGONALIDADE   147

que não contém o vetor nulo. Por isto e pela propriedade (f), todo conjunto ortonormal $\mathbb{X} \subseteq \mathbb{E}$ é LI.

Exercício 126 - Dado um espaço euclidiano $\mathbb{E}$, sejam $\mathbb{X} = \{\vec{u}_1, \dots, \vec{u}_n\} \subseteq \mathbb{E}$ um conjunto ortonormal e $\mathbb{V} = S(\mathbb{X})$ o subespaço de $\mathbb{E}$ gerado por $\mathbb{X}$. Prove:

(a) Todo vetor $\vec{x} \in \mathbb{V}$ se escreve, de modo único, como $\vec{x} = \sum_{k=1}^{n} \langle \vec{x}, \vec{u}_k \rangle \vec{u}_k$.

(b) Para quaisquer $\vec{x}, \vec{y} \in \mathbb{V}$, tem-se $\langle \vec{x}, \vec{y} \rangle = \sum_{k=1}^{n} \langle \vec{x}, \vec{u}_k \rangle \langle \vec{y}, \vec{u}_k \rangle$.

(c) Para todo $\vec{x} \in \mathbb{V}$ tem-se $\| \vec{x} \|^2 = \sum_{k=1}^{n} \langle \vec{x}, \vec{u}_k \rangle^2$.

Solução:

(a): O conjunto $\mathbb{X}$ sendo ortonormal, é LI (v. Exercício 125). Portanto os vetores $\vec{u}_k$, $k = 1, \dots, n$, são LI. Por esta razão, o conjunto $\mathbb{X}$ é uma base de $\mathbb{V}$. Assim sendo, todo vetor $\vec{x} \in \mathbb{V}$ se escreve, de modo único, como $\vec{x} = \sum_{k=1}^{n} x_k \vec{u}_k$, onde os x_k são números reais. Tem-se:

$$\langle \vec{u}_k, \vec{u}_l \rangle = \delta_{kl} = \begin{cases} 1, & \text{se} \quad k = l \\ 0, & \text{se} \quad k \neq l \end{cases}$$

para cada par de índices $k, l \in \{1, \dots, n\}$. Desta forma,

$$\langle \vec{x}, \vec{u}_l \rangle = \left\langle \sum_{k=1}^{n} x_k \vec{u}_k, \vec{u}_l \right\rangle =$$

$$= \sum_{k=1}^{n} x_k \langle \vec{u}_k, \vec{u}_l \rangle = \sum_{k=1}^{n} x_k \delta_{kl} = x_l$$

para cada $l = 1, \dots, n$. Isto demonstra a propriedade (a).

(b): Sejam $\vec{x}, \vec{y} \in \mathbb{V}$ arbitrários. Pela propriedade (a) já demonstrada, $\vec{x} = \sum_{k=1}^{n} \langle \vec{x}, \vec{u}_k \rangle \vec{u}_k$ e $\vec{y} = \sum_{l=1}^{n} \langle \vec{y}, \vec{u}_l \rangle \vec{u}_l$. Por esta razão,

$$\langle \vec{x}, \vec{y} \rangle = \left\langle \sum_{k=1}^{n} \langle \vec{x}, \vec{u}_k \rangle \vec{u}_k, \sum_{l=1}^{n} \langle \vec{y}, \vec{u}_l \rangle \vec{u}_l \right\rangle =$$

$$= \sum_{k=1}^{n} \left\langle \langle \vec{x}, \vec{u}_k \rangle \vec{u}_k, \sum_{l=1}^{n} \langle \vec{y}, \vec{u}_l \rangle \vec{u}_l \right\rangle =$$

$$= \sum_{k=1}^{n} \langle \vec{x}, \vec{u}_k \rangle \left\langle \vec{u}_k, \sum_{l=1}^{n} \langle \vec{y}, \vec{u}_l \rangle \vec{u}_l \right\rangle =$$

$$= \sum_{k=1}^{n} \langle \vec{x}, \vec{u}_k \rangle \left\langle \sum_{l=1}^{n} \langle \vec{y}, \vec{u}_l \rangle \langle \vec{u}_k, \vec{u}_l \rangle \right\rangle =$$

320 QUESTÕES RESOLVIDAS DE ÁLGEBRA LINEAR

$$= \sum_{k=1}^{n} \langle \vec{x}, \vec{u}_k \rangle \left(\sum_{l=1}^{n} \langle \vec{y}, \vec{u}_l \rangle \delta_{kl} \right) =$$

$$= \sum_{k=1}^{n} \langle \vec{x}, \vec{u}_k \rangle \langle \vec{y}, \vec{u}_k \rangle$$

Logo, (b) segue.

(c): Da propriedade (b) resulta $\| \vec{x} \|^2 = \langle \vec{x}, \vec{x} \rangle = \sum_{k=1}^{n} \langle \vec{x}, \vec{u}_k \rangle \langle \vec{x}, \vec{u}_k \rangle = \sum_{k=1}^{n} \langle \vec{x}, \vec{u}_k \rangle^2$, o que prova (c).

Exercício 127 - Sejam $\mathbb{E}$ um espaço euclidiano de dimensão finita e $\mathbb{X} = \{\vec{u}_1, \dots, \vec{u}_n\} \subseteq \mathbb{E}$ um conjunto ortonormal. Prove que se $\| \vec{x} \|^2 = \sum_{k=1}^{n} \langle \vec{x}, \vec{u}_k \rangle^2$ para todo $\vec{x} \in \mathbb{E}$ então $\mathbb{X}$ é uma base de $\mathbb{E}$.

Solução: Supondo que vale $\| \vec{x} \|^2 = \sum_{k=1}^{n} \langle \vec{x}, \vec{u}_k \rangle^2$ para todo vetor $\vec{x}$ em $\mathbb{E}$, sejam $\vec{x} \in \mathbb{E}$ arbitrário e $\vec{y} = \vec{x} - \sum_{l=1}^{n} \langle \vec{x}, \vec{u}_l \rangle \vec{u}_l$. Para cada $k = 1, \dots, n$, valem as seguintes igualdades:

$$\langle \vec{y}, \vec{u}_k \rangle = \langle \vec{x}, \vec{u}_k \rangle - \sum_{l=1}^{n} \langle \vec{x}, \vec{u}_l \rangle \langle \vec{u}_k, \vec{u}_l \rangle =$$

$$= \langle \vec{x}, \vec{u}_k \rangle - \sum_{l=1}^{n} \langle \vec{x}, \vec{u}_l \rangle \delta_{kl} =$$

$$= \langle \vec{x}, \vec{u}_k \rangle - \langle \vec{x}, \vec{u}_k \rangle = 0$$

Daí e da hipótese admitida decorre:

$$\| \vec{y} \|^2 = \left\| \vec{x} - \sum_{l=1}^{n} \langle \vec{x}, \vec{u}_l \rangle \vec{u}_l \right\|^2 =$$

$$= \sum_{k=1}^{n} \langle \vec{y}, \vec{u}_k \rangle^2 = 0$$

Segue-se que $\vec{x} = \sum_{l=1}^{n} \langle \vec{x}, \vec{u}_l \rangle \vec{u}_l$, seja qual for $\vec{x} \in \mathbb{E}$. Logo, $\mathbb{X}$ é um conjunto de geradores de $\mathbb{E}$. O conjunto $\mathbb{X}$ é LI, porque é ortonormal (v. Exercício 125). Segue-se que $\mathbb{X}$ é uma base de $\mathbb{E}$.

Exercício 128 - Seja $\mathbb{X} = \{\vec{u}_1, \dots, \vec{u}_n, \dots\}$ um subconjunto ortonormal de um espaço euclidiano $\mathbb{E}$. Prove:

(a) A série $\sum \langle \vec{x}, \vec{u}_n \rangle^2$ é convergente e se tem $\sum_{n=1}^{\infty} \langle \vec{x}, \vec{u}_n \rangle^2 \leq \| \vec{x} \|^2$, qualquer que seja $\vec{x} \in \mathbb{E}$.

(b) A série $\sum \langle \vec{x}, \vec{u}_n \rangle \langle \vec{y}, \vec{u}_n \rangle$ é absolutamente convergente,

CAPÍTULO 5 – ORTOGONALIDADE **149**

sejam quais forem $\vec{x}, \vec{y} \in \mathbb{E}$.

Solução:

(a): Dados $\vec{x} \in \mathbb{E}$ e n inteiro positivo arbitrários, seja $\vec{y}_n = \vec{x} - \sum_{k=1}^{n} \langle \vec{x}, \vec{u}_k \rangle \vec{u}_k$. Tem-se:

$$\begin{aligned} \|\vec{y}_n\|^2 &= \left\| \vec{x} - \sum_{k=1}^{n} \langle \vec{x}, \vec{u}_k \rangle \vec{u}_k \right\|^2 = \\ &= \|\vec{x}\|^2 + \left\| \sum_{k=1}^{n} \langle \vec{x}, \vec{u}_k \rangle \vec{u}_k \right\|^2 - \\ &\quad - 2 \left\langle \vec{x}, \sum_{k=1}^{n} \langle \vec{x}, \vec{u}_k \rangle \vec{u}_k \right\rangle \end{aligned} \tag{5.1}$$

O vetor $\vec{v} = \sum_{k=1}^{n} \langle \vec{x}, \vec{u}_k \rangle \vec{u}_k$ pertence ao subespaço $\mathbb{V} = \mathcal{S}(\vec{u}_1, \ldots, \vec{u}_n)$ de $\mathbb{E}$ gerado pelos vetores $\vec{u}_1, \ldots, \vec{u}_n$. Assim sendo,

$$\left\| \sum_{k=1}^{n} \langle \vec{x}, \vec{u}_k \rangle \vec{u}_k \right\|^2 = \sum_{k=1}^{n} \langle \vec{x}, \vec{u}_k \rangle^2 \tag{5.2}$$

(v. Exercício 126). Das propriedades do produto interno definido em $\mathbb{E}$ segue-se:

$$\begin{aligned} &\left\langle \vec{x}, \sum_{k=1}^{n} \langle \vec{x}, \vec{u}_k \rangle \vec{u}_k \right\rangle = \\ &= \sum_{k=1}^{n} \langle \vec{x}, \vec{u}_k \rangle \langle \vec{x}, \vec{u}_k \rangle = \sum_{k=1}^{n} \langle \vec{x}, \vec{u}_k \rangle^2 \end{aligned} \tag{5.3}$$

As igualdades (5.1), (5.2) e (5.3) dão:

$$\|\vec{y}_n\|^2 = \|\vec{x}\|^2 - \sum_{k=1}^{n} \langle \vec{x}, \vec{u}_k \rangle^2 \tag{5.4}$$

O número $\|\vec{y}_n\|^2$ sendo não-negativo, resulta de (5.4) que $\sum_{k=1}^{n} \langle \vec{x}, \vec{u}_k \rangle^2 \leq \|\vec{x}\|^2$. Segue-se que $\sum_{k=1}^{n} \langle \vec{x}, \vec{u}_k \rangle^2 \leq \|\vec{x}\|^2$ para cada n inteiro positivo. Como $\langle \vec{x}, \vec{u}_k \rangle^2 \geq 0$ para cada k inteiro positivo, a sequência das somas parciais $S_n = \sum_{k=1}^{n} \langle \vec{x}, \vec{u}_k \rangle^2$ da série $\sum \langle \vec{x}, \vec{u}_n \rangle^2$ é não-decrescente e limitada por $\|\vec{x}\|^2$. Portanto, a série $\sum \langle \vec{x}, \vec{u}_n \rangle^2$ converge, e se tem $\sum_{n=1}^{\infty} \langle \vec{x}, \vec{u}_n \rangle^2 = \lim_{n \to \infty} S_n = \lim_{n \to \infty} \sum_{k=1}^{n} \langle \vec{x}, \vec{u}_k \rangle^2 \leq \|\vec{x}\|^2$.

(b): Sejam $\vec{x}, \vec{y} \in \mathbb{E}$ arbitrários. Para cada n inteiro positivo, tem-se:

150   320 QUESTÕES RESOLVIDAS DE ÁLGEBRA LINEAR

$$0 \leq (|\langle \vec{x}, \vec{u}_n \rangle| - |\langle \vec{y}, \vec{u}_n \rangle|)^2 =$$
$$= \langle \vec{x}, \vec{u}_n \rangle^2 + \langle \vec{y}, \vec{u}_n \rangle^2 - 2|\langle \vec{x}, \vec{u}_n \rangle \langle \vec{y}, \vec{u}_n \rangle|$$

(5.5)

As igualdades (5.5) (uma para cada n inteiro positivo) conduzem a:

$$|\langle \vec{x}, \vec{u}_n \rangle \langle \vec{y}, \vec{u}_n \rangle| \leq$$
$$\leq \frac{\langle \vec{x}, \vec{u}_n \rangle^2}{2} + \frac{\langle \vec{y}, \vec{u}_n \rangle^2}{2}, \quad n = 1, 2, \ldots$$

(5.6)

Pela propriedade (a) já demonstrada, as séries $\sum \langle \vec{x}, \vec{u}_n \rangle^2$ e $\sum \langle \vec{y}, \vec{u}_n \rangle^2$ são ambas convergentes. Desta forma, (5.6) e o critério da comparação para séries dizem que a série $\sum |\langle \vec{x}, \vec{u}_n \rangle \langle \vec{y}, \vec{u}_n \rangle|$ converge. Logo, a série $\sum \langle \vec{x}, \vec{u}_n \rangle \langle \vec{y}, \vec{u}_n \rangle$ é absolutamente convergente.

Seja $\mathbb{E}$ um espaço vetorial normado. Diz-se que uma sequência $(\vec{x}_n)$ de vetores de $\mathbb{E}$ *converge* para um vetor $\vec{x} \in \mathbb{E}$, e escreve-se:

$$\lim \vec{x}_n = \vec{x}$$

quando $\lim_{n \to \infty} \|\vec{x} - \vec{x}_n\| = 0$. Diz-se que uma série $\sum \vec{x}_n$ de vetores de $\mathbb{E}$ *converge* para um vetor $\vec{x} \in \mathbb{E}$, e escreve-se:

$$\sum_{n=1}^{\infty} \vec{x}_n = \vec{x}$$

quando a sequência $(\vec{s}_n)$ de suas somas parciais $\vec{s}_n = \sum_{k=1}^{n} \vec{x}_k$ converge para $\vec{x}$. Portanto, tem-se $\sum_{n=1}^{\infty} \vec{x}_n = \vec{x}$ quando $\lim_{n \to \infty} \left\| \vec{x} - \sum_{k=1}^{n} \vec{x}_k \right\| = 0$.

Exercício 129 - Seja $\mathbb{X} = \{\vec{u}_1, \ldots, \vec{u}_n, \ldots\}$ um subconjunto ortonormal de um espaço euclidiano $\mathbb{E}$. Prove:
(a) Se $\sum_{n=1}^{\infty} \langle \vec{x}, \vec{u}_n \rangle \vec{u}_n = \vec{x}$ então $\sum_{n=1}^{\infty} \langle \vec{x}, \vec{u}_n \rangle^2 = \|\vec{x}\|^2$.
(b) Se $\sum_{n=1}^{\infty} \langle \vec{x}, \vec{u}_n \rangle \vec{u}_n = \vec{x}$ e $\sum_{n=1}^{\infty} \langle \vec{y}, \vec{u}_n \rangle = \vec{y}$ então $\sum_{n=1}^{\infty} \langle \vec{x}, \vec{u}_n \rangle \langle \vec{y}, \vec{u}_n \rangle = \langle \vec{x}, \vec{y} \rangle$.

Solução:

CAPÍTULO 5 – ORTOGONALIDADE 151

(a): Seja $\vec{x} \in \mathbb{E}$ tal que $\sum_{n=1}^{\infty} \langle \vec{x}, \vec{u}_n \rangle \vec{u}_n = \vec{x}$. Para cada n inteiro positivo, seja $\vec{y}_n = \vec{x} - \sum_{k=1}^{n} \langle \vec{x}, \vec{u}_k \rangle \vec{u}_k$. Como $\sum_{n=1}^{\infty} \langle \vec{x}, \vec{u}_n \rangle \vec{u}_n = \vec{x}$, segue-se $\lim_{n \to \infty} \|\vec{y}_n\| = 0$, e portanto $\lim_{n \to \infty} \|\vec{y}_n\|^2 = 0$. Tem-se $\|\vec{y}_n\|^2 = \|\vec{x}\|^2 - \sum_{k=1}^{n} \langle \vec{x}, \vec{u}_k \rangle^2$, $n = 1,2,\ldots$ (v. Exercício 128). Assim sendo,

$$\lim_{n \to \infty} \left(\|\vec{x}\|^2 - \sum_{k=1}^{n} \langle \vec{x}, \vec{u}_n \rangle^2 \right) = 0$$

donde $\sum_{n=1}^{\infty} \langle \vec{x}, \vec{u}_k \rangle^2 = \lim_{n \to \infty} \sum_{k=1}^{n} \langle \vec{x}, \vec{u}_k \rangle^2 = \|\vec{x}\|^2$.

(b): Sejam $\vec{x}, \vec{y} \in \mathbb{E}$ tais que $\sum_{n=1}^{\infty} \langle \vec{x}, \vec{u}_n \rangle \vec{u}_n = \vec{x}$ e $\sum_{n=1}^{\infty} \langle \vec{y}, \vec{u}_n \rangle \vec{u}_n = \vec{y}$. Dados $\alpha, \beta \in \mathbb{R}$, tem-se:

$$(\alpha \vec{x} + \beta \vec{y}) - \sum_{k=1}^{n} \langle \alpha \vec{x} + \beta \vec{y}, \vec{u}_k \rangle \vec{u}_k =$$

$$= (\alpha \vec{x} + \beta \vec{y}) - \left(\sum_{k=1}^{n} \langle \alpha \vec{x}, \vec{u}_k \rangle \vec{u}_k + \sum_{k=1}^{n} \langle \beta \vec{y}, \vec{u}_k \rangle \vec{u}_k \right) =$$

$$= (\alpha \vec{x} + \beta \vec{y}) - \left(\alpha \sum_{k=1}^{n} \langle \vec{x}, \vec{u}_k \rangle \vec{u}_k + \beta \sum_{k=1}^{n} \langle \vec{y}, \vec{u}_k \rangle \vec{u}_k \right) =$$

$$= \alpha \left(\vec{x} - \sum_{k=1}^{n} \langle \vec{x}, \vec{u}_k \rangle \vec{u}_k \right) + \beta \left(\vec{y} - \sum_{k=1}^{n} \langle \vec{y}, \vec{u}_k \rangle \vec{u}_k \right)$$

e portanto:

$$0 \leq \left\| (\alpha \vec{x} + \beta \vec{y}) - \sum_{k=1}^{n} \langle \alpha \vec{x} + \beta \vec{y}, \vec{u}_k \rangle \vec{u}_k \right\| \leq$$

$$\leq |\alpha| \left\| \vec{x} - \sum_{k=1}^{n} \langle \vec{x}, \vec{u}_k \rangle \vec{u}_k \right\| +$$

$$+ |\beta| \left\| \vec{y} - \sum_{k=1}^{n} \langle \vec{y}, \vec{u}_k \rangle \vec{u}_k \right\|$$

para cada n inteiro positivo. Como $\lim_{n \to \infty} \left\| \vec{x} - \sum_{k=1}^{n} \langle \vec{x}, \vec{u}_k \rangle \vec{u}_k \right\| = 0$ e $\lim_{n \to \infty} \left\| \vec{y} - \sum_{k=1}^{n} \langle \vec{y}, \vec{u}_k \rangle \vec{u}_k \right\| = 0$, segue-se que $\sum_{n=1}^{\infty} \langle \alpha \vec{x} + \beta \vec{y}, \vec{u}_n \rangle \vec{u}_n = \alpha \vec{x} + \beta \vec{y}$. Em particular, $\sum_{n=1}^{\infty} \langle \vec{x} + \vec{y}, \vec{u}_n \rangle \vec{u}_n = \vec{x} + \vec{y}$ e $\sum_{n=1}^{\infty} \langle \vec{x} - \vec{y}, \vec{u}_n \rangle \vec{u}_n = \vec{x} - \vec{y}$. Resulta da propriedade (a) já demonstrada que vale:

$$\boxed{\sum_{n=1}^{\infty} \langle \vec{x} + \vec{y}, \vec{u}_n \rangle^2 = \|\vec{x} + \vec{y}\|^2} \tag{5.7}$$

e também:

$$\boxed{\sum_{n=1}^{\infty} \langle \vec{x} - \vec{y}, \vec{u}_n \rangle^2 = \|\vec{x} - \vec{y}\|^2} \tag{5.8}$$

A série $\sum \langle \vec{x}, \vec{u}_n \rangle \langle \vec{y}, \vec{u}_n \rangle$ é absolutamente convergente (v. Exercício 128) e portanto convergente. Desta forma, as

152 320 QUESTÕES RESOLVIDAS DE ÁLGEBRA LINEAR

igualdades (5.7) e (5.8) conduzem a:

$$\sum_{n=1}^{\infty} \langle \vec{x}, \vec{u}_n \rangle \langle \vec{y}, \vec{u}_n \rangle =$$

$$= \sum_{n=1}^{\infty} \left(\frac{\langle \vec{x} + \vec{y}, \vec{u}_n \rangle^2 - \langle \vec{x} - \vec{y}, \vec{u}_n \rangle^2}{4} \right) =$$

$$= \frac{1}{4} \sum_{n=1}^{\infty} \langle \vec{x} + \vec{y}, \vec{u}_n \rangle^2 - \frac{1}{4} \sum_{n=1}^{\infty} \langle \vec{x} - \vec{y}, \vec{u}_n \rangle^2 =$$

$$= \frac{1}{4} (\|\vec{x} + \vec{y}\|^2 - \|\vec{x} - \vec{y}\|^2) = \langle \vec{x}, \vec{y} \rangle.$$

Isto demonstra a propriedade (b).

Sejam $\mathbb{E}$ um espaço vetorial normado e r um número real positivo. Diz-se que os pontos $\vec{p}$, $\vec{q}$ da esfera $\mathbb{S}(\vec{a}; r)$ são *diametralmente opostos* quando existe um vetor unitário $\vec{u} \in \mathbb{E}$ tal que $\vec{p} = \vec{a} - r\vec{u}$ e $\vec{q} = \vec{a} + r\vec{u}$.

Exercício 130 - Dado um espaço euclidiano $\mathbb{E}$, sejam $\vec{a} \in \mathbb{E}$, $r > 0$ e $\vec{p}, \vec{q} \in \mathbb{S}(\vec{a}; r)$ diametralmente opostos. Prove que os vetores $\vec{x} - \vec{p}$ e $\vec{x} - \vec{q}$ são ortogonais, para qualquer que seja $\vec{x} \in \mathbb{S}(\vec{a}; r)$. Interprete geometricamente.

Solução:
Seja $\vec{u} \in \mathbb{E}$ um vetor unitário tal que $\vec{p} = \vec{a} - r\vec{u}$ e $\vec{q} = \vec{a} + r\vec{u}$. Seja $\vec{x} \in \mathbb{S}(\vec{a}; r)$ arbitário. Tem-se $\vec{x} - \vec{p} = (\vec{x} - \vec{a}) + r\vec{u}$ e $\vec{x} - \vec{q} = (\vec{x} - \vec{a}) - r\vec{u}$. Portanto,

$$\boxed{\begin{aligned} \langle \vec{x} - \vec{p}, \vec{x} - \vec{q} \rangle &= \\ = \langle (\vec{x} - \vec{a}) + r\vec{u}, (\vec{x} - \vec{a}) - r\vec{u} \rangle &= \\ = \|\vec{x} - \vec{a}\|^2 - \|r\vec{u}\|^2 = \|\vec{x} - \vec{a}\|^2 - r^2 \end{aligned}} \qquad (5.9)$$

(v. Exercício 81). Como $\vec{x} \in \mathbb{S}(\vec{a}; r)$, $\|\vec{x} - \vec{a}\| = r$, donde $\|\vec{x} - \vec{a}\|^2 = r^2$. Resulta disto e de (5.9) que $\langle \vec{x} - \vec{p}, \vec{x} - \vec{q} \rangle = 0$. Logo, os vetores $\vec{x} - \vec{p}$ e $\vec{x} - \vec{q}$ são ortogonais.

Sejam $\vec{x}, \vec{p}, \vec{q}$ pontos distintos da esfera $\mathbb{S}(\vec{a}; r)$. Os pontos $\vec{x}$, $\vec{p}$ e $\vec{q}$ são os vértices do triângulo cujos lados são os segmentos $[\vec{p}, \vec{x}]$, $[\vec{x}, \vec{q}]$ e $[\vec{p}, \vec{q}]$. Este triângulo diz-se *inscrito*

CAPÍTULO 5 – ORTOGONALIDADE   153

na esfera $\mathbb{S}(\vec{a}; r)$. Em vista do exposto acima, se $\vec{p}$ e $\vec{q}$ são diametralmente opostos então o ângulo θ entre os vetores $\vec{x} - \vec{p}$ e $\vec{x} - \vec{q}$ é $\pi/2$, seja qual for $\vec{x} \in \mathbb{S}(\vec{a}; r)$ diferente de $\vec{p}$ e de $\vec{q}$. Portanto, todo triângulo inscrito numa esfera com dois de seus vértices diametralmente opostos é um triângulo retângulo.

Exercício 131 - Prove, sem usar o método de Gram-Schmidt, que todo espaço euclidiano de dimensão finita possui uma base ortonormal.

Solução: Seja $\mathbb{E}$ um espaço euclidiano de dimensão finita n. Se $n = 0$ então $\mathbb{E} = \{\vec{o}\}$. Logo $\mathbb{E}$ possui uma base ortonormal, que é o conjunto vazio $\emptyset$ (v. Exercício 125). Supondo $\dim \mathbb{E} = n > 0$, seja $\vec{u} \in \mathbb{E}$ um vetor unitário. O conjunto $\{\vec{u}\} \subseteq \mathbb{E}$ é ortonormal (v. Exercício 125). Segue-se que a classe O, cujos membros são os conjuntos ortonormais não-vazios $\mathbb{X} \subseteq \mathbb{E}$, não é vazia. Todo conjunto ortonormal é LI. Portanto, todo conjunto $\mathbb{X} \in O$ é finito, e o número $\operatorname{card} \mathbb{X}$ de seus elementos não excede n. Seja:

$$\mathbb{K} = \{\operatorname{card} \mathbb{X} : \mathbb{X} \in O\}$$

Como os conjuntos ortonormais $\mathbb{X} \in O$ não são vazios, tem-se $1 \leq \operatorname{card} \mathbb{X} \leq n$, seja qual for $\mathbb{X} \in O$. Assim sendo, $\mathbb{K} \subseteq \mathbb{I}_n = \{1, \ldots, n\}$. Como $1 \in \mathbb{K}$ (de fato, para todo vetor unitário $\vec{u} \in \mathbb{E}$ o conjunto $\{\vec{u}\}$ é ortonormal e possui um elemento), $\mathbb{K}$ é um conjunto não-vazio e limitado de números inteiros positivos. Por isto, $\mathbb{K}$ possui maior elemento (v. Lima, *Curso de Análise*, Vol 1, 1989, p. 36). Seja então $m = \max \mathbb{K}$ o maior elemento de $\mathbb{K}$. Então, se $\mathbb{X} \subseteq \mathbb{E}$ é um conjunto ortonormal, o número $\operatorname{card} \mathbb{X}$ de seus elementos não excede m. Tem-se $1 \leq m \leq n$. Admitindo $m < n$, sejam $\mathbb{X} = \{\vec{u}_1, \ldots, \vec{u}_m\} \subseteq \mathbb{E}$ um conjunto ortonormal com m elementos e $\vec{x} \in \mathbb{E}$ que não pertence ao subespaço $S(\mathbb{X}) \subseteq \mathbb{E}$ gerado por $\mathbb{X}$ (o qual existe, pois sendo $m < n = \dim \mathbb{E}$, $\mathbb{X}$ não é um conjunto de geradores de $\mathbb{E}$). Seja $\vec{w} = \vec{x} - \sum_{k=1}^{m} \langle \vec{x}, \vec{u}_k \rangle \vec{u}_k$. Para cada $l = 1, \ldots, m$, vale:

$$\langle \vec{w}, \vec{u}_l \rangle = \langle \vec{x}, \vec{u}_l \rangle - \sum_{k=1}^{m} \langle \vec{x}, \vec{u}_k \rangle \langle \vec{u}_k, \vec{u}_l \rangle =$$

154   320 QUESTÕES RESOLVIDAS DE ÁLGEBRA LINEAR

$$= \langle \vec{x}, \vec{u}_l \rangle - \sum_{k=1}^{m} \langle \vec{x}, \vec{u}_k \rangle \delta_{kl} =$$

$$= \langle \vec{x}, \vec{u}_l \rangle - \langle \vec{x}, \vec{u}_l \rangle = 0$$

Logo, o vetor $\vec{w}$ é ortogonal a todos os vetores $\vec{u}_1, \dots, \vec{u}_m$. O vetor $\vec{w}$ é não-nulo, pois do contrário ter-se-ia $\vec{x} = \sum_{k=1}^{m} \langle \vec{x}, \vec{u}_k \rangle \vec{u}_k$, e portanto $\vec{x} \in \mathcal{S}(\mathbb{X})$. Então o vetor $\vec{u} = \vec{w}/\|\vec{w}\|$ é unitário e ortogonal a cada um dos vetores $\vec{u}_1, \dots, \vec{u}_m$. Logo, o conjunto $\mathbb{Y} = \{\vec{u}_1, \dots, \vec{u}_m, \vec{u}\}$ é ortonormal e possui $m + 1$ elementos, o que contradiz $m = \max \mathbb{K}$. Segue-se que $m = n$. Portanto, existe um conjunto ortonormal $\mathbb{B} \subseteq \mathbb{E}$ que possui n elementos. Este conjunto $\mathbb{B}$ é uma base de $\mathbb{E}$, porque é LI.

Exercício 132 - Sejam $\mathbb{E}$ um espaço euclidiano de dimensão finita e $\mathbb{X} \subseteq \mathbb{E}$ um conjunto ortonormal. Prove, sem usar o método de Gram-Schmidt, que existe uma base ortonormal $\mathbb{Y} \subseteq \mathbb{E}$ tal que $\mathbb{X} \subseteq \mathbb{Y}$. Noutros termos, todo conjunto ortonormal $\mathbb{X} \subseteq \mathbb{E}$ pode ser extendido para uma base ortonormal.

Solução: Sejam $n = \dim \mathbb{E}$ e $m = \operatorname{card} \mathbb{X}$ o número de elementos de $\mathbb{X}$. Se $m = 0$ então $\mathbb{X}$ é o conjunto vazio $\emptyset$. O espaço $\mathbb{E}$ possui uma base ortonormal $\mathbb{Y}$ (v. Exercício 131). Para esta base $\mathbb{Y}$, tem-se $\mathbb{X} \subseteq \mathbb{Y}$. Se $m = n$ então $\mathbb{X}$ é uma base ortonormal de $\mathbb{E}$, porque tem n elementos e é LI. Supondo $1 \leq m < n$, seja X a classe de subconjuntos de $\mathbb{E}$ cujos membros são os subconjuntos ortonormais de $\mathbb{E}$ que contêm $\mathbb{X}$. A classe X não é vazia, porque $\mathbb{X} \in$ X. Seja:

$$\mathbb{L} = \{\operatorname{card} \mathbb{B} : \mathbb{B} \in X\}$$

Como todo subconjunto ortonormal de $\mathbb{E}$ é LI, tem-se $m = \operatorname{card} \mathbb{X} \leq \operatorname{card} \mathbb{B} \leq \dim \mathbb{E} = n$, seja qual for $\mathbb{B} \in$ X. Logo, $\mathbb{L}$ é um conjunto finito de números inteiros positivos. Seja $p = \max \mathbb{L}$ o maior elemento do conjunto $\mathbb{L}$. Supondo $p < n$, sejam $\mathbb{B}_0 = \{\vec{u}_1, \dots, \vec{u}_p\}$ um conjunto ortonormal com p elementos que contém $\mathbb{X}$ e $\vec{x} \in \mathbb{E}$ que não pertence ao subespaço $\mathcal{S}(\mathbb{B}_0) \subseteq \mathbb{E}$ gerado por $\mathbb{B}_0$. O vetor $\vec{w} = \vec{x} - \sum_{k=1}^{p} \langle \vec{x}, \vec{u}_k \rangle \vec{u}_k$ é não-nulo e ortogonal aos vetores $\vec{u}_1, \dots, \vec{u}_p$ (v. Exercício 131). Portanto, o vetor $\vec{u} = \vec{w}/\|\vec{w}\|$ é unitário e ortogonal aos vetores $\vec{u}_1, \dots, \vec{u}_p$. Assim sendo, o conjunto $\mathbb{B} = \{\vec{u}_1, \dots, \vec{u}_p, \vec{u}\} = \mathbb{B}_0 \cup \{\vec{u}\}$ é

CAPÍTULO 5 – ORTOGONALIDADE   155

ortonormal. Como $\mathbb{X} \subseteq \mathbb{B}_0 \subseteq \mathbb{B}$, $\mathbb{B}$ é um conjunto ortonormal que contém $\mathbb{X}$ e possui $p + 1$ elementos. Isto contradiz $p = \max \mathbb{L}$. Decorre daí que $p = n$. Portanto existe um conjunto ortonormal $\mathbb{Y} \subseteq \mathbb{E}$ com $\mathbb{X} \subseteq \mathbb{Y}$ e card $\mathbb{Y} = n$. Este $\mathbb{Y}$ é uma base de $\mathbb{E}$, porque tem n elementos e é LI.

Exercício 133 - Dado um espaço euclidiano $\mathbb{E}$, seja $\mathbb{X} = \{\vec{x}_1, \dots, \vec{x}_n, \dots \} \subseteq \mathbb{E}$ um conjunto LI enumerável. Prove, sem usar o método de Gram-Schmidt, que existe um conjunto ortonormal $\mathbb{Y} = \{\vec{u}_1, \dots, \vec{u}_n, \dots \} \subseteq \mathbb{E}$ de modo que $\mathcal{S}(\vec{x}_1, \dots, \vec{x}_n)$ $= \mathcal{S}(\vec{u}_1, \dots, \vec{u}_n)$ para cada n. Portanto, $\mathcal{S}(\mathbb{X}) = \mathcal{S}(\mathbb{Y})$.

Solução:

Sejam, para cada n, $\mathbb{V}_n = \mathcal{S}(\vec{x}_1, \dots, \vec{x}_n)$. Então $\mathbb{V}_n \subseteq \mathbb{V}_{n+1}$ para cada n. O conjunto $\{\vec{x}_1, \dots, \vec{x}_n\}$ sendo LI, tem-se $\dim \mathbb{V}_n = n$ para cada n. Seja n um inteiro positivo arbitrário. Como $\dim \mathbb{V}_n = n$, $\mathbb{V}_n$ possui uma base ortonormal $\mathbb{Y}_n$ (v. Exercício 131). Em vista da inclusão $\mathbb{V}_n \subseteq \mathbb{V}_{n+1}$, esta base $\mathbb{Y}_n$ é um subconjunto ortonormal de $\mathbb{V}_{n+1}$. Por esta razão, existe uma base ortonormal $\mathbb{Y}_{n+1}$ de $\mathbb{V}_{n+1}$ de modo que $\mathbb{Y}_n \subseteq \mathbb{Y}_{n+1}$ (v. Exercício 132). Segue-se que existe uma família $(\mathbb{Y}_n)$ de conjuntos ortonormais $\mathbb{Y}_n \subseteq \mathbb{E}$ tais que $\mathbb{V}_n = \mathcal{S}(\vec{x}_1, \dots, \vec{x}_n) = \mathcal{S}(\mathbb{Y}_n)$ e $\mathbb{Y}_n \subseteq \mathbb{Y}_{n+1}$ para cada n. Para cada n, o conjunto $\mathbb{Y}_n$ tem n elementos, porque é uma base de $\mathbb{V}_n$ e $\dim \mathbb{V}_n = n$. Portanto, fazendo $\mathbb{Y}_n = \{\vec{u}_1, \dots, \vec{u}_n\}$, tem-se $\mathbb{V}_n = \mathcal{S}(\vec{x}_1, \dots, \vec{x}_n) = \mathcal{S}(\vec{u}_1, \dots, \vec{u}_n)$.

Sejam $\mathbb{Y} = \bigcup_n \mathbb{Y}_n$ e $\vec{u} \in \mathbb{Y}$ arbitrário. Então $\vec{u} \in \mathbb{Y}_n$ para algum n. Como $\mathbb{Y}_n$ é um conjunto ortonormal, o vetor $\vec{u}$ é unitário. Sejam agora $\vec{u}, \vec{v} \in \mathbb{Y}$ com $\vec{u}$ diferente de $\vec{v}$. Existem k, l tais que $\vec{u} \in \mathbb{Y}_k$ e $\vec{v} \in \mathbb{Y}_l$. Como $\mathbb{Y}_n \subseteq \mathbb{Y}_{n+1}$ para cada n, fazendo $n = \max\{k, l\}$ tem-se que $\vec{u}, \vec{v} \in \mathbb{Y}_n$. Assim sendo, os vetores $\vec{u}$ e $\vec{v}$ são ortogonais, porque o conjunto $\mathbb{Y}_n$ é ortonormal. Segue-se que $\mathbb{Y}$ é um conjunto ortonormal. Os conjuntos $\mathbb{Y}_n$ são finitos e $\mathbb{Y}$ é a reunião $\mathbb{Y} = \bigcup_n \mathbb{Y}_n$ dos $\mathbb{Y}_n$. Logo, $\mathbb{Y}$ é enumerável (v. Lima, *Curso de Análise*, Vol 1, 1989, p. 40-41). Portanto, $\mathbb{Y} = \{\vec{u}_1, \dots, \vec{u}_n, \dots \}$.

Seja $\vec{x} \in \mathcal{S}(\mathbb{X})$ arbitrário. Então $\vec{x}$ se escreve como combinação linear $\vec{x} = \sum_{k=1}^{p} \lambda_k \vec{x}_{m_k}$ dos vetores $\vec{x}_{m_1}, \dots, \vec{x}_{m_p}$

156 320 QUESTÕES RESOLVIDAS DE ÁLGEBRA LINEAR

que pertencem a $\mathbb{X}$. Fazendo $n = \max\{m_1, \ldots, m_p\}$, tem-se $\vec{x}_{m_1}, \ldots, \vec{x}_{m_p} \in \{\vec{x}_1, \ldots, \vec{x}_n\}$, donde $\vec{x} \in \mathcal{S}(\vec{x}_1, \ldots, \vec{x}_n) = \mathbb{V}_n$. Decorre daí que $\mathcal{S}(\mathbb{X}) \subseteq \bigcup_n \mathbb{V}_n$. Por outro lado, tem-se $\mathbb{V}_n = \mathcal{S}(\vec{x}_1, \ldots, \vec{x}_n) \subseteq \mathcal{S}(\mathbb{X})$ para cada n, e portanto $\bigcup_n \mathbb{V}_n \subseteq \mathcal{S}(\mathbb{X})$. Isto mostra que $\mathcal{S}(\mathbb{X}) = \bigcup_n \mathbb{V}_n$. De modo análogo, obtém-se a igualdade $\mathcal{S}(\mathbb{Y}) = \bigcup_n \mathcal{S}(\mathbb{Y}_n)$. Sendo $\mathbb{V}_n = \mathcal{S}(\mathbb{Y}_n)$ para cada n, tem-se $\mathcal{S}(\mathbb{X}) = \bigcup_n \mathbb{V}_n = \bigcup_n \mathcal{S}(\mathbb{Y}_n) = \mathcal{S}(\mathbb{Y})$.

Exercício 134 - Seja $\mathbb{X} = \{\vec{u}_1, \ldots, \vec{u}_n\}$ uma base do espaço euclidiano $\mathbb{E}$. Suponha que para todo $\vec{x} = \sum_{k=1}^{n} x_k \vec{u}_k \in \mathbb{E}$ se tenha $\|\vec{x}\|^2 = \sum_{k=1}^{n} x_k^2$. Prove que a base $\mathbb{X}$ é ortonormal. Em particular, a base canônica $\{\vec{e}_1, \ldots, \vec{e}_n\}$ do espaço euclidiano $\mathbb{R}^n$ é ortonormal.

Solução: Da hipótese do enunciado e do fato de ser $\vec{u}_k \pm \vec{u}_l = 1.\vec{u}_k \pm 1.\vec{u}_l$, segue-se:

$$\|\vec{u}_k + \vec{u}_l\|^2 = \begin{cases} 4, & \text{se } k = l \\ 2, & \text{se } k \neq l \end{cases} \tag{5.10}$$

Tem-se também:

$$\|\vec{u}_k - \vec{u}_l\|^2 = \begin{cases} 0, & \text{se } k = l \\ 2, & \text{se } k \neq l \end{cases} \tag{5.11}$$

De (5.10) e (5.11) obtém-se:

$$\langle \vec{u}_k, \vec{u}_l \rangle = \frac{1}{4}(\|\vec{u}_k + \vec{u}_l\|^2 - \|\vec{u}_k - \vec{u}_l\|^2) = \delta_{kl}$$

para cada par de índices $k, l \in \{1, \ldots, n\}$. Logo, a base $\mathbb{X}$ é ortonormal. Tem-se $\|\vec{x}\|^2 = \sum_{k=1}^{n} x_k^2$ para todo $\vec{x} = (x_1, \ldots, x_n) \in \mathbb{R}^n$. Portanto, a base canônica de $\mathbb{R}^n$ é ortonormal.

Exercício 135 - Seja $\mathbb{X} = \{\vec{u}_1, \ldots, \vec{u}_n\}$ uma base de um espaço vetorial $\mathbb{E}$. Mostre que existe um produto interno em $\mathbb{E}$ que torna a base $\mathbb{X}$ ortonormal.

Solução: Como $\mathbb{X}$ é uma base, todo vetor $\vec{x} \in \mathbb{E}$ se escreve, de

CAPÍTULO 5 – ORTOGONALIDADE   157

modo único, como $\vec{x} = \sum_{k=1}^{n} x_k \vec{u}_k$, onde os x_k, $k = 1,\ldots,n$, são números reais. Seja então $\langle\,.\,,\,.\,\rangle$: $\mathbb{E} \times \mathbb{E} \to \mathbb{R}$ definida pondo:

$$\langle \vec{x}, \vec{y} \rangle = \sum_{k=1}^{n} x_k y_k$$

para quaisquer $\vec{x} = \sum_{k=1}^{n} x_k \vec{u}_k$, $\vec{y} = \sum_{k=1}^{n} y_k \vec{u}_k$ em $\mathbb{E}$. Dados $\vec{x} = \sum_{k=1}^{n} x_k \vec{u}_k$, $\vec{y} = \sum_{k=1}^{n} y_k \vec{u}_k$, $\vec{z} = \sum_{k=1}^{n} z_k \vec{u}_k$ em $\mathbb{E}$, tem-se:

$$\langle \alpha\vec{x} + \beta\vec{y}, \vec{z} \rangle = \sum_{k=1}^{n} (\alpha x_k + \beta y_k) z_k =$$

$$= \sum_{k=1}^{n} (\alpha x_k z_k + \beta y_k z_k) = \sum_{k=1}^{n} \alpha x_k z_k + \sum_{k=1}^{n} \beta y_k z_k =$$

$$= \alpha \sum_{k=1}^{n} x_k z_k + \beta \sum_{k=1}^{n} y_k z_k = \alpha\langle \vec{x}, \vec{z} \rangle + \beta\langle \vec{y}, \vec{z} \rangle$$

sejam quais forem $\alpha, \beta \in \mathbb{R}$. Portanto, a função $\langle\,.\,,\,.\,\rangle$ definida acima é linear na primeira variável. Resulta da propriedade comutativa do produto de números reais que $\langle\,.\,,\,.\,\rangle$ é simétrica. Seja agora $\vec{x} = \sum_{k=1}^{n} x_k \vec{u}_k$ um vetor não-nulo. Então $\langle \vec{x}, \vec{x} \rangle = \sum_{k=1}^{n} x_k^2 > 0$, pois (pelo menos) um dos números x_k^2 é positivo. Segue-se que $\langle\,.\,,\,.\,\rangle$ é um produto interno. Pela definição de $\langle\,.\,,\,.\,\rangle$, $\|\vec{x}\|^2 = \langle \vec{x}, \vec{x} \rangle = \sum_{k=1}^{n} x_k^2$ para todo $\vec{x} = \sum_{k=1}^{n} x_k \vec{u}_k \in \mathbb{E}$. Decorre daí que a base $\mathbb{X}$ é ortonormal (v. Exercício 134) relativamente ao produto interno definido acima.

Exercício 136 - Sejam $\vec{x}$, $\vec{p}$, $\vec{q}$ vetores de um espaço euclidiano $\mathbb{E}$. Seja $\vec{m} = (1/2)(\vec{p} + \vec{q})$. Prove: Para que seja $\|\vec{x} - \vec{p}\| = \|\vec{x} - \vec{q}\|$ é necessário e suficiente que os vetores $\vec{x} - \vec{m}$ e $\vec{q} - \vec{p}$ sejam ortogonais.

Solução: Os números $\|\vec{x} - \vec{p}\|$ e $\|\vec{x} - \vec{q}\|$ são não-negativos. Por isto, $\|\vec{x} - \vec{p}\| = \|\vec{x} - \vec{q}\|$ se, e somente se, $\|\vec{x} - \vec{p}\|^2 = \|\vec{x} - \vec{q}\|^2$. Como $\langle \vec{q} + \vec{p}, \vec{q} - \vec{p} \rangle = \|\vec{q}\|^2 - \|\vec{p}\|^2$, segue-se:

$$\|\vec{x} - \vec{p}\| = \|\vec{x} - \vec{q}\| \Leftrightarrow$$

$$\Leftrightarrow \|\vec{x}\|^2 - 2\langle \vec{x}, \vec{p} \rangle + \|\vec{p}\|^2 = \|\vec{x}\|^2 - 2\langle \vec{x}, \vec{q} \rangle + \|\vec{q}\|^2 \Leftrightarrow$$

$$\Leftrightarrow -2\langle \vec{x}, \vec{p} \rangle + \|\vec{p}\|^2 = -2\langle \vec{x}, \vec{q} \rangle + \|\vec{q}\|^2 \Leftrightarrow$$

158 320 QUESTÕES RESOLVIDAS DE ÁLGEBRA LINEAR

$$\Leftrightarrow 2\langle \vec{x}, \vec{q} \rangle - 2\langle \vec{x}, \vec{p} \rangle = \|\vec{q}\|^2 - \|\vec{p}\|^2 \Leftrightarrow$$

$$\Leftrightarrow \langle \vec{x}, \vec{q} \rangle - \langle \vec{x}, \vec{p} \rangle = \langle \vec{x}, \vec{q} - \vec{p} \rangle = \frac{\|\vec{q}\|^2 - \|\vec{p}\|^2}{2} \Leftrightarrow$$

$$\Leftrightarrow \langle \vec{x}, \vec{q} - \vec{p} \rangle = \frac{\langle \vec{p} + \vec{q}, \vec{q} - \vec{p} \rangle}{2} = \left\langle \frac{\vec{p} + \vec{q}}{2}, \vec{q} - \vec{p} \right\rangle \Leftrightarrow$$

$$\Leftrightarrow \langle \vec{x}, \vec{q} - \vec{p} \rangle - \left\langle \frac{\vec{p} + \vec{q}}{2}, \vec{q} - \vec{p} \right\rangle = 0 \Leftrightarrow$$

$$\Leftrightarrow \left\langle \vec{x} - \frac{\vec{p} + \vec{q}}{2}, \vec{q} - \vec{p} \right\rangle = 0$$

Isto prova o enunciado acima.

Exercício 137 - Sejam $\mathbb{E}$ um espaço euclidiano, $\mathbb{X} \subseteq \mathbb{E}$ um conjunto convexo e $\vec{a} \in \mathbb{E}$ um ponto fora de $\mathbb{X}$. Suponha que existam $\vec{x}_0, \vec{x}_1 \in \mathbb{X}$ com a seguinte propriedade: Para todo $\vec{x} \in \mathbb{X}$ tem-se $\|\vec{a} - \vec{x}_0\| \le \|\vec{a} - \vec{x}\|$ e $\|\vec{a} - \vec{x}_1\| \le \|\vec{a} - \vec{x}\|$. Prove que $\vec{x}_0 = \vec{x}_1$.

Solução: Como $\vec{x}_0, \vec{x}_1 \in \mathbb{X}$, segue da hipótese do enunciado acima que valem as desigualdades $\|\vec{a} - \vec{x}_0\| \le \|\vec{a} - \vec{x}_1\|$ e $\|\vec{a} - \vec{x}_1\| \le \|\vec{a} - \vec{x}_0\|$. Por esta razão se tem:

$$\boxed{\|\vec{a} - \vec{x}_0\| = \|\vec{a} - \vec{x}_1\|} \qquad (5.12)$$

Seja:

$$\vec{x}_2 = \frac{\vec{x}_0 + \vec{x}_1}{2}$$

Tem-se:

$$\boxed{\vec{x}_2 - \vec{x}_0 = \frac{\vec{x}_0 + \vec{x}_1}{2} - \vec{x}_0 = \frac{\vec{x}_1 - \vec{x}_0}{2}} \qquad (5.13)$$

e também:

$$\boxed{\vec{x}_1 - \vec{x}_2 = \vec{x}_1 - \frac{\vec{x}_1 + \vec{x}_0}{2} = \frac{\vec{x}_1 - \vec{x}_0}{2}} \qquad (5.14)$$

Resulta de (5.12) que os vetores $\vec{a} - \vec{x}_2$ e $\vec{x}_1 - \vec{x}_0$ são ortogonais (v. Exercício 136). Por isto e por (5.13), os vetores $\vec{a} - \vec{x}_2$ e $\vec{x}_2 - \vec{x}_0$ são ortogonais. Assim sendo,

CAPÍTULO 5 – ORTOGONALIDADE **159**

$$\|\vec{a} - \vec{x}_0\|^2 = \|(\vec{a} - \vec{x}_2) + (\vec{x}_2 - \vec{x}_0)\|^2 =$$
$$= \|\vec{a} - \vec{x}_2\|^2 + \|\vec{x}_2 - \vec{x}_0\|^2$$

(5.15)

(v. Exercício 122). Como $\vec{a} - \vec{x}_2$ e $\vec{x}_1 - \vec{x}_0$ são ortogonais, (5.14) diz que $\vec{a} - \vec{x}_2$ e $\vec{x}_1 - \vec{x}_2$ são ortogonais. Desta forma,

$$\|\vec{a} - \vec{x}_1\|^2 = \|(\vec{a} - \vec{x}_2) - (\vec{x}_1 - \vec{x}_2)\|^2 =$$
$$= \|\vec{a} - \vec{x}_2\|^2 + \|\vec{x}_1 - \vec{x}_2\|^2$$

(5.16)

As igualdades (5.15) fornecem:

$$\|\vec{x}_2 - \vec{x}_0\|^2 = \|\vec{a} - \vec{x}_0\|^2 - \|\vec{a} - \vec{x}_2\|^2$$

(5.17)

Por sua vez, (5.16) conduz a:

$$\|\vec{x}_1 - \vec{x}_2\|^2 = \|\vec{a} - \vec{x}_1\|^2 - \|\vec{a} - \vec{x}_2\|^2$$

(5.18)

O vetor $\vec{x}_2 \in \mathbb{X}$, porque $\vec{x}_0, \vec{x}_1 \in \mathbb{X}$ e $\mathbb{X}$ é convexo. Por isto e pela hipótese feita sobre $\vec{x}_0$ e $\vec{x}_1$, $\|\vec{a} - \vec{x}_0\| \leq \|\vec{a} - \vec{x}_2\|$ e $\|\vec{a} - \vec{x}_1\| \leq \|\vec{a} - \vec{x}_2\|$. Os números $\|\vec{a} - \vec{x}_0\|$, $\|\vec{a} - \vec{x}_1\|$ e $\|\vec{a} - \vec{x}_2\|$ sendo não-negativos, vale $\|\vec{a} - \vec{x}_0\|^2 \leq \|\vec{a} - \vec{x}_2\|^2$, e também $\|\vec{a} - \vec{x}_1\|^2 \leq \|\vec{a} - \vec{x}_2\|^2$. Então, de (5.17) obtém-se $\|\vec{x}_2 - \vec{x}_0\|^2 \leq 0$ e (5.18) dá $\|\vec{x}_1 - \vec{x}_2\|^2 \leq 0$. Decorre destas igualdades que se tem $\|\vec{x}_2 - \vec{x}_0\| = \|\vec{x}_1 - \vec{x}_2\| = 0$, donde $\vec{x}_2 - \vec{x}_0 = \vec{x}_1 - \vec{x}_2 = \vec{o}$. Daí obtém-se $\vec{x}_0 = \vec{x}_1$, como se queria.

Exercício 138 - Dado o vetor unitário $\vec{u} = (\alpha_1, \ldots, \alpha_n)$ no espaço euclidiano $\mathbb{R}^n$, seja $A \in \text{hom}(\mathbb{R}^n)$ o operador linear definido pondo:

$$A\vec{e}_k = \sum_{l=1}^{n} \alpha_l \alpha_k \vec{e}_l, \quad k = 1, \ldots, n$$

onde $\vec{e}_1, \ldots, \vec{e}_n$ são os vetores da base canônica. Seja $B = I - 2A$, onde $I \in \text{hom}(\mathbb{R}^n)$ é o operador identidade. Mostre que para todo $\vec{x} \in \mathbb{R}^n$ tem-se $B\vec{x} = \vec{x} - 2\langle \vec{x}, \vec{u} \rangle \vec{u}$ e conclua que $\|B\vec{x}\| = \|\vec{x}\|$.

Solução: A base canônica sendo ortonormal (v. Exercício 134) tem-se $\alpha_k = \langle \vec{u}, \vec{e}_k \rangle$, $k = 1, \ldots, n$. Uma vez que $\vec{u} = \sum_{l=1}^{n} \alpha_l \vec{e}_l$, resulta da definição de A que valem, para cada $k =$

160   320 QUESTÕES RESOLVIDAS DE ÁLGEBRA LINEAR

$1,\ldots,n$, as seguintes igualdades:

$$\boxed{A\vec{e}_k = \alpha_k \sum_{l=1}^{n} \alpha_l \vec{e}_l = \alpha_k \vec{u} = \langle \vec{e}_k, \vec{u} \rangle \vec{u}} \tag{5.19}$$

Em virtude de ser $\vec{x} = \sum_{k=1}^{n} x_k \vec{e}_k$ para todo $\vec{x} = (x_1, \ldots, x_n) \in \mathbb{R}^n$, resulta de (5.19) que se tem:

$$A\vec{x} = \sum_{k=1}^{n} x_k A\vec{e}_k = \sum_{k=1}^{n} x_k \langle \vec{e}_k, \vec{u} \rangle \vec{u} =$$

$$= \left(\sum_{k=1}^{n} \langle x_k \vec{e}_k, \vec{u} \rangle \right) \vec{u} = \left\langle \sum_{k=1}^{n} x_k \vec{e}_k, \vec{u} \right\rangle \vec{u} =$$

$$= \langle \vec{x}, \vec{u} \rangle \vec{u}$$

qualquer que seja $\vec{x} \in \mathbb{R}^n$. Portanto, $B\vec{x} = \vec{x} - 2A\vec{x} = \vec{x} - 2\langle \vec{x}, \vec{u} \rangle \vec{u}$ para todo $\vec{x} \in \mathbb{R}^n$. Como o vetor $\vec{u}$ é unitário, $\|\vec{u}\| = 1$. Por consequência,

$$\|B\vec{x}\|^2 = \|\vec{x} - 2\langle \vec{x}, \vec{u} \rangle \vec{u}\|^2 =$$

$$= \|\vec{x}\|^2 - 2\langle \vec{x}, 2\langle \vec{x}, \vec{u} \rangle \vec{u} \rangle + \|2\langle \vec{x}, \vec{u} \rangle \vec{u}\|^2 =$$

$$= \|\vec{x}\|^2 - 4\langle \vec{x}, \vec{u} \rangle \langle \vec{x}, \vec{u} \rangle + 4\langle \vec{x}, \vec{u} \rangle^2 \|\vec{u}\|^2 =$$

$$= \|\vec{x}\|^2 - 4\langle \vec{x}, \vec{u} \rangle^2 + 4\langle \vec{x}, \vec{u} \rangle^2 = \|\vec{x}\|^2$$

Logo, $\|B\vec{x}\| = \|\vec{x}\|$.

Exercício 139 - Sejam $\mathbb{X} = \{\vec{u}_1, \ldots, \vec{u}_n, \ldots\}$ e $\mathbb{Y} = \{\vec{w}_1, \ldots, \vec{w}_n, \ldots\}$ subconjuntos ortonormais enumeráveis de um espaço euclidiano $\mathbb{E}$. Suponha que $\mathcal{S}(\vec{u}_1, \ldots, \vec{u}_n) = \mathcal{S}(\vec{w}_1, \ldots, \vec{w}_n)$ para cada n. Prove que $\vec{w}_n = \pm \vec{u}_n$ para cada n.

Solução: Pela hipótese do enunciado acima, $\mathcal{S}(\vec{w}_1) = \mathcal{S}(\vec{u}_1)$, logo $\vec{w}_1 \in \mathcal{S}(\vec{u}_1)$. Assim sendo, $\vec{w}_1 = \lambda_1 \vec{u}_1$ para algum $\lambda_1 \in \mathbb{R}$. Como os conjuntos $\mathbb{X}$ e $\mathbb{Y}$ são ortonormais, $\|\vec{w}_1\| = \|\vec{u}_1\| = 1$. Daí vem $|\lambda_1| = 1$, donde $\lambda_1 = \pm 1$. Por consequência, $\vec{w}_1 = \pm \vec{u}_1$. Seja n inteiro positivo arbitrário. Como $\mathcal{S}(\vec{u}_1, \ldots, \vec{u}_{n+1}) = \mathcal{S}(\vec{w}_1, \ldots, \vec{w}_{n+1})$, o vetor $\vec{w}_{n+1}$ pertence a $\mathcal{S}(\vec{u}_1, \ldots, \vec{u}_{n+1})$. Por esta razão, $\vec{w}_{n+1}$ se escreve como $\vec{w}_{n+1} = \sum_{k=1}^{n+1} \beta_k \vec{u}_k$. Os conjuntos $\mathbb{X}$ e $\mathbb{Y}$ sendo ortonormais, tem-se $\langle \vec{w}_m, \vec{w}_{n+1} \rangle = 0$ para $m = 1,\ldots,n$ e $\langle \vec{u}_k, \vec{u}_m \rangle = \delta_{km}$ para $k,m = 1,\ldots,n+1$. Portanto, admitindo que vale $\vec{w}_m = \pm \vec{u}_m$ para $m = 1,\ldots,n$,

CAPÍTULO 5 – ORTOGONALIDADE **161**

obtém-se:

$$\langle \vec{w}_m, \vec{w}_{n+1} \rangle = \sum_{k=1}^{n+1} \beta_k \langle \vec{u}_k, \vec{w}_m \rangle = \sum_{k=1}^{n+1} (\pm \beta_k \langle \vec{u}_k, \vec{u}_m \rangle) =$$

$$= \sum_{k=1}^{n+1} (\pm \beta_k \delta_{km}) = \pm \beta_m = 0, \quad m = 1, \dots, n$$

Decorre daí que $\beta_1 = \cdots = \beta_n = 0$. Com isto, tem-se $\vec{w}_{n+1} = \sum_{k=1}^{n+1} \beta_k \vec{u}_k = \beta_{n+1} \vec{u}_{n+1}$. Das igualdades $\|\vec{w}_{n+1}\| = \|\vec{u}_{n+1}\| = 1$ resulta $|\beta_{n+1}| = 1$, donde $\vec{w}_{n+1} = \beta_{n+1} \vec{u}_{n+1} = \pm \vec{u}_{n+1}$. Segue-se que a igualdade $\vec{w}_n = \pm \vec{u}_n$ é válida para cada n.

Exercício 140 - Considere a base $\mathbb{V} = \{\vec{v}_1, \vec{v}_2, \vec{v}_3\}$ do espaço euclidiano $\mathbb{R}^3$ formada pelos vetores $\vec{v}_1 = (1, 1, 1)$, $\vec{v}_2 = (1, -1, 1)$ e $\vec{v}_3 = (1, -1, -1)$. Determine a matriz de mudança **a** de $\mathbb{V}$ para a base ortonormal $\mathbb{U} = \{\vec{u}_1, \vec{u}_2, \vec{u}_3\}$ obtida de $\mathbb{V}$ pelo método de Gram-Schmidt. Observe que os elementos da diagonal de **a** são números positivos e abaixo da diagonal todos são nulos. Generalize.

Solução:

Os vetores $\vec{u}_1$, $\vec{u}_2$ e $\vec{u}_3$ são dados por:

$$\boxed{\vec{u}_k = \frac{\vec{x}_k}{\|\vec{x}_k\|}, \quad k = 1, 2, 3} \tag{5.20}$$

onde:

$$\vec{x}_1 = \vec{v}_1$$

$$\vec{x}_2 = \vec{v}_2 - \frac{\langle \vec{x}_1, \vec{v}_2 \rangle}{\|\vec{x}_1\|^2} \vec{x}_1$$

$$\vec{x}_3 = \vec{v}_3 - \frac{\langle \vec{x}_1, \vec{v}_3 \rangle}{\|\vec{x}_1\|^2} \vec{x}_1 - \frac{\langle \vec{x}_2, \vec{v}_3 \rangle}{\|\vec{x}_2\|^2} \vec{x}_2$$

Portanto:

$$\vec{x}_2 = \vec{v}_2 - \frac{\vec{v}_1}{3} = \left(\frac{2}{3}, -\frac{4}{3}, \frac{2}{3} \right),$$

$$\vec{x}_3 = \frac{\vec{v}_1}{2} - \frac{\vec{v}_2}{2} + \vec{v}_3 = (1, 0, 1)$$

162 320 QUESTÕES RESOLVIDAS DE ÁLGEBRA LINEAR

Daí e de (5.20) obtém-se:

$$\vec{u}_1 = \frac{\vec{x}_1}{\|\vec{x}_1\|} = \frac{\vec{v}_1}{\|\vec{v}_1\|} = \frac{\sqrt{3}}{3}\vec{v}_1,$$

$$\vec{u}_2 = \frac{\vec{x}_2}{\|\vec{x}_2\|} = \frac{\sqrt{6}}{4}\vec{x}_2 = -\frac{\sqrt{6}}{12}\vec{v}_1 + \frac{\sqrt{6}}{4}\vec{v}_2,$$

$$\vec{v}_3 = \frac{\vec{x}_3}{\|\vec{x}_3\|} = \frac{\sqrt{2}}{2}\vec{x}_3 = \frac{\sqrt{2}}{4}\vec{v}_1 - \frac{\sqrt{2}}{4}\vec{v}_2 + \frac{\sqrt{2}}{2}\vec{v}_3$$

Resulta destas desigualdades que a matriz **a** requerida é:

$$\mathbf{a} = \begin{bmatrix} \dfrac{\sqrt{3}}{3} & -\dfrac{\sqrt{6}}{12} & \dfrac{\sqrt{2}}{4} \\ 0 & \dfrac{\sqrt{6}}{4} & -\dfrac{\sqrt{2}}{2} \\ 0 & 0 & \dfrac{\sqrt{2}}{2} \end{bmatrix}$$

Os elementos da diagonal de **a** são números positivos, e abaixo da diagonal todos são nulos.

Seja $\mathbb{E}$ um espaço euclidiano de dimensão finita. Dada uma base $\mathbb{V} = \{\vec{v}_1, \ldots, \vec{v}_n\}$ de $\mathbb{E}$, seja $\mathbb{U} = \{\vec{u}_1, \ldots, \vec{u}_n\}$ a base ortonormal obtida de $\mathbb{V}$ pelo método de Gram-Schmidt. Tem-se:

$$\boxed{\vec{u}_k = \frac{\vec{x}_k}{\|\vec{x}_k\|}, \quad k = 1, \ldots, n} \tag{5.21}$$

onde:

$$\boxed{\begin{aligned} \vec{x}_1 &= \vec{v}_1, \\ \vec{x}_k &= \vec{v}_k - \sum_{m=1}^{k-1} \frac{\langle \vec{v}_k, \vec{x}_m \rangle}{\langle \vec{x}_m, \vec{x}_m \rangle} \vec{x}_m, \quad k = 2, \ldots, n \end{aligned}} \tag{5.22}$$

Para cada $m = 1, \ldots, n$ tem-se $\mathcal{S}(\vec{x}_1, \ldots, \vec{x}_m) = \mathcal{S}(\vec{v}_1, \ldots, \vec{v}_m)$ (v. Lima, *Álgebra Linear*, 2001, p. 128-129). Assim sendo, $\vec{x}_m \in \mathcal{S}(\vec{v}_1, \ldots, \vec{v}_m)$ para cada $m = 1, \ldots, n$. Por esta razão, $\vec{x}_m$ se escreve como combinação linear dos vetores $\vec{v}_1, \ldots, \vec{v}_m$. Resulta deste fato e de (5.22) que se tem:

CAPÍTULO 5 – ORTOGONALIDADE   **163**

$$\boxed{\vec{x}_k = \vec{v}_k + \sum_{m=1}^{k-1} \lambda_{mk}\vec{v}_m, \quad k = 2,\dots,m}$$ (5.23)

Como $\vec{x}_1 = \vec{v}_1$, decorre de (5.21) e (5.23) que valem:

$$\boxed{\vec{u}_k = \sum_{m=1}^{n} a_{mk}\vec{v}_m, \quad k = 1,\dots,n}$$ (5.24)

onde:

$$\boxed{\begin{array}{l} a_{kk} = \dfrac{1}{\|\vec{x}_k\|}, \quad k = 1,\dots,n \\[2mm] a_{mk} = 0 \ \text{ se } \ k > m \end{array}}$$ (5.25)

Assim sendo, a matriz **a** = $[a_{mk}]$, de mudança da base $\mathbb{V}$ para a base $\mathbb{U}$, tem $a_{mk} = 0$ se $m > k$ e $a_{kk} > 0$ para cada $k = 1,\dots,n$.

Exercício 141 - Seja $\mathbb{V} = \{\vec{v}_1,\dots,\vec{v}_n\}$ uma base do espaço euclidiano $\mathbb{R}^n$, com $\vec{v}_k = (\alpha_{1k},\dots,\alpha_{nk})$ para $k = 1,\dots,n$. Seja $\mathbb{U}$ a base ortonormal de $\mathbb{R}^n$ obtida de $\mathbb{V}$ pelo método de Gram-Schmidt. Prove que $\mathbb{U}$ é a base canônica de $\mathbb{R}^n$ se, e somente se, $\alpha_{mk} = 0$ para todo $m > k$ e $\alpha_{kk} > 0$ para todo $k = 1,\dots,n$.

Solução:

Supondo que os números α_{mk}, $k,m = 1,\dots,n$, cumpram as condições do enunciado acima, tem-se:

$$\vec{v}_1 = (\alpha_{11},0,\dots,0) = \alpha_{11}\vec{e}_1$$

e também:

$$\vec{v}_k = (\alpha_{1k},\dots,\alpha_{kk},0,\dots,0) =$$
$$= \alpha_{1k}\vec{e}_1 + \cdots + \alpha_{kk}\vec{e}_k, \quad k = 2,\dots,n$$

Seja $\mathbb{X} = \{\vec{x}_1,\dots,\vec{x}_n\}$ a base ortogonal de $\mathbb{R}^n$ obtida de $\mathbb{V}$ pelo método de Gram-Schmidt. Então:

$$\vec{x}_1 = \vec{v}_1 = \alpha_{11}\vec{e}_1$$

Como $\vec{v}_2 = \alpha_{12}\vec{e}_1 + \alpha_{22}\vec{e}_2$, segue-se $\langle \vec{x}_1, \vec{v}_2 \rangle = \alpha_{11}\alpha_{12}$, e portanto:

164 320 QUESTÕES RESOLVIDAS DE ÁLGEBRA LINEAR

$$\vec{x}_2 = \vec{v}_2 - \frac{\langle \vec{x}_1, \vec{v}_2 \rangle}{\|\vec{x}_1\|^2} \vec{x}_1 =$$

$$= \alpha_{12}\vec{e}_1 + \alpha_{22}\vec{e}_2 - \frac{\alpha_{11}\alpha_{12}}{\alpha_{11}^2}(\alpha_{11}\vec{e}_1) =$$

$$= \alpha_{12}\vec{e}_1 + \alpha_{22}\vec{e}_2 - \alpha_{12}\vec{e}_1 = \alpha_{22}\vec{e}_2$$

Seja $k \in \{2, \ldots, n\}$. Admitindo que seja $\vec{x}_m = \alpha_{mm}\vec{e}_m$ para $m = 1, \ldots, k-1$, tem-se:

$$\langle \vec{x}_m, \vec{v}_k \rangle =$$

$$= \alpha_{mm}\langle \vec{e}_m, \alpha_{1k}\vec{e}_1 + \cdots + \alpha_{kk}\vec{e}_k \rangle =$$

$$= \alpha_{mm}\alpha_{mk}, \quad m = 1, \ldots, k-1$$

donde:

$$\vec{x}_k = \vec{v}_k - \sum_{m=1}^{k-1} \frac{\langle \vec{x}_m, \vec{v}_k \rangle}{\|\vec{x}_m\|^2} \vec{x}_m =$$

$$= \alpha_{kk}\vec{e}_k + \sum_{m=1}^{k-1} \alpha_{mk}\vec{e}_k - \sum_{m=1}^{k-1} \alpha_{mk}\vec{e}_k =$$

$$= \alpha_{kk}\vec{e}_k$$

Logo, $\vec{x}_k = \alpha_{kk}\vec{e}_k$ para $k = 1, \ldots, n$. Como os números α_{kk}, $k = 1, \ldots, n$, são positivos, $\|\vec{x}_k\| = |\alpha_{kk}| = \alpha_{kk}$. Desta forma,

$$\vec{u}_k = \frac{\vec{x}_k}{\|\vec{x}_k\|} =$$

$$= \frac{\alpha_{kk}\vec{e}_k}{\alpha_{kk}} = \vec{e}_k, \quad k = 1, \ldots, n$$

Reciprocamente: Supondo que a base $\mathbb{U}$ é a base canônica de $\mathbb{R}^n$, tem-se:

$$\boxed{S(\vec{v}_1, \ldots, \vec{v}_k) = S(\vec{e}_1, \ldots, \vec{e}_k), \quad k = 1, \ldots, n} \tag{5.26}$$

De (5.26) obtém-se:

$$\vec{v}_k = \sum_{m=1}^{k} \alpha_{mk}\vec{e}_m =$$

$$= (\alpha_{1k}, \ldots, \alpha_{kk}, 0, \ldots, 0), \quad k = 1, \ldots, n$$

CAPÍTULO 5 – ORTOGONALIDADE   **165**

Logo, $\vec{v}_1 = \alpha_{11}\vec{e}_1$. Seja $\mathbb{X} = \{\vec{x}_1, \ldots, \vec{x}_n\}$ a base ortogonal obtida de $\mathbb{V}$ pelo método de Gram-Schmidt. Como $\mathbb{U} = \{\vec{e}_1, \ldots, \vec{e}_n\}$, vale $\vec{e}_k = \vec{x}_k / \|\vec{x}_k\|$, e portanto:

$$\boxed{\vec{x}_k = \|\vec{x}_k\| \vec{e}_k, \quad k = 1, \ldots, n} \qquad (5.27)$$

Em particular, $\vec{v}_1 = \vec{x}_1 = \|\vec{x}_1\| \vec{e}_1 = \|\vec{v}_1\| \vec{e}_1$. Como $\vec{v}_1 = \alpha_{11}\vec{e}_1$, segue-se $\alpha_{11} = \|\vec{v}_1\| > 0$. Sendo $\vec{v}_k = (\alpha_{1k}, \ldots, \alpha_{kk}, 0, \ldots, 0)$, as igualdades (5.27) dizem que para cada $k = 2,\ldots,n$ tem-se:

$$\boxed{\langle \vec{x}_m, \vec{v}_k \rangle = \|\vec{x}_m\| \alpha_{mk}, \quad m = 1, \ldots, k-1} \qquad (5.28)$$

Sendo $\vec{x}_k = \sum_{m=1}^{k} \alpha_{mk} \vec{e}_m$, de (5.28) obtém-se:

$$\vec{x}_k = \vec{v}_k - \sum_{m=1}^{k-1} \frac{\langle \vec{x}_m, \vec{v}_k \rangle}{\|\vec{x}_m\|^2} \vec{x}_m =$$

$$= \sum_{m=1}^{k} \alpha_{mk} \vec{e}_k - \sum_{m=1}^{k-1} \frac{\|\vec{x}_m\| \alpha_{mk}}{\|\vec{x}_m\|^2} (\|\vec{x}_m\| \vec{e}_k) =$$

$$= \sum_{m=1}^{k} \alpha_{mk} \vec{e}_m - \sum_{m=1}^{k-1} \alpha_{mk} \vec{e}_k = \alpha_{kk} \vec{e}_k, \quad k = 2, \ldots, n$$

Decorre daí e de (5.28) que se tem $\alpha_{kk} = \|\vec{x}_k\| > 0$ para $k = 2,\ldots,n$. Logo, os números α_{mk}, $k,m = 1,\ldots,n$, cumprem $\alpha_{mk} = 0$ para $m > k$ e $\alpha_{kk} > 0$ para $k = 1,\ldots,n$.

Exercício 142 - Sem fazer cálculo algum, diga quais são as bases obtidas de $\mathbb{V} = \{\vec{v}_1, \vec{v}_2, \vec{v}_3\}$ pelo método de Gram-Schmidt nos seguintes casos:
(a) $\vec{v}_1 = (3, 0, 0)$, $\vec{v}_2 = (-1, 3, 0)$, $\vec{v}_3 = (2, -5, 1)$.
(b) $\vec{v}_1 = (-1, 1, 0)$, $\vec{v}_2 = (5, 0, 0)$, $\vec{v}_3 = (2, -2, 3)$.

Solução:

(a): Sejam $\vec{v}_k = (\alpha_{1k}, \alpha_{2k}, \alpha_{3k})$, $k = 1,2,3$. Sendo $\vec{v}_1 = (3, 0, 0)$, $\vec{v}_2 = (-1, 3, 0)$ e $\vec{v}_3 = (2, -5, 1)$, tem-se $\alpha_{mk} = 0$ se $m > k$ e $\alpha_{kk} > 0$, $k = 1,2,3$. Portanto (v. Exercício 141) a base obtida de $\mathbb{V}$ pelo método de Gram-Schmidt é a base canônica $\{\vec{e}_1, \vec{e}_2, \vec{e}_3\}$ de $\mathbb{R}^3$.

(b): Seja $\mathbb{U} = \{\vec{u}_1, \vec{u}_2, \vec{u}_3\}$ a base obtida de $\mathbb{V}$ pelo método de Gram-Schmidt. Como $\vec{v}_1 = (-1, 1, 0) = -\vec{e}_1 + \vec{e}_2$ e $\vec{v}_2 =$

166 320 QUESTÕES RESOLVIDAS DE ÁLGEBRA LINEAR

$(5, 0, 0) = 5\vec{e}_1$, tem-se:

$$\boxed{S(\vec{u}_1, \vec{u}_2) = S(\vec{v}_1, \vec{v}_2) = S(\vec{e}_1, \vec{e}_2)} \tag{5.29}$$

Por (5.29), $\vec{u}_1, \vec{u}_2 \in S(\vec{e}_1, \vec{e}_2)$. Logo, $\vec{u}_2$ é um vetor unitário do subespaço $S(\vec{e}_1, \vec{e}_2)$, ortogonal ao vetor $\vec{u}_1$. Uma vez que:

$$\vec{u}_1 = \frac{\vec{v}_1}{\|\vec{v}_1\|} = \left(-\frac{\sqrt{2}}{2}, \frac{\sqrt{2}}{2}, 0\right)$$

segue-se:

$$\vec{u}_2 = \pm\left(\frac{\sqrt{2}}{2}, \frac{\sqrt{2}}{2}, 0\right)$$

O vetor $\vec{u}_3$, sendo ortogonal a $\vec{u}_1$ e a $\vec{u}_2$, é ortogonal a todo vetor do subespaço $S(\vec{u}_1, \vec{u}_2)$. De fato,

$$\langle \vec{u}_3, \lambda_1 \vec{u}_1 + \lambda_2 \vec{u}_2 \rangle =$$

$$= \lambda_1 \langle \vec{u}_1, \vec{u}_3 \rangle + \lambda_2 \langle \vec{u}_2, \vec{u}_3 \rangle = 0$$

sejam quais forem λ_1, $\lambda_2 \in \mathbb{R}$. Por (5.29), $\vec{e}_1$, $\vec{e}_2 \in S(\vec{u}_1, \vec{u}_2)$. Logo, $\vec{u}_3$ é um vetor unitário ortogonal a $\vec{e}_1$ e a $\vec{e}_2$. Desta forma, $\vec{u}_3 = \pm\vec{e}_3 = \pm(0, 0, 1)$.

Exercício 143 - Aplicando o método de Gram-Schmidt a um conjunto de vetores $\vec{v}_1, \ldots, \vec{v}_n$ cuja independência linear não é conhecida, prove que se obtém o primeiro vetor $\vec{x}_{k+1} = \vec{o}$ quando $\vec{v}_1, \ldots, \vec{v}_k$ são LI mas $\vec{v}_{k+1}$ é combinação linear de $\vec{v}_1, \ldots, \vec{v}_k$.

Solução: Seja $k \in \{1, \ldots, n-1\}$. Supondo os vetores $\vec{v}_1, \ldots, \vec{v}_k$ LI, sejam $\vec{x}_1, \ldots, \vec{x}_k$ os vetores ortogonais dois a dois obtidos pela aplicação do método de Gram-Schmidt aos vetores $\vec{v}_1, \ldots, \vec{v}_k$. Os vetores $\vec{x}_1, \ldots, \vec{x}_k$ formam uma base do subespaço $S(\vec{v}_1, \ldots, \vec{v}_k)$ (v. Lima, *Álgebra Linear*, 2001, p. 128-129), logo são LI. Assim sendo, $\vec{x}_1, \ldots, \vec{x}_k$ são todos diferentes de $\vec{o}$. Seja:

$$\vec{x}_{k+1} = \vec{v}_{k+1} - \sum_{m=1}^{k} \frac{\langle \vec{v}_{k+1}, \vec{x}_m \rangle}{\|\vec{x}_m\|^2} \vec{x}_m$$

CAPÍTULO 5 – ORTOGONALIDADE   **167**

Se $\vec{v}_{k+1}$ é combinação linear de $\vec{v}_1, \ldots, \vec{v}_k$, então pertence ao subespaço $S(\vec{v}_1, \ldots, \vec{v}_k)$. Como $S(\vec{v}_1, \ldots, \vec{v}_k) = S(\vec{x}_1, \ldots, \vec{x}_k)$, $\vec{v}_{k+1}$ pertence ao subespaço $S(\vec{x}_1, \ldots, \vec{x}_k)$. Por esta razão, $\vec{v}_{k+1}$ se escreve como $\vec{v}_{k+1} = \sum_{l=1}^{k} \lambda_l \vec{x}_l$. Os vetores $\vec{x}_1, \ldots, \vec{x}_k$ sendo não-nulos e ortogonais dois a dois, tem-se $\langle \vec{x}_l, \vec{x}_m \rangle = 0$ se $l \neq m$ e $\langle \vec{x}_l, \vec{x}_m \rangle = \|\vec{x}_m\|^2$ se $l = m$. Resulta disto que se tem:

$$\langle \vec{v}_{k+1}, \vec{x}_m \rangle = \lambda_m \|\vec{x}_m\|^2, \quad m = 1, \ldots, k$$

e portanto:

$$\vec{v}_{k+1} = \sum_{m=1}^{k} \frac{\langle \vec{v}_{k+1}, \vec{x}_m \rangle}{\|\vec{x}_m\|^2} \vec{x}_m$$

Segue-se que $\vec{x}_{k+1} = \vec{o}$.

Exercício 144 - Fixado o vetor unitário $\vec{u} = (a_1, \ldots, a_n)$ do espaço euclidiano $\mathbb{R}^n$, seja $A \in \hom(\mathbb{R}^n)$ definido pondo $A\vec{x} = \langle \vec{x}, \vec{u} \rangle \vec{u}$ para todo $\vec{x} \in \mathbb{R}^n$. Mostre que $A^2 = A$, determine o núcleo de A, as matrizes de A, de $I - A$ e do operador $H = I - 2A$.

Solução: Para cada $m = 1, \ldots, n$, vale:

$$\boxed{\begin{aligned} A\vec{e}_m &= \langle \vec{e}_m, \vec{u} \rangle \vec{u} = a_m \vec{u} = \\ &= \sum_{k=1}^{n} a_k a_m \vec{e}_k = \sum_{k=1}^{n} \alpha_{km} \vec{e}_k \end{aligned}} \qquad (5.30)$$

Por (5.30), a matriz $\mathbf{a} = [\alpha_{km}]$ do operador A, relativamente à base canônica de $\mathbb{R}^n$, é dada por $\alpha_{km} = a_k a_m$, $k, m = 1, \ldots, n$. Assim sendo, as matrizes de $I - A$ e de H são respectivamente $[\delta_{km} - a_k a_m]$ e $[\delta_{km} - 2 a_k a_m]$. O núcleo $\ker A$ de A é o subespaço de $\mathbb{R}^n$ formado pelos vetores $\vec{x} = (x_1, \ldots, x_n) \in \mathbb{R}^n$ tais que $A\vec{x} = \vec{o}$. O vetor $\vec{u}$ é não-nulo, porque é unitário. Assim sendo,

$$\vec{x} \in \ker A \iff A\vec{x} = \langle \vec{x}, \vec{u} \rangle \vec{u} = \vec{o} \iff$$

$$\iff \langle \vec{x}, \vec{u} \rangle = a_1 x_1 + \cdots + a_n x_n = 0$$

Portanto, $\ker A$ é o conjunto das soluções da equação linear

168   320 QUESTÕES RESOLVIDAS DE ÁLGEBRA LINEAR

$\sum_{k=1}^{n} a_k x_k = 0$. Pela definição de A, tem-se:

$A^2 \vec{x} = A(A\vec{x}) = \langle A\vec{x}, \vec{u} \rangle \vec{u} =$

$= \langle \langle \vec{x}, \vec{u} \rangle \vec{u}, \vec{u} \rangle \vec{u} = (\langle \vec{x}, \vec{u} \rangle \langle \vec{u}, \vec{u} \rangle) \vec{u} =$

$= \langle \vec{x}, \vec{u} \rangle \vec{u} = A\vec{x}$

seja qual for $\vec{x} \in \mathbb{R}^n$. Isto mostra que $A^2 = A$.

Exercício 145 - Seja $\langle . , . \rangle$ um produto interno no espaço vetorial $\mathcal{P}$ dos polinômios $p : \mathbb{R} \to \mathbb{R}$. Prove:

(a) Existe um conjunto ortogonal $\mathbb{X} = \{w_n : n = 0, 1, 2 \ldots\}$ formado por polinômios não-nulos de modo que w_n é, para cada $n = 0,1,2,\ldots$, um polinômio de grau n.

(b) Para cada n inteiro positivo, o polinômio w_n é ortogonal a todo polinômio de grau menor ou igual a $n - 1$.

(c) Se $\mathbb{Y} = \{\omega_n : n = 0, 1, 2, \ldots\}$ é um conjunto ortogonal e os ω_n são, para cada $n = 0,1,2,\ldots$, polinômios não-nulos de grau n, então existe, para cada cada $n = 0,1,2,\ldots$, um número real λ_n diferente de 0 tal que $w_n = \lambda_n \omega_n$.

Solução:

(a): Seja, para cada n inteiro não-negativo, $u_n : \mathbb{R} \to \mathbb{R}$ o polinômio definido por $u_n(x) = x^n$. Sejam w_n, $n = 0,1,2,\ldots$, definidos do modo seguinte:

$$w_0 = u_0$$

$$w_n = u_n - \sum_{k=0}^{n-1} \frac{\langle u_n, w_k \rangle}{\|w_k\|^2} w_k, \quad n = 1, 2 \ldots$$

Tem-se $w_0(x) = u_0(x) = 1$ para todo x. Assim sendo, o polinômio w_0 é constante, e portanto de grau zero. O polinômio w_1, sendo a soma de u_1 com um polinômio múltiplo de w_0, é um polinômio de grau um. Seja n um inteiro positivo arbitrário. Admitindo que w_k é, para cada $k = 0,\ldots,n - 1$, um polinômio de grau k, tem-se, pela definição de w_n, que w_n é a soma de u_n com uma combinação linear de polinômios cujos graus são menores ou iguais a $n - 1$. Logo, w_n é um polinômio de grau n. Segue-se que w_n é, para cada

CAPÍTULO 5 – ORTOGONALIDADE   169

$n = 0,1,2,...$, um polinômio de grau n. O conjunto $\mathbb{X}_0 = \{w_0\}$ é ortogonal (v. Exercício 125). Supondo que, para um certo $n \geq 0$, o conjunto $\mathbb{X}_n = \{w_0, ..., w_n\}$ é ortogonal, tem-se:

$$\langle w_k, w_m \rangle = \begin{cases} \|w_m\|^2, & \text{se} \quad k = m \\ 0, & \text{se} \quad k \neq m \end{cases}$$

para $k,m = 0,...,n$. Desta forma valem, para qualquer $m \in \{0, ..., n\}$, as seguintes igualdades:

$$\langle w_{n+1}, w_m \rangle =$$

$$= \langle u_{n+1}, w_m \rangle - \sum_{k=0}^{n} \frac{\langle u_{n+1}, w_k \rangle}{\|w_k\|^2} \langle w_k, w_m \rangle =$$

$$= \langle u_{n+1}, w_n \rangle - \frac{\langle u_{n+1}, w_m \rangle}{\|w_m\|^2} \langle w_m, w_m \rangle =$$

$$= \langle u_{n+1}, w_m \rangle - \langle u_{m+1}, w_n \rangle = 0$$

Isto mostra que o conjunto $\mathbb{X}_{n+1} = \{w_0, ..., w_{n+1}\}$ é ortogonal. Conclui-se daí que $\mathbb{X}_n = \{w_0, ..., w_n\}$ é para cada $n = 0,1,2,...$, um conjunto ortogonal. Como $\mathbb{X} = \bigcup_{n=0}^{\infty} \mathbb{X}_n$ e $\mathbb{X}_n \subseteq \mathbb{X}_{n+1}$ para cada n, segue-se que $\mathbb{X}$ é um conjunto ortogonal. Como o polinômio w_0 não é nulo (de fato, $w_0(x) = u_0(x) = 1$ para todo x) e os polinômios w_n são de grau n, todos os polinômios w_n que formam o conjunto $\mathbb{X}$ são não-nulos.

(b): Dado n inteiro positivo, seja $\mathbb{X}_{n-1} = \{w_0, ..., w_{n-1}\}$. O conjunto $\mathbb{X}_{n-1}$ é LI, porque é ortogonal e os polinômios w_k, $k = 1,...,n - 1$ são todos não-nulos. Como cada um dos polinômios w_k, $k = 1,...,n - 1$, tem grau k, $\mathbb{X}_{n-1}$ tem n elementos e está contido no subespaço $\mathcal{P}_{n-1} \subseteq \mathcal{P}$ dos polinômios de grau menor ou igual a $n - 1$. Portanto, $\mathbb{X}_n$ é uma base de $\mathcal{P}_{n-1}$. Assim sendo, todo polinômio p de grau menor ou igual a $n - 1$ se escreve como $p = \sum_{k=0}^{n-1} \lambda_k w_k$. Como $\langle w_k, w_n \rangle = 0$ para $k = 1,...,n - 1$, (b) segue.

(c): Seja $\mathbb{Y} = \{\omega_n : n = 0,1,2,...\}$ um conjunto ortogonal formado por polinômios não-nulos, sendo ω_n de grau n para cada $n = 0,1,2,...$, respectivamente. Como w_0 e ω_0 são polinômios constantes não-nulos, tem-se $w_0 = \lambda_0 \omega_0$, onde λ_0

170   320 QUESTÕES RESOLVIDAS DE ÁLGEBRA LINEAR

$\in \mathbb{R}$ é diferente de zero. Seja n inteiro positivo. O conjunto $\mathbb{Y}_n$ = $\{\omega_0, \ldots, \omega_n\}$ é uma base do subespaço $\mathcal{P}_n \subseteq \mathcal{P}$ dos polinômios de grau menor ou igual a n. Sendo w_n um polinômio de grau n, tem-se $w_n = \sum_{m=0}^{n} \alpha_{mn}\omega_m$. Como w_n é ortogonal a todo polinômio de grau menor ou igual a $n - 1$ tem-se $\langle w_n, \omega_k \rangle = 0$, $k = 1,\ldots,n - 1$. Os polinômios $\omega_0, \ldots, \omega_n$ sendo ortogonais dois a dois, segue-se $\langle w_n, \omega_k \rangle$ = $\sum_{m=0}^{n} \alpha_{mn}\langle \omega_k, \omega_m \rangle = \alpha_{kn}\|\omega_k\|^2 = 0$, $k = 1,\ldots,n - 1$. Logo, w_n = $\alpha_{nn}\omega_n$. O número $\lambda_n = \alpha_{nn}$ é diferente de zero, porque os polinômios ω_n e w_n são não-nulos.

Exercício 146 - No espaço vetorial $\mathcal{P}$ dos polinômios, seja $\langle . , . \rangle$ o produto interno definido pondo:

$$\langle p, q \rangle = \int_a^b p(x)q(x)dx$$

onde $a < b$ (v. Exercício 105). Sejam w_n, $n = 0,1,2,\ldots$, polinômios não-nulos ortogonais dois a dois, sendo w_n de grau n para cada n. Prove: Para cada n inteiro positivo, o polinômio w_n possui pelo menos uma raiz no intervalo (a, b).

Solução: Seja u_0 o polinômio dado por $u_0(x) = 1$. Seja n inteiro positivo. O polinômio w_n é ortogonal a u_0, porque é ortogonal a todo polinômio de grau $n - 1$ (v. Exercício 145). Por esta razão,

$$\boxed{\int_a^b w_n(x)dx = \int_a^b w_n(x)u_0(x)dx = 0} \qquad (5.31)$$

O polinômio w_n sendo uma função contínua e não-nula, segue de (5.31) que $w_n(x)$ muda de sinal quando x percorre o intervalo (a, b). Pelo teorema do anulamento (v Guidorizzi, *Um Curso de Cálculo*, Vol. 1, p. 511-512) existe $x_0 \in (a, b)$ tal que $w_n(x_0) = 0$.

Exercício 147 - Sejam $\langle . , . \rangle$ e w_n, $n = 0,1,2,\ldots$, como no Exercício 146. Prove que, para cada $n \geq 2$, as raízes de w_n no intervalo (a, b) são de multiplicidade um.

Solução: Seja $n \geq 2$. Supondo que w_n tem uma raiz $x_0 \in (a, b)$ de multiplicidade m onde $2 \leq m \leq n$, tem-se $w_n(x) =$

CAPÍTULO 5 – ORTOGONALIDADE   **171**

$(x - x_0)^m q(x)$, onde q é um polinômio de grau $n - m$, e portanto de grau menor ou igual a $n - 2$. Se m é par, a função $x \mapsto (x - x_0)^m [q(x)]^2$ é não-nula, contínua e não-negativa. Assim sendo, $\int_a^b (x - x_0)^m [q(x)]^2 dx > 0$. Por outro lado, como q é um polinômio de grau menor ou igual a $n - 2$, $\langle w_n, q \rangle = \int_a^b w_n(x) q(x) dx = \int_a^b [(x - x_0)^m q(x)] q(x) dx = \int_a^b (x - x_0)^m [q(x)]^2 dx = 0$ (v. Exercício 145). Logo, m é ímpar, portanto $m + 1$ é par. Em vista disto e do exposto acima, $\int_a^b (x - x_0)^{m+1} [q(x)]^2 dx > 0$. Contudo, sendo o polinômio $x \mapsto (x - x_0) q(x)$ de grau menor ou igual a $n - 1$, tem-se $\int_a^b w_n(x)(x - x_0) q(x) dx = \int_a^b (x - x_0)^{m+1} [q(x)]^2 dx = 0$. Conclui-se daí que não se pode ter $m \geq 2$. Por consequência, as raízes de w_n no intervalo (a, b) são de multiplicidade um.

Exercício 148 - Sejam $\langle . , . \rangle$ e w_n, $n = 0,1,2,\ldots$, como no Exercício 146. Prove que se $n \geq 2$ então o polinômio w_n tem n raízes no intervalo (a, b).

Solução: Sejam $n \geq 2$ e $x_1, \ldots, x_m$ as raízes do polinômio w_n no intervalo (a, b) (as quais existem, v. Exercício 146). Estas raízes são todas de multiplicidade um (v. Exercício 147), portanto $w_n(x) = \xi(x) q(x)$, onde $\xi(x) = \prod_{k=1}^m (x - x_k)$ e $q(x)$ é diferente de zero para todo $x \in (a, b)$. Supondo $m < n$, tem-se que ξ é um polinômio de grau menor ou igual a $n - 1$. Assim sendo, $\langle w_n, \xi \rangle = \int_a^b w_n(x) \xi(x) dx = \int_a^b q(x) [\xi(x)]^2 dx = 0$. Por outro lado, como $q(x)$ é diferente de zero para todo $x \in (a, b)$, a integral $\int_a^b q(x) [\xi(x)]^2 dx$ é diferente de zero. Conclui-se daí que $m = n$.

Exercício 149 - Sejam $\vec{x}$, $\vec{y}$ vetores não-nulos e ortogonais de um espaço euclidiano $\mathbb{E}$. Sejam θ o ângulo formado pelos vetores $\vec{x}$ e $\vec{x} + \vec{y}$ e ϕ o ângulo formado pelos vetores $\vec{y}$ e $\vec{x} + \vec{y}$ (v. Lima, *Álgebra Linear*, 2001, p. 133). Prove que $\theta + \phi = \pi/2$.

Solução: Como $\vec{x}$ e $\vec{y}$ são ortogonais, tem-se:

172 320 QUESTÕES RESOLVIDAS DE ÁLGEBRA LINEAR

$$\cos\theta = \frac{\langle \vec{x}, \vec{x} + \vec{y} \rangle}{\|\vec{x}\|\,\|\vec{x} + \vec{y}\|} = \frac{\langle \vec{x}, \vec{x} \rangle + \langle \vec{x}, \vec{y} \rangle}{\|\vec{x}\|\,\|\vec{x} + \vec{y}\|} =$$
$$= \frac{\langle \vec{x}, \vec{x} \rangle}{\|\vec{x}\|\,\|\vec{x} + \vec{y}\|} = \frac{\|\vec{x}\|^2}{\|\vec{x}\|\,\|\vec{x} + \vec{y}\|} = \frac{\|\vec{x}\|}{\|\vec{x} + \vec{y}\|}$$

(5.32)

e também:

$$\cos\phi = \frac{\langle \vec{y}, \vec{x} + \vec{y} \rangle}{\|\vec{y}\|\,\|\vec{x} + \vec{y}\|} = \frac{\langle \vec{x}, \vec{y} \rangle + \langle \vec{y}, \vec{y} \rangle}{\|\vec{y}\|\,\|\vec{x} + \vec{y}\|} =$$
$$= \frac{\langle \vec{y}, \vec{y} \rangle}{\|\vec{y}\|\,\|\vec{x} + \vec{y}\|} = \frac{\|\vec{y}\|^2}{\|\vec{y}\|\,\|\vec{x} + \vec{y}\|} = \frac{\|\vec{y}\|}{\|\vec{x} + \vec{y}\|}$$

(5.33)

Sendo $\vec{x}$ e $\vec{y}$ ortogonais, $\|\vec{x} + \vec{y}\|^2 = \|\vec{x}\|^2 + \|\vec{y}\|^2$ (v. Exercício 122). Assim sendo, de (5.32) obtém-se:

$$\operatorname{sen}^2\theta = 1 - \cos^2\theta = 1 - \frac{\|\vec{x}\|^2}{\|\vec{x} + \vec{y}\|^2} =$$
$$= \frac{\|\vec{x} + \vec{y}\|^2 - \|\vec{x}\|^2}{\|\vec{x} + \vec{y}\|^2} = \frac{\|\vec{y}\|^2}{\|\vec{x} + \vec{y}\|^2} = \cos^2\phi$$

(5.34)

e as igualdades (5.33) fornecem:

$$\operatorname{sen}^2\phi = 1 - \cos^2\phi = 1 - \frac{\|\vec{y}\|^2}{\|\vec{x} + \vec{y}\|^2} =$$
$$= \frac{\|\vec{x} + \vec{y}\|^2 - \|\vec{y}\|^2}{\|\vec{x} + \vec{y}\|^2} = \frac{\|\vec{x}\|^2}{\|\vec{x} + \vec{y}\|^2} = \cos^2\theta$$

(5.35)

Por (5.32) e (5.33), $\cos\theta$ e $\cos\phi$ são números positivos. Como $0 \le \theta \le \pi$ e $0 \le \phi \le \pi$, segue-se que $0 \le \theta \le \pi/2$ e $0 \le \phi \le \pi/2$. Logo, $\operatorname{sen}\theta$ e $\operatorname{sen}\phi$ são números positivos. Desta forma, (5.34) e (5.35) dão:

$$\operatorname{sen}\theta = \cos\phi, \quad \operatorname{sen}\phi = \cos\theta$$

(5.36)

Resulta de (5.36) que vale:

CAPÍTULO 5 – ORTOGONALIDADE   **173**

$$\begin{aligned}\cos(\theta + \phi) &= \cos\theta\cos\phi - \operatorname{sen}\theta\operatorname{sen}\phi = \\ &= \cos\theta\cos\phi - \cos\theta\cos\phi = 0\end{aligned} \qquad (5.37)$$

Sendo $0 \le \theta \le \pi/2$ e $0 \le \phi \le \pi/2$, tem-se $0 \le \theta + \phi \le \pi$. Portanto, de (5.37) decorre $\theta + \phi = \pi/2$, como se queria.

Sejam $\mathbb{E}$ um espaço vetorial normado (não necessáriamente euclidiano) e $\mathbb{S}(\vec{a}; r) \subseteq \mathbb{E}$ a esfera de centro $\vec{a} \in \mathbb{E}$ e raio r. Sejam $\vec{x}$, $\vec{y} \in \mathbb{S}(\vec{a}; r)$. O segmento de reta $[\vec{x}, \vec{y}]$ chama-se a *corda* de $\mathbb{S}(\vec{a}; r)$ que contém $\vec{x}$ e $\vec{y}$. O *comprimento* desta corda é o número $\|\vec{x} - \vec{y}\|$.

Exercício 150 - Sejam $\mathbb{E}$ um espaço euclidiano e $\mathbb{S}(\vec{a}; r) \subseteq \mathbb{E}$ a esfera de centro $\vec{a}$ e raio r. Seja $[\vec{x}_1, \vec{x}_2]$ a corda de $\mathbb{S}(\vec{a}; r)$ que contém os pontos $\vec{x}_1, \vec{x}_2 \in \mathbb{S}(\vec{a}; r)$. Prove que se tem $\|\vec{x}_1 - \vec{x}_2\| = 2r$ se, e somente se, $\vec{a} = (\vec{x}_1 + \vec{x}_2)/2$.

Solução: Seja $\vec{m} = (\vec{x}_1 + \vec{x}_2)/2$. Como $\vec{x}_1, \vec{x}_2 \in \mathbb{S}(\vec{a}; r)$, tem-se $\|\vec{x}_1 - \vec{a}\| = \|\vec{x}_2 - \vec{a}\| = r$. Por esta razão, os vetores $\vec{a} - \vec{m}$ e $\vec{x}_1 - \vec{x}_2$ são ortogonais (v. Exercício 136). Uma vez que vale:

$$\vec{x}_2 - \vec{m} = \vec{x}_2 - \frac{\vec{x}_1 + \vec{x}_2}{2} = \frac{\vec{x}_2 - \vec{x}_1}{2}$$

os vetores $\vec{a} - \vec{m}$ e $\vec{x}_2 - \vec{m}$ são ortogonais. Portanto, os vetores $\vec{m} - \vec{a}$ e $\vec{x}_2 - \vec{m}$ são ortogonais. Por esta razão,

$$\begin{aligned}r^2 &= \|\vec{x}_2 - \vec{a}\|^2 = \\ &= \|(\vec{x}_2 - \vec{m}) + (\vec{m} - \vec{a})\|^2 = \\ &= \|\vec{x}_2 - \vec{m}\|^2 + \|\vec{m} - \vec{a}\|^2 = \\ &= \frac{\|\vec{x}_1 - \vec{x}_2\|^2}{4} + \|\vec{m} - \vec{a}\|^2\end{aligned} \qquad (5.38)$$

De (5.38) tira-se:

$$\|\vec{x}_1 - \vec{x}_2\|^2 = 4r^2 - 4\|\vec{m} - \vec{a}\|^2 \qquad (5.39)$$

Como $\|\vec{x}_1 - \vec{x}_2\|$ é um número não-negativo, resulta de (5.39)

174   320 QUESTÕES RESOLVIDAS DE ÁLGEBRA LINEAR

que se tem:

$$\|\vec{x}_1 - \vec{x}_2\| = 2r \Leftrightarrow \|\vec{x}_1 - \vec{x}_2\|^2 = 4r^2 \Leftrightarrow$$

$$\Leftrightarrow 4r^2 - 4\|\vec{m} - \vec{a}\|^2 = 4r^2 \Leftrightarrow 4\|\vec{m} - \vec{a}\|^2 = 0 \Leftrightarrow$$

$$\Leftrightarrow 2\|\vec{m} - \vec{a}\| = 0 \Leftrightarrow \|\vec{m} - \vec{a}\| = 0 \Leftrightarrow$$

$$\Leftrightarrow \vec{m} - \vec{a} = \vec{o} \Leftrightarrow \vec{a} = \vec{m} = \frac{\vec{x}_1 + \vec{x}_2}{2}$$

o que prova o enunciado acima.

Exercício 151 - Dado um espaço euclidiano $\mathbb{E}$, seja $\mathbb{S}(\vec{a}; r) \subseteq \mathbb{E}$ a esfera de centro $\vec{a} \in \mathbb{E}$ e raio $r > 0$. Sejam $\vec{x}_1, \vec{x}_2 \in \mathbb{S}(\vec{a}; r)$ e $\vec{m} = (\vec{x}_1 + \vec{x}_2)/2$. Prove: Para todo $\vec{x} \in [\vec{x}_1, \vec{x}_2]$ diferente de $\vec{x}_1$ e de $\vec{x}_2$ tem-se $\|\vec{a} - \vec{m}\| \leq \|\vec{x} - \vec{a}\| < r$. Noutros termos: Os pontos da corda $[\vec{x}_1, \vec{x}_2]$ que pertencem à esfera $\mathbb{S}(\vec{a}; r)$ são os extremos $\vec{x}_1$ e $\vec{x}_2$.

Solução: Seja $\vec{x} \in [\vec{x}_1, \vec{x}_2]$. A corda $[\vec{x}_1, \vec{x}_2]$ é o conjunto formado pelos vetores $\vec{x}_1 + \lambda(\vec{x}_2 - \vec{x}_1)$, onde $0 \leq \lambda \leq 1$. Portanto, $\vec{x} = \vec{x}_1 + \lambda(\vec{x}_2 - \vec{x}_1)$, para algum λ no intervalo $[0, 1]$. Assim sendo,

$$
\begin{aligned}
\vec{m} - \vec{x} &= \frac{\vec{x}_1 + \vec{x}_2}{2} - \vec{x} = \\
&= \frac{\vec{x}_1 + \vec{x}_2}{2} - \vec{x}_1 - \lambda(\vec{x}_2 - \vec{x}_1) = \\
&= \frac{\vec{x}_2 - \vec{x}_1}{2} - \lambda(\vec{x}_2 - \vec{x}_1) = \\
&= \left(\frac{1}{2} - \lambda\right)(\vec{x}_2 - \vec{x}_1)
\end{aligned}
\tag{5.40}
$$

Os vetores $\vec{a} - \vec{m}$ e $\vec{x}_2 - \vec{x}_1$ são ortogonais, porque $\|\vec{x}_1 - \vec{a}\| = \|\vec{x}_2 - \vec{a}\| = r$ (v. Exercício 136). Resulta disto e de (5.40) que os vetores $\vec{a} - \vec{m}$ e $\vec{m} - \vec{x}$ são ortogonais. Segue-se que $\vec{a} - \vec{m}$ e $\vec{m} - \vec{x}$ são ortogonais, seja qual for $\vec{x}$ na corda $[\vec{x}_1, \vec{x}_2]$. Por esta razão valem, para qualquer $\vec{x} \in [\vec{x}_1, \vec{x}_2]$, as seguintes igualdades:

CAPÍTULO 5 – ORTOGONALIDADE **175**

$$\|\vec{x} - \vec{a}\|^2 = \|\vec{a} - \vec{x}\|^2 =$$
$$= \|(\vec{a} - \vec{m}) + (\vec{m} - \vec{x})\|^2 =$$
$$= \|\vec{a} - \vec{m}\|^2 + \|\vec{m} - \vec{x}\|^2$$

(5.41)

(v. Exercício 122). Por (5.41), $\|\vec{a} - \vec{m}\| \leq \|\vec{x} - \vec{a}\|$, valendo a igualdade se, e somente se, $\vec{x} = \vec{m}$. Seja agora $\vec{x} \in [\vec{x}_1, \vec{x}_2]$ diferente de $\vec{x}_1$ e de $\vec{x}_2$. De (5.40) e (5.41) obtém-se:

$$\|\vec{x} - \vec{a}\|^2 =$$
$$= \|\vec{a} - \vec{m}\|^2 + \left(\frac{1}{2} - \lambda\right)^2 \|\vec{x}_2 - \vec{x}_1\|^2$$

(5.42)

O vetor $\vec{x} \in [\vec{x}_1, \vec{x}_2]$ sendo diferente de $\vec{x}_1$ e de $\vec{x}_2$, se escreve como $\vec{x} = \vec{x}_1 + \lambda(\vec{x}_2 - \vec{x}_1)$, onde $0 < \lambda < 1$. Como $0 < \lambda < 1$, tem-se $-1/2 < (1/2) - \lambda < 1/2$. Daí decorre $|(1/2) - \lambda| < 1/2$, e portanto $((1/2) - \lambda)^2 < 1/4$. Resulta disto e de (5.42) que vale:

$$\|\vec{x} - \vec{a}\|^2 <$$
$$< \|\vec{a} - \vec{m}\|^2 + \frac{1}{4}\|\vec{x}_2 - \vec{x}_1\|^2 =$$
$$= \|\vec{a} - \vec{m}\|^2 + \left\|\frac{\vec{x}_2 - \vec{x}_1}{2}\right\|^2$$

(5.43)

Como $\vec{m} - \vec{x}_1 = (\vec{x}_2 - \vec{x}_1)/2$ e os vetores $\vec{a} - \vec{m}$ e $\vec{x}_2 - \vec{x}_1$ são ortogonais, (5.43) conduz a:

$$\|\vec{x} - \vec{a}\|^2 < \|\vec{a} - \vec{m}\|^2 + \|\vec{m} - \vec{x}_1\|^2 =$$
$$= \|(\vec{a} - \vec{m}) + (\vec{m} - \vec{x}_1)\|^2 = \|\vec{a} - \vec{x}_1\|^2 = r^2$$

Por consequência, $\|\vec{x} - \vec{a}\| < r$.

Exercício 152 - Mostre, com um exemplo, que os Exercícios 150 e 151 não são válidos em EVN não-euclidianos.

Solução: Seja $\mathbb{E}$ o espaço vetorial $\mathbb{R}^2$ dotado da norma $\|.\|$ definida pondo:

176   320 QUESTÕES RESOLVIDAS DE ÁLGEBRA LINEAR

$$\|\vec{x}\| = \max\{|x_1|, |x_2|\}$$

para todo $\vec{x} = (x_1, x_2) \in \mathbb{R}^2$. A norma $\|.\|$ assim definida não provém de um produto interno (v. Exercício 86). Seja $\mathbb{S}(\vec{a}; r) \subseteq \mathbb{E}$ a esfera de centro $\vec{a} = (a_1, a_2) \in \mathbb{E}$ e raio $r > 0$. Sejam $b = a_2 + r$, $\vec{x}_1 = (a_1 - r, b)$ e $\vec{x}_2 = (a_1 + r, b)$. Então $\vec{x}_1$ e $\vec{x}_2$ pertencem à esfera $\mathbb{S}(\vec{a}; r)$, porque $\vec{x}_1 - \vec{a} = (-r, r)$ e $\vec{x}_2 - \vec{a} = (r, r)$. Como $\vec{x}_2 - \vec{x}_1 = (2r, 0)$, tem-se $\|\vec{x}_1 - \vec{x}_2\| = 2r$. Contudo, $\vec{a}$ é diferente de $(\vec{x}_1 + \vec{x}_2)/2$. Com efeito,

$$\frac{\vec{x}_1 + \vec{x}_2}{2} = \left(\frac{2a_1}{2}, \frac{2b}{2}\right) = (a_1, b) = (a_1, a_2 + r)$$

Para todo $\lambda \in [0, 1]$, tem-se:

$$\vec{x}_1 + \lambda(\vec{x}_2 - \vec{x}_1) = (a_1 - r + 2\lambda r, b) =$$

$$= (a_1 + (2\lambda - 1)r, a_2 + r)$$

e portanto:

$$\vec{x}_1 + \lambda(\vec{x}_2 - \vec{x}_1) - \vec{a} = ((2\lambda - 1)r, r)$$

Uma vez que $|2\lambda - 1| \le 1$ para todo $\lambda \in [0, 1]$, vale:

$$\|\vec{x}_1 + \lambda(\vec{x}_2 - \vec{x}_1) - \vec{a}\| = r$$

seja qual for $\lambda \in [-1, 1]$. Por consequência, a corda $[\vec{x}_1, \vec{x}_2]$ está contida na esfera $\mathbb{S}(\vec{a}; r)$.

Exercício 153 - Calculando seis produtos internos, mostre que os vetores $\vec{u}_1 = (1, 1, 0, 0)$, $\vec{u}_2 = (1, -1, 1, 1)$, $\vec{u}_3 = (1, -1, -1, -1)$ e $\vec{u}_4 = (0, 0, -1, 1)$ são LI, e portanto formam uma base do espaço vetorial $\mathbb{R}^4$.

Solução: Da definição do produto interno canônico em $\mathbb{R}^4$ obtém-se:

$$\boxed{\langle \vec{u}_1, \vec{u}_2 \rangle = \langle \vec{u}_1, \vec{u}_3 \rangle = \langle \vec{u}_1, \vec{u}_4 \rangle = 0} \qquad (5.44)$$

e também:

$$\boxed{\langle \vec{u}_2, \vec{u}_3 \rangle = \langle \vec{u}_2, \vec{u}_4 \rangle = \langle \vec{u}_3, \vec{u}_4 \rangle = 0} \qquad (5.45)$$

Segue de (5.44), (5.45) e da simetria do produto interno que

CAPÍTULO 5 – ORTOGONALIDADE   **177**

$\langle \vec{u}_k, \vec{u}_m \rangle = 0$ se k é diferente de m. Portanto, os vetores $\vec{u}_k$, k = 1,2,3,4, formam um conjunto ortogonal que não contém o vetor nulo. Logo (v. Exercício 125) os vetores $\vec{u}_k$, $k = 1,2,3,4$, são LI.

Exercício 154 - No espaço vetorial $\mathbb{E} = \mathcal{C}([-\pi,\pi];\mathbb{R})$ das funções contínuas $f : [-\pi,\pi] \to \mathbb{R}$, seja $\langle .,. \rangle$ o produto interno definido por:

$$\langle f, g \rangle = \int_{-\pi}^{\pi} f(x)g(x)dx$$

(v. Exercício 104). Sejam $\varphi_0, \varphi_n, \omega_n : [-\pi,\pi] \to \mathbb{R}$, $n = 1,2,...$, definidas pondo:

$$\varphi_0(x) = 1, \quad \varphi_n(x) = \cos nx, \quad \omega_n(x) = \text{sen}\, nx$$

para todo $x \in [-\pi,\pi]$. Prove que as funções φ_0 e φ_n, ω_n, $n = 1,2,...$, formam um subconjunto ortogonal de $\mathbb{E}$.

Solução: Seja n um inteiro positivo arbitrário. Tem-se:

$$\langle \varphi_0, \varphi_n \rangle = \int_{-\pi}^{\pi} \cos nx\, dx =$$
$$= \frac{\text{sen}\, n\pi}{n} - \frac{\text{sen}(-n\pi)}{n} = 0$$
    (5.46)

e também:

$$\langle \varphi_0, \omega_n \rangle = \int_{-\pi}^{\pi} \text{sen}\, nx\, dx = 0$$
    (5.47)

Sejam m, n inteiros positivos quaisquer. Valem as seguintes igualdades:

$$\text{sen}\, mx \cos nx = \frac{\text{sen}(m+n)x + \text{sen}(m-n)x}{2}$$
    (5.48)

$$\cos mx \cos nx = \frac{\cos(m+n)x + \cos(m-n)x}{2}$$
    (5.49)

$$\text{sen}\, mx \, \text{sen}\, nx = \frac{\cos(m-n)x - \cos(m+n)x}{2}$$
    (5.50)

Resulta de (5.48) que se tem:

$$\langle \omega_m, \varphi_n \rangle = \int_{-\pi}^{\pi} \text{sen}\, mx \cos nx\, dx =$$

178 320 QUESTÕES RESOLVIDAS DE ÁLGEBRA LINEAR

$$= \frac{1}{2}\left(\int_{-\pi}^{\pi} \operatorname{sen}(m+n)xdx + \int_{-\pi}^{\pi} \operatorname{sen}(m-n)xdx\right) = 0$$

sejam quais forem m, n inteiros positivos. Se m é diferente de n, então $m - n$ é diferente de 0. Desta forma, (5.49) fornece:

$$\langle \varphi_m, \varphi_n \rangle = \int_{-\pi}^{\pi} \cos mx \cos nxdx =$$

$$= \frac{1}{2}\left(\int_{-\pi}^{\pi} \cos(m+n)xdx + \int_{-\pi}^{\pi} \cos(m-n)xdx\right) = 0$$

e (5.50) conduz a:

$$\langle \omega_m, \omega_n \rangle = \int_{-\pi}^{\pi} \operatorname{sen} mx \operatorname{sen} nxdx =$$

$$= \frac{1}{2}\left(\int_{-\pi}^{\pi} \cos(m-n)xdx - \int_{-\pi}^{\pi} \cos(m+n)xdx\right) = 0.$$

Segue-se que as funções φ_0 e φ_n, ω_n, $n = 1,2,\ldots$, formam um conjunto ortogonal.

Seja, para cada n inteiro não-negativo, $\omega_n : \mathbb{R} \to \mathbb{R}$ o polinômio definido por:

$$\omega_n(x) = (x^2 - 1)^n$$

Logo, ω_0 é o polinômio constante definido pondo $\omega_0(x) = 1$ para todo x. No espaço vetorial $\mathcal{P}$ dos polinômios $p : \mathbb{R} \to \mathbb{R}$, seja $D : \mathcal{P} \to \mathcal{P}$ o operador derivada, definido por $Dp = p'$. Para cada n inteiro não-negativo, o *polinômio de Legendre* de ordem n P_n é:

$$P_n = \frac{1}{2^n n!} D^n \omega_n$$

Portanto, P_n é a derivada de ordem n do polinômio ω_n. Escreve-se, às vezes,

$$P_n(x) = \frac{1}{2^n n!} \frac{d^n}{dx^n}(x^2 - 1)^n$$

Como $D^0 = I$, onde I é a identidade do espaço $\mathcal{P}$, segue-se que $P_0 = \omega_0$. Desta forma, $P_0(x) = 1$ para todo x.

Exercício 155 - No espaço $\mathcal{P}$ dos polinômios $p : \mathbb{R} \to \mathbb{R}$, seja $\langle . , . \rangle$ o produto interno definido por:

CAPÍTULO 5 – ORTOGONALIDADE   **179**

$$\langle p, q \rangle = \int_{-1}^{1} p(x)q(x)dx$$

(v. Exercício 105). Seja n inteiro positivo.

(a)Prove que, para cada $k = 0,1,...,n$ tem-se $D^k\omega_n = \omega_{n-k}q_k$, onde q_k é um polinômio de grau k. Portanto, $D^k\omega_n(\pm 1) = 0$ para cada $k = 0,...,n-1$.

(b) Prove que $\int_{-1}^{1} x^m D^n\omega_n(x)dx = 0$ para todo inteiro não-negativo $m < n$.

(c) Mostre que os polinômios de Legendre P_n, $n = 0,1,2,...$, formam um conjunto ortogonal.

Solução:

(a): Sendo $D^0\omega_n(x) = \omega_n(x) = \omega_n(x).\,1$, a fórmula:

$$\boxed{D^k\omega_n = \omega_{n-k}q_k} \qquad (5.51)$$

onde q_k é um polinômio de grau k, é válida para $k = 0$. Como $\omega_n(x) = (x^2 - 1)^n$, segue-se que $D\omega_n(x) = 2nx(x^2 - 1)^{n-1} = \omega_{n-1}(x)q_1(x)$, onde $q_1(x) = 2nx$. Portanto, vale (5.51) para $k = 1$. Seja $n > 1$. Supondo que vale (5.51) para um dado $k \in \{1, ..., n-1\}$, tem-se:

$$\boxed{\begin{aligned} D^{k+1}\omega_n &= D(D^k\omega_n) = D(\omega_{n-k}q_k) = \\ &= \omega_{n-k}Dq_k + q_kD\omega_{n-k} \end{aligned}} \qquad (5.52)$$

Da igualdade $\omega_{n-k}(x) = (x^2 - 1)^{n-k}$ resulta $D\omega_{n-k}(x) = 2(n - k)x(x^2 - 1)^{n-k-1} = 2(n - k)x\omega_{n-k-1}(x)$. Logo, $D\omega_{n-k} = \varphi\omega_{n-k-1}$, onde $\varphi(x) = 2(n - k)x$. Como $\omega_{n-k} = \omega_1\omega_{n-k-1}$, (5.52) fornece:

$$\boxed{D^{k+1}\omega_n = \omega_{n-k-1}(\omega_1 Dq_k + \varphi q_k)} \qquad (5.53)$$

Como q_k é um polinômio de grau k, sua derivada Dq_k é um polinômio de grau $k - 1$. Segue-se que $\omega_1 Dq_k$ é um polinômio de grau $k + 1$, pois ω_1 é um polinômio de grau 2. O grau do polinômio φq_k é também $k + 1$, porque φ é um polinômio de grau 1. Desta forma, (5.53) diz que $D^{k+1}\omega_n = \omega_{n-k-1}q_{k+1}$, onde $q_{k+1} = \omega_1 Dq_k + \varphi q_k$ é um polinômio de grau $k + 1$. Segue-se que (5.51) é válida para cada $k = 0,1,...,n$. Como $\omega_{n-k}(\pm 1) = 0$ para cada $k = 0,...,n-1$, tem-se $D^k\omega_n(\pm 1) = 0$ para cada $k =$

180   320 QUESTÕES RESOLVIDAS DE ÁLGEBRA LINEAR

$0, \ldots, n - 1$.

(b): Seja m inteiro não-negativo menor do que n. Se $m = 0$, então $\int_{-1}^{1} x^m D^n \omega_n(x)\,dx = \int_{-1}^{1} D^n \omega_n(x)\,dx = D^{n-1}(1) - D^{n-1}(-1)$. Pela propriedade (a), $D^{n-1}\omega_n(\pm 1) = 0$. Logo, $\int_{-1}^{1} x^m D^n \omega_n(x)\,dx = \int_{-1}^{1} D^n \omega_n(x)\,dx = 0$. Portanto, a propriedade (b) é válida se $m = 0$. Seja agora m um inteiro positivo menor do que n. É evidente que vale:

$$
\int_{-1}^{1} x^m D^n \omega_n(x)\,dx =
$$
$$
= \frac{(-1)^k m!}{(m - k)!} \int_{-1}^{1} x^{m-k} D^{n-k} \omega_n(x)\,dx
$$

(5.54)

para $k = 0$. Dado $k \in \{0, \ldots, m - 1\}$, o método da integração por partes fornece:

$$
\int_{-1}^{1} x^{m-k} D^{n-k} \omega_n(x)\,dx =
$$
$$
= D^{n-k-1}(1) - (-1)^{n-k-1} D^{n-k-1}(-1) -
$$
$$
- (m - k) \int_{-1}^{1} x^{m-k-1} D^{n-k-1} \omega_n(x)\,dx
$$

Sendo $k < m$, tem-se $k + 1 \leq m$, donde $0 < n - m \leq n - k - 1 < n$. Desta forma, a propriedade (a) diz que $D^{n-k-1}(\pm 1) = 0$. Por esta razão,

$$
\int_{-1}^{1} x^{m-k} D^{n-k} \omega_n(x)\,dx =
$$
$$
= -(m - k) \int_{-1}^{1} x^{m-k-1} D^{n-k-1} \omega_n(x)\,dx
$$

Portanto, supondo que (5.54) é válida para um dado $k \in \{0, \ldots, m - 1\}$ tem-se:

$$
\int_{-1}^{1} x^m D^n \omega_n(x)\,dx =
$$
$$
= -\frac{(-1)^k m!}{(m - k)!}(m - k) \int_{-1}^{1} x^{m-k-1} D^{n-k-1} \omega_n(x)\,dx =
$$

CAPÍTULO 5 – ORTOGONALIDADE   181

$$= \frac{(-1)^{k+1} m!}{(m-k-1)!} \int_{-1}^{1} x^{m-k-1} D^{n-k-1} \omega_n(x) dx$$

Segue-se que (5.54) é válida para cada $k = 0,1,...,m$. Em particular, vale (5.54) se $k = m$. Assim sendo,

$$\boxed{\int_{-1}^{1} x^m D^n \omega_n(x) dx = (-1)^m m! \int_{-1}^{1} D^{n-m} \omega_n(x) dx} \qquad (5.55)$$

Como $\int_{-1}^{1} D^{n-m} \omega_n(x) dx = D^{n-m-1}(1) - D^{n-m-1}(-1)$ e $m + 1 \leq n$, $D^{n-m-1}(\pm 1) = 0$. Disto e de (5.55) resulta $\int_{-1}^{1} x^m D^n \omega_n(x) dx = 0$. Logo, $\int_{-1}^{1} x^m D^n \omega_n(x) dx = 0$, $m = 0,...n-1$.

(c): Seja n inteiro positivo. Uma vez que $P_n = (1/2^n n!) D^n \omega_n$, a propriedade (b) já demostrada diz que $\int_{-1}^{1} x^m P_n(x) dx = 0$, $m = 0,...,n-1$. Seja p um polinômio de grau $m \leq n - 1$. Então $p(x) = \sum_{k=0}^{m} a_k x^k$ para todo x, onde os coeficientes a_k, $k = 1,...,m$, são números reais. Assim sendo,

$$\int_{-1}^{1} p(x) P_n(x) dx = \sum_{k=1}^{m} a_k \int_{-1}^{1} x^k P_n(x) = 0$$

Portanto, o polinômio de Legendre P_n é ortogonal a todo polinômio de grau menor ou igual a $n - 1$. Sejam m, n ineiros não-negativos com $m < n$ (o caso $n < m$ é semelhante). Pela definição dos polinômios de Legendre, P_m e P_n são polinômios de graus m e n respectivamente. De fato, P_n é múltiplo da derivada de ordem n $D^n \omega_n$ do polinômio ω_n, cujo grau é $2n$. Assim sendo, $\langle P_m, P_n \rangle = \int_{-1}^{1} P_m(x) P_n(x) dx = 0$. Logo, (c) segue.

Exercício 156 - Considerando, no espaço vetorial $\mathcal{P}$ dos polinômios $p : \mathbb{R} \to \mathbb{R}$, o produto interno do exercício anterior, seja, para cada n inteiro não-negativo, $u_n : \mathbb{R} \to \mathbb{R}$ o polinômio definido por $u_n(x) = x^n$. Seja $D : \mathcal{P} \to \mathcal{P}$ o operador de derivação, definido por $Dp = p'$.
(a) Mostre que, para cada n inteiro não-negativo, tem-se $P_n(-x) = (-1)^n P_n(x)$ para todo $x \in \mathbb{R}$.
(b) Prove que para todo $n \geq 1$ tem-se $u_1 P_n = \alpha_n P_{n-1} + \beta_n P_{n+1}$,

182 320 QUESTÕES RESOLVIDAS DE ÁLGEBRA LINEAR

onde α_n e β_n são números reais.

Solução:

(a): Sejam $g : \mathbb{R} \to \mathbb{R}$ uma função par $(g(-x) = g(x)$ para todo $x)$ de classe $\mathcal{C}^\infty$ e $\varphi : \mathbb{R} \to \mathbb{R}$ definida pondo $\varphi(x) = -x$ para todo x. Tem-se $(g \circ \varphi)(x) = g(\varphi(x)) = g(-x) = g(x)$ para todo x, donde $g \circ \varphi = g$. Resulta disto que a igualdade:

$$\boxed{D^n g \circ \varphi = (-1)^n D^n g} \tag{5.56}$$

vale para $n = 0$. Uma vez que $D\varphi(x) = -1$ para todo x, aplicando a regra de derivação de função composta (fazendo $f = D^n g$) obtém-se:

$$D(D^n g \circ \varphi) = [D(D^n g) \circ \varphi]D\varphi =$$

$$= -[D(D^n g) \circ \varphi] = -D^{n+1} g \circ \varphi$$

Decorre daí que $D^{n+1} g \circ \varphi = -D(D^n g \circ \varphi)$. Desta forma, supondo que (5.56) é válida para um dado inteiro não-negativo n, obtém-se:

$$D^{n+1} g \circ \varphi = -D(D^n g \circ \varphi) = -D[(-1)^n D^n g] =$$

$$= -(-1)^n D(D^n g) = (-1)^{n+1} D^{n+1} g$$

Segue-se que (5.56) é válida para todo n inteiro não-negativo. Assim sendo, para cada inteiro não-negativo n se tem:

$$\boxed{\begin{aligned} D^n g(-x) &= D^n g(\varphi(x)) = \\ = (D^n g \circ \varphi)(x) &= (-1)^n D^n g(x) \end{aligned}} \tag{5.57}$$

seja qual for $x \in \mathbb{R}$. Como $\omega_n(x) = (x^2 - 1)^n$, a função ω_n é par e de classe $\mathcal{C}^\infty$ (de fato, ω_n é um polinômio). Por esta razão, (5.57) diz que vale $D^n \omega_n(-x) = (-1)^n D^n \omega_n(x)$ para todo x. Segue daí e da definição dos polinômios de Legendre que $P_n(-x) = (-1)^n P_n(-x)$.

(b): Seja n inteiro positivo. O polinômio de Legendre P_n é de grau n e o polinômio u_1 $(u_1(x) = x$ para todo $x)$ é de grau 1. Portanto, a função $u_1 P_n$ $((u_1 P_n)(x) = u_1(x)P_n(x) = xP_n(x)$ para todo $x)$ é um polinômio de grau $n + 1$. Os polinômios de Legendre P_m, $m = 0,1,...,n + 1$, formam um conjunto

CAPÍTULO 5 – ORTOGONALIDADE   **183**

ortogonal e são todos não-nulos. Assim sendo, eles formam uma base do subespaço $\mathcal{P}_{n+1}$ dos polinômios de grau menor ou igual a $n+1$. Por esta razão, se tem:

$$u_1 P_n = \sum_{m=0}^{n+1} \lambda_m P_m$$

donde:

$$\langle u_1 P_n, P_k \rangle = \sum_{m=0}^{n+1} \lambda_m \langle P_k, P_m \rangle =$$

$$= \lambda_k \| P_k \|^2, \quad k = 0, 1, \ldots, n+1$$

Portanto,

$$u_1 P_n = \sum_{m=0}^{n+1} \frac{\langle u_1 P_n, P_m \rangle}{\| P_m \|^2} P_m \qquad (5.58)$$

O polinômio P_n é ortogonal a todo polinômio de grau menor ou igual a $n-1$ (v. Exercício 155). Como $\langle u_1 P_n, P_m \rangle = \langle P_n, u_1 P_m \rangle$ e o grau do polinômio $u_1 P_m$ é $m+1$, tem-se $\langle u_1 P_n, P_m \rangle = 0$ se $m < n-1$. Daí e de (5.58) decorre:

$$u_1 P_n = \frac{\langle u_1 P_n, P_{n-1} \rangle}{\| P_{n-1} \|^2} P_{n-1} +$$

$$+ \frac{\langle u_1 P_n, P_n \rangle}{\| P_n \|^2} P_n + \frac{\langle u_1 P_n, P_{n+1} \rangle}{\| P_{n+1} \|^2} P_{n+1} \qquad (5.59)$$

Tem-se $\langle u_1 P_n, P_n \rangle = \int_{-1}^{1} u_1(x)[P_n(x)]^2 dx = \int_{-1}^{1} x[P_n(x)]^2 dx$. Pela propriedade (a), $P_n(-x) = (-1)^n P_n(x)$ para todo $x \in \mathbb{R}$. Por isto, a função $x \mapsto [P_n(x)]^2$ é par. Como u_1 é uma função ímpar, a função $x \mapsto x[P_n(x)]^2$ é ímpar. Logo, $\langle u_1 P_n, P_n \rangle = \int_{-1}^{1} x[P_n(x)]^2 dx = 0$ (v. Guidorizzi, *Um Curso de Cálculo*, Vol. 1, 2001, p. 322). Desta forma, (5.59) fica:

$$u_1 P_n = \alpha_n P_{n-1} + \beta_n P_{n+1} \qquad (5.60)$$

Exercício 157 - Considerando, no espaço vetorial $\mathcal{P}$ dos polinômios $p : \mathbb{R} \to \mathbb{R}$, o produto interno do exercício 155, seja, para cada n inteiro não-negativo, $u_n : \mathbb{R} \to \mathbb{R}$ como no exercício anterior. Prove:

(a) Para cada n inteiro não-negativo, tem-se $D^k u_n =$

$\dfrac{n!}{(n-k)!}u_{n-k}, \quad k = 0,\ldots,n.$

(b) Para todo n inteiro não-negativo, o coeficiente de u_n no polinômio de Legendre $P_n = \sum_{k=0}^{n} \lambda_k(n)u_k$ é $\lambda_n(n) = \dfrac{(2n)!}{2^n(n!)^2}$.

(c) Para todo inteiro $n \geq 2$, o coeficiente de u_{n-2} no polinômio de Legendre $P_n = \sum_{k=0}^{n} \lambda_k(n)u_k$ é $\lambda_{n-2}(n) = \dfrac{-(2n-2)!}{2^n(n-1)!(n-2)!}$.

(d) Para todo $n \geq 1$ tem-se $P_{n+1} = \dfrac{2n+1}{n+1}u_1 P_n - \dfrac{n}{n+1}P_{n-1}$.

Solução:

(a): Seja n inteiro não-negativo. Como $D^0 u_n = u_n$, a igualdade:

$$\boxed{D^k u_n = \dfrac{n!}{(n-k)!}u_{n-k}} \tag{5.61}$$

vale para $k = 0$. Seja agora n um inteiro positivo. Supondo que vale (5.61) para um dado $k \in \{0,\ldots,n-1\}$, tem-se:

$$D^{k+1}u_n = D(D^k u_n) =$$

$$= \dfrac{n!}{(n-k)!}Du_{n-k} = \dfrac{n!}{(n-k)!}(n-k)u_{n-k-1} =$$

$$= \dfrac{n!}{(n-k-1)!}u_{n-k-1} = \dfrac{n!}{(n-(k+1))!}u_{n-(k+1)}$$

Segue-se que (5.61) é válida para cada $k = 0,1,\ldots,n$. Isto prova a propriedade (a).

(b): Seja, para cada inteiro não-negativo n, $\omega_n : \mathbb{R} \to \mathbb{R}$ o polinômio definido por $\omega_n(x) = (x^2 - 1)^n$. Tem-se:

$$\omega_n(x) = \sum_{k=0}^{n}(-1)^{n-k}\binom{n}{k}x^{2k}$$

para todo x. Portanto,

$$\omega_n = \sum_{k=0}^{n}(-1)^{n-k}\binom{n}{k}u_{2k}$$

Resulta disto que o coeficiente $a_n(n)$ de u_n no polinômio $D^n\omega_n$ é o coeficiente da derivada de ordem n $D^n u_{2n}$ do polinômio u_{2n}. Portanto, (5.61) conduz a:

CAPÍTULO 5 – ORTOGONALIDADE   185

$$a_n(n) = \frac{(2n)!}{(2n-n)!} = \frac{(2n)!}{n!}$$

Pela definição dos polinômios de Legendre, o coeficiente $\lambda_n(n)$ de u_n em P_n é:

$$\lambda_n(n) = \frac{1}{2^n n!}\frac{(2n)!}{n!} = \frac{(2n)!}{2^n(n!)^2}$$

(c): Seja $n \geq 2$. Tem-se:

$$\omega_n = \sum_{k=0}^{n}(-1)^{n-k}\binom{n}{k}u_{2k} =$$

$$= \sum_{k=0}^{n-2}(-1)^{n-k}\binom{n}{k}u_{2k} - nu_{2n-2} + u_{2n} =$$

$$= \xi_n - nu_{2n-2} + u_{2n}$$

onde ξ_n é um polinômio de grau $2n - 4$. Logo,

$$D^n\omega_n = D^n\xi_n - \frac{n(2n-2)!}{(n-2)!}u_{n-2} + \frac{(2n)!}{n!}u_n$$

Decorre daí e da definição dos polinômios de Legendre que o coeficiente $\lambda_{n-2}(n)$ de u_{n-2} em P_n é:

$$\lambda_{n-2}(n) = -\left(\frac{1}{2^n n!}\right)\frac{n(2n-2)!}{(n-2)!} = \frac{-(2n-2)!}{2^n(n-1)!(n-2)!}$$

(d): Dado $n \geq 2$, sejam $P_n = \sum_{k=0}^{n} a_k u_k$, $P_{n-1} = \sum_{k=0}^{n-1} b_k u_k$ e $P_{n+1} = \sum_{k=0}^{n+1} c_k u_k$. Como $u_1 u_k = u_{k+1}$, tem-se:

$$\boxed{\begin{aligned} u_1 P_n &= \sum_{k=0}^{n} a_k u_1 u_k = \\ &= \sum_{k=0}^{n} a_k u_{k+1} = \sum_{k=1}^{n+1} a_{k-1} u_k \end{aligned}} \qquad (5.62)$$

Vale (v. Exercício 156) a igualdade $u_1 P_n = \alpha_n P_{n-1} + \beta_n P_{n+1}$, onde α_n e β_n são números reais. Desta forma,

$$u_1 P_n = \alpha_n P_{n-1} + \beta_n P_{n+1} =$$
$$= \sum_{k=0}^{n-1} \alpha_n b_k u_k + \sum_{k=0}^{n+1} \beta_n c_k u_k =$$
$$= \sum_{k=0}^{n-1} (\alpha_n b_k + \beta_n c_k) u_k +$$
$$+ \beta_n c_n u_n + \beta_n c_{n+1} u_{n+1}$$

(5.63)

Sendo o conjunto $\{u_0, \ldots, u_{n+1}\}$ uma base de $\mathcal{P}_{n+1}$, (5.62) e (5.63) fornecem:

$$\alpha_n = \beta_n c_{n+1}, \quad \alpha_{n-2} = \alpha_n b_{n-1} + \beta_n c_{n-1}$$

(5.64)

Pelas propriedades (b) e (c) acima, $\alpha_n = \dfrac{(2n)!}{2^n (n!)^2}$ e $c_{n+1} = \dfrac{[2(n+1)]!}{2^{n+1}[(n+1)!]^2}$. Destas igualdades e de (5.64) obtém-se:

$$\frac{(2n)!}{2^n (n!)^2} = \beta_n \frac{[2(n+1)]!}{2^{n+1}[(n+1)!]^2} = \beta_n \frac{(2n+2)!}{2^{n+1}[(n+1)!]^2}$$

e portanto:

$$\beta_n = \frac{2(2n)!}{(2n+2)!} \left[\frac{(n+1)!}{n!} \right]^2 =$$
$$= \frac{2(n+1)^2}{(2n+2)(2n+1)} = \frac{2(n+1)^2}{2(n+1)(2n+1)} =$$
$$= \frac{n+1}{2n+1}$$

Daí e de (5.64) tira-se:

$$\alpha_{n-2} = \alpha_n b_{n-1} + \frac{n+1}{2n+1} c_{n-1}$$

(5.65)

A propriedade (c) acima diz que vale:

$$c_{n-1} = \lambda_{(n+1)-2}(n+1) =$$
$$= \frac{-[2(n+1)-2]!}{2^{n+1}[(n+1)-1]![(n+1)-2]!} =$$
$$= \frac{-(2n)!}{2^{n+1} n!(n-1)!}$$

CAPÍTULO 5 – ORTOGONALIDADE   **187**

e também:

$$a_{n-2} = \lambda_n(n-2) = \frac{-(2n-2)!}{2^n(n-1)(n-2)!}$$

Da propriedade (b) obtém-se:

$$b_{n-1} = \lambda_{n-1}(n-1) =$$

$$= \frac{[2(n-1)]!}{2^{n-1}[(n-1)!]^2} = \frac{(2n-2)!}{2^{n-1}[(n-1)!]^2}$$

Com isto, (5.65) assume a forma:

$$\frac{-(2n-2)!}{2^n(n-1)!(n-2)!} =$$

$$= -\left(\frac{n+1}{2n+1}\right)\frac{(2n)!}{2^{n+1}n!(n-1)!} + \frac{(2n-2)!}{2^{n-1}[(n-1)!]^2}\alpha_n$$

Desta igualdade obtém-se $\alpha_n = \dfrac{n}{2n+1}$. Logo, $u_1 P_n = \alpha_n P_{n-1}$
$+ \beta_n P_{n+1} = \dfrac{n}{2n+1}P_{n-1} + \dfrac{n+1}{2n+1}P_{n+1}$. Assim sendo, tem-se:

$$\boxed{P_{n+1} = \frac{2n+1}{n+1}u_1 P_n - \frac{n}{n+1}P_{n-1}} \tag{5.66}$$

Pela definição dos polinômios de Legendre, $P_0(x) = 1$, $P_1(x) = x$ e $P_2(x) = \dfrac{3}{2}x^2 - \dfrac{1}{2}$ para todo x. Segue-se que (5.66) também é válida para $n = 1$. Isto demonstra a propriedade (d).

Resulta do Exercício 157 que, para cada n inteiro positivo se tem:

$$P_{n+1}(x) = \frac{2n+1}{n+1}xP_n(x) - \frac{n}{n+1}P_{n-1}(x)$$

seja qual for $x \in \mathbb{R}$. Esta identidade chama-se a *fórmula de recorrência* para os polinômios de Legendre.

Exercício 158 - Considerando, no espaço vetorial $\mathcal{P}$ dos polinômios $p : \mathbb{R} \to \mathbb{R}$, o produto interno do exercício 155, prove que $\|P_n\|^2 = \dfrac{2}{2n+1}$ para todo n inteiro não-negativo.

320 QUESTÕES RESOLVIDAS DE ÁLGEBRA LINEAR

Solução:

Dado n inteiro positivo, seja $p_n = P_n - \dfrac{2n-1}{n} u_1 P_{n-1}$.
Como $u_1(x) = x$ para todo x, escrevendo $P_{n-1} = \sum_{k=0}^{n-1} a_k u_k$ e $P_n = \sum_{k=0}^{n} b_k u_k$, tem-se:

$$p_n = \xi + \left(b_n - \frac{2n-1}{n} a_{n-1} \right) u_n$$

onde $\xi : \mathbb{R} \to \mathbb{R}$ é um polinômio de grau menor ou igual a $n - 1$. Tem-se:

$$b_n - \frac{2n-1}{n} a_{n-1} =$$

$$= \frac{(2n)!}{2^n (n!)^2} - \frac{2n-1}{n} \frac{(2n-2)!}{2^{n-1}[(n-1)!]^2} =$$

$$= \frac{2n(2n-1)!}{2^n n^2 [(n-1)!]^2} - \frac{(2n-1)!}{2^{n-1} n[(n-1)!]^2} =$$

$$= \frac{(2n-1)!}{2^{n-1} n[(n-1)!]^2} - \frac{(2n-1)!}{2^{n-1} n[(n-1)!]^2} = 0$$

(v. Exercício 157). Segue-se que p_n é um polinômio de grau menor ou igual a $n - 1$.

Seja n inteiro positivo. Como p_n é um polinômio de grau menor do que n, p_n e P_n são ortogonais (v. Exercício 155). Por esta razão,

$$\|P_n\|^2 - \frac{2n-1}{n} \langle u_1 P_{n-1}, P_n \rangle =$$

$$= \langle p_n, P_n \rangle = 0$$

Portanto,

$$\boxed{\|P_n\|^2 = \frac{2n-1}{n} \langle u_1 P_{n-1}, P_n \rangle} \tag{5.67}$$

Em virtude de ser:

$$\langle u_1 P_n, P_{n-1} \rangle = \int_{-1}^{1} u_1(x) P_n(x) P_{n-1}(x) dx =$$

$$= \int_{-1}^{1} [u_1(x) P_{n-1}(x)] P_n(x) dx = \langle u_1 P_{n-1}, P_n \rangle$$

CAPÍTULO 5 – ORTOGONALIDADE   **189**

a equação $P_{n+1} = \dfrac{2n+1}{n+1} u_1 P_n - \dfrac{n}{n+1} P_{n-1}$ (v. Exercício 157)
e a ortogonalidade dos polinòmios de Legendre fornecem:

$0 = \langle P_{n-1}, P_{n+1} \rangle =$

$= \dfrac{2n+1}{n+1} \langle u_1 P_n, P_{n-1} \rangle - \dfrac{n}{n+1} \| P_{n-1} \|^2 =$

$= \dfrac{2n+1}{n+1} \langle u_1 P_{n-1}, P_n \rangle - \dfrac{n}{n+1} \| P_{n-1} \|^2$

Portanto,

$$\boxed{\langle u_1 P_{n-1}, P_n \rangle = \dfrac{n}{2n+1} \| P_{n-1} \|^2} \qquad (5.68)$$

De (5.67) e (5.68) obtém-se:

$$\boxed{\| P_n \|^2 = \dfrac{2n-1}{2n+1} \| P_{n-1} \|^2} \qquad (5.69)$$

valendo (5.69) para todo inteiro $n > 0$. Sendo $P_0(x) = 1$ e $P_1(x)$
$= x$ para todo $x \in \mathbb{R}$, tem-se $\| P_0 \|^2 = \int_{-1}^{1} [P_0(x)]^2 dx = 2$ e
$\| P_1(x) \|^2 = \int_{-1}^{1} [P_1(x)]^2 dx = \int_{-1}^{1} x^2 dx = \dfrac{2}{3}$. Segue-se que a
fórmula:

$$\boxed{\| P_n \|^2 = \dfrac{2}{2n+1}} \qquad (5.70)$$

é válida para $n = 0$ e $n = 1$. Supondo que ela seja válida para
um dado inteiro positivo n, (5.69) leva a:

$\| P_{n+1} \|^2 = \dfrac{2(n+1)-1}{2(n+1)+1} \| P_n \|^2 =$

$= \dfrac{2n+1}{2n+3} \dfrac{2}{2n+1} = \dfrac{2}{2(n+1)+1}$

Segue-se que (5.70) vale para todo inteiro $n > 0$. Como (5.70)
vale também para $n = 0$, segue-se que $\| P_n \|^2 = \dfrac{2}{2n+1}$ para
todo n inteiro não-negativo, como se queria.

Exercício 159 - Prove que se tem $P_n(1) = 1$ e $P_n(-1) = (-1)^n$
para todo n inteiro não-negativo.

Solução: Sendo $P_0(x) = 1$ e $P_1(x) = x$ para todo $x \in \mathbb{R}$, tem-se

190   320 QUESTÕES RESOLVIDAS DE ÁLGEBRA LINEAR

$P_0(1) = P_1(1) = 1$. Seja n inteiro positivo. Supondo que $P_k(1)$ = 1 para cada $k = 0,...,n-1$, a fórmula de recorrência para os polinômios de Legendre conduz a:

$$P_{n+1}(1) = \frac{2n+1}{n+1} P_n(1) - \frac{n}{n+1} P_{n-1}(1) =$$

$$= \frac{2n+1}{n+1} - \frac{n}{n+1} = 1$$

Segue-se que $P_n(1) = 1$ para todo n inteiro não-negativo. Como $P_n(-1) = (-1)^n P_n(1)$ (v. Exercício 156) tem-se $P_n(-1) = (-1)^n$, $n = 0,1,2,...$

Exercício 160 - Sejam $P_n : \mathbb{R} \to \mathbb{R}$, $n = 0,1,2,...$ os polinômios de Legendre. Prove: Para todo n inteiro positivo tem-se $\int_{-1}^{1} |P_n(x)| \, dx < \sqrt{2/n}$.

Solução: No espaço vetorial $\mathbb{E} = \mathcal{C}([-1,1];\mathbb{R})$ das funções $f : [-1,1] \to \mathbb{R}$ contínuas, seja $\langle .,. \rangle$ o produto interno definido por $\langle f, g \rangle = \int_{-1}^{1} f(x)g(x)dx$ (v. Exercício 104). Seja, para cada n inteiro não-negativo, $\varphi_n : [-1,1] \to \mathbb{R}$ definida pondo $\varphi_n(x) = |P_n(x)|$. Noutros termos, φ_n é a restrição ao intervalo $[-1,1]$ da função $x \mapsto |P_n(x)|$. Tem-se $\varphi_0(x) = 1$ para todo $x \in [-1,1]$, porque $\varphi_0(x) = |P_0(x)|$ e $P_0(x) = 1$ para todo x. Assim sendo,

$$\int_{-1}^{1} |P_n(x)| \, dx = \int_{-1}^{1} \varphi_n(x)dx =$$

$$= \int_{-1}^{1} \varphi_n(x)\varphi_0(x)dx = \langle \varphi_n, \varphi_0 \rangle$$

valendo estas igualdades para cada inteiro $n \geq 0$. Pela desigualdade de Cauchy-Schwarz (v. Exercício 82) $\langle \varphi_n, \varphi_0 \rangle \leq |\langle \varphi_n, \varphi_0 \rangle| \leq \|\varphi_n\|\|\varphi_0\|$. Desta forma,

$$\int_{-1}^{1} |P_n(x)| \, dx = \langle \varphi_n, \varphi_0 \rangle \leq \|\varphi_n\|\|\varphi_0\|$$

Considerando, no espaço vetorial $\mathcal{P}$ dos polinômios, o produto interno definido no Exercício 155, tem-se $\|P_n\|^2 = \int_{-1}^{1} [P_n(x)]^2 dx$. Como $[\varphi_n(x)]^2 = |P_n(x)|^2 = [P_n(x)]^2$ para todo

CAPÍTULO 5 – ORTOGONALIDADE **191**

$x \in [-1, 1]$, segue-se:

$$\|\varphi_n\|^2 = \int_{-1}^{1} [\varphi_n(x)]^2 dx = \int_{-1}^{1} [P_n(x)]^2 dx =$$

$$= \|P_n\|^2 = \frac{2}{2n+1}, \quad n = 0, 1, 2, \ldots$$

(v. Exercício 159). Por consequência,

$$\int_{-1}^{1} |P_n(x)| \, dx \leq \|\varphi_n\| \|\varphi_0\| =$$

$$= \sqrt{\frac{4}{2n+1}}, \quad n = 0, 1, 2, \ldots$$

Seja n inteiro positivo. Como $n < 2n + 1$, tem-se:

$$\int_{-1}^{1} |P_n(x)| \, dx \leq \sqrt{\frac{4}{2n+1}} < \sqrt{\frac{4}{2n}} = \sqrt{\frac{2}{n}}$$

o que prova o enunciado acima.

Sejam $\mathbb{X}$ um conjunto e $f : \mathbb{X} \to \mathbb{X}$ uma função. Um elemento $x_0 \in \mathbb{X}$ chama-se *ponto fixo* de f quando $f(x_0) = x_0$.

Exercício 161 - Prove: Para todo $n \geq 1$ o polinômio de Legendre P_n (v. Exercício 155) tem um ponto fixo no intervalo aberto $(-1, 1)$.

Solução: Como $P_1(x) = x$ para todo $x \in \mathbb{R}$, $P_1(0) = 0$. Logo, 0 é o ponto fixo do polinômio de Legendre P_1. Seja agora $n > 1$. Sendo $P_0(x) = 1$ para todo $x \in \mathbb{R}$, resulta da ortogonalidade dos polinômios de Legendre (v. Exercício 155) que se tem:

$$\int_{-1}^{1} [P_n(x) - x] dx = \int_{-1}^{1} [P_n(x) - P_1(x)] dx =$$

$$= \int_{-1}^{1} P_n(x) dx - \int_{-1}^{1} P_1(x) dx =$$

$$= \int_{-1}^{1} P_n(x) P_0(x) dx - \int_{-1}^{1} P_1(x) P_0(x) dx = 0$$

Portanto, $P_n(x) - P_1(x) = P_n(x) - x$ muda de sinal quando x percorre o intervalo aberto $(-1, 1)$. Assim sendo, existe $x_0 \in (-1, 1)$ tal que $P_n(x_0) - x_0 = 0$. Para este x_0, vale a igualdade

192   320 QUESTÕES RESOLVIDAS DE ÁLGEBRA LINEAR

$P_n(x_0) = x_0$. Logo, x_0 é um ponto fixo de P_n no intervalo aberto $(-1, 1)$.

Exercício 162 - Sejam, para cada n inteiro não-negativo, $u_n : \mathbb{R} \to \mathbb{R}$ o polinômio $x \mapsto x^n$ e $\varphi_n : \mathbb{R} \to \mathbb{R}$ a função $x \mapsto x^n e^{-x}$. Portanto, $u_0(x) = 1$, $\varphi_0(x) = e^{-x}$ para todo $x \in \mathbb{R}$ e $\varphi_n = u_n \varphi_0$, $n = 0,1,2,...$ Dada $f : \mathbb{R} \to \mathbb{R}$ de classe $\mathcal{C}^\infty$, seja $D^n f : \mathbb{R} \to \mathbb{R}$, $n = 0,1,2,...$, sua n-ésima derivada. Prove:

(a) Dadas $f, g : \mathbb{R} \to \mathbb{R}$ de classe $\mathcal{C}^\infty$, tem-se $D^m(fg) = \sum_{k=0}^{m} \binom{m}{k} D^k f. D^{m-k} g$ para todo $m > 0$.

(b) Para todo $n \geq 0$ tem-se $D^m \varphi_n = Q_m \varphi_{n-m}$, $m = 0,...,n$, onde Q_m é um polinômio de grau m.

(c) Se $1 \leq k \leq n$ então a integral $\int_0^\infty D^k \varphi_n(x) dx$ converge, e se tem $\int_0^\infty D^k \varphi_n(x) dx = 0$.

(d) Se $0 \leq m \leq n$ então $\int_0^\infty x^m D^n \varphi_n(x) dx$ converge, valendo $\int_0^\infty x^m D^n \varphi_n(x) dx = 0$ se $m < n$ e $\int_0^\infty x^m D^n \varphi_n(x) dx = (-1)^n (n!)^2$ se $m = n$.

(e) Para todo $n \geq 0$, a função $L_n : \mathbb{R} \to \mathbb{R}$, definida pondo $L_n(x) = (-1)^n e^x D^n \varphi_n(x)$ para todo x, é um polinômio de grau n. Em particular, $L_0(x) = 1$ e $L_1(x) = x - 1$ para todo $x \in \mathbb{R}$.

(f) Considerando, no espaço vetorial $\mathcal{P}$ dos polinômios, o produto interno definido por $\langle p, q \rangle = \int_0^\infty e^{-x} p(x) q(x) dx$ (v. Exercício 106), os polinômios L_n, $n = 0,1,2,...$ formam um conjunto ortogonal, sendo $\|L_n\| = n!$.

Solução:

(a): Por indução em m. Como $D(fg) = fDg + gDf$, a fórmula:

$$\boxed{D^m(fg) = \sum_{k=0}^{m} \binom{m}{k} D^k f. D^{m-k} g} \qquad (5.71)$$

é válida para $m = 1$. Supondo que ela seja válida para um dado inteiro positivo m, tem-se:

$$D^{m+1}(fg) = D[D^m(fg)] =$$
$$= D\left[\sum_{k=0}^{m} \binom{m}{k} D^k f. D^{m-k} g\right] =$$
$$= \sum_{k=0}^{m} \binom{m}{k} D(D^k f. D^{m-k} g) =$$
$$= \sum_{k=0}^{m} \binom{m}{k} D^k f. D^{m-k+1} g +$$
$$+ \sum_{k=0}^{m} \binom{m}{k} D^{k+1} f. D^{m-k} g$$

(5.72)

Valem as seguintes igualdades:

$$\sum_{k=0}^{m} \binom{m}{k} D^k f. D^{m-k+1} g =$$
$$= fD^{m+1} g + \sum_{k=1}^{m} \binom{m}{k} D^k f. D^{m-k+1} g$$

(5.73)

$$\sum_{k=0}^{m} \binom{m}{k} D^{k+1} f. D^{m-k} g =$$
$$= \sum_{k=0}^{m-1} \binom{m}{k} D^{k+1} f. D^{m-k} g + D^{m+1} f. g$$

(5.74)

Tem-se também:

$$\sum_{k=0}^{m-1} \binom{m}{k} D^{k+1} f. D^{m-k} g =$$
$$= \sum_{k=1}^{m} \binom{m}{k-1} D^k f. D^{m-k+1} g$$

(5.75)

Em vista de (5.73), (5.74) e (5.75), (5.72) fica:

$$D^{m+1}(fg) = fD^{m+1} g +$$
$$+ \sum_{k=1}^{m} \left[\binom{m}{k-1} + \binom{m}{k}\right] D^k f. D^{m+1-k} g +$$
$$+ D^{m+1} f. g$$

(5.76)

Seja $k \in \{1, \ldots, m\}$. Da definição dos coeficientes binomiais $\binom{m}{k}$ vem:

$$\binom{m}{k-1} + \binom{m}{k} =$$

194 320 QUESTÕES RESOLVIDAS DE ÁLGEBRA LINEAR

$$= \frac{m!}{(k-1)!(m-k+1)!} + \frac{m!}{k!(m-k)!} =$$

$$= \frac{km!}{k!(m-k+1)!} + \frac{(m-k+1)m!}{k!(m-k+1)!} =$$

$$= \frac{(k+m-k+1)m!}{k!(m-k+1)!} = \frac{(m+1)m!}{k!(m-k+1)!} =$$

$$= \frac{(m+1)!}{k!(m+1-k)!} = \left(\begin{array}{c} m+1 \\ k \end{array}\right)$$

Destas igualdades e de (5.76) obtém-se:

$$D^{m+1}(fg) = fD^{m+1}g +$$

$$+ \sum_{k=1}^{m} \left(\begin{array}{c} m+1 \\ k \end{array}\right) D^k f. D^{m+1-k}g + D^{m+1}f. g =$$

$$= \sum_{k=0}^{m+1} \left(\begin{array}{c} m+1 \\ k \end{array}\right) D^k f. D^{m+1-k}g$$

Isto mostra que (5.72) vale para todo inteiro $m > 0$. Logo, (a) segue.

(b): A propriedade (b) é evidente para $n = 0$. Dado n inteiro positivo, seja $m \in \{0, 1, \ldots n\}$. Tem-se $D^0 \varphi_n = \varphi_n = 1. \varphi_n$, donde $D^0 \varphi_n = u_0 \varphi_n$. Como $\varphi_n = u_n \varphi_0$, se $1 \leq m \leq n$ então, aplicando a propriedade (a) já demonstrada obtém-se:

$$\boxed{\begin{array}{l} D^m \varphi_n = D^m(\varphi_0 u_n) = \\ = \sum_{k=0}^{m} \left(\begin{array}{c} m \\ k \end{array}\right) D^k \varphi_0 D^{m-k} u_n \end{array}} \tag{5.77}$$

Como $\varphi_0(x) = e^{-x}$ para todo x, as derivadas $D^k \varphi_0$ de φ_0 são $D^k \varphi_0 = (-1)^k \varphi_0$. De fato, esta igualdade vale para $k = 0$, porque $D^0 \varphi_0 = \varphi_0$. Sendo $D\varphi_0 = -\varphi_0$, supondo que se tem $D^k \varphi_0 = (-1)^k \varphi_0$ para um dado $k \geq 0$, segue-se $D^{k+1}\varphi_0 = D(D^k \varphi_0) = (-1)^k D\varphi_0 = -(-1)^k \varphi_0 = (-1)^{k+1}\varphi_0$. As derivadas $D^{m-k}u_n$ do polinômio u_n são:

$$D^{m-k}u_n = \frac{n!}{(n-m+k)!} u_{n-m+k}$$

para cada $k = 0,1,\ldots,m$ (v. Exercício 157). Com isto, (5.77) torna-se:

$$D^m \varphi_n = D^m(\varphi_0 u_n) =$$

$$= \sum_{k=0}^m \binom{m}{k} \frac{(-1)^k n!}{(n-m+k)!} u_{n-m+k} \varphi_0 \qquad (5.78)$$

Sendo $u_{n-m+k} = u_{n-m} u_k$ e $\varphi_{n-m} = u_{n-m} \varphi_0$, a equação (5.78) fornece:

$$D^m \varphi_n =$$

$$= \left[\sum_{k=0}^m \binom{m}{k} \frac{(-1)^k n!}{(n-m+k)!} u_k \right] u_{n-m} \varphi_0 =$$

$$= \left[\sum_{k=0}^m \binom{m}{k} \frac{(-1)^k n!}{(n-m+k)!} u_k \right] \varphi_{n-m} \qquad (5.79)$$

Por consequência, $D^m \varphi_n = Q_m \varphi_{n-m}$, onde:

$$Q_m = \sum_{k=0}^m \binom{m}{k} \frac{(-1)^k n!}{(n-m+k)!} u_k \qquad (5.80)$$

O polinômio Q_m é de grau m, sendo o coeficiente de u_m igual a $(-1)^m$. Se $m \geq 1$, o coeficiente de u_{m-1} em Q_m é $(-1)^{m-1} mn$.

(c): Dado $n > 0$, seja m um inteiro não-negativo menor do que n. Se $m = 0$ então $D^m \varphi_n(x) = \varphi_n(x) = x^n e^{-x}$, logo $D^m \varphi_n(0) = 0$ e $\lim_{x \to \infty} D^m \varphi_n(x) = \lim_{x \to \infty} x^n e^{-x} = 0$ (v. Exercício 106). Se $1 \leq m < n$ então, pela propriedade (b) já demonstrada, $D^m \varphi_n(x) = Q_m \varphi_{n-m}(x) = x^{n-m} Q_m(x) e^{-x}$, onde Q_m é um polinômio de grau m. Como $n - m > 0$, tem-se $D^m \varphi_n(0) = 0$ e $\lim_{x \to \infty} D^m \varphi_n(x) = \lim_{x \to \infty} x^{n-m} Q_m(x) e^{-x} = 0$. Dercorre daí que se tem, para cada $m = 0,...,n-1$, $D^m(x) = 0$ e $\lim_{x \to \infty} D^m(x) = 0$. Seja agora k inteiro positivo menor ou igual a n. Para todo número não-negativo z vale:

$$\int_0^z D^k \varphi_n(x) dx = D^{k-1} \varphi_n(z) - D^{k-1} \varphi_n(0)$$

Sendo $0 \leq k - 1 < n$, $D^{k-1} \varphi_n(0) = 0$ e $\lim_{z \to \infty} D^{k-1} \varphi_n(z) = 0$. Resulta disto que a integral $\int_0^\infty D^k \varphi_n(x) dx$ converge, e se tem $\int_0^\infty D^k \varphi_n(x) dx = 0$.

(d): A propriedade (b) diz que $D^n \varphi_n = Q_n \varphi_0$, onde Q_n é um polinômio de grau n. Como $\varphi_0(x) = e^{-x}$, segue-se $x^m D^n \varphi_n(x) =$

196 320 QUESTÕES RESOLVIDAS DE ÁLGEBRA LINEAR

$x^m Q_n(x)e^{-x}$ para todo $x \in \mathbb{R}$. Assim sendo, a integral $\int_0^\infty x^m D^n \varphi_n(x)dx$ converge para quaisquer inteiros não-negativos m e n (v. Exercício 106). Sejam m, n inteiros com $0 \le m \le n$. Se $m = n = 0$, então $D^n \varphi_n = \varphi_n = \varphi_0$, logo $\int_0^\infty D^n \varphi_n(x)dx = \int_0^\infty \varphi_0(x)dx = \int_0^\infty e^{-x}dx = 1 = (-1)^n (n!)^2$. Se $0 = m < n$, a propriedade (c) dá $\int_0^\infty x^m D^n \varphi_n(x) = \int_0^\infty D^n \varphi_n(x)dx = 0$. Admitindo que $1 \le m \le n$ e tomando qualquer $k \in \{0, \dots, m-1\}$, o método da integração por partes fornece:

$$\int_0^z x^{m-k} D^{n-k} \varphi_n(x)dx = z^{m-k} D^{n-k-1} \varphi_n(z) -$$

$$- (m-k) \int_0^z x^{m-k-1} D^{n-k-1} \varphi_n(x)dx$$

valendo estas igualdades para todo $z \ge 0$. Como $D^{n-k-1} \varphi_n(z) = p(z)e^{-z}$ onde p é um polinômio, tem-se $\lim_{z \to \infty} z^{m-k} D^{n-k-1} \varphi_n(z) = 0$. Portanto,

$$\boxed{\begin{aligned} \int_0^\infty & x^{m-k} D^{n-k} \varphi_n(x)dx = \\ = -(m-k) & \int_0^\infty x^{m-k-1} D^{n-k-1} \varphi_n(x)dx \end{aligned}}$$

(5.81)

É evidente que a igualdade:

$$\boxed{\begin{aligned} \int_0^\infty & x^m D^n \varphi_n(x)dx = \\ = \frac{(-1)^k m!}{(m-k)!} & \int_0^\infty x^{m-k} D^{n-k} \varphi_n(x)dx \end{aligned}}$$

(5.82)

é válida para $k = 0$. Supondo que ela seja válida para um dado $k \in \{0, \dots, m-1\}$, de (5.81) obtém-se:

$$\int_0^\infty x^m D^n \varphi_n(x)dx =$$

$$= -\frac{(-1)^k (m-k)m!}{(m-k)!} \int_0^\infty x^{m-k-1} D^{n-k-1} \varphi_n(x)dx =$$

$$= \frac{(-1)^{k+1} m!}{(m-k-1)!} \int_0^\infty x^{m-k-1} D^{n-k-1} \varphi_n(x)dx$$

Segue-se que (5.82) é válida para $k = 1, \dots m$. Fazendo $k = m$ em (5.82) obtém-se:

$$\boxed{\begin{aligned}\int_0^\infty x^m D^n \varphi_n(x)\,dx &= \\ = (-1)^m m! \int_0^\infty D^{n-m}\varphi_n(x)\,dx\end{aligned}}$$ (5.83)

Se $m < n$ então $\int_0^\infty D^{n-m}\varphi_n(x)\,dx = 0$, donde $\int_0^\infty x^m D^n \varphi_n(x) = 0$. Se, por outro lado, $m = n$, então $D^{n-m}\varphi_n = D^0 \varphi_n = \varphi_n$. Daí e de (5.83) obtém-se:

$$\int_0^\infty x^m D^n \varphi_n(x)\,dx = \int_0^\infty x^n D^n \varphi_n(x)\,dx =$$

$$= (-1)^n n! \int_0^\infty \varphi_n(x)\,dx = (-1)^n n! \int_0^\infty x^n e^{-x}\,dx =$$

$$= (-1)^n n! n! = (-1)^n (n!)^2$$

(v. Exercício 106). Logo, (d) segue.

(e): Resulta da propriedade (b) que $D^n \varphi_n = Q_n \varphi_0$, onde Q_n é um polinômio de grau n. Como $\varphi_0(x) = e^{-x}$, $e^x \varphi_0(x) = 1$ para todo x. Desta forma, $L_n(x) = e^x D^n \varphi_n(x) = (-1)^n Q_n(x)$ para todo $x \in \mathbb{R}$. Logo, $L_n = (-1)^n Q_n$, $n = 0,1,2,\ldots$ Fazendo $m = n$ em (5.80), obtém-se:

$$L_n = (-1)^n Q_n = \sum_{k=0}^n (-1)^{n+k} \binom{n}{k} \frac{n!}{k!} u_k =$$

$$= \sum_{k=0}^n (-1)^{n+k} \frac{(n!)^2}{(k!)^2 (n-k)!} u_k$$

Portanto, o coeficiente de u_0 em L_n é $(-1)^n n!$ e o de u_n é igual a 1. Se $n \geq 1$ então o coeficiente de u_{n-1} em L_n é $-n^2$. Em particular,

$$L_0(x) = 1$$

$$L_1(x) = x - 1$$

$$L_2(x) = x^2 - 4x + 2$$

para todo $x \in \mathbb{R}$.

(f): Sejam m, n inteiros com $0 \leq m \leq n$. Pela definição dos polinômios L_n, tem-se:

198 320 QUESTÕES RESOLVIDAS DE ÁLGEBRA LINEAR

$$\langle L_m, L_n \rangle = \int_0^\infty e^{-x} L_m(x) L_n(x) dx =$$

$$= (-1)^n \int_0^\infty L_m(x) D^n \varphi_n(x) dx$$

Decorre da propriedade (d) que $\int_0^\infty p(x) D^n \varphi_n(x) dx = 0$ para todo polinômio p de grau $m < n$. Sendo L_m um polinômio de grau m, $\langle L_m, L_n \rangle = 0$ se $m < n$. Como $L_0(x) = 1$ para todo x, se $n = 0$ então $\langle L_n, L_n \rangle = \langle L_0, L_0 \rangle = \int_0^\infty e^{-x} dx = 1$. Se $n \geq 1$ então $L_n(x) = p_n(x) + x^n$, onde p_n é um polinômio de grau $n - 1$ (de fato, o coeficiente de u_n em L_n é 1). Sendo $\int_0^\infty p_n(x) D^n \varphi_n(x) = 0$, tem-se:

$$\langle L_n, L_n \rangle = (-1)^n \int_0^\infty L_n(x) D^n \varphi_n(x) dx =$$

$$= (-1)^n \left[\int_0^\infty p(x) D^n \varphi(x) dx + \int_0^\infty x^n D^n \varphi_n(x) dx \right] =$$

$$= (-1)^n \int_0^\infty x^n D^n \varphi_n(x) = (n!)^2$$

Portanto, $\|L_n\| = n!$ para todo n inteiro não-negativo.

Os polinômios L_n definidos no Exercício 162 chamam-se *polinômios de Laguerre*. Os polinômios de Laguerre L_n, $n = 0, 1, 2, \ldots$, são definidos pondo:

$$L_n(x) = (-1)^n e^x D^n \varphi_n(x)$$

onde φ_n é a função dada por $\varphi_n(x) = x^n e^{-x}$.

Escreve-se, às vezes,

$$L_n(x) = (-1)^n e^x \frac{d^n}{dx^n} (x^n e^{-x})$$

Os polinômios de Laguerre formam um conjunto ortogonal relativamente ao produto interno do Exercício 162.

Exercício 163 - Prove: Para todo $n \geq 1$ os polinômios de Laguerre L_{n+1}, L_n e L_{n-1} satisfazem a seguinte condição:

$$L_{n+1}(x) + (2n + 1 - x) L_n(x) + n^2 L_{n-1}(x) = 0$$

para todo $x \in \mathbb{R}$.

CAPÍTULO 5 – ORTOGONALIDADE   **199**

Solução: Sejam $n \geq 1$ e $u_n : \mathbb{R} \to \mathbb{R}$, $n = 0,1,2,...$, o polinômio dado por $u_n(x) = x^n$. Então u_1 é um polinômio de grau 1. Logo, a função $u_1 L_n$ $((u_1 L_n)(x) = u_1(x)L_n(x) = xL_n(x)$ para todo $x \in \mathbb{R}$) é um polinômio de grau $n + 1$. Os polinômios $L_0, L_1, ..., L_{n+1}$ formam um conjunto ortogonal relativamente ao produto interno do Exercício 162. Sendo eles não-nulos, formam uma base do espaço vetorial $\mathcal{P}_{n+1}$ dos polinômios de grau menor ou igual a $n + 1$. Por isto, o polinômio $u_1 L_n$, que é de grau $n + 1$, se escreve como:

$$u_1 L_n = \sum_{k=0}^{n+1} \lambda_k L_k$$

onde:

$$\lambda_k = \frac{\langle L_k, u_1 L_n \rangle}{\|L_k\|^2}, \quad k = 0, 1, ..., n + 1$$

Os polinômios de Laguerre L_n, $n = 0,1,2,...$, formam um conjunto ortogonal relativamente ao produto interno do Exercício 162. Por isto, cada um dos polinômios de Laguerre L_n, $n = 1,2,...$, é ortogonal a todo polinômio de grau menor ou igual a $n - 1$ (v. Exercício 145). Como $\langle L_k, u_1 L_n \rangle = \int_0^\infty e^{-x} L_k(x)[xL_n(x)]dx = \int_0^\infty e^{-x}[xL_k(x)]L_n(x)dx = \langle u_1 L_k, L_n \rangle$, $\langle L_k, u_1 L_n \rangle = 0$ se $k \leq n - 2$. Dito isto,

$$u_1 L_n = \frac{\langle L_{n-1}, u_1 L_n \rangle}{\|L_{n-1}\|^2} L_{n-1} +$$

$$+ \frac{\langle L_n, u_1 L_n \rangle}{\|L_n\|^2} L_n + \frac{\langle L_{n+1}, u_1 L_n \rangle}{\|L_{n+1}\|^2} L_{n+1} =$$

$$= \frac{\langle L_{n-1}, u_1 L_n \rangle}{[(n-1)!]^2} L_{n-1} + \frac{\langle L_n, u_1 L_n \rangle}{(n!)^2} L_n + \frac{\langle L_{n+1}, u_1 L_n \rangle}{[(n+1)!]^2} L_{n+1}$$

O coeficiente de u_{n+1} no polinômio $u_1 L_n$ é o coeficiente de u_n no polinômio de Laguerre L_n. Com efeito, escrevendo L_n na forma $\sum_{k=0}^{n} a_k u_k$ tem-se $u_1 L_n = \sum_{k=0}^{n} a_k u_{k+1}$. O coeficiente de u_n em L_n e o de u_{n+1} em L_{n+1} são iguais a 1 (v. Exercício 162). Logo, igualando os coeficientes de u_{n+1} na equação acima para $u_1 L_n$ obtém-se:

200   320 QUESTÕES RESOLVIDAS DE ÁLGEBRA LINEAR

$$\langle u_1 L_n, L_{n+1}\rangle = [(n+1)!]^2$$ (5.84)

Como $n \geq 1$ é arbitrário, (5.84) é válida para todo n inteiro positivo. Assim sendo,

$$\langle L_{n-1}, u_1 L_n\rangle = \langle u_1 L_{n-1}, L_n\rangle = (n!)^2$$ (5.85)

para cada $n \geq 2$. Sendo $L_0(x) = u_0(x) = 1$ e $L_1(x) = x - 1$ para todo $x \in \mathbb{R}$ (v. Exercício 162), se tem:

$$\langle L_0, u_1 L_1\rangle = \int_0^\infty e^{-x}x(x-1)dx =$$

$$= \int_0^\infty x^2 e^{-x}dx - \int_0^\infty xe^{-x}dx =$$

$$= 2! - 1! \ = \ 1! \ = \ (1!)^2$$

(v. Exercício 106). Segue-se que (5.85) vale também para $n = 1$. Portanto,

$$\frac{\langle L_{n-1}, u_1 L_n\rangle}{[(n-1)!]^2} = \left[\frac{n!}{(n-1)}\right]^2 = n^2, \quad n = 1, 2, \ldots$$

Desta forma, para cada $n \geq 1$ o polinômio $u_1 L_n$ se escreve como:

$$u_1 L_n = n^2 L_{n-1} + \lambda_n L_n + L_{n+1}$$ (5.86)

seja qual for $n \geq 1$. O coeficiente de u_n no polinômio $u_1 L_n$ é o coeficiente de u_{n-1} no polinômio de Laguerre L_n, que é $-n^2$ (v. Exercício 162). O coeficiente de u_n em L_{n+1} é $-(n+1)^2$ e o coeficiente de u_n em L_n é 1. Assim sendo, igualando os coeficientes de u_n em (5.86) obtém-se $-n^2 = \lambda_n - (n+1)^2$, donde $\lambda_n = (n+1)^2 - n^2 = 2n + 1$. Logo,

$$u_1 L_n = n^2 L_{n-1} + (2n+1)L_n + L_{n+1}$$ (5.87)

valendo (5.87) para todo $n \geq 1$. Decorre daí que se tem:

$$L_{n+1}(x) + (2n + 1 - x)L_n(x) + n^2 L_{n-1}(x) = 0$$

para todo $n \geq 1$ e para todo $x \in \mathbb{R}$, como se queria.

    A equação:

$$L_{n+1}(x) + (2n + 1 - x)L_n(x) + n^2 L_{n-1}(x) = 0$$

CAPÍTULO 5 – ORTOGONALIDADE   201

diz-se a *fórmula de recorrência* para os polinômios de Laguerre.

Exercício 164 - Prove: Para cada $n \geq 1$, o polinômio de Laguerre $L_n(x)$ possui uma raiz no intervalo aberto $(0, +\infty)$.

Solução: No espaço vetorial $\mathcal{P}$ dos polinômios, seja $\langle . , . \rangle$ o produto interno do Exercício 162. Os polinômios de Laguerre L_n, $n = 0,1,2,...$, formam um conjunto ortogonal. Seja n inteiro positivo. Tem-se $L_0(x) = 1$ para todo $x \in \mathbb{R}$. Portanto,

$$\langle L_n, L_0 \rangle = \int_0^{\infty} e^{-x} L_0(x) L_n(x) dx =$$

$$= \int_0^{\infty} e^{-x} L_n(x) dx = 0, \quad n = 1, 2, ...$$

Como $e^{-x} > 0$ para todo $x \in \mathbb{R}$ e L_n é uma função contínua e não-nula, segue-se que o valor $L_n(x)$ de L_n muda de sinal quando x percorre o intervalo aberto $(0, +\infty)$. Assim sendo, o teorema do anulamento (v Guidorizzi, *Um Curso de Cálculo*, Vol. 1, p. 511-512) diz que existe $x_0 > 0$ tal que $L_n(x_0) = 0$.

Exercício 165 - Prove: Para cada $n \geq 2$ o polinômio de Laguerre tem n raízes de multiplicidade um no intervalo aberto $(0, +\infty)$.

Solução:

Seja $n \geq 2$. Supondo que L_n tem uma raiz $x_0 > 0$ de multiplicidade m onde $2 \leq m \leq n$, tem-se, para todo $x \in \mathbb{R}$, $L_n(x) = (x - x_0)^m q(x)$, onde q é um polinômio de grau $n - m$, e portanto de grau menor ou igual a $n - 2$. Se m é par, então o polinômio $x \mapsto (x - x_0)^m [q(x)]^2$ é uma função contínua, não-nula e não-negativa. Por esta razão,

$$\int_0^{\infty} e^{-x} (x - x_0)^m [q(x)]^2 dx > 0$$

Por outro lado, como q é um polinômio de grau menor ou igual a $n - 2$, a ortogonalidade dos polinômios de Laguerre fornece:

$$\int_0^\infty e^{-x} L_n(x) q(x) dx =$$

$$= \int_0^\infty e^{-x}[(x-x_0)^m q(x)] q(x) dx =$$

$$= \int_0^\infty e^{-x}(x-x_0)^m [q(x)]^2 dx = 0$$

Decorre daí que m não é par, e portanto que m é ímpar. Então, $m + 1$ é par. Resulta disto que se tem:

$$\int_0^\infty e^{-x}(x-x_0)^{m+1} [q(x)]^2 dx > 0$$

O polinômio q sendo de grau menor ou igual a $n - 2$, a função $x \mapsto (x - x_0)q(x)$ é um polinômio de grau menor ou igual a $n - 1$. Por esta razão,

$$\int_0^\infty e^{-x}(x-x_0) q(x) L_n(x) dx =$$

$$= \int_0^\infty e^{-x}(x-x_0)^{m+1} [q(x)]^2 dx = 0$$

Segue-se que não se pode ter $m \geq 2$. Portanto, as raízes de L_n no intervalo aberto $(0, +\infty)$ (as quais existem, v. Exercício 164) são de multiplicidade um.

Dado $n \geq 2$, sejam $x_1, \ldots, x_m$ as raízes do polinômio de Laguerre L_n no intervalo aberto $(0, +\infty)$. Estas raízes são de multiplicidade um. Desta forma,

$$L_n(x) = \left[\prod_{k=1}^m (x - x_k) \right] q(x)$$

onde $q(x)$ é diferente de zero para todo $x > 0$. Supondo $m < n$, seja $\omega : \mathbb{R} \to \mathbb{R}$ o polinômio definido por $\omega(x) = \prod_{k=1}^m (x - x_k)$. O grau de ω é m, portanto é menor ou igual a $n - 1$. Assim sendo,

$$\int_0^\infty e^{-x} L_n(x) \omega(x) dx =$$

$$= \int_0^\infty e^{-x}[q(x)\omega(x)]\omega(x) dx =$$

$$= \int_0^\infty e^{-x} q(x) [\omega(x)]^2 dx = 0$$

Por outro lado, como $q(x)$ é diferente de zero para todo $x > 0$, a integral $\int_0^\infty e^{-x} q(x) [\omega(x)]^2 dx$ é diferente de zero. Conclui-se

CAPÍTULO 5 – ORTOGONALIDADE **203**

daí que $m = n$. Isto prova o enunciado acima.

Exercício 166 - Sejam L_n, $n = 0,1,2,...$, os polinômios de Laguerre. Prove: Se $1 \leq m < n$ então existe $x_0 = x_0(m,n) > 0$ de modo que $L_m(x_0) = L_n(x_0)$.

Solução: Sejam m, n inteiros com $1 \leq m < n$. Como $L_0(x) = 1$ para todo $x \in \mathbb{R}$, da ortogonalidade dos polinômios de Laguerre decorre:

$$\int_0^\infty e^{-x}[L_n(x) - L_m(x)]dx =$$

$$= \int_0^\infty e^{-x}L_n(x)dx - \int_0^\infty e^{-x}L_m(x)dx =$$

$$= \int_0^\infty e^{-x}L_n(x)L_0(x)dx - \int_0^\infty e^{-x}L_m(x)L_0(x)dx = 0$$

Resulta disto que o número $L_n(x) - L_n(x)$ muda de sinal quando x percorre o intervalo $(0, +\infty)$. O polinômio $L_n - L_m$ sendo uma função contínua, $L_n(x_0) - L_n(x_0) = 0$ para algum $x_0 > 0$. Para este x_0, tem-se $L_m(x_0) = L_n(x_0)$.

Capítulo 6

Complemento ortogonal

Sejam $\mathbb{E}$ um espaço euclidiano e $\mathbb{X}$ um subconjunto de $\mathbb{E}$. O *complemento ortogonal* de $\mathbb{X}$, indicado com a notação:

$$\mathbb{X}^\perp$$

é o conjunto formado pelos vetores $\vec{w} \in \mathbb{E}$ que são ortogonais a todos os elementos de $\mathbb{X}$. Noutros termos, $\mathbb{X}^\perp$ é o conjunto dos vetores $\vec{w} \in \mathbb{E}$ tais que $\langle \vec{w}, \vec{x} \rangle = 0$ seja qual for $\vec{x} \in \mathbb{X}$.

Exercício 167 - Seja $\mathbb{E}$ um espaço euclidiano. Prove:

(a) $\{\vec{o}\}^\perp = \mathbb{E}$, $\mathbb{E}^\perp = \{\vec{o}\}$.

(b) $\emptyset^\perp = \mathbb{E}$.

(c) Se $\mathbb{X} \subseteq \mathbb{Y}$ então $\mathbb{Y}^\perp \subseteq \mathbb{X}^\perp$.

Solução:

(a): Seja $\vec{w} \in \mathbb{E}$ arbitrário. Como $\langle \vec{w}, \vec{o} \rangle = 0$, $\vec{w}$ é ortogonal a todo elemento do conjunto $\{\vec{o}\}$, logo pertence a $\{\vec{o}\}^\perp$. Conclui-se daí que $\mathbb{E} \subseteq \{\vec{o}\}^\perp$. Uma vez que $\{\vec{o}\}^\perp$ é um subconjunto de $\mathbb{E}$, segue-se que $\{\vec{o}\}^\perp = \mathbb{E}$. Como $\langle \vec{o}, \vec{w} \rangle = 0$ para todo $\vec{w} \in \mathbb{E}$, $\vec{o} \in \mathbb{E}^\perp$. Portanto, vale a relação $\{\vec{o}\} \subseteq \mathbb{E}^\perp$. Por outro lado, se $\vec{x} \in \mathbb{E}^\perp$ então $\langle \vec{x}, \vec{w} \rangle = 0$, qualquer que seja $\vec{w} \in \mathbb{E}$. Em particular, $\langle \vec{x}, \vec{x} \rangle = 0$ (pois $\vec{x} \in \mathbb{E}$), donde $\vec{x} = \vec{o}$. Logo, $\mathbb{E}^\perp \subseteq \{\vec{o}\}$. Desta forma, tem-se $\mathbb{E}^\perp = \{\vec{o}\}$.

(b): Um vetor $\vec{w} \in \mathbb{E}$ deixa de pertencer ao complemento ortogonal de um dado conjunto $\mathbb{X} \subseteq \mathbb{E}$ se existe $\vec{x}_0 \in \mathbb{X}$ de modo que $\langle \vec{w}, \vec{x}_0 \rangle$ é diferente de zero. Como o conjunto vazio não possui elementos, segue-se que todo vetor $\vec{w} \in \mathbb{E}$ pertence a $\emptyset^\perp$. Por consequência, $\emptyset^\perp = \mathbb{E}$.

(c): Dados os conjuntos $\mathbb{X}, \mathbb{Y} \subseteq \mathbb{E}$ com $\mathbb{X} \subseteq \mathbb{Y}$, seja $\vec{w} \in \mathbb{Y}^\perp$ qualquer. Então $\langle \vec{w}, \vec{y} \rangle = 0$, seja qual for $\vec{y} \in \mathbb{Y}$. Como todo elemento de $\mathbb{X}$ pertence a $\mathbb{Y}$, tem-se $\langle \vec{w}, \vec{x} \rangle = 0$ para todo $\vec{x} \in$

CAPÍTULO 6 – COMPLEMENTO ORTOGONAL   **205**

$\mathbb{X}$. Logo, $\vec{w} \in \mathbb{X}^{\perp}$.

Exercício 168 - Seja $\mathbb{X}$ um subconjunto de um espaço euclidiano $\mathbb{E}$. Prove que seu complemento ortogonal $\mathbb{X}^{\perp}$ é um subespaço vetorial de $\mathbb{E}$.

Solução: O vetor nulo $\vec{o}$ pertence a $\mathbb{X}^{\perp}$, porque $\langle \vec{o}, \vec{x} \rangle = 0$ para todo $\vec{x} \in \mathbb{X}$. Sejam $\vec{w}_1, \vec{w}_2 \in \mathbb{X}^{\perp}$ e $\lambda_1, \lambda_2 \in \mathbb{R}$ arbitrários. Tem-se $\langle \vec{w}_1, \vec{x} \rangle = \langle \vec{w}_2, \vec{x} \rangle = 0$, e portanto $\langle \lambda_1 \vec{w}_1 + \lambda_2 \vec{w}_2, \vec{x} \rangle = \lambda_1 \langle \vec{w}_1, \vec{x} \rangle + \lambda_2 \langle \vec{w}_2, \vec{x} \rangle = 0$, seja qual for $\vec{x} \in \mathbb{X}$. Decorre daí que $\lambda_1 \vec{w}_1 + \lambda_2 \vec{w}_2 \in \mathbb{X}^{\perp}$, quaisquer que sejam $\vec{w}_1, \vec{w}_2 \in \mathbb{X}^{\perp}$ e $\lambda_1, \lambda_2 \in \mathbb{R}$. Como $\vec{o} \in \mathbb{X}^{\perp}$, segue-se que $\mathbb{X}^{\perp}$ é um subespaço vetorial de $\mathbb{E}$.

Seja $\mathbb{X}$ um subconjunto de um espaço vetorial $\mathbb{E}$. A notação:

$$\mathcal{S}(\mathbb{X})$$

indica o subespaço vetorial de $\mathbb{E}$ gerado por $\mathbb{X}$. Portanto, $\mathcal{S}(\mathbb{X})$ é a interseção da classe formada pelos subespaços vetoriais de $\mathbb{E}$ que contêm $\mathbb{X}$.

Exercício 169 - Seja $\mathbb{X}$ um subconjunto de um espaço euclidiano $\mathbb{E}$. Prove que $\mathbb{X}^{\perp} = [\mathcal{S}(\mathbb{X})]^{\perp}$.

Solução: Como $\mathcal{S}(\emptyset) = \{\vec{o}\}$, o enunciado acima é válido se $\mathbb{X}$ é o conjunto vazio (v. Exercício 167). Dado um conjunto não-vazio $\mathbb{X} \subseteq \mathbb{E}$, seja $\vec{w} \in \mathbb{X}^{\perp}$ qualquer. Seja $\vec{y} = \sum_{k=1}^{n} \lambda_k \vec{x}_k$ uma combinação linear de elementos de $\mathbb{X}$. Como os vetores $\vec{x}_1, \ldots, \vec{x}_n$ pertencem a $\mathbb{X}$ e $\vec{w}$ pertence a $\mathbb{X}^{\perp}$, tem-se $\langle \vec{w}, \vec{x}_k \rangle = 0$ para cada $k = 1, \ldots, n$. Decorre daí que $\langle \vec{w}, \vec{y} \rangle = \sum_{k=1}^{n} \lambda_k \langle \vec{w}, \vec{x}_k \rangle = 0$. Resulta disto que $\vec{w}$ é ortogonal a todo vetor $\vec{y} \in \mathcal{S}(\mathbb{X})$. Portanto, $\vec{w} \in [\mathcal{S}(\mathbb{X})]^{\perp}$. Conclui-se daí que vale a relação $\mathbb{X}^{\perp} \subseteq [\mathcal{S}(\mathbb{X})]^{\perp}$. Por outro lado, como $\mathbb{X} \subseteq \mathcal{S}(\mathbb{X})$, tem-se $[\mathcal{S}(\mathbb{X})]^{\perp} \subseteq \mathbb{X}^{\perp}$ (v. Exercício 167). Por consequência, $\mathbb{X}^{\perp} = [\mathcal{S}(\mathbb{X})]^{\perp}$.

Exercício 170 - Dado um espaço euclidiano $\mathbb{E}$, seja, para cada $\vec{x} \in \mathbb{E}$, $x^* : \mathbb{E} \to \mathbb{R}$ o funcional linear definido pondo $x^*(\vec{w}) = \langle \vec{x}, \vec{w} \rangle$ para todo $\vec{w} \in \mathbb{E}$. Seja $\mathbb{X}$ um subconjunto de $\mathbb{E}$.

206 320 QUESTÕES RESOLVIDAS DE ÁLGEBRA LINEAR

Prove: $\mathbb{X}^{\perp} = \bigcap_{\vec{x} \in \mathbb{X}} \ker x^*$.

Solução: Seja $\vec{w} \in \mathbb{X}^{\perp}$ arbitrário. O vetor $\vec{w}$ é ortogonal a todo vetor $\vec{x} \in \mathbb{X}$. Portanto, $x^*(\vec{w}) = \langle \vec{x}, \vec{w} \rangle = 0$ para todo $\vec{x} \in \mathbb{X}$. Assim sendo, $\vec{w} \in \ker x^*$, seja qual for $\vec{x} \in \mathbb{X}$. Logo, $\vec{w} \in \bigcap_{\vec{x} \in \mathbb{X}} \ker x^*$. Reciprocamente: Se $\vec{w} \in \bigcap_{\vec{x} \in \mathbb{X}} \ker x^*$, então $\vec{w} \in \ker x^*$, donde $x^*(\vec{w}) = \langle \vec{x}, \vec{w} \rangle = 0$ qualquer que seja $\vec{x} \in \mathbb{X}$. Por isto, $\vec{w} \in \mathbb{X}^{\perp}$. Segue-se que $\mathbb{X}^{\perp} = \bigcap_{\vec{x} \in \mathbb{X}} \ker x^*$.

Exercício 171 - Dado um espaço euclidiano $\mathbb{E}$, seja $\mathbb{X} \subseteq \mathbb{E}$. Prove que o complemento ortogonal $\mathbb{X}^{\perp}$ de $\mathbb{X}$ é um conjunto fechado.

Solução: Seja $x^* : \mathbb{E} \to \mathbb{R}$ como no Exercício 170. O funcional linear x^* sendo contínuo, seu núcleo $\ker x^*$ é fechado (v. Exercícios 77 e 90). Como $\mathbb{X}^{\perp} = \bigcap_{\vec{x} \in \mathbb{X}} \ker x^*$, segue-se que $\mathbb{X}^{\perp}$ é fechado (v. Exercício 62), porque é interseção de uma família de conjuntos fechados.

Exercício 172 - Seja $\mathbb{X}$ um subconjunto de um espaço euclidiano $\mathbb{E}$. Prove que $\mathrm{Cl}[\mathcal{S}(\mathbb{X})] \subseteq \mathbb{X}^{\perp\perp}$.

Solução: Seja $\vec{x} \in \mathbb{X}$ arbitrário. Tem-se $\langle \vec{x}, \vec{w} \rangle = 0$, qualquer que seja $\vec{w} \in \mathbb{X}^{\perp}$. Logo, $\vec{x}$ pertence ao complemento ortogonal $\mathbb{X}^{\perp\perp}$ de $\mathbb{X}^{\perp}$. Decorre daí que $\mathbb{X} \subseteq \mathbb{X}^{\perp\perp}$. O complemento ortogonal $\mathbb{X}^{\perp\perp}$ de $\mathbb{X}^{\perp}$ é um subespaço vetorial de $\mathbb{E}$ (v. Exercício 168). Portanto, $\mathbb{X}^{\perp\perp}$ é um subespaço vetorial de $\mathbb{E}$ que contém $\mathbb{X}$. Desta forma, tem-se $\mathcal{S}(\mathbb{X}) \subseteq \mathbb{X}^{\perp\perp}$. Como $\mathbb{X}^{\perp\perp}$ é um conjunto fechado (v. Exercício 171), da relação $\mathcal{S}(\mathbb{X}) \subseteq \mathbb{X}^{\perp\perp}$ resulta $\mathrm{Cl}[\mathcal{S}(\mathbb{X})] \subseteq \mathbb{X}^{\perp\perp}$ (v. Exercício 57).

Exercício 173 - Seja $\mathbb{X}$ um subconjunto de um espaço euclidiano $\mathbb{E}$. Prove que $\mathbb{X}^{\perp} = (\mathrm{Cl}\mathbb{X})^{\perp} = [\mathrm{Cl}(\mathcal{S}(\mathbb{X}))]^{\perp}$.

Solução: Dado $\vec{y} \in \mathbb{X}^{\perp}$, seja $y^* : \mathbb{E} \to \mathbb{R}$ o funcional linear definido pondo $y^*(\vec{x}) = \langle \vec{x}, \vec{y} \rangle$. Como $\vec{y}$ pertence ao complemento ortogonal $\mathbb{X}^{\perp}$ de $\mathbb{X}$, tem-se $y^*(\vec{x}) = \langle \vec{x}, \vec{y} \rangle = 0$, e portanto $\vec{x} \in \ker y^*$, seja qual for $\vec{x} \in \mathbb{X}$. Logo, $\mathbb{X} \subseteq \ker y^*$. O

CAPÍTULO 6 – COMPLEMENTO ORTOGONAL   **207**

núcleo $\ker y^*$ de y^* é fechado, porque o funcional linear y^* é contínuo (v. Exercícios 77 e 90). Logo, a inclusão $\mathbb{X} \subseteq \ker y^*$ acarreta $\mathrm{Cl}\mathbb{X} \subseteq \ker y^*$ (v. Exercício 57). Assim sendo, $\langle \vec{x}, \vec{y} \rangle = y^*(\vec{x}) = 0$, qualquer que seja $\vec{x} \in \mathrm{Cl}\mathbb{X}$. Portanto, $\vec{y} \in (\mathrm{Cl}\mathbb{X})^\perp$. Segue-se que $\mathbb{X}^\perp \subseteq (\mathrm{Cl}\mathbb{X})^\perp$. Como $\mathbb{X} \subseteq \mathrm{Cl}\mathbb{X}$, tem-se também $(\mathrm{Cl}\mathbb{X})^\perp \subseteq \mathbb{X}^\perp$ (v. Exercício 167). Logo, $\mathbb{X}^\perp = (\mathrm{Cl}\mathbb{X})^\perp$. Como esta igualdade é válida para qualquer conjunto $\mathbb{X} \subseteq \mathbb{E}$, tem-se $[\mathcal{S}(\mathbb{X})]^\perp = [\mathrm{Cl}(\mathcal{S}(\mathbb{X}))]^\perp$. Daí e da igualdade $\mathbb{X}^\perp = [\mathcal{S}(\mathbb{X})]^\perp$ (v. Exercício 169) decorre $\mathbb{X}^\perp = [\mathrm{Cl}(\mathcal{S}(\mathbb{X}))]^\perp$.

Exercício 174 - Prove que todo espaço euclidiano de dimensão infinita contém um subespaço próprio $\mathbb{V}$ cujo complemento ortogonal $\mathbb{V}^\perp$ é o subespaço $\{\vec{o}\}$.

Solução: Seja $\mathbb{E}$ um espaço euclidiano de dimensão infinita. Existe (v. Exercício 21) um funcional linear $\varphi : \mathbb{E} \to \mathbb{R}$ descontínuo. Seja $\mathbb{V} = \ker \varphi$. Como φ é não-nulo, $\mathbb{V}$ é um subespaço próprio de $\mathbb{E}$. Sendo φ descontínuo, o subespaço $\mathbb{V} = \ker \varphi$ é denso (v. Exercício 79). Logo, $\mathrm{Cl}\mathbb{V} = \mathbb{E}$. Sendo $\mathbb{V}$ um subespaço vetorial de $\mathbb{E}$, $\mathbb{V} = \mathcal{S}(\mathbb{V})$. Portanto, $\mathbb{V}^\perp = (\mathrm{Cl}\mathbb{V})^\perp$ (v. Exercício 173). Daí segue $\mathbb{V}^\perp = (\mathrm{Cl}\mathbb{V})^\perp = \mathbb{E}^\perp = \{\vec{o}\}$.

Exercício 175 - Seja $\mathbb{V}$ um subespaço vetorial de um espaço euclidiano $\mathbb{E}$. Prove que $\mathbb{V} + \mathbb{V}^\perp = \mathbb{V} \oplus \mathbb{V}^\perp$.

Solução: Seja $\vec{x}_0 \in \mathbb{V} \cap \mathbb{V}^\perp$. Tem-se $\langle \vec{x}, \vec{x}_0 \rangle = 0$ para todo $\vec{x} \in \mathbb{V}$, porque $\vec{x}_0 \in \mathbb{V}^\perp$. Como $\vec{x}_0 \in \mathbb{V}$, segue-se $\langle \vec{x}_0, \vec{x}_0 \rangle = 0$, donde $\vec{x}_0 = \vec{o}$. Por outro lado, o vetor nulo $\vec{o}$ pertence a $\mathbb{V}$ e a $\mathbb{V}^\perp$, pois $\mathbb{V}$ e $\mathbb{V}^\perp$ são subespaços vetoriais de $\mathbb{E}$. Portanto, $\mathbb{V} \cap \mathbb{V}^\perp = \{\vec{o}\}$. Decorre daí que $\mathbb{V} + \mathbb{V}^\perp = \mathbb{V} \oplus \mathbb{V}^\perp$.

Exercício 176 - Sejam $\mathbb{V}$ um subespaço vetorial de um espaço euclidiano $\mathbb{E}$ e $\vec{x} \in \mathbb{E}$. Prove que $\vec{x} \in \mathbb{V}^\perp$ se, e somente se, $d(\vec{x}, \mathbb{V}) = \|\vec{x}\|$.

Solução:

Supondo que se tenha $d(\vec{x}, \mathbb{V}) = \|\vec{x}\|$, seja $\vec{w} \in \mathbb{V}$ arbitrário. Como $d(\vec{x}, \mathbb{V}) \leq \|\vec{x} - \vec{v}\|$ para todo $\vec{v} \in \mathbb{V}$, tem-se $\|\vec{x}\|$

208 320 QUESTÕES RESOLVIDAS DE ÁLGEBRA LINEAR

$= d(\vec{x}, \mathbb{V}) \leq \|\vec{x} \pm (1/n)\vec{w}\|$, seja qual for n inteiro positivo. Com efeito, $(1/n)\vec{w}$ e $-(1/n)\vec{w}$ pertencem a $\mathbb{V}$ para cada $n = 1,2,\ldots$ Desta forma, tem-se:

$$\|\vec{x}\|^2 \leq \left\|\vec{x} - \frac{1}{n}\vec{w}\right\|^2 =$$
$$= \|\vec{x}\|^2 - \frac{2}{n}\langle \vec{x}, \vec{w}\rangle + \frac{1}{n^2}\|\vec{w}\|^2$$

(6.1)

e também:

$$\|\vec{x}\|^2 \leq \left\|\vec{x} + \frac{1}{n}\vec{w}\right\|^2 =$$
$$= \|\vec{x}\|^2 + \frac{2}{n}\langle \vec{x}, \vec{w}\rangle + \frac{1}{n^2}\|\vec{w}\|^2$$

(6.2)

qualquer que seja n inteiro positivo. Decorre de (6.1) que se tem $\langle \vec{x}, \vec{w}\rangle \leq (1/2n)\|\vec{w}\|^2$, $n = 1,2,\ldots$ Por sua vez, resulta de (6.2) que vale $-\langle \vec{x}, \vec{w}\rangle \leq (1/2n)\|\vec{w}\|^2$, $n = 1,2,\ldots$ Assim sendo, $0 \leq |\langle \vec{x}, \vec{w}\rangle| \leq (1/2n)\|\vec{w}\|^2$, $n = 1,2,\ldots$ Destas igualdades e do fato de ser $\lim_{n\to\infty}(2/n)\|\vec{w}\|^2 = 0$, resulta $|\langle \vec{x}, \vec{w}\rangle| = 0$, donde $\langle \vec{x}, \vec{w}\rangle = 0$. Segue-se que $\langle \vec{x}, \vec{w}\rangle = 0$ para todo $\vec{w} \in \mathbb{V}$. Por consequência, $\vec{x} \in \mathbb{V}^\perp$.

Admitindo agora que $\vec{x} \in \mathbb{V}^\perp$, seja $\vec{w} \in \mathbb{V}$ qualquer. Os vetores $\vec{x}$ e $\vec{w}$ são ortogonais, portanto $\|\vec{x} - \vec{w}\|^2 = \|\vec{x}\|^2 - 2\langle \vec{x}, \vec{w}\rangle + \|\vec{w}\|^2 = \|\vec{x}\|^2 + \|\vec{w}\|^2$. Desta igualdade obtém-se $\|\vec{x}\|^2 \leq \|\vec{x} - \vec{w}\|^2$, e portanto $\|\vec{x}\| \leq \|\vec{x} - \vec{w}\|$ (de fato, $\|\vec{w}\|^2$ é um número não-negativo). Como $\vec{w} \in \mathbb{V}$ é arbitrário, $\|\vec{x}\|$ é uma cota inferior do conjunto formado pelos números $\|\vec{x} - \vec{w}\|$, onde $\vec{w}$ percorre $\mathbb{V}$. Assim sendo,

$$\|\vec{x}\| \leq \inf\{\|\vec{x} - \vec{w}\| : \vec{w} \in \mathbb{V}\} = d(\vec{x}, \mathbb{V})$$

Por outro lado, como $d(\vec{x}, \mathbb{V}) \leq \|\vec{x} - \vec{v}\|$ para todo $\vec{v} \in \mathbb{V}$ e o vetor nulo $\vec{o} \in \mathbb{V}$, segue-se que $d(\vec{x}, \mathbb{V}) \leq \|\vec{x} - \vec{o}\| = \|\vec{x}\|$. Logo, $d(\vec{x}, \mathbb{V}) = \|\vec{x}\|$.

Exercício 177 - Seja $\mathbb{V}$ um subespaço vetorial de um espaço euclidiano $\mathbb{E}$ tal que $\mathbb{E}$ admite a decomposição em soma direta $\mathbb{E} = \mathbb{V} \oplus \mathbb{V}^\perp$. Prove que $\mathbb{V}^{\perp\perp} = \mathbb{V}$.

CAPÍTULO 6 – COMPLEMENTO ORTOGONAL **209**

Solução: Seja $\vec{x} \in \mathbb{V}^{\perp\perp}$ arbitrário. Como $\mathbb{E} = \mathbb{V} \oplus \mathbb{V}^{\perp}$, o vetor $\vec{x}$ se escreve, de modo único, como $\vec{x} = \vec{v} + \vec{w}$, onde $\vec{v} \in \mathbb{V}$ e $\vec{w} \in \mathbb{V}^{\perp}$. Como $\vec{x} \in \mathbb{V}^{\perp\perp}$, $\vec{x}$ é ortogonal a todo vetor de $\mathbb{V}^{\perp}$. Em particular, $\vec{x}$ é ortogonal ao vetor $\vec{w}$, que pertence a $\mathbb{V}^{\perp}$. Logo, $\langle \vec{x}, \vec{w} \rangle = 0$. Tem-se também $\langle \vec{v}, \vec{w} \rangle = 0$, porque $\vec{v} \in \mathbb{V}$ e $\vec{w} \in \mathbb{V}^{\perp}$. Assim sendo,

$$\boxed{\begin{aligned} 0 &= \langle \vec{x}, \vec{w} \rangle = \langle \vec{v} + \vec{w}, \vec{w} \rangle = \\ &= \langle \vec{v}, \vec{w} \rangle + \langle \vec{w}, \vec{w} \rangle = \| \vec{w} \|^2 \end{aligned}} \tag{6.3}$$

De (6.3) resulta $\vec{w} = \vec{o}$. Portanto, $\vec{x} = \vec{v} + \vec{w} = \vec{v} + \vec{o} = \vec{v}$. Como $\vec{v} \in \mathbb{V}$, segue-se que $\vec{x} \in \mathbb{V}$. Conclui-se daí que $\mathbb{V}^{\perp\perp} \subseteq \mathbb{V}$. Por outro lado, tem-se (v. Exercício 172) $\mathbb{V} \subseteq Cl\mathbb{V} \subseteq \mathbb{V}^{\perp\perp}$. Por consequência, $\mathbb{V}^{\perp\perp} = \mathbb{V}$.

Um operador linear $A : \mathbb{E} \to \mathbb{E}$ num espaço vetorial $\mathbb{E}$ chama-se uma *projeção* quando $A^2 = A$. Uma projeção $A : \mathbb{E} \to \mathbb{E}$ num espaço euclidiano $\mathbb{E}$ diz-se *ortogonal* quando $\ker A = (\operatorname{Im} A)^{\perp}$.

Exercício 178 - Seja $\mathbb{V}$ um subespaço vetorial de um espaço euclidiano $\mathbb{E}$. Prove que $\mathbb{E}$ admite a decomposição em soma direta $\mathbb{E} = \mathbb{V} \oplus \mathbb{V}^{\perp}$ se, e somente se, existe uma projeção ortogonal $A : \mathbb{E} \to \mathbb{E}$ de modo que $\mathbb{V} = \operatorname{Im} A$. No caso afirmativo, esta projeção é única.

Solução:

Se $\mathbb{E} = \mathbb{V} \oplus \mathbb{V}^{\perp}$ então existe (v. Lima, *Álgebra Linear*, 2001, p. 79-80) uma projeção $A \in \hom(\mathbb{E})$ de modo que $\operatorname{Im} A = \mathbb{V}$ e $\ker A = \mathbb{V}^{\perp}$. Esta projeção é ortogonal, porque $(\operatorname{Im} A)^{\perp} = \mathbb{V}^{\perp} = \ker A$. Reciprocamente: Se existe uma projeção ortogonal $A \in \hom(\mathbb{E})$ tal que $\mathbb{V} = \operatorname{Im} A$, então $\mathbb{V}^{\perp} = (\operatorname{Im} A)^{\perp} = \ker A$. Sendo A uma projeção, $\mathbb{E}$ admite a decomposição em soma direta $\mathbb{E} = \operatorname{Im} A \oplus \ker A$ (v. Lima, *Álgebra Linear*, 2001, p. 80). Como $\mathbb{V} = \operatorname{Im} A$ e $\mathbb{V}^{\perp} = \ker A$, segue-se que $\mathbb{E} = \mathbb{V} \oplus \mathbb{V}^{\perp}$.

Supondo que $\mathbb{E} = \mathbb{V} \oplus \mathbb{V}^{\perp}$, sejam $A, B \in \hom(\mathbb{E})$ projeções tais que $\operatorname{Im} A = \operatorname{Im} B = \mathbb{V}$ e $\ker A = \ker B = \mathbb{V}^{\perp}$. Sendo A, B projeções e $\operatorname{Im} A = \operatorname{Im} B = \mathbb{V}$, tem-se $A\vec{v} = B\vec{v} = \vec{v}$ para todo $\vec{v} \in$

210   320 QUESTÕES RESOLVIDAS DE ÁLGEBRA LINEAR

V. Como $\ker A = \ker B = V^{\perp}$, $A\vec{w} = B\vec{w} = \vec{o}$, seja qual for $\vec{w} \in V^{\perp}$. Seja $\vec{x} \in \mathbb{E}$ arbitrário. O vetor $\vec{x}$ se escreve, de modo único, como $\vec{x} = \vec{v} + \vec{w}$, onde $\vec{v} \in V$ e $\vec{w} \in V^{\perp}$. Assim sendo, tem-se $A\vec{x} = A(\vec{v} + \vec{w}) = A\vec{v} + A\vec{w} = A\vec{v} = \vec{v}$ e também $B\vec{x} = B(\vec{v} + \vec{w}) = B\vec{v} + B\vec{w} = B\vec{v} = \vec{v}$. Logo, $A\vec{x} = B\vec{x}$. Segue-se que $A = B$.

Exercício 179 - Seja $A : \mathbb{E} \to \mathbb{E}$ uma projeção no espaço euclidiano $\mathbb{E}$. Prove que A é uma projeção ortogonal (isto é, $\ker A = (\operatorname{Im} A)^{\perp}$) se, e somente se, $\langle A\vec{x}, \vec{x} - A\vec{x} \rangle = 0$ para todo $\vec{x} \in \mathbb{E}$. Portanto, uma projeção $A \in \hom(\mathbb{E})$ é ortogonal se, e somente se, $\|A\vec{x}\|^{2} = \langle \vec{x}, A\vec{x} \rangle$ para todo $\vec{x} \in \mathbb{E}$.

Solução:

Supondo que vale $\langle A\vec{x}, \vec{x} - A\vec{x} \rangle = 0$ para todo $\vec{x} \in \mathbb{E}$, sejam $\vec{x} \in \ker A$ e $\vec{y} \in \operatorname{Im} A$ arbitrários. Tem-se $A\vec{x} = \vec{o}$ porque $\vec{x} \in \ker A$. Como A é uma projeção e $\vec{y} \in \operatorname{Im} A$, tem-se também (v. Lima, *Álgebra Linear*, 2001, p. 80) $A\vec{y} = \vec{y}$. Assim sendo,

$$\vec{y} = A\vec{y} = \vec{o} + A\vec{y} =$$
$$= A\vec{x} + A\vec{y} = A(\vec{x} + \vec{y}) \tag{6.4}$$

De (6.4) decorre:

$$\vec{x} = (\vec{x} + \vec{y}) - \vec{y} =$$
$$= (\vec{x} + \vec{y}) - A(\vec{x} + \vec{y}) \tag{6.5}$$

De (6.4), (6.5) e da hipótese admitida resulta:

$$\langle \vec{x}, \vec{y} \rangle = \langle A(\vec{x} + \vec{y}), (\vec{x} + \vec{y}) - A(\vec{x} + \vec{y}) \rangle = 0$$

Segue-se que se tem $\langle \vec{x}, \vec{y} \rangle = 0$, sejam quais forem $\vec{x} \in \ker A$ e $\vec{y} \in \operatorname{Im} A$. Portanto, $\ker A \subseteq (\operatorname{Im} A)^{\perp}$. Seja agora $\vec{w} \in (\operatorname{Im} A)^{\perp}$ arbitrário. Como $A\vec{w} \in \operatorname{Im} A$, tem-se $\langle A\vec{w}, \vec{w} \rangle = 0$. Desta forma,

$$0 = \langle A\vec{w}, \vec{w} - A\vec{w} \rangle =$$

$$= \langle A\vec{w}, \vec{w} \rangle - \langle A\vec{w}, A\vec{w} \rangle = -\|A\vec{w}\|^{2}$$

Logo $\|A\vec{w}\| = 0$. Daí obtém-se $A\vec{w} = \vec{o}$, portanto $\vec{w} \in \ker A$.

CAPÍTULO 6 – COMPLEMENTO ORTOGONAL   211

Segue-se que todo vetor $\vec{w} \in (\operatorname{Im} A)^{\perp}$ pertence a ker A. Logo, $(\operatorname{Im} A)^{\perp} \subseteq \ker A$. Isto mostra que $\ker A = (\operatorname{Im} A)^{\perp}$. Por consequência, A é uma projeção ortogonal.

Reciprocamente: Supondo que A é uma projeção ortogonal, seja $\vec{x} \in \mathbb{E}$ qualquer. O vetor $\vec{x} - A\vec{x}$ pertence ao núcleo ker A de A. Com efeito, $A(\vec{x} - A\vec{x}) = A\vec{x} - A^2\vec{x} = A\vec{x} - A\vec{x} = \vec{o}$. Logo, $\vec{x} - A\vec{x} \in (\operatorname{Im} A)^{\perp}$. Como $A\vec{x} \in \operatorname{Im} A$, segue-se $\langle A\vec{x}, \vec{x} - A\vec{x} \rangle = 0$.

Sendo $\langle A\vec{x}, \vec{x} - A\vec{x} \rangle = \langle \vec{x}, A\vec{x} \rangle - \langle A\vec{x}, A\vec{x} \rangle = \langle \vec{x}, A\vec{x} \rangle - \| A\vec{x} \|^2$, as equações $\langle A\vec{x}, \vec{x} - A\vec{x} \rangle = 0$ e $\| A\vec{x} \|^2 = \langle \vec{x}, A\vec{x} \rangle$ são equivalentes.

Exercício 180 - Dado um espaço euclidiano $\mathbb{E}$, seja $A \in$ hom$(\mathbb{E})$ uma projeção. Prove que A é uma projeção ortogonal se, e somente se, $\| A\vec{x} \| \leq \| \vec{x} \|$ para todo $\vec{x} \in \mathbb{E}$.

Solução:

Admitindo que se tem $\| A\vec{x} \| \leq \| \vec{x} \|$ para todo $\vec{x} \in \mathbb{E}$, sejam $\vec{u} \in \operatorname{Im} A$ e $\vec{w} \in \ker A$. Seja λ um número real positivo arbitrário. Tem-se $A\vec{u} = \vec{u}$, porque A é uma projeção e $\vec{u} \in \operatorname{Im} A$ (v. Lima, *Álgebra Linear*, 2001, p. 80). Tem-se também $A(\lambda\vec{w}) = \lambda A\vec{w} = \vec{o}$, porque $\vec{w} \in \ker A$. Decorre daí que $A(\vec{u} \pm \lambda\vec{w}) = A\vec{u} \pm A(\lambda\vec{w}) = A\vec{u} = \vec{u}$. Logo,

$$\| \vec{u} \|^2 = \| A(\vec{u} \pm \lambda\vec{w}) \|^2 \leq \| \vec{u} \pm \lambda\vec{w} \|^2 =$$

$$= \| \vec{u} \|^2 \pm 2\langle \vec{u}, \lambda\vec{w} \rangle + \| \lambda\vec{w} \|^2 =$$

$$= \| \vec{u} \|^2 \pm 2\lambda\langle \vec{u}, \vec{w} \rangle + \lambda^2 \| \vec{w} \|^2$$

Sendo λ um número positivo, estas relações fornecem:

$$\boxed{0 \leq \langle \vec{u}, \vec{w} \rangle + \lambda\frac{\| \vec{w} \|^2}{2}} \tag{6.6}$$

e também:

$$\boxed{0 \leq -\langle \vec{u}, \vec{w} \rangle + \lambda\frac{\| \vec{w} \|^2}{2}} \tag{6.7}$$

De (6.6) e (6.7) obtém-se:

212   320 QUESTÕES RESOLVIDAS DE ÁLGEBRA LINEAR

$$0 \le |\langle \vec{u}, \vec{w} \rangle| \le \lambda \frac{\|\vec{w}\|^2}{2} \qquad\qquad (6.8)$$

Como (6.8) é válida para todo número real positivo λ e $\lim_{\lambda \to 0}(\lambda \|\vec{w}\|^2/2) = 0$, tem-se $|\langle \vec{u}, \vec{w} \rangle| = 0$, donde $\langle \vec{u}, \vec{w} \rangle = 0$. Como $\vec{u} \in \operatorname{Im} A$ e $\vec{w} \in \ker A$ são arbitrários, segue-se que $\langle \vec{u}, \vec{w} \rangle = 0$, sejam quais forem $\vec{u} \in \operatorname{Im} A$ e $\vec{w} \in \ker A$. Assim sendo, tem-se $\langle A\vec{x}, \vec{x} - A\vec{x} \rangle = 0$ para todo $\vec{x} \in \mathbb{E}$, porque $A\vec{x} \in \operatorname{Im} A$ e $\vec{x} - A\vec{x} \in \ker A$ (v. Exercício 179). Portanto, A é uma projeção ortogonal.

Reciprocamente: Se A é uma projeção ortogonal, então $\|A\vec{x}\|^2 = \langle \vec{x}, A\vec{x} \rangle$ para todo $\vec{x} \in \mathbb{E}$ (v. Exercício 179). Se $A\vec{x} = \vec{o}$ então $0 = \|A\vec{x}\| \le \|\vec{x}\|$. Se, por outro lado, $A\vec{x}$ é diferente de $\vec{o}$, então $\|A\vec{x}\| > 0$. Sendo $\|A\vec{x}\|^2 = \langle \vec{x}, A\vec{x} \rangle \le \|A\vec{x}\|\|\vec{x}\|$, tem-se $\|A\vec{x}\| \le \|\vec{x}\|$. Segue-se que $\|A\vec{x}\| \le \|\vec{x}\|$, seja qual for $\vec{x} \in \mathbb{E}$.

Exercício 181 - Seja $A : \mathbb{E} \to \mathbb{E}$ uma projeção no espaço euclidiano $\mathbb{E}$. Prove que A é uma projeção ortogonal se, e somente se, $\langle \vec{x}, A\vec{x} \rangle \ge 0$ para todo $\vec{x} \in \mathbb{E}$.

Solução:

Supondo que se tem $\langle \vec{x}, A\vec{x} \rangle \ge 0$ para todo $\vec{x} \in \mathbb{E}$, sejam $\vec{u} \in \operatorname{Im} A$, $\vec{w} \in \ker A$ e λ um número positivo arbitrário. Então $A\vec{u} = \vec{u}$ porque $\vec{u} \in \operatorname{Im} A$ e $A\vec{w} = \vec{o}$ porque $\vec{w} \in \ker A$. Pela hipótese admitida, valem as seguintes relações:

$$
\begin{aligned}
0 &\le \langle \vec{u} + \lambda\vec{w}, A(\vec{u} + \lambda\vec{w}) \rangle = \\
&= \langle \vec{u} + \lambda\vec{w}, A\vec{u} \rangle = \langle \vec{u} + \lambda\vec{w}, \vec{u} \rangle = \\
&= \langle \vec{u}, \vec{u} \rangle + \lambda\langle \vec{u}, \vec{w} \rangle = \lambda\langle \vec{u}, \vec{w} \rangle + \|\vec{u}\|^2
\end{aligned}
\qquad (6.9)
$$

de modo análogo,

$$
\begin{aligned}
0 &\le \langle \vec{u} - \lambda\vec{w}, A(\vec{u} - \lambda\vec{w}) \rangle = \\
&= \langle \vec{u} - \lambda\vec{w}, A\vec{u} \rangle = \langle \vec{u} - \lambda\vec{w}, \vec{u} \rangle = \\
&= \langle \vec{u}, \vec{u} \rangle - \lambda\langle \vec{u}, \vec{w} \rangle = -\lambda\langle \vec{u}, \vec{w} \rangle + \|\vec{u}\|^2
\end{aligned}
\qquad (6.10)
$$

De (6.9) resulta $-\lambda\langle \vec{u}, \vec{w} \rangle \le \|\vec{u}\|^2$ e (6.10) fornece $\lambda\langle \vec{u}, \vec{w} \rangle \le$

CAPÍTULO 6 – COMPLEMENTO ORTOGONAL   213

$\|\vec{u}\|^2$. Como o número λ é positivo, tem-se $\lambda|\langle\vec{u},\vec{w}\rangle| = |\lambda\langle\vec{u},\vec{w}\rangle| \leq \|\vec{u}\|^2$. Como λ é arbitrário, segue-se que vale:

$$\boxed{0 \leq |\langle\vec{u},\vec{w}\rangle| \leq \frac{1}{\lambda}\|\vec{u}\|^2} \qquad (6.11)$$

seja qual for $\lambda > 0$. Decorre de (6.11) e do fato de ser $\lim_{\lambda\to\infty}(1/\lambda) = 0$ que $|\langle\vec{u},\vec{w}\rangle| = 0$. Logo, $\langle\vec{u},\vec{w}\rangle = 0$. Conclui-se daí que $\langle\vec{u},\vec{w}\rangle = 0$, quaisquer que sejam $\vec{u} \in \operatorname{Im}A$ e $\vec{w} \in \ker A$. Desta forma, $\langle A\vec{x}, \vec{x} - A\vec{x}\rangle = 0$ para todo $\vec{x} \in \mathbb{E}$, pois $A\vec{x} \in \operatorname{Im}A$ e $\vec{x} - A\vec{x} \in \ker A$. Portanto, A é uma projeção ortogonal (v. Exercício 179).

Reciprocamente: Se A é uma projeção ortogonal, então $\|A\vec{x}\|^2 = \langle\vec{x}, A\vec{x}\rangle$ (v. Exercício 179), portanto $\langle\vec{x}, A\vec{x}\rangle \geq 0$, seja qual for $\vec{x} \in \mathbb{E}$.

Exercício 182 - Seja $A : \mathbb{E} \to \mathbb{E}$ uma projeção ortogonal num espaço euclidiano $\mathbb{E}$. Prove que se tem $\langle\vec{x}, A\vec{y}\rangle = \langle A\vec{x}, \vec{y}\rangle$, sejam quais forem $\vec{x}, \vec{y} \in \mathbb{E}$.

Solução: Sejam $\vec{x}, \vec{y} \in \mathbb{E}$ arbitrários. Como o operador A é uma projeção, tem-se $\mathbb{E} = \operatorname{Im}A \oplus \ker A$ (v. Lima, *Álgebra Linear*, 2001, p. 80). Assim sendo, os vetores $\vec{x}$ e $\vec{y}$ se escrevem como $\vec{x} = \vec{x}_1 + \vec{x}_2$ e $\vec{y} = \vec{y}_1 + \vec{y}_2$, onde $\vec{x}_1, \vec{y}_1 \in \operatorname{Im}A$ e $\vec{x}_2, \vec{y}_2 \in \ker A$. Como $\vec{x}_1, \vec{y}_1 \in \operatorname{Im}A$ e o operador A é uma projeção, tem-se $A\vec{x}_1 = \vec{x}_1$ e $A\vec{y}_1 = \vec{y}_1$ (v. Lima, *Álgebra Linear*, 2001, p. 80). Tem-se também $A\vec{x}_2 = A\vec{y}_2 = \vec{o}$, porque $\vec{x}_2, \vec{y}_2 \in \ker A$. Logo,

$$\boxed{\begin{aligned}\langle A\vec{x}, \vec{y}\rangle &= \langle A(\vec{x}_1 + \vec{x}_2), \vec{y}_1 + \vec{y}_2\rangle = \\ &= \langle A\vec{x}_1, \vec{y}_1 + \vec{y}_2\rangle = \langle\vec{x}_1, \vec{y}_1 + \vec{y}_2\rangle = \\ &= \langle\vec{x}_1, \vec{y}_1\rangle + \langle\vec{x}_1, \vec{y}_2\rangle\end{aligned}} \qquad (6.12)$$

Vale também:

$$\boxed{\begin{aligned}\langle\vec{x}, A\vec{y}\rangle &= \langle\vec{x}_1 + \vec{x}_2, A(\vec{y}_1 + \vec{y}_2)\rangle = \\ &= \langle\vec{x}_1 + \vec{x}_2, A\vec{y}_1\rangle = \langle\vec{x}_1 + \vec{x}_2, \vec{y}_1\rangle = \\ &= \langle\vec{x}_1, \vec{y}_1\rangle + \langle\vec{x}_2, \vec{y}_1\rangle\end{aligned}} \qquad (6.13)$$

214 320 QUESTÕES RESOLVIDAS DE ÁLGEBRA LINEAR

Como A é uma projeção ortogonal, $\langle \vec{x}_1, \vec{y}_2 \rangle = \langle \vec{x}_2, \vec{y}_1 \rangle = 0$, porque $\vec{x}_1 \in \operatorname{Im} A$, $\vec{y}_2 \in \ker A$, $\vec{x}_2 \in \ker A$ e $\vec{y}_1 \in \operatorname{Im} A$. Assim sendo, as igualdades (6.12) e (6.13) fornecem $\langle A\vec{x}, \vec{y} \rangle = \langle \vec{x}, A\vec{y} \rangle$, como se queria.

Exercício 183 - Seja $A : \mathbb{E} \to \mathbb{E}$ um operador linear num espaço euclidiano $\mathbb{E}$. Prove que A é uma projeção ortogonal se, e somente se, para todo $\vec{x} \in \mathbb{E}$ tem-se $d(\vec{x}, \operatorname{Im} A) = \|\vec{x} - A\vec{x}\|$.

Solução:

Supondo que se tem $d(\vec{x}, \operatorname{Im} A) = \|\vec{x} - A\vec{x}\|$ para todo $\vec{x} \in \mathbb{E}$, seja $\vec{y} \in \operatorname{Im} A$ arbitrário. Então $d(\vec{y}, \operatorname{Im} A) = \|\vec{y} - A\vec{y}\| = 0$ porque $\vec{y} \in \operatorname{Im} A$ (v. Exercício 29). Assim sendo, $\vec{y} - A\vec{y} = \vec{o}$, portanto $A\vec{y} = \vec{y}$. Segue-se que $A\vec{y} = \vec{y}$ para todo $\vec{y} \in \operatorname{Im} A$. Seja agora $\vec{x} \in \mathbb{E}$ qualquer. Como $A\vec{x} \in \operatorname{Im} A$, tem-se $A^2\vec{x} = A(A\vec{x}) = A\vec{x}$. Logo, $A^2 = A$. Por conseqência, o operador A é uma projeção. Uma vez que $d(\vec{x}, \operatorname{Im} A) = \|\vec{x} - A\vec{x}\|$, vale $\|\vec{x} - A\vec{x}\| \leq \|\vec{x} - \vec{y}\|$, seja qual for $\vec{y} \in \operatorname{Im} A$. Em particular, $\|\vec{x} - A\vec{x}\| \leq \|\vec{x}\| = \|\vec{x} - \vec{o}\|$, pois o vetor nulo $\vec{o}$ pertence a $\operatorname{Im} A$. Por esta razão,

$$\|\vec{x} - A\vec{x}\|^2 = \|\vec{x}\|^2 - 2\langle \vec{x}, A\vec{x} \rangle + \|A\vec{x}\|^2 \leq \|\vec{x}\|^2$$

Resulta disto que $0 \leq \|A\vec{x}\|^2 \leq 2\langle \vec{x}, A\vec{x} \rangle$. Conclui-se daí que $\langle \vec{x}, A\vec{x} \rangle \geq 0$, seja qual for $\vec{x} \in \mathbb{E}$. Segue-se (v. Exercício 181) que A é uma projeção ortogonal.

Reciprocamente: Supondo que $A \in \operatorname{hom}(\mathbb{E})$ é uma projeção ortogonal, seja $\vec{x} \in \mathbb{E}$ arbitrário. O vetor $\vec{x} - A\vec{x}$ pertence ao núcleo $\ker A$ de A. De fato: Sendo A uma projeção, $A^2 = A$, donde $A(\vec{x} - A\vec{x}) = A\vec{x} - A^2\vec{x} = A\vec{x} - A\vec{x} = \vec{o}$. Logo, $\vec{x} - A\vec{x}$ é ortogonal a todo vetor $\vec{w} \in \operatorname{Im} A$. Como $\operatorname{Im} A$ é subespaço vetorial de $\mathbb{E}$ e $A\vec{x} \in \operatorname{Im} A$, $A\vec{x} - \vec{y}$ pertence a $\operatorname{Im} A$ para todo $\vec{y} \in \operatorname{Im} A$. Decorre daí que os vetores $\vec{x} - A\vec{x}$ e $A\vec{x} - \vec{y}$ são ortogonais, qualquer que seja $\vec{y} \in \operatorname{Im} A$. Por esta razão, se tem:

$$\|\vec{x} - \vec{y}\|^2 = \|(\vec{x} - A\vec{x}) + (A\vec{x} - \vec{y})\|^2 =$$

CAPÍTULO 6 – COMPLEMENTO ORTOGONAL   215

$$= \|\vec{x} - A\vec{x}\|^2 + \|A\vec{x} - \vec{y}\|^2$$

e portanto $\|\vec{x} - A\vec{x}\| \le \|\vec{x} - \vec{y}\|$, seja qual for $\vec{y} \in \mathrm{Im}\,A$. Segue-se que o número $\|\vec{x} - A\vec{x}\|$ é uma cota inferior do conjunto formado pelos números $\|\vec{x} - \vec{y}\|$, onde $\vec{y}$ percorre o subespaço $\mathrm{Im}\,A$. Desta forma,

$$\|\vec{x} - A\vec{x}\| \le$$
$$\le \inf\{\|\vec{x} - \vec{y}\| \,:\, \vec{y} \in \mathrm{Im}\,A\} = d(\vec{x}, \mathrm{Im}\,A) \qquad (6.14)$$

Por outro lado, como $A\vec{x} \in \mathrm{Im}\,A$, se tem:

$$d(\vec{x}, \mathrm{Im}\,A) =$$
$$= \inf\{\|\vec{x} - \vec{y}\| \,:\, \vec{y} \in \mathrm{Im}\,A\} \le \|\vec{x} - A\vec{x}\| \qquad (6.15)$$

De (6.14) e (6.15) obtém-se a igualdade $d(\vec{x}, \mathrm{Im}\,A) = \|\vec{x} - A\vec{x}\|$.

Exercício 184 - Dado um espaço euclidiano $\mathbb{E}$, seja $A \in \mathrm{hom}(\mathbb{E})$ com a seguinte propriedade: $\|A\vec{x}\|^2 = \langle \vec{x}, A\vec{x} \rangle$ para todo $\vec{x} \in \mathbb{E}$. Prove que $\ker A = (\mathrm{Im}\,A)^{\perp}$.

Solução:

Seja $\vec{x} \in \ker A$. Dado $\vec{y} \in \mathrm{Im}\,A$ arbitrário, seja $\vec{w} \in \mathbb{E}$ (o qual existe) tal que $\vec{y} = A\vec{w}$. Como $A\vec{x} = \vec{o}$ (pois $\vec{x} \in \ker A$) tem-se $\vec{y} = A\vec{w} = A\vec{x} + A\vec{w} = A(\vec{x} + \vec{w})$. Por isto,

$$\|\vec{y}\|^2 = \|A(\vec{x} + \vec{w})\|^2 =$$
$$= \langle \vec{x} + \vec{w}, A(\vec{x} + \vec{w}) \rangle = \langle \vec{x} + \vec{w}, A\vec{w} \rangle =$$
$$= \langle \vec{x}, A\vec{w} \rangle + \langle \vec{w}, A\vec{w} \rangle = \langle \vec{x}, \vec{y} \rangle + \|A\vec{w}\|^2 =$$
$$= \|\vec{y}\|^2 + \langle \vec{x}, \vec{y} \rangle \qquad (6.16)$$

De (6.16) resulta $\langle \vec{x}, \vec{y} \rangle = 0$. Conclui-se daí que $\langle \vec{x}, \vec{y} \rangle = 0$ seja qual for $\vec{y} \in \mathrm{Im}\,A$, e portanto que $\vec{x} \in (\mathrm{Im}\,A)^{\perp}$. Reciprocamente: Seja $\vec{x} \in (\mathrm{Im}\,A)^{\perp}$. Como $A\vec{x} \in \mathrm{Im}\,A$, segue-se $\langle \vec{x}, A\vec{x} \rangle = \|A\vec{x}\|^2 = 0$, donde $A\vec{x} = \vec{o}$. Logo, $\vec{x} \in \ker A$.

Exercício 185 - Sejam $\mathbb{E}$ um espaço euclidiano de dimensão 2 e $A \in \mathrm{hom}(\mathbb{E})$ não-nulo, cujo núcleo $\ker A$ é diferente de

216   320 QUESTÕES RESOLVIDAS DE ÁLGEBRA LINEAR

$\{\vec{o}\}$. Prove: Se $\|A\vec{x}\|^2 = \langle \vec{x}, A\vec{x} \rangle$ para todo $\vec{x} \in \mathbb{R}^2$, então A é uma projeção ortogonal.

Solução: Como A é não-nulo e ker A é diferente de $\{\vec{o}\}$, tem-se dim(ker A) = dim(Im A) = 1. Desta forma, existem vetores unitários $\vec{u}_1$, $\vec{u}_2 \in \mathbb{E}$ de modo que Im $A = \mathcal{S}(\vec{u}_1)$ e ker A = $\mathcal{S}(\vec{u}_2)$. Sendo $\|A\vec{x}\|^2 = \langle \vec{x}, A\vec{x} \rangle$ para todo $\vec{x} \in \mathbb{E}$, os vetores $\vec{u}_1$ $\in$ Im A e $\vec{u}_2 \in$ ker A são ortogonais (v. Exercício 184). Portanto, $\vec{u}_1$ e $\vec{u}_2$ formam uma base (ortonormal) de $\mathbb{E}$. Como $A\vec{u}_1 \in$ Im A e Im $A = \mathcal{S}(\vec{u}_1)$, existe $\lambda \in \mathbb{R}$ de modo que $A\vec{u}_1 =$ $\lambda \vec{u}_1$. Desta forma, $\|A\vec{u}_1\|^2 = \|\lambda \vec{u}_1\|^2 = \lambda^2$ e $\langle \vec{u}_1, A\vec{u}_1 \rangle =$ $\langle \vec{u}_1, \lambda \vec{u}_1 \rangle = \lambda \langle \vec{u}_1, \vec{u}_1 \rangle = \lambda$. Decorre daí e da igualdade $\|A\vec{u}_1\|^2 =$ $\langle \vec{u}_1, A\vec{u}_1 \rangle$ que $\lambda^2 = \lambda$. Como A é não-nulo, segue-se que $\lambda = 1$. Portanto, $A\vec{u}_1 = \vec{u}_1$. Por esta razão, $A^2\vec{u}_1 = A(A\vec{u}_1) = A\vec{u}_1$. Uma vez que $\vec{u}_2 \in$ ker A, tem-se $A\vec{u}_2 = \vec{o}$, donde $A^2\vec{u}_2 =$ $A(A\vec{u}_2) = A\vec{o} = \vec{o} = A\vec{u}_2$. Valem então as igualdades $A^2\vec{u}_1 =$ $A\vec{u}_1$ e $A^2\vec{u}_2 = A\vec{u}_2$. Como $\{\vec{u}_1, \vec{u}_2\}$ é uma base de $\mathbb{E}$, segue-se que $A^2 = A$. Logo, A é uma projeção. Sendo $\|A\vec{x}\|^2 = \langle \vec{x}, A\vec{x} \rangle$ para todo $\vec{x} \in \mathbb{E}$, A é (v. Exercício 179) uma projeção ortogonal.

Exercício 186 - Seja $\mathbb{E}$ um espaço euclidiano de dimensão infinita ou de dimensão finita $n \geq 2$. Prove que existe um operador linear $A \in \text{hom}(\mathbb{E})$ que cumpre $\|A\vec{x}\|^2 = \langle \vec{x}, A\vec{x} \rangle$ para todo $\vec{x} \in \mathbb{E}$ mas não é uma projeção.

Solução: Existem (v. Exercício 124) vetores não-nulos $\vec{v}_1, \vec{v}_2$ $\in \mathbb{E}$ que formam um conjunto ortogonal. Portanto, os vetores $\vec{u}_1 = \vec{v}_1/\|\vec{v}_1\|$ e $\vec{u}_2 = \vec{v}_2/\|\vec{v}_2\|$ formam um subconjunto ortonormal $\{\vec{u}_1, \vec{u}_2\}$ de $\mathbb{E}$. Seja $A : \mathbb{E} \to \mathbb{E}$ o operador linear definido pondo:

$$A\vec{x} = \frac{\langle \vec{x}, \vec{u}_1 + \vec{u}_2 \rangle}{2} \vec{u}_1 + \frac{\langle \vec{x}, \vec{u}_2 - \vec{u}_1 \rangle}{2} \vec{u}_2$$

para todo $\vec{x} \in \mathbb{E}$. O vetor $A\vec{x}$ pertence, para todo $\vec{x} \in \mathbb{E}$, ao subespaço $\mathbb{V} = \mathcal{S}(\vec{u}_1, \vec{u}_2)$ gerado por $\vec{u}_1$ e $\vec{u}_2$. Sendo $\{\vec{u}_1, \vec{u}_2\}$ uma base ortonormal de $\mathbb{V}$, resulta do Exercício 126 que se tem:

CAPÍTULO 6 – COMPLEMENTO ORTOGONAL 217

$$\|A\vec{x}\|^2 = \langle A\vec{x}, \vec{u}_1 \rangle^2 + \langle A\vec{x}, \vec{u}_2 \rangle^2 =$$

$$= \frac{\langle \vec{x}, \vec{u}_1 + \vec{u}_2 \rangle^2}{4} + \frac{\langle \vec{x}, \vec{u}_2 - \vec{u}_1 \rangle^2}{4} =$$

$$= \frac{(\langle \vec{x}, \vec{u}_1 \rangle + \langle \vec{x}, \vec{u}_2 \rangle)^2}{4} + \frac{(\langle \vec{x}, \vec{u}_2 \rangle - \langle \vec{x}, \vec{u}_1 \rangle)^2}{4} =$$

$$= \frac{2\langle \vec{x}, \vec{u}_1 \rangle^2 + 2\langle \vec{x}, \vec{u}_2 \rangle^2}{4} = \frac{\langle \vec{x}, \vec{u}_1 \rangle^2 + \langle \vec{x}, \vec{u}_2 \rangle^2}{2}$$

Tem-se também:

$$\langle \vec{x}, A\vec{x} \rangle = \frac{\langle \vec{x}, \vec{u}_1 + \vec{u}_2 \rangle}{2} \langle \vec{x}, \vec{u}_1 \rangle + \frac{\langle \vec{x}, \vec{u}_2 - \vec{u}_1 \rangle}{2} \langle \vec{x}, \vec{u}_2 \rangle =$$

$$= \frac{\langle \vec{x}, \vec{u}_1 \rangle^2 + \langle \vec{x}, \vec{u}_1 \rangle\langle \vec{x}, \vec{u}_2 \rangle}{2} + \frac{\langle \vec{x}, \vec{u}_2 \rangle^2 - \langle \vec{x}, \vec{u}_1 \rangle\langle \vec{x}, \vec{u}_2 \rangle}{2} =$$

$$= \frac{\langle \vec{x}, \vec{u}_1 \rangle^2 + \langle \vec{x}, \vec{u}_2 \rangle^2}{2}$$

Portanto, $\|A\vec{x}\|^2 = \langle \vec{x}, A\vec{x} \rangle$ seja qual for $\vec{x} \in \mathbb{E}$. Da definição de A resulta:

$$A\vec{u}_1 = \frac{\langle \vec{u}_1, \vec{u}_1 + \vec{u}_2 \rangle}{2} \vec{u}_1 + \frac{\langle \vec{u}_1, \vec{u}_2 - \vec{u}_1 \rangle}{2} \vec{u}_2 =$$

$$= \frac{1}{2}\vec{u}_1 - \frac{1}{2}\vec{u}_2$$

e também:

$$A\vec{u}_2 = \frac{\langle \vec{u}_2, \vec{u}_1 + \vec{u}_2 \rangle}{2} \vec{u}_1 + \frac{\langle \vec{u}_2, \vec{u}_2 - \vec{u}_1 \rangle}{2} \vec{u}_2 =$$

$$= \frac{1}{2}\vec{u}_1 + \frac{1}{2}\vec{u}_2$$

Decorre daí que se tem:

$$A^2\vec{u}_1 = A(A\vec{u}_1) = \frac{1}{2} A\vec{u}_1 - \frac{1}{2} A\vec{u}_2 =$$

$$= \frac{1}{2}(A\vec{u}_1 - A\vec{u}_2) = -\frac{1}{2}\vec{u}_2$$

Segue-se que $A^2\vec{u}_1$ é diferente de $A\vec{u}_1$, e portanto que A^2 é diferente de A. Logo, o operador A definido acima não é uma

218   320 QUESTÕES RESOLVIDAS DE ÁLGEBRA LINEAR

projeção.

Exercício 187 - Seja $\mathbb{E}$ um espaço euclidiano diferente de $\{\vec{o}\}$. Mostre que existe um operador $A \in \hom(\mathbb{E})$ que tem as seguintes propriedades:

(1) $\ker A = (\operatorname{Im} A)^{\perp}$.

(2) $\|A\vec{x}\| \leq \|\vec{x}\|$ para todo $\vec{x} \in \mathbb{E}$.

(3) $\langle \vec{x}, A\vec{x} \rangle \geq 0$ para todo $\vec{x} \in \mathbb{E}$.

mas não é uma projeção.

Solução:

Como $\mathbb{E}$ é diferente de $\{\vec{o}\}$, existe um vetor unitário $\vec{u} \in \mathbb{E}$. Sejam λ um número positivo menor do que 1 e $A \in \hom(\mathbb{E})$ o operador definido pondo $A\vec{x} = \lambda \langle \vec{x}, \vec{u} \rangle \vec{u}$. Então $A\vec{x} \in \mathcal{S}(\vec{u})$ para todo $\vec{x} \in \mathbb{E}$. Logo, $\operatorname{Im}(A) \subseteq \mathcal{S}(\vec{u})$. Como A é não-nulo (de fato, $A\vec{u} = \lambda\vec{u}$) e $\dim \mathcal{S}(\vec{u}) = 1$, segue-se que $\operatorname{Im} A = \mathcal{S}(\vec{u})$. Como $\vec{u}$ é diferente de $\vec{o}$ e λ é diferente de 0, tem-se:

$$\vec{y} \in \ker A \Leftrightarrow A\vec{y} = \vec{o} \Leftrightarrow$$
$$\Leftrightarrow \lambda \langle \vec{y}, \vec{u} \rangle \vec{u} = \vec{o} \Leftrightarrow \lambda \langle \vec{y}, \vec{u} \rangle = 0 \Leftrightarrow \qquad (6.17)$$
$$\Leftrightarrow \langle \vec{y}, \vec{u} \rangle = 0$$

Resulta de (6.17) que $\ker A = \{\vec{u}\}^{\perp} = [\mathcal{S}(\vec{u})]^{\perp}$ (v. Exercício 169). Logo, $\ker A = (\operatorname{Im} A)^{\perp}$.

O conjunto $\{\vec{u}\}$ sendo ortonormal (v. Exercício 125) tem-se $\langle \vec{x}, \vec{u} \rangle^2 \leq \|\vec{x}\|^2$ para todo $\vec{x} \in \mathbb{E}$ (v. Exercício 128). Assim sendo, $\|A\vec{x}\|^2 = \|\lambda \langle \vec{x}, \vec{u} \rangle \vec{u}\|^2 = \lambda \langle \vec{x}, \vec{u} \rangle^2 \leq \langle \vec{x}, \vec{u} \rangle^2 \leq \|\vec{x}\|^2$, seja qual for $\vec{x} \in \mathbb{E}$.

Tem-se $\langle \vec{x}, A\vec{x} \rangle = \langle \vec{x}, \lambda \langle \vec{x}, \vec{u} \rangle \vec{u} \rangle = \lambda \langle \vec{x}, \vec{u} \rangle^2 \geq 0$ para todo $\vec{x} \in \mathbb{E}$. Segue-se que o operador A tem as propriedades listadas no enunciado acima. Tem-se $A^2\vec{x} = A(A\vec{x}) = \lambda \langle A\vec{x}, \vec{u} \rangle \vec{u} = \lambda \langle \lambda \langle \vec{x}, \vec{u} \rangle \vec{u}, \vec{u} \rangle \vec{u} = \lambda^2 \langle \vec{x}, \vec{u} \rangle \vec{u}$ para todo $\vec{x} \in \mathbb{E}$. Segue-se que A^2 é diferente de A, e portanto que A não é uma projeção.

Exercício 188 - Sejam $A, B : \mathbb{E} \rightarrow \mathbb{E}$ projeções ortogonais no espaço euclidiano $\mathbb{E}$. Mostre que se $AB = BA$ então AB é uma

CAPÍTULO 6 – COMPLEMENTO ORTOGONAL 219

projeção ortogonal.

Solução: Sendo A e B projeções, $A^2 = A$ e $B^2 = B$. Logo, se $AB = BA$ então $(AB)^2 = (AB)(AB) = A(BA)B = A(AB)B = (AA)(BB) = A^2B^2 = AB$. Portanto, o operador AB é uma projeção. Como A e B são projeções ortogonais, tem-se $\|B\vec{x}\| \leq \|\vec{x}\|$ para todo $\vec{x} \in \mathbb{E}$ e $\|A\vec{y}\| \leq \|\vec{y}\|$ seja qual for $\vec{y} \in \mathbb{E}$ (v. Exercício 180). Assim sendo, $\|AB\vec{x}\| = \|A(B\vec{x})\| \leq \|B\vec{x}\| \leq \|\vec{x}\|$, qualquer que seja $\vec{x} \in \mathbb{E}$. Por consequência, o operador AB é uma projeção ortogonal.

Exercício 189 - Seja $A : \mathbb{E} \to \mathbb{E}$ uma projeção ortogonal no espaço euclidiano $\mathbb{E}$. Prove: Se o operador A é não-nulo então $\|A\| = 1$.

Solução: Como A é uma projeção ortogonal, $\|A\vec{x}\| \leq \|\vec{x}\|$ para todo $\vec{x} \in \mathbb{E}$ (v. Exercício 180). Por esta razão, $\|A\vec{x}\| \leq 1$ seja qual for $\vec{x}$ na esfera unitária $\mathbb{S}(\vec{o}; 1)$. Resulta disto que se tem:

$$\boxed{\|A\| = \sup\{\|A\vec{x}\| : \vec{x} \in \mathbb{S}(\vec{o}; 1)\} \leq 1} \qquad (6.18)$$

Se o operador A é não-nulo então existe um vetor não-nulo $\vec{w} \in \operatorname{Im} A$. O vetor $\vec{u} = \vec{w}/\|\vec{w}\|$ pertence a $\operatorname{Im} A$, portanto $A\vec{u} = \vec{u}$. Assim sendo, $\|A\vec{u}\| = \|\vec{u}\| = 1$. Como $\vec{u}$ pertence à esfera unitária $\mathbb{S}(\vec{o}; 1)$, vale:

$$\boxed{1 = \|A\vec{u}\| \leq \|A\|} \qquad (6.19)$$

De (6.18) e (6.19) segue $\|A\| = 1$.

Exercício 190 - Sejam $\mathbb{E}$ um espaço euclidiano e $\mathbb{V} \subseteq \mathbb{E}$ um subespaço. Prove: Se $\mathbb{E}$ admite a decomposição em soma direta $\mathbb{E} = \mathbb{V} \oplus \mathbb{V}^{\perp}$ então $\mathbb{V}$ é fechado.

Solução: Supondo que se tem $\mathbb{E} = \mathbb{V} \oplus \mathbb{V}^{\perp}$, seja $A \in \hom(\mathbb{E})$ a projeção ortogonal (a qual existe, v. Exercício 178) tal que $\operatorname{Im} A = \mathbb{V}$ e $\ker A = \mathbb{V}^{\perp}$. Para todo $\vec{x} \in \mathbb{E}$ tem-se $d(\vec{x}, \mathbb{V}) = d(\vec{x}, \operatorname{Im} A) = \|\vec{x} - A\vec{x}\|$ (v. Exercício 183). Tem-se também que $d(\vec{x}, \mathbb{V}) = 0$ se, e somente se, $\vec{x}$ pertence ao fecho $\operatorname{Cl}\mathbb{V}$ de $\mathbb{V}$ (v. Exercício 59). Portanto,

220 320 QUESTÕES RESOLVIDAS DE ÁLGEBRA LINEAR

$$\vec{x} \in \text{Cl} \mathbb{V} \iff d(\vec{x}, \mathbb{V}) = 0 \iff$$

$$\iff \|\vec{x} - A\vec{x}\| = 0 \iff \vec{x} - A\vec{x} = \vec{o} \iff$$

$$\iff A\vec{x} = \vec{x} \iff \vec{x} \in \text{Im} A \iff \vec{x} \in \mathbb{V}$$

Segue-se que $\text{Cl} \mathbb{V} = \mathbb{V}$. Por consequência, $\mathbb{V}$ é fechado.

Exercício 191 - Seja $\mathbb{V}$ um subespaço vetorial de um espaço euclidiano $\mathbb{E}$, tal que $\mathbb{E}$ admite a decomposição em soma direta $\mathbb{E} = \mathbb{V} \oplus \mathbb{V}^\perp$. Prove: Para todo $\vec{x} \in \mathbb{E}$ se tem $[d(\vec{x}, \mathbb{V})]^2 + [d(\vec{x}, \mathbb{V}^\perp)]^2 = \|\vec{x}\|^2$.

Solução:

Sejam $A \in \text{hom}(\mathbb{E})$ a projeção ortogonal (v. Exercício 178) tal que $\text{Im} A = \mathbb{V}$ e $\ker A = \mathbb{V}^\perp$. Seja $B = I - A$, onde $I \in \text{hom}(\mathbb{E})$ é o operador identidade. Sendo A uma projeção, tem-se $A^2 = A$, donde $B^2 = (I - A)^2 = I - 2A + A^2 = I - A = B$. Logo, B é também uma projeção. Como $B\vec{x} = \vec{x} - A\vec{x}$, $B\vec{x} \in \ker A$, portanto $B\vec{x} \in \mathbb{V}^\perp$ para todo $\vec{x} \in \mathbb{E}$. Uma vez que $A\vec{w} = \vec{o}$ para todo $\vec{w} \in \mathbb{V}^\perp$, tem-se $B\vec{w} = \vec{w} - A\vec{w} = \vec{w}$ para todo $\vec{w} \in \mathbb{V}^\perp$. Conclui-se daí que $\text{Im} B = \mathbb{V}^\perp$. Tem-se também:

$$\vec{x} \in \ker B \iff B\vec{x} = \vec{o} \iff$$

$$\iff \vec{x} - A\vec{x} = \vec{o} \iff A\vec{x} = \vec{x} \iff$$

$$\iff \vec{x} \in \text{Im} A \iff \vec{x} \in \mathbb{V}$$

Logo, $\ker B = \text{Im} A = \mathbb{V}$. Como $\mathbb{E} = \mathbb{V} \oplus \mathbb{V}^\perp$, segue-se (v. Exercício 177) $\mathbb{V}^{\perp\perp} = \mathbb{V}$, portanto $\ker B = \mathbb{V} = (\mathbb{V}^\perp)^\perp = (\text{Im} B)^\perp$. Logo, B é uma projeção ortogonal.

Seja $\vec{x} \in \mathbb{E}$. Como A, B são projeções ortogonais, $\text{Im} A = \mathbb{V}$ e $\text{Im} B = \mathbb{V}^\perp$, tem-se:

$$\boxed{d(\vec{x}, \mathbb{V}) = d(\vec{x}, \text{Im} A) = \|\vec{x} - A\vec{x}\|} \tag{6.20}$$

e também:

$$\boxed{d(\vec{x}, \mathbb{V}^\perp) = d(\vec{x}, \text{Im} B) = \|\vec{x} - B\vec{x}\| = \|A\vec{x}\|} \tag{6.21}$$

(v. Exercício 183). Os vetores $A\vec{x}$ e $\vec{x} - A\vec{x}$ são ortogonais, porque $A\vec{x} \in \text{Im} A$ e $\vec{x} - A\vec{x} \in \ker A$. Daí e da igualdade $\vec{x} = A\vec{x} +$

CAPÍTULO 6 – COMPLEMENTO ORTOGONAL **221**

$\vec{x} - A\vec{x}$ decorre:

$$\|\vec{x}\|^2 = \|A\vec{x} + (\vec{x} - A\vec{x})\|^2 =$$
$$= \|A\vec{x}\|^2 + \|\vec{x} - A\vec{x}\|^2$$

(6.22)

De (6.20), (6.21) e (6.22) obtém-se $[d(\vec{x}, \mathbb{V})]^2 + [d(\vec{x}, \mathbb{V}^{\perp})]^2 = \|\vec{x}\|^2$, como se queria.

Exercício 192 - Sejam $\mathbb{E}$ um espaço euclidiano e $\mathbb{V} \subseteq \mathbb{E}$ um subespaço vetorial de dimensão finita n. Prove que $\mathbb{E}$ admite a decomposição em soma direta $\mathbb{E} = \mathbb{V} \oplus \mathbb{V}^{\perp}$. Portanto, $\mathbb{V}^{\perp\perp} = \mathbb{V}$.

Solução: Sejam $\mathbb{X} = \{\vec{u}_1, \dots, \vec{u}_n\}$ uma base ortonormal de $\mathbb{V}$ (a qual existe, v. Exercício 131). Dado $\vec{x} \in \mathbb{E}$, sejam $\vec{v} = \sum_{k=1}^n \langle \vec{x}, \vec{u}_k \rangle \vec{u}_k$ e $\vec{w} = \vec{x} - \vec{v} = \vec{x} - \sum_{k=1}^n \langle \vec{x}, \vec{u}_k \rangle \vec{u}_k$. A base $\mathbb{X}$ sendo ortonormal, tem-se:

$$\langle \vec{u}_k, \vec{u}_m \rangle = \delta_{km} = \begin{cases} 1, & \text{se} \quad k = m \\ 0, & \text{se} \quad k \neq m \end{cases}$$

para cada $k, m = 1, \dots, n$. Desta forma,

$$\langle \vec{v}, \vec{u}_m \rangle =$$
$$= \sum_{k=1}^n \langle \vec{x}, \vec{u}_k \rangle \langle \vec{u}_k, \vec{u}_m \rangle = \sum_{k=1}^n \langle \vec{x}, \vec{u}_k \rangle \delta_{km} =$$
$$= \langle \vec{x}, \vec{u}_m \rangle, \quad m = 1, \dots, n$$

(6.23)

De (6.23) obtém-se:

$$\langle \vec{x} - \vec{v}, \vec{u}_m \rangle = \langle \vec{x}, \vec{u}_m \rangle - \langle \vec{v}, \vec{u}_m \rangle =$$
$$= \langle \vec{x}, \vec{u}_m \rangle - \langle \vec{x}, \vec{u}_m \rangle = 0, \quad m = 1, \dots, n$$

(6.24)

Resulta de (6.24) que $\vec{x} - \vec{v} \in \mathbb{X}^{\perp}$. Portanto, $\vec{x} - \vec{v} \in [\mathcal{S}(\mathbb{X})]^{\perp}$ (v. Exercício 169). Sendo $\mathcal{S}(\mathbb{X}) = \mathbb{V}$, tem-se que $\vec{w} = \vec{x} - \vec{v} \in \mathbb{V}^{\perp}$. Tem-se também $\vec{v} \in \mathbb{V}$ e $\vec{x} = \vec{v} + \vec{x} - \vec{v} = \vec{v} + \vec{w}$. Como $\vec{x}$ é arbitrário, segue-se que todo vetor $\vec{x} \in \mathbb{E}$ se escreve como $\vec{x} = \vec{v} + \vec{w}$, onde $\vec{v} \in \mathbb{V}$ e $\vec{w} \in \mathbb{V}^{\perp}$. Logo, $\mathbb{E} = \mathbb{V} + \mathbb{V}^{\perp} = \mathbb{V} \oplus \mathbb{V}^{\perp}$ (v.

222   320 QUESTÕES RESOLVIDAS DE ÁLGEBRA LINEAR

Exercício 175). Assim sendo, $\mathbb{V}^{\perp\perp} = \mathbb{V}$.

Exercício 193 - Sejam $\mathbb{E}$ e $\mathbb{V}$ como no Exercício 192. Seja $\mathbb{X} = \{\vec{u}_1, \ldots, \vec{u}_n\}$ uma base ortonormal de $\mathbb{V}$. Prove: Para todo $\vec{x} \in \mathbb{E}$ se tem $[d(\vec{x}, \mathbb{V})]^2 = \|\vec{x}\|^2 - \sum_{k=1}^{n}\langle\vec{x}, \vec{u}_k\rangle^2$.

Solução: Seja $A \in \text{hom}(\mathbb{E})$ a projeção ortogonal tal que $\text{Im}\,A = \mathbb{V}$ e $\ker A = \mathbb{V}^{\perp}$ (v. Exercício 178). Seja $\vec{x} \in \mathbb{E}$. O vetor $\vec{x}$ se escreve como $\vec{x} = \vec{v} + \vec{w}$, onde $\vec{v} = \sum_{k=1}^{n}\langle\vec{x}, \vec{u}_k\rangle\vec{u}_k$ e $\vec{w} \in \mathbb{V}^{\perp}$ (v. Exercício 192). Como $\vec{v} \in \mathbb{V}$ e $\mathbb{V} = \text{Im}\,A$, tem-se $A\vec{v} = \vec{v} = \sum_{k=1}^{n}\langle\vec{x}, \vec{u}_k\rangle\vec{u}_k$. Tem-se também $A\vec{w} = \vec{o}$, porque $\vec{w} \in \mathbb{V}^{\perp}$ e $\mathbb{V}^{\perp} = \ker A$. Desta forma,

$$\boxed{\begin{array}{c} A\vec{x} = A(\vec{v} + \vec{w}) = \\ = A\vec{v} + A\vec{w} = A\vec{v} = \sum_{k=1}^{n}\langle\vec{x}, \vec{u}_k\rangle\vec{u}_k \end{array}} \qquad (6.25)$$

Como a base $\mathbb{X} = \{\vec{u}_1, \ldots, \vec{u}_n\}$ é ortonormal e $A\vec{x} \in \mathbb{V}$, tem-se $A\vec{x} = \sum_{k=1}^{n}\langle A\vec{x}, \vec{u}_k\rangle\vec{u}_k$ (v. Exercício 126). O conjunto $\mathbb{X}$ sendo LI, de (6.25) resulta $\langle A\vec{x}, \vec{u}_k\rangle = \langle\vec{x}, \vec{u}_k\rangle$, $k = 1,\ldots,n$. Por esta razão,

$$\boxed{\|A\vec{x}\|^2 = \sum_{k=1}^{n}\langle A\vec{x}, \vec{u}_k\rangle^2 = \sum_{k=1}^{n}\langle\vec{x}, \vec{u}_k\rangle^2} \qquad (6.26)$$

(v. Exercício 126). Como A é uma projeção ortogonal, tem-se $d(\vec{x}, \mathbb{V}) = d(\vec{x}, \text{Im}\,A) = \|\vec{x} - A\vec{x}\|$ (v. Exercício 183). Tem-se também $\|\vec{x}\|^2 = \|A\vec{x}\|^2 + \|\vec{x} - A\vec{x}\|^2$ (v. Exercício 191). Logo, $[d(\vec{x}, \mathbb{V})]^2 = \|\vec{x} - A\vec{x}\|^2 = \|\vec{x}\|^2 - \|A\vec{x}\|^2$. Daí e de (6.26) obtém-se $[d(\vec{x}, \mathbb{V})]^2 = \|\vec{x}\|^2 - \sum_{k=1}^{n}\langle\vec{x}, \vec{u}_k\rangle^2$.

Exercício 194 - Sejam $\mathbb{E}$ um espaço euclidiano, $\vec{w} \in \mathbb{E}$ um vetor não-nulo e $w^* : \mathbb{E} \to \mathbb{R}$ o funcional linear definido pondo $w^*(\vec{x}) = \langle\vec{x}, \vec{w}\rangle$ para todo $\vec{x} \in \mathbb{E}$. Seja $\mathbb{W} = \ker w^*$. Prove que se tem $d(\vec{x}, \mathbb{W}) = \dfrac{|\langle\vec{x}, \vec{w}\rangle|}{\|\vec{w}\|}$, qualquer que seja $\vec{x} \in \mathbb{E}$.

Solução: Sejam $\vec{x} \in \mathbb{E}$ e $\mathbb{V} = \mathcal{S}(\vec{w})$ o subespaço de $\mathbb{E}$ gerado pelo vetor $\vec{w}$. Pela definição de w^*, $\mathbb{W} = \ker w^* = \{\vec{w}\}^{\perp}$. Sendo $\{\vec{w}\}^{\perp} = [\mathcal{S}(\vec{w})]^{\perp} = \mathbb{V}^{\perp}$ (v. Exercício 169) tem-se $\mathbb{W} = \mathbb{V}^{\perp}$. O

CAPÍTULO 6 – COMPLEMENTO ORTOGONAL **223**

conjunto $\{\vec{w}/\|\vec{w}\|\}$ é uma base ortonormal de $\mathbb{V}$. Dito isto, tem-se:

$$[d(\vec{x}, \mathbb{V})]^2 = \|\vec{x}\|^2 - \frac{\langle \vec{x}, \vec{w} \rangle^2}{\|\vec{w}\|^2} \tag{6.27}$$

(v. Exercício 193). Como $\mathbb{V}^{\perp} = \mathbb{W}$, segue-se:

$$[d(\vec{x}, \mathbb{V})]^2 + [d(\vec{x}, \mathbb{V}^{\perp})]^2 =$$
$$= [d(\vec{x}, \mathbb{V})]^2 + [d(\vec{x}, \mathbb{W})]^2 = \|\vec{x}\|^2 \tag{6.28}$$

(v. Exercício 191). De (6.27) e (6.28) tira-se $[d(\vec{x}, \mathbb{W})]^2 = \frac{\langle \vec{x}, \vec{w} \rangle^2}{\|\vec{w}\|^2}$, e portanto $d(\vec{x}, \mathbb{W}) = \frac{|\langle \vec{x}, \vec{w} \rangle|}{\|\vec{w}\|^2}$.

Exercício 195 - Sejam a, b números reais com $a < b$. No espaço vetorial $\mathbb{E}$ das funções contínuas $f : [a, b] \to \mathbb{R}$, considere o produto interno definido por $\langle f, g \rangle = \int_a^b f(x)g(x)dx$ e a norma dada por $\|f\|^2 = \langle f, f \rangle$. Seja $\mathbb{V}$ o conjunto das funções contínuas $f : [a, b] \to \mathbb{R}$ tais que $\int_a^b f(x)dx = 0$. Dada $\varphi : [a, b] \to \mathbb{R}$ contínua, calcule a distância da função φ ao conjunto $\mathbb{V}$.

Solução: Seja $\omega_0 : [a, b] \to \mathbb{R}$ definida pondo $\omega_0(x) = 1$, $a \le x \le b$. Então $\int_a^b f(x)dx = \int_a^b f(x)\omega_0(x)dx = \langle f, \omega_0 \rangle$, qualquer que seja $f : [a, b] \to \mathbb{R}$ contínua. Desta forma, $f \in \mathbb{V}$ se, e somente se, $\langle f, \omega_0 \rangle = 0$. Portanto, $\mathbb{V}$ é o núcleo $\ker \omega_0^*$, onde ω_0^* é o funcional linear $f \mapsto \langle f, \omega_0 \rangle$. Assim sendo, tem-se:

$$d(\varphi, \mathbb{V}) = d(\varphi, \ker \omega_0^*) = \frac{|\langle \varphi, \omega_0 \rangle|}{\|\omega_0\|}$$

(v. Exercício 194). Como $\langle \varphi, \omega_0 \rangle = \int_a^b \varphi(x)\omega_0(x)dx = \int_a^b \varphi(x)dx$ e $\|\omega_0\| = \sqrt{b - a}$, segue-se $d(\varphi, \mathbb{V}) = \frac{1}{\sqrt{b - a}} \left| \int_a^b \varphi(x)dx \right|$.

Exercício 196 - Sejam $a_1, \ldots, a_n$ números reais com $\sum_{k=1}^{n} |a_k| > 0$. Seja $\mathbb{V}$ o subconjunto do espaço euclidiano $\mathbb{R}^n$

224   320 QUESTÕES RESOLVIDAS DE ÁLGEBRA LINEAR

formado pelos vetores $\vec{x} = (x_1, \dots, x_n)$ tais que $\sum_{k=1}^{n} a_k x_k = 0$.
Prove que se tem

$$d(\vec{x}, \mathbb{V}) = \frac{|a_1 x_1 + \cdots + a_n x_n|}{\sqrt{a_1^2 + \cdots + a_n^2}}$$

seja qual for $\vec{x} = (x_1, \dots, x_n) \in \mathbb{R}^n$.

Solução: Seja $\vec{a} = (a_1, \dots, a_n)$. Tem-se que $\mathbb{V}$ é o conjunto formado pelos vetores $\vec{x} \in \mathbb{R}^n$ tais que $\langle \vec{a}, \vec{x} \rangle = 0$. O vetor $\vec{a}$ sendo não-nulo, segue-se:

$$d(\vec{x}, \mathbb{V}) = \frac{|\langle \vec{x}, \vec{a} \rangle|}{\|\vec{a}\|} = \frac{|a_1 x_1 + \cdots + a_n x_n|}{\sqrt{a_1^2 + \cdots + a_n^2}}$$

(v. Exercício 194). Isto prova o enunciado acima.

Exercício 197 - Sejam $\mathbb{E}$ um espaço euclidiano de dimensão finita n maior ou igual a dois e $\mathbb{B} = \{\vec{u}_1, \dots, \vec{u}_n\}$ uma base ortonormal de $\mathbb{E}$. Seja, para cada $k = 1, \dots, n$, $\mathbb{W}_k = \mathcal{S}(\vec{u}_k)$ o subespaço vetorial de $\mathbb{E}$ gerado pelo vetor $\vec{u}_k$. Dado $c \in \mathbb{R}$ positivo, descreva o subconjunto $\mathbb{X}_c$ de $\mathbb{E}$ formado pelos vetores $\vec{x}$ tais que $\sum_{k=1}^{n} [d(\vec{x}, \mathbb{W}_k)]^2 = c$.

Solução: Como $\{\vec{u}_k\}$ é uma base ortonormal do subespaço $\mathbb{W}_k$, tem-se, para cada $k = 1, \dots, n$, $[d(\vec{x}, \mathbb{W}_k)]^2 = \|\vec{x}\|^2 - \langle \vec{x}, \vec{u}_k \rangle^2$ (v. Exercício 193). Portanto,

$$\sum_{k=1}^{n} [d(\vec{x}, \mathbb{W}_k)]^2 =$$

$$= \sum_{k=1}^{n} (\|\vec{x}\|^2 - \langle \vec{x}, \vec{u}_k \rangle^2) =$$

$$= n\|\vec{x}\|^2 - \sum_{k=1}^{n} \langle \vec{x}, \vec{u}_k \rangle^2$$

O conjunto $\mathbb{B}$ sendo uma base ortonormal de $\mathbb{E}$, tem-se $\|\vec{x}\|^2 = \sum_{k=1}^{n} \langle \vec{x}, \vec{u}_k \rangle^2$ (v. Exercício 126). Por isto,

$$\boxed{\sum_{k=1}^{n} [d(\vec{x}, \mathbb{W}_k)]^2 = (n-1)\|\vec{x}\|^2} \qquad (6.29)$$

Resulta de (6.29) que se tem:

CAPÍTULO 6 – COMPLEMENTO ORTOGONAL **225**

$$\vec{x} \in \mathbb{X}_c \Leftrightarrow (n-1)\|\vec{x}\|^2 = c \Leftrightarrow$$

$$\Leftrightarrow \|\vec{x}\|^2 = \frac{c}{n-1} \Leftrightarrow \|\vec{x}\| = \sqrt{\frac{c}{n-1}}$$

Por consequência, $\mathbb{X}_c$ é a *esfera* $\mathbb{S}(\vec{o}; r)$ de centro $\vec{o}$ e raio $r = \sqrt{c/(n-1)}$.

Exercício 198 - Dado um espaço euclidiano $\mathbb{E}$, seja $\mathbb{V} \subseteq \mathbb{E}$ um subespaço vetorial de modo que $\mathbb{E}$ admite a decomposição em soma direta $\mathbb{E} = \mathbb{V} \oplus \mathbb{V}^\perp$. Prove: Para todo vetor $\vec{x} \in \mathbb{E}$ existe um único vetor $\vec{v} = \vec{v}(\vec{x}) \in \mathbb{V}$ tal que $d(\vec{x}, \mathbb{V}) = \|\vec{x} - \vec{v}\|$.

Solução:

Existência: Seja $A \in \text{hom}(\mathbb{E})$ a projeção ortogonal (v. Exercício 178) tal que $\text{Im}\,A = \mathbb{V}$ e $\ker A = \mathbb{V}^\perp$. Dado $\vec{x} \in \mathbb{E}$, tem-se $d(\vec{x}, \mathbb{V}) = d(\vec{x}, \text{Im}\,A) = \|\vec{x} - A\vec{x}\|$ (v. Exercício 183). O vetor $\vec{v} = A\vec{x}$ pertence a $\text{Im}\,A$, e portanto a $\mathbb{V}$.

Unicidade: Seja $\vec{w} \in \mathbb{V}$ de modo que $d(\vec{x}, \mathbb{V}) = \|\vec{x} - \vec{w}\|$. Então $\|\vec{x} - \vec{w}\| \leq \|\vec{x} - \vec{v}\|$, qualquer que seja $\vec{v} \in \mathbb{V}$. Em particular, $\|\vec{x} - \vec{w}\| \leq \|\vec{x} - A\vec{x}\|$. O vetor $\vec{x} - A\vec{x}$ pertence a $\ker A$, e portanto a $\mathbb{V}^\perp$, porque $A(\vec{x} - A\vec{x}) = A\vec{x} - A^2\vec{x} = A\vec{x} - A\vec{x} = \vec{o}$. Como $\vec{w}$ e $A\vec{x}$ pertencem a $\mathbb{V}$ e $\mathbb{V}$ é subespaço vetorial, o vetor $\vec{w} - A\vec{x}$ pertence a $\mathbb{V}$. Segue-se que $\vec{x} - A\vec{x}$ e $\vec{w} - A\vec{x}$ são ortogonais. Por esta razão, tem-se:

$$\|\vec{x} - \vec{w}\|^2 = \|(\vec{x} - A\vec{x}) - (\vec{w} - A\vec{x})\|^2 =$$

$$= \|\vec{x} - A\vec{x}\|^2 + \|\vec{w} - A\vec{x}\|^2$$

Como $\|\vec{x} - \vec{w}\| \leq \|\vec{x} - A\vec{x}\|$, tem-se $\|\vec{x} - \vec{w}\|^2 \leq \|\vec{x} - A\vec{x}\|^2$, e portanto $\|\vec{x} - A\vec{x}\|^2 + \|\vec{w} - A\vec{x}\|^2 \leq \|\vec{x} - A\vec{x}\|^2$. Daí obtém-se $\|\vec{w} - A\vec{x}\| = 0$, donde $\vec{w} = A\vec{x}$.

Exercício 199 - Dado um espaço euclidiano $\mathbb{E}$, seja $\mathbb{V} \subseteq \mathbb{E}$ um subepaço vetorial diferente de $\{\vec{o}\}$ de modo que $\mathbb{E} = \mathbb{V} \oplus \mathbb{V}^\perp$. Seja $\vec{x}_0 \in \mathbb{E}$. Prove:

(a) A interseção $\mathbb{V} \cap \mathbb{S}(\vec{x}_0; r)$, do subespaço $\mathbb{V}$ e da esfera

226 320 QUESTÕES RESOLVIDAS DE ÁLGEBRA LINEAR

$\mathbb{S}(\vec{x}_0; r)$, é não-vazia se, e somente se, $d(\vec{x}_0, \mathbb{V}) \leq r$.

(b) A interseção $\mathbb{V} \cap \mathbb{S}(\vec{x}_0; r)$ possui um único elemento se, e somente se, $d(\vec{x}_0, \mathbb{V}) = r$.

Solução:

(a): Fazendo $\delta = d(\vec{x}_0, \mathbb{V})$, seja $A \in \hom(\mathbb{E})$ a projeção ortogonal que tem $\operatorname{Im} A = \mathbb{V}$ e $\ker A = \mathbb{V}^\perp$ (v. Exercício 178). Tem-se $\delta = \|\vec{x}_0 - A\vec{x}_0\|$ (v. Exercício 183). Supondo $\delta \leq r$, seja $\vec{u} \in \mathbb{V}$ um vetor unitário (o qual existe, porque $\mathbb{V}$ é diferente de $\{\vec{o}\}$). O vetor $\sqrt{r^2 - \delta^2}\,\vec{u}$ pertence a $\mathbb{V}$. Como $A\vec{x}_0 \in \mathbb{V}$, o vetor $\vec{v}_0 = A\vec{x}_0 - \sqrt{r^2 - \delta^2}\,\vec{u}$ pertence a $\mathbb{V}$. Assim sendo, $A\vec{x}_0 - \vec{v}_0$ pertence a $\mathbb{V}$. O vetor $\vec{x}_0 - A\vec{x}_0$ pertence a $\mathbb{V}^\perp$ (v. Exercício 198). Por isto, $\vec{x}_0 - A\vec{x}_0$ e $A\vec{x}_0 - \vec{v}_0$ são ortogonais. Por esta razão,

$$\|\vec{x}_0 - \vec{v}_0\|^2 = \|(\vec{x}_0 - A\vec{x}_0) + (A\vec{x}_0 - \vec{v}_0)\|^2 =$$

$$= \|\vec{x}_0 - A\vec{x}_0\|^2 + \|A\vec{x}_0 - \vec{v}_0\|^2 =$$

$$= \delta^2 + \left\| \sqrt{r^2 - \delta^2}\,\vec{u} \right\|^2 = \delta^2 + r^2 - \delta^2 = r^2$$

Daí obtém-se $\|\vec{x}_0 - \vec{v}_0\| = r$. Portanto, $\vec{v}_0 \in \mathbb{S}(\vec{x}_0; r)$. Como $\vec{v}_0$ também pertence a $\mathbb{V}$, segue-se que $\vec{v}_0 \in \mathbb{V} \cap \mathbb{S}(\vec{x}_0; r)$. Reciprocamente: Supondo que a interseção $\mathbb{V} \cap \mathbb{S}(\vec{x}_0; r)$ é não-vazia, seja $\vec{v} \in \mathbb{V} \cap \mathbb{S}(\vec{x}_0; r)$. Tem-se $\|\vec{x}_0 - \vec{v}\| = r$, porque $\mathbb{V}$ pertence à esfera $\mathbb{S}(\vec{x}_0; r)$. Como $\vec{v} \in \mathbb{V}$, segue-se $d(\vec{x}_0; \mathbb{V}) \leq \|\vec{x} - \vec{v}\| = r$.

(b): Supondo $\delta = d(\vec{x}_0, \mathbb{V}) \leq r$, seja $\vec{v}_1 = A\vec{x}_0 + \sqrt{r^2 - \delta^2}\,\vec{u}$. O vetor $\vec{v}_1$ pertence a $\mathbb{V}$, porque $A\vec{x}_0$ e $\vec{u}$ pertencem a $\mathbb{V}$. Logo, $A\vec{x}_0 - \vec{v}_1$ pertence a $\mathbb{V}$. Como $\vec{x}_0 - A\vec{x}_0 \in \mathbb{V}^\perp$, $\delta = \|\vec{x}_0 - A\vec{x}_0\|$ e o vetor $\vec{u}$ é unitário, tem-se:

$$\|\vec{x}_0 - \vec{v}_1\|^2 = \|(\vec{x}_0 - A\vec{x}_0) + (A\vec{x}_0 - \vec{v}_1)\|^2 =$$

$$= \|\vec{x}_0 - A\vec{x}_0\|^2 + \|A\vec{x}_0 - \vec{v}_1\|^2 =$$

$$= \delta^2 + \left\| -\sqrt{r^2 - \delta^2}\,\vec{u} \right\|^2 = \delta^2 + r^2 - \delta^2 = r^2$$

Decorre daí que $\vec{v}_1 \in \mathbb{S}(\vec{x}_0; r)$. Como $\vec{v}_1 \in \mathbb{V}$, $\vec{v}_1 \in \mathbb{V} \cap \mathbb{S}(\vec{x}_0; r)$.

CAPÍTULO 6 – COMPLEMENTO ORTOGONAL   **227**

Pelo exposto no item (a) acima, o vetor $\vec{v}_0 = A\vec{x}_0 - \sqrt{r^2 - \delta^2}\,\vec{u}$ também pertence a $\mathbb{V} \cap \mathbb{S}(\vec{x}_0; r)$. Desta forma, se $\mathbb{V} \cap \mathbb{S}(\vec{x}_0; r)$ possui um único elemento então $\vec{v}_0 = \vec{v}_1$, donde $A\vec{x}_0 - \sqrt{r^2 - \delta^2}\,\vec{u} = A\vec{x}_0 + \sqrt{r^2 - \delta^2}\,\vec{u}$. Desta igualdade obtém-se $\sqrt{r^2 - \delta^2} = 0$, e portanto $\delta = r$. Reciprocamente: Se $\delta = \|\vec{x}_0 - A\vec{x}_0\| = r$ então $A\vec{x}_0$ é o único vetor $\vec{v} \in \mathbb{V}$ tal que $\delta = d(\vec{x}_0; \mathbb{V}) = \|\vec{x}_0 - \vec{v}\| = r$ (v. Exercício 198). Logo, $A\vec{x}_0$ é o único vetor que pertence à interseção $\mathbb{V} \cap \mathbb{S}(\vec{x}_0; r)$.

Exercício 200 - Prove que se tem:

$$\int_{-a}^{a}[f(x) + f(-x)]^2\,dx \leq 4\int_{-a}^{a}[f(x)]^2\,dx$$

sejam quais forem $a > 0$ e $f : [-a, a] \to \mathbb{R}$ contínua.

Solução:

Dado $a > 0$, seja $\mathbb{E}$ o espaço vetorial $\mathcal{C}([-a, a]; \mathbb{R})$ das funções $f : [-a, a] \to \mathbb{R}$ contínuas, dotado do produto interno definido pondo:

$$\langle f, g \rangle = \int_{-a}^{a} f(x)g(x)\,dx$$

para quaisquer $f, g \in \mathbb{E}$ (v. Exercício 104). Seja $A \in \hom(\mathbb{E})$ o operador linear que faz corresponder, a cada função $f \in \mathbb{E}$, a função $Af : [-a, a] \to \mathbb{R}$ assim definida:

$$Af(x) = \frac{f(x) + f(-x)}{2}$$

Seja $f : [-a; a] \to \mathbb{R}$ uma função contínua qualquer. Pela definição de Af, $Af(-x) = Af(x)$ para todo $x \in [-a, a]$. Portanto,

$$Af(x) = \frac{Af(x) + Af(-x)}{2} = [A(Af)](x), \quad -a \leq x \leq a$$

Segue-se que $Af = A(Af) = A^2 f$. Conclui-se daí que $A^2 = A$, e portanto que A é uma projeção. A função Af é par para toda função $f \in \mathbb{E}$, pois $Af(x) = Af(-x)$ para todo $x \in [-a, a]$. Por outro lado, se $\varphi : [-a, a] \to \mathbb{R}$ é uma função contínua par, então $\varphi(x) = \varphi(-x)$, donde $A\varphi(x) = \varphi(x)$ para todo $x \in [-a, a]$. Assim sendo, a imagem $\operatorname{Im} A$ do operador A é o subespaço vetorial $\mathbb{V} \subseteq \mathbb{E}$ das funções contínuas pares.

228   320 QUESTÕES RESOLVIDAS DE ÁLGEBRA LINEAR

Seja $g : [-a; a] \to \mathbb{R}$ uma função contínua qualquer. Resulta da definição de A que se tem:

$$g(x) - Ag(x) = \frac{g(x) - g(-x)}{2}, \quad -a \leq x \leq a$$

Logo, $g - Ag : [-a, a] \to \mathbb{R}$ é uma função contínua ímpar. Como $Ag : [-a, a] \to \mathbb{R}$ é uma função contínua par, o produto $Ag(g - Ag)$ de Ag e $g - Ag$ é uma função ímpar. Por esta razão,

$$\langle Ag, g - Ag \rangle = \int_{-a}^{a} Ag(x)[g(x) - Ag(x)]dx = 0$$

(v. Guidorizzi, *Um Curso de Cálculo*, Vol. 1, 2001, p. 322). Segue-se que a projeção $A \in \text{hom}(\mathbb{E})$ definida acima é ortogonal (v. Exercício 179). Assim sendo, tem-se $\|Af\| \leq \|f\|$, e portanto $\|Af\|^2 \leq \|f\|^2$, para toda função $f : [-a, a] \to \mathbb{R}$ contínua (v. Exercício 180). Daí e da definição de Af obtém-se:

$$\int_{-a}^{a}[f(x) + f(-x)]^2 dx \leq 4\int_{-1}^{1}[f(x)]^2 dx$$

como se queria.

Exercício 201 - Seja a um número real positivo. No espaço vetorial $\mathbb{E}$ das funções contínuas $f : [-a, a] \to \mathbb{R}$, sejam $\mathbb{V}, \mathbb{W} \subseteq \mathbb{E}$ os subespaços vetoriais formados pelas funções pares e pelas funções ímpares, respectivamente. Considerando em $\mathbb{E}$ o produto interno definido por $\langle f, g \rangle = \int_{-a}^{a} f(x)g(x)dx$, mostre que $\mathbb{W}$ é o complemento ortogonal de $\mathbb{V}$.

Solução: Sejam $A \in \text{hom}(\mathbb{E})$ o operador linear definido no Exercício 200 e $O : [-a, a] \to \mathbb{R}$ a função nula, $O(x) = 0$ para todo $x \in [-a, a]$. Tem-se:

$$\psi \in \ker A \Longleftrightarrow A\psi = O \Longleftrightarrow$$

$$\Longleftrightarrow A\psi(x) = \frac{\psi(x) + \psi(-x)}{2} = 0, \quad -a \leq x \leq a \Longleftrightarrow$$

$$\Longleftrightarrow \psi(-x) = -\psi(x), \quad -a \leq x \leq a \Longleftrightarrow \psi \in \mathbb{W}$$

CAPÍTULO 6 – COMPLEMENTO ORTOGONAL **229**

Portanto, o operador $A \in \mathrm{hom}(\mathbb{E})$ é uma projeção ortogonal cuja imagem $\mathrm{Im}\, A$ é $\mathbb{V}$ e cujo núcleo $\ker A$ é $\mathbb{W}$. Assim sendo, $\mathbb{W} = \ker A = (\mathrm{Im}\, A)^{\perp} = \mathbb{V}^{\perp}$.

Exercício 202 - Seja $\mathbb{E}$ o espaço vetorial $\mathbb{M}(n \times n)$ das matrizes (quadradas) n por n. Seja $\langle . , . \rangle : \mathbb{E} \times \mathbb{E} \to \mathbb{R}$ definida pondo $\langle \mathbf{a}, \mathbf{b} \rangle = \mathbf{Tr}(\mathbf{a^T b})$, onde $\mathbf{a^T}$ é a transposta da matriz $\mathbf{a}$ e $\mathbf{Tr}(\mathbf{m})$ é o traço da matriz $\mathbf{m} \in \mathbb{E}$. Prove:

(a) Se $\mathbf{a} = [a_{kl}]$ e $\mathbf{b} = [b_{kl}]$ então $\langle \mathbf{a}, \mathbf{b} \rangle = \sum_{k=1}^{n} \sum_{l=1}^{n} a_{lk} b_{lk}$.

(b) Prove que $\langle . , . \rangle$ é um produto interno.

(c) Prove que o subespaço $\mathbb{A}$ das matrizes anti-simétricas é o complemento ortogonal do subespaço $\mathbb{S}$ das matrizes simétricas em $\mathbb{E}$.

Solução:

(a): Sejam $\mathbf{a^T} = [a_{kl}^{*}]$ e $\mathbf{a^T b} = [c_{kl}]$. Tem-se $c_{km} = \sum_{l=1}^{n} a_{kl}^{*} b_{lm}$, $k,m = 1,...,n$. Portanto, $c_{kk} = \sum_{l=1}^{n} a_{kl}^{*} b_{lk} = \sum_{l=1}^{n} a_{lk} b_{lk}$, $k = 1,...,n$. Resulta disto que $\langle \mathbf{a}, \mathbf{b} \rangle = \sum_{k=1}^{n} c_{kk} = \sum_{k=1}^{n} \sum_{l=1}^{n} a_{lk} b_{lk}$.

(b): Tem-se $\langle \mathbf{b}, \mathbf{a} \rangle = \mathbf{Tr}(\mathbf{b^T a})$. Como $\mathbf{b^T a} = \mathbf{b^T a^{TT}} = (\mathbf{a^T b})^{T}$ e o traço de uma matriz $\mathbf{m} \in \mathbb{M}(n \times n)$ é igual ao traço de sua transposta $\mathbf{m^T}$ (de fato, os elementos da diagonal de $\mathbf{m}$ e de $\mathbf{m^T}$ são iguais) segue-se que $\langle \mathbf{a}, \mathbf{b} \rangle = \langle \mathbf{b}, \mathbf{a} \rangle$. Sejam $\mathbf{a}, \mathbf{b}, \mathbf{c} \in \mathbb{M}(n \times n)$. Dados $\alpha, \beta \in \mathbb{R}$, valem as seguintes igualdades:

$$\langle \alpha \mathbf{a} + \beta \mathbf{b}, \mathbf{c} \rangle = \mathbf{Tr}[(\alpha \mathbf{a} + \beta \mathbf{b})^{T} \mathbf{c}] =$$

$$= \mathbf{Tr}[(\alpha \mathbf{a^T} + \beta \mathbf{b^T}) \mathbf{c}] = \mathbf{Tr}(\alpha \mathbf{a^T c} + \beta \mathbf{b^T c}) =$$

$$= \mathbf{Tr}(\alpha \mathbf{a^T c}) + \mathbf{Tr}(\beta \mathbf{b^T c}) = \alpha \mathbf{Tr}(\mathbf{a^T c}) + \beta \mathbf{Tr}(\mathbf{b^T c}) =$$

$$= \alpha \langle \mathbf{a}, \mathbf{c} \rangle + \beta \langle \mathbf{b}, \mathbf{c} \rangle$$

Pela propriedade (a) já demonstrada, $\langle \mathbf{a}, \mathbf{a} \rangle = \sum_{k=1}^{n} \sum_{l=1}^{n} a_{kl}^{2}$ se $\mathbf{a} = [a_{kl}]$. Se a matriz $\mathbf{a}$ é não-nula, então um dos números a_{kl} é diferente de zero, logo $\langle \mathbf{a}, \mathbf{a} \rangle > 0$. Segue-se que $\langle . , . \rangle$ é um produto interno.

(c): Seja $\Lambda : \mathbb{E} \to \mathbb{E}$ o operador linear definido pondo:

230 320 QUESTÕES RESOLVIDAS DE ÁLGEBRA LINEAR

$$\Lambda \mathbf{a} = \frac{\mathbf{a} + \mathbf{a}^{\mathbf{T}}}{2}$$

A matriz $\Lambda\mathbf{a}$ é simétrica, seja qual for $\mathbf{a} \in \mathbb{E}$. Assim sendo, $\Lambda^2\mathbf{a} = \Lambda(\Lambda\mathbf{a}) = \Lambda\mathbf{a}$ para toda matriz $\mathbf{a} \in \mathbb{E}$. Logo, o operador linear Λ é uma projeção. Assim sendo, tem-se:

$$\mathbf{a} \in \mathrm{Im}\,\Lambda \iff \Lambda\mathbf{a} = \mathbf{a} \iff$$

$$\iff \frac{\mathbf{a} + \mathbf{a}^{\mathbf{T}}}{2} = \mathbf{a} \iff \mathbf{a} = \mathbf{a}^{\mathbf{T}} \iff$$

$$\iff \mathbf{a} \in \mathbb{S}$$

e também:

$$\mathbf{a} \in \ker\Lambda \iff \Lambda\mathbf{a} = \mathbf{o} \iff$$

$$\iff \frac{\mathbf{a} + \mathbf{a}^{\mathbf{T}}}{2} = \mathbf{o} \iff \mathbf{a} = -\mathbf{a}^{\mathbf{T}} \iff$$

$$\iff \mathbf{a} \in \mathbb{A}$$

Decorre daí que o operador Λ é uma projeção cuja imagem $\mathrm{Im}\,\Lambda$ é o subespaço $\mathbb{S}$ das matrizes simétricas, e cujo núcleo $\ker\Lambda$ é o subespaço $\mathbb{A}$ das matrizes anti-simétricas.

Sejam $\mathbf{a} \in \mathbb{E}$ simétrica e $\mathbf{b} \in \mathbb{E}$ anti-simétrica. Então $\mathbf{a} = \mathbf{a}^{\mathbf{T}}$ e $\mathbf{b} = -\mathbf{b}^{\mathbf{T}}$. Portanto, $\langle \mathbf{a}, \mathbf{b} \rangle = \mathbf{Tr}(\mathbf{a}^{\mathbf{T}}\mathbf{b}) = \mathbf{Tr}(\mathbf{ab})$ e $\langle \mathbf{b}, \mathbf{a} \rangle = \mathbf{Tr}(\mathbf{b}^{\mathbf{T}}\mathbf{a})$ $= \mathbf{Tr}(-\mathbf{ba}) = -\mathbf{Tr}(\mathbf{ba})$. Como $\mathbf{Tr}(\mathbf{ba}) = \mathbf{Tr}(\mathbf{ab})$, tem-se $\langle \mathbf{b}, \mathbf{a} \rangle = -\mathbf{Tr}(\mathbf{ab}) = -\langle \mathbf{a}, \mathbf{b} \rangle$. Uma vez que $\langle \mathbf{a}, \mathbf{b} \rangle = \langle \mathbf{b}, \mathbf{a} \rangle$, segue-se $\langle \mathbf{a}, \mathbf{b} \rangle = -\langle \mathbf{a}, \mathbf{b} \rangle$, donde $\langle \mathbf{a}, \mathbf{b} \rangle = 0$.

Seja $\mathbf{a} \in \mathbb{E}$ uma matriz qualquer. Sendo $\Lambda \in \mathrm{hom}(\mathbb{E})$ uma projeção, a matriz $\mathbf{b} = \mathbf{a} - \Lambda\mathbf{a}$ pertence a $\ker\Lambda$, logo é antisimétrica. Como $\Lambda\mathbf{a}$ é uma matriz simétrica, segue-se que $\langle \Lambda\mathbf{a}, \mathbf{a} - \Lambda\mathbf{a} \rangle = 0$. Portanto, Λ é uma projeção ortogonal (v. Exercício 179). Decorre daí que se tem $\mathbb{S}^{\perp} = (\mathrm{Im}\,\Lambda)^{\perp} = \ker\Lambda = \mathbb{A}$.

Diz-se que uma sequência $x = (x_1, \ldots, x_n, \ldots)$ de números reais é *de quadrado somável* quando a série $\sum x^2$ é convergente.

A notação:

CAPÍTULO 6 – COMPLEMENTO ORTOGONAL   231

$$\mathbb{R}^\infty$$

indica o espaço vetorial das sequências de números reais. O símbolo:

$$\mathbb{R}^{(\infty)}$$

representa o subespaço de $\mathbb{R}^\infty$ formado pelas sequências x de números reais que têm apenas um número finito de termos diferentes de zero.

Exercício 203 - Seja $l_2(\mathbb{R})$ o espaço vetorial das sequências $x = (x_n) \in \mathbb{R}^\infty$ de quadrado somável (v. Exercício 42). Prove que a função $\langle . , . \rangle$, definida em $l_2(\mathbb{R}) \times l_2(\mathbb{R})$ pondo $\langle x, y \rangle = \sum_{n=1}^{\infty} x_n y_n$, é um produto interno. Qual é o complemento ortogonal do subespaço $\mathbb{R}^{(\infty)} \subseteq l_2(\mathbb{R})$?

Solução:

Dadas as sequências $x = (x_n)$, $y = (y_n)$ de quadrado somável, tem-se:

$$(\,|x_n| - |y_n|\,)^2 =$$
$$= |x_n|^2 + |y_n|^2 - 2\,|x_n|\,|y_n| =$$
$$= x_n^2 + y_n^2 - 2\,|x_n y_n| \geq 0$$

e portanto:

$$\boxed{\;|x_n y_n| \leq \frac{x_n^2 + y_n^2}{2}, \quad n = 1, 2, \dots\;} \qquad (6.30)$$

Sendo $x = (x_n)$ e $y = (y_n)$ sequências de quadrado somável, as séries $\sum x_n^2$ e $\sum y_n^2$ são convergentes. Logo, a série $\sum (x_n^2 + y_n^2)$ converge. Resulta disto, de (6.30) e do critério da comparação (v. Guidorizzi, *Um Curso de Cálculo*, Vol. 4, 2001, p. 44-45) que a série $\sum x_n y_n$ é absolutamente convergente. Assim sendo, a série $\sum x_n y_n$ é convergente (v. Lima, *Análise Real*, Vol 1, 1993, p. 40-41). Como $x_n y_n = y_n x_n$ para todo n, a série $\sum y_n x_n$ converge, e se tem $\sum_{n=1}^{\infty} y_n x_n = \sum_{n=1}^{\infty} x_n y_n$. Logo, $\langle x, y \rangle = \langle y, x \rangle$. Sejam $z = (z_n)$ uma sequência de quadrado somável e α, β números reais. Como $(\alpha x_n + \beta y_n) z_n = \alpha x_n z_n +$

232   320 QUESTÕES RESOLVIDAS DE ÁLGEBRA LINEAR

$\beta y_n z_n$ para todo n e as séries $\sum x_n z_n$, $\sum y_n z_n$ convergem, segue-se:

$$\langle \alpha x + \beta y, z \rangle = \sum_{n=1}^{\infty} (\alpha x_n + \beta y_n) z_n =$$

$$= \alpha \sum_{n=1}^{\infty} x_n z_n + \beta \sum y_n z_n = \alpha \langle x, z \rangle + \beta \langle y, z \rangle$$

A função $\| . \|$, definida em $l_2(\mathbb{R})$ por $\|x\| = \left(\sum_{n=1}^{\infty} x_n^2 \right)^{1/2}$, é uma norma (v. Exercício 42). Desta forma, $\langle x, x \rangle = \|x\|^2 > 0$ para toda sequência não-nula $x \in l_2(\mathbb{R})$. Por consequência, a função definida no enunciado acima é um produto interno.

Seja, para cada n inteiro positivo, $e_n \in \mathbb{R}^{(\infty)}$ a sequência cujo n-ésimo termo é igual a 1 enquanto que os demais são zero (noutros termos, e_n é a função característica do conjunto $\{n\}$). Seja $x = (x_n) \in l_2(\mathbb{R})$. Se x pertence ao complemento ortogonal de $\mathbb{R}^{(\infty)}$, então $\langle x, e_n \rangle = x_n = 0$, $n = 1, 2, \ldots$ Logo, x é a sequência nula $O \in l_2(\mathbb{R})$. Segue-se que o complemento ortogonal de $\mathbb{R}^{(\infty)}$ é $\{O\}$.

Exercício 204 - Seja $\mathbb{B} = \mathbb{X} \uplus \mathbb{Y}$ uma base ortonormal do espaço euclidiano $\mathbb{E}$, onde os conjuntos $\mathbb{X}$ e $\mathbb{Y}$ são disjuntos. Sejam $\mathbb{V} = \mathcal{S}(\mathbb{X})$ o subespaço vetorial de $\mathbb{E}$ gerado por $\mathbb{X}$ e $\mathbb{W} = \mathcal{S}(\mathbb{Y})$ o subespaço vetorial de $\mathbb{E}$ gerado por $\mathbb{Y}$. Prove que $\mathbb{V}^{\perp} = \mathbb{W}$.

Solução:

Seja $\vec{x} \in \mathbb{E}$ arbitrário. Tem-se $\vec{x} = \sum_{k=1}^{n} \lambda_k \vec{u}_k$ onde os $\vec{u}_k$, $k = 1, \ldots, n$, pertencem a $\mathbb{B}$, porque $\mathbb{B}$ é uma base de $\mathbb{E}$. Seja $\mathbb{B}_n$ o conjunto formado pelos vetores $\vec{u}_1, \ldots, \vec{u}_n$. Se a interseção $\mathbb{X} \cap \mathbb{B}_n$ é vazia, então todos os vetores $\vec{u}_k$, $k = 1, \ldots, n$, pertencem a $\mathbb{Y}$, logo $\vec{x} = \sum_{k=1}^{n} \lambda_k \vec{u}_k \in \mathcal{S}(\mathbb{Y}) = \mathbb{W}$. Portanto, $\vec{x} \in \mathbb{V} + \mathbb{W}$. Se a interseção $\mathbb{Y} \cap \mathbb{B}_n$ é vazia, então todos os vetores $\vec{u}_k$, $k = 1, \ldots, n$, pertencem a $\mathbb{X}$. Por esta razão, $\vec{x} = \sum_{k=1}^{n} \lambda_k \vec{u}_k \in \mathcal{S}(\mathbb{X}) = \mathbb{V}$. Assim sendo, $\vec{x} \in \mathbb{V} + \mathbb{W}$. Se ambas as interseções $\mathbb{X} \cap \mathbb{B}_n$ e $\mathbb{Y} \cap \mathbb{B}_n$ são não-vazias, então (renumerando o conjunto $\mathbb{B}_n$ se necessário for) $\mathbb{X} \cap \mathbb{B}_n = \{\vec{u}_1, \ldots, \vec{u}_m\}$ e $\mathbb{Y} \cap \mathbb{B}_n = \{\vec{u}_{m+1}, \ldots, \vec{u}_n\}$, onde $1 \le m < n$. Os conjuntos $\mathbb{X}$ e $\mathbb{Y}$ sendo disjuntos, segue-se $\vec{x} = \sum_{k=1}^{n} \lambda_k \vec{u}_k = \sum_{k=1}^{m} \lambda_k \vec{u}_k +$

CAPÍTULO 6 – COMPLEMENTO ORTOGONAL   **233**

$\sum_{k=m+1}^{n} \lambda_k \vec{u}_k$. O vetor $\sum_{k=1}^{m} \lambda_k \vec{u}_k$ pertence a $\mathbb{V}$, porque $\vec{u}_1, \ldots, \vec{u}_m \in \mathbb{X}$. O vetor $\sum_{k=m+1}^{n} \lambda_k \vec{u}_k$ pertence a $\mathbb{W}$, porque $\vec{u}_{m+1}, \ldots, \vec{u}_n \in \mathbb{Y}$. Segue-se que $\vec{x} = \sum_{k=1}^{m} \lambda_k \vec{u}_k + \sum_{k=m+1}^{n} \lambda_k \vec{u}_k \in \mathbb{V} + \mathbb{W}$. Conclui-se daí que $\mathbb{E} = \mathbb{V} + \mathbb{W}$.

Seja $\vec{w} \in \mathbb{Y}$. O conjunto $\mathbb{B} = \mathbb{X} \uplus \mathbb{Y}$ sendo ortonormal, tem-se $\langle \vec{v}, \vec{w} \rangle = 0$ para todo $\vec{v} \in \mathbb{X}$, pois $\mathbb{X}$ e $\mathbb{Y}$ são disjuntos. Dito isto, tem-se $\vec{w} \in \mathbb{X}^{\perp}$, donde $\vec{w} \in [\mathcal{S}(\mathbb{X})]^{\perp} = \mathbb{V}^{\perp}$ (v. Exercício 169). Decorre daí que $\mathbb{Y} \subseteq \mathbb{V}^{\perp}$. Sendo $\mathbb{V}^{\perp}$ um subespaço vetorial de $\mathbb{E}$ (v. Exercício 168) da relação $\mathbb{Y} \subseteq \mathbb{V}^{\perp}$ obtém-se:

$$\boxed{\mathbb{W} = \mathcal{S}(\mathbb{Y}) \subseteq \mathbb{V}^{\perp}} \qquad (6.31)$$

Seja $\vec{y} \in \mathbb{V}^{\perp}$. Sendo $\mathbb{E} = \mathbb{V} + \mathbb{W}$, o vetor $\vec{y}$ se escreve como $\vec{y} = \vec{v} + \vec{w}$, onde $\vec{v} \in \mathbb{V}$ e $\vec{w} \in \mathbb{W}$. Tem-se $\langle \vec{y}, \vec{v} \rangle = 0$, porque $\vec{v} \in \mathbb{V}$ e $\vec{y} \in \mathbb{V}^{\perp}$. Como $\vec{w} \in \mathbb{W}$ e $\mathbb{W} \subseteq \mathbb{V}^{\perp}$, $\vec{w} \in \mathbb{V}^{\perp}$. Por esta razão, tem-se também $\langle \vec{v}, \vec{w} \rangle = 0$, pois $\vec{v} \in \mathbb{V}$. Logo,

$$\boxed{\begin{aligned} 0 &= \langle \vec{v}, \vec{y} \rangle = \langle \vec{v}, \vec{v} + \vec{w} \rangle = \\ &= \langle \vec{v}, \vec{v} \rangle + \langle \vec{v}, \vec{w} \rangle = \|\vec{v}\|^2 \end{aligned}} \qquad (6.32)$$

De (6.32) resulta $\vec{v} = \vec{o}$, donde $\vec{y} = \vec{v} + \vec{w} = \vec{w}$. Portanto, $\vec{y} \in \mathbb{W}$. Conclui-se daí que vale:

$$\boxed{\mathbb{V}^{\perp} \subseteq \mathbb{W}} \qquad (6.33)$$

As relações (6.31) e (6.33) fornecem $\mathbb{V}^{\perp} = \mathbb{W}$, como se queria.

Exercício 205 - Sejam $\mathbb{V}_1$, $\mathbb{V}_2$ subespaços vetoriais de um espaço euclidiano $\mathbb{E}$. Prove que $(\mathbb{V}_1 + \mathbb{V}_2)^{\perp} = \mathbb{V}_1^{\perp} \cap \mathbb{V}_2^{\perp}$ e que $\mathbb{V}_1^{\perp} + \mathbb{V}_2^{\perp} \subseteq (\mathbb{V}_1 \cap \mathbb{V}_2)^{\perp}$.

Solução:

Seja $\vec{w} \in \mathbb{V}_1^{\perp} \cap \mathbb{V}_2^{\perp}$ qualquer. Como $\vec{w}$ pertence a $\mathbb{V}_1^{\perp}$ e também a $\mathbb{V}_2^{\perp}$, tem-se $\langle \vec{w}, \vec{v}_1 \rangle = 0$ para todo $\vec{v}_1 \in \mathbb{V}_1$ e $\langle \vec{w}, \vec{v}_2 \rangle = 0$ para todo $\vec{v}_2 \in \mathbb{V}_2$. Logo, $\langle \vec{w}, \vec{v}_1 + \vec{v}_2 \rangle = 0$, sejam quais forem $\vec{v}_1 \in \mathbb{V}_1$ e $\vec{v}_2 \in \mathbb{V}_2$. Por esta razão, $\vec{w} \in (\mathbb{V}_1 + \mathbb{V}_2)^{\perp}$. Segue-se que $\mathbb{V}_1^{\perp} \cap \mathbb{V}_2^{\perp} \subseteq (\mathbb{V}_1 + \mathbb{V}_2)^{\perp}$. Por outro lado, como $\mathbb{V}_1 \subseteq \mathbb{V}_1 + \mathbb{V}_2$ e $\mathbb{V}_2 \subseteq \mathbb{V}_1 + \mathbb{V}_2$ ($\mathbb{V}_1 + \mathbb{V}_2$ é o subespaço $\mathcal{S}(\mathbb{V}_1 \cup \mathbb{V}_2)$ gerado pela reunião $\mathbb{V}_1 \cup \mathbb{V}_2$) tem-se (v. Exercício 167) $(\mathbb{V}_1 + \mathbb{V}_2)^{\perp} \subseteq \mathbb{V}_1^{\perp}$ e também $(\mathbb{V}_1 + \mathbb{V}_2)^{\perp} \subseteq \mathbb{V}_2^{\perp}$. Assim sendo,

234 320 QUESTÕES RESOLVIDAS DE ÁLGEBRA LINEAR

$(\mathbb{V}_1 + \mathbb{V}_2)^\perp \subseteq \mathbb{V}_1^\perp \cap \mathbb{V}_2^\perp$. Portanto, $(\mathbb{V}_1 + \mathbb{V}_2)^\perp = \mathbb{V}_1^\perp \cap \mathbb{V}_2^\perp$.

Uma vez que valem as relações $\mathbb{V}_1 \cap \mathbb{V}_2 \subseteq \mathbb{V}_1$ e $\mathbb{V}_1 \cap \mathbb{V}_2 \subseteq \mathbb{V}_2$, tem-se (v. Exercício 167) $\mathbb{V}_1^\perp \subseteq (\mathbb{V}_1 \cap \mathbb{V}_2)^\perp$ e também $\mathbb{V}_2^\perp \subseteq (\mathbb{V}_1 \cap \mathbb{V}_2)^\perp$. Logo, $\mathbb{V}_1^\perp \cup \mathbb{V}_2^\perp \subseteq (\mathbb{V}_1 \cap \mathbb{V}_2)^\perp$. Sendo $(\mathbb{V}_1 \cap \mathbb{V}_2)^\perp$ um subespaço vetorial de $\mathbb{E}$ (v. Exercício 168), da relação $\mathbb{V}_1^\perp \cup \mathbb{V}_2^\perp \subseteq (\mathbb{V}_1 \cap \mathbb{V}_2)^\perp$ obtém-se $\mathbb{V}_1^\perp + \mathbb{V}_2^\perp = \mathcal{S}(\mathbb{V}_1^\perp \cup \mathbb{V}_2^\perp) \subseteq (\mathbb{V}_1 \cap \mathbb{V}_2)^\perp$.

Exercício 206 - Sejam $\mathbb{V}_1$, $\mathbb{V}_2$ subespaços vetoriais de um espaço euclidiano $\mathbb{E}$ de dimensão finita. Prove que $\mathbb{V}_1^\perp + \mathbb{V}_2^\perp = (\mathbb{V}_1 \cap \mathbb{V}_2)^\perp$.

Solução: Sejam $n = \dim \mathbb{E}$, $m_1 = \dim \mathbb{V}_1$, $m_2 = \dim \mathbb{V}_2$ e $m_3 = \dim(\mathbb{V}_1 \cap \mathbb{V}_2)$. Como $\mathbb{V}_1$ e $\mathbb{V}_2$ (e portanto $\mathbb{V}_1 \cap \mathbb{V}_2$) são subespaços de dimensão finita, valem (v. Exercício 192) as seguintes igualdades:

$$
\begin{aligned}
\mathbb{E} &= \mathbb{V}_1 \oplus \mathbb{V}_1^\perp = \mathbb{V}_2 \oplus \mathbb{V}_2^\perp = \\
&= (\mathbb{V}_1 \cap \mathbb{V}_2) \oplus (\mathbb{V}_1 \cap \mathbb{V}_2)^\perp
\end{aligned}
\tag{6.34}
$$

As igualdades (6.34) fornecem:

$$
\begin{aligned}
\dim \mathbb{V}_1^\perp &= \dim \mathbb{E} - \dim \mathbb{V}_1 = n - m_1, \\
\dim \mathbb{V}_2^\perp &= \dim \mathbb{E} - \dim \mathbb{V}_2 = n - m_2, \\
\dim(\mathbb{V}_1 \cap \mathbb{V}_2)^\perp &= \dim \mathbb{E} - \dim(\mathbb{V}_1 \cap \mathbb{V}_2) = \\
&= n - m_3
\end{aligned}
\tag{6.35}
$$

O subespaço $\mathbb{V}_1 + \mathbb{V}_2 \subseteq \mathbb{E}$ sendo de dimensão finita, tem-se:

$$\mathbb{E} = (\mathbb{V}_1 + \mathbb{V}_2) \oplus (\mathbb{V}_1 + \mathbb{V}_2)^\perp$$

(v. Exercício 192), e portanto:

$$
\begin{aligned}
\dim(\mathbb{V}_1 + \mathbb{V}_2)^\perp &= \dim \mathbb{E} - \dim(\mathbb{V}_1 + \mathbb{V}_2) = \\
&= n - \dim(\mathbb{V}_1 + \mathbb{V}_2)
\end{aligned}
\tag{6.36}
$$

De (6.36) e da igualdade $(\mathbb{V}_1 + \mathbb{V}_2)^\perp = \mathbb{V}_1^\perp \cap \mathbb{V}_2^\perp$ (v. Exercício 205) obtém-se:

CAPÍTULO 6 – COMPLEMENTO ORTOGONAL **235**

$$\boxed{\begin{aligned} \dim(\mathbb{V}_1^\perp \cap \mathbb{V}_2^\perp) = \\ = \dim(\mathbb{V}_1 + \mathbb{V}_2)^\perp = n - \dim(\mathbb{V}_1 + \mathbb{V}_2) \end{aligned}}$$ (6.37)

Uma vez que $\dim(\mathbb{V}_1 + \mathbb{V}_2) = \dim\mathbb{V}_1 + \dim\mathbb{V}_2 - \dim(\mathbb{V}_1 \cap \mathbb{V}_2)$ $= m_1 + m_2 - m_3$ (v. Lima, *Álgebra Linear*, 2001, p. 79), as igualdades (6.37) fornecem:

$$\boxed{\dim(\mathbb{V}_1^\perp \cap \mathbb{V}_2^\perp) = n - (m_1 + m_2 - m_3)}$$ (6.38)

As igualdades (6.35) e (6.38) conduzem a:

$$\dim(\mathbb{V}_1^\perp + \mathbb{V}_2^\perp) = \dim\mathbb{V}_1^\perp + \dim\mathbb{V}_2^\perp - \dim(\mathbb{V}_1^\perp \cap \mathbb{V}_2^\perp) =$$

$$= (n - m_1) + (n - m_2) - [n - (m_1 + m_2 - m_3)] =$$

$$= 2n - (m_1 + m_2) - n + (m_1 + m_2) - m_3 =$$

$$= n - m_3$$

Decorre daí e de (6.35) que se tem:

$$\boxed{\dim(\mathbb{V}_1^\perp + \mathbb{V}_2^\perp) = \dim(\mathbb{V}_1 \cap \mathbb{V}_2)^\perp}$$ (6.39)

Como $\mathbb{V}_1^\perp + \mathbb{V}_2^\perp \subseteq (\mathbb{V}_1 \cap \mathbb{V}_2)^\perp$ (v. Exercício 205), de (6.39) resulta $\mathbb{V}_1^\perp + \mathbb{V}_2^\perp = (\mathbb{V}_1 \cap \mathbb{V}_2)^\perp$, como se queria.

Exercício 207 - Mostre, com um exemplo, que o Exercício 206 não é válido em espaços euclidianos de dimensão infinita.

Solução: Seja, para cada $n = 0,1,2,\ldots$, $u_n : \mathbb{R} \to \mathbb{R}$ o polinômio dado por $u_n(x) = x^n$ (portanto, u_0 é o polinômio constante dado por $u_0(x) = 1$ para todo $x \in \mathbb{R}$). Considerando, no espaço vetorial $\mathcal{P}$ dos polinômios $p : \mathbb{R} \to \mathbb{R}$, o produto interno definido por $\langle p, q \rangle = \int_0^\infty e^{-x} p(x) q(x) dx$ (v. Exercício 106), sejam:

$$\mathbb{X}_1 = \{u_{2n} : n = 0, 1, 2, \ldots\}$$

$$\mathbb{X}_2 = \{u_{2n+1} : n = 0, 1, 2, \ldots\}$$

$$\mathbb{V}_1 = \mathcal{S}(\mathbb{X}_1), \quad \mathbb{V}_2 = \mathcal{S}(\mathbb{X}_2)$$

Seja $O : \mathbb{R} \to \mathbb{R}$ o polinômio nulo ($O(x) = 0$ para todo $x \in \mathbb{R}$).

236 320 QUESTÕES RESOLVIDAS DE ÁLGEBRA LINEAR

Resulta do Exercício 107 que se tem:

$$\langle p, u_{2n} \rangle = 0, \quad n = 0, 1, 2, \ldots \Rightarrow p = O \qquad (6.40)$$

e também:

$$\langle p, u_{2n+1} \rangle = 0, \quad n = 0, 1, 2, \ldots \Rightarrow p = O \qquad (6.41)$$

Por (6.40) e (6.41), $\mathbb{X}_1^\perp = \mathbb{X}_2^\perp = \{O\}$. Daí decorre $\mathbb{V}_1^\perp = [\mathcal{S}(\mathbb{X}_1)]^\perp = \mathbb{X}_1^\perp = \{O\}$ e $\mathbb{V}_2^\perp = [\mathcal{S}(\mathbb{X}_2)]^\perp = \mathbb{X}_2^\perp = \{O\}$ (v. Exercício 169), e portanto:

$$\mathbb{V}_1^\perp + \mathbb{V}_2^\perp = \{O\} \qquad (6.42)$$

Como os polinômios u_{2n}, $n = 0,1,2,\ldots$, são funções pares e todo polinômio $p \in \mathbb{V}_1$ se escreve como $p = \sum_{k=0}^{r} \lambda_k u_{2k}$, os polinômios $p \in \mathbb{V}_1$ são funções pares. Os polinômios u_{2n+1}, $n = 0,1,2,\ldots$ sendo funções ímpares, todo polinômio $q \in \mathbb{V}_2$ é uma função ímpar. Logo, se $p \in \mathbb{V}_1 \cap \mathbb{V}_2$ então $p(x) = p(-x)$ e $p(x) = -p(-x)$ para todo $x \in \mathbb{R}$, e portanto $p(x) = 0$ para todo $x \in \mathbb{R}$. Segue-se que $\mathbb{V}_1 \cap \mathbb{V}_2 = \{O\}$. Por esta razão,

$$(\mathbb{V}_1 \cap \mathbb{V}_2)^\perp = \{O\}^\perp = \mathcal{P} \qquad (6.43)$$

Por (6.42) e (6.43), $\mathbb{V}_1^\perp + \mathbb{V}_2^\perp$ é diferente de $(\mathbb{V}_1 \cap \mathbb{V}_2)^\perp$.

Exercício 208 - Seja $\mathcal{P}$ o espaço vetorial dos polinômios $p : \mathbb{R} \to \mathbb{R}$. Para cada $n = 0,1,2,\ldots$ seja $u_n : \mathbb{R} \to \mathbb{R}$ o polinômio $x \mapsto x^n$. Para cada m inteiro positivo, sejam $\mathbb{X}_m$ o conjunto formado pelos polinômios u_{m+n}, $n = 0,1,2,\ldots$ e $\mathbb{V}_m = \mathcal{S}(\mathbb{X}_m)$ o subespaço de $\mathcal{P}$ gerado pelo conjunto $\mathbb{X}_m$. Considerando em $\mathcal{P}$ qualquer um dos produtos internos definidos por $\langle p, q \rangle = \int_a^b p(x)q(x)dx$, $\langle p, q \rangle = \int_0^\infty e^{-x}p(x)q(x)dx$ (v. Exercícios 105 e 106), prove que se tem $\mathbb{V}_m^\perp = \{O\}$ (onde $O : \mathbb{R} \to \mathbb{R}$ é o polinômio nulo) para cada $m = 1,2,\ldots$

Solução:

Seja $\langle p, q \rangle = \int_a^b p(x)q(x)dx$. Tem-se:

$$\langle p_1 p_2, q \rangle = \int_a^b (p_1 p_2)(x)q(x)dx =$$

CAPÍTULO 6 – COMPLEMENTO ORTOGONAL   237

$$= \int_a^b [p_1(x)p_2(x)]q(x)dx = \int_a^b p_1(x)[p_2(x)q(x)]dx =$$

$$= \int_a^b p_1(x)(p_2q)(x)dx = \langle p_1, p_2q \rangle$$

seja qual for o polinômio q. De modo análogo, se $\langle p, q \rangle = \int_0^\infty e^{-x}p(x)q(x)dx$ então:

$$\langle p_1p_2, q \rangle = \int_0^\infty e^{-x}(p_1p_2)(x)q(x)dx =$$

$$= \int_0^\infty e^{-x}[p_1(x)p_2(x)]q(x)dx = \int_0^\infty e^{-x}p_1(x)[p_2(x)q(x)]dx =$$

$$= \int_0^\infty e^{-x}p_1(x)(p_2q)(x)dx = \langle p_1, p_2q \rangle$$

qualquer que seja o polinômio q.

Seja $\langle . , . \rangle$ qualquer um dos produtos internos do enunciado acima. Dado m inteiro positivo, seja p um polinômio. Como $u_{m+n} = u_m u_n$, segue-se:

$$\langle p, u_{m+n} \rangle = \langle p, u_m u_n \rangle =$$

$$= \langle u_m p, u_n \rangle, \quad n = 0, 1, 2, \ldots$$

Assim sendo, para cada n inteiro não-negativo tem-se $\langle p, u_{m+n} \rangle = 0$ se, e somente se, $\langle u_m p, u_n \rangle = 0$. Portanto, $p \in \mathbb{X}_m^\perp$ se, e somente se, o polinômio $u_m p$ é ortogonal a cada um dos polinômios u_n, $n = 0,1,2,\ldots$ Os polinômios u_n, $n = 0,1,2,\ldots$, formam uma base do espaço vetorial $\mathcal{P}$. Logo, $p \in \mathbb{X}_m^\perp$ se, e somente se, $u_m p \in \mathcal{P}^\perp$. Como $\mathcal{P}^\perp = \{O\}$ (v. Exercício 167), segue-se que $p \in \mathbb{X}_m^\perp$ se, e somente se, $u_m p$ é o polinômio nulo. Como $u_m(x)p(x) = x^m p(x)$ para todo x, tem-se que $u_m p$ é nulo se, e somente se, p é nulo. Por consequência, $\mathbb{X}_m^\perp = \mathbb{V}_m^\perp = \{O\}$.

Seja $\mathbb{E}$ um espaço vetorial. Um subespaço vetorial $\mathbb{V} \subseteq \mathbb{E}$ diz-se *maximal* quando, para todo subespaço vetorial $\mathbb{W} \subseteq \mathbb{E}$ com $\mathbb{V} \subseteq \mathbb{W}$ tem-se $\mathbb{V} = \mathbb{W}$ ou $\mathbb{W} = \mathbb{E}$. Noutros termos, quando nenhum subespaço vetorial próprio $\mathbb{W} \subseteq \mathbb{E}$ contém $\mathbb{V}$ propriamente.

Exercício 209 - Prove ou dê contra-exemplo: Todo

238 320 QUESTÕES RESOLVIDAS DE ÁLGEBRA LINEAR

subespaço próprio de um espaço euclidiano $\mathbb{E}$ (noutros termos, $\mathbb{V}$ é diferente de $\mathbb{E}$) tal que $\mathbb{V}^\perp = \{\vec{o}\}$ é maximal.

Solução: No espaço vetorial $\mathcal{P}$ dos polinômios, seja $\langle .\,,. \rangle$ o produto interno definido pondo $\langle p,q \rangle = \int_a^b p(x)q(x)dx$. Para cada m inteiro positivo, sejam $\mathbb{X}_m$ e $\mathbb{V}_m$ como no Exercício 208. Tem-se $\mathbb{X}_{m+1} \subseteq \mathbb{X}_m \subseteq \mathbb{X}_1$, e portanto $\mathbb{V}_{m+1} \subseteq \mathbb{V}_m \subseteq \mathbb{V}_1$ para cada $m = 1,2,...$ Tem-se também $\mathbb{V}_m^\perp = \{O\}$ (onde O é o polinômio nulo) para cada $m = 1,2,...$ Logo, $\mathbb{V}_2^\perp = \mathbb{V}_1^\perp = \{O\}$. Sendo $\mathbb{V}_1$ gerado pelos polinômios u_{n+1}, $n = 0,1,2,...$, o polinômio u_0 ($u_0(x) = 1$ para todo x) não pertence a $\mathbb{V}_1$. Portanto, $\mathbb{V}_1$ é um subespaço próprio de $\mathcal{P}$. Como $\mathbb{V}_2$ é gerado pelos polinômios u_{n+2}, $n = 0,1,2,...$, o polinômio u_1 ($u_1(x) = x$ para todo x) pertence a $\mathbb{V}_1$ e não pertence a $\mathbb{V}_2$. Tem-se então $\mathbb{V}_2 \subseteq \mathbb{V}_1 \subseteq \mathcal{P}$ enquanto que $\mathbb{V}_2$ é diferente de $\mathbb{V}_1$ e $\mathbb{V}_1$ é diferente de $\mathcal{P}$. Portanto, o subespaço $\mathbb{V}_2$ tem $\mathbb{V}_2^\perp = \{O\}$ mas não é maximal.

Exercício 210 - No espaço euclidiano $\mathbb{R}^3$, seja $A : \mathbb{R}^3 \to \mathbb{R}^3$ o operador linear definido pondo:
$$A\vec{x} = (x_1 - x_3, x_2 - x_3, 0)$$
para todo $\vec{x} = (x_1, x_2, x_3) \in \mathbb{R}^3$.
(a) Mostre que A é uma projeção não-ortogonal.
(b) Obtenha um vetor $\vec{x} \in \mathbb{R}^3$ tal que $\|A\vec{x}\| > \|\vec{x}\|$.
(c) Obtenha um vetor $\vec{x} \in \mathbb{R}^3$ de modo que $\langle \vec{x}, A\vec{x} \rangle < 0$.

Solução:

(a): Seja $\mathbb{V} \subseteq \mathbb{R}^3$ o subespaço vetorial formado pelos $\vec{y} \in \mathbb{R}^3$ que têm a terceira coordenada igual a zero. Pela definição de A, $A\vec{x} \in \mathbb{V}$ para todo $\vec{x} \in \mathbb{R}^3$ e $A\vec{y} = \vec{y}$ para todo $\vec{y} \in \mathbb{V}$. Logo, $\text{Im}\, A = \mathbb{V}$. Como $A\vec{y} = \vec{y}$ para todo $\vec{y} \in \mathbb{V}$, segue-se que $A^2\vec{x} = A(A\vec{x}) = A(x_1 - x_3, x_2 - x_3, 0) = (x_1 - x_3, x_2 - x_3, 0) = A\vec{x}$, seja qual for $\vec{x} = (x_1, x_2, x_3) \in \mathbb{R}^3$. Portanto, o operador A é uma projeção. Tem-se:
$$\vec{x} = (x_1, x_2, x_3) \in \ker A \Longleftrightarrow$$

CAPÍTULO 6 – COMPLEMENTO ORTOGONAL   **239**

$\Leftrightarrow A\vec{x} = (x_1 - x_3, x_2 - x_3, 0) = (0, 0, 0) \Leftrightarrow$

$\Leftrightarrow x_1 - x_3 = x_2 - x_3 = 0 \Leftrightarrow$

$\Leftrightarrow x_1 = x_2 = x_3$

Resulta disto que $\ker A$ é o subespaço de $\mathbb{R}^3$ formado pelos vetores da forma $(\lambda, \lambda, \lambda)$. Logo, $\ker A$ é o subespaço de $\mathbb{R}^3$ gerado pelo vetor $\vec{w} = (1, 1, 1)$. O vetor $\vec{u} = (1, 1, 0)$ pertence a $\text{Im} A$, o vetor $\vec{w} = (1, 1, 1)$ pertence a $\ker A$ e $\langle \vec{u}, \vec{w} \rangle = 2$. Portanto, A não é uma projeção ortogonal.

(b): Seja $\vec{x} = (0, 0, a)$, onde a é diferente de zero. Tem-se $A\vec{x} = (-a, -a, 0)$. Decorre daí que se tem $\|A\vec{x}\|^2 = 2a^2$, enquanto que $\|\vec{x}\|^2 = a^2$. Assim sendo, $\|A\vec{x}\| > \|\vec{x}\|$.

(c): Seja $\vec{x} = (a, b, c)$ onde a e b são números positivos e $c > \max\{a, b\}$. Pela definição de A, $A\vec{x} = (a - c, b - c, 0)$. Como $c > \max\{a, b\}$, os números $a - c$ e $b - c$ são negativos. Por esta razão, $\langle \vec{x}, A\vec{x} \rangle = a(a - c) + b(b - c) < 0$.

Capítulo 7

A adjunta

Seja $A : \mathbb{E} \to \mathbb{F}$ uma transformação linear entre os espaços euclidianos $\mathbb{E}$ e $\mathbb{F}$. Uma função $B : \mathbb{F} \to \mathbb{E}$ diz-se *adjunta* de A quando se tem $\langle A\vec{x}, \vec{y} \rangle = \langle \vec{x}, B(\vec{y}) \rangle$, sejam quais forem $\vec{x} \in \mathbb{E}$ e $\vec{y} \in \mathbb{F}$ (v. Andrade, Matemática Universitária n° 37, 2004, p. 9-14, Bueno, *Álgebra Linear, Um Segundo Curso*, 2006, p. 163).

Exercício 211 - Seja $A : \mathbb{E} \to \mathbb{F}$ uma transformação linear entre os espaços euclidianos $\mathbb{E}$ e $\mathbb{F}$. Prove: Se existe uma adjunta $B : \mathbb{F} \to \mathbb{E}$ de A, então ela é única.

Solução: Sejam $B_1, B_2 : \mathbb{F} \to \mathbb{E}$ adjuntas de A. Dado $\vec{y} \in \mathbb{F}$, tem-se $\langle A\vec{x}, \vec{y} \rangle = \langle \vec{x}, B_1(\vec{y}) \rangle = \langle \vec{x}, B_2(\vec{y}) \rangle$, qualquer que seja $\vec{x} \in \mathbb{E}$. Portanto, $B_1(\vec{y}) = B_2(\vec{y})$ (v. Exercício 81). Como $\vec{y}$ é arbitrário, segue-se que $B_1(\vec{y}) = B_2(\vec{y})$ para todo $\vec{y} \in \mathbb{F}$. Logo, $B_1 = B_2$.

Dados os espaços euclidianos $\mathbb{E}$ e $\mathbb{F}$, seja $A \in \text{hom}(\mathbb{E}; \mathbb{F})$. A notação:

$$A^*$$

indicará, de agora em diante, a adjunta de A.

Exercício 212 - Sejam $\mathbb{E}$, $\mathbb{F}$ espaços euclidianos e $A \in \text{hom}(\mathbb{E}; \mathbb{F})$. Prove: Se existe a adjunta $A^* : \mathbb{F} \to \mathbb{E}$, então ela é uma transformação linear.

Solução: Sejam $\vec{y}_1, \vec{y}_2 \in \mathbb{F}$ e λ_1, λ_2 números reais. Tem-se:

$\langle \vec{x}, A^*(\lambda_1 \vec{y}_1 + \lambda_2 \vec{y}_2) \rangle =$

$= \langle A\vec{x}, \lambda_1 \vec{y}_1 + \lambda_2 \vec{y}_2 \rangle = \lambda_1 \langle A\vec{x}, \vec{y}_1 \rangle + \lambda_2 \langle A\vec{x}, \vec{y}_2 \rangle =$

CAPÍTULO 7 – A ADJUNTA   **241**

$$= \lambda_1 \langle \vec{x}, A^*(\vec{y}_1) \rangle + \lambda_2 \langle \vec{x}, A^*(\vec{y}_2) \rangle =$$

$$= \langle \vec{x}, \lambda_1 A^*(\vec{y}_1) \rangle + \langle \vec{x}, \lambda_2 A^*(\vec{y}_2) \rangle =$$

$$= \langle \vec{x}, \lambda_1 A^*(\vec{y}_1) + \lambda_2 A^*(\vec{y}_2) \rangle$$

seja qual for $\vec{x} \in \mathbb{E}$. Decorre daí que vale (v. Exercício 81) $A^*(\lambda_1 \vec{y}_1 + \lambda_2 \vec{y}_2) = \lambda_1 A^*(\vec{y}_1) + \lambda_2 A^*(\vec{y}_2)$. Como $\vec{y}_1$, $\vec{y}_2$ e λ_1, λ_2 são arbitrários, conclui-se que A^* é uma transformação linear.

Exercício 213 - Sejam $\mathbb{E}$, $\mathbb{F}$ espaços euclidianos, $A, B \in$ hom$(\mathbb{E}; \mathbb{F})$, $\lambda \in \mathbb{R}$ e $I_{\mathbb{E}}$ o operador identidade de $\mathbb{E}$. Prove:

(a) O operador $I_{\mathbb{E}}$ possui adjunto, e se tem $I_{\mathbb{E}}^* = I_{\mathbb{E}}$.

(b) Se A^* e B^* existem, então $A + B$ tem adjunta, sendo $(A + B)^* = A^* + B^*$.

(c) Tem-se $A^{**} = A$, desde que A^* exista.

(d) Se A^* existe então existe $(\lambda A)^*$, valendo $(\lambda A)^* = \lambda A^*$.

Solução:

(a): Tem-se $\langle \vec{x}, \vec{y} \rangle = \langle I_{\mathbb{E}} \vec{x}, \vec{y} \rangle = \langle \vec{x}, I_{\mathbb{E}} \vec{y} \rangle$, sejam quais forem $\vec{x}, \vec{y} \in \mathbb{E}$. Logo, $I_{\mathbb{E}}^* = I_{\mathbb{E}}$.

(b): Se existirem A^* e B^*, então $\langle (A + B)\vec{x}, \vec{y} \rangle = \langle A\vec{x} + B\vec{x}, \vec{y} \rangle = \langle A\vec{x}, \vec{y} \rangle + \langle B\vec{x}, \vec{y} \rangle = \langle \vec{x}, A^*\vec{y} \rangle + \langle \vec{x}, B^*\vec{y} \rangle = \langle \vec{x}, A^*\vec{y} + B^*\vec{y} \rangle = \langle \vec{x}, (A^* + B^*)\vec{y} \rangle$, sejam quais forem $\vec{x} \in \mathbb{E}$ e $\vec{y} \in \mathbb{F}$. Assim sendo, $A + B$ possui adjunta, e se tem $(A + B)^* = A^* + B^*$.

(c): Se existe A^* então $\langle A^*\vec{y}, \vec{x} \rangle = \langle \vec{y}, A\vec{x} \rangle$, para todo $\vec{x} \in \mathbb{E}$ e para todo $\vec{y} \in \mathbb{F}$. Logo, a transformação linear $A^* \in$ hom$(\mathbb{F}; \mathbb{E})$ possui adjunta $A^{**} \in$ hom$(\mathbb{E}; \mathbb{F})$, sendo $A^{**} = A$.

(d): Se A^* existe, então valem as igualdades $\langle (\lambda A)\vec{x}, \vec{y} \rangle = \lambda \langle A\vec{x}, \vec{y} \rangle = \lambda \langle \vec{x}, A^*\vec{y} \rangle = \langle \vec{x}, \lambda A^*\vec{y} \rangle = \langle \vec{x}, (\lambda A)^*\vec{y} \rangle$, para quaisquer $\vec{x} \in \mathbb{E}$ e $\vec{y} \in \mathbb{F}$. Segue-se que λA tem adjunta, e vale $(\lambda A)^* = \lambda A^*$.

Exercício 214 - Sejam $\mathbb{E}$, $\mathbb{F}$, $\mathbb{G}$ espaços euclidianos, $A \in$ hom$(\mathbb{F}; \mathbb{G})$ e $B \in$ hom$(\mathbb{E}; \mathbb{F})$. Se A e B possuem adjuntas então AB tem adjunta, sendo $(AB)^* = B^*A^*$.

Solução: Sejam $\vec{x} \in \mathbb{E}$ e $\vec{y} \in \mathbb{G}$ arbitrários. Tem-se $\langle AB\vec{x}, \vec{y} \rangle =$

242   320 QUESTÕES RESOLVIDAS DE ÁLGEBRA LINEAR

$\langle A(B\vec{x}), \vec{y}\rangle = \langle B\vec{x}, A^*\vec{y}\rangle = \langle \vec{x}, B^*(A^*\vec{y})\rangle = \langle \vec{x}, B^*A^*\vec{y}\rangle$. Logo, AB possui adjunta, valendo $(AB)^* = B^*A^*$.

Exercício 215 - Seja $A : \mathbb{E} \to \mathbb{F}$ uma transformação linear contínua entre os espaços euclidianos $\mathbb{E}$ e $\mathbb{F}$. Se A possui adjunta $A^* : \mathbb{F} \to \mathbb{E}$, então A^* é contínua, e se tem $\|A^*\| = \|A\|$.

Solução: Seja $\vec{y} \in \mathbb{F}$ arbitrário. Tem-se:

$$\boxed{\|A^*\vec{y}\|^2 = \langle A^*\vec{y}, A^*\vec{y}\rangle = \langle AA^*\vec{y}, \vec{y}\rangle} \qquad (7.1)$$

Por sua vez, a desigualdade de Cauchy-Scwarz (v. Exercício 82) fornece:

$$\boxed{\langle AA^*\vec{y}, \vec{y}\rangle \le |\langle AA^*\vec{y}, \vec{y}\rangle| \le \|AA^*\vec{y}\|\|\vec{y}\|} \qquad (7.2)$$

Tem-se (v. Exercício 44) $\|AA^*\vec{y}\| \le \|A\|\|A^*\vec{y}\|$. Com isto, (7.1) e (7.2) dão:

$$\boxed{\|A^*\vec{y}\|^2 \le \|A\|\|A^*\vec{y}\|\|\vec{y}\|} \qquad (7.3)$$

Se $A^*\vec{y} = \vec{o}$ então $0 = \|A^*\vec{y}\| \le \|A\|\|\vec{y}\|$. Se, por outro lado, $A^*\vec{y} \in \mathbb{F}$ é um vetor não-nulo, então $\|A^*\vec{y}\|$ é um número positivo, e de (7.3) obtém-se $\|A^*\vec{y}\| \le \|A\|\|\vec{y}\|$. Segue-se que $\|A^*\vec{y}\| \le \|A\|\|\vec{y}\|$, seja qual for $\vec{y} \in \mathbb{F}$. Portanto, A^* é contínua, valendo $\|A^*\| \le \|A\|$ (v. Exercícios 20 e 44). Sendo $A = A^{**}$, tem-se $\|A\| = \|(A^*)^*\| \le \|A^*\|$. Logo, $\|A^*\| = \|A\|$.

Exercício 216 - Seja $A : \mathbb{E} \to \mathbb{F}$ uma transformação linear entre os espaços euclidianos $\mathbb{E}$ e $\mathbb{F}$. Prove: Se A possui adjunta A^*, então $\ker(AA^*) = \ker A^*$ e $\ker(A^*A) = \ker A$.

Solução: Tem-se:

$\vec{y} \in \ker A^* \Rightarrow A^*\vec{y} = \vec{o} \Rightarrow$

$\Rightarrow AA^*\vec{y} = A(A^*\vec{y}) = A\vec{o} = \vec{o} \Rightarrow$

$\Rightarrow \vec{y} \in \ker AA^*$

Como $\|A^*\vec{y}\|^2 = \langle AA^*\vec{y}, \vec{y}\rangle$ (v. Exercício 215), segue-se:

CAPÍTULO 7 – A ADJUNTA **243**

$\vec{y} \in \ker AA^* \Rightarrow AA^*\vec{y} = \vec{o} \Rightarrow \langle AA^*\vec{y}, \vec{y} \rangle = 0 \Rightarrow$

$\Rightarrow \| A^*\vec{y} \|^2 = 0 \Rightarrow A^*\vec{y} = \vec{o} \Rightarrow \vec{y} \in \ker A^*$

Logo, $\ker(AA^*) = \ker A^*$. Sendo $A = A^{**}$, tem-se $\ker(A^*A) = \ker(A^*A^{**}) = \ker A^{**} = \ker A$.

Exercício 217 - Dados os espaços euclidianos $\mathbb{E}$, $\mathbb{F}$, seja $A \in \text{hom}(\mathbb{E}; \mathbb{F})$ que possui adjunta $A^* \in \text{hom}(\mathbb{F}; \mathbb{E})$. Prove:

(a) $\ker A^* = (\text{Im } A)^\perp$.

(b) $\ker A = (\text{Im } A^*)^\perp$.

(c) $\text{Im } A^* \subseteq (\ker A)^\perp$.

(d) $\text{Im } A \subseteq (\ker A^*)^\perp$.

Solução:

(a) e (b): Seja $\vec{y} \in \ker A^*$. Então $A^*\vec{y} = \vec{o}$, donde $\langle A\vec{x}, \vec{y} \rangle = \langle \vec{x}, A^*\vec{y} \rangle = 0$, qualquer que seja $\vec{x} \in \mathbb{E}$. Segue-se que $\vec{y}$ é ortogonal a todo vetor em $\text{Im } A$ (de fato, $\text{Im } A$ é o conjunto formado pelos vetores $A\vec{x}$, onde $\vec{x}$ percorre $\mathbb{E}$). Logo, $\vec{y} \in (\text{Im } A)^\perp$. Reciprocamente, seja $\vec{y} \in (\text{Im } A)^\perp$. O vetor $\vec{y}$ sendo ortogonal a todo vetor em $\text{Im } A$, tem-se $\langle A\vec{x}, \vec{y} \rangle = \langle \vec{x}, A^*\vec{y} \rangle = 0$ para todo $\vec{x} \in \mathbb{E}$. Resulta disto que $A^*\vec{y} = \vec{o}$ (v. Exercício 81) e portanto que $\vec{y} \in \ker A^*$. Conclui-se daí que $\ker A^* = (\text{Im } A)^\perp$. Sendo $A = A^{**}$, tem-se $\ker A = \ker(A^*)^* = (\text{Im } A^*)^\perp$.

(c) e (d): Seja $\vec{w} \in \text{Im } A^*$. Então $\vec{w} = A^*\vec{y}$, para algum vetor $\vec{y} \in \mathbb{F}$. Portanto, $\langle \vec{v}, \vec{w} \rangle = \langle \vec{v}, A^*\vec{y} \rangle = \langle A\vec{v}, \vec{y} \rangle = 0$, seja qual for $\vec{v} \in \ker A$. Logo, $\vec{w} \in (\ker A)^\perp$. Segue-se que $\text{Im } A^* \subseteq (\ker A)^\perp$. Desta relação e da igualdade $A^{**} = A$ decorre $\text{Im } A = \text{Im}(A^*)^* \subseteq (\ker A^*)^\perp$.

Exercício 218 - Sejam $\mathbb{E}$, $\mathbb{F}$ e A como no Exercício 217, sendo $\mathbb{E}$ de dimensão finita. Prove que $\text{Im } A = (\ker A^*)^\perp$ e $\text{Im } A^* = (\ker A)^\perp$.

Solução: Sejam $\dim \mathbb{E} = n$ e $\mathbb{X} = \{ \vec{u}_1, \dots, \vec{u}_n \}$ uma base de $\mathbb{E}$. Todo vetor $\vec{x} \in \mathbb{E}$ se escreve, de modo único, como $\vec{x} = \sum_{k=1}^{n} \lambda_k \vec{u}_k$. Logo, $A\vec{x} = \sum_{k=1}^{n} \lambda_k A\vec{u}_k$. Segue-se que $\text{Im } A$ é o subespaço vetorial de $\mathbb{F}$ gerado pelos vetores $A\vec{u}_k$, $k = 1, \dots, n$.

244 320 QUESTÕES RESOLVIDAS DE ÁLGEBRA LINEAR

Assim sendo, $\operatorname{Im} A \subseteq \mathbb{F}$ é um subespaço vetorial de dimensão finita (menor ou igual a n). Por esta razão, tem-se $\operatorname{Im} A = (\operatorname{Im} A)^{\perp\perp}$ (v. Exercício 192). Daí e da igualdade $\ker A^* = (\operatorname{Im} A)^{\perp}$ obtém-se $\operatorname{Im} A = (\operatorname{Im} A)^{\perp\perp} = (\ker A^*)^{\perp}$. Como $\operatorname{Im} A^* \subseteq \mathbb{E}$ e $\mathbb{E}$ tem dimensão finita, $\operatorname{Im} A^*$ tem também dimensão finita. Desta forma, $\operatorname{Im} A^* = (\operatorname{Im} A^*)^{\perp\perp}$. Com isto, tomando os complementos ortogonais na igualdade $\ker A = (\operatorname{Im} A^*)^{\perp}$ obtém-se $\operatorname{Im} A^* = (\operatorname{Im} A^*)^{\perp\perp} = (\ker A)^{\perp}$.

Exercício 219 - Mostre, com um exemplo, que o Exercício 218 não é válido para transformações lineares definidas em espaços euclidianos de dimensão infinita.

Solução:

Seja $\mathbb{E} = \mathcal{P}$ o espaço vetorial dos polinômios $p : \mathbb{R} \to \mathbb{R}$. Para cada $n = 0,1,2,\ldots$, seja u_n o polinômio $x \mapsto x^n$. Considerando em $\mathbb{E}$ qualquer um dos produtos internos $\langle p, q \rangle = \int_a^b p(x)q(x)dx$ (onde $a < b$), $\langle p, q \rangle = \int_0^\infty e^{-x}p(x)q(x)dx$ (v. Exercícios 105 e 106), seja $A \in \operatorname{hom}(\mathbb{E})$ o operador linear definido pondo $Ap = u_1 p$. Então $Ap(x) = u_1(x)p(x) = xp(x)$ para todo $x \in \mathbb{R}$. Dados quaisquer polinômios $p, q : \mathbb{R} \to \mathbb{R}$, tem-se $Ap(x)q(x) = [xp(x)]q(x) = p(x)[xq(x)] = p(x)Aq(x)$ para todo $x \in \mathbb{R}$. Assim sendo,

$$\langle Ap, q \rangle = \langle p, Aq \rangle$$

sejam quais forem $p, q \in \mathbb{E}$. Segue-se que o operador A possui adjunto, sendo $A^* = A$.

Se o polinômio p pertence a $\ker A$, então $Ap = O$ (onde O é o polinômio nulo, $O(x) = 0$ para todo $x \in \mathbb{R}$). Logo, $xp(x) = Ap(x) = O(x) = 0$ para todo $x \in \mathbb{R}$. Decorre daí que $p(x) = 0$ para todo x diferente de zero, e portanto que $p = O$. Segue-se que $\ker A = \{O\}$. Como $A = A^*$, tem-se $\ker A^* = \ker A = \{O\}$, donde $(\ker A^*)^{\perp} = \{O\}^{\perp} = \mathbb{E}$ (v. Exercício 167).

Como $u_0(x) = 1$ para todo $x \in \mathbb{R}$, o polinômio u_0 não pertence à imagem $\operatorname{Im} A$ de A. Logo, $\operatorname{Im} A$ é diferente de $\mathbb{E}$. Assim sendo, não se tem $\operatorname{Im} A = (\ker A^*)^{\perp}$.

Exercício 220 - Sejam $\mathbb{E}$, $\mathbb{F}$ espaços euclidianos, sendo $\mathbb{E}$ de

CAPÍTULO 7 – A ADJUNTA **245**

dimensão finita. Prove que toda transformação linear $A \in$ hom($\mathbb{E}$; $\mathbb{F}$) possui adjunta.

Solução:

Seja $A \in$ hom($\mathbb{E}$; $\mathbb{F}$). Como $\mathbb{E}$ tem dimensão finita, a imagem Im $A \subseteq \mathbb{F}$ tem também dimensão finita. Seja $A_0 : \mathbb{E} \to$ Im A a transformação linear definida pondo $A_0 \vec{x} = A\vec{x}$. Então A_0 é uma transformação linear entre os espaços euclidianos de dimensão finita $\mathbb{E}$ e Im A. Assim sendo, A_0 possui adjunta $A_0^* :$ Im $A \to \mathbb{E}$ (v. Bueno, *Álgebra Linear, Um Segundo Curso*, 2006, p. 163, ou Lima, *Álgebra Linear*, 2001, p. 140). Com isto, tem-se:

$$\boxed{\langle A\vec{x}, \vec{w} \rangle = \langle A_0\vec{x}, \vec{w} \rangle = \langle \vec{x}, A_0^*\vec{w} \rangle} \tag{7.4}$$

sejam quais forem $\vec{x} \in \mathbb{E}$ e $\vec{w} \in$ Im A.

Sejam $\dim(\text{Im } A) = m$ e $\{\vec{w}_1, \dots, \vec{w}_m\}$ uma base ortonormal de Im A (v. Exercício 131). Seja $P_0 : \mathbb{F} \to$ Im A a transformação linear definida pondo $P_0\vec{y} = \sum_{k=1}^{m} \langle \vec{y}, \vec{w}_k \rangle \vec{w}_k$. O vetor $\vec{y} - P_0\vec{y} = \vec{y} - \sum_{k=1}^{m} \langle \vec{y}, \vec{w}_k \rangle \vec{w}_k$ pertence a $(\text{Im } A)^{\perp}$, qualquer que seja $\vec{y} \in \mathbb{F}$ (v. Exercício 192). Logo, $\langle A\vec{x}, \vec{y} - P_0\vec{y} \rangle = 0$, para todo $\vec{x} \in \mathbb{E}$ e para todo $\vec{y} \in \mathbb{F}$. Como $\vec{y} = P_0\vec{y} + (\vec{y} - P_0\vec{y})$, segue-se:

$$\boxed{\begin{aligned} \langle A\vec{x}, \vec{y} \rangle &= \langle A\vec{x}, P_0\vec{y} + (\vec{y} - P_0\vec{y}) \rangle = \\ &= \langle A\vec{x}, P_0\vec{y} \rangle + \langle A\vec{x}, \vec{y} - P_0\vec{y} \rangle = \langle A\vec{x}, P_0\vec{y} \rangle \end{aligned}} \tag{7.5}$$

para quaisquer $\vec{x} \in \mathbb{E}$ e $\vec{y} \in \mathbb{F}$.

Seja $B = A_0^* P_0$. Então B é uma transformação linear entre $\mathbb{F}$ e $\mathbb{E}$. Sejam $\vec{x} \in \mathbb{E}$ e $\vec{y} \in \mathbb{F}$ arbitrários. Como o vetor $\vec{w} = P_0\vec{y}$ pertence a Im A, (7.4) fornece:

$$\boxed{\begin{aligned} \langle \vec{x}, B\vec{y} \rangle &= \langle \vec{x}, A_0^* P_0\vec{y} \rangle = \\ &= \langle \vec{x}, A_0^*(P_0\vec{y}) \rangle = \langle A\vec{x}, P_0\vec{y} \rangle \end{aligned}} \tag{7.6}$$

De (7.5) e (7.6) obtém-se:

$$\boxed{\langle A\vec{x}, \vec{y} \rangle = \langle A\vec{x}, P_0\vec{y} \rangle = \langle \vec{x}, B\vec{y} \rangle} \tag{7.7}$$

As igualdades (7.7) sendo válidas para quaisquer $\vec{x} \in \mathbb{E}$, $\vec{y} \in$

246 320 QUESTÕES RESOLVIDAS DE ÁLGEBRA LINEAR

$\mathbb{F}$, $B = A_0^* P_0$ é a adjunta A^* de A.

Exercício 221 - Sejam $\mathbb{E}$, $\mathbb{F}$ espaços euclidianos. Sejam $\varphi : \mathbb{E} \to \mathbb{R}$ um funcional linear, $\vec{w} \in \mathbb{F}$ um vetor não-nulo e $A \in \hom(\mathbb{E}; \mathbb{F})$ a transformação linear definida pondo $A\vec{x} = \varphi(\vec{x})\vec{w}$ para todo $\vec{x} \in \mathbb{E}$.

(a) Prove que A possui adjunta $A^* \in \hom(\mathbb{F}; \mathbb{E})$ se, e somente se, existe um vetor $\vec{u} \in \mathbb{E}$ de modo que $\varphi(\vec{x}) = \langle \vec{x}, \vec{u} \rangle$ para todo $\vec{x} \in \mathbb{E}$.

(b) Conclua do item (a) que, se $\mathbb{E}$ é de dimensão infinita então existe uma transformação linear entre $\mathbb{E}$ e $\mathbb{F}$ que não possui adjunta.

Solução:

(a): Supondo que A possui adjunta, seja $A^* : \mathbb{F} \to \mathbb{E}$ a adjunta de A. Então $\langle A\vec{x}, \vec{y} \rangle = \langle \vec{x}, A^*\vec{y} \rangle$, sejam quais forem $\vec{x} \in \mathbb{E}$ e $\vec{y} \in \mathbb{F}$. Portanto,

$$\boxed{\varphi(\vec{x}) \| \vec{w} \|^2 = \langle A\vec{x}, \vec{w} \rangle = \langle \vec{x}, A^*\vec{w} \rangle} \tag{7.8}$$

para todo $\vec{x} \in \mathbb{E}$. Como o vetor $\vec{w}$ é não-nulo, resulta de (7.8) que $\varphi(\vec{x}) = \langle \vec{x}, \vec{u} \rangle$ para todo $\vec{x} \in \mathbb{E}$, onde $\vec{u} = A^*\vec{w} / \| \vec{w} \|^2$. Reciprocamente: Supondo que $\varphi(\vec{x}) = \langle \vec{x}, \vec{u} \rangle$ para todo $\vec{x} \in \mathbb{E}$, seja $A^* : \mathbb{F} \to \mathbb{E}$ definida pondo $A^*\vec{y} = \langle \vec{y}, \vec{w} \rangle \vec{u}$. Tem-se:

$$\boxed{\langle A\vec{x}, \vec{y} \rangle = \varphi(\vec{x})\langle \vec{y}, \vec{w} \rangle = \langle \vec{x}, \vec{u} \rangle \langle \vec{y}, \vec{w} \rangle} \tag{7.9}$$

e também:

$$\boxed{\langle \vec{x}, A^*\vec{y} \rangle = \langle \vec{x}, \langle \vec{y}, \vec{w} \rangle \vec{u} \rangle = \langle \vec{x}, \vec{u} \rangle \langle \vec{y}, \vec{w} \rangle} \tag{7.10}$$

para todo $\vec{x} \in \mathbb{E}$ e para todo $\vec{y} \in \mathbb{F}$. Decorre de (7.9) e (7.10) que vale $\langle A\vec{x}, \vec{y} \rangle = \langle \vec{x}, A^*\vec{y} \rangle$ para quaisquer $\vec{x} \in \mathbb{E}$ e $\vec{y} \in \mathbb{F}$. Logo, A^* é a adjunta de A.

(b): Supondo $\dim \mathbb{E} = \infty$, sejam $\varphi : \mathbb{E} \to \mathbb{R}$ um funcional linear descontínuo (o qual existe, v. Exercício 21) e $A : \mathbb{E} \to \mathbb{F}$ definida pondo $A\vec{x} = \varphi(\vec{x})\vec{w}$. Se A possuisse adjunta $A^* : \mathbb{F} \to \mathbb{E}$, então, pelo item (a) existiria $\vec{u} \in \mathbb{E}$ de modo que $\varphi(\vec{x}) = \langle \vec{x}, \vec{u} \rangle$ para todo $\vec{x} \in \mathbb{E}$. Desta forma, φ seria contínuo, com $\| \varphi \| = \| \vec{u} \|$ (v. Exercício 90). Por consequência,

CAPÍTULO 7 – A ADJUNTA   247

A não tem adjunta.

Exercício 222 - Seja $\mathbb{E}$ o espaço vetorial $\mathcal{P}$ dos polinômios $p : \mathbb{R} \to \mathbb{R}$, com o produto interno definido pondo $\langle p, q \rangle = \int_{-1}^{1} p(x)q(x)dx$ (v. Exercício 105). Seja $D : \mathbb{E} \to \mathbb{E}$ o operador que faz corresponder, a cada polinômio $p : \mathbb{R} \to \mathbb{R}$, sua derivada $Dp : \mathbb{R} \to \mathbb{R}$. Mostre que o operador D não tem adjunto. Noutros termos: Não existe operador $D^* \in \text{hom}(\mathbb{E})$ que satisfaz $\langle Dp, q \rangle = \langle p, D^*q \rangle$ para quaisquer polionômios $p, q : \mathbb{R} \to \mathbb{R}$.

Solução: Supondo que o operador D tem adjunto, seja, para cada $n = 0,1,2,\ldots$, $u_n : \mathbb{R} \to \mathbb{R}$ o polinômio definido pondo $u_n(x) = x^n$ (portanto, $u_0(x) = 1$ para todo $x \in \mathbb{R}$). Então valem, para cada $n = 0,1,2,\ldots$, as seguintes igualdades:

$$\langle u_n, D^*u_0 \rangle = \langle Du_n, u_0 \rangle = \int_{-1}^{1} Du_n(x)dx = $$
$$= u_n(1) - u_n(-1) = 1 - (-1)^n \qquad (7.11)$$

Por sua vez, a desigualdade de Cauchy-Schwarz (v. Exercício 82) fornece:

$$|\langle u_n, D^*u_0 \rangle| \leq \|u_n\| \|D^*u_0\|, \quad n = 0,1,2,\ldots \qquad (7.12)$$

Tem-se também:

$$\|u_n\|^2 = \int_{-1}^{1} [u_n(x)]^2 dx = \int_{-1}^{1} x^{2n} dx = $$
$$= \frac{2}{2n+1}, \quad n = 0,1,2,\ldots \qquad (7.13)$$

As relações (7.12) e (7.13) levam a:

$$|\langle u_n, D^*u_0 \rangle| \leq \|D^*u_0\| \sqrt{\frac{2}{2n+1}}, \quad n = 0,1,2,\ldots \qquad (7.14)$$

Resulta de (7.11) que se tem, para cada $k = 0,1,2,\ldots$, $\langle u_{2k}, D^*u_0 \rangle = 0$ e $\langle u_{2k+1}, D^*u_0 \rangle = 2$. Logo, a sequência $n \mapsto \langle u_n, D^*u_0 \rangle$ não converge. Por outro lado, as relações (7.14) dizem que $\lim_{n\to\infty}\langle u_n, D^*u_0 \rangle = 0$, uma contradição. Segue-se que não existe operador $D^* \in \text{hom}(\mathbb{E})$ que cumpre $\langle Dp, q \rangle = $

248 320 QUESTÕES RESOLVIDAS DE ÁLGEBRA LINEAR

$\langle p, D^*q \rangle$ para quaisquer polinômios $p, q \in \mathbb{E}$.

Seja $\mathbb{E}$ o espaço vetorial $\mathbb{R}^{(\infty)}$ das sequências $x = (x_n)$ de números reais que têm apenas um número finito de termos diferentes de zero. É evidente que as séries $\sum x_n$ e $\sum x_n^2$ convergem, seja qual for a sequência $x = (x_n) \in \mathbb{R}^{(\infty)}$. Portanto, toda sequência $x \in \mathbb{R}^{(\infty)}$ é de quadrado somável. Desta forma, a expressão $\langle x, y \rangle = \sum_{n=1}^{\infty} x_n y_n$ define (v. Exercício 203) um produto interno em $\mathbb{R}^{(\infty)}$.

Exercício 223 - Seja $\mathbb{E}$ o espaço vetorial $\mathbb{R}^{(\infty)}$, com o produto interno definido pondo $\langle x, y \rangle = \sum_{n=1}^{\infty} x_n y_n$. Dada uma sequência não-nula $u = (u_n) \in \mathbb{E}$, seja $A \in \mathrm{hom}(\mathbb{E})$ definido pondo $Ax = \left(\sum_{n=1}^{\infty} x_n \right) u$, para toda sequência $x = (x_n) \in \mathbb{E}$. Prove que o operador A não tem adjunto.

Solução:

Seja $\varphi : \mathbb{E} \to \mathbb{R}$ o funcional linear definido pondo $\varphi(x) = \sum_{n=1}^{\infty} x_n$, para toda sequência $x = (x_n) \in \mathbb{E}$. Seja, para cada s inteiro positivo, $\omega_s \in \mathbb{E}$ a sequência assim definida:

$$\omega_{sn} = \begin{cases} 1/\sqrt{s}, & \text{se } 1 \le n \le s \\ 0, & \text{se } n > s \end{cases} \tag{7.15}$$

Noutros termos, ω_s é a sequência cujos s primeiros termos são iguais a $1/\sqrt{s}$ e os demais são iguais a zero. Resulta de (7.15) e da definição do produto interno em $\mathbb{E}$ que se tem:

$$\|\omega_s\| = 1, \quad s = 1, 2, \ldots \tag{7.16}$$

Decorre de (7.15) e da definição de φ que valem as seguintes igualdades:

$$| \varphi(\omega_s) | = \varphi(\omega_s) = \sum_{n=1}^{\infty} \omega_{sn} =$$
$$= \sum_{n=1}^{s} \omega_{sn} = \frac{s}{\sqrt{s}} = \sqrt{s}, \quad s = 1, 2, \ldots \tag{7.17}$$

As igualdades (7.16) e (7.17) contam que as sequências ω_s, $s = 1, 2, \ldots$, pertencem à esfera $\mathbb{S}(o; 1) \subseteq \mathbb{E}$, enquanto que

CAPÍTULO 7 – A ADJUNTA   249

$\lim_{s\to\infty} |\varphi(s)| = \infty$. Assim sendo, a imagem $\varphi(\mathbb{S}(o; 1))$, da esfera $\mathbb{S}(o; 1)$ por φ, não é limitada. Segue-se que o funcional linear φ definido acima é descontínuo (v. Exercício 20).

Decorre das definições de A e φ que se tem $Ax = \varphi(x)u$ para toda sequência $x = (x_n) \in \mathbb{E}$. Como a sequência $u = (u_n)$ é não-nula e o funcional linear φ é descontínuo, segue-se (v. Exercício 221) que o operador A não possui adjunto.

No artigo de Andrade (Matemática Universitária n° 37, 2004, p. 9-14) encontra-se uma outra solução para um exemplo semelhante ao Exercício 223 acima.

Seja $\mathbb{E}$ um espaço vetorial (não necessariamente normado). Um subespaço vetorial $\mathbb{V} \subseteq \mathbb{E}$ diz-se *invariante* por um operador linear $A \in \hom(\mathbb{E})$ quando se tem $A\vec{v} \in \mathbb{V}$, seja qual for $\vec{v} \in \mathbb{V}$.

Exercício 224 - Dado um espaço euclidiano $\mathbb{E}$, sejam $\mathbb{V} \subseteq \mathbb{E}$ um subespaço vetorial e $A \in \hom(\mathbb{E})$ um operador linear que possui adjunto. Prove: Se $\mathbb{V}$ é invariante por A então seu complemento ortogonal $\mathbb{V}^\perp$ é invariante por A^*.

Solução: Supondo $\mathbb{V}$ invariante por A, seja $\vec{w} \in \mathbb{V}^\perp$. Tem-se $A\vec{v} \in \mathbb{V}$, e portanto $\langle A\vec{v}, \vec{w} \rangle = \langle \vec{v}, A^*\vec{w} \rangle = 0$, qualquer que seja $\vec{v} \in \mathbb{V}$. Logo, $A^*\vec{w} \in \mathbb{V}^\perp$. Como $\vec{w}$ é arbitrário, segue-se que $A^*\vec{w} \in \mathbb{V}^\perp$ para todo $\vec{w} \in \mathbb{V}^\perp$. Por consequência, $\mathbb{V}^\perp$ é invariante por A^*.

Exercício 225 - Num espaço vetorial $\mathbb{E}$ de dimensão n, prove que todo operador linear possui um subespaço invariante de dimensão $n - 1$ ou $n - 2$.

Solução: Sejam $A \in \hom(\mathbb{E})$ qualquer, e $\langle . , . \rangle$ um produto interno em $\mathbb{E}$ (o qual existe, v. Exercício 135). Sendo $\mathbb{E}$ de dimensão finita, relativamente a este produto interno A possui adjunto $A^* \in \hom(\mathbb{E})$ (v. Bueno, *Álgebra Linear, Um Segundo Curso*, 2006, p. 163, ou Lima, *Álgebra Linear*, 2001, p. 140). O operador A^* possui (v. Lima, *Álgebra Linear*, 2001, p. 154) um subespaço invariante $\mathbb{V} \subseteq \mathbb{E}$ de dimensão 1 ou 2.

250 320 QUESTÕES RESOLVIDAS DE ÁLGEBRA LINEAR

O complemento ortogonal $\mathbb{V}^\perp$ de $\mathbb{V}$ é (v. Exercício 223) invariante por A^{**}. Como $A^{**} = A$, segue-se que $\mathbb{V}^\perp$ é invariante por A. Como $\mathbb{E} = \mathbb{V} \oplus \mathbb{V}^\perp$ (v. Exercício 192) tem-se $\dim \mathbb{V}^\perp = n - \dim \mathbb{V}$. Logo, $\dim \mathbb{V}^\perp = n - 1$ se $\dim \mathbb{V} = 1$ e $\dim \mathbb{V}^\perp = n - 2$ se $\dim \mathbb{V} = 2$.

Exercício 226 - Seja $A : \mathbb{E} \to \mathbb{F}$ uma transformação linear entre espaços euclidianos de dimensão finita. Prove:
(a) Se A é sobrejetiva então $AA^* \in \hom(\mathbb{F})$ é um isomorfismo, e $A^*(AA^*)^{-1} : \mathbb{F} \to \mathbb{E}$ é uma inversa à direita de A.
(b) Se A é injetiva então $A^*A \in \hom(\mathbb{E})$ é um isomorfismo, e $(A^*A)^{-1}A^* : \mathbb{F} \to \mathbb{E}$ é uma inversa à esquerda de A.

Solução:
   (a): Sendo $\mathbb{E}$ de dimensão finita, tem-se (v. Exercício 218) $\ker A^* = (\operatorname{Im} A)^\perp$ e $\operatorname{Im} A = (\ker A^*)^\perp$. Por esta razão,

$$\boxed{\operatorname{Im} A = \mathbb{F} \Leftrightarrow (\ker A^*)^\perp = \mathbb{F} \Leftrightarrow \ker A^* = \{\vec{o}\}} \qquad (7.18)$$

Por (7.18), A é sobrejetiva se, e somente se, A^* é injetiva. No caso afirmativo, vale $\ker(AA^*) = \ker A^* = \{\vec{o}\}$ (v. Exercício 216). Como $AA^* \in \hom(\mathbb{F})$ e $\mathbb{F}$ tem dimensão finita, segue-se que AA^* é um isomorfismo. Desta forma,

$$\boxed{(AA^*)(AA^*)^{-1} = I_\mathbb{F}} \qquad (7.19)$$

onde $I_\mathbb{F}$ é o operador identidade do espaço vetorial $\mathbb{F}$. De (7.19) e da associatividade do produto de transformações lineares, obtém-se:

$$A[A^*(AA^*)^{-1}] = (AA^*)(AA^*)^{-1} = I_\mathbb{F}$$

Portanto, a transformação linear $A^*(AA^*)^{-1} \in \hom(\mathbb{F}; \mathbb{E})$ é uma inversa à direita de A.

   (b): Como $A = A^{**}$, tem-se que A é injetiva se, e somente se, A^* é sobrejetiva. No caso afirmativo, $A^*A^{**} = A^*A \in \hom(\mathbb{E})$ é um isomorfismo. Assim sendo,

$$\boxed{(A^*A)^{-1}(A^*A) = I_\mathbb{E}} \qquad (7.20)$$

onde $I_\mathbb{E}$ é o operador identidade do espaço vetorial $\mathbb{E}$. Resulta de (7.20) e da associatividade do produto de transformações

CAPÍTULO 7 – A ADJUNTA   251

lineares que se tem:

$$[(A^*A)^{-1}A^*]A = (A^*A)^{-1}(A^*A) = I_{\mathbb{E}}$$

Segue-se que $(A^*A)^{-1}A^* \in \hom(\mathbb{F};\mathbb{E})$ é uma inversa à esquerda de A.

Exercício 227 - Seja $A : \mathbb{E} \to \mathbb{F}$ um isomorfismo entre espaços euclidianos de dimensão finita. Prove que a adjunta $A^* : \mathbb{F} \to \mathbb{E}$ de A é um isomorfismo, valendo $(A^*)^{-1} = (A^{-1})^*$.

Solução: A transformação linear A é injetiva e também sobrejetiva, porque é um isomorfismo. Portanto, sua adjunta $A^* \in \hom(\mathbb{F};\mathbb{E})$ é injetiva, e também sobrejetiva. Desta forma, A^* é um isomorfismo entre $\mathbb{F}$ e $\mathbb{E}$. Como $A^{-1}A = I_{\mathbb{E}}$ e $AA^{-1} = I_{\mathbb{F}}$, tem-se:

$$A^*(A^{-1})^* = (A^{-1}A)^* = I_{\mathbb{E}}^* = I_{\mathbb{E}}$$

e também:

$$(A^{-1})^*A^* = (AA^{-1})^* = I_{\mathbb{F}}^* = I_{\mathbb{F}}$$

(v. Exercícios 213 e 214). Segue-se que $(A^{-1})^*$ é a inversa $(A^*)^{-1}$ de A^*.

Exercício 228 - Sejam $A \in \hom(\mathbb{R}^3;\mathbb{R}^2)$ dada por:

$$A(x,y,z) = (x + 2y + 3z, 2x - y - z)$$

e $B \in \hom(\mathbb{R}^2;\mathbb{R}^4)$ assim definida:

$$B(x,y) = (x + 2y, 2x - y, x + 3y, 4x + y)$$

Use o exercício 226 a fim de achar uma inversa à direita para A e uma inversa à esquerda para B.

Solução:

Sejam $\vec{e}_1 = (1,0,0)$, $\vec{e}_2 = (0,1,0)$ e $\vec{e}_3 = (0,0,1)$ os vetores da base canônica de $\mathbb{R}^3$. Tem-se:

$$\boxed{A\vec{e}_1 = (1,2), \quad A\vec{e}_2 = (2,-1), \quad A\vec{e}_3 = (3,-1)} \qquad (7.21)$$

As igualdades (7.21) dizem que os vetores $A\vec{e}_1$ e $A\vec{e}_2$ são

252 320 QUESTÕES RESOLVIDAS DE ÁLGEBRA LINEAR

não-nulos e ortogonais. Portanto, $A\vec{e}_1$ e $A\vec{e}_2$ são LI. Desta forma, $A\vec{e}_1$ e $A\vec{e}_2$ formam uma base de $\mathbb{R}^2$. Como a imagem Im A de A é gerada pelos vetores $A\vec{e}_1$, $A\vec{e}_2$ e $A\vec{e}_3$, segue-se que Im $A = \mathbb{R}^2$. Logo, a transformação linear A é sobrejetiva. Resulta deste fato e do Exercício 226 que a transformação linear $A^*(AA^*)^{-1} \in \text{hom}(\mathbb{R}^2; \mathbb{R}^3)$ é uma inversa à direita para A. Seja $\mathbf{a} \in \mathbb{M}(2 \times 3)$ a matriz de A. De (7.21) obtém-se:

$$\mathbf{a} = \begin{bmatrix} 1 & 2 & 3 \\ 2 & -1 & 1 \end{bmatrix} \tag{7.22}$$

A equação (7.22) fornece:

$$\mathbf{aa^T} = \begin{bmatrix} 14 & 3 \\ 3 & 6 \end{bmatrix} \tag{7.23}$$

Calculando (método de Gauss-Jordan) a inversa $(\mathbf{aa^T})^{-1}$ de $\mathbf{aa^T}$, obtém-se:

$$(\mathbf{aa^T})^{-1} = \begin{bmatrix} \frac{6}{75} & -\frac{3}{75} \\ -\frac{3}{75} & \frac{14}{75} \end{bmatrix} \tag{7.24}$$

De (7.23) e (7.24) tira-se:

$$\mathbf{a^T}(\mathbf{aa^T})^{-1} = \begin{bmatrix} 0 & \frac{1}{3} \\ \frac{1}{5} & -\frac{4}{15} \\ \frac{1}{5} & \frac{1}{15} \end{bmatrix} \tag{7.25}$$

A matriz de $A^*(AA^*)^{-1}$ é $\mathbf{a^T}(\mathbf{aa^T})^{-1}$. Resulta disto e de (7.25) que a inversa à direita $A^*(AA^*)^{-1}$ de A é definida do modo seguinte:

$$A^*(AA^*)^{-1}(x, y) = \left(\frac{y}{3}, \frac{3x - 4y}{15}, \frac{3x + y}{15} \right)$$

Pela definição de B, tem-se:

$$B(x, y) = \vec{o} \Rightarrow$$

$$\Rightarrow (x + 2y, 2x - y, x + 3y, 4x + y) = \vec{o} \Rightarrow$$

CAPÍTULO 7 – A ADJUNTA   **253**

$$\Rightarrow x + 2y = 2x - y = 0 \Rightarrow x = y = 0$$

Segue-se que $\ker B = \vec{o} = (0,0)$. Portanto, a transformação linear B é injetiva. Assim sendo, a transformação linear $C = (B^*B)^{-1}B^* \in \hom(\mathbb{R}^4; \mathbb{R}^2)$ é uma inversa à esquerda para B. Como $B(1,0) = (1,2,1,4)$ e $B(0,1) = (2,-1,3,4)$, a matriz de B é:

$$\mathbf{b} = \begin{bmatrix} 1 & 2 \\ 2 & -1 \\ 1 & 3 \\ 4 & 4 \end{bmatrix}$$

Portanto,

$$\mathbf{b}^{\mathbf{T}}\mathbf{b} = \begin{bmatrix} 22 & 19 \\ 19 & 30 \end{bmatrix}$$

A matriz $\mathbf{c}$ de $C = (A^*A)^{-1}A^*$ é $\mathbf{c} = (\mathbf{b}^{\mathbf{T}}\mathbf{b})^{-1}\mathbf{b}^{\mathbf{T}}$. Logo,

$$\mathbf{c} = \begin{bmatrix} -\dfrac{8}{299} & \dfrac{79}{299} & -\dfrac{27}{299} & \dfrac{44}{299} \\ \dfrac{25}{299} & -\dfrac{60}{299} & \dfrac{47}{299} & \dfrac{12}{299} \end{bmatrix}$$

Segue-se que a transformação linear $C : \mathbb{R}^4 \to \mathbb{R}^2$ é dada por:

$$C(x, y, z, t) =$$
$$= \left(\frac{-8x + 79y - 27z + 44t}{299}, \frac{25x - 60y + 47z + 12t}{299} \right)$$

é uma inversa à esquerda para B.

Exercício 229 - Seja $A \in \hom(\mathbb{E})$ uma projeção num espaço euclidiano de dimensão finita. Mostre que A^* é também uma projeção. Dê um exemplo em que A^* é diferente de A.

Solução: Seja $A \in \hom(\mathbb{E})$ uma projeção. Tem-se $A^2 = A$, donde $(A^2)^* = A^*$. Tem-se também $(A^2)^* = (AA)^* = A^*A^* =$

254 320 QUESTÕES RESOLVIDAS DE ÁLGEBRA LINEAR

$(A^*)^2$. Segue-se que $(A^*)^2 = A^*$. Portanto, A^* também é uma projeção. Seja $A \in \hom(\mathbb{R}^2)$ definida pondo $A(1,0) = (1,0)$ e $A(0,1) = (-1,0)$. Vale $A^2(1,0) = A[A(1,0)] = A(1,0)$ e também $A^2(0,1) = A[A(0,1)] = A(-1,0) = (-1,0) = A(0,1)$. Conclui-se daí que $A^2 = A$. Logo, A é uma projeção. A matriz **a** de A é:

$$\mathbf{a} = \begin{bmatrix} 1 & -1 \\ 0 & 0 \end{bmatrix}$$

e a matriz de A^* é:

$$\mathbf{a}^{\mathbf{T}} = \begin{bmatrix} 1 & 0 \\ -1 & 0 \end{bmatrix}$$

Segue-se que as matrizes de A e de A^* são diferentes. Assim sendo, A^* é diferente de A.

Exercício 230 - Sejam $\mathbb{E}$, $\mathbb{F}$ espaços euclidianos, sendo $\mathbb{E}$ de dimensão finita. Seja $A \in \hom(\mathbb{E}; \mathbb{F})$. Prove que $\dim(\operatorname{Im} A) = \dim(\operatorname{Im} A^*)$.

Solução: Sendo $\mathbb{E}$ de dimensão finita, tem-se $\operatorname{Im} A^* = (\ker A)^\perp$ (v. Exercício 218). Tem-se também $\mathbb{E} = \ker A \oplus (\ker A)^\perp$ (v. Exercício 192). Logo, $\mathbb{E} = \ker A \oplus \operatorname{Im} A^*$. Daí obtém-se $\dim \mathbb{E} = \dim(\ker A) + \dim(\operatorname{Im} A^*)$. Uma vez que vale $\dim \mathbb{E} = \dim(\ker A) + \dim(\operatorname{Im} A)$ (v. Lima, *Álgebra Linear*, 2001, p. 68-69), segue-se que $\dim(\operatorname{Im} A) = \dim(\operatorname{Im} A^*)$.

Exercício 231 - Dado um espaço euclidiano $\mathbb{E}$, sejam $A, B \in \hom(\mathbb{E})$ operadores que possuem adjuntos. Prove: Se A e B comutam (isto é, $AB = BA$) então A^* e B^* também comutam.

Solução: Se A e B comutam então $AB = BA$, logo $A^*B^* = (BA)^* = (AB)^* = B^*A^*$.

Exercício 232 - Sejam $\mathbb{X} \subseteq \mathbb{E}$, $\mathbb{Y} \subseteq \mathbb{F}$ conjuntos de geradores dos espaços euclidianos $\mathbb{E}$ e $\mathbb{F}$, respectivamente. Sejam $A \in \hom(\mathbb{E}; \mathbb{F})$ e $B \in \hom(\mathbb{F}; \mathbb{E})$ tais que $\langle A\vec{u}, \vec{v} \rangle = \langle \vec{u}, B\vec{v} \rangle$, quaisquer

CAPÍTULO 7 – A ADJUNTA   **255**

que sejam $\vec{u} \in \mathbb{X}$ e $\vec{v} \in \mathbb{Y}$. Prove que $B = A^*$.

Solução: Sejam $\vec{x} \in \mathbb{E}$ e $\vec{y} \in \mathbb{F}$. Como $\mathbb{X}$ é um conjunto de geradores de $\mathbb{E}$ e $\mathbb{Y}$ é um conjunto de geradores de $\mathbb{F}$, tem-se $\vec{x} = \sum_{k=1}^{m} \alpha_k \vec{u}_k$ e $\vec{y} = \sum_{l=1}^{n} \beta_l \vec{v}_l$, onde $\alpha_1, \ldots, \alpha_m$ e $\beta_1, \ldots, \beta_n$ são números reais. Sendo A e B transformações lineares, $A\vec{x} = \sum_{k=1}^{m} \alpha_k A\vec{u}_k$ e $B\vec{y} = \sum_{l=1}^{n} \beta_l B\vec{v}_l$. Assim sendo, vale:

$$\begin{aligned} \langle A\vec{x}, \vec{y} \rangle &= \left\langle \sum_{k=1}^{m} \alpha_k A\vec{u}_k, \sum_{l=1}^{n} \beta_l \vec{v}_l \right\rangle = \\ &= \sum_{k=1}^{m} \sum_{l=1}^{n} \alpha_k \beta_l \langle A\vec{u}_k, \vec{v}_l \rangle \end{aligned} \tag{7.26}$$

De modo análogo, obtém-se:

$$\langle \vec{x}, B\vec{y} \rangle = \sum_{k=1}^{m} \sum_{l=1}^{n} \alpha_k \beta_l \langle \vec{u}_k, B\vec{v}_l \rangle \tag{7.27}$$

Pela hipótese admitida para A e B, $\langle A\vec{u}_k, \vec{v}_l \rangle = \langle \vec{u}_k, B\vec{v}_l \rangle$ para $k = 1, \ldots, m$ e $l = 1, \ldots, n$. Portanto, (7.26) e (7.27) dizem que $\langle A\vec{x}, \vec{y} \rangle = \langle \vec{x}, B\vec{y} \rangle$. Segue-se que $B = A^*$.

Exercício 233 - Dada a matriz $\mathbf{a} \in \mathbb{M}(m \times n)$, prove que, ou o sistema $\mathbf{ax} = \mathbf{b}$ tem solução para qualquer que seja $\mathbf{b} \in \mathbb{M}(m \times 1)$ ou o sistema homogêneo transposto $\mathbf{a^T y} = \mathbf{0}$ admite uma solução não-trivial.

Solução: Seja $A : \mathbb{R}^n \to \mathbb{R}^m$ a transformação linear cuja matriz, nas bases canônicas de $\mathbb{R}^n$ e $\mathbb{R}^m$, é $\mathbf{a}$. A matriz (nas bases canônicas de $\mathbb{R}^m$ e $\mathbb{R}^n$) da adjunta $A^* : \mathbb{R}^m \to \mathbb{R}^n$ de A, é a transposta $\mathbf{a^T}$ de $\mathbf{a}$. O sistema $\mathbf{ax} = \mathbf{b}$ tem solução qualquer que seja $\mathbf{b} \in \mathbb{M}(m \times 1)$ se, e somente se, existe, para todo vetor $\vec{b} \in \mathbb{R}^m$, um vetor $\vec{x} \in \mathbb{R}^n$ de modo que $A\vec{x} = \vec{b}$. Por conseguinte: O sistema $\mathbf{ax} = \mathbf{b}$ tem solução para todo $\mathbf{b} \in \mathbb{M}(m \times 1)$ se, e somente se, a transformação linear A dada acima é sobrejetiva. Tem-se (v. Exercício 226) que A é sobrejetiva se, e somente se, A^* é injetiva, o que, por sua vez, é equivalente à igualdade:

$$\ker(A^*) = \{\vec{o}\}$$

Resulta disto que o sistema $\mathbf{ax} = \mathbf{b}$ tem solução seja qual for $\mathbf{b} \in \mathbb{M}(m \times 1)$ se, e somente se, o sistema homogêneo

256 320 QUESTÕES RESOLVIDAS DE ÁLGEBRA LINEAR

transposto $\mathbf{a^T y} = \mathbf{0}$ possui apenas a solução trivial. Se, por outro lado, existe $\mathbf{b}_0 \in \mathbb{M}(m \times 1)$ para o qual o sistema $\mathbf{ax} = \mathbf{b}_0$ não tem solução, então A não é sobrejetiva. Logo A^* não é injetiva. Assim sendo, existe um vetor não-nulo $\vec{y}_0 = (\alpha_1, \dots, \alpha_m) \in \ker A^*$. Para este $\vec{y}_0$, a matriz $\mathbf{y}_0 = [\alpha_1 \dots \alpha_m]^T \in \mathbb{M}(m \times 1)$ é uma solução não-trivial do sistema homogêneo transposto $\mathbf{a^T y} = \mathbf{0}$.

Exercício 234 - No espaço $\mathbb{M}(n \times n)$, munido do produto interno $\langle \mathbf{a}, \mathbf{b} \rangle = \mathbf{Tr}(\mathbf{a^T b})$ (v. Exercício 202), considere uma matriz fixa $\mathbf{a}$ e defina o operador linear $\mathbf{T_a} : \mathbb{M}(n \times n) \to \mathbb{M}(n \times n)$ pondo $\mathbf{T_a x} = \mathbf{ax}$. Mostre que a adjunta de $\mathbf{T_a}$ é $\mathbf{T_b}$, onde $\mathbf{b} = \mathbf{a^T}$. Prove um resultado análogo para o operador $\mathbf{S_a} : \mathbb{M}(n \times n) \to \mathbb{M}(n \times n)$, onde $\mathbf{S_a x} = \mathbf{xa}$.

Solução:

Sejam $\mathbf{x}, \mathbf{y} \in \mathbb{M}(n \times n)$ arbitrárias. Tem-se:

$$\langle \mathbf{T_a x}, \mathbf{y} \rangle = \langle \mathbf{ax}, \mathbf{y} \rangle = \mathbf{Tr}[(\mathbf{ax})^T \mathbf{y}] =$$

$$= \mathbf{Tr}[(\mathbf{x^T a^T})\mathbf{y}] = \mathbf{Tr}[\mathbf{x^T}(\mathbf{a^T y})] = \mathbf{Tr}[\mathbf{x^T}(\mathbf{by})] =$$

$$= \mathbf{Tr}[\mathbf{x^T T_b y}] = \langle \mathbf{x}, \mathbf{T_b y} \rangle$$

Como $\mathbf{Tr}(\mathbf{ab}) = \mathbf{Tr}(\mathbf{ba})$ para quaisquer $\mathbf{a}, \mathbf{b} \in \mathbb{M}(n \times n)$, tem-se também:

$$\langle \mathbf{S_a x}, \mathbf{y} \rangle = \langle \mathbf{xa}, \mathbf{y} \rangle = \mathbf{Tr}[(\mathbf{xa})^T \mathbf{y}] =$$

$$= \mathbf{Tr}[(\mathbf{a^T x^T})\mathbf{y}] = \mathbf{Tr}[\mathbf{a^T}(\mathbf{x^T y})] = \mathbf{Tr}[(\mathbf{x^T y})\mathbf{a^T}] =$$

$$= \mathbf{Tr}[\mathbf{x^T}(\mathbf{ya^T})] = \mathbf{Tr}[\mathbf{x^T}(\mathbf{yb})] = \mathbf{Tr}(\mathbf{x^T S_b y}) = \langle \mathbf{x}, \mathbf{S_b y} \rangle$$

Por conseguinte, $\mathbf{T_a^*} = \mathbf{T_b}$ e $\mathbf{S_a^*} = \mathbf{S_b}$.

Exercício 235 - Seja $B : \mathbb{R}^3 \to \mathbb{R}^3$ a reflexão em torno do plano $z = 0$, paralelamente à reta $x = y = z$. Determine a adjunta B^*. Mesma questão para a projeção $A : \mathbb{R}^3 \to \mathbb{R}^3$, sobre o mesmo plano, paralelamente à mesma reta.

Solução:

CAPÍTULO 7 – A ADJUNTA   257

Sejam $\mathbb{V}, \mathbb{W} \subseteq \mathbb{R}^3$ respectivamente a reta $x = y = z$ e o plano $z = 0$. Um vetor $\vec{v}$ pertence a $\mathbb{V}$ se, e somente se, é escrito como $\vec{v} = (\alpha, \alpha, \alpha)$. Um vetor $\vec{w} = (\lambda_1, \lambda_2, \lambda_3)$ pertence a $\mathbb{W}$ se, e somente se, $\lambda_3 = 0$. Logo, $\vec{w} \in \mathbb{W}$ se, e somente se, $\vec{w} = (\lambda_1, \lambda_2, 0)$. Seja $\vec{x} = (x_1, x_2, x_3) \in \mathbb{R}^3$ arbitrário. Tem-se:

$$
\begin{aligned}
\vec{x} = (x_1, x_2, x_3) = \\
= (x_1 - x_3, x_2 - x_3, 0) + (x_3, x_3, x_3)
\end{aligned}
\tag{7.28}
$$

Resulta de (7.28) que $\vec{x}$ é a soma do vetor $(x_3, x_3, x_3) \in \mathbb{V}$ com o vetor $(x_1 - x_3, x_2 - x_3, 0)$ que pertence a $\mathbb{W}$. Logo, $\mathbb{R}^3 = \mathbb{V} + \mathbb{W}$. Se $\vec{x} = (\lambda_1, \lambda_2, \lambda_3) \in \mathbb{V} \cap \mathbb{W}$ então $\lambda_1 = \lambda_2 = \lambda_3$ porque $\vec{x} \in \mathbb{V}$ e $\lambda_3 = 0$ porque $\vec{x} \in \mathbb{W}$. Assim sendo, $\vec{x} = (\lambda_3, \lambda_3, \lambda_3) = (0, 0, 0) = \vec{o}$. Segue-se que $\mathbb{V} \cap \mathbb{W} = \{\vec{o}\}$. Portanto, $\mathbb{R}^3 = \mathbb{V} \oplus \mathbb{W}$. Então, (7.28) mostra que a projeção $A \in \hom(\mathbb{R}^3)$ sobre $\mathbb{W}$ paralelamente a $\mathbb{V}$ é definida pondo:

$$
A(x_1, x_2, x_3) = (x_1 - x_3, x_2 - x_3, 0)
\tag{7.29}
$$

A reflexão $B \in \hom(\mathbb{R}^3)$, em torno de $\mathbb{W}$ paralelamente a $\mathbb{V}$, é $B = 2A - I_3$, onde I_3 é o operador identidade de $\mathbb{R}^3$. Dito isto, B é definida do modo seguinte:

$$
B(x_1, x_2, x_3) = (x_1 - 2x_3, x_2 - 2x_3, -x_3)
\tag{7.30}
$$

Sejam $\mathbf{a}$ e $\mathbf{b}$ respectivamente as matrizes de A e de B em relação à base canônica de $\mathbb{R}^3$. De (7.29) e (7.30) obtém-se:

$$
\mathbf{a} = \begin{bmatrix} 1 & 0 & -1 \\ 0 & 1 & -1 \\ 0 & 0 & 0 \end{bmatrix}, \quad \mathbf{b} = \begin{bmatrix} 1 & 0 & -2 \\ 0 & 1 & -2 \\ 0 & 0 & -1 \end{bmatrix}
$$

As matrizes de A^* e de B^* são $\mathbf{a}^T$ e $\mathbf{b}^T$ respectivamente. Portanto, essas matrizes são:

$$
\mathbf{a}^T = \begin{bmatrix} 1 & 0 & 0 \\ 0 & 1 & 0 \\ -1 & -1 & 0 \end{bmatrix}, \quad \mathbf{b}^T = \begin{bmatrix} 1 & 0 & 0 \\ 0 & 1 & 0 \\ -2 & -2 & -1 \end{bmatrix}
$$

Resulta disto que as igualdades:

258 320 QUESTÕES RESOLVIDAS DE ÁLGEBRA LINEAR

$$A^*(x_1, x_2, x_3) = (x_1, x_2, -x_1 - x_2),$$

$$B^*(x_1, x_2, x_3) = (x_1, x_2, -2x_1 - 2x_2 - x_3)$$

definem, respectivamente, os operadores A^* e B^*.

Exercício 236 - Sejam $A, B : \mathbb{E} \to \mathbb{E}$ operadores lineares num espaço euclidiano $\mathbb{E}$. Prove:

(a) Se B possui adjunto e $B^*A = O$ (onde $O \in \mathrm{hom}(\mathbb{E})$ é o operador nulo) então os vetores $A\vec{x}$ e $B\vec{y}$ são ortogonais, sejam quais forem $\vec{x}, \vec{y} \in \mathbb{E}$.

(b) Se A possui adjunto e $A^*A = O$ então $A = O$.

Solução:

(a): Se B tem adjunto e $B^*A = O$ então $B^*A\vec{x} = \vec{o}$ para todo $\vec{x} \in \mathbb{E}$. Portanto, $\langle A\vec{x}, B\vec{y} \rangle = \langle B\vec{y}, A\vec{x} \rangle = \langle \vec{y}, B^*(A\vec{x}) \rangle = \langle \vec{y}, B^*A\vec{x} \rangle = 0$, sejam quais forem $\vec{x}, \vec{y} \in \mathbb{E}$.

(b): Se A tem adjunto e $A^*A = O$ então $A^*A\vec{x} = \vec{o}$ para todo $\vec{x} \in \mathbb{E}$. Assim sendo, $\|A\vec{x}\|^2 = \langle A\vec{x}, A\vec{x} \rangle = \langle \vec{x}, A^*(A\vec{x}) \rangle = \langle \vec{x}, A^*A\vec{x} \rangle = 0$ para todo $\vec{x} \in \mathbb{E}$. Segue-se que $A\vec{x} = \vec{o}$, qualquer que seja $\vec{x} \in \mathbb{E}$. Logo, $A = O$.

Exercício 237 - Sejam $\mathbb{E}$ um espaço euclidiano e $A \in \mathrm{hom}(\mathbb{E})$ definido pondo:

$$A\vec{x} = \frac{\langle \vec{x}, \vec{u}_1 + \vec{u}_2 \rangle}{2}\vec{u}_1 + \frac{\langle \vec{x}, \vec{u}_2 - \vec{u}_1 \rangle}{2}\vec{u}_2$$

onde $\vec{u}_1, \vec{u}_2 \in \mathbb{E}$ formam um conjunto ortonormal. Obtenha o adjunto A^* de A.

Solução: Sejam $\vec{w}_1 = (\vec{u}_1 + \vec{u}_2)/2$, $\vec{w}_2 = (\vec{u}_2 - \vec{u}_1)/2$ e $A_1, A_2 \in \mathrm{hom}(\mathbb{E})$ definidos por $A_1\vec{x} = \langle \vec{x}, \vec{w}_1 \rangle \vec{u}_1$, $A_2\vec{x} = \langle \vec{x}, \vec{w}_2 \rangle \vec{u}_2$. Os operadores A_1, A_2 possuem adjuntos $A_1^*, A_2^* \in \mathrm{hom}(\mathbb{E})$, sendo A_1^* e A_2^* definidos por:

$$\boxed{A_1^*\vec{x} = \langle \vec{x}, \vec{u}_1 \rangle \vec{w}_1, \quad A_2^*\vec{x} = \langle \vec{x}, \vec{u}_2 \rangle \vec{w}_2} \qquad (7.31)$$

(v. Exercício 221). Pela definição de A, $A = A_1 + A_2$. Logo, $A^* = A_1^* + A_2^*$ (v. Exercício 213). Portanto, resulta de (7.31) que

CAPÍTULO 7 – A ADJUNTA **259**

se tem:

$$A^*\vec{x} = \langle \vec{x}, \vec{u}_1 \rangle \vec{w}_1 + \langle \vec{x}, \vec{u}_2 \rangle \vec{w}_2 =$$

$$= \frac{\langle \vec{x}, \vec{u}_1 \rangle}{2}(\vec{u}_1 + \vec{u}_2) + \frac{\langle \vec{x}, \vec{u}_2 \rangle}{2}(\vec{u}_2 - \vec{u}_1) =$$

$$= \frac{\langle \vec{x}, \vec{u}_1 - \vec{u}_2 \rangle}{2}\vec{u}_1 + \frac{\langle \vec{x}, \vec{u}_1 + \vec{u}_2 \rangle}{2}\vec{u}_2$$

para todo $\vec{x} \in \mathbb{E}$.

Exercício 238 - Sejam $\mathbb{E}$ e A como no Exercício 237. Mostre que se tem $\langle A^*\vec{x}, \vec{x} - A^*\vec{x} \rangle = 0$ para todo $\vec{x} \in \mathbb{E}$. É o operador A^* uma projeção?

Solução: Como $\|\vec{u}_1\| = \|\vec{u}_2\| = 1$, os vetores $\vec{u}_1 + \vec{u}_2$ e $\vec{u}_2 - \vec{u}_1$ são ortogonais. De fato,

$$\langle \vec{u}_1 + \vec{u}_2, \vec{u}_2 - \vec{u}_1 \rangle =$$

$$= \langle \vec{u}_1, \vec{u}_2 \rangle - \langle \vec{u}_1, \vec{u}_1 \rangle + \langle \vec{u}_2, \vec{u}_2 \rangle - \langle \vec{u}_2, \vec{u}_1 \rangle =$$

$$= \|\vec{u}_2\|^2 - \|\vec{u}_1\|^2 = 0$$

Logo, os vetores $\vec{w}_1 = (\vec{u}_1 + \vec{u}_2)/2$ e $\vec{w}_2 = (\vec{u}_2 - \vec{u}_1)/2$ são ortogonais. Sendo $A^*\vec{x} = \langle \vec{x}, \vec{u}_1 \rangle \vec{w}_1 + \langle \vec{x}, \vec{u}_2 \rangle \vec{w}_2$, tem-se:

$$\boxed{\|A^*\vec{x}\|^2 = \langle \vec{x}, \vec{u}_1 \rangle^2 \|\vec{w}_1\|^2 + \langle \vec{x}, \vec{u}_2 \rangle^2 \|\vec{w}_2\|^2} \qquad (7.32)$$

para todo $\vec{x} \in \mathbb{E}$. Os vetores $\vec{u}_1$ e $\vec{u}_2$ são unitários e ortogonais, portanto $\|\vec{u}_1 + \vec{u}_2\|^2 = \|\vec{u}_2 - \vec{u}_1\|^2 = \|\vec{u}_1\|^2 + \|\vec{u}_2\|^2 = 2$. Decorre daí que $\|\vec{w}_1\|^2 = \|\vec{w}_2\|^2 = 1/2$. Desta forma, (7.32) fornece:

$$\boxed{\|A^*\vec{x}\|^2 = \frac{\langle \vec{x}, \vec{u}_1 \rangle^2 + \langle \vec{x}, \vec{u}_2 \rangle^2}{2}} \qquad (7.33)$$

Resulta de (7.32) e do Exercício 186 que $\|A^*\vec{x}\|^2 = \|A\vec{x}\|^2 = \langle \vec{x}, A\vec{x} \rangle$. Como $\langle \vec{x}, A\vec{x} \rangle = \langle A\vec{x}, \vec{x} \rangle = \langle \vec{x}, A^*\vec{x} \rangle$, segue-se que $\|A^*\vec{x}\|^2 = \langle \vec{x}, A^*\vec{x} \rangle$. Por esta razão, se tem $\langle A^*\vec{x}, \vec{x} - A^*\vec{x} \rangle = \langle \vec{x}, A^*\vec{x} \rangle - \|A^*\vec{x}\|^2 = 0$ para todo $\vec{x} \in \mathbb{E}$. O operador A não é projeção (v. Exercício 186). Se A^* fosse uma projeção, ter-se-ia $A^*A^* = A^*$, e portanto $A^2 = AA = A^{**}A^{**} = (A^*A^*)^* = A^{**} = A$. Logo, A

260   320 QUESTÕES RESOLVIDAS DE ÁLGEBRA LINEAR

seria uma projeção. Conclui-se daí que A^* não é projeção.

Exercício 239 - Sejam $\mathbb{E}, \mathbb{F}$ espaços euclidianos de dimensão finita. Dadas as transformações lineares $A, B \in \hom(\mathbb{E}; \mathbb{F})$, ponha $\langle A, B \rangle = \mathbf{Tr}(A^*B)$ e prove que isto define um produto interno em $\hom(\mathbb{E}; \mathbb{F})$. Se $\mathbf{a} = [a_{kl}]$ e $\mathbf{b} = [b_{kl}]$ são as matrizes de A e B em relação a bases ortonormais de $\mathbb{E}$ e $\mathbb{F}$ respectivamente, prove que $\langle A, B \rangle = \sum_{k,l} a_{kl} b_{kl}$.

Solução: Sejam $\mathbb{X}$ uma base ortonormal de $\mathbb{E}$, $\mathbb{Y}$ uma base ortonormal de $\mathbb{F}$ e $\mathbf{a}, \mathbf{b} \in \mathbb{M}(m \times n)$ as matrizes de A e B em relação às bases $\mathbb{X}$ e $\mathbb{Y}$ respectivamente. A matriz de A^* (resp. B^*) em relação às bases $\mathbb{Y}$ e $\mathbb{X}$ é $\mathbf{a^T}$ (resp $\mathbf{b^T}$). Assim sendo, a matriz $\mathbf{c}$ do operador $C = A^*A$ em relação à base $\mathbb{X}$ é $\mathbf{c} = \mathbf{a^T a}$. Seja, para cada $k = 1, \ldots, n$, $\vec{v}_k = (a_{1k}, \ldots, a_{mk})$ o k-ésimo vetor coluna de $\mathbf{a}$. Tem-se:

$$c_{kk} = \sum_{l=1}^{m} (\mathbf{a^T})_{kl} a_{lk} = \sum_{l=1}^{m} a_{lk} a_{lk} =$$

$$= \sum_{l=1}^{m} a_{lk}^2 = \|\vec{v}_k\|^2, \quad k = 1, \ldots, n$$

Portanto,

$$\langle A, A \rangle = \mathbf{Tr}(A^*A) = \mathbf{Tr}(\mathbf{a^T a}) = \sum_{k=1}^{n} \|\vec{v}_k\|^2$$

Destas igualdades resulta:

$$\langle A, A \rangle = 0 \Leftrightarrow \sum_{k=1}^{n} \|\vec{v}_k\|^2 = 0 \Leftrightarrow$$

$$\Leftrightarrow \|\vec{v}_1\|^2 = \cdots = \|\vec{v}_n\|^2 = 0 \Leftrightarrow$$

$$\Leftrightarrow \|\vec{v}_1\| = \cdots = \|\vec{v}_n\| = 0 \Leftrightarrow$$

$$\Leftrightarrow \vec{v}_1 = \cdots = \vec{v}_n = \vec{o} \Leftrightarrow \mathbf{a} = \mathbf{o} \Leftrightarrow A = O$$

Portanto, a função $\langle , \rangle : (A, B) \mapsto \mathbf{Tr}(A^*B)$ é positiva. Dados $A, B \in \hom(\mathbb{E}; \mathbb{F})$, sejam $\mathbf{a}$ e $\mathbf{b}$ respectivamente as matrizes de A e de B em relação às bases $\mathbb{X}$ e $\mathbb{Y}$. As matrizes, em relação à base $\mathbb{X}$, dos operadores lineares $A^*B : \mathbb{E} \to \mathbb{E}$ e $B^*A : \mathbb{E} \to \mathbb{E}$ são respectivamente $\mathbf{a^T b}$ e $\mathbf{b^T a}$. Tem-se então:

$$\langle A, B \rangle = \mathbf{Tr}(\mathbf{a^T b}) = \mathbf{Tr}[(\mathbf{a^T b})^T] =$$

$$= \mathbf{Tr(b^T a^{TT})} = \mathbf{Tr(b^T a)} = \langle B, A \rangle$$

Por consequência, a função $(A, B) \mapsto \mathbf{Tr}(A^*B)$ é simétrica. A linearidade na primeira variável resulta das propriedades da adjunta, do produto de transformações lineares e do traço de operadores lineares. Portanto, $(A, B) \mapsto \mathbf{Tr}(A^*B)$ é um produto interno em $\hom(\mathbb{E}; \mathbb{F})$. Tem-se também:

$$\langle A, B \rangle = \mathbf{Tr(a^T b)} = \sum_{k=1}^{n} (\mathbf{a^T b})_{kk} =$$

$$= \sum_{k=1}^{n} \left(\sum_{l=1}^{m} (\mathbf{a^T})_{kl} b_{lk} \right) = \sum_{k=1}^{n} \sum_{l=1}^{m} a_{lk} b_{lk} =$$

$$= \sum_{l=1}^{m} \sum_{k=1}^{n} a_{lk} b_{lk} = \sum_{r=1}^{m} \sum_{s=1}^{n} a_{rs} b_{rs} =$$

$$= \sum_{k=1}^{m} \sum_{l=1}^{n} a_{kl} b_{kl}$$

como se queria.

Seja $\mathbb{E}$ um espaço vetorial (não necessariamente normado). Diz-se que $\lambda \in \mathbb{R}$ é um *autovalor*, ou *valor próprio*, ou ainda *valor característico* de um operador linear $A \in \hom(\mathbb{E})$ quando existe um vetor não-nulo $\vec{v} \in \mathbb{E}$ tal que $A\vec{v} = \lambda\vec{v}$. Noutros termos, quando $\ker(A - \lambda I_{\mathbb{E}})$ (onde $I_{\mathbb{E}}$ é o operador identidade de $\mathbb{E}$) é diferente de $\{\vec{o}\}$. No caso afirmativo, os vetores não-nulos $\vec{v} \in \ker(A - \lambda I_{\mathbb{E}})$ são os *autovetores*, ou *vetores próprios*, ou *vetores característicos* de A correspondentes ao autovalor λ. O subespaço $\ker(A - \lambda I_{\mathbb{E}})$ diz-se *associado* ao autovalor λ.

Exercício 240 - Seja $A \in \hom(\mathbb{E})$ um operador linear num espaço euclidiano $\mathbb{E}$. Prove: Se $\vec{v}$ e $\vec{w}$ são respectivamente autovetores de A e A^*, correspondentes a autovalores distintos λ, μ, então $\langle \vec{v}, \vec{w} \rangle = 0$.

Solução: Tem-se $A\vec{v} = \lambda\vec{v}$ e $A^*\vec{w} = \mu\vec{w}$. Portanto, $\lambda\langle \vec{v}, \vec{w} \rangle = \langle \lambda\vec{v}, \vec{w} \rangle = \langle A\vec{v}, \vec{w} \rangle = \langle \vec{v}, A^*\vec{w} \rangle = \langle \vec{v}, \mu\vec{w} \rangle = \mu\langle \vec{v}, \vec{w} \rangle$. Daí obtém-se $(\lambda - \mu)\langle \vec{v}, \vec{w} \rangle = 0$. Como λ é diferente de μ, segue-se que $\langle \vec{v}, \vec{w} \rangle = 0$.

Seja $\mathbb{E}$ um espaço euclidiano. Diz-se que um operador

262 320 QUESTÕES RESOLVIDAS DE ÁLGEBRA LINEAR

linear $A \in \hom(\mathbb{E})$ é *normal* quando possui adjunto e se tem $AA^* = A^*A$. Noutros termos, um operador linear A é normal quando comuta com seu adjunto.

Exercício 241 - Sejam $A \in \hom(\mathbb{E})$ um operador normal num espaço euclidiano $\mathbb{E}$.
(a) Prove que se tem $\|A\vec{x}\| = \|A^*\vec{x}\|$ para todo $\vec{x} \in \mathbb{E}$. Portanto, $\ker A = \ker A^*$.
(b) Conclua do item (a) que todo autovetor de A é autovetor de A^*, com o mesmo autovalor.

Solução:
   (a): Como $A^*A = AA^*$, segue-se:

$$\|A\vec{x}\|^2 = \langle A\vec{x}, A\vec{x}\rangle = \langle \vec{x}, A^*(A\vec{x})\rangle =$$

$$= \langle \vec{x}, A^*A\vec{x}\rangle = \langle \vec{x}, AA^*\vec{x}\rangle = \langle \vec{x}, A(A^*\vec{x})\rangle =$$

$$= \langle A^*\vec{x}, A^*\vec{x}\rangle = \|A^*\vec{x}\|^2$$

portanto $\|A\vec{x}\| = \|A^*\vec{x}\|$ para todo $\vec{x} \in \mathbb{E}$. Assim sendo,

$$\vec{x} \in \ker A \Leftrightarrow A\vec{x} = \vec{o} \Leftrightarrow \|A\vec{x}\| = 0 \Leftrightarrow$$

$$\Leftrightarrow \|A^*\vec{x}\| = 0 \Leftrightarrow A^*\vec{x} = \vec{o} \Leftrightarrow \vec{x} \in \ker A^*$$

Logo, $\ker A = \ker A^*$.
   (b): Seja $I_{\mathbb{E}}$ o operador identidade. Tem-se $(A - \lambda I_{\mathbb{E}})^* = A^* - (\lambda I_{\mathbb{E}})^* = A^* - \lambda I_{\mathbb{E}}^* = A^* - \lambda I_{\mathbb{E}}$ (v. Exercício 213). Por isto,

$$(A - \lambda I_{\mathbb{E}})(A - \lambda I_{\mathbb{E}})^* = (A - \lambda I_{\mathbb{E}})(A^* - \lambda I_{\mathbb{E}}) =$$

$$= AA^* - \lambda AI_{\mathbb{E}} - \lambda I_{\mathbb{E}}A^* + \lambda^2 I_{\mathbb{E}} =$$

$$= A^*A - \lambda AI_{\mathbb{E}} - \lambda A^*I_{\mathbb{E}} + \lambda^2 I_{\mathbb{E}} =$$

$$= A^*A - \lambda A^*I_{\mathbb{E}} - \lambda I_{\mathbb{E}}A + \lambda^2 I_{\mathbb{E}} =$$

$$= (A^* - \lambda I_{\mathbb{E}})(A - \lambda I_{\mathbb{E}}) = (A - \lambda I_{\mathbb{E}})^*(A - \lambda I_{\mathbb{E}})$$

Por consequência, o operador $A - \lambda I_{\mathbb{E}}$ é normal, seja qual for $\lambda \in \mathbb{R}$. Pelo item (a), $\ker(A - \lambda I_{\mathbb{E}}) = \ker(A - \lambda I_{\mathbb{E}})^*$, donde $\ker(A - \lambda I_{\mathbb{E}}) = \ker(A^* - \lambda I_{\mathbb{E}})$. Como os autovetores de A

CAPÍTULO 7 – A ADJUNTA   **263**

correspondentes ao autovalor λ são os vetores não-nulos $\vec{v}$ que pertencem a $\ker(A - \lambda I_{\mathbb{E}})$, segue-se que $\vec{v}$ é autovetor de A correspondente ao autovalor λ se, e somente se, é autovetor de A^* com o mesmo autovalor.

Exercício 242 - Sejam $A \in \hom(\mathbb{E})$ um operador normal num espaço euclidiano $\mathbb{E}$ e $\lambda_1, \lambda_2 \in \mathbb{R}$ com λ_1 diferente de λ_2. Prove: Se $A\vec{u}_1 = \lambda_1 \vec{u}_1$ e $A\vec{u}_2 = \lambda_2 \vec{u}_2$ então $\langle \vec{u}_1, \vec{u}_2 \rangle = 0$. Noutros termos: Autovetores de um operador normal correspondentes a autovalores distintos são ortogonais.

Solução: Se $A\vec{u}_1 = \lambda_1 \vec{u}_1$ e $A\vec{u}_2 = \lambda_2 \vec{u}_2$ então $A\vec{u}_1 = \lambda_1 \vec{u}_1$ e $A^*\vec{u}_2 = \lambda_2 \vec{u}_2$, porque A é normal (v. Exercício 241). Sendo $\lambda_1 \neq \lambda_2$, tem-se (v. Exercício 240) $\langle \vec{u}_1, \vec{u}_2 \rangle = 0$.

Exercício 243 - Seja A como no Exercício 242. Prove que $\ker A = (\operatorname{Im} A)^{\perp}$ e $\operatorname{Im} A \subseteq (\ker A)^{\perp}$. Se $\mathbb{E}$ é de dimensão finita, prove que $\operatorname{Im} A = \operatorname{Im} A^* = (\ker A)^{\perp}$.

Solução: O operador A sendo normal, tem-se (v. Exercício 241) $\ker A = \ker A^*$, e portanto $\ker A = \ker A^* = (\operatorname{Im} A)^{\perp}$ (v. Exercício 217). Como $\ker A = \ker A^*$, tem-se $(\ker A^*)^{\perp} = (\ker A)^{\perp}$, e portanto $\operatorname{Im} A \subseteq (\ker A^*)^{\perp} \subseteq (\ker A)^{\perp}$. Se $\mathbb{E}$ é de dimensão finita então $\operatorname{Im} A = (\ker A^*)^{\perp}$ e $\operatorname{Im} A^* = (\ker A)^{\perp}$. (v. Exercício 218). Daí e da igualdade $\ker A = \ker A^*$ segue $\operatorname{Im} A = \operatorname{Im} A^* = (\ker A)^{\perp}$.

Uma matriz $\mathbf{a} \in \mathbb{M}(n \times n)$ diz-se *normal* quando comuta com sua transposta. Noutros termos, quando $\mathbf{aa}^{\mathbf{T}} = \mathbf{a}^{\mathbf{T}}\mathbf{a}$.

Exercício 244 - Sejam $\vec{u}_1, \ldots, \vec{u}_n \in \mathbb{R}^n$ as linhas e $\vec{v}_1, \ldots, \vec{v}_n \in \mathbb{R}^n$ as colunas de uma matriz $\mathbf{a} \in \mathbb{M}(n \times n)$. Prove que $\mathbf{a}$ é normal se, e somente se, $\langle \vec{u}_k, \vec{u}_l \rangle = \langle \vec{v}_k, \vec{v}_l \rangle$ para quaisquer $k, l = 1, \ldots, n$.

Solução: Seja $\mathbf{a} = [a_{kl}]$. Tem-se:

264   320 QUESTÕES RESOLVIDAS DE ÁLGEBRA LINEAR

$$\mathbf{aa^T}(k, l) = \sum_{s=1}^{n} \mathbf{a}(k, s)\mathbf{a^T}(s, l) =$$
$$= \sum_{s=1}^{n} \mathbf{a}(k, s)\mathbf{a}(l, s) = \sum_{s=1}^{n} a_{ks}a_{ls} =$$
$$= \langle \vec{u}_k, \vec{u}_l \rangle, \quad k, l = 1, \ldots, n$$

(7.34)

e também:

$$\mathbf{a^T a}(k, l) = \sum_{s=1}^{n} \mathbf{a^T}(k, s)\mathbf{a}(s, l) =$$
$$= \sum_{s=1}^{n} \mathbf{a}(s, k)\mathbf{a}(s, l) = \sum_{s=1}^{n} a_{sk}a_{sl} =$$
$$= \langle \vec{v}_k, \vec{v}_l \rangle, \quad k, l = 1, \ldots, n$$

(7.35)

Resulta de (7.34) e (7.35) que $\mathbf{aa^T} = \mathbf{a^T a}$ se, e somente se, $\langle \vec{u}_k, \vec{u}_l \rangle = \langle \vec{v}_k, \vec{v}_l \rangle$ para quaisquer $k, l = 1, \ldots, n$, como se queria.

Exercício 245 - Sejam $\vec{u}_1, \ldots, \vec{u}_n \in \mathbb{R}^n$ as linhas e $\vec{v}_1, \ldots, \vec{v}_n \in \mathbb{R}^n$ as colunas de uma matriz $\mathbf{a} \in \mathbb{M}(n \times n)$. Dê um exemplo em que $\|\vec{u}_k\| = \|\vec{v}_k\|$ para cada $k = 1, \ldots, n$ mas $\mathbf{a}$ não é normal.

Solução:
Dados os números positivos $a, b \in \mathbb{R}$, seja:

$$\mathbf{a} = \begin{bmatrix} a & -b \\ b & -a \end{bmatrix}$$

Tem-se:

$$\|\vec{u}_1\| = \|\vec{u}_2\| = \|\vec{v}_1\| = \|\vec{v}_2\| = \sqrt{a^2 + b^2}$$

e também:

$$\langle \vec{u}_1, \vec{u}_2 \rangle = 2ab, \quad \langle \vec{v}_1, \vec{v}_2 \rangle = -2ab$$

Portanto, $\langle \vec{u}_1, \vec{u}_2 \rangle$ é diferente de $\langle \vec{v}_1, \vec{v}_2 \rangle$. Segue-se (v. Exercício 244) que a matriz $\mathbf{a}$ não é normal.

Exercício 246 - Sejam $\mathbb{E}$ um espaço euclidiano de dimensão finita e $A, B \in \hom(\mathbb{E})$ operadores normais com $AB = O$. Prove:

(a) $\operatorname{Im} B \subseteq \ker A$.

CAPÍTULO 7 – A ADJUNTA **265**

(b) $\operatorname{Im} B^* \subseteq \ker A^*$.

(c) $\operatorname{Im} A \subseteq \ker B$.

Conclua então que $BA = O$.

Solução:

(a): Seja $\vec{x} \in \mathbb{E}$ qualquer. Como $AB = O$, tem-se $A(B\vec{x}) = AB\vec{x} = O\vec{x} = \vec{o}$. Logo, $B\vec{x} \in \ker A$. Segue-se que $\operatorname{Im} B \subseteq \ker A$.

(b): Como A e B são operadores normais num espaço euclidiano de dimensão finita, valem (v. Exercício 243) as igualdades:

$$\boxed{\operatorname{Im} A = \operatorname{Im} A^*, \quad \operatorname{Im} B = \operatorname{Im} B^*} \tag{7.36}$$

Tem-se também $\ker A = \ker A^*$ (v. Exercício 241). Assim sendo, (7.36) e o item (a) fornecem $\operatorname{Im} B^* = \operatorname{Im} B \subseteq \ker A = \ker A^*$.

(c): Como $AB = O$, tem-se $B^*A^* = (AB)^* = O^* = O$. Decorre daí e do item (a) que $\operatorname{Im} A^* \subseteq \ker B^*$. Sendo $\operatorname{Im} A^* = \operatorname{Im} A$ e $\ker B^* = \ker B$, segue-se $\operatorname{Im} A \subseteq \ker B$.

Uma vez que $A\vec{x} \in \operatorname{Im} A$ para todo $\vec{x}$ e $\operatorname{Im} A \subseteq \ker B$, tem-se $BA\vec{x} = B(A\vec{x}) = \vec{o}$ para todo $\vec{x}$. Logo, $BA = O$.

Exercício 247 - Sejam $A, B \in \operatorname{hom}(\mathbb{E})$ operadores normais num espaço euclidiano de dimensão finita, tais que $AB = BA$. Prove que AB é normal.

Solução: Seja $C = A^*B - BA^*$. Tem-se:

$$C^* = (A^*B - BA^*)^* = (A^*B)^* - (BA^*)^* =$$

$$= B^*A^{**} - A^{**}B^* = B^*A - AB^*$$

Da igualdade $AB = BA$ decorre $A^*B^* = (BA)^* = (AB)^* = B^*A^*$. Portanto,

$$C^*C = (B^*A - AB^*)(A^*B - BA^*) =$$

$$= B^*A.A^*B - B^*A.BA^* - AB^*.A^*B + AB^*.BA^* =$$

$$= (B^*AA^*)B - B^*(AB)A^* - A(B^*A^*)B + (AB^*B)A^* =$$

266 320 QUESTÕES RESOLVIDAS DE ÁLGEBRA LINEAR

$$= (B^*AA^*)B - B^*(BA)A^* - A(A^*B^*)B + (AB^*B)A^* =$$

$$= (B^*AA^*)B - (B^*B)(AA^*) - (AA^*)(B^*B) + (AB^*B)A^*$$

Seja $\langle . , . \rangle$ o produto interno em $\hom(\mathbb{E})$ definido pondo $\langle F, G \rangle$ = $\mathbf{Tr}(F^*G)$ (v. Exercício 239). Vale $AA^* = A^*A$ e também $BB^* = B^*B$, porque A e B são normais. Uma vez que $\mathbf{Tr}(TS) = \mathbf{Tr}(ST)$ para quaisquer $S, T \in \hom(\mathbb{E})$, segue-se:

$$\langle C, C \rangle = \mathbf{Tr}\langle C^*C \rangle =$$

$$= \mathbf{Tr}[(B^*AA^*)B] - \mathbf{Tr}(B^*B \cdot AA^*) -$$
$$- \mathbf{Tr}(AA^* \cdot B^*B) + \mathbf{Tr}[(AB^*B)A^*] =$$

$$= \mathbf{Tr}[B(B^*AA^*)] - \mathbf{Tr}(B^*B \cdot AA^*) -$$
$$- \mathbf{Tr}(AA^* \cdot B^*B) + \mathbf{Tr}[A^*(AB^*B)] =$$

$$= \mathbf{Tr}(BB^* \cdot AA^*) - \mathbf{Tr}(B^*B \cdot AA^*) -$$
$$- \mathbf{Tr}(AA^* \cdot B^*B) + \mathbf{Tr}(A^*A \cdot B^*B) =$$

$$= \mathbf{Tr}(BB^* \cdot AA^*) - \mathbf{Tr}(BB^* \cdot AA^*) -$$
$$- \mathbf{Tr}(AA^* \cdot B^*B) + \mathbf{Tr}(AA^* \cdot B^*B) = 0$$

Resulta destas igualdades que $C = A^*B - BA^* = O$, donde $A^*B = BA^*$. Por esta razão, $B^*A = (A^*B)^* = (BA^*)^* = AB^*$. Assim sendo, tem-se:

$$(AB)(AB)^* = (AB)(B^*A^*) = A(BB^*)A^* =$$

$$= A(B^*B)A^* = (AB^*)(BA^*) = (B^*A)(A^*B) =$$

$$= B^*(AA^*)B = B^*(A^*A)B = (B^*A^*)(AB) =$$

$$= (AB)^*(AB)$$

Portanto, AB é normal, como se queria demonstrar.

Exercício 248 - Entre as matrizes abaixo, determine quais são normais.

$$
\mathbf{a} = \begin{bmatrix} 9 & -3 & -6 \\ 3 & 9 & 6 \\ 6 & -6 & 9 \end{bmatrix}, \ \mathbf{b} = \begin{bmatrix} 1 & 2 & 3 \\ 3 & 2 & 2 \\ 2 & 3 & 5 \end{bmatrix},
$$

$$
\mathbf{c} = \begin{bmatrix} 1 & 0 & 0 \\ 0 & -1 & 2 \\ 0 & -2 & -1 \end{bmatrix}
$$

Solução: Sejam $\vec{u}_1$, $\vec{u}_2$, $\vec{u}_3$ as linhas e $\vec{v}_1$, $\vec{v}_2$, $\vec{v}_3$ as colunas de cada uma das matrizes dadas acima. Para a matriz **a**, tem-se:

$$\langle \vec{u}_1, \vec{u}_1 \rangle = \langle \vec{v}_1, \vec{v}_1 \rangle = 126,$$

$$\langle \vec{u}_2, \vec{u}_2 \rangle = \langle \vec{v}_2, \vec{v}_2 \rangle = 126,$$

$$\langle \vec{u}_3, \vec{u}_3 \rangle = \langle \vec{v}_3, \vec{v}_3 \rangle = 153,$$

$$\langle \vec{u}_1, \vec{u}_2 \rangle = \langle \vec{v}_1, \vec{v}_2 \rangle = -36,$$

$$\langle \vec{u}_1, \vec{u}_3 \rangle = \langle \vec{v}_1, \vec{v}_3 \rangle = 18,$$

$$\langle \vec{u}_2, \vec{u}_3 \rangle = \langle \vec{v}_2, \vec{v}_3 \rangle = 18$$

Segue destas igualdades que a matriz **a** é normal (v. Exercício 244). Para a matriz **b**, valem:

$$\langle \vec{u}_1, \vec{u}_2 \rangle = 13, \quad \langle \vec{v}_1, \vec{v}_2 \rangle = 14$$

Logo, a matriz **b** não é normal. A matriz **c** é normal, porque os conjuntos $\{\vec{u}_1, \vec{u}_2, \vec{u}_3\}$ de suas linhas, $\{\vec{v}_1, \vec{v}_2, \vec{v}_3\}$ de suas colunas, são ortogonais e se tem $\|\vec{u}_k\| = \|\vec{v}_k\|$, $k = 1,2,3$.

Seja $\mathbb{E}$ um espaço vetorial. Um operador linear $S : \mathbb{E} \to \mathbb{E}$ chama-se uma *involução* quando $S^2 = I_\mathbb{E}$, onde $I_\mathbb{E} \in \hom(\mathbb{E})$ é o operador identidade.

Exercício 249 - Prove que uma projeção $A : \mathbb{E} \to \mathbb{E}$ é normal se, e somente se, $A = A^*$. Resultado análogo para uma

268 320 QUESTÕES RESOLVIDAS DE ÁLGEBRA LINEAR

involução.

Solução:

Seja $A : \mathbb{E} \to \mathbb{E}$ uma projeção. Se A é normal então $\ker A = (\operatorname{Im} A)^{\perp}$ (v. Exercício 243). Logo, A é uma projeção ortogonal. Assim sendo, tem-se $\langle A\vec{x}, \vec{y} \rangle = \langle \vec{x}, A\vec{y} \rangle$ para quaisquer $\vec{x}, \vec{y} \in \mathbb{E}$ (v. Exercício 182). Portanto, A possui adjunto e se tem $A^* = A$. Reciprocamente: Se $A = A^*$ então $AA^* = A^*A = A^2$, logo A é normal.

Seja $B \in \hom(\mathbb{E})$ uma involução. Tem-se $B^2 = I$, onde $I = I_{\mathbb{E}} \in \hom(\mathbb{E})$ é o operador identidade. Por isto,

$$\left[\tfrac{1}{2}(B + I) \right]^2 = \left[\tfrac{1}{2}(B + I) \right]\left[\tfrac{1}{2}(B + I) \right] =$$

$$= \tfrac{1}{4}(B + I)(B + I) = \tfrac{1}{4}(B^2 + B + B + I) =$$

$$= \tfrac{1}{4}(I + 2B + I) = \tfrac{1}{4}(2B + 2I) = \tfrac{1}{2}(B + I)$$

Estas igualdades mostram que o operador $A = (1/2)(B + I)$ é uma projeção. Se B é normal então $BB^* = B^*B$, portanto:

$$(B + I)(B + I)^* = (B + I)(B^* + I^*) =$$

$$= (B + I)(B^* + I) = BB^* + B + B^* + I =$$

$$= B^*B + B^* + B + I = (B^* + I)(B + I) =$$

$$= (B^* + I^*)(B + I) = (B + I)^*(B + I)$$

Decorre daí que se B é normal também o é a projeção $A = (1/2)(B + I)$. Pelo item (a), se B é normal então $A = A^*$, portanto $(1/2)(B + I) = (1/2)(B^* + I)$. Desta igualdade obtém-se $B = B^*$. Reciprocamente: Se $B = B^*$ então $BB^* = B^*B = B^2 = I$.

Exercício 250 - Seja $A : \mathbb{E} \to \mathbb{F}$ uma transformação linear entre espaços euclidianos de dimensão finita. Se $\dim \mathbb{E} < \dim \mathbb{F}$, prove que o operador $AA^* \in \hom(\mathbb{F})$ não é invertível, mas se $\ker A = \{\vec{o}\}$ então $A^*A \in \hom(\mathbb{E})$ é invertível. Dê um exemplo desta situação com $\mathbb{E} = \mathbb{R}^2$ e $\mathbb{F} = \mathbb{R}^3$. Que se pode

CAPÍTULO 7 – A ADJUNTA   **269**

afirmar quando $\dim \mathbb{E} > \dim \mathbb{F}$?

Solução:

Se o operador $AA^* \in \hom(\mathbb{F})$ é invertível, então a transformação linear $A^*(AA^*)^{-1} \in \hom(\mathbb{F}; \mathbb{E})$ é uma inversa à direita para A (v. Exercício 226). Logo, A é sobrejetiva, donde $\mathrm{Im}\, A = \mathbb{F}$. Desta igualdade e do Teorema do Núcleo e da Imagem (v. Lima, *Álgebra Linear*, 2001, p. 68-69), segue:

$$\dim \mathbb{F} = \dim \mathrm{Im}(A) = \dim \mathbb{E} - \dim \ker(A) \leq \dim \mathbb{E}$$

Por consequência: Se $\dim \mathbb{E} < \dim \mathbb{F}$, então AA^* não é invertível. Se $\ker(A) = \{\vec{o}\}$, então A é injetiva. Pelo Exercício 226, $A^*A : \mathbb{E} \to \mathbb{E}$ é um operador linear invertível.

Seja $A : \mathbb{R}^2 \to \mathbb{R}^3$ a transformação linear definida pondo $A(1,0) = (1,0,0)$ e $A(0,1) = (0,1,0)$. Os vetores $(1,0,0)$ e $(0,1,0)$ sendo L.I., a transformação linear A definida acima é injetiva. As matrizes de A e de A^* nas bases canônicas de $\mathbb{R}^2$ e $\mathbb{R}^3$ são:

$$\mathbf{a} = \begin{bmatrix} 1 & 0 \\ 0 & 1 \\ 0 & 0 \end{bmatrix}, \quad \mathbf{a}^{\mathbf{T}} = \begin{bmatrix} 1 & 0 & 0 \\ 0 & 1 & 0 \end{bmatrix}$$

respectivamente. As matrizes de A^*A e de AA^* são respectivamente $\mathbf{a}^{\mathbf{T}}\mathbf{a}$ e $\mathbf{a}\mathbf{a}^{\mathbf{T}}$. Desta forma, tem-se:

$$\mathbf{a}\mathbf{a}^{\mathbf{T}} = \begin{bmatrix} 1 & 0 & 0 \\ 0 & 1 & 0 \\ 0 & 0 & 0 \end{bmatrix}, \quad \mathbf{a}^{\mathbf{T}}\mathbf{a} = \mathbf{I}_2 = \begin{bmatrix} 1 & 0 \\ 0 & 1 \end{bmatrix}$$

Portanto, a matriz $\mathbf{a}\mathbf{a}^{\mathbf{T}}$ não é invertível, enquanto que a matriz $\mathbf{a}^{\mathbf{T}}\mathbf{a}$ é invertível. Assim sendo, o operador $AA^* : \mathbb{R}^3 \to \mathbb{R}^3$ não é invertível, mas $A^*A : \mathbb{R}^2 \to \mathbb{R}^2$ o é.

Se o operador linear $A^*A : \mathbb{E} \to \mathbb{E}$ é invertível, então a transformação linear $(A^*A)^{-1}A^* : F \to \mathbb{E}$ é uma inversa à esquerda de A (v. Exercício 226). Assim sendo, A é injetiva, donde $\ker A = \{\vec{o}\}$. Como $\mathrm{Im}\, A \subseteq \mathbb{F}$, $\dim(\mathrm{Im}\, A) \leq \dim \mathbb{F}$. Daí e

270 320 QUESTÕES RESOLVIDAS DE ÁLGEBRA LINEAR

do Teorema do Núcleo e da Imagem segue:

$$\dim \mathbb{E} = \dim \ker A + \dim \operatorname{Im} A = \dim \operatorname{Im} A \leq \dim \mathbb{F}$$

Portanto, se $\dim \mathbb{E} > \dim \mathbb{F}$, então o operador linear $A^*A : \mathbb{E} \to \mathbb{E}$ não é invertível. Mas, se $\dim \mathbb{E} > \dim \mathbb{F}$ e $\operatorname{Im} A = \mathbb{F}$, ou, equivalentemente, $\ker A^* = \{\vec{o}\}$, então A é sobrejetiva. Pelo Exercício 226, o operador linear $AA^* : \mathbb{F} \to \mathbb{F}$ é invertível, e $A^*(AA^*)^{-1} : \mathbb{F} \to \mathbb{E}$ é uma inversa à direita linear para A.

Exercício 251 - Dado um espaço euclidiano $\mathbb{E}$ de dimensão finita n, sejam $\mathbb{X} = \{\vec{u}_1, \dots, \vec{u}_n\} \subseteq \mathbb{E}$ uma base e $\mathbb{Y} = \{\vec{w}_1, \dots, \vec{w}_n\}$ a base recíproca da base $\mathbb{X}$ (v. Exercício 94). Sejam $A \in \operatorname{hom}(\mathbb{E})$, **a** a matriz de A na base $\mathbb{X}$ e **b** a matriz de A^* na base $\mathbb{Y}$. Prove que **b** é a transposta $\mathbf{a}^{\mathbf{T}}$ de **a**.

Solução: Valem, para qualquer $\vec{x} \in \mathbb{E}$, as seguintes igualdades:

$$\boxed{\vec{x} = \sum_{k=1}^{n} \langle \vec{x}, \vec{w}_k \rangle \vec{u}_k = \sum_{k=1}^{n} \langle \vec{x}, \vec{u}_k \rangle \vec{w}_k} \qquad (7.37)$$

(v. Exercício 95). Sejam $\mathbf{a} = [a_{kl}]$ e $\mathbf{b} = [b_{kl}]$. As igualdades (7.37) levam a:

$$\boxed{\begin{aligned} A\vec{u}_l &= \sum_{k=1}^{n} a_{kl} \vec{u}_k = \\ &= \sum_{k=1}^{n} \langle A\vec{u}_l, \vec{w}_k \rangle \vec{u}_k, \quad l = 1, \dots, n \end{aligned}} \qquad (7.38)$$

$$\boxed{\begin{aligned} A^*\vec{w}_l &= \sum_{k=1}^{n} b_{kl} \vec{w}_k = \\ &= \sum_{k=1}^{n} \langle A^*\vec{w}_l, \vec{u}_k \rangle \vec{w}_k, \quad l = 1, \dots, n \end{aligned}} \qquad (7.39)$$

Sendo $\mathbb{X}$ e $\mathbb{Y}$ bases de $\mathbb{E}$, (7.38) e (7.39) dizem que $a_{kl} = \langle A\vec{u}_l, \vec{w}_k \rangle$ e $b_{kl} = \langle A^*\vec{w}_l, \vec{u}_k \rangle$ para quaisquer $k, l = 1, \dots, n$. Desta forma, tem-se $b_{kl} = \langle A^*\vec{w}_l, \vec{u}_k \rangle = \langle \vec{u}_k, A^*\vec{w}_l \rangle = \langle A\vec{u}_k, \vec{w}_l \rangle = a_{lk}$, $k, l = 1, \dots, n$. Logo, $\mathbf{b} = \mathbf{a}^{\mathbf{T}}$, como se queria.

Exercício 252 - Seja **a** uma matriz quadrada. Se o traço (soma dos elementos da diagonal) de $\mathbf{a}^{\mathbf{T}}\mathbf{a}$ é zero, prove que **a**

CAPÍTULO 7 – A ADJUNTA 271

é a matriz nula, portanto $\mathbf{a} = \mathbf{o}$.

Solução: Dada $\mathbf{a} \in \mathbb{M}(n \times n)$, seja $A \in \text{hom}(\mathbb{R}^n)$ o operador linear, cuja matriz (na base canônica) é $\mathbf{a}$. A expressão $\langle A, B \rangle$ = $\mathbf{Tr}(A^*B)$ define um produto interno em $\text{hom}(\mathbb{R}^n)$ (v. Exercício 239). A matriz, na base canônica, de A^* é $\mathbf{a}^T$. Portanto, $\langle A, A \rangle$ = $\mathbf{Tr}(A^*A)$ = $\mathbf{Tr}(\mathbf{a}^T\mathbf{a})$. Decorre daí que, se $\mathbf{Tr}(\mathbf{a}^T\mathbf{a})$ = 0 então $\langle A, A \rangle$ = 0, donde $A = O$. Segue-se que $\mathbf{Tr}(\mathbf{a}^T\mathbf{a})$ = 0 implica $\mathbf{a} = \mathbf{o}$.

Uma matriz quadrada $\mathbf{a}$ chama-se *diagonalizável* quando é semelhante a uma matriz $\mathbf{d} = [d_{kl}]$ do tipo diagonal ($d_{kl} = 0$ se k é diferente de l). Noutros termos, quando existe $\mathbf{p}$ invertível tal que $\mathbf{p}^{-1}\mathbf{a}\mathbf{p} = \mathbf{d}$.

Exercício 253 - Seja $\mathbf{a} \in \mathbb{M}(n \times n)$ uma matriz diagonalizável. Prove que sua transposta $\mathbf{a}^T$ também é diagonalizável. Se a matriz do operador $A \in \text{hom}(\mathbb{E})$ relativamente a uma base de $\mathbb{E}$ é diagonalizável, prove que a matriz de A em relação a qualquer outra base é diagonalizável.

Solução:

Existe uma matriz invertível $\mathbf{p}$ de modo que $\mathbf{p}^{-1}\mathbf{a}\mathbf{p} = \mathbf{d}$, onde $\mathbf{d}$ é uma matriz diagonal. Logo,

$$\boxed{(\mathbf{p}^{-1}\mathbf{a}\mathbf{p})^T = \mathbf{p}^T\mathbf{a}^T(\mathbf{p}^{-1})^T = \mathbf{d}^T} \tag{7.40}$$

Sendo $\mathbf{d}$ do tipo diagonal, $\mathbf{d}^T$ = $\mathbf{d}$. Como a matriz $\mathbf{p}$ é invertível, sua transposta $\mathbf{p}^T$ também o é, e se tem $(\mathbf{p}^T)^{-1}$ = $(\mathbf{p}^{-1})^T$. Desta forma, (7.40) fornece:

$$\boxed{\mathbf{p}^T\mathbf{a}^T(\mathbf{p}^T)^{-1} = \mathbf{d}} \tag{7.41}$$

Fazendo $\mathbf{q} = (\mathbf{p}^T)^{-1}$ em (7.41) obtém-se $\mathbf{q}^{-1}\mathbf{a}^T\mathbf{q} = \mathbf{d}$. Portanto, $\mathbf{a}^T$ é diagonalizável.

Sejam $\mathbf{a}$ e $\mathbf{b}$ respectivamente as matrizes do operador linear $A : \mathbb{E} \to \mathbb{E}$ relativamente às bases $\mathbb{X}$ e $\mathbb{Y}$ de $\mathbb{E}$. Seja $\mathbf{m}$ a matriz de mudança da base $\mathbb{X}$ para a base $\mathbb{Y}$. Então $\mathbf{b}$ = $\mathbf{m}^{-1}\mathbf{a}\mathbf{m}$, donde:

272   320 QUESTÕES RESOLVIDAS DE ÁLGEBRA LINEAR

$$\boxed{\mathbf{a} = \mathbf{mbm}^{-1} = (\mathbf{m}^{-1})^{-1}\mathbf{bm}^{-1}} \qquad (7.42)$$

Supondo $\mathbf{a}$ diagonalizável, sejam $\mathbf{d}$ uma matriz do tipo diagonal e $\mathbf{p}$ uma matriz invertível de modo que $\mathbf{p}^{-1}\mathbf{ap} = \mathbf{d}$. De (7.42) obtém-se:

$$\boxed{\begin{aligned} \mathbf{p}^{-1}\mathbf{ap} &= \mathbf{p}^{-1}[(\mathbf{m}^{-1})^{-1}\mathbf{bm}^{-1}]\mathbf{p} = \\ &= [\mathbf{p}^{-1}(\mathbf{m}^{-1})^{-1}]\mathbf{b}(\mathbf{m}^{-1}\mathbf{p}) = \\ &= (\mathbf{m}^{-1}\mathbf{p})^{-1}\mathbf{b}(\mathbf{m}^{-1}\mathbf{p}) = \mathbf{d} \end{aligned}} \qquad (7.43)$$

Fazendo $\mathbf{q} = \mathbf{m}^{-1}\mathbf{p}$ em (7.43), obtém-se $\mathbf{q}^{-1}\mathbf{bq} = \mathbf{d}$. Portanto, a matriz $\mathbf{b}$, do operador A na base $\mathbb{Y}$, é diagonalizável.

Exercício 254 - Dado um espaço euclidiano $\mathbb{E}$, sejam $\vec{x}_0 \in \mathbb{E}$, $\varphi_0 \in \mathbb{E}^*$ definida pondo $\varphi_0(\vec{x}) = \langle \vec{x}, \vec{x}_0 \rangle$ e $\varphi_0^* : \mathbb{R} \to \mathbb{E}$ dada por $\varphi_0^*(\lambda) = \lambda\vec{x}_0$. Prove que φ_0^* é a adjunta de φ_0. Prove ainda que $\varphi_0(\varphi_0^*(1)) = \|\vec{x}_0\|^2$ e $\varphi_0^*(\varphi_0(\vec{x})) = \langle \vec{x}, \vec{x}_0 \rangle\vec{x}_0$ para todo $\vec{x} \in \mathbb{E}$.

Solução: Sejam $\vec{x} \in \mathbb{E}$ e $\lambda \in \mathbb{R}$ quaisquer. Tem-se $\langle \varphi_0(\vec{x}), \lambda \rangle = \lambda\varphi_0(\vec{x}) = \lambda\langle \vec{x}, \vec{x}_0 \rangle = \langle \vec{x}, \lambda\vec{x}_0 \rangle = \langle \vec{x}, \varphi_0^*(\lambda) \rangle$ (o produto interno canônico em $\mathbb{R}$ é o produto usual de números reais). Portanto, φ_0^* é a adjunta do funcional linear φ_0. Como $\varphi_0^*(1) = \vec{x}_0$, segue-se $\varphi_0(\varphi_0^*(1)) = \varphi_0(\vec{x}_0) = \langle \vec{x}_0, \vec{x}_0 \rangle = \|\vec{x}_0\|^2$. Sendo $\varphi_0^*(\lambda) = \lambda\vec{x}_0$ para todo $\lambda \in \mathbb{R}$ e $\varphi_0(\vec{x}) = \langle \vec{x}, \vec{x}_0 \rangle$ para todo $\vec{x} \in \mathbb{E}$, tem-se $\varphi_0^*(\varphi_0(\vec{x})) = \varphi_0^*(\langle \vec{x}, \vec{x}_0 \rangle) = \langle \vec{x}, \vec{x}_0 \rangle\vec{x}_0$, seja qual for $\vec{x} \in \mathbb{E}$.

Exercício 255 - Sejam $\mathbb{E}$, $\mathbb{F}$ espaços euclidianos, sendo $\mathbb{E}$ de dimensão finita. Seja $A : \mathbb{E} \to \mathbb{F}$ uma transformação linear. Prove que a restrição de A à imagem $\operatorname{Im} A^*$ define um isomorfismo $A : \operatorname{Im} A^* \to \operatorname{Im} A$. Analogamente, A^* transforma o subespaço $\operatorname{Im} A$ isomorficamente sobre $\operatorname{Im} A^*$. São estes isomorfismos um o inverso do outro?

Solução:

Seja $B : \operatorname{Im} A^* \to \operatorname{Im} A$ a transformação linear definida pondo $B\vec{x} = A\vec{x}$ para todo $\vec{x} \in \operatorname{Im} A^*$. Sendo o domínio de B o subespaço $\operatorname{Im} A^*$, tem-se $\ker B \subseteq \operatorname{Im} A^*$. Tem-se também $\ker B \subseteq \ker A$. De fato, $B\vec{x} = A\vec{x}$ para todo $\vec{x} \in \operatorname{Im} A^*$. Portanto,

CAPÍTULO 7 – A ADJUNTA 273

$$\boxed{\ker B \subseteq (\ker A) \cap (\operatorname{Im} A^*)} \tag{7.44}$$

Tem-se $\ker A = (\operatorname{Im} A^*)^\perp$ (v. Exercício 217). Resulta disto e de (7.44) que $\ker B \subseteq (\operatorname{Im} A^*) \cap (\operatorname{Im} A^*)^\perp = \{\vec{o}\}$. Decorre daí que $\ker B = \{\vec{o}\}$. Logo, a transformação linear B é injetiva. Sendo $\mathbb{E}$ de dimensão finita, $\operatorname{Im} A^* \subseteq \mathbb{E}$ é de dimensão finita. Como $\dim(\operatorname{Im} A) = \dim(\operatorname{Im} A^*)$ (v. Exercício 230) e B é injetiva, B é um isomorfismo de $\operatorname{Im} A^*$ sobre $\operatorname{Im} A$. Analogamente: Como $A^{**} = A$, a transformação linear $C : \operatorname{Im} A \to \operatorname{Im} A^*$, definida pondo $C\vec{x} = A^*\vec{x}$, é um isomorfismo de $\operatorname{Im} A$ sobre $\operatorname{Im} A^*$.

Seja $A \in \hom(\mathbb{R}^2)$ a transformação linear definida pondo:

$$\boxed{A(1,0) = (1,0), \quad A(0,1) = (1,1)} \tag{7.45}$$

Resulta de (7.45) que as matrizes de A e de A^*, em relação à base canônica de $\mathbb{R}^2$, são:

$$\boxed{\mathbf{a} = \begin{bmatrix} 1 & 1 \\ 0 & 1 \end{bmatrix}, \quad \mathbf{a^T} = \begin{bmatrix} 1 & 0 \\ 1 & 1 \end{bmatrix}} \tag{7.46}$$

De (7.46) obtém-se:

$$\boxed{A^*(1,0) = (1,1), \quad A^*(0,1) = (0,1)} \tag{7.47}$$

Os vetores $(1,0)$ e $(1,1)$ são LI, e os vetores $(1,1)$ e $(0,1)$ são também LI. Assim sendo, (7.45) e (7.47) mostram que A e A^* são isomorfismos de $\mathbb{R}^2$ sobre $\mathbb{R}^2$. Desta forma, $\operatorname{Im} A = \operatorname{Im} A^* = \mathbb{R}^2$. Contudo, tem-se:

$$AA^*(1,0) = A[A^*(1,0)] = A(1,1) =$$

$$= A(1,0) + A(0,1) = (1,0) + (1,1) =$$

$$= (2,1)$$

Segue-se que AA^* é diferente da identidade I_2 de $\mathbb{R}^2$. Logo, A e A^* não são inversos um do outro.

Exercício 256 - Mostre, com um exemplo, que o Exercício 255 não é válido se $\mathbb{E}$ é de dimensão infinita.

Solução: Seja $\mathbb{E} = \mathbb{F} = \mathcal{P}$ o espaço vetorial dos polinômios $p : \mathbb{R} \to \mathbb{R}$. Para cada $n = 0,1,2,\ldots$, seja u_n o polinômio dado

274   320 QUESTÕES RESOLVIDAS DE ÁLGEBRA LINEAR

por $u_n(x) = x^n$. Considerando em $\mathbb{E}$ qualquer um dos produtos internos $\langle p, q \rangle = \int_a^b p(x)q(x)dx$ (onde $a < b$), $\langle p, q \rangle = \int_0^\infty e^{-x}p(x)q(x)dx$ (v. Exercícios 105 e 106), seja $A \in \text{hom}(\mathbb{E})$ o operador linear definido pondo $Ap = u_1 p$. (portanto, $Ap(x) = u_1(x)p(x) = xp(x)$ para todo $x \in \mathbb{R}$). O operador A possui adjunto, sendo $A^* = A$. Portanto, $\text{Im}\,A = \text{Im}\,A^*$ (v. Exercício 219). Seja $B : \text{Im}\,A \to \text{Im}\,A$ definida pondo $Bp = Ap = u_1 p$. Pela definição de A, todo polinômio $p \in \text{Im}\,A$ se escreve como $p = u_1 q$, onde $q : \mathbb{R} \to \mathbb{R}$ é um polinômio. Por esta razão, $Bp = u_1 p = u_1(u_1 q) = (u_1 u_1)q = u_2 q$ onde q é um polinômio, para qualquer $p \in \text{Im}\,A$. Logo, a imagem $\text{Im}\,B$ de B é formada pelos polinômios da forma $u_2 q$ $((u_2 q)(x) = u_2(x)q(x) = x^2 q(x))$ onde q é um polinômio. Assim sendo, o polinômio u_1 pertence a $\text{Im}\,A$ mas não pertence a $\text{Im}\,B$. Segue-se que B não é sobrejetiva. Portanto, B não é um isomorfismo de $\text{Im}\,A^*$ (que é igual a $\text{Im}\,A$) sobre $\text{Im}\,A$.

Exercício 257 - Seja $\mathbb{E} = \mathcal{P}$ o espaço vetorial dos polinômios $p : \mathbb{R} \to \mathbb{R}$. Para cada $n = 0,1,2,\ldots$, seja $u_n : \mathbb{R} \to \mathbb{R}$ o polinômio definido pondo $u_n(x) = x^n$. Para cada m inteiro positivo, seja $\mathbb{V}_m$ o subespaço vetorial de $\mathbb{E}$ gerado pelo conjunto $\mathbb{X}_m = \{u_m, u_{m+1}, \ldots\}$. Usando o Exercício 217, mostre que o complemento ortogonal $\mathbb{V}_m^\perp$ de $\mathbb{V}_m$, em relação a qualquer um dos produtos internos do exercício anterior, é $\{O\}$, onde $O \in \mathcal{P}$ é o polinômio nulo.

Solução:

Seja, para cada $m = 1,2,\ldots$, $A_m \in \text{hom}(\mathbb{E})$ o operador linear definido por $A_m p = u_m p$ (multiplicação por x^m; $A_m p(x) = u_m(x)p(x) = x^m p(x)$ para todo $x \in \mathbb{R}$). Sejam $p, q : \mathbb{R} \to \mathbb{R}$ polinômios quaisquer. Tem-se:

$$A_m p(x)q(x) = [(u_m p)(x)]q(x) =$$

$$= [u_m(x)p(x)]q(x) = p(x)[u_m(x)q(x)] =$$

$$= p(x)[(u_m q)(x)] = p(x)A_m q(x)$$

seja qual for $x \in \mathbb{R}$. Por esta razão,

CAPÍTULO 7 – A ADJUNTA **275**

$$\boxed{\langle A_m p, q \rangle = \langle p, A_m q \rangle, \quad m = 1, 2, \ldots} \tag{7.48}$$

Resulta de (7.48) que cada um dos operadores A_m possui adjunto A_m^*, sendo $A_m^* = A_m$.

Para todo polinômio $p = \sum_{k=0}^{n} a_k u_k \in \mathbb{E}$, tem-se $A_m p = u_m p = u_m \sum_{k=0}^{n} a_k u_k = \sum_{k=0}^{n} a_k u_m u_k = \sum_{k=0}^{n} a_k u_{m+k}$. Logo, $A_m p \in \mathbb{V}_m$ para todo polinômio $p \in \mathbb{R}$. Assim sendo, $\operatorname{Im} A_m \subseteq \mathbb{V}_m$. Por outro lado, como $u_{m+n}(x) = x^{m+n} = x^m x^n = u_m(x) u_n(x) = (u_m u_n)(x) = A_m u_n(x)$ para todo $x \in \mathbb{R}$ e para todo n inteiro não-negativo, $u_{m+n} = A_m u_n \in \operatorname{Im} A_m$, $n = 0,1,2,\ldots$ Logo, $\mathbb{X}_m \subseteq \operatorname{Im} A_m$. Como $\operatorname{Im} A_m$ é subespaço vetorial de $\mathbb{E}$, segue-se que $\mathbb{V}_m = \mathcal{S}(\mathbb{X}_m) \subseteq \operatorname{Im} A_m$. Com isto, tem-se $\operatorname{Im} A_m = \mathbb{V}_m$, $m = 1,2,\ldots$

Se $A_m p = O$ então $A_m p(x) = u_m(x) p(x) = x^m p(x) = O(x) = 0$ para todo $x \in \mathbb{R}$, donde $p(x) = 0$ para todo $x \in \mathbb{R}$ diferente de zero. Sendo p um polinômio, decorre daí que $p(x) = 0$ para todo $x \in \mathbb{R}$, e portanto que p é o polinômio nulo O. Por consequência, $\ker A_m = \{O\}$, $m = 1,2,\ldots$

Uma vez que $A_m = A_m^*$, tem-se, pelo Exercício 217, $\ker A_m = \ker A_m^* = (\operatorname{Im} A_m)^\perp$. Como $\ker A_m = \{O\}$ e $\operatorname{Im} A_m = \mathbb{V}_m$, segue-se que $\mathbb{V}_m^\perp = \{O\}$, $m = 1,2,\ldots$

Exercício 258 - Seja $A \in \operatorname{hom}(\mathbb{R}^3)$ o operador linear definido por:

$$A(x_1, x_2, x_3) =$$

$$= (x_1 + x_2 + x_3, 3x_1 - 2x_2 - x_3, -2x_1 + 3x_2 + 2x_3)$$

Obtenha bases para $\ker A$, $\operatorname{Im} A$, $\ker A^*$ e $\operatorname{Im} A^*$.

Solução:

O núcleo $\ker A$ de A é o conjunto dos vetores $\vec{x} \in \mathbb{R}^3$ que satisfazem:

$$\begin{cases} x_1 + x_2 + x_3 = 0 \\ 3x_1 - 2x_2 - x_3 = 0 \\ -2x_1 + 3x_2 + 2x_3 = 0 \end{cases} \tag{7.49}$$

276 320 QUESTÕES RESOLVIDAS DE ÁLGEBRA LINEAR

Resolvendo o sistema (7.49) por eliminação, obtém-se $x_2 = 4x_1$ e $x_3 = -5x_1$. Com isto, o núcleo $\ker A$ de A é o conjunto dos vetores da forma $(x_1, 4x_1, -5x_1)$. Assim sendo, $\ker A$ é o subespaço $S(\vec{w}_1)$ gerado pelo vetor $\vec{w}_1 = (1, 4, -5)$.

Pela definição de A, as matrizes, na base canônica de $\mathbb{R}^3$, de A e de A^* são, respectivamente:

$$\mathbf{a} = \begin{bmatrix} 1 & 1 & 1 \\ 3 & -2 & -1 \\ -2 & 3 & 2 \end{bmatrix}, \quad \mathbf{a^T} = \begin{bmatrix} 1 & 3 & -2 \\ 1 & -2 & 3 \\ 1 & -1 & 2 \end{bmatrix}$$

Portanto, o operador $A^* : \mathbb{R}^3 \to \mathbb{R}^3$ é definido do modo seguinte:

$$A^*(x_1, x_2, x_3) =$$

$$= (x_1 + 3x_2 - 2x_3, x_1 - 2x_2 + 3x_3, x_1 - x_2 + 2x_3)$$

Desta maneira, o núcleo $\ker A^*$ de A^* é o conjunto dos vetores $\vec{x} \in \mathbb{R}^3$ que são soluções do seguinte sistema linear:

$$\begin{cases} x_1 + 3x_2 - 2x_3 = 0 \\ x_1 - 2x_2 + 3x_3 = 0 \\ x_1 - x_2 + 2x_3 = 0 \end{cases} \tag{7.50}$$

Resolvendo o sistema (7.50) por eliminação, obtém-se $x_1 = -x_2$ e $x_2 = x_3$. Logo, o núcleo $\ker A^*$ de A^* é o conjunto dos vetores $\vec{x} \in \mathbb{R}^3$ tais que $\vec{x} = (x_1, -x_1, -x_1)$. Por esta razão, $\ker A^*$ é o subespaço $S(\vec{w}_2)$ gerado pelo vetor $\vec{w}_2 = (1, -1, -1)$.

Tem-se (v. Exercício 218) $\operatorname{Im} A = (\ker A^*)^\perp$. Como $\ker A^* = S(\vec{w}_2)$, segue-se que $\operatorname{Im} A$ é o conjunto das soluções $\vec{x} \in \mathbb{R}^3$ da equação:

$$\boxed{x_1 - x_2 - x_3 = 0} \tag{7.51}$$

Os vetores $\vec{u}_1 = (1, 1, 0)$ e $\vec{u}_2 = (1, -1, 2)$ são soluções de (7.51), logo pertencem a $\operatorname{Im} A$. Os vetores $\vec{u}_1$ e $\vec{u}_2$ são LI, porque são ortogonais e não-nulos. O Teorema do Núcleo e da Imagem fornece $\dim(\operatorname{Im} A) = 2$, porque $\dim(\ker A) = 1$. Logo, $\vec{u}_1$ e $\vec{u}_2$ formam uma base de $\operatorname{Im} A$.

CAPÍTULO 7 – A ADJUNTA   **277**

Sendo $\operatorname{Im} A^* = (\ker A)^\perp$ (v. Exercício 218) e $\ker A = \mathcal{S}(\vec{w}_1)$, a imagem $\operatorname{Im} A^*$ é o conjunto dos vetores $\vec{x} \in \mathbb{R}^3$ que cumprem a seguinte condição:

$$\boxed{x_1 + 4x_2 - 5x_3 = 0} \tag{7.52}$$

Os vetores $\vec{v}_1 = (4, -1, 0)$ e $\vec{v}_2 = (5, 20, 17)$ são soluções de (7.52). Por isto, $\vec{v}_1, \vec{v}_2 \in \operatorname{Im} A^*$. Tem-se $\dim(\operatorname{Im} A^*) = \dim(\operatorname{Im} A) = 2$ (v. Exercício 230). Os vetores $\vec{v}_1$ e $\vec{v}_2$ são LI, pois são ortogonais e não-nulos. Decorre daí que $\vec{v}_1$ e $\vec{v}_2$ formam uma base de $\operatorname{Im} A^*$.

Exercício 259 - Seja $\mathbb{B} = \{\vec{u}_1, \ldots, \vec{u}_n\}$ uma base ortonormal do espaço euclidiano $\mathbb{E}$. Prove que se tem $\sum_{k=1}^{n} \|A\vec{u}_k\|^2 = \sum_{k=1}^{n} \|A^*\vec{u}_k\|^2$ para todo operador linear $A \in \hom(\mathbb{E})$.

Solução: Dado um operador linear $A \in \hom(\mathbb{E})$, sejam $\mathbf{c} = [c_{kl}]$ e $\mathbf{d} = [d_{kl}]$ respectivamente as matrizes de A^*A e de AA^* relativamente à base $\mathbb{B}$. Como $\mathbb{B}$ é uma base ortonormal, tem-se:

$$\boxed{\begin{aligned} A^*A\vec{u}_k &= \sum_{l=1}^{n} c_{lk}\vec{u}_l = \sum_{l=1}^{n}\langle A^*A\vec{u}_k, \vec{u}_l\rangle\vec{u}_l = \\ &= \sum_{l=1}^{n}\langle \vec{u}_l, A^*A\vec{u}_k\rangle\vec{u}_l = \sum_{l=1}^{n}\langle A\vec{u}_k, A\vec{u}_l\rangle\vec{u}_l \end{aligned}} \tag{7.53}$$

De modo análogo, obtém-se:

$$\boxed{AA^*\vec{u}_k = \sum_{l=1}^{n} d_{lk}\vec{u}_l = \sum_{l=1}^{n}\langle A^*\vec{u}_k, A^*\vec{u}_l\rangle\vec{u}_l} \tag{7.54}$$

Sendo as igualdades (7.53) e (7.54) válidas para cada $k = 1, \ldots, n$, segue-se $c_{lk} = c_{kl} = \langle A\vec{u}_k, A\vec{u}_l\rangle$ e $d_{lk} = d_{kl} = \langle A^*\vec{u}_k, A^*\vec{u}_l\rangle$, para quaisquer $k, l = 1, \ldots, n$. Em particular, $c_{kk} = \langle A\vec{u}_k, A\vec{u}_k\rangle = \|A\vec{u}_k\|^2$ e $d_{kk} = \langle A^*\vec{u}_k, A^*\vec{u}_k\rangle = \|A^*\vec{u}_k\|^2$, para cada $k = 1, \ldots, n$. Desta maneira, tem-se:

$$\boxed{\mathbf{Tr}(A^*A) = \sum_{k=1}^{n} c_{kk} = \sum_{k=1}^{n} \|A\vec{u}_k\|^2} \tag{7.55}$$

e também:

$$\boxed{\mathbf{Tr}(AA^*) = \sum_{k=1}^{n} d_{kk} = \sum_{k=1}^{n} \|A^*\vec{u}_k\|^2} \tag{7.56}$$

Sendo $\mathbf{Tr}(A^*A) = \mathbf{Tr}(AA^*)$ (de fato, $\mathbf{Tr}(AB) = \mathbf{Tr}(BA)$ para quaisquer $A, B \in \hom(\mathbb{E})$), (7.55) e (7.56) dão $\sum_{k=1}^{n} \|A\vec{u}_k\|^2 =$

278 320 QUESTÕES RESOLVIDAS DE ÁLGEBRA LINEAR

$\sum_{k=1}^{n} \|A^*\vec{u}_k\|^2$, como se queria.

Exercício 260 - Sejam $\mathbb{E}$ um espaço euclidiano, $\mathbb{F} \subseteq \mathbb{E}$ um subespaço e $A_0 : \mathbb{F} \to \mathbb{E}$ a *inclusão* de $\mathbb{F}$ em $\mathbb{E}$, definida pondo $A_0\vec{x} = \vec{x}$ para todo $\vec{x} \in \mathbb{F}$. Prove que A_0 possui adjunta $A_0^* : \mathbb{E} \to \mathbb{F}$ se, e somente se, $\mathbb{E}$ admite a decomposição em soma direta $\mathbb{E} = \mathbb{F} \oplus \mathbb{F}^\perp$.

Solução:

Supondo que A_0 possui adjunta $A_0^* : \mathbb{E} \to \mathbb{F}$, seja $\vec{y} \in \mathbb{F}$ arbitrário. Como $A_0\vec{x} = \vec{x}$ para todo $\vec{x} \in \mathbb{F}$, segue-se:

$$\langle \vec{x}, \vec{y} \rangle = \langle A_0\vec{x}, \vec{y} \rangle = \langle \vec{x}, A_0^*\vec{y} \rangle$$

e portanto $\langle \vec{x}, \vec{y} - A_0^*\vec{y} \rangle = 0$ para qualquer $\vec{x} \in \mathbb{F}$. Como $\vec{y}$ e $A_0^*\vec{y}$ pertencem a $\mathbb{F}$, tem-se, em particular, $\langle \vec{y} - A_0^*\vec{y}, \vec{y} - A_0^*\vec{y} \rangle = 0$, donde $\vec{y} - A_0^*\vec{y} = \vec{o}$. Conclui-se daí que $A_0^*\vec{y} = \vec{y}$, seja qual for $\vec{y} \in \mathbb{F}$. Logo, $\operatorname{Im}A_0^* = \mathbb{F}$. É evidente que $\operatorname{Im}A_0 = \mathbb{F}$. Assim sendo,

$$\boxed{\operatorname{Im}A_0^* = \operatorname{Im}A_0 = \mathbb{F}} \tag{7.57}$$

Seja $\vec{x} \in \mathbb{F}$ qualquer. Como $A_0\vec{x} = \vec{x}$ e $A_0^*\vec{y} = \vec{y}$ para todo $\vec{y} \in \mathbb{F}$, tem-se $A_0^*A_0\vec{x} = A_0^*(A_0\vec{x}) = A_0^*\vec{x} = \vec{x}$. Portanto, $A_0^*A_0 \in \hom(\mathbb{F})$ é a identidade $I_\mathbb{F}$ do espaço $\mathbb{F}$. Desta forma,

$$(A_0A_0^*)^2 = (A_0A_0^*)(A_0A_0^*) =$$

$$= A_0(A_0^*A_0)A_0^* = [A_0(A_0^*A_0)]A_0^* =$$

$$= (A_0 I_\mathbb{F})A_0^* = A_0A_0^*$$

Por consequência, o operador $A_0A_0^* \in \hom(\mathbb{E})$ é uma projeção. Seja agora $\vec{x} \in \mathbb{E}$ arbitrário. Como $A_0^*\vec{x} \in \mathbb{F}$, resulta da definição de A_0 que $A_0A_0^*\vec{x} = A_0(A_0^*\vec{x}) = A_0^*\vec{x}$. Portanto, $A_0A_0^*\vec{x} = A_0^*\vec{x}$ para todo $\vec{x} \in \mathbb{E}$. Daí e de (7.57) vem:

$$\boxed{\operatorname{Im}(A_0A_0^*) = \operatorname{Im}A_0^* = \mathbb{F}} \tag{7.58}$$

Uma vez que $(A_0A_0^*)^* = A_0^{**}A_0^* = A_0A_0^*$, (7.58) e o Exercício 217 conduzem a:

CAPÍTULO 7 – A ADJUNTA **279**

$$\ker(A_0 A_0^*) = \ker(A_0 A_0^*)^* =$$
$$= [\operatorname{Im}(A_0 A_0^*)]^\perp = (\operatorname{Im} A_0^*)^\perp = \mathbb{F}^\perp \tag{7.59}$$

Sendo $A_0 A_0^* : \mathbb{E} \to \mathbb{E}$ uma projeção, tem-se $\mathbb{E} = \operatorname{Im}(A_0 A_0^*) \oplus \ker(A_0 A_0^*)$. Com isto, (7.58) e (7.59) fornecem $\mathbb{E} = \mathbb{F} \oplus \mathbb{F}^\perp$.

Reciprocamente: Supondo que $\mathbb{E}$ admite a decomposição em soma direta $\mathbb{F} \oplus \mathbb{F}^\perp$, sejam $B \in \operatorname{hom}(\mathbb{E})$ a projeção ortogonal tal que $\operatorname{Im} B = \mathbb{F}$ e $\ker B = \mathbb{F}^\perp$ (v. Exercício 178) e $B_0 : \mathbb{E} \to \mathbb{F}$ a transformação linear definida pondo $B_0 \vec{x} = B\vec{x}$ para todo $\vec{x} \in \mathbb{E}$. Dados $\vec{x} \in \mathbb{F}$ e $\vec{y} \in \mathbb{E}$ quaisquer, tem-se:

$$\langle A_0 \vec{x}, \vec{y} \rangle = \langle \vec{x}, \vec{y} \rangle =$$
$$= \langle \vec{x}, B\vec{y} + (\vec{y} - B\vec{y}) \rangle = \langle \vec{x}, B\vec{y} \rangle + \langle \vec{x}, \vec{y} - B\vec{y} \rangle \tag{7.60}$$

Como $\vec{x} \in \mathbb{F}$, $\vec{y} - B\vec{y} \in \ker B$ e $\ker B = \mathbb{F}^\perp$, $\langle \vec{x}, \vec{y} - B\vec{y} \rangle = 0$. Pela definição de B_0, $B\vec{y} = B_0 \vec{y}$. Desta maneira, (7.60) conduz a:

$$\langle A_0 \vec{x}, \vec{y} \rangle = \langle \vec{x}, B\vec{y} \rangle = \langle \vec{x}, B_0 \vec{y} \rangle \tag{7.61}$$

Sendo (7.61) válida para todo $\vec{x} \in \mathbb{F}$ e para todo $\vec{y} \in \mathbb{E}$, segue-se que B_0 é a adjunta A_0^* de A_0.

Exercício 261 - Seja $A \in \operatorname{hom}(\mathbb{E})$ um operador linear num espaço euclidiano $\mathbb{E}$ de dimensão finita. Se $\mathbb{E}$ possui uma base formada por autovetores de A, prove que existe também uma base formada por autovetores de A^*.

Solução: Sejam $\mathbb{X} = \{\vec{u}_1, \dots, \vec{u}_n\}$ uma base de $\mathbb{E}$ formada por autovetores de A e $\mathbb{Y} = \{\vec{w}_1, \dots, \vec{w}_n\}$ a base recíproca de $\mathbb{X}$ (v. Exercício 94). Para todo vetor $\vec{x} \in \mathbb{E}$ valem as seguintes igualdades:

$$\vec{x} = \sum_{k=1}^{n} \langle \vec{x}, \vec{w}_k \rangle \vec{u}_k = \sum_{k=1}^{n} \langle \vec{x}, \vec{u}_k \rangle \vec{w}_k \tag{7.62}$$

(v. Exercício 95). Sendo $\vec{u}_1, \dots, \vec{u}_n$ autovetores de A, existem números reais $\lambda_1, \dots, \lambda_n$ de modo que:

$$A\vec{u}_1 = \lambda_1 \vec{u}_1, \dots, A\vec{u}_n = \lambda_n \vec{u}_n \tag{7.63}$$

Das igualdades (7.62) e (7.63) obtém-se:

280   320 QUESTÕES RESOLVIDAS DE ÁLGEBRA LINEAR

$$A^* \vec{w}_l = \sum_{k=1}^{n} \langle A^* \vec{w}_l, \vec{u}_k \rangle \vec{w}_k =$$

$$= \sum_{k=1}^{n} \langle \vec{w}_l, A\vec{u}_k \rangle \vec{w}_k = \sum_{k=1}^{n} \langle \vec{w}_l, \lambda_k \vec{u}_k \rangle \vec{w}_k =$$

$$= \sum_{k=1}^{n} \lambda_k \langle \vec{w}_l, \vec{u}_k \rangle \vec{w}_k = \sum_{k=1}^{n} \lambda_k \delta_{lk} \vec{w}_k =$$

$$= \lambda_l \vec{w}_l, \quad l = 1, \dots, n$$

Logo, os vetores $\vec{w}_1, \dots, \vec{w}_n$ são autovetores do operador A^*, correspondentes aos autovalores $\lambda_1, \dots, \lambda_n$, nesta ordem.

Exercício 262 - Sejam $A \in \mathrm{hom}(\mathbb{E})$ um operador linear num espaço euclidiano de dimensão finita, e $\mathbb{V} \subseteq \mathbb{E}$ um subespaço invariante por A. Seja $B \in \mathrm{hom}(\mathbb{V})$ definido pondo $B\vec{v} = A\vec{v}$ para todo $\vec{v} \in \mathbb{V}$. Mostre que existe um operador linear $Q \in \mathrm{hom}(\mathbb{E})$ de modo que para todo $\vec{v} \in \mathbb{V}$ se tem $A^*\vec{v} = B^*\vec{v} + Q\vec{v}$, com $Q\vec{v} \in \mathbb{V}^\perp$.

Solução: Sejam $\dim \mathbb{V} = m$ e $\dim \mathbb{E} = n$, com $m < n$. Sendo $\mathbb{E}$ de dimensão finita, admite a decomposição em soma direta $\mathbb{E} = \mathbb{V} \oplus \mathbb{V}^\perp$ (v. Exercício 192). Logo, $\dim \mathbb{V}^\perp = n - m$. Sejam $\mathbb{X}_1 = \{\vec{u}_1, \dots, \vec{u}_m\}$ uma base ortonormal de $\mathbb{V}$ e $\mathbb{X}_2 = \{\vec{u}_{m+1}, \dots, \vec{u}_n\}$ uma base ortonormal de $\mathbb{V}^\perp$. Os conjuntos $\mathbb{X}_1$ e $\mathbb{X}_2$ são disjuntos, porque $\mathbb{X}_1 \subseteq \mathbb{V}$ e $\mathbb{X}_2 \subseteq \mathbb{V}^\perp$. Como $\mathbb{X}_1$ tem m elementos e $\mathbb{X}_2$ tem $n - m$ elementos, sua reunião $\mathbb{X} = \mathbb{X}_1 \cup \mathbb{X}_2$ é um conjunto ortonormal com n elementos. Por isto, $\mathbb{X} = \mathbb{X}_1 \cup \mathbb{X}_2$ é uma base ortonormal de $\mathbb{E}$. Seja $\mathbf{a} = [a_{kl}]$ a matriz de A em relação à base $\mathbb{X}$. Tem-se:

$$\boxed{\begin{array}{c} A\vec{u}_l = \sum_{k=1}^{n} a_{kl}\vec{u}_k = \\ = \sum_{k=1}^{m} a_{kl}\vec{u}_k + \sum_{k=m+1}^{n} a_{kl}\vec{u}_k, \quad l = 1, \dots, n \end{array}} \tag{7.64}$$

Como $\mathbb{X}_1 = \{\vec{u}_1, \dots, \vec{u}_m\} \subseteq \mathbb{V}$ e $\mathbb{V}$ é invariante por A, os vetores $A\vec{u}_l$, $l = 1, \dots, m$, pertencem a $\mathbb{V}$. Sendo $\mathbb{X}_2$ uma base de $\mathbb{V}^\perp$, o vetor $\sum_{k=m+1}^{n} a_{kl}\vec{u}_k \in \mathbb{V}^\perp$. Com isto, (7.64) conduz a:

$$\boxed{A\vec{u}_l = \sum_{k=1}^{m} a_{kl}\vec{u}_k, \quad l = 1, \dots, m} \tag{7.65}$$

Seja $\mathbf{b} = [b_{kl}]$ a matriz de B em relação à base $\mathbb{X}_1$. Como $\vec{u}_1, \dots, \vec{u}_m \in \mathbb{V}$, resulta da definição de B que se tem:

CAPÍTULO 7 – A ADJUNTA **281**

$$B\vec{u}_l = A\vec{u}_l = \sum_{k=1}^{m} b_{kl}\vec{u}_k, \quad l = 1, \dots, m \tag{7.66}$$

Sendo $\mathbb{X}_1$ uma base de $\mathbb{V}$, de (7.65) e (7.66) tira-se:

$$b_{kl} = a_{kl}, \quad k, l = 1, \dots, m \tag{7.67}$$

A matriz do operador $B^* \in \text{hom}(\mathbb{V})$ em relação à base $\mathbb{X}_1$ é a transposta $\mathbf{b^T}$ da matriz $\mathbf{b}$, porque $\mathbb{X}_1$ é ortonormal. Assim sendo, decorre de (7.67) que B^* é definido pelas igualdades:

$$\begin{aligned} B^*\vec{u}_l &= \sum_{k=1}^{m} b_{lk}\vec{u}_k = \\ &= \sum_{k=1}^{m} a_{lk}\vec{u}_k, \quad l = 1, \dots, m \end{aligned} \tag{7.68}$$

Por sua vez, a matriz de A^* em relação à base ortonormal $\mathbb{X}$ é a transposta $\mathbf{a^T}$ da matriz $\mathbf{a}$. Por esta razão,

$$\begin{aligned} A^*\vec{u}_l &= \sum_{k=1}^{n} a_{lk}\vec{u}_k = \\ &= \sum_{k=1}^{m} a_{lk}\vec{u}_k + \sum_{k=m+1}^{n} a_{lk}\vec{u}_k, \quad l = 1, \dots, n \end{aligned} \tag{7.69}$$

De (7.68) e (7.69) obtém-se:

$$A^*\vec{u}_l = B^*\vec{u}_l + \sum_{k=m+1}^{n} a_{lk}\vec{u}_k, \quad l = 1, \dots, m \tag{7.70}$$

Seja $Q \in \text{hom}(\mathbb{E})$ o operador linear definido do modo seguinte:

$$Q\vec{u}_l = \begin{cases} \sum_{k=m+1}^{n} a_{lk}\vec{u}_k, & \text{se} \quad 1 \le l \le m \\ \vec{o}, & \text{se} \quad m + 1 \le l \le n \end{cases} \tag{7.71}$$

As igualdades listadas em (7.70) e a definição (7.71) fornecem:

$$A^*\vec{u}_l = B^*\vec{u}_l + Q\vec{u}_l, \quad l = 1, \dots, m \tag{7.72}$$

Como $\{\vec{u}_1, \dots, \vec{u}_m\}$ é uma base de $\mathbb{V}$, resulta de (7.72) que $A^*\vec{v} = B^*\vec{v} + Q\vec{v}$, seja qual for $\vec{v} \in \mathbb{V}$. Pela definição de Q, $Q\vec{x} \in \mathbb{V}^\perp$ para todo $\vec{x} \in \mathbb{E}$. Logo, $Q\vec{v} \in \mathbb{V}^\perp$ para todo $\vec{v} \in \mathbb{V}$.

Capítulo 8

Operadores autoadjuntos

Seja $\mathbb{E}$ um espaço euclidiano. Diz-se que um operador linear $A : \mathbb{E} \to \mathbb{E}$ é:

Autoadjunto quando $A = A^*$. Noutros termos, quando se tem $\langle A\vec{x}, \vec{y} \rangle = \langle \vec{x}, A\vec{y} \rangle$ para quaisquer $\vec{x}, \vec{y} \in \mathbb{E}$.

Antissimétrico quando $A = -A^*$.

Exercício 263 - Dado um espaço euclidiano $\mathbb{E}$, seja $A : \mathbb{E} \to \mathbb{E}$ um operador linear que possui adjunto. Prove que A se escreve, de modo único, como $A = B + C$, onde $B \in$ hom$(\mathbb{E})$ é autoadjunto e $C \in$ hom$(\mathbb{E})$ é antissimétrico.

Solução: Sejam $B = (A + A^*)/2$ e $C = (A - A^*)/2$. O operador B é autoadjunto, porque $B^* = (A + A^*)^*/2 = (A^* + A)/2 = B$. O operador C é antissimétrico, pois $C^* = (A - A^*)^*/2 = (A^* - A)/2 = -C$. Se $A = B + C$, B é autoadjunto e C é antissimétrico, então $A^* = B^* + C^* = B - C$. Segue-se que $A + A^* = 2B$ e $A - A^* = 2C$, donde $B = (A + A^*)/2$ e $C = (A - A^*)/2$.

Exercício 264 - Seja $A = B + C$ a decomposição do operador A como soma do operador autoadjunto B com o operador antissimétrico C. Prove que A é normal se, e somente se $BC = CB$

Solução: Se $A = B + C$, B é autoadjunto e C é antissimétrico, então $A^* = B^* + C^* = B - C$. Portanto,

$$AA^* = (B + C)(B - C) =$$
$$= B^2 - BC + CB - C^2$$

Tem-se também:

CAPÍTULO 8 – OPERADORES AUTOADJUNTOS 283

$$A^*A = (B - C)(B + C) =$$

$$= B^2 + BC - CB - C^2$$

Desta forma,

$$A^*A = AA^* \Leftrightarrow$$

$$\Leftrightarrow -BC + CB = BC - CB \Leftrightarrow$$

$$\Leftrightarrow BC - CB = -(BC - CB) \Leftrightarrow$$

$$\Leftrightarrow BC - CB = O \Leftrightarrow BC = CB$$

Isto prova o enunciado acima.

Exercício 265 - Dado um espaço euclidiano $\mathbb{E}$, sejam $A, B \in$ hom($\mathbb{E}$) autoadjuntos. Prove que $A = B$ se, e somente se, $\langle A\vec{u}, \vec{u} \rangle = \langle B\vec{u}, \vec{u} \rangle$ para todo $\vec{u} \in \mathbb{E}$.

Solução: Sejam $\vec{x}, \vec{y} \in \mathbb{E}$ quaisquer. Como A é autoadjunto, segue-se:

$$\langle A(\vec{x} + \vec{y}), \vec{x} + \vec{y} \rangle = \langle A\vec{x} + A\vec{y}, \vec{x} + \vec{y} \rangle =$$

$$= \langle A\vec{x}, \vec{x} \rangle + \langle A\vec{x}, \vec{y} \rangle + \langle A\vec{y}, \vec{x} \rangle + \langle A\vec{y}, \vec{y} \rangle =$$

$$= \langle A\vec{x}, \vec{x} \rangle + \langle A\vec{x}, \vec{y} \rangle + \langle \vec{x}, A\vec{y} \rangle + \langle A\vec{y}, \vec{y} \rangle =$$

$$= \langle A\vec{x}, \vec{x} \rangle + \langle A\vec{x}, \vec{y} \rangle + \langle A\vec{x}, \vec{y} \rangle + \langle A\vec{y}, \vec{y} \rangle =$$

$$= \langle A\vec{x}, \vec{x} \rangle + 2\langle A\vec{x}, \vec{y} \rangle + \langle A\vec{y}, \vec{y} \rangle$$

e também:

$$\langle A(\vec{x} - \vec{y}), \vec{x} - \vec{y} \rangle = \langle A\vec{x} - A\vec{y}, \vec{x} - \vec{y} \rangle =$$

$$= \langle A\vec{x}, \vec{x} \rangle - \langle A\vec{x}, \vec{y} \rangle - \langle A\vec{y}, \vec{x} \rangle + \langle A\vec{y}, \vec{y} \rangle =$$

$$= \langle A\vec{x}, \vec{x} \rangle - \langle A\vec{x}, \vec{y} \rangle - \langle \vec{x}, A\vec{y} \rangle + \langle A\vec{y}, \vec{y} \rangle =$$

$$= \langle A\vec{x}, \vec{x} \rangle - \langle A\vec{x}, \vec{y} \rangle - \langle A\vec{x}, \vec{y} \rangle + \langle A\vec{y}, \vec{y} \rangle =$$

$$= \langle A\vec{x}, \vec{x} \rangle - 2\langle A\vec{x}, \vec{y} \rangle + \langle A\vec{y}, \vec{y} \rangle$$

Portanto,

320 QUESTÕES RESOLVIDAS DE ÁLGEBRA LINEAR

$$\langle A\vec{x}, \vec{y} \rangle = \frac{\langle A(\vec{x} + \vec{y}), \vec{x} + \vec{y} \rangle - \langle A(\vec{x} - \vec{y}), \vec{x} - \vec{y} \rangle}{4} \qquad (8.1)$$

Sendo B autoadjunto, procedendo de modo análogo obtém-se:

$$\langle B\vec{x}, \vec{y} \rangle = \frac{\langle B(\vec{x} + \vec{y}), \vec{x} + \vec{y} \rangle - \langle B(\vec{x} - \vec{y}), \vec{x} - \vec{y} \rangle}{4} \qquad (8.2)$$

Se $\langle A\vec{u}, \vec{u} \rangle = \langle B\vec{u}, \vec{u} \rangle$ para todo $\vec{u} \in \mathbb{E}$ então $\langle A(\vec{x} + \vec{y}), \vec{x} + \vec{y} \rangle = \langle B(\vec{x} + \vec{y}), \vec{x} + \vec{y} \rangle$ e $\langle A(\vec{x} - \vec{y}), \vec{x} - \vec{y} \rangle = \langle B(\vec{x} - \vec{y}), \vec{x} - \vec{y} \rangle$. Assim sendo, decorre de (8.1) e (8.2) que $\langle A\vec{x}, \vec{y} \rangle = \langle B\vec{x}, \vec{y} \rangle$. Conclui-se daí que se tem $\langle A\vec{x}, \vec{y} \rangle = \langle B\vec{x}, \vec{y} \rangle$, e portanto $\langle (A - B)\vec{x}, \vec{y} \rangle = \langle A\vec{x} - B\vec{x}, \vec{y} \rangle = 0$, sejam quais forem $\vec{x}, \vec{y} \in \mathbb{E}$. Em particular, $\|(A - B)\vec{x}\|^2 = \langle (A - B)\vec{x}, (A - B)\vec{x} \rangle = 0$ para todo $\vec{x} \in \mathbb{E}$. Logo, $A - B = O$, donde $A = B$. A recíproca é evidente.

Exercício 266 - Prove que um operador $A : \mathbb{E} \to \mathbb{E}$ é normal se, e somente se, $\|A\vec{x}\| = \|A^*\vec{x}\|$ para todo $\vec{x} \in \mathbb{E}$.

Solução: Se $\|A\vec{x}\| = \|A^*\vec{x}\|$ então:

$$\langle \vec{x}, A^*A\vec{x} \rangle = \langle A\vec{x}, A\vec{x} \rangle = \|A\vec{x}\|^2 =$$

$$= \|A^*\vec{x}\|^2 = \langle A^*\vec{x}, A^*\vec{x} \rangle = \langle \vec{x}, AA^*\vec{x} \rangle$$

Segue-se que se $\|A\vec{x}\| = \|A^*\vec{x}\|$ para todo $\vec{x} \in \mathbb{E}$ então $\langle A^*A\vec{x}, \vec{x} \rangle = \langle AA^*\vec{x}, \vec{x} \rangle$, qualquer que seja $\vec{x} \in \mathbb{E}$. Os operadores A^*A e AA^* são autoadjuntos. Com efeito, $(A^*A)^* = A^*A^{**} = A^*A$ e $(AA^*)^* = A^{**}A^* = AA^*$. Assim sendo, se $\|A\vec{x}\| = \|A^*\vec{x}\|$ para todo $\vec{x} \in \mathbb{E}$ então $A^*A = AA^*$ (v. Exercício 265). Logo, A é normal. Reciprocamente: Se A é normal então $A^*A = AA^*$, donde $\|A\vec{x}\|^2 = \langle A\vec{x}, A\vec{x} \rangle = \langle \vec{x}, A^*A\vec{x} \rangle = \langle \vec{x}, AA^*\vec{x} \rangle = \langle A^*\vec{x}, A^*\vec{x} \rangle = \|A^*\vec{x}\|^2$ para todo $\vec{x} \in \mathbb{E}$. Portanto, $\|A\vec{x}\| = \|A^*\vec{x}\|$ para todo $\vec{x} \in \mathbb{E}$.

Exercício 267 - Seja $\mathbb{E}$ um espaço euclidiano. Prove que um operador $A \in \hom(\mathbb{E})$ é uma projeção ortogonal se, e somente se, é autoadjunto e se tem $\|A\vec{x}\|^2 = \langle \vec{x}, A\vec{x} \rangle$ para todo $\vec{x} \in \mathbb{E}$.

Solução: Seja $A \in \hom(\mathbb{E})$ autoadjunto, com $\|A\vec{x}\|^2 = \langle \vec{x}, A\vec{x} \rangle$

CAPÍTULO 8 – OPERADORES AUTOADJUNTOS   285

para todo $\vec{x} \in \mathbb{E}$. Então $\langle \vec{x}, A\vec{x} \rangle = \|A\vec{x}\|^2 = \langle A\vec{x}, A\vec{x} \rangle = \langle \vec{x}, A^*A\vec{x} \rangle = \langle \vec{x}, AA\vec{x} \rangle = \langle \vec{x}, A^2\vec{x} \rangle$ para todo $\vec{x} \in \mathbb{E}$. O operador A^2 é autoadjunto, porque $(A^2)^* = (AA)^* = A^*A^* = AA = A^2$. Logo, do fato de ser $\langle \vec{x}, A\vec{x} \rangle = \langle \vec{x}, A^2\vec{x} \rangle$ para todo $\vec{x} \in \mathbb{E}$ decorre $A^2 = A$ (v. Exercício 265). Logo, o operador A é uma projeção. Como $\|A\vec{x}\|^2 = \langle \vec{x}, A\vec{x} \rangle$ para todo $\vec{x} \in \mathbb{E}$, A é uma projeção ortogonal (v. Exercício 179). Reciprocamente: Se A é uma projeção ortogonal então $\|A\vec{x}\|^2 = \langle \vec{x}, A\vec{x} \rangle$ para todo $\vec{x} \in \mathbb{E}$ e se tem $\langle A\vec{x}, \vec{y} \rangle = \langle \vec{x}, A\vec{y} \rangle$ para quaisquer $\vec{x}, \vec{y} \in \mathbb{E}$ (v. Exercício 182). Logo A é autoadjunto.

Exercício 268 - Sejam $\mathbb{E}$, $\mathbb{F}$ espaços euclidianos e $A : \mathbb{E} \to \mathbb{F}$ uma transformação linear que possui adjunta $A^* : \mathbb{F} \to \mathbb{E}$. Prove que as seguintes afirmações são equivalentes:

(a) A preserva norma: $\|A\vec{x}\| = \|\vec{x}\|$ para todo $\vec{x} \in \mathbb{E}$.

(b) A preserva distâncias: $\|A\vec{x} - A\vec{y}\| = \|\vec{x} - \vec{y}\|$ para quaisquer $\vec{x}, \vec{y} \in \mathbb{E}$.

(c) A preserva produto interno: $\langle A\vec{x}, A\vec{y} \rangle = \langle \vec{x}, \vec{y} \rangle$ para quaisquer $\vec{x}, \vec{y} \in \mathbb{E}$.

(d) $A^*A = I_{\mathbb{E}}$, onde $I_{\mathbb{E}} \in \hom(\mathbb{E})$ é o operador identidade de $\mathbb{E}$.

Solução:

(a) $\Rightarrow$ (b): Se vale (a), então $\|A\vec{x} - A\vec{y}\| = \|A(\vec{x} - \vec{y})\| = \|\vec{x} - \vec{y}\|$, sejam quais forem $\vec{x}, \vec{y} \in \mathbb{E}$.

(b) $\Rightarrow$ (c): Se vale (b), então $\|A\vec{x} - A\vec{y}\| = \|\vec{x} - \vec{y}\|$ e $\|A\vec{x} + A\vec{y}\| = \|A\vec{x} - (-A\vec{y})\| = \|A\vec{x} - A(-\vec{y})\| = \|\vec{x} - (-\vec{y})\| = \|\vec{x} + \vec{y}\|$ para quaisquer $\vec{x}, \vec{y} \in \mathbb{E}$. Assim sendo, tem-se:

$$\langle A\vec{x}, A\vec{y} \rangle = \frac{\|A\vec{x} + A\vec{y}\|^2 - \|A\vec{x} - A\vec{y}\|^2}{4} =$$

$$= \frac{\|\vec{x} + \vec{y}\|^2 - \|\vec{x} - \vec{y}\|^2}{4} = \langle \vec{x}, \vec{y} \rangle$$

para todo $\vec{x}$ e para todo $\vec{y} \in \mathbb{E}$.

(c) $\Rightarrow$ (d): Se (c) é válida então $\langle \vec{x}, \vec{y} \rangle = \langle A\vec{x}, A\vec{y} \rangle = \langle A^*A\vec{x}, \vec{y} \rangle$, sejam quais forem $\vec{x}, \vec{y} \in \mathbb{E}$. Segue-se que $A^*A\vec{x} = \vec{x}$ para todo $\vec{x} \in \mathbb{E}$, e portanto que $A^*A = I_{\mathbb{E}}$.

286   320 QUESTÕES RESOLVIDAS DE ÁLGEBRA LINEAR

(d) $\Rightarrow$ (a): Se (d) é válida, então $\|A\vec{x}\|^2 = \langle A\vec{x}, A\vec{x}\rangle = \langle \vec{x}, A^*(A\vec{x})\rangle = \langle \vec{x}, A^*A\vec{x}\rangle = \langle \vec{x}, \vec{x}\rangle = \|\vec{x}\|^2$, seja qual for $\vec{x} \in \mathbb{E}$.

Sejam $\mathbb{E}$, $\mathbb{F}$ espaços euclidianos. Diz-se que uma transformação linear $A : \mathbb{E} \to \mathbb{F}$ é *ortogonal* quando cumpre uma das quatro condições listadas no Exercício 268, e portanto todas elas. Um operador $A \in \hom(\mathbb{E})$ diz-se *ortogonal* quando $A^*A = I_{\mathbb{E}}$.

Exercício 269 - Sejam $\mathbb{E}$, $\mathbb{F}$ espaços euclidianos, e $A \in \hom(\mathbb{E}; \mathbb{F})$ um isomorfismo. Prove: Se A preserva norma (ou seja, $\|A\vec{x}\| = \|\vec{x}\|$ para todo $\vec{x} \in \mathbb{E}$) então A e o isomorfismo inverso $A^{-1} \in \hom(\mathbb{F}; \mathbb{E})$ são transformações lineares ortogonais.

Solução: Supondo que A preserva norma, sejam $\vec{x} \in \mathbb{E}$ e $\vec{y} \in \mathbb{F}$ quaisquer. Como A preserva norma, tem-se $\langle A\vec{u}, A\vec{v}\rangle = \langle \vec{u}, \vec{v}\rangle$, sejam quais forem $\vec{u}, \vec{v} \in \mathbb{E}$ (v. Exercício 268). Portanto, $\langle \vec{x}, A^{-1}\vec{y}\rangle = \langle A\vec{x}, A(A^{-1}\vec{y})\rangle = \langle A\vec{x}, AA^{-1}\vec{y}\rangle = \langle A\vec{x}, \vec{y}\rangle$. Segue-se que A possui adjunta, e se tem $A^* = A^{-1}$. Decorre daí a igualdade $A^*A = I_{\mathbb{E}}$. Isto mostra que A é uma transformação linear ortogonal. Sendo $A^* = A^{-1}$, tem-se $(A^{-1})^*A^{-1} = (A^*)^*A^{-1} = AA^{-1} = I_{\mathbb{F}}$, onde $I_{\mathbb{F}} \in \hom(\mathbb{F})$ é o operador identidade de $\mathbb{F}$. Logo, o isomorfismo inverso $A^{-1} : \mathbb{F} \to \mathbb{E}$ é também uma transformação linear ortogonal.

Exercício 270 - Dê um exemplo de operador ortogonal que não é um isomorfismo.

Solução: Sejam $\mathbb{F}$ um espaço euclidiano de dimensão infinita e $\mathbb{Y} \subseteq \mathbb{E}$ uma base. A base $\mathbb{Y}$ sendo um conjunto infinito, contém um conjunto $\mathbb{X}$ enumerável infinito (v. Lima, *Curso de Análise*, Vol. 1, 1989, p. 38-39). Seja $\mathbb{E} = S(\mathbb{X})$ o subespaço vetorial de $\mathbb{F}$ gerado por $\mathbb{X}$, com o produto interno $\langle . , . \rangle$ definido em $\mathbb{F}$. Então $\mathbb{E}$ é um espaço euclidiano que tem uma base enumerável. Existe (v. Exercício 133) uma base ortonormal enumerável $\mathbb{B} = \{\vec{w}_n : n = 1, 2, \dots\} \subseteq \mathbb{E}$. Sejam $A, B : \mathbb{E} \to \mathbb{E}$ os operadores lineares definidos do modo

CAPÍTULO 8 – OPERADORES AUTOADJUNTOS   **287**

seguinte:

$$A\vec{w}_n = \vec{w}_{n+1}, \quad n = 1, 2, \ldots \qquad (8.3)$$

$$\begin{cases} B\vec{w}_1 = \vec{o} \\ B\vec{w}_n = \vec{w}_{n-1}, \quad n = 2, 3, \ldots \end{cases} \qquad (8.4)$$

Resulta de (8.3) e (8.4) que se tem $\langle A\vec{w}_m, \vec{w}_1 \rangle = \langle \vec{w}_m, B\vec{w}_1 \rangle = 0$ para qualquer $m = 1,2,\ldots$ Dado $n > 1$, tem-se $\langle A\vec{w}_m, \vec{w}_n \rangle = \langle \vec{w}_{m+1}, \vec{w}_n \rangle$ e $\langle \vec{w}_m, B\vec{w}_n \rangle = \langle \vec{w}_m, \vec{w}_{n-1} \rangle$ para qualquer $m = 1,2,\ldots$ Portanto, $\langle A\vec{w}_m, \vec{w}_n \rangle = \langle \vec{w}_m, B\vec{w}_n \rangle = 1$ se $m = n - 1$ e $\langle A\vec{w}_m, \vec{w}_n \rangle = \langle \vec{w}_m, B\vec{w}_n \rangle = 0$ se $m \neq n - 1$. Conclui-se daí que se tem:

$$\langle A\vec{w}_m, \vec{w}_n \rangle = \langle \vec{w}_m, B\vec{w}_n \rangle, \quad m, n = 1, 2, \ldots \qquad (8.5)$$

Por (8.5) e pelo Exercício 232, o operador linear A possui adjunto, sendo $A^* = B$. As definições (8.3) e (8.4), por sua vez, fornecem:

$$A^*A\vec{w}_n = A^*(A\vec{w}_n) = A^*\vec{w}_{n+1} = B\vec{w}_{n+1} =$$

$$= \vec{w}_{(n+1)-1} = \vec{w}_n, \quad n = 1, 2, \ldots$$

Segue-se que $A^*A = I_{\mathbb{E}}$, e portanto que o operador A é ortogonal. Pela definição (8.3), a imagem $\text{Im}(A)$ de A é o subespaço de $\mathbb{E}$ gerado pelos vetores $\vec{w}_n$ com $n \geq 2$. Por esta razão, o vetor $\vec{w}_1$ não pertence a $\text{Im}\,A$. Logo, A não é um isomorfismo.

Exercício 271 - Num espaço euclidiano $\mathbb{E}$ de dimensão finita, sejam $A : \mathbb{E} \to \mathbb{E}$ um operador linear e $I \in \text{hom}(\mathbb{E})$ o operador identidade. Supondo que $I + A$ e $I - A$ sejam isomorfismos, defina $S = (I + A)(I - A)^{-1}$. Prove que S é ortogonal se, e somente se, A é antisimétrico.

Solução: Para quaisquer operadores $A, B \in \text{hom}(\mathbb{E})$, tem-se $(AB)^* = B^*A^*$. Se A é invertível, tem-se também $(A^*)^{-1} = (A^{-1})^*$. Por isto,

$$S^* = [(I + A)(I - A)^{-1}]^* =$$

288 320 QUESTÕES RESOLVIDAS DE ÁLGEBRA LINEAR

$$= [(I- A)^{-1}]^*(I+ A)^* = [(I- A)^*]^{-1}(I+ A)^* =$$
$$= (I- A^*)^{-1}(I+ A^*)$$

Estas igualdades levam a:

$$S^* S = (I- A^*)^{-1}(I+ A^*)(I+ A)(I- A)^{-1}$$

Portanto, para que S seja ortogonal é necessário e suficiente que se tenha:

$$(I- A^*)^{-1}(I+ A^*)(I+ A)(I- A)^{-1} = I$$

e portanto:

$$\boxed{(I+ A^*)(I+ A) = (I- A^*)(I- A)} \tag{8.6}$$

A equação (8.6) é equivalente à seguinte expressão:

$$\boxed{I+ A + A^* + A^*A = I- A - A^* + A^*A} \tag{8.7}$$

Por sua vez, a equação (8.7) é equivalente à seguinte igualdade:

$$A + A^* = -(A + A^*)$$

a qual é satisfeita se, e somente se, $A = -A^*$. Por consequência, o operador S definido acima é ortogonal se, e somente se, A é antissimétrico.

Exercício 272 - Dê um exemplo de operador autoadjunto e contínuo, que não tem autovalores.

Solução: Seja $\mathbb{E}$ o espaço vetorial $\mathcal{P}$ dos polinômios, com o produto interno $\langle p, q \rangle = \int_0^1 p(x)q(x)dx$ (v. Exercício 105). Sejam $u_1 : \mathbb{R} \to \mathbb{R}$ o polinômio dado por $u_1(x) = x$ e $A \in \hom(\mathbb{E})$ o operador definido pondo $Ap = u_1 p$ (multiplicação por x). Para quaisquer polinômios $p, q : \mathbb{R} \to \mathbb{R}$ tem-se:

$$Ap(x)q(x) = [(u_1 p)(x)]q(x) =$$
$$= [u_1(x)p(x)]q(x) = [xp(x)]q(x) =$$
$$= p(x)[xq(x)] = p(x)[u_1(x)q(x)] =$$

CAPÍTULO 8 – OPERADORES AUTOADJUNTOS   289

$$= p(x)[(u_1 p)(x)] = p(x)Aq(x)$$

seja qual for $x \in \mathbb{R}$. Assim sendo, $\langle Ap, q \rangle = \langle p, Aq \rangle$, para quaisquer polinômios $p, q : \mathbb{R} \to \mathbb{R}$. Logo, o operador A é autoadjunto. Para todo polinômio $p : \mathbb{R} \to \mathbb{R}$, valem as seguintes igualdades:

$$\|Ap\|^2 = \langle Ap, Ap \rangle = \int_0^1 [Ap(x)]^2 dx =$$
$$= \int_0^1 [xp(x)]^2 dx = \int_0^1 x^2 [p(x)]^2 dx$$

$$(8.8)$$

Como $[p(x)]^2 \geq 0$ e $0 \leq x^2 \leq 1$ para todo $x \in [0, 1]$, segue-se que $x^2 [p(x)]^2 \leq [p(x)]^2$, $0 \leq x \leq 1$. Assim sendo, (8.8) conduz a:

$$\|Ap\|^2 = \int_0^1 x^2 [p(x)]^2 dx \leq$$
$$\leq \int_0^1 [p(x)]^2 dx = \|p\|^2$$

$$(8.9)$$

Resulta de (8.9) que $\|Ap\| \leq \|p\|$. Como esta desigualdade vale para todo polinômio p, segue-se que o operador A é contínuo. Dado $\lambda \in \mathbb{R}$ arbitrário, seja $p \in \ker(A - \lambda I_\mathbb{E})$, onde $I_\mathbb{E} \in \hom(\mathbb{E})$ é a identidade de $\mathbb{E}$. Então $Ap = \lambda p$, donde $Ap(x) = xp(x) = \lambda p(x)$ para todo $x \in \mathbb{R}$. Logo, $(x - \lambda)p(x) = 0$ para todo $x \in \mathbb{R}$. Deste modo, tem-se $p(x) = 0$ para todo x diferente de λ. Portanto, p é o polinômio nulo $O : \mathbb{R} \to \mathbb{R}$. Conclui-se daí que $\ker(A - \lambda I_\mathbb{E}) = \{O\}$ para todo $\lambda \in \mathbb{R}$. Assim sendo, o operador A não tem autovalores.

Exercício 273 - Dê exemplos de operadores normais A, B tais que $A + B$ não é normal e AB não é normal. Dê também um exemplo em que AB é normal mas AB é diferente de BA.

Solução:

Sejam $A, B : \mathbb{R}^2 \to \mathbb{R}^2$ os operadores lineares cujas matrizes, na base canônica, são respectivamente:

$$\mathbf{a} = \begin{bmatrix} 1 & 2 \\ 2 & 1 \end{bmatrix}, \quad \mathbf{b} = \begin{bmatrix} 0 & -1 \\ 1 & 0 \end{bmatrix}$$

A matriz da A é simétrica e a matriz de B é antissimétrica. Como a base canônica de $\mathbb{R}^2$ é ortonormal, A é autoadjunto e B é antissimétrico. Por isto, os operadores A e B são ambos normais. Valem as seguintes igualdades:

$$\mathbf{ab} = \begin{bmatrix} 2 & -1 \\ 1 & -2 \end{bmatrix}, \quad \mathbf{ba} = \begin{bmatrix} -2 & -1 \\ 1 & 2 \end{bmatrix}$$

portanto AB é diferente de BA. Sendo A é autoadjunto, B antissimétrico e AB diferente de BA, $C = A + B$ não é normal (v. Exercício 264). Tem-se:

$$(\mathbf{ab})^{\mathbf{T}} = \mathbf{b}^{\mathbf{T}}\mathbf{a}^{\mathbf{T}} = -\mathbf{ba} = \begin{bmatrix} 2 & 1 \\ -1 & -2 \end{bmatrix}$$

Portanto,

$$(\mathbf{ab})^{\mathbf{T}}(\mathbf{ab}) = \begin{bmatrix} 5 & 4 \\ 4 & 5 \end{bmatrix}, \quad (\mathbf{ab})(\mathbf{ab})^{\mathbf{T}} = \begin{bmatrix} 5 & -4 \\ -4 & 5 \end{bmatrix}$$

Decorre daí que o operador AB também não é normal.

Sejam $A, B : \mathbb{R}^2 \to \mathbb{R}^2$ os operadores cujas matrizes, em relação à base canônica, são respectivamente:

$$\mathbf{a} = \begin{bmatrix} \sqrt{2}/2 & -\sqrt{2}/2 \\ \sqrt{2}/2 & \sqrt{2}/2 \end{bmatrix}, \quad \mathbf{b} = \begin{bmatrix} \sqrt{2}/2 & \sqrt{2}/2 \\ \sqrt{2}/2 & -\sqrt{2}/2 \end{bmatrix}$$

Decorre destas igualdades que $\mathbf{aa}^{\mathbf{T}} = \mathbf{a}^{\mathbf{T}}\mathbf{a} = \mathbf{I}_2$ e $\mathbf{bb}^{\mathbf{T}} = \mathbf{b}^{\mathbf{T}}\mathbf{b} = \mathbf{I}_2$. Por esta razão, A e B são normais. Tem-se também:

$$\mathbf{ab} = \begin{bmatrix} 0 & 1 \\ 1 & 0 \end{bmatrix}, \quad \mathbf{ba} = \begin{bmatrix} 1 & 0 \\ 0 & -1 \end{bmatrix}$$

Resulta disto que o operador AB é autoadjunto, e portanto

CAPÍTULO 8 – OPERADORES AUTOADJUNTOS   **291**

normal. Contudo, AB é diferente de BA.

Exercício 274 - Dado um espaço euclidiano $\mathbb{E}$, seja $A : \mathbb{E} \to \mathbb{E}$ um operador linear que possui adjunto. Prove:
(a) Se A é antissimétrico então $\langle A\vec{x}, \vec{x} \rangle = 0$ para todo $\vec{x} \in \mathbb{E}$.
(b) Se $\langle A\vec{x}, \vec{x} \rangle = 0$ para todo $\vec{x} \in \mathbb{E}$ então A é antissimétrico.

Solução:

(a): Se A é antissimétrico, então $A^* = -A$. Logo, $\langle A\vec{x}, \vec{x} \rangle = \langle \vec{x}, A^*\vec{x} \rangle = \langle \vec{x}, -A\vec{x} \rangle = -\langle \vec{x}, A\vec{x} \rangle = -\langle A\vec{x}, \vec{x} \rangle$, donde $\langle A\vec{x}, \vec{x} \rangle = 0$, seja qual for $\vec{x} \in \mathbb{E}$.

(b): Supondo que se tem $\langle A\vec{x}, \vec{x} \rangle = 0$ para todo $\vec{x} \in \mathbb{E}$, sejam $B \in \hom(\mathbb{E})$ autoadjunto e $C \in \hom(\mathbb{E})$ antissimétrico (v. Exercício 263) tais que $A = B + C$. Tem-se:

$$0 = \langle A\vec{x}, \vec{x} \rangle = \langle (B + C)\vec{x}, \vec{x} \rangle =$$
$$= \langle B\vec{x} + C\vec{x}, \vec{x} \rangle = \langle B\vec{x}, \vec{x} \rangle + \langle C\vec{x}, \vec{x} \rangle \qquad (8.10)$$

para todo $\vec{x} \in \mathbb{E}$. Como o operador C é antissimétrico, $\langle C\vec{x}, \vec{x} \rangle = 0$ para todo $\vec{x} \in \mathbb{E}$. Com isto, (8.10) fica:

$$\langle B\vec{x}, \vec{x} \rangle = \langle O\vec{x}, \vec{x} \rangle = 0 \qquad (8.11)$$

onde $O \in \hom(\mathbb{E})$ é o operador nulo. Como a equação (8.11) é satisfeita para todo $\vec{x} \in \mathbb{E}$ e os operadores $O, B \in \hom(\mathbb{E})$ são autoadjuntos (de fato, $\langle O\vec{x}, \vec{y} \rangle = \langle \vec{x}, O\vec{y} \rangle = 0$ para quaisquer $\vec{x}, \vec{y} \in \mathbb{E}$) segue-se que $B = O$ (v. Exercício 265). Assim sendo, $A = B + C = C$. Logo, A é antissimétrico.

Exercício 275 - Sejam $\mathbb{E}$ um espaço euclidiano de dimensão finita n e $A \in \hom(\mathbb{E})$ um operador normal. Prove: Se A tem n autovalores distintos então é autoadjunto.

Solução: Sejam $\lambda_1, \ldots, \lambda_n$ autovalores distintos de A e $\vec{w}_1, \ldots, \vec{w}_n$ autovetores correspondentes a $\lambda_1, \ldots, \lambda_n$ nesta ordem. Estes autovetores são não-nulos. Como $\vec{w}_k \in \ker(A - \lambda_k I_{\mathbb{E}})$ e $\ker(A - \lambda_k I_{\mathbb{E}})$ é um subespaço vetorial de $\mathbb{E}$, os vetores unitários $\vec{u}_k = \vec{w}_k / \|\vec{w}_k\|$, $k = 1, \ldots, n$, pertencem a $\ker(A - \lambda_k I_{\mathbb{E}})$, logo são autovetores de A correspondentes aos

292   320 QUESTÕES RESOLVIDAS DE ÁLGEBRA LINEAR

autovalores λ_k, $k = 1,\ldots,n$, nesta ordem. O operador A sendo normal, os vetores $\vec{u}_1,\ldots,\vec{u}_n$ são ortogonais dois a dois (v. Exercício 242). Logo, o conjunto $\mathbb{B} = \{\vec{u}_1,\ldots,\vec{u}_n\}$ é uma base ortonormal de $\mathbb{E}$, formada por autovetores de A. Resulta disto (v. Lima, *Álgebra Linear*, 2001, p. 167-168) que A é autoadjunto.

Seja $A : \mathbb{E} \to \mathbb{E}$ um operador autoadjunto num espaço euclidiano $\mathbb{E}$. Diz-se que A é:

Não-negativo, e escreve-se:

$$A \geq 0$$

quando $\langle A\vec{x}, \vec{x} \rangle \geq 0$ para todo $\vec{x} \in \mathbb{E}$.

Positivo, e escreve-se:

$$A > 0$$

quando for $\langle A\vec{x}, \vec{x} \rangle > 0$ para todo $\vec{x} \in \mathbb{E}$ diferente de $\vec{o}$.

Diz-se que uma matriz quadrada $\mathbf{a} \in \mathbb{M}(n \times n)$ é:

Não-negativa, e escreve-se $\mathbf{a} \geq 0$, quando o operador linear $A \in \hom(\mathbb{R}^n)$, cuja matriz na base canônica é $\mathbf{a}$, é não-negativo.

Positiva, e escreve-se $\mathbf{a} > 0$, quando o operador linear $A \in \hom(\mathbb{R}^n)$, cuja matriz na base canônica é $\mathbf{a}$, é positivo.

Exercício 276 - Sejam $\vec{u}_1,\ldots,\vec{u}_n$ vetores de um espaço euclidiano $\mathbb{E}$. A *matriz de Gram* $\mathbf{g}(\vec{u}_1,\ldots,\vec{u}_n)$ dos vetores $\vec{u}_1,\ldots,\vec{u}_n$ é a matriz $[g_{kl}]$ definida pondo $g_{kl} = \langle \vec{u}_k, \vec{u}_l \rangle$, $k,l = 1,\ldots,n$. Prove: Se os vetores $\vec{u}_1,\ldots,\vec{u}_n$ são LI então sua matriz de Gram $\mathbf{g}(\vec{u}_1,\ldots,\vec{u}_n)$ é positiva.

Solução: Seja $\mathbf{g}(\vec{u}_1,\ldots,\vec{u}_n) = [g_{kl}]$. Como $g_{kl} = \langle \vec{u}_k, \vec{u}_l \rangle = \langle \vec{u}_l, \vec{u}_k \rangle = g_{lk}$, $k,l = 1,\ldots,n$, a matriz $\mathbf{g}(\vec{u}_1,\ldots,\vec{u}_n)$ é simétrica. Supondo que os vetores $\vec{u}_1,\ldots,\vec{u}_n$ são LI, seja $\mathbb{V} = \mathcal{S}(\vec{u}_1,\ldots,\vec{u}_n) \subseteq \mathbb{E}$ o subespaço gerado por eles. Sejam $\vec{x} = (x_1,\ldots,x_n) \in \mathbb{R}^n$ um vetor não-nulo e $\vec{w} = \sum_{k=1}^{n} x_k \vec{u}_k \in \mathbb{V}$. O vetor $\vec{w}$ é não-nulo, porque $\vec{u}_1,\ldots,\vec{u}_n$ são LI e as coordenadas

CAPÍTULO 8 – OPERADORES AUTOADJUNTOS   293

$x_1, \ldots, x_n$ de $\vec{x}$ não são todas nulas. Portanto,

$$0 < \|\vec{w}\|^2 = \langle \vec{w}, \vec{w} \rangle = \left\langle \sum_{k=1}^n x_k \vec{u}_k, \sum_{l=1}^n x_l \vec{u}_l \right\rangle =$$

$$= \sum_{k=1}^n \left\langle x_k \vec{u}_k, \sum_{l=1}^n x_l \vec{u}_l \right\rangle = \sum_{k=1}^n \left(\sum_{l=1}^n \langle x_k \vec{u}_k, x_l \vec{u}_l \rangle \right) =$$

$$= \sum_{k=1}^n \sum_{l=1}^n x_k x_l \langle \vec{u}_k, \vec{u}_l \rangle = \sum_{k=1}^n \sum_{l=1}^n g_{kl} x_k x_l$$

Segue-se que $\sum_{k=1}^n \sum_{l=1}^n g_{kl} x_k x_l > 0$ para todo vetor não-nulo $\vec{x} = (x_1, \ldots, x_n) \in \mathbb{R}^n$. Assim sendo (v. Lima, *Álgebra Linear*, 2001, p. 169-170), a matriz $\mathbf{g}(\vec{u}_1, \ldots, \vec{u}_n)$ é positiva.

Exercício 277 - Dado um espaço euclidiano $\mathbb{E}$, seja $\mathbf{g} = \mathbf{g}(\vec{u}_1, \ldots, \vec{u}_n)$ a matriz de Gram dos vetores $\vec{u}_1, \ldots, \vec{u}_n \in \mathbb{E}$. Prove: Se $\mathbf{g}$ é positiva então os vetores $\vec{u}_1, \ldots, \vec{u}_n$ são LI.

Solução: Sejam $\mathbf{g} = [g_{kl}]$ e $\mathbb{V} = S(\vec{u}_1, \ldots, \vec{u}_n)$ o subespaço vetorial de $\mathbb{E}$ gerado por $\vec{u}_1, \ldots, \vec{u}_n$. Dados $x_1, \ldots, x_n \in \mathbb{R}$, seja $\vec{w} = \sum_{k=1}^n x_k \vec{u}_k$. O vetor $\vec{w}$ pertence a $\mathbb{V}$ porque é combinação linear dos vetores $\vec{u}_1, \ldots, \vec{u}_n$. Se $\langle \vec{w}, \vec{u}_l \rangle = 0$ para cada $l = 1, \ldots, n$, então $\vec{w} \in \{\vec{u}_1, \ldots, \vec{u}_n\}^\perp$, e portanto a $\mathbb{V}^\perp$. Como $\vec{w}$ também pertence a $\mathbb{V}$, segue-se que se $\langle \vec{w}, \vec{u}_l \rangle = 0$ para cada $l = 1, \ldots, n$ então $\vec{w} \in \mathbb{V} \cap \mathbb{V}^\perp$, portanto $\vec{w} = \vec{o}$. Portanto, a equação seguinte:

$$\boxed{\vec{w} = x_1 \vec{u}_1 + \cdots + x_n \vec{u}_n = \vec{o}} \qquad (8.12)$$

é equivalente ao sistema linear homogêneo:

$$\boxed{\langle \vec{w}, \vec{u}_l \rangle = 0, \quad l = 1, \ldots, n} \qquad (8.13)$$

Sendo $\langle \vec{w}, \vec{u}_l \rangle = \sum_{k=1}^n x_k \langle \vec{u}_k, \vec{u}_l \rangle = \sum_{k=1}^n g_{kl} x_k$, $l = 1, \ldots, n$, o sistema (8.13) assume a forma:

$$\boxed{\sum_{k=1}^n g_{kl} x_k = 0, \quad l = 1, \ldots, n} \qquad (8.14)$$

Se $\mathbf{g}$ é positiva então o operador $G \in \hom(\mathbb{R}^n)$, cuja matriz na base canônica é $\mathbf{g}$, é um isomorfismo (v. Lima, *Álgebra Linear*, 2001, p. 169), logo $\mathbf{g}$ é invertível. Resulta disto que se $\mathbf{g}$ é positiva então a única solução do sistema homogêneo (8.14), e portanto da equação (8.12), é aquela na qual $x_k = 0$ para cada $k = 1, \ldots, n$. Logo, se $\mathbf{g}$ é positiva então os vetores

294 320 QUESTÕES RESOLVIDAS DE ÁLGEBRA LINEAR

$\vec{u}_k$, $k = 1,\dots,n$, formam um conjunto LI.

Exercício 278 - Prove: Para todo n inteiro positivo, a seguinte matriz $n \times n$:

$$\mathbf{a} = \begin{bmatrix} 1 & \frac{1}{2} & \frac{1}{3} & \cdots & \frac{1}{n} \\[2mm] \frac{1}{2} & \frac{1}{3} & \frac{1}{4} & \cdots & \frac{1}{n+1} \\[2mm] \frac{1}{3} & \frac{1}{4} & \frac{1}{5} & \cdots & \frac{1}{n+2} \\[2mm] \vdots & \vdots & \vdots & \ddots & \vdots \\[2mm] \frac{1}{n} & \frac{1}{n+1} & \frac{1}{n+2} & \cdots & \frac{1}{2n-1} \end{bmatrix}$$

é invertível.

Solução: Seja $\mathbf{a} = [a_{kl}]$ a matriz dada acima. Então $a_{kl} = 1/(k+l-1)$, $k,l = 1,\dots,n$. Seja $\mathbb{E}$ o espaço vetorial $\mathcal{P}$ dos polinômios, com o produto interno $\langle p, q \rangle = \int_0^1 p(x)q(x)dx$. Seja, para cada $n = 0,1,2,\dots$, $u_n : \mathbb{R} \to \mathbb{R}$ o polinômio definido por $u_n(x) = x^n$. Tem-se:

$$\langle u_{k-1}, u_{l-1} \rangle = \int_0^1 u_{k-1}(x)u_{l-1}(x)dx = \int_0^1 x^{k+l-2}dx =$$

$$= \frac{1}{k+l-1} = a_{kl}, \quad k,l = 1,\dots,n$$

Assim sendo, $\mathbf{a}$ é a matriz de Gram $\mathbf{g}(u_0,\dots,u_{n-1})$ dos polinômios $u_0,\dots,u_{n-1}$. Sendo estes polinômios LI, a matriz $\mathbf{a}$ é positiva (v. Exercício 276). Portanto, $\mathbf{a}$ é invertível.

Exercício 279 - Prove: Para todo n inteiro positivo, a seguinte matriz $n \times n$:

CAPÍTULO 8 – OPERADORES AUTOADJUNTOS **295**

$$\mathbf{a} = \begin{bmatrix} 1 & 1 & 2 & \cdots & (n-1)! \\ 1 & 2 & 6 & \cdots & n! \\ 2 & 6 & 24 & \cdots & (n+1)! \\ \vdots & \vdots & \vdots & \ddots & \vdots \\ (n-1)! & n! & (n+1)! & \cdots & [2(n-1)]! \end{bmatrix}$$

é invertível.

Solução: Seja $\mathbb{E}$ o espaço vetorial $\mathcal{P}$ dos polinômios, com o produto interno $\langle p, q \rangle = \int_0^\infty e^{-x} p(x) q(x) dx$. Seja $\mathbf{a} = [a_{kl}]$ a matriz do enunciado acima. Tem-se $a_{kl} = (k + l - 2)!$, $k, l = 1, \ldots, n$. Tem-se também:

$$\langle u_{k-1}, u_{l-1} \rangle = \int_0^\infty x^{k+l-2} e^{-x} dx = (k + l - 2)! =$$

$$= a_{kl}, \quad k, l = 1, \ldots, n$$

Portanto, $\mathbf{a}$ é a matriz de Gram $\mathbf{g}(u_0, \ldots, u_{n-1})$ dos polinômios $u_0, \ldots, u_{n-1}$ $(u_k(x) = x^k,\ k = 0,1,2,\ldots,$ para todo $x \in \mathbb{R})$ em relação ao produto interno $\langle p, q \rangle = \int_0^\infty e^{-x} p(x) q(x) dx$. Os polinômios $u_0, \ldots, u_{n-1}$ sendo LI, a matriz $\mathbf{a} = \mathbf{g}(u_0, \ldots, u_{n-1})$ é positiva. Logo, $\mathbf{a}$ é invertível.

Exercício 280 - Dado um espaço euclidiano $\mathbb{E}$, seja $A \in \text{hom}(\mathbb{E})$ um operador autoadjunto. Prove: Existe $\vec{u} \in \mathbb{E}$ com $\langle A\vec{u}, \vec{u} \rangle = 0$ e $A\vec{u}$ diferente de $\vec{o}$ se, e somente se, existem $\vec{x}, \vec{y} \in \mathbb{E}$ tais que $\langle A\vec{x}, \vec{x} \rangle < 0$ e $\langle A\vec{y}, \vec{y} \rangle > 0$. Portanto, se A é não-negativo e $\langle A\vec{u}, \vec{u} \rangle = 0$ então $A\vec{u} = \vec{o}$.

Solução:

Como A é autoadjunto, valem as seguintes igualdades:

$$\boxed{\langle A^2 \vec{x}, \vec{x} \rangle = \langle A(A\vec{x}), \vec{x} \rangle = \langle A\vec{x}, A\vec{x} \rangle = \|A\vec{x}\|^2} \tag{8.15}$$

seja qual for $\vec{x} \in \mathbb{E}$. Assim sendo, tem-se:

296 320 QUESTÕES RESOLVIDAS DE ÁLGEBRA LINEAR

$$\langle A(\lambda\vec{x} + A\vec{x}), \lambda\vec{x} + A\vec{x}\rangle = \langle\lambda A\vec{x} + A^2\vec{x}, \lambda\vec{x} + A\vec{x}\rangle =$$
$$= \lambda^2\langle A\vec{x}, \vec{x}\rangle + \lambda\langle A\vec{x}, A\vec{x}\rangle + \lambda\langle A^2\vec{x}, \vec{x}\rangle + \langle A^2\vec{x}, A\vec{x}\rangle =$$
$$= \lambda^2\langle A\vec{x}, \vec{x}\rangle + 2\lambda\|A\vec{x}\|^2 + \langle A^2\vec{x}, A\vec{x}\rangle$$

(8.16)

para quaisquer $\vec{x} \in \mathbb{E}$ e $\lambda \in \mathbb{R}$. Supondo que existe $\vec{u} \in \mathbb{E}$ com $\langle A\vec{u}, \vec{u}\rangle = 0$ e $A\vec{u}$ diferente de $\vec{o}$, seja, para cada $\lambda \in \mathbb{R}$, $\vec{x}(\lambda) = \lambda\vec{u} + A\vec{u}$. De (8.16) obtém-se:

$$\langle A\vec{x}(\lambda), \vec{x}(\lambda)\rangle = 2\lambda\|A\vec{u}\|^2 + \langle A^2\vec{u}, A\vec{u}\rangle$$

(8.17)

valendo (8.17) para todo $\lambda \in \mathbb{R}$. Como o vetor $A\vec{u}$ é diferente de $\vec{o}$, $\|A\vec{u}\|^2$ é um número positivo. Decorre daí e de (8.17) que se tem:

$$\lambda < -\frac{\langle A^2\vec{u}, A\vec{u}\rangle}{2\|A\vec{u}\|^2} \Rightarrow \langle A\vec{x}(\lambda), \vec{x}(\lambda)\rangle < 0$$

e também:

$$\lambda > -\frac{\langle A^2\vec{u}, A\vec{u}\rangle}{2\|A\vec{u}\|^2} \Rightarrow \langle A\vec{x}(\lambda), \vec{x}(\lambda)\rangle > 0$$

Por consequência, existem $\vec{x}, \vec{y} \in \mathbb{E}$ com $\langle A\vec{x}, \vec{x}\rangle < 0$ e $\langle A\vec{y}, \vec{y}\rangle > 0$.

Reciprocamente: Supondo que existem $\vec{x}, \vec{y} \in \mathbb{E}$ com $\langle A\vec{x}, \vec{x}\rangle < 0$ e $\langle A\vec{y}, \vec{y}\rangle > 0$, seja $g : \mathbb{R} \to \mathbb{R}$ definida pondo:

$$g(\lambda) = \langle A(\vec{x} + \lambda\vec{y}), \vec{x} + \lambda\vec{y}\rangle$$

Sendo A autoadjunto, tem-se:

$$g(\lambda) = \langle A\vec{x} + \lambda A\vec{y}, \vec{x} + \lambda\vec{y}\rangle =$$
$$= \langle A\vec{x}, \vec{x}\rangle + \lambda\langle A\vec{x}, \vec{y}\rangle + \lambda\langle A\vec{y}, \vec{x}\rangle + \lambda^2\langle A\vec{y}, \vec{y}\rangle =$$
$$= \langle A\vec{y}, \vec{y}\rangle\lambda^2 + 2\langle A\vec{x}, \vec{y}\rangle\lambda + \langle A\vec{x}, \vec{x}\rangle$$

(8.18)

Como $\langle A\vec{x}, \vec{x}\rangle < 0$ e $\langle A\vec{y}, \vec{y}\rangle > 0$, $\langle A\vec{x}, \vec{x}\rangle\langle A\vec{y}, \vec{y}\rangle < 0$. Portanto,

CAPÍTULO 8 – OPERADORES AUTOADJUNTOS **297**

$$\langle A\vec{x}, \vec{y}\rangle^2 - \langle A\vec{x}, \vec{x}\rangle\langle A\vec{y}, \vec{y}\rangle =$$
$$= \langle A\vec{x}, \vec{y}\rangle^2 + |\langle A\vec{x}, \vec{x}\rangle\langle A\vec{y}, \vec{y}\rangle| > 0 \qquad (8.19)$$

Segue de (8.18) e (8.19) que a função g definida acima é um polinômio de grau 2 que possui duas raízes distintas λ_1, λ_2. Logo,

$$g(\lambda_1) = \langle A(\vec{x} + \lambda_1\vec{y}), \vec{x} + \lambda_1\vec{y}\rangle = 0,$$

$$g(\lambda_2) = \langle A(\vec{x} + \lambda_2\vec{y}), \vec{x} + \lambda_2\vec{y}\rangle = 0$$

Como $\langle A\vec{x}, \vec{x}\rangle < 0$ e $\langle A\vec{y}, \vec{y}\rangle > 0$, ambos os vetores $A\vec{x}$, $A\vec{y}$ são diferentes de $\vec{o}$. Sendo $A(\vec{x} + \lambda_1\vec{y}) = A\vec{x} + \lambda_1 A\vec{y}$ e $A(\vec{x} + \lambda_2\vec{y}) = A\vec{x} + \lambda_2 A\vec{y}$, os vetores $\vec{w}_1 = A(\vec{x} + \lambda_1\vec{y})$ e $\vec{w}_2 = A(\vec{x} + \lambda_2\vec{y})$ são distintos, porque λ_1 é diferente de λ_2. Por isto, pelo menos um dos vetores $A(\vec{x} + \lambda_1\vec{y})$, $A(\vec{x} + \lambda_2\vec{y})$ é diferente de $\vec{o}$. Segue-se que existe $\vec{u} \in \mathbb{E}$ com $\langle A\vec{u}, \vec{u}\rangle = 0$ enquanto que $A\vec{u}$ é diferente de $\vec{o}$.

Se o operador A é não-negativo, então $\langle A\vec{x}, \vec{x}\rangle \geq 0$ para todo $\vec{x} \in \mathbb{E}$. Portanto, se A é não-negativo e $\langle A\vec{u}, \vec{u}\rangle = 0$ então $A\vec{u} = \vec{o}$.

Exercício 281 - Dê exemplo de um operador positivo $A : \mathbb{E} \to \mathbb{E}$ que não é isomorfismo.

Solução: Sejam $\mathbb{E}$ o espaço vetorial $\mathcal{P}$ dos polinômios, com o produto interno $\langle p, q\rangle = \int_0^1 p(x)q(x)dx$, $u_1 : \mathbb{R} \to \mathbb{R}$ o polinômio dado por $u_1(x) = x$ e $A \in \hom(\mathbb{E})$ definido pondo $Ap = u_1 p$ (multiplicação por x, $Ap(x) = xp(x)$ para todo $x \in \mathbb{R}$). O operador A assim definido é autoadjunto (e também contínuo, v. Exercício 272). Seja $p : \mathbb{R} \to \mathbb{R}$ um polinômio não-nulo. Tem-se:

$$\langle Ap, p\rangle = \int_0^1 Ap(x)p(x)dx = \int_0^1 x[p(x)]^2 dx$$

Sendo o polinômio p não-nulo, a função $x \mapsto x[p(x)]^2$ é não-negativa e não-nula no intervalo $[0, 1]$. Logo, $\langle Ap, p\rangle = \int_0^1 x[p(x)]^2 dx > 0$. Segue-se que $\langle Ap, p\rangle > 0$ para todo

298   320 QUESTÕES RESOLVIDAS DE ÁLGEBRA LINEAR

polinômio não-nulo $p \in \mathcal{P}$. Portanto, o operador A é positivo. Como Ap é, para qualquer $p \in \mathcal{P}$ não-nulo, um polinômio de grau maior ou igual a um, os polinômios constantes não pertencem à imagem $\operatorname{Im} A$ de A. Assim sendo, o operador A não é sobrejetivo.

Exercício 282 - Seja A autoadjunto. Prove: Para todo inteiro $n \geq 2$, $A^n \vec{x} = \vec{o}$ implica $A\vec{x} = \vec{o}$.

Solução: Seja n inteiro positivo. Como A é autoadjunto, tem-se:

$$
\begin{aligned}
\|A^n \vec{x}\|^2 &= \langle A^n \vec{x}, A^n \vec{x} \rangle = \langle A(A^{n-1}\vec{x}), A^n \vec{x} \rangle = \\
&= \langle A^{n-1}\vec{x}, A(A^n \vec{x}) \rangle = \langle A^{n-1}\vec{x}, A^{n+1}\vec{x} \rangle
\end{aligned}
\tag{8.20}
$$

Decorre de (8.20) que vale:

$$
A^{n+1}\vec{x} = \vec{o} \implies \|A^n \vec{x}\|^2 = 0 \implies A^n \vec{x} = \vec{o}
\tag{8.21}
$$

Resulta de (8.20) que $\|A\vec{x}\|^2 = \langle \vec{x}, A^2 \vec{x} \rangle$ para todo $\vec{x} \in \mathbb{E}$. Assim sendo, a propriedade:

$$
A^n \vec{x} = \vec{o} \implies A\vec{x} = \vec{o}
\tag{8.22}
$$

é válida para $n = 2$. Supondo que vale (8.22) para um dado inteiro $n \geq 2$, (8.21) conduz a:

$$
A^{n+1}\vec{x} = \vec{o} \implies A^n \vec{x} = \vec{o} \implies A\vec{x} = \vec{o}
$$

Segue-se que (8.22) é válida para todo inteiro $n \geq 2$. Isto prova o enunciado acima.

Exercício 283 - Dado um espaço euclidiano $\mathbb{E}$, seja $A : \mathbb{E} \to \mathbb{E}$ autoadjunto. Prove:
(a) Tem-se $\ker A^{n+1} = \ker A^n = \ker A$ para todo n inteiro positivo.
(b) Se $\mathbb{E}$ é de dimensão finita então $\operatorname{Im} A^{n+1} = \operatorname{Im} A^n = \operatorname{Im} A$ para todo n inteiro positivo.

Solução:
   (a): Seja n inteiro positivo. Resulta do Exercício 282 que

CAPÍTULO 8 – OPERADORES AUTOADJUNTOS   **299**

valem:

$$\vec{x} \in \ker A^{n+1} \Rightarrow A^{n+1}\vec{x} = \vec{o} \Rightarrow$$

$$\Rightarrow A^n\vec{x} = \vec{o} \Rightarrow \vec{x} \in \ker A^n$$

Tem-se também:

$$\vec{x} \in \ker A^n \Rightarrow A^n\vec{x} = \vec{o} \Rightarrow$$

$$\Rightarrow A^{n+1}\vec{x} = A(A^n\vec{x}) = \vec{o} \Rightarrow \vec{x} \in \ker A^{n+1}$$

Logo, $\ker A^{n+1} = \ker A^n$ para qualquer n inteiro positivo. Em particular, $\ker A^2 = \ker A$. Supondo que se tem $\ker A^{n+1} = \ker A$ para um dado n inteiro positivo, obtém-se $\ker A^{n+2} = \ker A^{n+1} = \ker A$. Como a igualdade $\ker A^{n+1} = \ker A$ vale para $n = 1$, segue-se que ela é válida para todo $n = 1,2,...$

(b): Seja n inteiro positivo. Se A^n é autoadjunto, então A^{n+1} também o é, porque $A^{n+1} = AA^n = A^nA$ (v. Lima, *Álgebra Linear*, 2001, p. 163). Segue-se que A^n é autoadjunto para todo $n = 1,2,...$ Se $\mathbb{E}$ é de dimensão finita então $\operatorname{Im} A^n = \operatorname{Im}(A^n)^* = (\ker A^n)^\perp$ (v. Exercício 218). Decorre daí e da propriedade (a) já demonstrada que se tem $\operatorname{Im} A^{n+1} = \operatorname{Im} A^n = \operatorname{Im} A$ para todo $n = 1,2,...$

Exercício 284 - Dê exemplo de um operador autoadjunto A tal que $\operatorname{Im} A^{n+1}$ é diferente de $\operatorname{Im} A^n$ para todo n inteiro não-negativo.

Solução: Sejam $\mathbb{E}$ o espaço vetorial $\mathcal{P}$ dos polinômios, com o produto interno $\langle p, q \rangle = \int_0^1 p(x)q(x)dx$, $u_n : \mathbb{R} \to \mathbb{R}$, $n = 0,1,2,...$ o polinômio dado por $u_n(x) = x^n$ e $A \in \operatorname{hom}(\mathbb{E})$ o operador definido por $Ap = u_1 p$ (portanto, $Ap(x) = xp(x)$ para todo $x \in \mathbb{R}$). O operador A é autoadjunto (v. Exercício 272). Seja $p : \mathbb{R} \to \mathbb{R}$ um polinômio qualquer. A igualdade $A^n p = u_n p$ vale para $n = 1$. Supondo que ela vale para um certo n inteiro positivo, tem-se:

$$A^{n+1}p = A(A^n p) = u_1(A^n p) =$$

$$= u_1(u_n p) = (u_1 u_n)p = u_{n+1}p$$

300 320 QUESTÕES RESOLVIDAS DE ÁLGEBRA LINEAR

Segue-se que $A^n p = u_n p$ para todo $n = 1, 2, \ldots$ (portanto $A^n p(x)$ $= x^n p(x)$ para todo $x \in \mathbb{R}$). Portanto, $A^n p$ é, para todo polinômio $p \in \mathcal{P}$ não-nulo, um polinômio de grau maior ou igual a n. Assim sendo, o polinômio u_n pertence a $\operatorname{Im} A^n$ (de fato, $u_n = u_n u_0 = A^n u_0$) mas não pertence a $\operatorname{Im} A^{n+1}$.

Exercício 285 - Seja $\mathbb{E}$ um espaço euclidiano de dimensão finita. Prove: Se B é invertível e BAB^* é autoadjunto, então A é autoadjunto.

Solução: Se BAB^* é autoadjunto, então valem as seguintes igualdades:

$$\boxed{\begin{aligned} BAB^* &= (BAB^*)^* = [(BA)B^*]^* = \\ &= B^{**}(BA)^* = B(BA)^* = BA^*B^* \end{aligned}} \qquad (8.23)$$

Se B é invertível, também o é B^*, e se tem $(B^*)^{-1} = (B^{-1})^*$ (v. Exercício 227). Desta forma, (8.23) fornece:

$$\boxed{\begin{aligned} BA &= BAB^*(B^*)^{-1} = \\ &= BA^*B^*(B^*)^{-1} = BA^* \end{aligned}} \qquad (8.24)$$

e de (8.24) obtém-se:

$$A = B^{-1}BA = B^{-1}BA^* = A^*$$

Logo, A é autoadjunto.

Exercício 286 - Sejam $\vec{u}, \vec{w}$ vetores não-nulos de um espaço euclidiano $\mathbb{E}$, e $A \in \operatorname{hom}(\mathbb{E})$ definido pondo $A\vec{x} = \langle \vec{x}, \vec{u} \rangle \vec{w}$. Prove que A é autoadjunto se, e somente se, $\vec{w}$ é múltiplo de $\vec{u}$. Além disto, A é não-negativo se, e somente se, pode-se tomar $\vec{w} = \vec{u}$.

Solução: Resulta da definição de A que A possui adjunto, sendo $A^*\vec{x} = \langle \vec{x}, \vec{w} \rangle \vec{u}$ para todo $\vec{x} \in \mathbb{E}$ (v. Exercício 221). Portanto, se $A = A^*$ então vale, para todo $\vec{x} \in \mathbb{E}$, a seguinte igualdade:

$$\boxed{\langle \vec{x}, \vec{u} \rangle \vec{w} = \langle \vec{x}, \vec{w} \rangle \vec{u}} \qquad (8.25)$$

CAPÍTULO 8 – OPERADORES AUTOADJUNTOS **301**

Fazendo $\vec{x} = \vec{u}$ em (8.25), obtém-se:

$$\boxed{\|\vec{u}\|^2 \vec{w} = \langle \vec{u}, \vec{u} \rangle \vec{w} = \langle \vec{u}, \vec{w} \rangle \vec{u}} \qquad (8.26)$$

Como o vetor $\vec{u}$ é não-nulo, $\|\vec{u}\|^2 > 0$. Portanto, de (8.26) tira-se:

$$\vec{w} = \frac{\langle \vec{u}, \vec{w} \rangle}{\|\vec{u}\|^2} \vec{u}$$

Logo, $\vec{w}$ é múltiplo de $\vec{u}$. Reciprocamente: Se $\vec{w}$ é múltiplo de $\vec{u}$ então existe $\lambda \in \mathbb{R}$ de modo que $\vec{w} = \lambda \vec{u}$. Assim sendo, tem-se:

$$A^* \vec{x} = \langle \vec{x}, \vec{w} \rangle \vec{u} = \langle \vec{x}, \lambda \vec{u} \rangle \vec{u} =$$

$$= \lambda \langle \vec{x}, \vec{u} \rangle \vec{u} = \langle \vec{x}, \vec{u} \rangle (\lambda \vec{u}) = \langle \vec{x}, \vec{u} \rangle \vec{w} = A\vec{x}$$

seja qual for $\vec{x} \in \mathbb{E}$. Decorre daí que $A = A^*$. Se A é não-negativo, então é autoadjunto, logo $\vec{w} = \lambda \vec{u}$. Tem-se também:

$$\langle A\vec{x}, \vec{x} \rangle = \langle \vec{x}, \vec{u} \rangle \langle \vec{x}, \vec{w} \rangle =$$

$$= \lambda \langle \vec{x}, \vec{u} \rangle^2 \geq 0$$

para qualquer $\vec{x} \in \mathbb{E}$. Logo, $\lambda \geq 0$. Fazendo $\alpha = \sqrt{\lambda}$, tem-se $A\vec{x} = \langle \vec{x}, \vec{u} \rangle \vec{w} = \langle \vec{x}, \vec{u} \rangle (\lambda \vec{u}) = \langle \vec{x}, \vec{u} \rangle (\alpha^2 \vec{u}) = \langle \vec{x}, \alpha \vec{u} \rangle \alpha \vec{u}$. Segue-se que pode-se tomar, na definição de A, $\vec{w} = \vec{u}$. Se, por outro lado, $\vec{w} = \vec{u}$ então $A\vec{x} = \langle \vec{x}, \vec{u} \rangle \vec{u}$, donde $\langle A\vec{x}, \vec{x} \rangle = \langle \vec{x}, \vec{u} \rangle \langle \vec{u}, \vec{x} \rangle = \langle \vec{x}, \vec{u} \rangle^2$ para todo $\vec{x} \in \mathbb{E}$. Portanto, A é não-negativo.

Exercício 287 - Sejam $S, T : \mathbb{E} \to \mathbb{E}$ involuções autoadjuntas. Prove que ST é uma involução autoadjunta se, e somente se, $ST = TS$.

Solução: Como S e T são involuções, tem-se $S^2 = T^2 = I$, onde $I \in \hom(\mathbb{E})$ é o operador identidade. Logo, se $ST = TS$ então valem as seguintes igualdades:

$$(ST)^2 = (ST)(ST) = S(TS)T = S(ST)T =$$

$$= (SS)(TT) = S^2 T^2 = I$$

302   320 QUESTÕES RESOLVIDAS DE ÁLGEBRA LINEAR

Logo, ST é uma involução. Sendo S e T autoadjuntas, da igualdade $ST = TS$ segue-se que ST é autoadjunta. Reciprocamente:

$$(ST)^2 = I \Rightarrow (ST)(ST) = I \Rightarrow S(TS)T = I \Rightarrow$$

$$\Rightarrow S^2(TS)T = S \Rightarrow (TS)T = S \Rightarrow$$

$$\Rightarrow (TS)T^2 = ST \Rightarrow TS = ST$$

Portanto, se ST é uma involução autoadjunta então $ST = TS$.

Exercício 288 - Sejam $\mathbb{E}$ um espaço euclidiano de dimensão finita e $A \in \hom(\mathbb{E})$ autoadjunto. Prove:

(a) Para todo s inteiro positivo ímpar existe um único operador autoadjunto $X \in \hom(\mathbb{E})$ tal que $X^s = A$.

(b) Se s é par então existe X autoadjunto com $X^s = A$ se, e somente se, A é não-negativo. Neste caso, existe um único operador autoadjunto X não-negativo tal que $X^s = A$.

Solução:

(a): Sejam s inteiro positivo ímpar e $\{\vec{u}_1, \dots, \vec{u}_n\}$ uma base ortonormal de $\mathbb{E}$ formada por autovetores de A (a qual existe, porque A é autoadjunto e $\mathbb{E}$ é de dimensão finita). Então existe, para cada $k = 1,\dots,n$, $\lambda_k \in \mathbb{R}$ de modo que $A\vec{u}_k = \lambda_k \vec{u}_k$. Sejam $\alpha_k = \lambda_k^{1/s}$, $k = 1,\dots,n$, e $X \in \hom(\mathbb{E})$ o operador linear definido pondo:

$$\boxed{X\vec{u}_k = \alpha_k \vec{u}_k, \quad k = 1, \dots, n} \qquad (8.27)$$

Por (8.27), $\{\vec{u}_1, \dots, \vec{u}_n\}$ é uma base ortonormal de $\mathbb{E}$ formada por autovetores do operador X. Logo, X é autoadjunto. É evidente que $X^0\vec{u}_k = \vec{u}_k = \alpha_k^0 \vec{u}_k$, $k = 1,\dots,n$, porque X^0 é o operador identidade $I \in \hom(\mathbb{E})$. Supondo que se tem, para um dado inteiro não-negativo m, $X^m\vec{u}_k = \alpha_k^m \vec{u}_k$, $k = 1,\dots,n$, segue-se:

$$X^{m+1}\vec{u}_k = X(X^m\vec{u}_k) = X(\alpha_k^m\vec{u}_k) =$$

$$= \alpha_k^m X\vec{u}_k = \alpha_k^m \alpha_k \vec{u}_k = \alpha_k^{m+1}\vec{u}_k, \quad k = 1, \dots, n$$

Isto mostra que valem, para todo inteiro não-negativo m, as

CAPÍTULO 8 – OPERADORES AUTOADJUNTOS   303

igualdades $X^m \vec{u}_k = \alpha_k^m \vec{u}_k$, $k = 1,...,n$. Assim sendo,

$$\boxed{\begin{aligned} X^s \vec{u}_k &= \alpha_k^s \vec{u}_k = \lambda_k \vec{u}_k = \\ &= A\vec{u}_k, \quad k = 1,...,n \end{aligned}} \tag{8.28}$$

Como $\{\vec{u}_1,...,\vec{u}_n\}$ é uma base de $\mathbb{E}$, as igualdades (8.28) dizem que o operador X definido por (8.27) cumpre $X^s = A$. Seja agora $Y \in \hom(\mathbb{E})$ autoadjunto tal que $Y^s = A$. Tem-se:

$$\boxed{AY = Y^s Y = YY^s = YA} \tag{8.29}$$

Como A e Y são autoadjuntos, resulta de (8.29) que $\mathbb{E}$ possui uma base ortonormal $\{\vec{w}_1,...,\vec{w}_n\}$ formada por autovetores de ambos (v. Lima, *Álgebra Linear*, 2001, Observação 1, p. 172). Renumerando, se necessário for, a base $\{\vec{w}_1,...,\vec{w}_n\}$, pode-se admitir que os autovetores $\vec{w}_k$, $k = 1,...,n$, correspondem aos autovalores λ_k, $k = 1,...,n$, nesta ordem. Tem-se $A\vec{w}_k = \lambda_k \vec{w}_k$, $k = 1,...,n$. Sejam β_k, $k = 1,...,n$, os autovalores de Y correspondentes aos autovetores $\vec{w}_k$, nesta ordem. Então $Y\vec{w}_k = \beta_k \vec{w}_k$, $k = 1,...,n$. Portanto, $Y^s \vec{w}_k = \beta_k^s \vec{w}_k = \lambda_k \vec{w}_k$, $k = 1,...,n$. Daí obtém-se:

$$\boxed{\beta_k = \lambda_k^{1/s} = \alpha_k, \quad k = 1,...,n} \tag{8.30}$$

De (8.27) e (8.30) resulta $Y = X$.

(b): Sejam s inteiro positivo par e $X \in \hom(\mathbb{E})$ autoadjunto com $X^s = A$. Em vista do exposto no item (a) acima, $AX = XA$. Logo, $\mathbb{E}$ possui uma base ortonormal $\{\vec{w}_1,...,\vec{w}_n\}$ formada por autovetores comuns a A e X. Assim sendo, tem-se $A\vec{w}_k = \lambda_k \vec{w}_k$ e também $X\vec{w}_k = \alpha_k \vec{w}_k$, $k = 1,...,n$. Os autovalores α_k satisfazem $\alpha_k^s = \lambda_k$, $k = 1,...,n$. Como s é par, os autovalores λ_k de A, $k = 1,...,n$, são números não-negativos. Logo, A é não-negativo. Se, por outro lado, A é não-negativo então seus autovalores λ_k, $k = 1,...,n$, são não-negativos. Logo existe, para cada $k = 1,...,n$, $\alpha_k \in \mathbb{R}$ de modo que $\alpha_k^s = \lambda_k$. O operador linear $X \in \hom(\mathbb{E})$ definido por (8.27) cumpre $X^s = A$. No caso afirmativo, seja α_k, $k = 1,...,n$, a s-ésima raiz não-negativa de λ_k. Pelo item (a) e pela unicidade da raiz s-ésima não-negativa de λ_k, o operador X definido em (8.27), com os valores de α_k assim escolhidos, é o único operador

304   320 QUESTÕES RESOLVIDAS DE ÁLGEBRA LINEAR

não-negativo que satisfaz $X^s = A$.

Exercício 289 - Seja $\mathbb{E}$ um espaço vetorial de dimensão finita. Prove: Se $\mathbb{E}$ possui uma base formada por autovetores do operador $A \in \hom(\mathbb{E})$, então é possível definir em $\mathbb{E}$ um produto interno em relação ao qual A é autoadjunto.

Solução: Dada uma base $\mathbb{B} = \{\vec{u}_1, \ldots, \vec{u}_n\}$, seja $\mathbb{B}^* = \{u_1^*, \ldots, u_n^*\}$ a base dual de $\mathbb{B}$. Noutros termos, $\mathbb{B}^*$ é a base do espaço dual $\mathbb{E}^* = \hom(\mathbb{E}; \mathbb{R})$ formada pelos funcionais lineares u_k^*, $k = 1, \ldots, n$, tais que:

$$u_k^*(\vec{u}_l) = \delta_{kl} = \begin{cases} 1, & \text{se} \quad k = l \\ 0, & \text{se} \quad k \neq l \end{cases} \qquad (8.31)$$

Seja $\langle , \rangle : \mathbb{E} \times \mathbb{E} \to \mathbb{R}$ definida do modo seguinte:

$$\langle \vec{x}, \vec{y} \rangle = \sum_{k=1}^{n} u_k^*(\vec{x}) u_k^*(\vec{y}) \qquad (8.32)$$

Cada uma das funções $(\vec{x}, \vec{y}) \mapsto u_k^*(\vec{x}) u_k^*(\vec{y})$ é linear na primeira variável e também simétrica. Logo, $\langle , \rangle$ é simétrica e linear na primeira variável. Seja $\vec{x} \in \mathbb{E}$ qualquer. Como $\vec{x}$ se escreve, de modo único, como $\vec{x} = \sum_{k=1}^{n} x_k \vec{u}_k$, tem-se, para cada $k = 1, \ldots, n$, $u_k^*(\vec{x}) = x_k$. Assim sendo, (8.32) fornece:

$$\langle \vec{x}, \vec{x} \rangle = \sum_{k=1}^{n} [u_k^*(\vec{x})]^2 = \sum_{k=1}^{n} x_k^2$$

Logo, a função $\langle , \rangle$ definida em (8.32) é também positiva. Segue-se que $\langle , \rangle$ é um produto interno em $\mathbb{E}$. Por (8.31) e (8.32 tem-se:

$$\langle \vec{u}_p, \vec{u}_q \rangle = \sum_{k=1}^{n} u_k^*(\vec{u}_p) u_k^*(\vec{u}_q) = \sum_{k=1}^{n} \delta_{kp} \delta_{kq} =$$

$$= \delta_{pq}, \quad p, q = 1, \ldots, n$$

Segue-se que a base $\mathbb{B}$ é ortonormal em relação a $\langle , \rangle$. Desta forma, $\mathbb{B}$ é uma base formada por autovetores de A, ortonormal em relação ao produto interno $\langle , \rangle$. Portanto, A é autoadjunto em relação a este produto interno.

Exercício 290 - Seja $\mathbb{E}$ um espaço vetorial de dimensão finita

CAPÍTULO 8 – OPERADORES AUTOADJUNTOS   305

$n \geq 2$. Prove que é possível definir produtos internos $\langle , \rangle$, $[,]$ em $\mathbb{E}$ e um operador $A \in \mathrm{hom}(\mathbb{E})$ que é autoadjunto em relação a $\langle , \rangle$, mas não é autoadjunto em relação a $[,]$.

Solução: Sejam $\langle , \rangle : \mathbb{E} \times \mathbb{E} \to \mathbb{R}$ um produto interno, $\mathbb{B} = \{\vec{u}_1, \ldots, \vec{u}_n\} \subseteq \mathbb{E}$ uma base ortonormal em relação a $\langle , \rangle$ e $A \in \mathrm{hom}(\mathbb{E})$ o operador linear definido pondo:

$$\boxed{A\vec{u}_k = \lambda_k \vec{u}_k, \quad k = 1, \ldots, n} \qquad (8.33)$$

onde $\lambda_1, \ldots, \lambda_n \in \mathbb{R}$ e λ_{n-1} é diferente de λ_n. Resulta da definição (8.33) que $\mathbb{B}$ é uma base ortonormal, em relação a $\langle , \rangle$, formada por autovetores de A. Logo, A é autoadjunto em relação a $\langle , \rangle$. Seja $B \in \mathrm{hom}(\mathbb{E})$ o operador linear definido do modo seguinte:

$$\boxed{\begin{aligned} B\vec{u}_k &= \vec{u}_k, \quad 1 \leq k \leq n - 1 \\ B\vec{u}_n &= \vec{u}_{n-1} + \vec{u}_n \end{aligned}} \qquad (8.34)$$

Os vetores $\vec{u}_1, \ldots, \vec{u}_{n-1}$, $\vec{u}_{n-1} + \vec{u}_n$ sendo LI, o operador B é um isomorfismo. Seja $[,] : \mathbb{E} \times \mathbb{E} \to \mathbb{R}$ definida por:

$$\boxed{[\vec{x}, \vec{y}] = \langle B\vec{x}, B\vec{y} \rangle} \qquad (8.35)$$

Como $\langle , \rangle$ é um produto interno e B é um operador linear, a definição (8.35) diz que $[,]$ é simétrica e linear na primeira variável. Seja $\| . \| : \mathbb{E} \to \mathbb{R}$ a norma induzida por $\langle . \rangle$. Tem-se $[\vec{x}, \vec{x}] = \langle B\vec{x}, B\vec{x} \rangle = \|B\vec{x}\|^2 \geq 0$ para todo $\vec{x} \in \mathbb{E}$. Tem-se também que $B\vec{x} = \vec{o}$ se, e somente se, $\vec{x} = \vec{o}$, porque B é um isomorfismo. Logo,

$$[\vec{x}, \vec{x}] = 0 \iff \|B\vec{x}\|^2 = 0 \iff$$

$$\iff B\vec{x} = \vec{o} \iff \vec{x} = \vec{o}$$

Segue-se que $[,]$ é também positiva. Logo, $[,]$ é um produto interno em $\mathbb{E}$. Decorre das definições (8.33), (8.34) e (8.35) que se tem:

$$[A\vec{u}_{n-1}, \vec{u}_n] = \langle BA\vec{u}_{n-1}, B\vec{u}_n \rangle =$$

$$= \langle B(A\vec{u}_{n-1}), \vec{u}_{n-1} + \vec{u}_n \rangle =$$

306   320 QUESTÕES RESOLVIDAS DE ÁLGEBRA LINEAR

$$= \langle B(\lambda_{n-1}\vec{u}_{n-1}), \vec{u}_{n-1} + \vec{u}_n \rangle =$$

$$= \langle \lambda_{n-1}B\vec{u}_{n-1}, \vec{u}_{n-1} + \vec{u}_n \rangle =$$

$$= \langle \lambda_{n-1}\vec{u}_{n-1}, \vec{u}_{n-1} + \vec{u}_n \rangle = \lambda_{n-1}$$

enquanto que:

$$[\vec{u}_{n-1}, A\vec{u}_n] = \langle B\vec{u}_{n-1}, BA\vec{u}_n \rangle =$$

$$= \langle \vec{u}_{n-1}, B(\lambda_n\vec{u}_n) \rangle = \langle \vec{u}_{n-1}, \lambda_n B\vec{u}_n \rangle =$$

$$= \langle \vec{u}_{n-1}, \lambda_n\vec{u}_{n-1} + \lambda_n\vec{u}_n \rangle = \lambda_n$$

Como λ_{n-1} é diferente de λ_n, $[A\vec{u}_{n-1}, \vec{u}_n]$ é diferente de $[\vec{u}_{n-1}, A\vec{u}_n]$. Logo, A não é autoadjunto em relação a $[,\,]$.

Exercício 291 - Sejam $\mathbb{E}$ um espaço euclidiano de dimensão finita e $A, B : \mathbb{E} \to \mathbb{E}$ operadores não-negativos. Prove: Se A e B comutam (noutros termos, $AB = BA$) então o produto AB é não-negativo.

Solução: Se $AB = BA$ então existe uma base ortonormal $\mathbb{B} = \{\vec{u}_1, \ldots, \vec{u}_n\}$ onde cada um dos $\vec{u}_k$, $k = 1,\ldots,n$, é autovetor de ambos os operadores A, B (v. Lima, *Álgebra Linear*, 2001, Observação 1, p. 172). Tem-se então:

$$\boxed{A\vec{u}_k = \alpha_k\vec{u}_k, \quad k = 1, \ldots, n} \qquad (8.36)$$

e também:

$$\boxed{B\vec{u}_k = \beta_k\vec{u}_k, \quad k = 1, \ldots, n} \qquad (8.37)$$

onde α_k, β_k, $k = 1,\ldots,n$, são números reais. Decorre de (8.36) e (8.37) que valem as seguintes igualdades:

$$AB\vec{u}_k = A(B\vec{u}_k) = A(\beta_k\vec{u}_k) = \beta_k A\vec{u}_k =$$

$$= \beta_k(\alpha_k\vec{u}_k) = \alpha_k\beta_k\vec{u}_k, \quad k = 1, \ldots, n$$

Portanto, cada um dos $\vec{u}_k$ é autovetor de AB, com o autovalor $\lambda_k = \alpha_k\beta_k$. Sendo A e B operadores não-negativos, $\alpha_k \geq 0$ e $\beta_k \geq 0$, $k = 1,\ldots,n$. Logo, os autovalores $\lambda_k = \alpha_k\beta_k$ de AB são números não-negativos. Segue-se daí que AB é não-negativo.

CAPÍTULO 8 – OPERADORES AUTOADJUNTOS   307

Exercício 292 - Dê exemplos de operadores não-negativos $A, B : \mathbb{E} \to \mathbb{E}$ de modo que existam $\vec{u}, \vec{w} \in \mathbb{E}$ com $\langle AB\vec{u}, \vec{u} \rangle < 0$ e $\langle AB\vec{w}, \vec{w} \rangle > 0$.

Solução: Sejam $\mathbb{E}$ o espaço euclidiano $\mathbb{R}^2$ e $A, B \in \mathrm{hom}(\mathbb{R}^2)$ respectivamente os operadores lineares cujas matrizes, em relação à base canônica, são:

$$\mathbf{a} = \begin{bmatrix} 1 & -1 \\ -1 & 2 \end{bmatrix}, \quad \mathbf{b} = \begin{bmatrix} 1 & 1 \\ 1 & 1 \end{bmatrix}$$

Os polinômios característicos de $\mathbf{a}$ e de $\mathbf{b}$ são dados por:

$$p_{\mathbf{a}}(\lambda) = \lambda^2 - 3\lambda + 1, \quad p_{\mathbf{b}}(\lambda) = \lambda^2 - 2\lambda$$

Portanto, os autovalores de A são:

$$\alpha_1 = \frac{3 - \sqrt{5}}{2}, \quad \alpha_2 = \frac{3 + \sqrt{5}}{2}$$

e os de B são $\beta_1 = 0$, $\beta_2 = 2$. Segue-se que o operador A é positivo e o operador B é não-negativo. A matriz, em relação à base canônica, do produto AB é:

$$\mathbf{ab} = \begin{bmatrix} 0 & 0 \\ 1 & 1 \end{bmatrix}$$

Logo, $AB\vec{x} = AB(x_1, x_2) = (0, x_1 + x_2)$ para todo $\vec{x} = (x_1, x_2) \in \mathbb{R}^2$. Assim sendo,

$$\langle AB\vec{x}, \vec{x} \rangle = x_2(x_1 + x_2) = x_1 x_2 + x_2^2$$

para qualquer $\vec{x} = (x_1, x_2) \in \mathbb{R}^2$. Portanto, tomando $\vec{u} = (-2, 1)$ e $\vec{w} = (2, 1)$ obtém-se $\langle AB\vec{u}, \vec{u} \rangle = -1 < 0$ e $\langle AB\vec{w}, \vec{w} \rangle = 3 > 0$.

Exercício 293 - Dado n inteiro positivo maior ou igual a dois, seja $\mathbf{a} = [a_k b_l] \in \mathbb{M}(n \times n)$ uma matriz não-nula. Prove que $\mathbf{a}$ é não-negativa se, e somente se, pode-se tomar $a_k = b_k$ para todo $k = 1,...,n$.

Solução:

308 320 QUESTÕES RESOLVIDAS DE ÁLGEBRA LINEAR

Dada a matriz não-nula $\mathbf{a} = [a_k b_l] \in \mathbb{M}(n \times n)$, sejam $\vec{u} = \sum_{k=1}^{n} b_k \vec{e}_k$ e $\vec{w} = \sum_{k=1}^{n} a_k \vec{e}_k$, onde $\vec{e}_k$, $k = 1,\ldots,n$, são os vetores da base canônica de $\mathbb{R}^n$. Os vetores $\vec{u}$ e $\vec{w}$ são não-nulos, porque $\mathbf{a}$ é não-nula. Seja $A \in \text{hom}(\mathbb{R}^n)$ o operador linear definido pondo $A\vec{x} = \langle \vec{x}, \vec{u} \rangle \vec{w}$. Tem-se:

$$A\vec{e}_l = \sum_{k=1}^{n} c_{kl} \vec{e}_k = \langle \vec{e}_l, \vec{u} \rangle \vec{w} =$$

$$= b_l \vec{w} = \sum_{k=1}^{n} a_k b_l \vec{e}_k, \quad l = 1, \ldots, n$$

Segue-se que $c_{kl} = [a_k b_l]$, $k,l = 1,\ldots,n$. Logo, a matriz de A, em relação à base canônica de $\mathbb{R}^n$, é $\mathbf{a}$. Pelo Exercício 286, A é autoadjunto se, e somente se, $\vec{w}$ é múltiplo de $\vec{u}$. Portanto, $\mathbf{a}$ é simétrica se, e somente se, $\vec{w}$ é múltiplo de $\vec{u}$. No caso afirmativo, o operador A é não-negativo se, e somente se, pode-se tomar $\vec{u} = \vec{w}$. Assim sendo, a matriz $\mathbf{a}$ é não-negativa se, e somente se, pode-se tomar $a_k = b_k$ para todo $k = 1,\ldots,n$.

Se a matriz $\mathbf{a}$ é nula, então um dos vetores $\vec{u}$, $\vec{w}$ é nulo. De fato: Se a_k é diferente de zero para algum $k = 1,\ldots,n$ e b_l é diferente de zero para algum $l = 1,\ldots,n$, então, para este k e este l, o número $a_{kl} = a_k b_l$ é diferente de zero. Portanto, se o vetor $\vec{u}$ é nulo enquanto que o vetor $\vec{w}$ não o é, a matriz $\mathbf{a}$ é não-negativa porque é nula. Contudo, não se tem $a_k = b_k$ para todo $k = 1,\ldots,n$.

Exercício 294 - Seja $\mathbb{E}$ um espaço euclidiano de dimensão infinita ou de dimensão finita $n \geq 2$. Prove que existe um operador não-negativo $A \in \text{hom}(\mathbb{E})$ que não é positivo nem é nulo.

Solução: Sejam $\vec{u} \in \mathbb{E}$ um vetor unitário e $A \in \text{hom}(\mathbb{E})$ definido por $A\vec{x} = \langle \vec{x}, \vec{u} \rangle \vec{u}$. O operador A é autoadjunto e não-negativo (v. Exercício 286). Como $A\vec{u} = \vec{u}$, o operador A não é nulo. Dado um vetor $\vec{x} \in \mathbb{E}$ que não pertence ao subespaço $S(\vec{u})$ gerado por $\vec{u}$, seja $\vec{w} = \vec{x} - A\vec{x} = \vec{x} - \langle \vec{x}, \vec{u} \rangle \vec{u}$. O vetor $\vec{w}$ é diferente de $\vec{o}$, porque $\vec{x}$ não pertence a $S(\vec{u})$. Tem-se $\langle \vec{w}, \vec{u} \rangle = \langle \vec{x} - \langle \vec{x}, \vec{u} \rangle \vec{u}, \vec{u} \rangle = \langle \vec{x}, \vec{u} \rangle - \langle \vec{x}, \vec{u} \rangle = 0$, donde $\langle A\vec{w}, \vec{w} \rangle = \langle \langle \vec{w}, \vec{u} \rangle \vec{u}, \vec{w} \rangle = \langle \vec{w}, \vec{u} \rangle^2 = 0$. Logo, o operador A não é

CAPÍTULO 8 – OPERADORES AUTOADJUNTOS **309**

positivo.

Exercício 295 - Dado um espaço euclidiano $\mathbb{E}$, sejam $A \in$ hom($\mathbb{E}$) autoadjunto e $B \in$ hom($\mathbb{E}$) um operador que possui adjunto. Prove que o operador B^*AB é autoadjunto. Se A é não-negativo, prove que B^*AB é não-negativo. Se A é positivo e B é injetivo, prove que B^*AB é positivo.

Solução: Como A é autoadjunto e B possui adjunto, segue-se:

$$(B^*AB)^* = [B^*(AB)]^* = (AB)^*B^{**} =$$
$$= (B^*A^*)B = (B^*A)B = B^*AB$$

(v. Exercícios 213 e 214). Logo, B^*AB é autoadjunto. Se A é não-negativo, então $\langle A\vec{y}, \vec{y} \rangle \geq 0$ para todo $\vec{y} \in \mathbb{E}$, logo $\langle AB\vec{x}, B\vec{x} \rangle = \langle A(B\vec{x}), B\vec{x} \rangle \geq 0$ para qualquer $\vec{x} \in \mathbb{E}$. Assim sendo, tem-se:

$$\langle B^*AB\vec{x}, \vec{x} \rangle = \langle B^*(AB\vec{x}), \vec{x} \rangle =$$
$$= \langle AB\vec{x}, B\vec{x} \rangle \geq 0$$

seja qual for $\vec{x} \in \mathbb{E}$. Logo, B^*AB é não-negativo. Se A é positivo, então $\langle A\vec{y}, \vec{y} \rangle = 0$ se, e somente se, $\vec{y} = \vec{o}$. Logo, se A é positivo e B é injetivo, então:

$$\langle B^*AB\vec{x}, \vec{x} \rangle = 0 \Rightarrow \langle B^*(AB\vec{x}), \vec{x} \rangle = 0 \Rightarrow$$
$$\Rightarrow \langle AB\vec{x}, B\vec{x} \rangle = 0 \Rightarrow \langle A(B\vec{x}), B\vec{x} \rangle = 0 \Rightarrow$$
$$\Rightarrow B\vec{x} = \vec{o} \Rightarrow \vec{x} \in \ker B \Rightarrow \vec{x} = \vec{o}$$

Decorre daí que se A é positivo e B é injetivo então B^*AB é positivo.

Exercício 296 - Se os operadores $A, B \in$ hom($\mathbb{E}$) são autoadjuntos, prove que $AB + BA$ é autoadjunto. Que se pode dizer sobre $AB - BA$?

Solução: Os operadores AB e BA possuem adjuntos, sendo $(AB)^* = B^*A^* = BA$ e $(BA)^* = A^*B^* = AB$. Desta forma,

310 320 QUESTÕES RESOLVIDAS DE ÁLGEBRA LINEAR

tem-se:

$$(AB + BA)^* = (AB)^* + (BA)^* =$$

$$= BA + AB = AB + BA$$

e também:

$$(AB - BA)^* = (AB)^* - (BA)^* =$$

$$= BA - AB = -(AB - BA)$$

(v. Exercícios 213 e 214). Logo, $AB + BA$ é autoadjunto e $AB - BA$ é antissimétrico.

Exercício 297 - Num espaço vetorial $\mathbb{E}$ de dimensão finita, seja $A \in \text{hom}(\mathbb{E})$ um operador diagonalizável (ou seja, $\mathbb{E}$ possui uma base formada por autovetores de A). Se $\mathbb{V} \subseteq \mathbb{E}$ é um subespaço invariante por A, prove que a restrição de A ao subespaço $\mathbb{V}$ é um operador diagonalizável em $\mathbb{V}$.

Solução: Seja $\langle , \rangle : \mathbb{E} \times \mathbb{E} \to \mathbb{R}$ um produto interno em relação ao qual A é autoadjunto (o qual existe, v Exercício 289). Sejam $\mathbb{V} \subseteq \mathbb{E}$ um subespaço invariante por A, e $B \in \text{hom}(\mathbb{V})$ o operador linear definido pondo $B\vec{x} = A\vec{x}$. Sendo A autoadjunto e $B\vec{x} = A\vec{x}$ para todo $\vec{x} \in \mathbb{V}$, tem-se:

$$\boxed{\langle B\vec{x}, \vec{y} \rangle = \langle A\vec{x}, \vec{y} \rangle = \langle \vec{x}, A\vec{y} \rangle = \langle \vec{x}, B\vec{y} \rangle} \qquad (8.38)$$

valendo as igualdades (8.38) para quaisquer $\vec{x}, \vec{y} \in \mathbb{V}$. Logo, B é autoadjunto em relação ao produto interno $\langle , \rangle$. Por esta razão, existe uma base de $\mathbb{V}$, ortonormal em relação a $\langle , \rangle$, formada por autovetores de B. Segue-se que o operador $B : \mathbb{V} \to \mathbb{V}$ é diagonalizável.

Exercício 298 - Num espaço vetorial $\mathbb{E}$ de dimensão finita, seja $A \in \text{hom}(\mathbb{E})$ um operador diagonalizável. Se o subespaço $\mathbb{V} \subseteq \mathbb{E}$ é invariante por A, prove que existe um subespaço $\mathbb{W} \subseteq \mathbb{E}$, também invariante por A, tal que $\mathbb{E} = \mathbb{V} \oplus \mathbb{W}$.

Solução: Seja $\langle , \rangle : \mathbb{E} \times \mathbb{E} \to \mathbb{R}$ um produto interno em relação ao qual o operador A é autoadjunto (v. Exercício 289).

CAPÍTULO 8 – OPERADORES AUTOADJUNTOS   311

O complemento ortogonal (em relação a $\langle,\rangle$) $\mathbb{W} = \mathbb{V}^\perp$ de $\mathbb{V}$ também é invariante por A (v. Lima, *Álgebra Linear*, 2001, p. 165). Sendo $\mathbb{E}$ de dimensão finita, tem-se $\mathbb{E} = \mathbb{V} \oplus \mathbb{W}$.

Exercício 299 - Num espaço vetorial $\mathbb{E}$ com produto interno $\langle,\rangle$, seja B um operador positivo. Prove que $[,] : \mathbb{E} \times \mathbb{E} \to \mathbb{R}$, definida pondo $[\vec{x}, \vec{y}] = \langle B\vec{x}, \vec{y}\rangle$, é um produto interno. Se $A \in$ hom($\mathbb{E}$) é autoadjunto no sentido do produto interno $\langle,\rangle$, prove que A é também autoadjunto no sentido de $[,]$ se, e somente se, $AB = BA$.

Solução:

Sendo $\langle,\rangle$ um produto interno e B uma transformação linear, a função $[,]$ definida acima é linear na primeira variável. Com efeito,

$$[\lambda_1\vec{x}_1 + \lambda_2\vec{x}_2, \vec{y}] = \langle B(\lambda_1\vec{x}_1 + \lambda_2\vec{x}_2), \vec{y}\rangle =$$

$$= \langle \lambda_1 B\vec{x}_1 + \lambda_2 B\vec{x}_2, \vec{y}\rangle = \lambda_1\langle B\vec{x}_1, \vec{y}\rangle + \lambda_2\langle B\vec{x}_2, \vec{y}\rangle =$$

$$= \lambda_1[\vec{x}_1, \vec{y}] + \lambda_2[\vec{x}_2, \vec{y}]$$

O operador B é autoadjunto no sentido do produto interno $\langle,\rangle$. Por esta razão,

$$[\vec{x}, \vec{y}] = \langle B\vec{x}, \vec{y}\rangle = \langle \vec{x}, B\vec{y}\rangle = \langle B\vec{y}, \vec{x}\rangle = [\vec{y}, \vec{x}]$$

Logo, a função $[,]$ é simétrica. Como o operador B é positivo, segue-se:

$$[\vec{x}, \vec{x}] = 0 \Leftrightarrow \langle B\vec{x}, \vec{x}\rangle = 0 \Leftrightarrow \vec{x} = \vec{o}$$

Portanto, a função $[,]$ é um produto interno em $\mathbb{E}$.

Seja $A \in$ hom($\mathbb{E}$) autoadjunto no sentido do produto interno $\langle,\rangle$. O operador B é autoadjunto no sentido do mesmo produto interno. Por isto, tem-se:

$$\boxed{\begin{aligned} [A\vec{x}, \vec{y}] &= \langle B(A\vec{x}), \vec{y}\rangle = \langle A\vec{x}, B\vec{y}\rangle = \\ &= \langle \vec{x}, A(B\vec{y})\rangle = \langle \vec{x}, AB\vec{y}\rangle \end{aligned}}$$

(8.39)

e também:

312   320 QUESTÕES RESOLVIDAS DE ÁLGEBRA LINEAR

$$\boxed{\begin{aligned}[\vec{x}, A\vec{y}] &= \langle B\vec{x}, A\vec{y}\rangle = \\ &= \langle \vec{x}, B(A\vec{y})\rangle = \langle \vec{x}, BA\vec{y}\rangle\end{aligned}} \qquad (8.40)$$

Resulta de (8.39) e (8.40) que as equações $[A\vec{x}, \vec{y}] = [\vec{x}, A\vec{y}]$ e $\langle \vec{x}, AB\vec{y}\rangle = \langle \vec{x}, BA\vec{y}\rangle$ são equivalentes. Decorre daí que A é autoadjunto no sentido de $[,\,]$ se, e somente se, vale $\langle \vec{x}, AB\vec{y}\rangle = \langle \vec{x}, BA\vec{y}\rangle$ para quaisquer $\vec{x}, \vec{y} \in \mathbb{E}$. Por consequência, A é autoadjunto no sentido de $[,\,]$ se, e somente se, $AB = BA$.

Seja $\mathbb{E}$ um espaço euclidiano. Um conjunto $\mathbb{X} \subseteq \mathbb{E}$ chama-se um *elipsóide* quando existe um operador positivo $A \in \text{hom}(\mathbb{E})$ tal que:

$$\mathbb{X} = \{\vec{x} \in \mathbb{E} : \langle A\vec{x}, \vec{x}\rangle = 1\}$$

Noutros termos, $\mathbb{X}$ é o conjunto das soluções da equação $\langle \vec{x}, A\vec{x}\rangle = 1$.

Exercício 300 - Num espaço euclidiano de dimensão finita, seja $B \in \text{hom}(\mathbb{E})$ um isomorfismo. Prove que todo elipsóide $\mathbb{X} \subseteq \mathbb{E}$ é transformado por B num elipsóide $\mathbb{Y}$.

Solução:

Seja $\mathbb{X}$ um elipsóide. Existe um operador positivo $\mathbb{E}$ de modo que:

$$\boxed{\mathbb{X} = \{\vec{x} \in \mathbb{E} : \langle A\vec{x}, \vec{x}\rangle = 1\}} \qquad (8.41)$$

Seja $B(\mathbb{X})$ a imagem por B do elipsóide $\mathbb{X}$. Noutros termos,

$$B(\mathbb{X}) = \{B\vec{x} \in \mathbb{E} : \vec{x} \in \mathbb{X}\}$$

é o conjunto dos valores $B\vec{x}$ assumidos pelo operador B quando $\vec{x}$ percorre $\mathbb{X}$. Sendo $\mathbb{E}$ de dimensão finita e $B \in \text{hom}(\mathbb{E})$ um isomorfismo, seu adjunto B^* também é um isomorfismo, e se tem $(B^*)^{-1} = (B^{-1})^*$ (v. Exercício 227). Seja $H = (B^*)^{-1}AB^{-1}$. Para qualquer $\vec{x} \in \mathbb{E}$, valem as seguintes igualdades:

CAPÍTULO 8 – OPERADORES AUTOADJUNTOS   313

$$\langle HB\vec{x}, B\vec{x} \rangle = \langle (B^*)^{-1}AB^{-1}B\vec{x}, B\vec{x} \rangle =$$
$$= \langle [(B^{-1})^*A(B^{-1}B)]\vec{x}, B\vec{x} \rangle = \qquad (8.42)$$
$$= \langle (B^{-1})^*A\vec{x}, B\vec{x} \rangle = \langle A\vec{x}, B^{-1}B\vec{x} \rangle = \langle A\vec{x}, \vec{x} \rangle$$

Seja $\mathbb{Y} \subseteq \mathbb{E}$ o conjunto formado pelos vetores $\vec{y} \in \mathbb{E}$ tais que $\langle H\vec{y}, \vec{y} \rangle = 1$. Dado $\vec{y} \in B(\mathbb{X})$, seja $\vec{x} \in \mathbb{X}$ (o qual existe) tal que $\vec{y} = B\vec{x}$. Como $\vec{x} \in \mathbb{X}$, tem-se $\langle A\vec{x}, \vec{x} \rangle = 1$. Assim sendo, (8.42) fornece $\langle H\vec{y}, \vec{y} \rangle = \langle HB\vec{x}, B\vec{x} \rangle = \langle A\vec{x}, \vec{x} \rangle = 1$. Logo $\vec{y} \in \mathbb{Y}$. Segue-se que todo elemento de $B(\mathbb{X})$ pertence a $\mathbb{Y}$. Portanto,

$$\boxed{B(\mathbb{X}) \subseteq \mathbb{Y}} \qquad (8.43)$$

Seja agora $\vec{y} \in \mathbb{Y}$ arbitrário. Tem-se $\vec{y} = B\vec{x}$, onde $\vec{x} = B^{-1}\vec{y}$. Como $\vec{y} \in \mathbb{Y}$, $\langle H\vec{y}, \vec{y} \rangle = \langle HB\vec{x}, B\vec{x} \rangle = 1$, e de (8.42) tira-se $\langle A\vec{x}, \vec{x} \rangle = \langle HB\vec{x}, B\vec{x} \rangle = 1$. Logo, $\vec{x} \in \mathbb{X}$. Segue-se que $\vec{y}$ é o valor $B\vec{x}$ assumido por B num vetor $\vec{x} \in \mathbb{X}$, e portanto que $\vec{y} \in B(\mathbb{X})$. Conclui-se daí que vale:

$$\boxed{\mathbb{Y} \subseteq B(\mathbb{X})} \qquad (8.44)$$

De (8.43) e (8.44) obtém-se a igualdade $B(\mathbb{X}) = \mathbb{Y}$.

O operador A é positivo e B^{-1} é injetivo, porque é um isomorfismo. Pelo Exercício 295, $H = (B^{-1})^*AB^{-1}$ é um operador positivo. Logo, $\mathbb{Y}$ é um elipsóide. Conclui-se daí que a imagem $B(\mathbb{X})$ por B de todo elipsóide $\mathbb{X} \subseteq \mathbb{E}$ é um elipsóide, o que demonstra o enunciado acima.

Exercício 301 - Seja $\mathbb{X}$ um subconjunto de um espaço euclidiano de dimensão finita. Prove que $\mathbb{X}$ é um elipsóide se, e somente se, existem uma base ortonormal $\{\vec{u}_1, \ldots, \vec{u}_n\} \subseteq \mathbb{E}$ e números positivos $a_1, \ldots, a_n$ tais que $\mathbb{X}$ é o conjunto dos vetores $\vec{x} \in \mathbb{E}$ que satisfazem a equação $\sum_{k=1}^{n} a_k \langle \vec{x}, \vec{u}_k \rangle^2 = 1$.

Solução:

Supondo que $\mathbb{X}$ é um elipsóide, seja $A \in \text{hom}(\mathbb{E})$ um operador positivo tal que $\mathbb{X}$ é o conjunto dos vetores $\vec{x} \in \mathbb{E}$ que cumprem $\langle \vec{x}, A\vec{x} \rangle = 1$. O operador A sendo autoadjunto, existe uma base ortonormal $\{\vec{u}_1, \ldots, \vec{u}_n\} \subseteq \mathbb{E}$ formada por autovetores de A. Todo vetor $\vec{x} \in \mathbb{E}$ se escreve, de modo único,

314 320 QUESTÕES RESOLVIDAS DE ÁLGEBRA LINEAR

como $\vec{x} = \sum_{k=1}^{n}\langle\vec{x}, \vec{u}_k\rangle\vec{u}_k$ (v. Exercício 126). Sejam a_k, $k = 1,\ldots,n$, os autovalores de A correspondentes aos autovetores $\vec{u}_k$, nesta ordem. Os autovalores a_k, $k = 1,\ldots,n$, são números positivos, porque o operador A é positivo. Tem-se $A\vec{u}_k = a_k\vec{u}_k$ para todo $k = 1,\ldots,n$, e portanto $A\vec{x} = \sum_{k=1}^{n}\langle\vec{x}, \vec{u}_k\rangle A\vec{u}_k = \sum_{k=1}^{n} a_k\langle\vec{x}, \vec{u}_k\rangle\vec{u}_k$, para todo $\vec{x} \in \mathbb{E}$. Segue-se que $\langle\vec{x}, A\vec{x}\rangle = \sum_{k=1}^{n} a_k\langle\vec{x}, \vec{u}_k\rangle^2$, seja qual for $\vec{x} \in \mathbb{E}$ (v. Exercício 126). Logo, $\mathbb{X}$ é o conjunto dos vetores $\vec{x} \in \mathbb{E}$ que cumprem $\sum_{k=1}^{n} a_k\langle\vec{x}, \vec{u}_k\rangle^2 = 1$.

Reciprocamente: Supondo que existem uma base ortonormal $\{\vec{u}_1,\ldots,\vec{u}_n\}$ de $\mathbb{E}$ e números positivos a_k, $k = 1,\ldots,n$, tais que $\mathbb{X}$ é o conjunto dos vetores $\vec{x} \in \mathbb{E}$ que satisfazem $\sum_{k=1}^{n} a_k\langle\vec{x}, \vec{u}_k\rangle^2 = 1$, seja $A \in \mathrm{hom}(\mathbb{E})$ o operador linear definido pondo:

$$\boxed{A\vec{u}_k = a_k\vec{u}_k, \quad k = 1,\ldots,n} \qquad\qquad (8.45)$$

Resulta da definição (8.45) que a base ortonormal $\{\vec{u}_1,\ldots,\vec{u}_n\}$ é formada por autovetores de A. Logo, A é um operador autoadjunto. Os números a_k, $k = 1,\ldots,n$, são os autovalores de A correspondentes aos autovetores $\vec{u}_k$, nesta ordem. Como estes números são positivos, o operador A é positivo. Tem-se $\langle\vec{x}, A\vec{x}\rangle = \sum_{k=1}^{n} a_k\langle\vec{x}, \vec{u}_k\rangle^2$ para todo $\vec{x} \in \mathbb{E}$. Portanto, $\mathbb{X}$ é o conjunto dos vetores $\vec{x} \in \mathbb{E}$ que satisfazem $\langle\vec{x}, A\vec{x}\rangle = 1$. O operador A sendo positivo, $\mathbb{X}$ é um elipsóide.

Exercício 302 - Sejam $\mathbb{E}$, $\mathbb{F}$ espaços euclidianos de dimensão finita e $A : \mathbb{E} \to \mathbb{F}$ uma transformação linear. Prove:

(a) O operador $A^*A : \mathbb{E} \to \mathbb{E}$ é não-negativo.

(b) Tem-se $\|A\| = \sup\{\|A\vec{x}\| : \|\vec{x}\| = 1\} = \sigma$, onde σ^2 é o maior autovalor do operador A^*A.

(c) Se σ_k^2, $k = 1,\ldots,n$, são os autovalores de A^*A, tem-se $\mathbf{Tr}(A^*A) = \sum_{k=1}^{n} \sigma_k^2$, portanto $\|A\|^2 \leq \mathbf{Tr}(A^*A) \leq n\|A\|^2$.

Solução:

(a): Tem-se $\langle A^*A\vec{x}, \vec{x}\rangle = \langle A\vec{x}, A\vec{x}\rangle = \|A\vec{x}\|^2 \geq 0$ para todo $\vec{x} \in \mathbb{E}$. Logo, $A^*A : \mathbb{E} \to \mathbb{E}$ é um operador não-negativo.

CAPÍTULO 8 – OPERADORES AUTOADJUNTOS   315

(b): O operador A^*A é autoadjunto, logo existe uma base ortonormal $\mathbb{B} = \{\vec{u}_1,\ldots,\vec{u}_n\}$ de $\mathbb{E}$ formada por autovetores de A^*A. Sejam λ_k, $k = 1,\ldots,n$, os autovalores de A^*A correspondentes aos autovetores $\vec{u}_k$, nesta ordem. Os números λ_k, $k = 1,\ldots,n$, são não-negativos porque o operador A^*A é não-negativo. Logo $\lambda_k = \sigma_k^2$, onde $\sigma_k = \sqrt{\lambda_k}$, para todo $k = 1,\ldots,n$. Seja $\vec{x} \in \mathbb{E}$ arbitrário. Tem-se $\|A\vec{x}\|^2 = \langle \vec{x}, A^*A\vec{x}\rangle = \sum_{k=1}^{n} \lambda_k\langle\vec{x},\vec{u}_k\rangle^2 = \sum_{k=1}^{n} \sigma_k^2\langle\vec{x},\vec{u}_k\rangle^2$ (v. Exercício 301). Seja σ^2 o maior autovalor de A^*A. Como $\|\vec{x}\|^2 = \sum_{k=1}^{n}\langle\vec{x},\vec{u}_k\rangle^2$ (v. Exercício 126) e $\sigma_k^2 \leq \sigma^2$ para todo $k = 1,\ldots,n$, segue-se $\|A\vec{x}\|^2 \leq \sigma^2 \sum_{k=1}^{n}\langle\vec{x},\vec{u}_k\rangle^2 = \sigma^2\|\vec{x}\|^2$, donde $\|A\vec{x}\| \leq \sigma\|\vec{x}\|$. Segue-se que $\|A\vec{x}\| \leq \sigma\|\vec{x}\|$ para todo $\vec{x} \in \mathbb{E}$. Em particular, $\|A\vec{w}\| \leq \sigma$ para todo vetor $\vec{w}$ na esfera unitária $\mathbb{S}(\vec{o}; 1) \subseteq \mathbb{E}$. Logo, $\|A\| = \sup_{\mathbb{S}(\vec{o};1)}\|A\vec{w}\| \leq \sigma$. O número σ^2 sendo autovalor de A^*A, existe um vetor $\vec{u}$ na base $\mathbb{B}$ do qual σ^2 é autovetor. Este $\vec{u}$ pertence à esfera unitária $\mathbb{S}(\vec{o}; 1) \subseteq \mathbb{E}$, porque $\|\vec{u}\| = 1$. Portanto, $\|A\vec{u}\| \leq \|A\|$. Assim sendo,

$$\|A\vec{u}\|^2 = \langle A^*A\vec{u},\vec{u}\rangle = \sigma^2\langle\vec{u},\vec{u}\rangle = \sigma^2 \leq \|A\|^2$$

Daí obtém-se $\sigma \leq \|A\|$. Por consequência, $\|A\| = \sigma$.

(c): A matriz de A^*A em relação à base $\mathbb{B} = \{\vec{u}_1,\ldots,\vec{u}_n\}$ é diagonal, sendo σ_k^2, $k = 1,\ldots,n$, os elementos da diagonal principal. Logo, $\mathbf{Tr}(A^*A) = \sum_{k=1}^{n} \sigma_k^2$. Como o maior autovalor σ^2 de A^*A é um dos números σ_k^2, segue-se $\|A\|^2 = \sigma^2 \leq \sum_{k=1}^{n} \sigma_k^2 = \mathbf{Tr}(A^*A)$. Sendo $\sigma_k^2 \leq \sigma^2$ para todo $k = 1,\ldots,n$, tem-se também $\mathbf{Tr}(A^*A) = \sum_{k=1}^{n} \sigma_k^2 \leq n\sigma^2 = n\|A\|^2$.

Exercício 303 - Num espaço euclidiano de dimensão finita, seja $A \in \hom(\mathbb{E})$ autoadjunto. Mostre que existem $\vec{u}$, $\vec{w}$ na esfera unitária $\mathbb{S}(\vec{o}; 1) \subseteq \mathbb{E}$ tais que $\langle\vec{u}, A\vec{u}\rangle \leq \langle\vec{x}, A\vec{x}\rangle \leq \langle\vec{w}, A\vec{w}\rangle$ para todo $\vec{x} \in \mathbb{S}(\vec{o}; 1)$.

Solução: Sendo A autoadjunto, existe uma base ortonormal $\mathbb{B} = \{\vec{u}_1,\ldots,\vec{u}_n\}$ formada por autovetores de $\mathbb{E}$. Seja, para cada $k = 1,\ldots,n$, λ_k o autovalor de A correspondente ao autovetor $\vec{u}_k$. Renumerando a base $\mathbb{B}$ se necessário for,

316 320 QUESTÕES RESOLVIDAS DE ÁLGEBRA LINEAR

tem-se $\lambda_1 \le \cdots \le \lambda_n$. Tem-se $A\vec{u}_k = \lambda_k \vec{u}_k$ para todo $k = 1,\dots,n$, e $\vec{x} = \sum_{k=1}^{n} \langle \vec{x}, \vec{u}_k \rangle \vec{u}_k$ para todo $\vec{x} \in \mathbb{E}$. Tem-se então $A\vec{x} = \sum_{k=1}^{n} \lambda_k \langle \vec{x}, \vec{u}_k \rangle \vec{u}_k$, e portanto $\langle \vec{x}, A\vec{x} \rangle = \sum_{k=1}^{n} \lambda_k \langle \vec{x}, \vec{u}_k \rangle^2$, para todo $\vec{x} \in \mathbb{E}$. Como $\|\vec{x}\|^2 = \sum_{k=1}^{n} \langle \vec{x}, \vec{u}_k \rangle^2$, valem as seguintes relações:

$$\lambda_1 \|\vec{x}\|^2 = \sum_{k=1}^{n} \lambda_1 \langle \vec{x}, \vec{u}_k \rangle^2 \le$$

$$\le \sum_{k=1}^{n} \lambda_k \langle \vec{x}, \vec{u}_k \rangle^2 = \langle \vec{x}, A\vec{x} \rangle \le$$

$$\le \sum_{k=1}^{n} \lambda_n \langle \vec{x}, \vec{u}_k \rangle^2 = \lambda_n \|\vec{x}\|^2$$

para qualquer $\vec{x} \in \mathbb{E}$. Em particular, $\lambda_1 \le \langle \vec{x}, A\vec{x} \rangle \le \lambda_n$, seja qual for $\vec{x} \in \mathbb{S}(\vec{o}; 1)$. Como $\langle \vec{u}_1, A\vec{u}_1 \rangle = \lambda_1$ e $\langle \vec{u}_n, A\vec{u}_n \rangle = \lambda_n$, segue-se que $\langle \vec{u}_1, A\vec{u}_1 \rangle \le \langle \vec{x}, A\vec{x} \rangle \le \langle \vec{u}_n, A\vec{u}_n \rangle$ para qualquer $\vec{x} \in \mathbb{S}(\vec{o}; 1)$.

Exercício 304 - Seja $\mathbb{E}$ um espaço euclidiano de dimensão finita. Prove: Para todo isomorfismo $A : \mathbb{E} \to \mathbb{E}$ existe uma base ortogonal de $\mathbb{E}$ que é transformada por A numa base ortogonal.

Solução: Seja $A \in \text{hom}(\mathbb{E})$ um isomorfismo. O operador A^*A é autoadjunto. Logo, existe uma base ortonormal $\mathbb{B} = \{\vec{u}_1, \dots, \vec{u}_n\}$ de $\mathbb{E}$ onde cada $\vec{u}_k$, $k = 1,\dots,n$, é autovetor de A^*A com autovalor λ_k. O operador A sendo um isomorfismo, a imagem $A(\mathbb{B}) = \{A\vec{u}_1, \dots, A\vec{u}_n\}$, da base $\mathbb{B}$ por A, é uma base de $\mathbb{E}$. Para quaisquer $k,l = 1,\dots,n$ tem-se:

$$\langle A\vec{u}_k, A\vec{u}_l \rangle = \langle \vec{u}_k, A^*A\vec{u}_l \rangle =$$

$$= \langle \vec{u}_k, \lambda_l \vec{u}_l \rangle = \lambda_l \langle \vec{u}_k, \vec{u}_l \rangle$$

Como a base $\mathbb{B}$ é ortonormal, resulta destas igualdades que $\langle A\vec{u}_k, A\vec{u}_l \rangle = 0$ se k é diferente de l. Logo, a base $A(\mathbb{B})$ é ortogonal.

Exercício 305 - Prove que os elementos da diagonal de uma matriz positiva são números positivos. É a recíproca

CAPÍTULO 8 – OPERADORES AUTOADJUNTOS   317

verdadeira?

Solução: Dada a matriz positiva $\mathbf{a} = [a_{kl}] \in \mathbb{M}(n \times n)$, seja $A \in$ hom$(\mathbb{R}^n)$ o operador linear cuja matriz, na base canônica de $\mathbb{R}^n$, é $\mathbf{a}$. Sejam $\vec{e}_1, \ldots, \vec{e}_n$ os vetores da base canônica de $\mathbb{R}^n$. Tem-se $A\vec{e}_k = \sum_{s=1}^{n} a_{sk}\vec{e}_s$, $k = 1,\ldots,n$. Sendo $\mathbf{a}$ simétrica e a base canônica de $\mathbb{R}^n$ ortonormal, segue-se:

$$\langle A\vec{e}_k, \vec{e}_l \rangle = \sum_{s=1}^{n} a_{sk}\langle \vec{e}_s, \vec{e}_l \rangle =$$
$$= a_{lk} = a_{kl}, \quad k, l = 1, \ldots, n$$

(8.46)

Das igualdades (8.46) obtém-se:

$$a_{kk} = \langle A\vec{e}_k, \vec{e}_k \rangle, \quad k = 1, \ldots, n$$

(8.47)

Como a matriz $\mathbf{a}$ é positiva, A é um operador positivo. Portanto, as igualdades (8.47) mostram que os elementos a_{kk}, $k = 1,\ldots,n$, da diagonal principal de $\mathbf{a}$ são números positivos. Seja $A \in$ hom$(\mathbb{R}^2)$ o operador linear, cuja matriz, na base canônica de $\mathbb{R}^2$, é:

$$\mathbf{a} = \begin{bmatrix} 1 & 2 \\ 2 & 1 \end{bmatrix}$$

O polinômio característico $p_{\mathbf{a}}$ de $\mathbf{a}$ é dado por:

$$p_{\mathbf{a}}(\lambda) = \lambda^2 - 2\lambda - 3$$

As raízes de $p_{\mathbf{a}}$, que são os autovalores de A, são $\lambda_1 = -1$ e $\lambda_2 = 3$. O operador A não é positivo, porque um dos seus autovalores é menor do que zero. Assim sendo, os elementos da diagonal de $\mathbf{a}$ são números positivos, mas a matriz $\mathbf{a}$ não é positiva.

Exercício 306 - Prove que o conjunto dos operadores positivos $A : \mathbb{E} \to \mathbb{E}$ é um cone convexo no espaço vetorial hom$(\mathbb{E})$. O conjunto dos operadores não-negativos é um subespaço vetorial de hom$(\mathbb{E})$?

Solução:

Seja $A \in$ hom$(\mathbb{E})$ um operador positivo. Então A é

318 320 QUESTÕES RESOLVIDAS DE ÁLGEBRA LINEAR

autoadjunto e $\langle A\vec{x}, \vec{x} \rangle > 0$ para qualquer vetor não-nulo $\vec{x} \in \mathbb{E}$. Tem-se $(\lambda A)^* = \lambda A^* = \lambda A$ (v. Exercício 213), para qualquer $\lambda \in \mathbb{R}$. Decorre daí que, para todo número positivo λ, o operador λA é autoadjunto e se tem $\langle (\lambda A)\vec{x}, \vec{x} \rangle = \langle \lambda A\vec{x}, \vec{x} \rangle = \lambda \langle A\vec{x}, \vec{x} \rangle > 0$, para todo vetor $\vec{x} \in \mathbb{E}$ diferente de $\vec{o}$. Segue-se que λA é um operador positivo, para quarquer $\lambda > 0$. Logo, o conjunto dos operadores positivos é um cone no espaço vetorial hom($\mathbb{E}$) (v. Lima, *Álgebra Linear*, 2001, p. 8). A soma $A + B$ dos operadores positivos $A, B \in$ hom($\mathbb{E}$) é um operador positivo. Com efeito, $A + B$ é autoadjunto (v. Exercício 213) e $\langle (A + B)\vec{x}, \vec{x} \rangle = \langle A\vec{x} + B\vec{x}, \vec{x} \rangle = \langle A\vec{x}, \vec{x} \rangle + \langle B\vec{x}, \vec{x} \rangle > 0$ para todo vetor não-nulo $\vec{x} \in \mathbb{E}$. Dados $A_1, A_2 \in$ hom($\mathbb{E}$) operadores positivos e $\lambda \in [0, 1]$, seja $A(\lambda) = (1 - \lambda)A_1 + \lambda A_2$. Tem-se $A(0) = A_1$ e $A(1) = A_2$. Portanto, $A(0)$ e $A(1)$ são operadores positivos. Se $0 < \lambda$ 1 então $(1 - \lambda)A_1$ e λA_2 são operadores positivos, porque $1 - \lambda$ e λ são números positivos. Logo, $A(\lambda) = (1 - \lambda)A_1 + \lambda A_2$ é um operador positivo. Isto mostra que o conjunto dos operadores positivos é um cone convexo no espaço vetorial hom($\mathbb{E}$).

Se $A \in$ hom($\mathbb{E}$) é positivo, então $\langle (-A)\vec{x}, \vec{x} \rangle = \langle -A\vec{x}, \vec{x} \rangle = -\langle A\vec{x}, \vec{x} \rangle < 0$ para todo vetor não-nulo $\vec{x}$. Portanto, se A é positivo então $-A$ não pertence ao conjunto dos operadores não-negativos. Assim sendo, o conjunto dos operadores não-negativos não é subespaço vetorial de hom($\mathbb{E}$).

Exercício 307 - Dê exemplos:

(a) De operadores lineares $A, B \in$ hom($\mathbb{R}^2$) com A auto-adunto e B invertível, tais que $B^{-1}AB$ não é autoadjunto.

(b) De uma matriz positiva $\mathbf{a} \in \mathbb{M}(2 \times 2)$ com dois elementos positivos e dois elementos negativos.

(c) De um operador linear $A \in$ hom($\mathbb{R}^3$) que tem dois autovalores $\lambda_1 < \lambda_2$, mas não existe uma base de $\mathbb{R}^3$ formada por autovetores de A.

Solução:

(a): Sejam $A, B : \mathbb{R}^2 \to \mathbb{R}^2$ os operadores lineares definidos pondo:

CAPÍTULO 8 – OPERADORES AUTOADJUNTOS   **319**

$$\boxed{\begin{aligned} A\vec{e}_1 &= \vec{e}_1, \quad A\vec{e}_2 = 2\vec{e}_2 \\ B\vec{e}_1 &= \vec{e}_1, \quad B\vec{e}_2 = \vec{e}_1 + \vec{e}_2 \end{aligned}} \qquad (8.48)$$

onde $\vec{e}_1 = (1,0)$ e $\vec{e}_2 = (0,1)$. A base $\{\vec{e}_1, \vec{e}_2\}$ sendo ortonormal, resulta da definição (8.48) que o operador A é autoadjunto. Como os vetores $B\vec{e}_1 = \vec{e}_1$ e $B\vec{e}_2 = \vec{e}_1 + \vec{e}_2$ são LI, o operador B é invertível. Um cálculo direto mostra que o inverso B^{-1} de B é definido do modo seguinte:

$$\boxed{B^{-1}\vec{e}_1 = \vec{e}_1, \quad B^{-1}\vec{e}_2 = \vec{e}_2 - \vec{e}_1} \qquad (8.49)$$

De (8.48) e (8.49) obtém-se:

$$B^{-1}AB\vec{e}_1 = B^{-1}A(B\vec{e}_1) = B^{-1}A\vec{e}_1 =$$
$$= B^{-1}(A\vec{e}_1) = B^{-1}\vec{e}_1 = \vec{e}_1$$

e também:

$$B^{-1}AB\vec{e}_2 = B^{-1}A(B\vec{e}_2) = B^{-1}A(\vec{e}_1 + \vec{e}_2) =$$
$$= B^{-1}[A(\vec{e}_1 + \vec{e}_2)] = B^{-1}(A\vec{e}_1 + A\vec{e}_2) =$$
$$= B^{-1}(\vec{e}_1 + 2\vec{e}_2) = B^{-1}\vec{e}_1 + 2B^{-1}\vec{e}_2 =$$
$$= \vec{e}_1 + 2(\vec{e}_2 - \vec{e}_1) = 2\vec{e}_2 - \vec{e}_1$$

Portanto, a matriz **c** de $B^{-1}AB$, em relação à base canônica, é:

$$\mathbf{c} = \begin{bmatrix} 1 & -1 \\ 0 & 2 \end{bmatrix}$$

Como a matriz **c** não é simétrica, o operador $B^{-1}AB$ não é autoadjunto.

(b): Dados $a, b \in \mathbb{R}$, seja $A \in \mathrm{hom}(\mathbb{R}^2)$ o operador cuja matriz, em relação à base canônica, é:

$$\mathbf{a} = \begin{bmatrix} a & -b \\ -b & a \end{bmatrix}$$

A matriz **a** é simétrica, e seu polinômio característico é

320 320 QUESTÕES RESOLVIDAS DE ÁLGEBRA LINEAR

definido por:

$$p(\lambda) = \lambda^2 - 2a\lambda + (a^2 - b^2)$$

As raízes deste polinômio, e portanto os autovalores de A, são $\lambda_1 = a - b$ e $\lambda_2 = a + b$. Portanto, se $a > b > 0$ então $0 < \lambda_1 < \lambda_2$. Logo, a matriz **a** é positiva, tem dois elementos positivos e dois negativos.

(c): Sejam $\vec{e}_1$, $\vec{e}_2$, $\vec{e}_3$ os vetores da base canônica de $\mathbb{R}^3$ e $A \in \text{hom}(\mathbb{R}^3)$ definido do modo seguinte:

$$\boxed{\begin{aligned} A\vec{e}_1 &= 2\vec{e}_1, \quad A\vec{e}_2 = 3\vec{e}_2, \\ A\vec{e}_3 &= \vec{e}_1 + \vec{e}_2 - 2\vec{e}_3 \end{aligned}} \qquad (8.50)$$

Pela definição (8.50), $\lambda_1 = 2$ e $\lambda_2 = 3$ são autovalores de A. Resulta também de (8.50) que valem, para todo $\lambda \in \mathbb{R}$, as segintes igualdades:

$$\boxed{\begin{aligned} (A - \lambda I_3)\vec{e}_1 &= (2 - \lambda)\vec{e}_1, \\ (A - \lambda I_3)\vec{e}_2 &= (3 - \lambda)\vec{e}_2, \\ (A - \lambda I_3)\vec{e}_3 &= \vec{e}_1 + \vec{e}_2 + (2 - \lambda)\vec{e}_3 \end{aligned}} \qquad (8.51)$$

onde $I_3 \in \text{hom}(\mathbb{R}^3)$ é o operador identidade. As igualdades (8.51) mostram que, se λ não pertence ao conjunto $\{2,3\}$ então os vetores $(A - \lambda I_3)\vec{e}_k$, $k = 1,2,3$, são LI, e portanto que o operador $A - \lambda I_3$ é invertível. Assim sendo, A tem apenas os autovalores $\lambda_1 = 2$ e $\lambda_2 = 3$. De (8.51) obtém-se:

$$\boxed{\begin{aligned} (A - 2I_3)\vec{e}_1 &= \vec{o}, \quad (A - 2I_3)\vec{e}_2 = \vec{e}_2, \\ (A - 2I_3)\vec{e}_3 &= \vec{e}_1 + \vec{e}_2 \end{aligned}} \qquad (8.52)$$

e também:

$$\boxed{\begin{aligned} (A - 3I_3)\vec{e}_1 &= -\vec{e}_1, \quad (A - 3I_3)\vec{e}_2 = \vec{o}, \\ (A - 3I_3)\vec{e}_3 &= \vec{e}_1 + \vec{e}_2 - \vec{e}_3 \end{aligned}} \qquad (8.53)$$

A imagem do operador $A - \lambda I_3$ é gerada pelos vetores $(A - \lambda I_3)\vec{e}_k$, $k = 1,2,3$. Portanto, (8.52) e (8.53) dão:

$$\boxed{\dim[\text{Im}(A - 2I_3)] = \dim[\text{Im}(A - 3I_3)] = 2} \qquad (8.54)$$

CAPÍTULO 8 – OPERADORES AUTOADJUNTOS   321

Segue de (8.54) e do Teorema do Núcleo e da Imagem que $\dim[\ker(A - 2I_3)] = \dim[\ker(A - 3I_3)] = 1$. Como A possui apenas os autovalores 2 e 3, se $\vec{u} \in \mathbb{R}^3$ é um autovetor de A então $\vec{u} \in \ker(A - 2I_3)$ ou $\vec{u} \in \ker(A - 3I_3)$. Como $\dim[\ker(A - 2I_3)] = \dim[\ker(A - 3I_3)] = 1$ e $\dim \mathbb{R}^3 = 3$, segue-se que não existe base de $\mathbb{R}^3$ formada por autovetores de A. De fato: No caso contrário, um dos subespaços $\ker(A - 2I_3)$, $\ker(A - 3I_3)$ possuiria dois elementos LI.

Exercício 308 - Num espaço euclidiano $\mathbb{E}$ de dimensão finita, sejam $A \in \hom(\mathbb{E})$ autoadjunto e $B \in \hom(\mathbb{E})$ positivo. Prove:

(a) Se X é a raiz quadrada positiva de B então XAX é autoadjunto.

(b) Um vetor $\vec{w}$ é autovetor de XAX se, e somente se, $X\vec{w}$ é autovetor de BA.

(c) $\mathbb{E}$ possui uma base de autovetores de BA. Noutros termos, BA é diagonalizável.

Solução:

(a): Se $X : \mathbb{E} \rightarrow \mathbb{E}$ é a raiz quadrada positiva de B, então é um operador autoadjunto. Logo, $XAX = X^*AX$. Resulta desta igualdade e do Exercício 295 que XAX é autoadjunto.

(b): Seja $\vec{w}$ um autovetor de XAX. Então $\vec{w}$ é diferente de $\vec{o}$ e existe $\alpha \in \mathbb{R}$ de modo que $XAX\vec{w} = \alpha\vec{w}$. Sendo $X^2 = B$, tem-se:

$$\begin{aligned} \alpha(X\vec{w}) &= X(\alpha\vec{w}) = X(XAX\vec{w}) = \\ &= (XX)AX\vec{w} = X^2 A(X\vec{w}) = BA(X\vec{w}) \end{aligned} \qquad (8.55)$$

Sendo X a raiz quadrada positiva de B, é um operador invertível. Segue-se que o vetor $X\vec{w}$ é não-nulo, pois $\vec{w}$ é não-nulo. Desta forma, as igualdades (8.55) mostram que $X\vec{w}$ é autovetor de BA, com o mesmo autovalor α. Reciprocamente, seja $\vec{w} \in \mathbb{E}$ tal que $X\vec{w}$ é autovetor de BA, com autovalor λ. Então $X\vec{w}$ é não-nulo, e se tem $BA(X\vec{w}) = \lambda X\vec{w}$. Como $X^2 = B$, segue-se $X^2 A(X\vec{w}) = X^2 AX\vec{w} = \lambda X\vec{w}$. O operador X é um isomorfismo, porque é a raiz quadrada

322 320 QUESTÕES RESOLVIDAS DE ÁLGEBRA LINEAR

positiva de B. Com isto, a igualdade $X^2 A X \vec{w} = \lambda X \vec{w}$ fornece:

$$X^{-1}(X^2 A X \vec{w}) = X^{-1}(XXAX\vec{w}) = X^{-1}(\lambda X \vec{w}) \qquad (8.56)$$

De (8.56), da linearidade de X^{-1} e da associatividade do produto de transformações lineares obtém-se:

$$\lambda \vec{w} = \lambda(X^{-1} X \vec{w}) = X^{-1}(\lambda X \vec{w}) =$$
$$= X^{-1}(XXAX\vec{w}) = (X^{-1}X)(XAX\vec{w}) = XAX\vec{w} \qquad (8.57)$$

O vetor $\vec{w}$ é não-nulo, porque $X\vec{w}$ é não-nulo. Assim sendo, as relações (8.57) mostram que $\vec{w}$ é autovetor de XAX, com o mesmo autovalor.

(c): Como XAX é autoadjunto, existe uma base ortonormal $\{\vec{u}_1, \ldots, \vec{u}_n\}$ de $\mathbb{E}$ formada por autovetores de XAX. Pela propriedade (b) já demonstrada, os vetores $X\vec{u}_k$, $k = 1, \ldots, n$, são autovetores de BA, com os mesmos autovalores. Sendo X um isomorfismo, estes vetores $X\vec{u}_k$, $k = 1, \ldots, n$, são LI, portanto formam uma base de $\mathbb{E}$.

Exercício 309 - Sejam $\mathbb{E}$ um espaço euclidiano de dimensão finita, $A \in \text{hom}(\mathbb{E})$ autoadjunto e $B \in \text{hom}(\mathbb{E})$ positivo. Prove que existe uma base $\mathbb{U}$ de $\mathbb{E}$ tal que, para todo $\vec{u} \in \mathbb{U}$ existe $\lambda \in \mathbb{R}$ com $A\vec{u} = \lambda B\vec{u}$ (problema de autovalores generalizados).

Solução: Como $\mathbb{E}$ é de dimensão finita, o operador B é invertível, porque é positivo. Sendo B autoadjunto, segue-se (v. Exercício 227) $(B^{-1})^* = (B^*)^{-1} = B^{-1}$. Logo, B^{-1} é autoadjunto. Se $\vec{u} \in \mathbb{E}$ é autovetor de B com autovalor α, então $\vec{u}$ é também autovetor de B^{-1}, com autovalor $1/\alpha$. Com efeito: Sendo α diferente de zero (o operador B é invertível, logo zero não é autovalor de B), da igualdade $B\vec{u} = \alpha\vec{u}$ obtém-se $\vec{u} = B^{-1}B\vec{u} = \alpha B^{-1}\vec{u}$, donde $B^{-1}\vec{u} = (1/\alpha)\vec{u}$. Portanto, B^{-1} é também um operador positivo. Pelo Exercício 308, existe uma base $\mathbb{U}$ de $\mathbb{E}$ tal que, para todo $\vec{u} \in \mathbb{U}$ existe $\lambda \in \mathbb{R}$ com $B^{-1}A\vec{u} = \lambda\vec{u}$. A igualdade $B^{-1}A\vec{u} = \lambda\vec{u}$ fornece $A\vec{u} = \lambda B\vec{u}$, o que prova o resultado acima.

Exercício 310 - Seja $\mathbb{E}$ o espaço vetorial $\mathcal{P}$ dos polinômios. Sejam $u_1 : \mathbb{R} \to \mathbb{R}$ o polinômio dado por $u_1(x) = x$, e $A \in$

CAPÍTULO 8 – OPERADORES AUTOADJUNTOS   323

hom($\mathbb{E}$) o operador linear definido pondo $Ap = u_1 p$ (multiplicação por x; $Ap(x) = xp(x)$ para todo $x \in \mathbb{R}$).

(a) Prove que $\mathbb{E} = S(g) + \operatorname{Im} A$, onde $g : \mathbb{R} \to \mathbb{R}$ é um polinômio com $g(0)$ diferente de zero.

(b) Usando a propriedade (a), prove que $\operatorname{Im} A$ é um subespaço maximal de $\mathbb{E}$.

(c) Prove que se $X \in \operatorname{hom}(\mathbb{E})$ é uma raiz quadrada de A então $\operatorname{Im} X^{n+1} = \operatorname{Im} X^n = \operatorname{Im} A$ para todo n inteiro positivo.

(d) Conclua do item (c) que A não possui raiz quadrada.

(e) Obtenha do item (d) um exemplo de operador positivo que não tem raiz quadrada.

Solução:

(a): Decorre da definição de A que um polinômio $g : \mathbb{R} \to \mathbb{R}$ pertence a $\operatorname{Im} A$ se, e somente se, existe um polinômio $f : \mathbb{R} \to \mathbb{R}$ com $g(x) = xf(x)$ para todo $x \in \mathbb{R}$. Assim sendo, $g \in \operatorname{Im} A$ se, e somente se, $g(x) = 0$. Sejam $g \in \mathbb{E}$ um polinômio com $g(0)$ diferente de zero e $p \in \mathbb{E}$ qualquer. Vale a seguinte igualdade:

$$p = \left(p - \frac{p(0)}{g(0)} g \right) + \frac{p(0)}{g(0)} g$$

Em virtude de ser:

$$\left(p - \frac{p(0)}{g(0)} g \right)(0) = p(0) - \frac{p(0)}{g(0)} g(0) = 0$$

o polinômio $p - [p(0)/g(0)]g$ pertence a $\operatorname{Im} A$. O polinômio $[p(0)/g(0)]g$ pertence ao subespaço vetorial $S(g) \subseteq \mathbb{E}$ gerado por g. Segue-se que $\mathbb{E} = S(g) + \operatorname{Im} A$.

(b): Seja $\mathbb{V} \subseteq \mathbb{E}$ um subespaço vetorial diferente de $\operatorname{Im} A$ com $\operatorname{Im} A \subseteq \mathbb{V}$. Sendo $\mathbb{V}$ diferente de $\operatorname{Im} A$, existe um polinômio $q \in \mathbb{V}$ que não pertence a $\operatorname{Im} A$. Logo, existe um polinômio $q \in \mathbb{V}$ com $q(0)$ diferente de zero. Para este q tem-se $S(q) \subseteq \mathbb{V}$, porque $q \in \mathbb{V}$ e $\mathbb{V}$ é subespaço vetorial. Como $\operatorname{Im} A \subseteq \mathbb{V}$, tem-se $S(q) + \operatorname{Im} A \subseteq \mathbb{V}$. Pela propriedade (a), $\mathbb{E} = S(q) + \operatorname{Im} A$. Logo, $\mathbb{E} \subseteq \mathbb{V}$. Decorre daí que $\mathbb{V} = \mathbb{E}$. Segue-se que se $\mathbb{V} \subseteq \mathbb{E}$ é um subespaço vetorial com $\operatorname{Im} A \subseteq \mathbb{V}$, então $\mathbb{V} = \operatorname{Im} A$ ou $\mathbb{V} = \mathbb{E}$. Logo, $\operatorname{Im} A$ é um subespaço

324 320 QUESTÕES RESOLVIDAS DE ÁLGEBRA LINEAR

maximal de $\mathbb{E}$.

(c): Seja $X \in \mathrm{hom}(\mathbb{E})$ uma raiz quadrada de A. Então $X^2 = A$, logo $\mathrm{Im}\, X^2 = \mathrm{Im}\, A$. Tem-se $\mathrm{Im}\, X^2 \subseteq \mathrm{Im}\, X$ (de fato, $X^2 w = X(Xw)$ para todo polinômio $w \in \mathbb{E}$). Portanto, $\mathrm{Im}\, A = \mathrm{Im}\, X^2 \subseteq \mathrm{Im}\, X$. Pela maximalidade de $\mathrm{Im}\, A$, $\mathrm{Im}\, X = \mathrm{Im}\, A$ ou $\mathrm{Im}\, X = \mathbb{E}$. Se fosse $\mathrm{Im}\, X = \mathbb{E}$, o operador X seria sobrejetivo, portanto $X^2 = X \circ X = A$ seria também sobrejetivo (a função composta de duas funções sobrejetivas é sobrejetiva). Como A não é sobrejetivo (v. Exercício 281), segue-se que $\mathrm{Im}\, X = \mathrm{Im}\, A$. Assim sendo, a fórmula:

$$\boxed{\mathrm{Im}\, X^{n+1} = \mathrm{Im}\, X^n = \mathrm{Im}\, A} \qquad\qquad (8.58)$$

é válida para $n = 1$. Supondo que ela seja válida para um dado n inteiro positivo, seja $q \in \mathrm{Im}\, X^{n+1}$ qualquer. Existe um polinômio $p \in \mathbb{E}$ com $q = X^{n+1}p$. Para este p, tem-se:

$$\boxed{q = X^{n+1}p = X(X^n p)} \qquad\qquad (8.59)$$

O polinômio $X^n p$ pertence a $\mathrm{Im}\, X^n$. Pela hipótese admitida, $X^n p$ pertence a $\mathrm{Im}\, X^{n+1}$, logo $X^n p = X^{n+1} w$ para algum polinômio $w \in \mathbb{E}$. Desta maneira, (8.59) dá $q = X(X^{n+1} w) = X^{n+2} w$, e portanto $q \in \mathrm{Im}\, X^{n+2}$. Por outro lado, se $q \in \mathrm{Im}\, X^{n+2}$ então $q = X^{n+2} u = X^{n+1}(Xu)$ para algum polinômio $u \in \mathbb{E}$, logo $q \in \mathrm{Im}\, X^{n+1}$. Conclui-se daí que se tem $\mathrm{Im}\, X^{n+2} = \mathrm{Im}\, X^{n+1} = \mathrm{Im}\, A$. Segue-se que (8.58) é válida para todo n inteiro positivo.

(d): Se A possui raiz quadrada, então existe um operador $X \in \mathrm{hom}(\mathbb{E})$ com $X^2 = A$. Pela propriedade (c) já demonstrada, $\mathrm{Im}\, X^n = \mathrm{Im}\, A$ para todo n inteiro positivo. Em particular, $\mathrm{Im}\, X^4 = \mathrm{Im}\, A$. Como $X^4 = X^2 X^2 = A^2$, tem-se $\mathrm{Im}\, A^2 = \mathrm{Im}\, A$. Contudo, o Exercício 284 diz que $\mathrm{Im}\, A^2$ é diferente de $\mathrm{Im}\, A$. Conclui-se daí que A não possui raiz quadrada.

(e): Considerando em $\mathbb{E}$ o produto interno definido pondo $\langle p, q \rangle = \int_0^1 p(x)q(x)dx$, o operador A é positivo e contínuo (v. Exercícios 272 e 281). Pelo item (d), o operador A não possui raiz quadrada.

Exercício 311 - Sejam $A, B : \mathbb{E} \to \mathbb{E}$ operadores autoadjuntos num espaço euclidiano $\mathbb{E}$ de dimensão finita.

CAPÍTULO 8 – OPERADORES AUTOADJUNTOS   325

Se *BA* é diagonalizável, prove que *AB* também é diagonalizável.

Solução: Supondo que *BA* é diagonalizável, seja $\mathbb{X}$ uma base de $\mathbb{E}$ formada por autovetores de *BA*. Seja $\mathbb{Y}$ a base recíproca da base $\mathbb{X}$ (v. Exercício 94). Pelo Exercício 261, $\mathbb{Y}$ é uma base de $\mathbb{E}$ formada por autovetores de $(BA)^*$. Tem-se (v. Exercício 214) $(BA)^* = A^*B^*$. Sendo *A* e *B* autoadjuntos, a igualdade $(BA)^* = A^*B^*$ fica $(BA)^* = AB$. Segue-se que $\mathbb{Y}$ é uma base de $\mathbb{E}$ formada por autovetores de *AB*. Isto mostra que *AB* é diagonalizável, como se queria.

Exercício 312 - Seja $\mathbb{E}$ um espaço euclidiano de dimensão finita. Prove que todo operador autoadjunto $A \in \hom(\mathbb{E})$ pode ser escrito como $A = \sum_{k=1}^{m} \lambda_k P_k$, onde:

1) $\lambda_1 < \cdots < \lambda_m$.
2) Cada um dos operadores P_k, $k = 1,\ldots,m$, é uma projeção ortogonal.
3) $P_k P_l = O$ (onde $O \in \hom(\mathbb{E})$ é o operador nulo) se k é diferente de l.
4) $\sum_{k=1}^{m} P_k = I$, onde $I \in \hom(\mathbb{E})$ é o operador identidade.
Prove também que a expressão $A = \sum_{k=1}^{m} \lambda_k P_k$ com as propriedades (1) a (4) acima é única.

Solução:

Dado um operador autoadjunto $A \in \hom(\mathbb{E})$, sejam $\lambda_1 < \cdots < \lambda_m$ seus autovalores distintos. Sejam, para cada $k = 1,\ldots,m$, $\mathbb{E}_k = \ker(A - \lambda_k I)$ o subespaço associado ao autovalor λ_k e $P_k \in \hom(\mathbb{E})$ a projeção ortogonal sobre $\mathbb{E}_k$ (v. Exercícios 178 e 192). As projeções P_k são operadores não-nulos, pois $\operatorname{Im} P_k = \mathbb{E}_k$ e $\mathbb{E}_k$ é diferente de $\{\vec{o}\}$. Todo vetor $\vec{x} \in \mathbb{E}$ se escreve, de modo único, como $\vec{x} = \sum_{k=1}^{m} \vec{x}_k$, onde $\vec{x}_k \in \mathbb{E}_k$ para cada $k = 1,\ldots,m$ (v. Lima, *Álgebra Linear*, 2001, p. 170-171). Cada um dos vetores $\vec{x}_k$ é autovetor de *A* com autovalor λ_k, porque pertence a $\mathbb{E}_k$. Por esta razão, tem-se:

$$\boxed{A\vec{x} = \sum_{k=1}^{m} A\vec{x}_k = \sum_{k=1}^{m} \lambda_k \vec{x}_k} \qquad (8.60)$$

326   320 QUESTÕES RESOLVIDAS DE ÁLGEBRA LINEAR

seja qual for $\vec{x} \in \mathbb{E}$. Como P_k é a projeção ortogonal sobre $\mathbb{E}_k$ e $\vec{x}_k \in \mathbb{E}_k$, tem-se $P_k\vec{x} = \vec{x}_k$, $k = 1,...,m$. Segue daí e de (8.60) que valem as seguintes relações:

$$A\vec{x} = \sum_{k=1}^{m} \lambda_k P_k \vec{x} = \left(\sum_{k=1}^{m} \lambda_k P_k\right)\vec{x}$$

para qualquer $\vec{x} \in \mathbb{E}$. Logo, $A = \sum_{k=1}^{m} \lambda_k P_k$. Sejam $k, l \in \{1, ..., m\}$ com k diferente de l e $\vec{x}, \vec{y} \in \mathbb{E}$ arbitrários. Os operadores P_k e P_l são autoadjuntos, porque são projeções ortogonais (v. Exercício 267). Desta maneira,

$$\boxed{\langle P_k P_l \vec{x}, \vec{y} \rangle = \langle P_k(P_l \vec{x}), \vec{y} \rangle = \langle P_l \vec{x}, P_k \vec{y} \rangle} \tag{8.61}$$

Sendo P_k a projeção ortogonal sobre $\mathbb{E}_k$ e P_l a projeção ortogonal sobre $\mathbb{E}_l$, $P_k\vec{y} \in \mathbb{E}_k$ e $P_l\vec{x} \in \mathbb{E}_l$. Logo $P_k\vec{y}$ e $P_l\vec{x}$ são respectivamente autovetores de A com os autovalores distintos λ_k e λ_l. Portanto, $\langle P_l\vec{x}, P_k\vec{y} \rangle = 0$. Daí e de (8.61) obtém-se $\langle P_k P_l\vec{x}, \vec{y} \rangle = 0$. Segue-se que $\langle P_k P_l\vec{x}, \vec{y} \rangle = 0$ para quaisquer $\vec{x}, \vec{y} \in \mathbb{E}$. Logo, $P_k P_l = O$. Como todo vetor $\vec{x} \in \mathbb{E}$ se escreve, de modo único, como $\vec{x} = \sum_{k=1}^{m} \vec{x}_k$ onde $\vec{x}_k \in \mathbb{E}_k$, segue-se:

$$\vec{x} = \sum_{k=1}^{m} \vec{x}_k = \sum_{k=1}^{m} P_k\vec{x} = \left(\sum_{k=1}^{m} P_k\right)\vec{x}$$

valendo estas igualdades para todo $\vec{x} \in \mathbb{E}$. Assim sendo, $\sum_{k=1}^{m} P_k = I$.

Seja $A = \sum_{k=1}^{s} c_k Q_k$ uma expressão de A com as propriedades (1) a (4) listadas no enunciado acima. Para cada $l = 1,...,s$, tem-se:

$$\boxed{AQ_l = \sum_{k=1}^{s} c_k Q_k Q_l = c_l Q_l} \tag{8.62}$$

Como os operadores Q_l são projeções, $Q_l\vec{x}_l = \vec{x}_l$ para todo $\vec{x}_l \in \operatorname{Im} Q_l$. Seja então $\vec{x}_l \in \operatorname{Im} Q_l$ arbitrário. As equações (8.62) conduzem a:

$$\boxed{\begin{aligned} A\vec{x}_l &= A(Q_l\vec{x}_l) = \\ &= AQ_l\vec{x}_l = c_l Q_l\vec{x}_l = c_l\vec{x}_l \end{aligned}} \tag{8.63}$$

Como o operador Q_l é não-nulo, sua imagem $\operatorname{Im} Q_l$ é diferente de $\{\vec{o}\}$. Desta forma, a proriedade (1) e as relações (8.63) mostram que os números c_k, $k = 1,...,s$, são

CAPÍTULO 8 – OPERADORES AUTOADJUNTOS **327**

autovalores distintos de A. Por esta razão, os c_k pertencem ao conjunto $\{\lambda_1, \ldots, \lambda_m\}$. Por outro lado, se c é um autovalor de A então existe um vetor não-nulo $\vec{w} \in \mathbb{E}$ tal que $A\vec{w} = c\vec{w}$. Pela propriedade (4), $\left(\sum_{k=1}^{s} Q_k\right)\vec{w} = \sum_{k=1}^{s} Q_k\vec{w} = \vec{w}$. Portanto,

$$A\vec{w} = \left(\sum_{k=1}^{s} c_k Q_k\right)\vec{w} = \sum_{k=1}^{s} c_k Q_k \vec{w} =$$
$$= c\vec{w} = c\sum_{k=1}^{s} Q_k\vec{w} = \sum_{k=1}^{s} cQ_k\vec{w} \tag{8.64}$$

As relações (8.64) fornecem:

$$\sum_{k=1}^{s}(c - c_k)Q_k\vec{w} = \vec{o} \tag{8.65}$$

Os operadores Q_l são projeções, logo $Q_l^2 = Q_l$. Desta maneira, aplicando os operadores Q_l, $l = 1, \ldots, s$, à equação (8.65) e usando a condição (3) obtém-se:

$$\sum_{k=1}^{s}(c - c_k)Q_l Q_k\vec{w} =$$
$$= (c - c_l)Q_l\vec{w} = \vec{o}, \quad l = 1, \ldots, s \tag{8.66}$$

Se fosse c diferente de c_l para cada $l = 1, \ldots, s$, as igualdades (8.66) dariam $Q_l\vec{w} = \vec{o}$ para cada $l = 1, \ldots, s$, e portanto $\vec{w} = \sum_{l=1}^{s} Q_k\vec{w} = \vec{o}$. Como o vetor $\vec{w}$ é não-nulo, segue-se que o autovalor c de A é um dos c_l, portanto pertence ao conjunto $\{c_1, \ldots, c_s\}$. Logo, os autovalores λ_k, $k = 1, \ldots, m$, pertencem ao conjunto $\{c_1, \ldots, c_s\}$. Conclui-se daí que vale a igualdade $\{c_1, \ldots, c_s\} = \{\lambda_1, \ldots, \lambda_m\}$. Logo, $s = m$. A adição em $\mathbb{E}$ sendo comutativa, pode-se admitir (renumerando o conjunto $\{c_1, \ldots, c_m\}$ se necessário for) que $c_k = \lambda_k$, $k = 1, \ldots, m$. Logo,

$$A = \sum_{k=1}^{m} \lambda_k Q_k \tag{8.67}$$

Seja $l = 1, \ldots, m$ qualquer. Em vista do exposto acima, todo vetor não-nulo $\vec{w} \in \operatorname{Im} Q_l$ é autovetor de A com o autovalor λ_l. Portanto, $\operatorname{Im} Q_l \subseteq \mathbb{E}_l = \ker(A - \lambda_l I)$. Seja $\vec{w} \in \mathbb{E}_l$ arbitrário. Tem-se $A\vec{w} = \lambda_l\vec{w}$. Por (8.67) e pela condição (4) do enunciado acima, tem-se:

$$A\vec{w} = \sum_{k=1}^{m} \lambda_k Q_k\vec{w} = \lambda_l\vec{w} = \sum_{k=1}^{m} \lambda_l Q_k\vec{w}$$

donde:

328   320 QUESTÕES RESOLVIDAS DE ÁLGEBRA LINEAR

$$\boxed{\sum_{k=1}^{m} (\lambda_l - \lambda_k) Q_k \vec{w} = \vec{o}} \qquad (8.68)$$

Aplicando os operadores Q_r, $r = 1,...,m$, à equação (8.68) e usando a condição (3) do enunciado acima, obtém-se $(\lambda_l - \lambda_r) Q_r \vec{w} = \vec{o}$, $r = 1,...,m$. (como Q_r é uma projeção, $Q_r^2 = Q_r$). Os números $\lambda_1, ..., \lambda_m$ são distintos. Por isto, $Q_r \vec{w} = \vec{o}$ se r é diferente de l. Decorre daí que se tem $\vec{w} = \sum_{r=1}^{m} Q_r \vec{w} = Q_l \vec{w}$. Estas igualdades mostram que $\vec{w} \in \operatorname{Im} Q_l$. Por consequência,

$$\boxed{\operatorname{Im} Q_l = \mathbb{E}_l = \operatorname{Im} P_l, \quad l = 1, ..., m} \qquad (8.69)$$

Os operadores P_l e Q_l são projeções ortogonais, e portanto autoadjuntas (v. Exercício 267). Logo,

$$\boxed{\begin{aligned} \ker Q_l &= (\operatorname{Im} Q_l)^{\perp} = \mathbb{E}_l^{\perp} = \\ &= \ker P_l, \quad l = 1, ..., m \end{aligned}} \qquad (8.70)$$

De (8.69) e (8.70) resulta $Q_l = P_l$, $l = 1,...,m$ (v. Exercício 178). Portanto, a expressão $A = \sum_{k=1}^{m} \lambda_k P_k$, com as propriedades (1) a (4) do enunciado acima, é única.

Seja $A : \mathbb{E} \to \mathbb{F}$ uma transformação linear entre espaços vetoriais de dimensão finita. O *posto* de A é a dimensão da imagem $\operatorname{Im} A$ de A. O *posto* de uma matriz $\mathbf{a} \in \mathbb{M}(m \times n)$ é o posto da transformação linear $A \in \operatorname{hom}(\mathbb{R}^n; \mathbb{R}^m)$ que corresponde a $\mathbf{a}$.

Exercício 313 - Seja $\mathbb{E}$ um espaço euclidiano de dimensão finita. Prove que todo operador autoadjunto não-nulo $A \in \operatorname{hom}(\mathbb{E})$ é a soma $A = \sum_{k=1}^{m} A_k$, onde os operadores A_k são autoadjuntos de posto 1 para cada $k = 1,...,n$. Prove também que os A_k podem ser tomados não-negativos se A for não-negativo.

Solução: Dado um operador autoadjunto $A \in \operatorname{hom}(\mathbb{E})$, seja $\mathbb{B} = \{\vec{u}_1, ..., \vec{u}_n\}$ uma base ortonormal de $\mathbb{E}$ onde os $\vec{u}_k$, $k = 1,...,n$, são autovetores de A com autovalores λ_k, $k = 1,...,n$, nesta ordem. Seja $\vec{x} \in \mathbb{E}$ qualquer. Como a base $\mathbb{B}$ é

CAPÍTULO 8 – OPERADORES AUTOADJUNTOS   **329**

ortonormal, tem-se $\vec{x} = \sum_{k=1}^{n} \langle \vec{x}, \vec{u}_k \rangle \vec{u}_k$, e portanto:

$$A\vec{x} = \sum_{k=1}^{n} \langle \vec{x}, \vec{u}_k \rangle A\vec{u}_k = \sum_{k=1}^{n} \lambda_k \langle \vec{x}, \vec{u}_k \rangle \vec{u}_k \qquad (8.71)$$

Sejam $\lambda_1, \ldots, \lambda_m$ (onde $1 \le m \le n$) os autovalores não-nulos de A. A fórmula (8.71) fica:

$$A\vec{x} = \sum_{k=1}^{m} \lambda_k \langle \vec{x}, \vec{u}_k \rangle \vec{u}_k \qquad (8.72)$$

Seja, para cada $k = 1,\ldots,m$, $A_k \in \text{hom}(\mathbb{E})$ o operador definido pondo $A_k\vec{x} = \lambda_k \langle \vec{x}, \vec{u}_k \rangle \vec{u}_k$. Como $A_k\vec{x} = \langle \vec{x}, \lambda_k \vec{u}_k \rangle \vec{u}_k$ para todo $\vec{x} \in \mathbb{E}$, os operadores A_k são autoadjuntos (v. Exercício 286). Os vetores $\vec{u}_k$, $k = 1,\ldots,n$, sendo não-nulos, resulta da definição de A_k e do Exercício 117 que valem:

$$\dim(\text{Im}\, A) = 1, \quad k = 1, \ldots, m \qquad (8.73)$$

Por (8.72) e (8.73), $A = \sum_{k=1}^{m} A_k$, onde os A_k são autoadjuntos com $\dim(\text{Im}\, A_k) = 1$, $k = 1,\ldots,m$. Se A é não-negativo, então seus autovalores não-nulos $\lambda_1, \ldots, \lambda_m$ são números positivos. Assim sendo,

$$\langle A_k\vec{x}, \vec{x} \rangle = \langle \lambda_k \langle \vec{x}, \vec{u}_k \rangle \vec{u}_k, \vec{x} \rangle =$$

$$= \lambda_k \langle \vec{x}, \vec{u}_k \rangle \langle \vec{u}_k, \vec{x} \rangle = \lambda_k \langle \vec{x}, \vec{u}_k \rangle^2 \ge 0$$

Resulta disto que os operadores A_k, $k = 1,\ldots,m$, são não-negativos.

Exercício 314 - Prove que toda matriz não-nula e não-negativa $\mathbf{a} \in \mathbb{M}(n \times n)$ pode escrever-se como soma $\mathbf{a} = \sum_{r=1}^{m} \mathbf{a}(r)$ de matrizes não-negativas de posto 1, cada uma das quais tem a forma $\mathbf{a}(r) = [a_k(r)a_l(r)]$.

Solução: Dada uma matriz não-negativa $\mathbf{a} \in \mathbb{M}(n \times n)$ diferente de $\mathbf{o}$, seja $A \in \text{hom}(\mathbb{R}^n)$ cuja matriz, na base canônica, é $\mathbf{a}$. O operador (autoadjunto) A é não-nulo e não-negativo. Pelo Exercício 313, o operador A pode escrever-se como a soma $A = \sum_{r=1}^{m} A_r$ (onde $m \le n$) de operadores não-negativos de posto 1, cada um dos quais definido por $A_r\vec{x} = \lambda_r \langle \vec{x}, \vec{u}_r \rangle \vec{u}_r$, onde $\vec{u}_r$ é um vetor unitário e λ_r é um número positivo. Fazendo $\lambda_r = \alpha_r^2$ e $\vec{w}_r = \alpha_r \vec{u}_r$, tem-se

330   320 QUESTÕES RESOLVIDAS DE ÁLGEBRA LINEAR

$A_r \vec{x} = \langle \vec{x}, \vec{w}_r \rangle \vec{w}_r$. Sejam $\vec{e}_1, \ldots, \vec{e}_n$ os vetores da base canônica de $\mathbb{R}^n$ e $\mathbf{a}(r) = [a_{kl}(r)]$ a matriz, na base canônica, do operador A_r. Tem-se:

$$\boxed{A_r \vec{e}_l = \sum_{k=1}^{n} a_{kl}(r) \vec{e}_k, \quad l = 1, \ldots, n} \qquad (8.74)$$

Como $A_r \vec{x} = \langle \vec{x}, \vec{w}_r \rangle \vec{w}_r$ para todo $\vec{x} \in \mathbb{R}^n$, segue-se $A_r \vec{e}_l = \langle \vec{w}_r, \vec{e}_l \rangle \vec{w}_r$, $l = 1, \ldots, n$. A base canônica sendo ortonormal, vale $\vec{w}_r = \sum_{k=1}^{n} \langle \vec{w}_r, \vec{e}_k \rangle \vec{e}_k$. Assim sendo,

$$\boxed{A_r \vec{e}_l = \sum_{k=1}^{n} \langle \vec{w}_r, \vec{e}_k \rangle \langle \vec{w}_r, \vec{e}_l \rangle \vec{e}_k, \quad l = 1, \ldots, n} \qquad (8.75)$$

De (8.74) e (8.75) obtém-se $a_{kl}(r) = \langle \vec{w}_r, \vec{e}_k \rangle \langle \vec{w}_r, \vec{e}_l \rangle$, $k,l = 1, \ldots, n$. Fazerdo $a_k(r) = \langle \vec{w}_r, \vec{e}_k \rangle$, $k = 1, \ldots, n$, tem-se $\mathbf{a}(r) = [a_{kl}(r)] = [a_k(r) a_l(r)]$, $r = 1, \ldots, m$. Como $A = \sum_{r=1}^{m} A_r$, tem-se $\mathbf{a} = \sum_{r=1}^{m} \mathbf{a}(r)$. Cada um dos operadores A_r é não-negativo e de posto 1. Portanto, as matrizes $\mathbf{a}(r)$, $r = 1, \ldots, m$, são não-negativas e de posto 1.

Exercício 315 - Dado um espaço euclidiano $\mathbb{E}$ de dimensão finita, sejam $A \in \text{hom}(\mathbb{E})$ autoadjunto. Prove que A é de posto 1 se, e somente se, existem $\lambda \in \mathbb{R}$ diferente de zero e um vetor unitário $\vec{u} \in \mathbb{R}$ tais que $A\vec{x} = \lambda \langle \vec{x}, \vec{u} \rangle \vec{u}$ para todo $\vec{x} \in \mathbb{E}$.

Solução:

Se o posto de A é um, então existem (v. Exercício 117) vetores não-nulos $\vec{v}, \vec{w} \in \mathbb{E}$ de modo que $A\vec{x} = \langle \vec{x}, \vec{v} \rangle \vec{w}$ para todo $\vec{x} \in \mathbb{E}$. Como A é autoadjunto, o vetor $\vec{w}$ é múltiplo de $\vec{v}$ (v. Exercício 286). Portanto, existe α diferente de 0 (os vetores $\vec{v}$ e $\vec{w}$ são não-nulos) tal que $\vec{w} = \alpha \vec{v}$. Assim sendo, tem-se $A\vec{x} = \alpha \langle \vec{x}, \vec{v} \rangle \vec{v}$ para todo $\vec{x} \in \mathbb{E}$. Sejam $\vec{u} = \vec{v}/\|\vec{v}\|$ e $\lambda = \alpha \|\vec{v}\|^2$. O vetor $\vec{u}$ é unitário, o número λ é diferente de 0 e se tem $A\vec{x} = \alpha \langle \vec{x}, \vec{v} \rangle \vec{v} = \lambda \langle \vec{x}, \vec{u} \rangle \vec{u}$ para todo $\vec{x} \in \mathbb{E}$. Reciprocamente: Se $A\vec{x} = \lambda \langle \vec{x}, \vec{u} \rangle \vec{u}$ para todo $\vec{x} \in \mathbb{E}$, onde λ é diferente de 0 e o vetor $\vec{u}$ é unitário, então A é autoadjunto e de posto 1 (v. Exercícios 117 e 286).

Exercício 316 - Chama-se *produto de Hadamard* de duas matrizes $\mathbf{a} = [a_{kl}]$, $\mathbf{b} = [b_{kl}] \in \mathbb{M}(n \times n)$ a matriz $\mathbf{a} \times \mathbf{b} = [c_{kl}] \in \mathbb{M}(n \times n)$ dada por $c_{kl} = a_{kl} b_{kl}$. Prove que o produto de

CAPÍTULO 8 – OPERADORES AUTOADJUNTOS   331

Hadamard de duas matrizes não-negativas é uma matriz não-negativa.

Solução:

Sejam $\mathbf{a} = [a_{kl}]$, $\mathbf{b} = [b_{kl}] \in \mathbb{M}(n \times n)$ matrizes não-negativas de posto 1. Sejam $A, B \in \hom(\mathbb{R}^n)$ os operadores cujas matrizes, em relação à base canônica de $\mathbb{R}^n$, são $\mathbf{a}$ e $\mathbf{b}$ respectivamente. Estes operadores são não-negativos e de posto 1. Pelos Exercícios 286 e 315, existem vetores não-nulos $\vec{u} = \sum_{k=1}^{n} a_k \vec{e}_k$, $\vec{v} = \sum_{k=1}^{n} b_k \vec{e}_k \in \mathbb{R}^n$ (onde $\vec{e}_k$, $k = 1,...,n$, são os vetores da base canônica de $\mathbb{R}^n$) de modo que $A\vec{x} = \langle \vec{x}, \vec{u} \rangle \vec{u}$ e $B\vec{x} = \langle \vec{x}, \vec{v} \rangle \vec{v}$ para qualquer $\vec{x} \in \mathbb{R}$. Resulta disto e do Exercício 314 que valem:

$$\boxed{a_{kl} = a_k a_l, \quad k, l = 1, \ldots, n} \tag{8.76}$$

e também:

$$\boxed{b_{kl} = b_k b_l, \quad k, l = 1, \ldots, n} \tag{8.77}$$

Seja $\mathbf{c} = [c_{kl}]$ o produto de Hadamard das matrizes $\mathbf{a}$ e $\mathbf{b}$. Decorre de (8.76), (8.77) e da definição de $\mathbf{c}$ que se tem:

$$\boxed{\begin{aligned} c_{kl} &= a_{kl} b_{kl} = (a_k a_l)(b_k b_l) = \\ &= (a_k b_k)(a_l b_l), \quad k, l = 1, \ldots, n \end{aligned}} \tag{8.78}$$

Fazendo $c_k = a_k b_k$, $k = 1,...,n$, sejam $\vec{w} = \sum_{k=1}^{n} c_k \vec{e}_k$ e $C \in \hom(\mathbb{R}^n)$ definido pondo $C\vec{x} = \langle \vec{x}, \vec{w} \rangle \vec{w}$. Se $\vec{w} = \vec{o}$, então o operador C é nulo, e portanto não-negativo. Se, por outro lado, $\vec{w}$ é não-nulo, então o operador C é não-nulo e não-negativo (v. Exercício 286). Pelo Exercício 314, a matriz de C na base canônica de $\mathbb{R}^n$ tem a forma $[c_k c_l]$. Decorre daí e de (8.78) que a matriz (na base canônica de $\mathbb{R}^n$) do operador C é o produto de Hadamard $\mathbf{c} = [c_{kl}]$ das matrizes $\mathbf{a}$ e $\mathbf{b}$. Conclui-se daí que o produto de Hadamard de duas matrizes não-negativas $\mathbf{a}$, $\mathbf{b} \in \mathbb{M}(n \times n)$ de posto 1 é uma matriz não-negativa, de posto 0 ou 1.

Sejam $\mathbf{a} = [a_{kl}]$, $\mathbf{b} = [b_{kl}] \in \mathbb{M}(n \times n)$ matrizes não-negativas quaisquer. Seja $\mathbf{c} = [c_{kl}]$ o produto de Hadamard da $\mathbf{a}$ e $\mathbf{b}$. Se $\mathbf{c}$ é nula então é não-negativa. Se $\mathbf{c}$ é não-nula, então $\mathbf{a}$ e $\mathbf{b}$ são ambas não-nulas. De fato, $c_{kl} =$

332   320 QUESTÕES RESOLVIDAS DE ÁLGEBRA LINEAR

$a_{kl}b_{kl}$, $k,l = 1,...,n$. Pelo Exercício 314, as matrizes $\mathbf{a}$ e $\mathbf{b}$ podem escrever-se como $\mathbf{a} = \sum_{k=1}^{m} \mathbf{a}(k)$ e $\mathbf{b} = \sum_{l=1}^{p} \mathbf{b}(l)$, onde $\mathbf{a}(k)$ e $\mathbf{b}(l)$ são matrizes não-negativas de posto 1. Resulta da definição do produto de Hadamard e das propriedades da adição e produto de números reais que valem as seguintes igualdades:

$$\mathbf{a} \times \mathbf{b} = \left[\sum_{k=1}^{m} \mathbf{a}(k) \right] \times \left[\sum_{l=1}^{p} \mathbf{b}(l) \right] =$$

$$= \sum_{k=1}^{m} \sum_{l=1}^{p} \mathbf{a}(k) \times \mathbf{b}(l)$$

Em vista do exposto acima, as matrizes $\mathbf{a}(k) \times \mathbf{b}(l)$ são não-negativas, de posto 0 ou 1. Como a soma de operadores não-negativos é um operador não-negativo (v. Exercício 306), segue-se que o produto de Hadamard $\mathbf{a} \times \mathbf{b}$ é uma matriz não-negativa.

Exercício 317 - Considerando em $\hom(\mathbb{R}^2)$ a norma dada por $\|A\| = \sup\{\|A\vec{x}\| : \|\vec{x}\| = 1\}$, dê exemplo de um operador $A \in \hom(\mathbb{R}^2)$ tal que $\|A^2\| \leq \|A\|^2$.

Solução: Seja $A \in \hom(\mathbb{R}^2)$ o operador definido pondo $A(1,0) = (1,0)$ e $A(0,1) = (1,1)$. A matriz $\mathbf{a}$ de A, na base canônica, é:

$$\mathbf{a} = \begin{bmatrix} 1 & 1 \\ 0 & 1 \end{bmatrix}$$

As matrizes dos operadores A^2, A^*A e $(A^2)^*A^2$ são, respectivamente:

$$\mathbf{a}^2 = \begin{bmatrix} 1 & 2 \\ 0 & 1 \end{bmatrix}, \quad \mathbf{a}^{\mathbf{T}}\mathbf{a} = \begin{bmatrix} 1 & 1 \\ 1 & 2 \end{bmatrix},$$

$$(\mathbf{a}^2)^{\mathbf{T}}\mathbf{a}^2 = \begin{bmatrix} 1 & 2 \\ 2 & 5 \end{bmatrix}$$

Portanto, os polinômios característicos p de A^*A e q de

CAPÍTULO 8 – OPERADORES AUTOADJUNTOS   **333**

$(A^2)^*A^2$, são dados por:

$$p(\lambda) = \lambda^2 - 3\lambda + 1, \quad q(\lambda) = \lambda^2 - 6\lambda + 1$$

Assim sendo, o maior autovalor σ_1^2 de A^*A e o maior autovalor σ_2^2 de $(A^2)^*A^2$ são:

$$\sigma_1^2 = \frac{3 + \sqrt{5}}{2}, \quad \sigma_2^2 = 3 + 2\sqrt{2}$$

Tem-se (v. Exercício 302) $\|A\| = \sigma_1$ e $\|A^2\| = \sigma_2$. Assim sendo,

$$\|A^2\| = \sqrt{3 + 2\sqrt{2}}, \quad \|A\|^2 = \frac{3 + \sqrt{5}}{2}$$

Como $2\sqrt{2} < 3$, $\sqrt{6} < 5/2$ e $2 < \sqrt{5}$, tem-se:

$$\sqrt{3 + 2\sqrt{2}} < \sqrt{6} < \frac{5}{2} < \frac{3 + \sqrt{5}}{2}$$

e portanto $\|A^2\| < \|A\|^2$.

Exercício 318 - Seja $\mathbb{E}$ um espaço euclidiano de dimensão finita. Prove que a norma em $\hom(\mathbb{E})$ definida por $\|A\| = \sqrt{\mathbf{Tr}(A^*A)}$ cumpre a desigualdade $\|BA\| \leq \|B\| \|A\|$.

Solução: Dada uma base ortonormal $\mathbb{X}$ de $\mathbb{E}$, sejam $\mathbf{a} = [a_{kl}]$ e $\mathbf{b} = [b_{kl}]$ respectivamente as matrizes, em relação à base $\mathbb{X}$, dos operadores $A, B \in \hom(\mathbb{E})$. Sejam $\vec{a}^{(k)}$, $\vec{a}_{(l)} \in \mathbb{R}^n$, $k, l = 1, \ldots, n$, respectivamente os vetores-linha e os vetores-coluna de $\mathbf{a}$. Sejam $\vec{b}^{(k)}, \vec{b}_{(l)} \in \mathbb{R}^n$, $k, l = 1, \ldots, n$, respectivamente os vetores-linha e os vetores-coluna de $\mathbf{b}$.

A base $\mathbb{X}$ sendo ortonormal, as matrizes de A^* e B^*, em relação à base $\mathbb{X}$, são as transpostas $\mathbf{a}^T$ de $\mathbf{a}$ e $\mathbf{b}^T$ de $\mathbf{b}$. Por isto, a matriz, em relação à base $\mathbb{X}$, de A^*A é $\mathbf{a}^T\mathbf{a}$ e a matriz na base $\mathbb{X}$ de B^*B é $\mathbf{b}^T\mathbf{b}$. Desta maneira, tem-se:

$$\boxed{\begin{aligned} \|A\|^2 &= \mathbf{Tr}(A^*A) = \mathbf{Tr}(\mathbf{a}^T\mathbf{a}) = \\ &= \sum_{k=1}^{n} \langle \vec{a}_{(k)}, \vec{a}_{(k)} \rangle = \sum_{k=1}^{n} \|\vec{a}_{(k)}\|^2 = \\ &= \mathbf{Tr}(\mathbf{a}\mathbf{a}^T) = \sum_{k=1}^{n} \langle \vec{a}^{(k)}, \vec{a}^{(k)} \rangle = \sum_{k=1}^{n} \|\vec{a}^{(k)}\|^2 \end{aligned}} \qquad (8.79)$$

334 320 QUESTÕES RESOLVIDAS DE ÁLGEBRA LINEAR

e, de modo análogo,

$$\|B\|^2 = \sum_{k=1}^{n} \left\| \vec{b}_{(k)} \right\|^2 = \sum_{k=1}^{n} \left\| \vec{b}^{(k)} \right\|^2 \tag{8.80}$$

Seja $\mathbf{c} = [c_{kl}]$ a matriz do operador BA em relação à base $\mathbb{X}$. Então:

$$\|BA\|^2 = \mathbf{Tr(c^T c)} = \mathbf{Tr(cc^T)} =$$
$$= \sum_{k=1}^{n} \sum_{l=1}^{n} c_{kl}^2 = \sum_{k=1}^{n} \sum_{l=1}^{n} \left\langle \vec{a}^{(k)}, \vec{b}_{(l)} \right\rangle^2 \tag{8.81}$$

Pela desigualdade de Cauchy-Schwarz,

$$\left\langle \vec{a}^{(k)}, \vec{b}_{(l)} \right\rangle^2 \le \|\vec{a}^{(k)}\|^2 \left\| \vec{b}_{(l)} \right\|^2, \quad k, l = 1, \dots, n \tag{8.82}$$

Resulta de (8.79), (8.80), (8.81) e (8.82) que se tem:

$$\|BA\|^2 = \sum_{k=1}^{n} \sum_{l=1}^{n} \left\langle \vec{a}^{(k)}, \vec{b}_{(l)} \right\rangle^2 \le$$

$$\le \sum_{k=1}^{n} \sum_{l=1}^{n} \|\vec{a}^{(k)}\|^2 \left\| \vec{b}_{(l)} \right\|^2 =$$

$$= \left(\sum_{k=1}^{n} \|\vec{a}^{(k)}\|^2 \right) \left(\sum_{k=1}^{n} \left\| \vec{b}_{(k)} \right\|^2 \right) =$$

$$= \|B\|^2 \|A\|^2$$

Daí obtém-se $\|BA\| \le \|B\| \|A\|$, como se queria.

Exercício 319 - Dado um espaço euclidiano $\mathbb{E}$, seja $A \in \mathrm{hom}(\mathbb{E})$ um operador que possui adjunto.

(a) Prove: Se $A^*A = -A$ então o conjunto dos autovalores de A está contido no conjunto $\{0, -1\}$.

(b) Dê exemplo de uma matriz $\mathbf{a} \in \mathbb{M}(2 \times 2)$ com $a_{11} = -1/3$ e $\mathbf{a^T a} = -\mathbf{a}$. Quantas destas matrizes existem?

Solução:

(a): Como A possui adjunto, A^* também tem adjunto, sendo $A^{**} = A$ (v. Exercício 213). Segue-se que o operador A^*A é autoadjunto. De fato, $(A^*A)^* = A^*A^{**} = A^*A$ (v. Exercício 214). Assim sendo,

CAPÍTULO 8 – OPERADORES AUTOADJUNTOS   335

$$A^*A = -A \Rightarrow$$

$$\Rightarrow -A = (A^*A)^* = (-A)^* = -A^* \Rightarrow$$

$$\Rightarrow A = A^* \Rightarrow -A = A^*A = AA = A^2$$

Supondo $A^*A = -A$, seja $\vec{w} \in \mathbb{E}$ um autovetor de A. Existe um número real λ tal que $A\vec{w} = \lambda\vec{w}$. Como $A^2 = -A$, segue-se:

$$A^2\vec{w} = A(A\vec{w}) = A(\lambda\vec{w}) =$$

$$= \lambda A\vec{w} = \lambda^2\vec{w} = -A\vec{w} = -\lambda\vec{w}$$

Portanto, $(\lambda^2 + \lambda)\vec{w} = \vec{o}$. O vetor $\vec{w}$ é não-nulo, porque é autovetor de A. Por esta razão, a igualdade $(\lambda^2 + \lambda)\vec{w} = \vec{o}$ é equivalente à equação $\lambda^2 + \lambda = 0$, cujas soluções são 0 e -1. Logo, o conjunto dos autovalores de A está contido no conjunto $\{0, -1\}$.

(b): Seja $\mathbf{a} \in \mathbb{M}(2 \times 2)$ com $a_{11} = -1/3$ e $\mathbf{a}^T\mathbf{a} = -\mathbf{a}$. Seja $A : \mathbb{R}^2 \to \mathbb{R}^2$ o operador linear, cuja matriz, na base canônica, é $\mathbf{a}$. A matriz de A^*, nesta mesma base, é $\mathbf{a}^T$. Logo, $A^*A = -A$. Pelo exposto acima, A é autoadjunto. Portanto, a matriz $\mathbf{a}$ assume a forma:

$$\mathbf{a} = \begin{bmatrix} a & b \\ b & c \end{bmatrix}$$

Como A é autoadjunto, $A^2 = A^*A = -A$. Logo, $\mathbf{a}^T\mathbf{a} = \mathbf{a}^2 = -\mathbf{a}$. Resulta destas igualdades que se tem:

$$\begin{bmatrix} a^2 + b^2 & ab + bc \\ ab + bc & b^2 + c^2 \end{bmatrix} = \begin{bmatrix} -a & -b \\ -b & -c \end{bmatrix} \tag{8.83}$$

Segue de (8.83) que os números a, b e c satisfazem:

$$\begin{cases} a^2 + b^2 = -a \\ ab + bc = -b \\ b^2 + c^2 = -c \end{cases} \tag{8.84}$$

Se $a = -1/3$, o sistema (8.84) torna-se:

336   320 QUESTÕES RESOLVIDAS DE ÁLGEBRA LINEAR

$$\begin{cases} b^2 = \dfrac{2}{9} \\ \dfrac{b}{3} - bc = b \\ b^2 + c^2 = -c \end{cases} \qquad (8.85)$$

Portanto, os valores possíveis de b são $b = \sqrt{2}/3$ e $b = -\sqrt{2}/3$. Para cada um destes valores de b, o sistema (8.85) fornece $(1/3) - c = 1$, donde $c = -2/3$. Logo, existem duas matrizes 2×2 com $a_{11} = -1/3$ que cumprem $\mathbf{a}^T\mathbf{a} = -\mathbf{a}$.

Exercício 320 - Sejam $A : \mathbb{E} \to \mathbb{E}$ uma projeção ortogonal num espaço euclidiano $\mathbb{E}$, $I \in \mathrm{hom}(\mathbb{E})$ o operador identidade e $\alpha > 0$. Exprima a raiz quadrada positiva do operador $I + \alpha A$ em termos de A.

Solução:

O operador A é autoadjunto, porque é uma projeção ortogonal (v. Exercício 267). Sendo A uma projeção, $A\vec{w} = \vec{w} = 1.\vec{w}$ para todo vetor $\vec{w} \in \mathrm{Im}\,A$ e $A\vec{w} = \vec{o} = 0.\vec{w}$ para todo $\vec{w} \in \ker A$. Por esta razão, todo vetor não-nulo $\vec{w} \in \mathrm{Im}\,A$ é autovetor de A com autovalor 1 e todo vetor não-nulo $\vec{w} \in \ker A$ é autovetor de A com autovalor 0. Portanto, A possui autovalores. Se $\lambda \in \mathbb{R}$ é autovalor de A com autovetor $\vec{u}$, então valem as seguintes igualdades:

$$\lambda\vec{u} = A\vec{u} = A^2\vec{u} = A(A\vec{u}) =$$

$$= A(\lambda\vec{u}) = \lambda A\vec{u} = \lambda(\lambda\vec{u}) = \lambda^2\vec{u}$$

Estas igualdades dão $\lambda^2 - \lambda = 0$, porque o vetor $\vec{u}$ é não-nulo. Portanto, os autovalores de A são 0 e 1.

Tem-se:

$$(I + \alpha A)\vec{w} = \lambda\vec{w} \Leftrightarrow \vec{w} + \alpha A\vec{w} = \lambda\vec{w} \Leftrightarrow$$

$$\Leftrightarrow \alpha A\vec{w} = \lambda\vec{w} - \vec{w} \Leftrightarrow \alpha A\vec{w} = (\lambda - 1)\vec{w} \Leftrightarrow$$

$$\Leftrightarrow A\vec{w} = \frac{\lambda - 1}{\alpha}\vec{w}$$

Decorre daí que λ é autovalor de $I + \alpha A$ se, e somente se,

CAPÍTULO 8 – OPERADORES AUTOADJUNTOS   337

$(1/\alpha)(\lambda - 1)$ é autovalor de A. Como os autovalores de A são 0 e 1, os autovalores de $I + \alpha A$ são 1 e $1 + \alpha$. Como α é um número positivo, segue-se:

$$(I + \alpha A)\vec{w} = 1.\,\vec{w} = \vec{w} \Leftrightarrow \vec{w} + \alpha A\vec{w} = \vec{w} \Leftrightarrow$$

$$\Leftrightarrow \alpha A\vec{w} = \vec{o} \Leftrightarrow A\vec{w} = \vec{o} \Leftrightarrow \vec{w} \in \ker A$$

e também:

$$(I + \alpha A)\vec{w} = (1 + \alpha)\vec{w} \Leftrightarrow$$

$$\Leftrightarrow \vec{w} + \alpha A\vec{w} = \vec{w} + \alpha\vec{w} \Leftrightarrow \alpha A\vec{w} = \alpha\vec{w} \Leftrightarrow$$

$$\Leftrightarrow A\vec{w} = \vec{w} \Leftrightarrow \vec{w} \in \operatorname{Im} A$$

Portanto, os subespaços associados aos autovalores 1 e $1 + \alpha$ de $I + \alpha A$ são respectivamente $\ker A$ e $\operatorname{Im} A$. Como A é uma projeção, $\mathbb{E} = \ker A \oplus \operatorname{Im} A$. Seja $\vec{x} \in \mathbb{E}$ qualquer. Tem-se $(I - A)\vec{x} \in \ker A$, $A\vec{x} \in \operatorname{Im} A$ e $\vec{x} = (I - A)\vec{x} + A\vec{x}$. Assim sendo, a raiz quadrada positiva C de A é definida por:

$$\boxed{C\vec{x} = (I - A)\vec{x} + \sqrt{1 + \alpha}\,A\vec{x}} \qquad (8.86)$$

(v. Lima, *Álgebra Linear*, 2001, p. 171-172). Logo, o operador $C = I + (\sqrt{1 + \alpha} - 1)A$ é a raiz quadrada positiva de A.

Capítulo 9

Notações

card $\mathbb{X}$ é o número de elementos do conjunto finito $\mathbb{X}$.

$\mathbb{X} \backslash \mathbb{A}$ é o complementar do conjunto $\mathbb{A}$ em relação ao conjunto $\mathbb{X}$. Portanto,

$$\mathbb{X} \backslash \mathbb{A} = \left\{ x : x \in \mathbb{X}, \ x \notin \mathbb{A} \right\}$$

$\mathbb{I}_n$ (onde $n \geq 1$) é o conjunto dos números inteiros positivos de 1 a n, $\mathbb{I}_n = \{1, \dots, n\}$.

$\mathbb{M}(m \times n)$ é o espaço vetorial das matrizes m por n cujas entradas são números reais.

Os *símbolos de Kronecker* δ_{ks}, $k,s = 1,\dots,n$, são as entradas da matriz identidade $\mathbf{I}_n \in \mathbb{M}(n \times n)$.

$$\delta_{ks} = \begin{cases} 1, & \text{se} \quad k = s \\ 0, & \text{se} \quad k \neq s \end{cases}$$

$\mathbf{a}^{\mathbf{T}} \in \mathbb{M}(n \times m)$ é a transposta da matriz $\mathbf{a} \in \mathbb{M}(m \times n)$.

$\mathbf{Tr(a)}$ é o traço (soma das entradas da diagonal principal) da matriz (quadrada) $\mathbf{a} \in \mathbb{M}(n \times n)$.

A abreviatura LI (resp. LD) significa linearmente independente (resp. dependente) ou linearmente independentes (resp. dependentes)

$\mathcal{S}(\mathbb{X})$ é o subespaço vetorial gerado pelo conjunto $\mathbb{X}$.

$\mathcal{S}(\vec{u}_1, \dots, \vec{u}_n)$ é o subespaço vetorial gerado pelos vetores $\vec{u}_1, \dots, \vec{u}_n$. Em particular, $\mathcal{S}(\vec{u})$ é o subespaço vetorial gerado pelo vetor $\vec{u}$. Portanto,

$$\mathcal{S}(\vec{u}) = \{\lambda \vec{u} : \lambda \in \mathbb{R}\}$$

$\vec{e}_1, \dots, \vec{e}_n$ são os vetores da base canônica do espaço vetorial $\mathbb{R}^n$.

O símbolo $\mathcal{P}$ representa o espaço vetorial dos polinômios $p : \mathbb{R} \to \mathbb{R}$. $\mathcal{P}_n$ é o espaço vetorial dos polinômios

CAPÍTULO 9 – NOTAÇÕES 339

de grau menor ou igual a n.

$\hom(\mathbb{E};\mathbb{F})$ é o espaço vetorial das transformações lineares $A : \mathbb{E} \to \mathbb{F}$, entre os espaços vetoriais $\mathbb{E}$ e $\mathbb{F}$.

$\hom(\mathbb{E})$ é o espaço vetorial dos operadores lineares no espaço vetorial $\mathbb{E}$.

$\mathbb{E}^*$ é o dual algébrico do espaço vetorial $\mathbb{E}$, $\mathbb{E}^* = \hom(\mathbb{E};\mathbb{R})$.

$\ker A \subseteq \mathbb{E}$ e $\operatorname{Im} A \subseteq \mathbb{F}$ são respectivamente o núcleo e a imagem da transformação linear $A \in \hom(\mathbb{E};\mathbb{F})$.

Sejam $\mathbb{E}$ um espaço vetorial de dimensão finita e $A \in \hom(\mathbb{E})$ um operador linear. O *traço* de A, denotado por

$$\mathbf{Tr}(A)$$

é o traço da matriz de A em relação a uma base qualquer de $\mathbb{E}$.

A abreviatura EVN significa espaço vetorial normado.

Seja $\mathbb{E}$ um espaço vetorial normado.

$d(\vec{x}, \vec{y})$ é a distância entre os pontos $\vec{x}, \vec{y} \in \mathbb{E}$, $d(\vec{x}, \vec{y}) = \|\vec{x} - \vec{y}\|$.

$d(\vec{x}, \mathbb{A})$ é a distância do ponto $\vec{x} \in \mathbb{E}$ ao conjunto não-vazio $\mathbb{A} \subseteq \mathbb{E}$,

$$d(\vec{x}, \mathbb{A}) = \inf\{\|\vec{x} - \vec{a}\| : \vec{a} \in \mathbb{A}\}$$

$\operatorname{diam} \mathbb{X}$ é o diâmetro do conjunto não-vazio limitado $\mathbb{X} \subseteq \mathbb{E}$,

$$\operatorname{diam} \mathbb{X} = \sup\{\|\vec{x} - \vec{y}\| : \vec{x}, \vec{y} \in \mathbb{X}\}$$

$\mathbb{B}(\vec{a}; r)$ é a bola aberta de centro $\vec{a} \in \mathbb{E}$ e raio $r > 0$,

$$\mathbb{B}(\vec{a}; r) = \{\vec{x} \in \mathbb{E} : \|\vec{x} - \vec{a}\| < r\}$$

$\mathbb{D}(\vec{a}; r)$ é a bola fechada de centro $\vec{a} \in \mathbb{E}$ e raio $r > 0$,

$$\mathbb{D}(\vec{a}; r) = \{\vec{x} \in \mathbb{E} : \|\vec{x} - \vec{a}\| \leq r\}$$

$\mathbb{S}(\vec{a}; r)$ é a esfera de centrio $\vec{a} \in \mathbb{E}$ e raio $r > 0$,

$$\mathbb{S}(\vec{a}; r) = \{\vec{x} \in \mathbb{E} : \|\vec{x} - \vec{a}\| = r\}$$

$\mathbb{S}_1$ é a esfera unitária $\mathbb{S}(\vec{o}; 1) \subseteq \mathbb{E}$.

340　320 QUESTÕES RESOLVIDAS DE ÁLGEBRA LINEAR

$\mathtt{IntX}$ é o interior do conjunto $\mathbb{X}$.

$\mathtt{ClX}$ é a aderência ou fecho do conjunto $\mathbb{X}$.

$\partial\mathbb{X}$ é a fronteira do conjunto $\mathbb{X}$,

$$\partial\mathbb{X} = (\mathtt{ClX})\backslash\mathtt{IntX}$$

$\mathcal{L}(\mathbb{E};\mathbb{F})$ é o espaço vetorial das transformações lineares contínuas entre $\mathbb{E}$ e o EVN $\mathbb{F}$.

O espaço vetorial $\mathcal{L}(\mathbb{E};\mathbb{R})$ dos funcionais lineares $\varphi \in \mathbb{E}^*$ contínuos é o *dual topológico* de $\mathbb{E}$.

$\mathcal{L}(\mathbb{E})$ é o espaço vetorial dos operadores lineares contínuos em $\mathbb{E}$.

Seja $\mathbb{E}$ um espaço euclidiano.

Escreve-se $\vec{x} \perp \vec{y}$ para indicar que os vetores $\vec{x}, \vec{y} \in \mathbb{E}$ são ortogonais.

O símbolo $\mathbb{X}^\perp$ denota o complemento ortogonal do conjunto $\mathbb{X} \subseteq \mathbb{E}$. Portanto, $\mathbb{X}^\perp$ é o conjunto formado pelos vetores $\vec{y} \in \mathbb{E}$ tais que $\langle\vec{x}, \vec{y}\rangle = 0$ para todo $\vec{x} \in \mathbb{X}$.

Seja $A : \mathbb{E} \to \mathbb{F}$ uma transformação linear entre $\mathbb{E}$ e o espaço euclidiano $\mathbb{F}$. A notação A^* representa a adjunta de A. Portanto, a adjunta de A, quando existe, é a transformação linear $A^* \in \mathrm{hom}(\mathbb{F};\mathbb{E})$ que cumpre $\langle A\vec{x}, \vec{y}\rangle = \langle\vec{x}, A^*\vec{y}\rangle$ para quaisquer $\vec{x} \in \mathbb{E}$, $\vec{y} \in \mathbb{F}$.

Bibliografia

ANDRADE, J. F. *Um Exemplo (simples) de um Operador Auto-Adjunto sem Autovetores e outros Exemplos.* Rio de Janeiro: Matemática Universitária n° 37, 2004, p. 9-14.

AXLER, S. *Linear Algebra Done Right.* Nova York: Springer, 1997. 251p.

BIRKHOFF, G., MacLANE, S. *Algebra.* New York: MacMillan, 1967. 400p.

BOLDRINI, J. L. et al. *Álgebra Linear.* São Paulo: Harbra, 1986. 411p.

BORDEN, R. S. *A Course in Advanced Calculus.* Nova York: Dover, 1998. 420 p.

BUENO, H. P. *Álgebra Linear, Um Segundo Curso.* Rio de Janeiro: Sociedade Brasileira de Matemática, 2006. 295 p.

CLARK, A. *Elements of Abstract Algebra.* Nova York: Dover, 1984. 222p.

COELHO, F. U., LOURENÇO, M. L. *Um curso de Álgebra Linear.* São Paulo: Edusp, 2001. 245p.

CRISPINO, M. L. *Variedades Lineares e Hiperplanos.* Rio de Janeiro: Ciência Moderna, 2008. 288 p.

DIEUDONNÉ, J. *Algèbre Linéaire et Géometrie Élémentaire.* Paris: Hermann, 1964. 222p.

GARCIA, A., LEQUAIN, I. *Elementos de Álgebra.* Rio de Janeiro: IMPA, CNPq, 2006. 326 p.

GODEMENT, R. *Cours d'Algebre.* Paris: Hermann, 1970. 663p.

GREUB, W. *Linear Algebra.* Nova York: Springer, 1981. 453p.

GUIDORIZZI, H. L. *Um Curso de Cálculo, Vol. 1.* Rio de Janeiro: LTC, 2001. 635 p.

GUIDORIZZI, H. L. *Um Curso de Cálculo, Vol. 4.* Rio de Janeiro: LTC, 2001. 530 p.

HALMOS, P. R. *Espaços Vetoriais de Dimensão Finita.* Rio de Janeiro: Campus, 1978. 199 p.

342 320 QUESTÕES RESOLVIDAS DE ÁLGEBRA LINEAR

HERSTEIN, I. *Tópicos de Álgebra*. São Paulo: Polígono, 1978. 414p.

HOFFMAN, K., KUNZE, R. *Álgebra Linear*. São Paulo: Polígono, 1971. 354p.

KREIDER, D. L. et al. *An Introduction to Linear Analysis*. Reading: Addison-Wesley, 1966. 773 p.

LANG, S. *Álgebra Linear*. Rio de Janeiro: Ciência Moderna, 2003. 405p.

LIMA, E. L. *Espaços Métricos*. Rio de Janeiro: IMPA, CNPq, 1983. 299p.

LIMA, E. L. *Curso de Análise, Vol 1*. Rio de Janeiro: IMPA, CNPq, 1989. 344 p.

LIMA, E. L. *Análise Real, Vol 1*. Rio de Janeiro: IMPA, CNPq, 1993. 193 p.

LIMA, E. L. *Álgebra Linear*. 5ª ed. Rio de Janeiro: IMPA, CNPq, 2001. 357p.

MOURA, C. A. – *Análise Funcional Para Aplicações, Posologia*. Rio de Janeiro: Ciência Moderna, 2002. 217p.

PRUGOVEČKI, E. *Quantum Mechanics in Hilbert Space*. New York: Dover, 2006. 685p.

TAYLOR, A. – *Introduction to Functional Analysis*. New York: John Wiley, 1958. 423 p.

ÍNDICE

A

Aderência 78
Adjunta 240, 340
Autovalor 261
Autovetor 261
Avaliação 69

B

Base
    canônica 106, 156, 338
    dual 114
    formada por vetores unitários 28
    ortonormal 143
    recíproca 115
Bola
    aberta 20
    fechada 20

C

Classe
    de equivalência 6
Complemento ortogonal 204
Conjunto
    aberto 73
    convexo 86
    denso 97
    fechado 78
    limitado 32
    ortogonal 143
    ortonormal 143
Continuidade
    de funções 36
    de funções bilineares 43

de transformações lineares 37
Corda 173

D

Desigualdade
    de Cauchy-Schwarz 103
    de Hölder 10, 60
    de Minkowski 10, 60
    de Young 10
    triangular 29
Diâmetro 53
Diametralmente opostos 152
Distância 30, 32
    de um ponto a um conjunto 49
Dual topológico 38

E

Elipsóide 312
Esfera 20
    unitária 21
Espaço
    euclidiano 101
    métrico 30
    não-euclidiano 111
    produto 18
    quociente 8
    topológico 82
    vetorial normado 20
Espaços
    topologicamente isomorfos 48
EVN 20

F

344 320 QUESTÕES RESOLVIDAS DE ÁLGEBRA LINEAR

Fecho 78
Fórmula de recorrência 187, 201
Fronteira 87
Função
    bilinear 43
    característica 107
    contínua 36
    contínua num ponto 36
    limitada 16
Funções coordenadas 42

I

Identidade
    do paralelogramo 105
Imagem 26
    inversa 26
Inclusão 278
inf 16
Interior 73
Invariância por translações 29
Involução 267
Isomorfismo topológico 48

L

LD 24
Lema de Zorn 28, 38
LI 24

M

Matriz
    de Gram, 292
    diagonalizável 271
    não-negativa, 292
    normal 263
    positiva, 292

Métrica 30
    induzida pela norma 31
    invariante por translações 31
    proveniente de uma norma 31

N

Norma
    da convergência uniforme 58
    da soma 41
    de uma transformação linear 65
    do máximo 41
    euclidiana 41, 42
    mais fina do que outra 36
    produto 39
    proveniente de um produto interno 105
Normas equivalentes 36

O

Operador
    autoadjunto 282
    antissimétrico 282
    não-negativo 292
    normal 261, 262
    ortogonal 286
    positivo 292

P

Polinômios
    de Laguerre 198
    de Legendre 178

ÍNDICE 345

Ponto
    aderente 77, 78
    fixo 191
    interior 73
Produto
    de Hadamard 330
    escalar 101
    interno 101
    interno canônico 124
Projeção 40, 209
    ortogonal 209
Posto
    de uma matriz 328
    de uma transformação linear 328

S

Segmento de reta 86
Seminorma 4
Seqüência
    de p-ésima potência somável 63
    de quadrado somável 230
Símbolos de Kronecker 114, 338
Subespaço
    associado a um autovalor 261
    invariante 249
    maximal 237
sup 16

T

Teorema
    da Extensão 38
    de Weierstrass 67
    do Supremo 16
Topologia 82

induzida pela norma 82
Traço
    de uma matriz 338
    de um operador linear 339
Transformação linear
    contínua 37
    ortogonal 286

V

Valor
    característico 261
    próprio 261
Vetor
    característico 261
    unitário 21
    próprio 261
Vetores
    ortogonais 143
    perpendiculares 143

Impressão e Acabamento
Gráfica Editora Ciência Moderna Ltda.
Tel.: (21) 2201-6662